Prof. Dr.-Ing. Karl Kraus

PHOTOGRAMMETRIE

Band 3
Topographische Informationssysteme

Dümmler 7875

Dümmler

www.stam.de

Dümmler
Fuggerstraße 7 · 51149 Köln
Dümmler ist ein Verlag der Stam GmbH.

ISBN 3-427-**7875**1-6

Vorwort

Topographische Karten sind ein traditionelles Produkt in fast jedem Land. Im Zeitalter der Informationsgesellschaft werden topographische Karten durch topographische Informationssysteme (TISe) weitgehend ersetzt. In einem TIS werden Daten über die natürliche und künstliche Landschaft gesammelt, gespeichert, modelliert, analysiert und multimedial präsentiert. Ein TIS bringt dem Menschen die ihm vertraute reale Welt in die Informationssysteme. Das TIS steht daher im Zentrum vieler übergeordneter Geo-Informationssysteme (GISe). Ein TIS gehört sozusagen zur modernen Infrastruktur für eine prosperierende Wirtschaft und für eine effiziente öffentliche Verwaltung.

Die Erfassung der topographischen Daten geschieht in hohem Maße mittels Photogrammetrie, deren Grundlagen, Standardverfahren, verfeinerte Methoden und Anwendungen im Mittelpunkt der Bände 1 und 2 dieser Lehrbuchreihe stehen. In diesem Lehrbuch, dem Band 3, wird die Photogrammetrie aus der Sicht eines TIS betrachtet. Im Band 3 werden aber auch andere Techniken der Datenerfassung, insbesondere das *Laser-Scanning*, erläutert.

Ein zweiter Schwerpunkt in diesem Lehrbuch sind die Algorithmen für die digitalen topographischen Modelle. Im dritten Schwerpunkt werden Anwendungen von TISen mit ihren vielfältigen Folgeprodukten einschließlich von Animationen behandelt. Zur Abrundung des Gesamtgebietes wird auch eine Einführung in die Geoinformatik gebracht.

Das Lehrbuch wendet sich an Studierende und Praktiker in gleicher Weise, die im engeren und weiteren Sinn mit Geo-Informationssystemen (GISen) befaßt sind. Einige Disziplinen seien genannt: Bauingenieurwesen und Kulturtechnik, Geodäsie, Geographie, Geologie und Geophysik, Geoinformatik, Hydrologie, Land- und Forstwirtschaft, Raum- und Landschaftsplanung.

Bei der Auswahl des Stoffes sowie bei der Gliederung und Formulierung des Textes wurde der Didaktik ein größerer Stellenwert eingeräumt als der wissenschaftlichen Strenge und der Einbindung in die sehr umfangreiche Fachliteratur. Der bereits in den Bänden 1 und 2 eingeschlagene Weg, die theoretischen Grundlagen mit vielen Beispielen zu veranschaulichen, kommt erfahrungsgemäß sehr vielen Lesern entgegen; dieser Weg wurde daher im Band 3 beibehalten. Außerdem bieten die zahlreich eingestreuten Aufgaben die Möglichkeit einer Selbstkontrolle; bei vielen Aufgaben sind auch die Lösungen angegeben.

Das Lehrbuch "Topographische Informationssysteme" ist mein fünftes Lehrbuch; neben den drei Lehrbüchern in Photogrammetrie gibt es zwei Lehrbücher in Fernerkundung. Das vorliegende Lehrbuch ist der Höhepunkt meines bisherigen Lehrens und Forschens; mit dem Thema "Topographische Informationssysteme" befasse ich mich seit etwa 30 Jahren, beginnend bei Prof. F. Ackermann am Institut für Photogrammetrie der Universität in

Stuttgart. An unserem Institut, dem Institut für Photogrammetrie und Fernerkundung (I.P.F.) der TU Wien, sind etwa fünf Mitarbeiter permanent in die einschlägige Forschung und Entwicklung eingebunden; einige dieser Mitarbeiter wurden und werden vom Österreichischen Fonds zur Förderung der wissenschaftlichen Forschung (Projekt Nummern P09274-TEC, P11336-ÖMA und P14083-MAT) finanziert.

Viele Institutsangehörige haben großen Anteil am Gelingen des vorliegenden Werkes. Mehrere Mitarbeiter entfalteten großen Ehrgeiz, Schwachstellen in der vorläufigen Fassung meines Manuskriptes aufzudecken. Ich danke folgenden Mitarbeitern für diese konstruktive Kritik: Dr. D. Heitzinger, Prof. Dr. J. Jansa, Dr. H. Kager, DIng. N. Pfeifer, DIng. C. Ressl, DIng. F. Rottensteiner, Dr. L. Molnar, DIng. B. Wöhrer, wobei Herr Dr. Kager eine besondere Erwähnung verdient. Zu einigen Spezialkapiteln haben die Rolle der kritischen Leser folgende Personen übernommen: Dr. G. Beyer, TU Dresden (Abschnitt H 6.), Prof. Dr. S. Meier, TU Dresden (Abschnitt I 2.1.4.2) und Dr. R. Weber, Institut für Geodäsie und Geophysik der TU Wien (Abschnitt I 3.1). Viele Abbildungen und viele Zahlenbeispiele haben mehrere Studierende besorgt. Namentlich sollen B. Gaupmann und I. Richter genannt werden. Die Urheberschaft der größerern Beispiele ist auf der folgenden Seite zusammengestellt. Der Reigen der Danksagungen soll mit Frau Emersberger abgeschlossen werden; sie vollbrachte mit dem Textverarbeitungssystem Akrobatisches.

Wien, im Januar 2000 Karl Kraus

Urheberschaft der größeren Beispiele

DIng. E. Aßmus (damals I.P.F): Figur H 3.3-10.

Dr. R. Ecker (damals I.P.F.): Figur I 2.3-1, Bild I 3.2-5, Bilder I 4.3-1/3, Figur I 4.5-3, Bilder I 4.4-9/10.

DIng. A. Halmer (damals I.P.F.): Figuren H 2.3-5/6.

Dr. D. Heitzinger (I.P.F.): Abschnitt H 1.1.2, Abschnitt H 3.6 (Ausgangsdaten durch Digitalisierung einer Vorlage aus Petrie, G., Kennie, T.: Terrain Modelling in Surveying and Civil Engineering, Whittles Publishing, 1990).

Dr. F. Hochstöger (damals I.P.F.): Figur I 4.4-6.

Prof. Dr. J. Jansa (I.P.F.): Bilder I 4.1-9/10, I 4.3-4/5.

INPHO GmbH, Stuttgart: Figur H 3.4-3, Figuren I 4.5-1/2.

DIng. R. Kalliany (damals I.P.F.): Figur H 3.4-2, Figur I 4.7-2.

DIng. M. Kerschner (I.P.F.): Bild I 3.2-1.

DIng. N. Pfeifer (I.P.F.): Figur H 2.2-17, Figur H 2.2-19, Abschnitt H 3.3.3.3, Figuren H 3.7-2/3.

Dr. K. Pyka (TU Krakau, damals Gastwissenschaftler am I.P.F.): Figur I 4.1-6, Bild I 4.1-7, Figur I 4.2-2, Bild I 4.2-3.

T. Reiter (Studierender am I.P.F.): Figur H 3.1-2, Figuren H 3.3-4/5, Figuren I 2.2-3/4, Figur I 2.2-2, Figur I 4.1-4.

Dr. W. Rieger (damals I.P.F.): Bild I 4.8-2.

DIng. C. Ries (I.P.F.): Figur I 2.1-10, Figur I 3.2-9, Figuren I 4.4-2/3.

Ing. J. Tschannerl (I.P.F.): Figur I 2.1-12.

DIng. B. Wöhrer (I.P.F.): Figur I 4.4-4.

Figuren I 2.1-3, I 2.1-9 und Bild I 4.5-6: DIng. U. Glanzer (damals I.P.F.) und Ing. J. Tschannerl (I.P.F.).

Figur I 2.1-7: C. Eberhöfer (Studierender am I.P.F.) und DIng. T. Kraus (damals Studierende an der Uni für Bodenkultur).

Bilder I 2.1-13/14: Prof. Dr. J. Jansa (I.P.F.) und DIng. C. Ries (I.P.F.).

Bilder I 2.4-3/4: Prof. Dr. J. Jansa (I.P.F.) und Dr. A. Sindhuber (damals I.P.F.)

Bilder I 4.4-11/12: DIng. L. Dorffner (I.P.F.) und DIng. G. Mandlburger (I.P.F.).

Bild I 4.9-1: Das Modell haben die Studierenden P. Dorninger, M. Hellar, S. Narosy und G. Pauler am I.P.F. unter der Betreuung von DIng. B. Wöhrer (I.P.F.) mit dem Wild-Laser-Schneider WK-LP 1007 angefertigt.

Aufbereitung der Halbtonbilder für die Rasterung und Ausgabe am Laser-Raster-Plotter LRP 25 der Fa. Wild: E. Berkes (I.P.F.) und DIng. C. Ries (I.P.F.).

KOMPRIMIERTES INHALTSVERZEICHNIS VON BAND 1, 5./6. AUFLAGE

B PHOTOGRAMMETRISCHE ORIENTIERUNGSVERFAHREN UND PHOTOGRAMMETRISCHE PUNKTBESTIMMUNG

INHALTSVERZEICHNIS VON BAND 3

Hinweise für den Leser:

Die weitzeiligen Passagen des Textes behandeln das Grundsätzliche des Stoffes. Detailinformationen und Nebensächliches (aus der Sicht dieses Lehrbuches) sowie noch ungeklärte Inhalte sind dagegen engzeilig geschrieben. Einzelne Stichworte und wichtige Aussagen sind mit fetter Schrift herausgehoben. Die wichtigen (End-)Formeln sind mit einem Raster hinterlegt.

Band 1 besteht nur aus dem Hauptkapitel A. Die Hauptkapitel B, C, D und E bilden den Band 2. Der vorliegende Band 3 umfaßt die Hauptkapitel F, G, H und I.

Eine Kapitelnummer setzt sich aus dem Buchstaben des jeweiligen Hauptkapitels und den Ziffern einer Dezimalklassifikation des Unterkapitels zusammen (z.B. I 2.1.2). Die Formeln wurden innerhalb eines Kapitels mit den ersten beiden Ziffern der Dezimalklassifikation fortlaufend numeriert (z. B. die Formel H (2.2-11) ist die 11. Formel im Kapitel H 2.2 ...)
Die Figuren, Bilder und Tabellen wurden in eine eigene (zweite) Nummernfolge zusammengefaßt und auf die gleiche Weise numeriert. Die Nummern der Aufgaben bilden eine dritte Nummernfolge; sie sind auf die gleiche Weise fortlaufend numeriert (die Aufgabe H 3.8-2 bedeutet z.B. die zweite Aufgabe im Kapitel H 3.8 ...).

Bei der eigentlichen Numerierung der Formeln, Figuren, Bilder, Tabellen und Aufgaben wurde der Buchstabe des Hauptkapitels weggelassen. Bei Verweisen auf Kapitel, Formeln, Figuren etc. **innerhalb** eines Hauptkapitels wurde der Buchstabe des Hauptkapitels häufig ebenfalls nicht angegeben. Bei Hinweisen, die auf andere Hauptkapitel zielen, wurde dagegen immer der Buchstabe des jeweiligen Hauptkapitels vorangestellt. Die Buchstabenfolge FE bezieht die beiden Fernerkundungsbücher, die ebenfalls beim Dümmler Verlag erschienen sind, in die Referenzen ein (Band 1, Fernerkundung, enthält die Kapitel 1. - 4., der Band 2 die Kapitel 5. und 6.). Es handelt sich um die erste Auflage der beiden Fernerkundungsbücher. Die Referenzen auf Band 1, Photogrammetrie (Hauptkapitel A), beziehen sich auf die 5. und 6. Auflage; beim Band 23, Photogrammetrie (Hauptkapitel B, C, D und E) ist es die 3. Auflage.

Die Literaturhinweise in den Fußnoten sind sehr knapp gehalten. Vor dem Sachregister wurde deshalb eine Vervollständigung der Literaturhinweise eingeschoben.

Der Text ist nach den Regeln der alten Rechtschreibung verfaßt.

F EINFÜHRUNG IN TOPOGRAPHISCHE INFORMATIONSSYSTEME

1. TERMINOLOGIE UND DEFINITIONEN

1.1 Terminologie

Eine junge wissenschaftliche Disziplin ringt in ihren Anfängen mit der Terminologie. Historisch sollte man mit dem Mitte der 60er Jahre im Englischen eingeführten Begriff ***Geographic Information System*** beginnen. Dieser Terminus wurde bald als **Geographisches Informationssystem** ins Deutsche übernommen. Insbesondere Geographen, Raumplaner, Demoskopen usw. benützen ihn gerne als Überbegriff für das weitläufige Gebiet der **raumbezogenen Informationssysteme**.

In diesem Manuskript wird eine Terminologie vorgeschlagen, deren Wurzeln in die Zeit zurückreicht, als man raumbezogene Informationssysteme noch ausschließlich auf analoge Weise hergestellt und genutzt hat. Die Basisspeicher waren damals die (analogen) Karten. Die modernen raumbezogenen Informationssysteme, die auf die elektronische Datenverarbeitung (EDV) ausgelegt sind, liefern innerhalb ihres großen Spektrums an Produkten auch viele kartographische Produkte. Das Kartensortiment - ob analog oder digital hergestellt - kann in folgende drei Kategorien eingeteilt werden:

a) **Katasterkarten, Stadtkarten** und **technische Pläne** (mit der Versorgungs-Infrastruktur). Diese Karten haben Maßstäbe zwischen 1:500 und 1:5000. Ihr Inhalt wird hauptsächlich mit Winkel- und Streckenmeßgeräten im Gelände erfaßt. Vereinzelt kommt auch die Photogrammetrie zum Einsatz.

b) **Topographische Karten**, die die natürliche und künstliche Landschaft wiedergeben. Die topographischen Karten haben Maßstäbe zwischen 1:2500 und 1:100 000. Ihr Inhalt wird hauptsächlich mit photogrammetrischen Methoden erfaßt; auch die Fernerkundung leistet dafür einen beachtlichen Beitrag.

c) **Geographische Karten** und **thematische Karten**. Ihr Inhalt stammt von einer Vielzahl von sehr heterogenen Informationsquellen. Geographische und thematische Karten haben Maßstäbe 1:100 000 und kleiner. Thematische Karten gibt es auch in größeren Maßstäben als 1:100 000.

Vor diesem Hintergrund der drei unterschiedlichen Kategorien von Karten können auch die modernen raumbezogenen Informationssysteme in drei Kategorien eingeteilt werden:

a) **Landinformationssystem** (LIS), das den Grundstückskataster digital bereithält. Die Infrastruktur der Versorgung wird manchmal ins LIS subsummiert, manchmal aber auch als eigenes Informationssystem geführt. Dafür ist der Ausdruck **Leitungskataster** gebräuchlich. Ein breit angelegtes Landinformationssystem wurde über eine längere Zeit auch als **Mehrzweckkataster** bezeichnet. Wenn die Interessen einer Stadt oder einer Gemeinde im Mittelpunkt stehen, findet man auch die Bezeichnung **kommunales Informationssystem** (KIS).

b) **Topographisches Informationssystem** (TIS), das die natürliche und künstliche Landschaft in Form von digitalen Modellen bereithält. Dabei wird keine sehr große Detaillierung und keine nennenswerte Generalisierung angestrebt.

c) **Geographisches Informationssystem**, das die natürliche und künstliche Landschaft stark generalisiert wiedergibt, außerdem viele andere thematische Inhalte. Steht das jeweilige Thema stark im Vordergrund, wird das einschlägige Informationssystem auch oft nach diesem Thema benannt, wie **Umweltinformationssystem**, **Bodeninformationssystem**, **hydrographisches Informationssystem** etc.

Für die Gemeinsamkeiten - insbesondere die theoretischen Grundlagen - der drei Kategorien von raumbezogenen Informationssystemen ist ein Überbegriff wünschenswert. Dafür wäre der - bereits mehrmals verwendete - Begriff "**Raumbezogene Informationssysteme**" prädestiniert, wofür es auch die treffende englische Bezeichnung ***Spatial Information Systems*** gibt. Im deutschen Sprachraum wird allerdings für den Überbegriff sehr stark die Bezeichnung **Geo-Informationssysteme (GISe)** favorisiert. Im Englischen wird man für den Überbegriff vermutlich die Bezeichnung ***Geographic Information Systems (GISs)*** beibehalten. Die in diesem Manuskript verwendeten Begriffe sind in der Figur 1.1-1 zusammengefaßt.

In einem Lehrbuch über "Photogrammetrie" steht zwangsläufig das topographische Informationssystem (TIS) im Mittelpunkt des Interesses. Allgemeinere Aussagen ordnen wir den Geo-Informationssystemen (GISen) zu. Vereinzelt gibt es in diesem Manuskript auch Hinweise zu den Landinformationssystemen und zu den geographischen Informationssystemen.

Daten in GISen werden allgemein als **Geodaten** bezeichnet. Die Daten in einem TIS präzisiert man häufig mit topographischen Daten oder mit landschaftsbezogenen Daten.

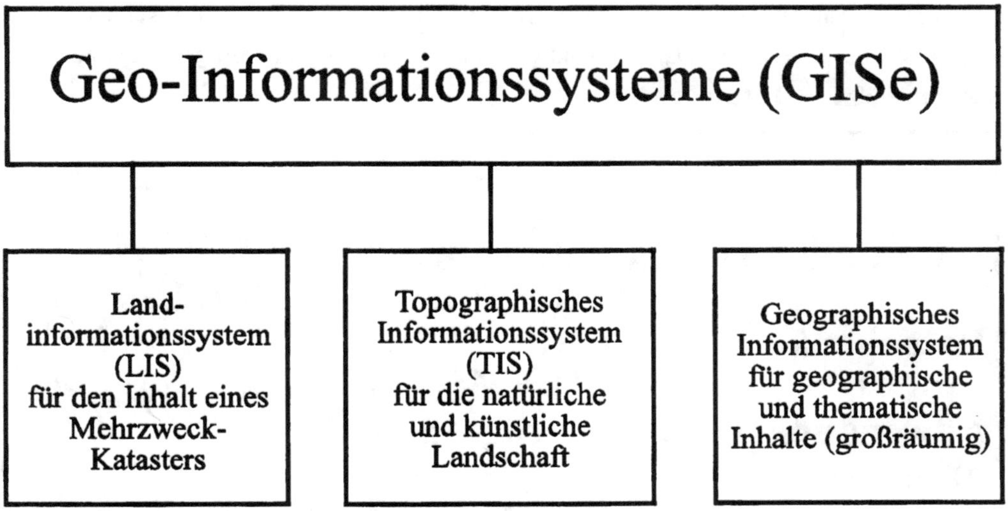

Figur 1.1-1: Geo-Informationssysteme mit ihren drei wesentlichen Kategorien

1.2 Definition eines TIS und seiner wichtigsten Komponenten

Ein TIS kann als ein computerbasiertes System definiert werden, mit dem landschaftsbezogene Daten

- **gesammelt und redigiert,**
- **gespeichert und reorganisiert,**
- **modelliert und analysiert sowie**
- **multimedial präsentiert**

werden.

Ein TIS besteht - wie jedes Informationssystem - aus einer Datenbank und den Anwendungsprogrammen (Figur 1.2-1), die auf der Datenbank aufgesetzt sind. Die Datenbank mit ihrem Datenbestand tritt also in den Mittelpunkt; die Anwendungsprogramme scharen sich **um** die Datenbank. Die Datenbank bewahrt die Daten auf und hält sie für einen künftigen Gebrauch bereit. So wie die Ansammlung von Geld aber noch keine Geldbank ausmacht, ist auch die Ansammlung von Daten noch keine Datenbank. Es gehört die Organisation zur Verwaltung des Geldes bzw. der Daten hinzu, bis man von einer Bank sprechen kann. **Eine Datenbank besteht deshalb aus dem Datenbestand**, der nach genau definierten Ordnungsregeln strukturiert sein muß, **und aus den Datenverwaltungsprogrammen (*data base management system - DBMS*)**, die den Umgang mit den Daten regeln und dabei die Integrität der Daten wahren. Die verschiedenen Anwendungsprogramme haben also keinen direkten Zugriff auf die Daten. Der Datenbestand wird mit Datenverwaltungsprogrammen aufgebaut und fortgeführt (= **Datenpflege**).

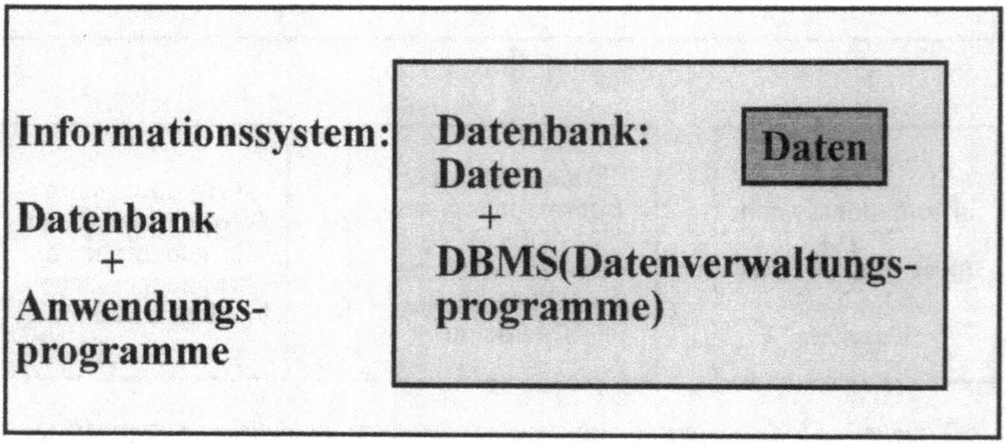

Figur 1.2-1: Komponenten eines Informationssystems[1]

Die wichtigsten Daten in einer topographischen Datenbank sind als **digitale Modelle** - genauer: **digitale topographische Modelle** - konzipiert. Topographische Modelle sind eine **Vereinfachung der realen Topographie, die durch Idealisierung und Diskretisierung entstehen und die für eine systematische, EDV-technische Verarbeitung zugänglich gemacht werden**. Die digitalen Modelle umfassen zusätzlich zu den gespeicherten Punkten mit ihren Koordinaten auch

- die Verschlüsselung der Bedeutung der Punkte, Linien, Flächen und Körper
- die Elemente der Datenstrukturierung und
- die Algorithmen für den Übergang von den diskreten Punkten auf Kurven und Flächen.

Werden die topographischen Modelle in einen Langzeitspeicher mit schnellem Zugriff abgelegt, so eignen sie sich als Datenbestand für eine **topographische Datenbank**.

Noch größere Ambitionen als die Datenbank hat das **Informationssystem**. Es will hauptsächlich "informieren", also auf irgendwelche Fragen Antworten geben. Das Informationssystem ist in erster Linie ein Frage-Antwort-System. Es gibt die Antworten auf Grund eines (umfangreichen) Quellenmaterials, das nach verschiedenen Methoden mit umfangreichen Programmen ausgewertet und präsentiert wird. Das Herz eines computerbasierten topographischen Informationssystems ist eine topographische Datenbank (Figur 1.2-2). Ein TIS gibt

---

1 In Anlehnung an Bartelme, N.: Geoinformatik. Springer-Verlag, 1995.

dem Fragenden die Antworten in alphanumerischer und/oder graphischer und/oder multimedialer Form. Dafür ist eine ausgefeilte Präsentationssoftware erforderlich; ebenso müssen verschiedene Methoden der Auswertung (z.B. Selektion, Verschneidung, Analyse) programmtechnisch verwirklicht sein.

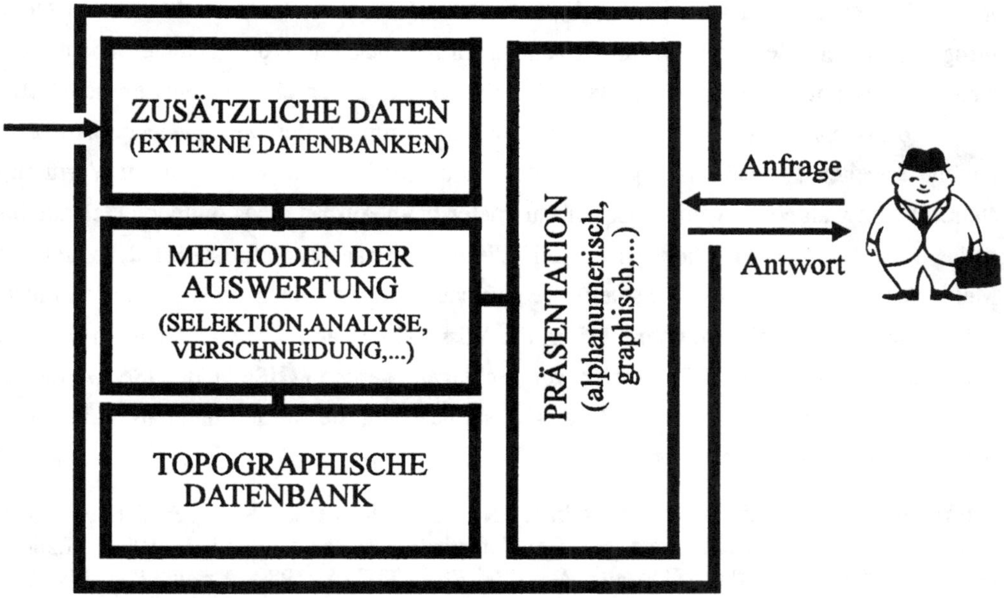

Figur 1.2-2: TIS in Aktion

Zur Beantwortung mancher Anfragen muß ein TIS auch auf **externe Datenbanken** zurückgreifen können. Soll zum Beispiel eine Graphik der Gebäude mit einer bebauten Fläche größer als fünf Quadratmeter mit Angabe der Adresse und des Gebäudeeigentümers erfolgen, so wird man über die Adressen, die im allgemeinen in einem großmaßstäbigen TIS gespeichert sind, auf eine Datenbank für die Bewohner einer Verwaltungseinheit (Gemeinde, Bundesland etc.) zurückgreifen. Die Verknüpfung der topographischen Datenbank im TIS mit der Bevölkerungsdatenbank geschieht in diesem Fall also über die (gemeinsamen) Adressen. Die Adressen sind die (Zugriffs-)**Schlüssel** zu den Datenbeständen in beiden Datenbanken.

Die topographische Datenbank eines TIS dient häufig auch als externer Datenbestand für andere GISe. Das TIS liefert in vielen Fällen die **topographische Bezugsinformation** für Daten mit starker Abstraktion, wie zum Beispiel für administrative Daten und Planungsdaten. Darüber hinaus enthält ein TIS wertvolle Komponenten, die gemeinsam mit anderen GISen komplexe Zusammenhänge als Grundlage für weitreichende Entscheidungen erkennen lassen.

Die neueste Entwicklung bei den Informationssystemen ist eine Erweiterung um eine sogenannte Wissensbasis. **Diese Wissensbasis enthält formalisierte menschliche Entscheidungsregeln**; ein Beispiel: "Wenn auf einem Grundstück ein Wohngebäude errichtet ist, dann muß es mit öffentlichen Straßen, elektrischen Leitungen etc. erschlossen sein". Die Wissensbasis soll sich auch im Rahmen der Auswertungen der verschiedenen Anfragen laufend erweitern, sodaß das angesammelte Wissen für Folgeauswertungen zur Verfügung steht. Die zu wählenden geometrischen Parameter beim Aufbau eines digitalen Geländemodelles (z.B. die Approximationsgenauigkeit, die Filterbeträge zur Elimination der zufälligen Meßfehler) sind ein solches Beispiel: Die gefundenen optimalen geometrischen Parameter beim jeweiligen Projekt sollte ein TIS in die Wissensbasis ablegen, aus der dann für neue Projekte die plausibelsten Parameter vorgeschlagen werden. GISe und TISe werden in Zukunft also eine Daten- und eine Wissensbasis besitzen; sie werden dann als **daten- und wissensbasierte Systeme bezeichnet**.

Literatur zum Abschnitt 1.: Bartelme, N.: Geoinformatik, Springer-Verlag, 1995. Bill, R.,Fritsch, D.: Grundlagen der Geo-Informationssysteme. Band 1 (1994), Band 2 (1996), Wichmann Verlag. Conzett, R.: VPK 78, 373-375, 1980, Kraus, K.: ZfV 108, 27-33, 1983. Peuquet, D., Marble, D.: Introductory reading in Geographic Information Systems. Taylor & Francis, 1990. Burrough, P.: Priciples of Geographic Information Systems for Land Resources Assessment. Oxford Science Publications, 1993.

2. ZUM INHALT EINES TIS

Mit einem TIS wird hauptsächlich ein Abbild der natürlichen und künstlichen Landschaft angestrebt. Ein TIS enthält daher in erster Linie topographische Objekte, die als digitale topographische Modelle etabliert werden. Wir versuchen eine Aufzählung der **topographischen Objekte**:

- **Verkehrseinrichtungen**, insbesondere Straßen (Autobahnen, Bundes- und Landesstraßen, Straßen in Städten und Ortschaften, Feld- und Wanderwege), Eisenbahnen, Tunnelbauwerke und Brücken, Straßenbahn- und Buslinien, Seilbahnen, Flugplätze.
- **Gewässersystem**, insbesondere Flüsse, Bäche, Quellen, natürliche und künstliche Seen sowie Teiche, Kanäle.

- **Gebäude**, insbesondere die verschiedenen Kategorien der öffentlichen Gebäude, kunsthistorisch wertvolle Gebäude (Kirchen, Denkmäler ...), Wohn- und Nebengebäude, Industrieanlagen und Wirtschaftsgebäude, Gebäude mit einer speziellen Funktion (Hotels, Gasthäuser, Tankstellen, Kraftwerke mit Überlandleitungen, ...).
- **Landnutzung** und Landbedeckung[1], insbesondere die unterschiedliche landwirtschaftliche Nutzung, Vegetation in den natürlichen Landschaften, Felsen und Schutthalden, Parkanlagen und Stadtvegetation, Mülldeponien.
- Gestalt der **Geländeoberfläche** einschließlich der markanten Kunstbauten.

Neben diesen topographischen Objekten erwartet man in einem TIS auch administrative Gegebenheiten, die man in der Informationsverarbeitung als **administrative Objekte** bezeichnet:

- Staatsgrenzen, Landesgrenzen, Gemeindegrenzen.
- Grenzen von Gebieten, innerhalb denen ein bestimmtes menschliches Verhalten vorgeschrieben ist, wie Nationalparks, Naturschutzgebiete, militärische Sperrgebiete.

Ein computerbasiertes TIS muß nicht auf den (begrenzten) Platz einer topographischen Karte Rücksicht nehmen. Es kann daher auch **Objekte**, die **im Randbereich** eines TIS anzusiedeln sind, aufnehmen (wenn schon nicht die Datenbestände selbst, so doch einen (Zugriffs-)Schlüssel zu den Datenbanken der Randbereiche):

- Grundstücksgrenzen mit Grundstücksnummern (nur in einem sehr großmaßstäbigen[2] TIS denkbar).
- Generalisierte und aufeinander abgestimmte topographische Objekte in kleinen Maßstäben, vor allem für Visualisierungen.
- Planungsdaten wie Baulinien, projektierte Verkehrslinien.
- Bodentypen und Bodenprofile.
- Geologie und Geomorphologie.
- Klimadaten und Klimazonen.

Die (Zugriffs-)**Schlüssel** zu den drei zuletzt genannten Datenbanken sind in der Regel die **XY-Landeskoordinaten**.

---

[1] Streng genommen sollte man beide Begriffe unterschiedlich verwenden: Die **Landnutzung** (*land use*) könnte die im Landregister (≙ Kataster) festgelegte Nutzung sein; die **Landbedeckung** (*land cover*) ist die zu einem bestimmten Zeitpunkt tatsächlich gegebene Bodennutzung.

[2] Obwohl ein **TIS** streng genommen **keinen Maßstab** besitzt, sondern nur die aus einem TIS abgeleiteten Visualisierungen, wird in diesem Lehrbuch dieser aus der "analogen Zeit" stammende Begriff für eine grobe Charakterisierung des Detaillierungsgrades - im weiteren Sinn auch der geobezogenen Genauigkeit - benutzt.

Ein computerbasiertes TIS kann auf jeden Fall wesentlich mehr **Sachdaten (Attribute) zu einzelnen topographischen und administrativen Objekten** aufnehmen, als das in den analogen topographischen Karten möglich war:

- Zum Verkehrsnetz z.B. die offizielle Numerierung der Verkehrswege, eventuell ihr Ausbauzustand und die Belastbarkeit der Brücken.
- Zum Gewässersystem z.B. die offizielle Numerierung der Flußläufe, eventuell ihre Abflußmengen und ihre Wasserqualität.
- In Städten die Straßennamen und die Verkehrsregelung (Fußgängerzonen, Einbahnen, etc.).
- Zu den Gebäuden eventuell die Adressen, Stockwerksanzahl, Baujahr und Bauzustand.
- Zur Landnutzung z.B. ein Vermerk über eine Mehrfachnutzung wie "Einflugschneise eines Flugplatzes über Sportplatz".
- Zu den einzelnen Verwaltungseinheiten eventuell die Einwohnerzahl.
- Das topographische Namensgut wie die Bezeichnung der Berge, Gletscher, Täler, etc.

Ein weiterer entscheidender Vorteil eines computerbasierten TIS gegenüber einem kartenbasierten TIS besteht darin, daß auch die **Qualität der im TIS gespeicherten Daten** festgehalten werden kann, d.h. ein TIS möge auch folgende Informationen beinhalten:

- Herkunft und Genauigkeit der topographischen Daten (Bildflugdatum, Bildmaßstab, Kameratyp, Auswertemodus, Interpolationsmethode).
- Landnutzungserhebung: Aus Luftbildern oder Satellitenaufnahmen erhoben und eventuell durch einen Feldvergleich verifiziert.
- Herkunft und Genauigkeit etwaiger Grundstücksgrenzen (Katasterkarte digitalisiert, örtlich vermessen, Besitzgrenze photogrammetrisch erhoben).

Daten wie die eben angegebenen Qualitätsparameter, die über andere Daten Auskunft geben, bezeichnet man übrigens als **Metadaten**. Der Umfang der Metadaten ist sehr klein im Vergleich zum Umfang der Daten, über die sie Auskunft geben. Metadaten werden häufig im **Internet** (kostenfrei) angeboten. Sie sollen auch zum Kauf der vollständigen Daten animieren.[1]

In einem computerbasierten TIS werden auch **technische Daten** bereitgehalten, die für die Erstellung und Laufendhaltung der Datenbestände sowie für die Informationsanalyse und Visualisierung der Ergebnisse nützlich sind:

- Paßpunkte mit ihren Koordinaten und in Zukunft die dazugehörige Mustermatrix für das Identifizieren der Paßpunkte in digitalen Bildern.

---

[1] **Literatur** zu Metadaten: Bill, R.: PFG, S. 283-290, 1997.

- Elemente der inneren und äußeren Orientierung der einzelnen Luftbilder.
- Transformationsparameter für den Übergang zwischen den verschiedenen Koordinatensystemen im eigenen Land und zu den Koordinatensystemen der Nachbarländer.
- Geoidform für die genaue Auswertung von GPS-Messungen.

Manche Staaten und übergeordnete Organisationen haben inzwischen Kataloge - gewissermaßen Normen - herausgebracht, in denen die einzelnen Objekte und ihre Zusammenfassung zu Objektklassen im Detail samt ihren (Zugriffs-)Schlüsseln beschrieben sind. Zunächst sollen einige **nationale und internationale Normungsinstitute** genannt werden:

- Österreichisches Normungsinstitut (ÖN).
- Deutsches Institut für Normung e.V. (DIN).
- Schweizerische Normen-Vereinigung (SNV).
- Europäisches Komitee für Normung (*Comité Européen de Normalisation*, CEN).
- Internationale Organisation für Normung (*International Standards Organisation*, ISO).

Im folgenden werden einige **nationale und internationale Kataloge** (man spricht auch von sogenannten **Standards**), die für TISe interessant sind, genannt. In solchen Katalogen sind die **Syntax** (formaler Aufbau insbesondere der Austauschformate) und die **Semantik** (Inhalt) der Daten genau festzulegen. Teilweise spiegeln sich in den Normen auch die im jeweiligen TIS verwendeten digitalen Modelle wider.

- A2260/A2261: Der österreichische nationale Standard für die Übertragung von Geodaten[1].
- CCOGIF: *Canadian Council on Geomatics Interchange Format.*
- DTED: *Digital Terrain Elevation Data* (*US Army, Defence Mapping Agency*).
- DIGEST: Ein Ergebnis der Arbeit der DGIWG (*Digital Geographic Information Working Group*) der NATO.
- DX-90: Standard der IHO (*International Hydrographic Organisation*).
- EDBS: Einheitliche Datenbankschnittstelle der deutschen Vermessungsverwaltung für ATKIS (amtliches topographisch-kartographisches Informationssystem) und für ALK (automatisierte Liegenschaftskarte). Der Aufbau des umfangreichen ATKIS-Objektartenkataloges ist aus der Figur 2-1 ersichtlich.
- EDIGÉO: Der französische nationale Standard für die Übertragung von Geodaten.
- ETDB: *European Territorial Data Base* von CERCO (*Comité Européen des Responsables de la Cartographic Officielle*).
- GDDD: *Geographical Data Description Directory* für Metadaten auf europäischer Ebene.
- INTERLIS: Datenaustauschmechanismus für Landinformationssysteme, Schweiz.
- NTF: Der britische nationale Standard für die Übertragung von Geodaten.

---

[1] Belada, P.: VGI 82, S.162-171, 1994. Zill, V.: VGI 82, S. 66-70, 1994. Bartelme, N.: VGI 85, S. 154-160, 1997.

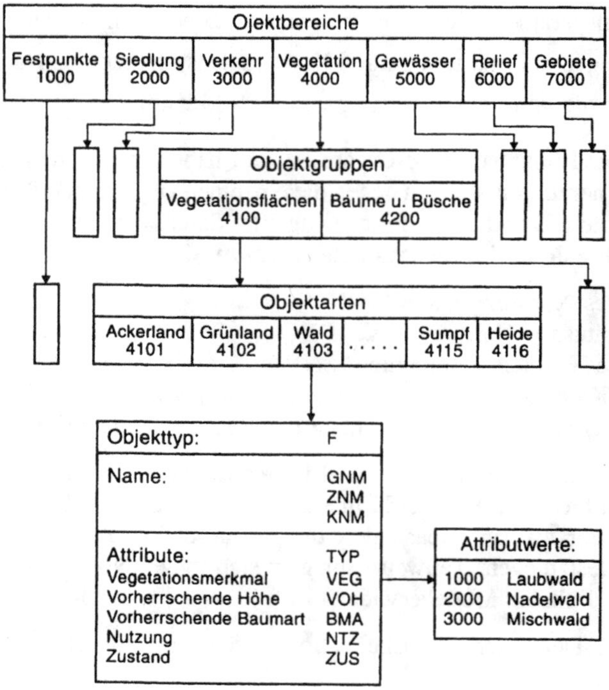

F ... Fläche, GNM ... geographischer Name, ZNM ... Zweitname, KNM ... Klassenname

Figur 2-1: Aufbau des ATKIS-Objektartenkataloges[1]

Neben den nationalen und internationalen Normungsinstituten, die **systemunabhängige Austauschformate** definieren, gibt es auch sogenannte **Industriestandards**. Sie sind bzw. waren auf die Systeme der einzelnen Hersteller ausgelegt. Gegenwärtig laufen innerhalb des ***Open GIS Consortiums*** (OGC) gemeinsame Initiativen von Systemherstellern, Anwendern und Universitäten zur Definition allgemeiner Standards für den Austausch von Geodaten. Teilweise werden dafür umfangreiche Datenbeschreibungssprachen wie EXPRESS entwickelt.

Zusätzliche **Literatur** zum zweiten Teil des Abschnittes 2.: Bartelme, N.: Geoinformatik. Springer-Verlag, 1995. Bill, R.: Grundlagen der Geo-Informationssysteme. Band 2, Wichmann-Verlag, 1996. Keller, S.: GIS 11, Heft 2, S. 10-16, 1998. Behr, F.: Strategisches GIS-Management. Wichmann-Verlag, 1998.

[1] Entnommen aus Hake, G., Grünreich, D.: Kartographie. De Gruyter, 1994.

3. ZUR BILDUNG TOPOGRAPHISCHER MODELLE

3.1 Objektdefinition

Die Objekte sind die Bausteine eines TIS. Es gibt

- **reale Objekte** (Verkehrslinien, natürliche und künstliche Seen, Gebäude mit Adressen, etc.) und
- **abstrakte Objekte** (Gemeindebegrenzungen mit Angaben zur jeweiligen Gemeinde, Grundstücksbegrenzungen mit Angaben der jeweiligen Eigentümer, etc.).

Die einzelnen Objekte, die in einem TIS digital zu modellieren sind, bestehen aus **geometrischen Parametern** (= Geometrie) einerseits und **thematischen Attributen** (= Thematik) andererseits. Die thematischen Attribute werden auch als **Sachdaten** oder Sachattribute bezeichnet.

Die einzelnen Objekte können auch noch zu sogenannten **Objektklassen** - auch **Objekttypen** genannt - zusammengefaßt werden. In der Figur 3.1-1 ist die in einem TIS zu verwirklichende **Objektdefinition** wiedergegeben. In diesem Schema ist auch festgehalten, daß die geometrischen Parameter und die thematischen Attribute, die allen Objekten gemeinsam sind, der (übergeordneten) Objektklasse zugeschrieben werden. Mehrere Objektklassen können in Fortsetzung dieser "Vererbungshierarchie" noch zu Objektsuperklassen zusammengefaßt werden.

Die **Geometrie** eines Objektes setzt sich aus der **Metrik** (Koordinaten, Längen, Flächen, Formparameter, etc.) und aus der sogenannten **Topologie** zusammen. Die Topologie beschreibt die Nachbarschaftsbeziehungen. Eine typische topologische Information ist die Angabe der Reihenfolge von Punkten innerhalb einer Linie, die in ihrer Metrik koordinatenmäßig festgelegt sind. Zur Topologie in diesem Zusammenhang gehört auch, ob es ein geschlossener Polygonzug (z.B. Gebäude) oder ein offenes Liniennetz (z.B. Flußnetz) ist. Topologische Eigenschaften können auch verbal formuliert sein, zum Beispiel "Die Gebäude an der Ludwigsstraße".

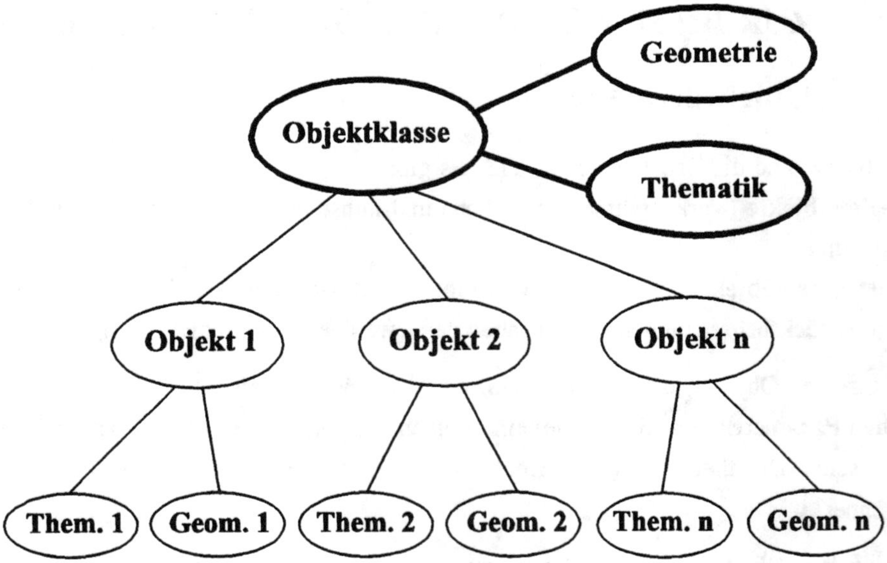

Figur 3.1-1: Geometrie- und Sachdaten der Objekte

3.2 Dimensionalität der Objekte

Topographische Karten sind zweidimensional. Mit Hilfe von Höhenlinien, Schummerungen, etc. vermitteln sie auch einen dreidimensionalen Eindruck.

In TISen hat man über eine längere Zeit einen ähnlichen Weg eingeschlagen. Dabei wird für jedes Thema ein eigenständiger geometrischer Datensatz aufgebaut. Der jeweilige geometrische Datensatz ist zweidimensional (2D); man spricht in diesem Zusammenhang auch von **thematischen Ebenen (*layers*)**. Die Attribute variieren von Ebene zu Ebene. Ein solches Attribut entspricht häufig einer Farbe in einer analogen topographischen Karte.

Figur 3.2-1 zeigt dieses Prinzip von übereinanderliegenden Ebenen. Es sind fünf Ebenen angegeben, die - gemeinsam betrachtet - die (dreidimensionale) reale Welt ergeben sollen. Eine dieser thematischen Ebenen enthält auch Höhenlinien. Es ist also auch die dritte Dimension vorhanden. Da die einzelnen Ebenen unabhängig voneinander modelliert werden, bezeichnet man ein solches **TIS "zweidimensional plus eindimensional" (2D+1D)**.

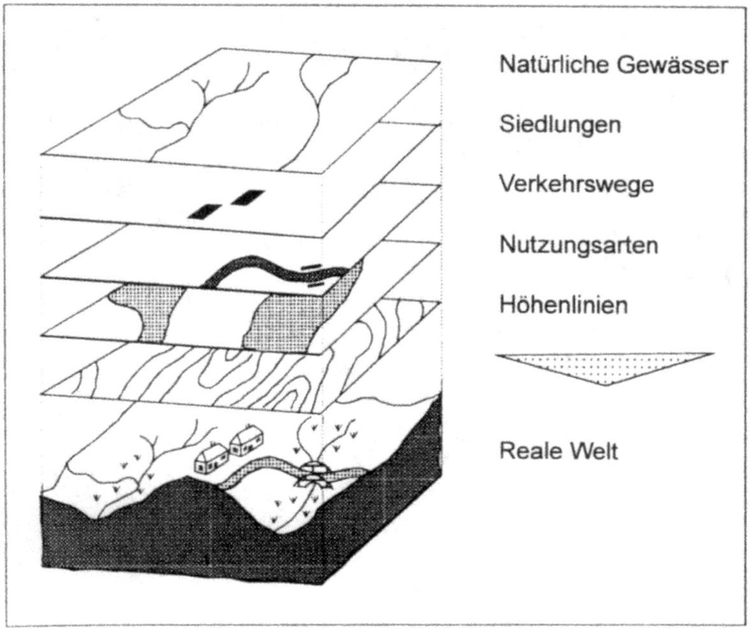

Figur 3.2-1: TIS mit fünf thematischen Ebenen[1]

Die unabhängige Modellierung der einzelnen thematischen Ebenen führt bei der Zusammenführung zu Diskrepanzen. Anhand der Figur 3.2-2 können die Nachteile eines (2D+1D)-TIS erläutert werden. Die Figur a) enthält bereits die Zusammenführung einiger 2D-Datensätze. Die Figur b) zeigt das digitale Geländemodell. Eine Zusammenführung der Inhalte der Figuren a) und b) kann - als Folge von Abweichungen in der mehrfachen Speicherung - zu Diskrepanzen an Linien führen, die in der realen Welt dieselben sind, aber durch unterschiedliche Attribute dargestellt werden (Figur c). Wünschenswert ist eine rigorose dreidimensionale Modellierung, also ein **3D-TIS** (Figur d).

Die Erfassung der Daten für ein 3D-TIS und die konsequente 3D-Modellierung der realen Welt sind allerdings sehr aufwendig. Man begnügt sich daher oft mit einem Kompromiß, der als **2.5D-TIS** bezeichnet wird[2]. Es kann wie folgt charakterisiert werden:

---

[1] In Anlehnung an: Bill, R., Fritsch, D.: Grundlagen der Geoinformationssysteme. Band 1, 1994.

[2] Bill, R., Fritsch, D.: Grundlagen der Geoinformationssysteme. Band 1, 1994.

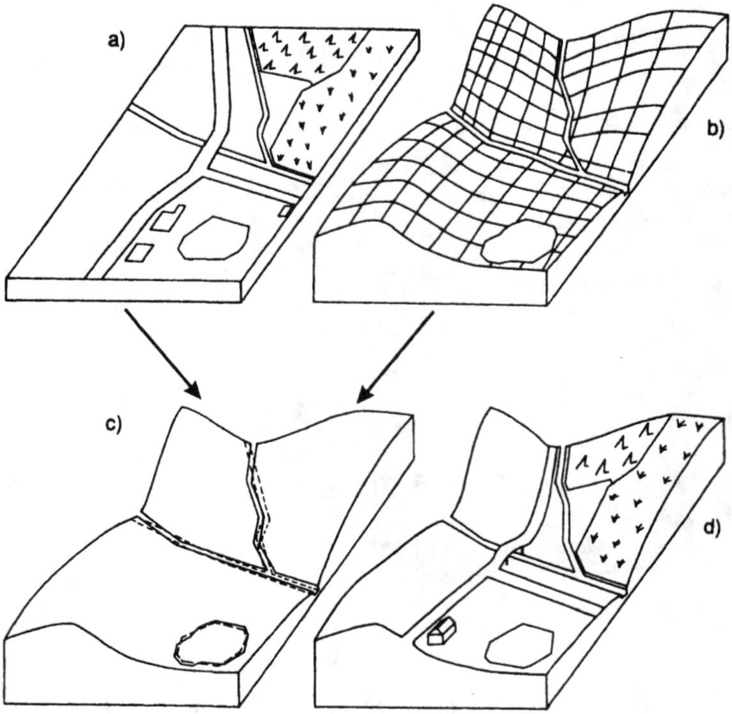

Figur 3.2-2: Diskrepanzen in einem (2D+1D)-TIS (a, b und c) und ein 3D-TIS (d)[1]

- Zu jeder XY-Position gibt es nur eine Z-Koordinate. Dadurch können keine Geländeüberhänge, keine Brücken etc. modelliert werden.
- Die XY-Koordinaten haben eine höhere Priorität als die Z-Koordinate. Die Z-Koordinate ist sozusagen nur ein (Sach-)Attribut zu jeder XY-Position.
- Die Lösungen der geometrischen Probleme sind abhängig von der Lagerung (= räumliche Orientierung) des Koordinatensystems. Angestrebt werden dagegen Lösungen, die von der Lagerung des Koordinatensystems unabhängig sind.

Die verschiedenen Dimensionalitäten sollen im folgenden anhand einer **einfachen Aufgabe,** nämlich der **Lagebeziehung von zwei Geraden und der Ermittlung eines plausiblen gemeinsamen Punktes**, erläutert werden. Diese Aufgabe tritt zum Beispiel bei der Datenbereinigung auf, wenn zwei sich kreuzende Geraden digitalisiert wurden und der "Schnittpunkt" gesucht ist. Die Digitalisierung ist mit zufälligen Fehlern behaftet, sodaß zumindest

---

[1] In Anlehnung an: Hake, G., Grünreich, D.: Kartographie. 1994.

im dreidimensionalen Raum in der Regel kein Schnittpunkt auftritt und deshalb ein anderer repräsentativer Punkt, der die Funktion eines gemeinsamen Punktes übernehmen kann, gesucht ist.

2D-Lösung: Die Parameterdarstellung der beiden Geraden g und h mit den Variablen u und v lautet:

$$g: \begin{pmatrix} X \\ Y \end{pmatrix} = \begin{pmatrix} X_1 \\ Y_1 \end{pmatrix} + u \begin{pmatrix} X_2 - X_1 \\ Y_2 - Y_1 \end{pmatrix} \qquad (3.2\text{-}1)$$

$$h: \begin{pmatrix} X \\ Y \end{pmatrix} = \begin{pmatrix} X_3 \\ Y_3 \end{pmatrix} + v \begin{pmatrix} X_4 - X_3 \\ Y_4 - Y_3 \end{pmatrix} \qquad (3.2\text{-}2)$$

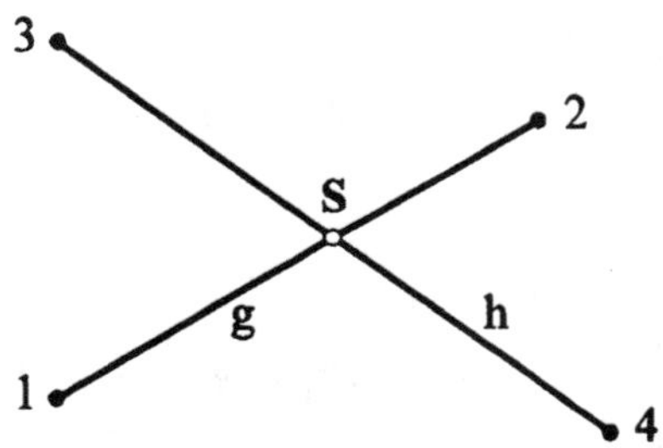

Figur 3.2-3: Geradenschnitt

Durch Gleichsetzen dieser Beziehungen erhält man zwei Gleichungen für die den Schnittpunkt S fixierenden Unbekannten u_s und v_s. Die gesamte Berechnung bis zu den Koordinaten X_s und Y_s erfordert 11 Additionen/Subtraktionen und 9 Multiplikationen/Divisionen.

2.5D-Lösung: Der 2.5D-Geradenschnitt entspricht in den XY-Koordinaten dem 2D-Geradenschnitt, der ausgehend von den Gleichungen (3.2-1) und (3.2-2) ermittelt wird. Mit den daraus erhaltenen Größen u_s und v_s wird auch noch die Z-Koordinate für den "Schnittpunkt" S berechnet, der zweckmäßigerweise als Mittel zwischen $Z_{S,g}$ und $Z_{S,h}$ angenommen wird:

$$Z_{S,g} = Z_1 + u_s(Z_2 - Z_1) \qquad (3.2\text{-}3)$$

$$Z_{S,h} = Z_3 + v_s(Z_4 - Z_3) \qquad (3.2\text{-}4)$$

$$Z_S = (Z_{S,g} + Z_{S,h})/2 \qquad (3.2\text{-}5)$$

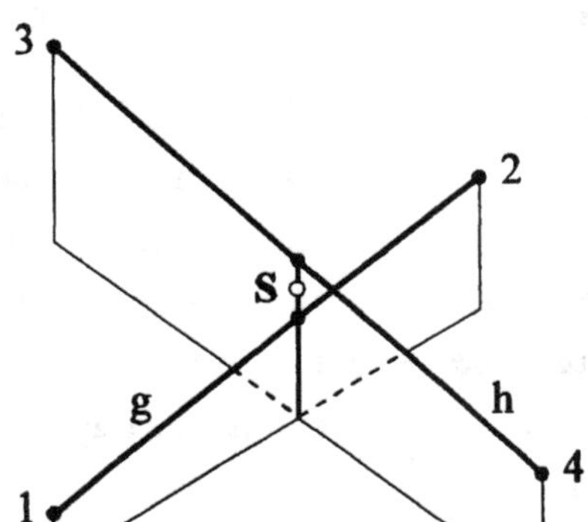

Figur 3.2-4: 2.5D-Geradenschnitt

Der Aufwand für den 2.5D-Geradenschnitt beträgt insgesamt 16 Additionen/Subtraktionen und 12 Multiplikationen/Divisionen.

3D-Lösung: Gegeben sind die Punkte 1,2,3 und 4 mit denselben Koordinaten wie beim 2.5D-Fall. Der "Schnittpunkt" S in einem 3D-Fall wird aber nicht auf der Z-Koordinatenlinie als Mittel entsprechend der Gleichung (3.2-5) angenommen, sondern in der Mitte des Abstandes (= Gemeinlot) der beiden windschiefen Geraden g und h. Man bekommt seine Koordinaten auf folgende Weise: Die Parameterdarstellung der beiden Geraden g und h lauten:

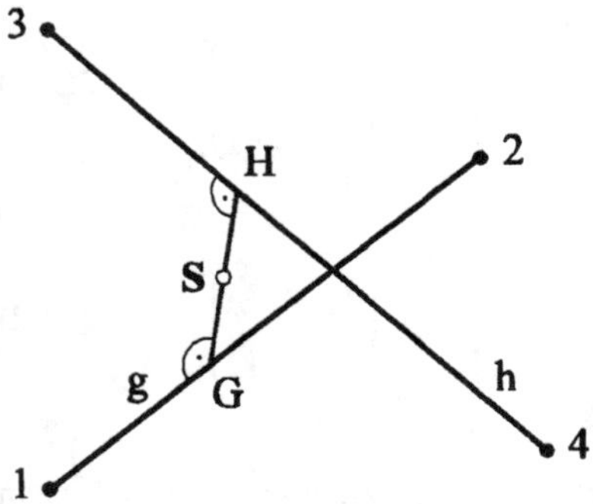

Figur 3.2-5: 3D-Geradenschnitt

$$g: \begin{pmatrix} X \\ Y \\ Z \end{pmatrix} = \begin{pmatrix} X_1 \\ Y_1 \\ Z_1 \end{pmatrix} + u \begin{pmatrix} X_2-X_1 \\ Y_2-Y_1 \\ Z_2-Z_1 \end{pmatrix} \quad bzw. \; \boldsymbol{X}=\boldsymbol{X_1} + u\boldsymbol{a} \tag{3.3-6}$$

$$h: \begin{pmatrix} X \\ Y \\ Z \end{pmatrix} = \begin{pmatrix} X_3 \\ Y_3 \\ Z_3 \end{pmatrix} + v \begin{pmatrix} X_4-X_3 \\ Y_4-Y_3 \\ Z_4-Z_3 \end{pmatrix} \quad bzw. \; \boldsymbol{X}=\boldsymbol{X_3} + v\boldsymbol{b} \tag{3.3-7}$$

Die beiden Fußpunkte G (auf der Geraden g) und H (auf der Geraden h) des senkrechten Abstandes sind mit den Größen u_G und v_H festgelegt (Figur 3.2-5). Man erhält sie aus den folgenden beiden linearen Gleichungen[1]:

$$(\boldsymbol{X}_1 - \boldsymbol{X}_3 + u_G\boldsymbol{a} - v_H\boldsymbol{b})\cdot\boldsymbol{a} = 0 \tag{3.2-8}$$

$$(\boldsymbol{X}_1 - \boldsymbol{X}_3 + u_G\boldsymbol{a} - v_H\boldsymbol{b})\cdot\boldsymbol{b} = 0 \tag{3.2-9}$$

Mit den Größen u_G und v_H bekommt man mit den Gleichungen (3.2-6) und (3.2-7) die Koordinaten $\mathbf{X}_G$ und $\mathbf{X}_H$ der beiden Fußpunkte G und H. Die Mittelung ergibt schließlich die Koordinaten $\mathbf{X}_S$ des "Schnittpunktes" S. Der Aufwand für die 3D-Lösung beträgt: 29 Additionen/Subtraktionen und 27 Multiplikationen/Divisionen. Die 3D-Lösung ist - im Gegensatz zur 2.5D-Lösung - invariant bezüglich der Lagerung des Koordinatensystems. Der Aufwand für die 2.5D-Lösung ist nur etwa um 50% höher als für die 2D-Lösung. Dagegen beträgt der Aufwand für die 3D-Lösung gegenüber dem für die 2D-Lösung etwa das Dreifache.

---

[1] Baule, B.: Die Mathematik des Naturforschers und Ingenieurs. Band III, Hirzel Verlag, Wien, 1947.

Die für dieses einfache Beispiel angegebenen Aufwandsverhältnisse sind nicht übertragbar auf ein umfassendes TIS. Auch ist die oben gemachte Bemerkung, daß alle drei Koordinaten die gleiche Rangordnung haben sollten, für ein TIS nicht voll zutreffend. Infolge der Schwerkraft hat die Z-Koordinate in einem TIS nämlich eine andere Bedeutung als die XY-Koordinaten.

Das Kapitel über die Dimensionalität soll noch mit dem Hinweis auf ein 4D-TIS abgeschlossen werden. Die vierte Dimension ist dabei die Zeit. Ein **4D-TIS** ist daher auf die **Veränderungen der künstlichen und natürlichen Landschaft** ausgerichtet.

3.3 Draht-, Oberflächen- und Volumenmodell

Beim **Drahtmodell** (*wire frame model*) wird ein Teil der realen Welt mit Punkten und sie verbindenden Linien modelliert. Es ist ein sehr einfaches Modell, da es die Flächen- und Volumeneigenschaften ignoriert. Das Drahtmodell ist durchsichtig; es kann bei der Visualisierung nicht zwischen sichtbaren und unsichtbaren Bereichen unterscheiden. Das Drahtmodell spielt für TISe keine nennenswerte Rolle. Es ist im CAD-Bereich aber sehr verbreitet.

Die nächste Stufe ist das **Oberflächenmodell** (Figur 3.3-1). Die modellierten Flächen sind in der Regel die Oberflächen von Körpern, zum Beispiel die Oberfläche des Erdkörpers. Die meisten der ebenen und gekrümmten Flächen sind in geschlossene 3D-Linienzüge eingebettet.

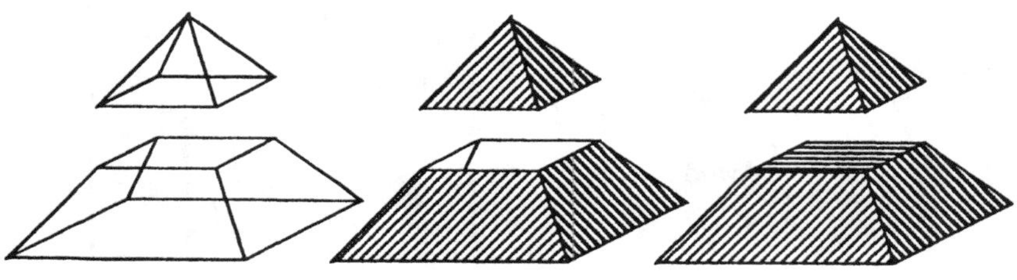

Figur 3.3-1: Draht-, Oberflächen- und Volumenmodell [1]

Ist in einem TIS auch der Inhalt des 3D-Raumes zu modellieren, zum Beispiel der geologische Aufbau der Erde, so ist ein **Volumenmodell** zu verwenden. Viele Volumina mit

[1] Entnommen aus Bartelme, N.: Geoinformatik. Springer-Verlag, 1995.

gleichen Eigenschaften werden von 3D-Flächen begrenzt (Trennfläche zwischen Gletschereis und anstehendem Boden, Horizonte in den Bodenschichten etc.).

3.4 Raster- und Vektordaten

3.4.1 Im 2D- und 2.5D-TIS

a) **Vektordaten**

Die **Metrik** für die Punkte, Linien und Flächen stützt sich in der Regel auf die XY-Koordinaten (Figur 3.4-1). Es können aber auch - wie bei der Linie in der Figur 3.4-1 angedeutet - nur für wenige Punkte die XY-Koordinaten sein und zusätzlich Formparameter für die Kurven. Mit Hilfe der **topologischen Daten** werden aus den Punkten die Linien und aus den Punkten bzw. Linien die Flächen gebildet.

Jeder Punkt, jede Linie und jede Fläche kann **ein oder mehrere Attribute** besitzen. Ein Attribut mit besonderem Stellenwert ist die Benennung des Punktes, der Linie und der Fläche; es ist der (eindeutige) **Objektidentifikator**. Sofern es zu Punkten - auch zu Punkten der Punktfolgen - als Attribute die Z-Koordinaten gibt, hat man ein 2.5D-TIS.

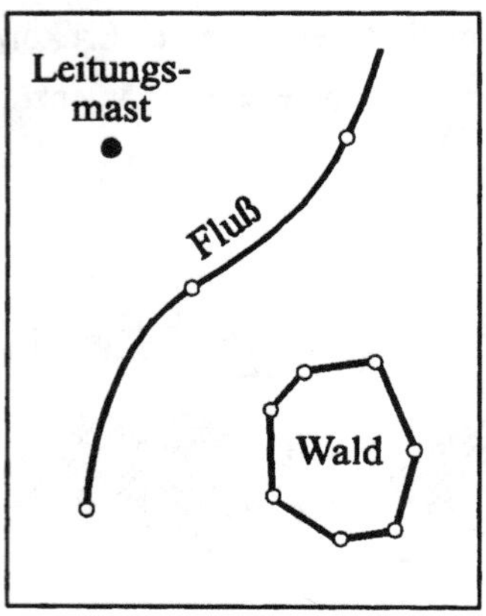

Figur 3.4-1: Punkte, Linien und Flächen im Vektormodell

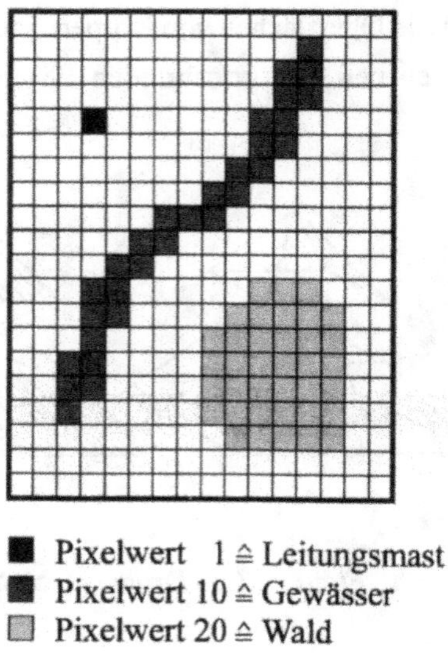

Figur 3.4-2: Äquivalent zu Figur 3.4-1 als Rastermodell

b) **Rasterdaten**

Figur 3.4-2 zeigt das Raster-Äquivalent zu Figur 3.4-1. Die **Metrik** stützt sich in diesem Fall auf die Indizes einer Matrix, die gerne als Bildmatrix bezeichnet wird. Ein Rasterelement entspricht einem Pixel im Sinne der digitalen Bildverarbeitung.

Die Werte der Pixel werden für **Attributierungen** verwendet, zum Beispiel (Figur 3.4-2) für Leitungsmasten der Wert 1, für das Gewässernetz der Wert 10, für Waldflächen der Wert 20. Bei einem 2.5D-TIS gibt es - entsprechend dem Ebenenprinzip (Figur F 3.2--1) - eine zusätzliche Bildmatrix, deren Pixel-Werte den **Geländehöhen** entsprechen. Ein besonders wichtiger Datenbestand, nämlich die **digitalen Orthophotos**, kann man nur als Rastermodell ins TIS aufnehmen. Die Pixelwerte sind in diesem Fall die Grau- bzw. Farbwerte der Luft- und/oder Weltraumaufnahmen (Abschnitt C 1.).

Bei Rasterdaten speichert man in der Regel **keine** (explizite) **Topologieinformation**. Sie folgt indirekt über benachbarte Pixel mit gleichem Pixel-Wert.

c) **Hybride Daten**

Die Vektordaten haben unter anderem den Vorteil der hohen Genauigkeit, die Rasterdaten unter anderem den Vorteil der einfachen Verarbeitung. Von einem universellen TIS fordert man daher eine hybride Datenstruktur bestehend aus Vektor- und Rasterdaten.

3.4.2 Im 3D-TIS

Ein 3D-TIS besteht ebenfalls aus Punkten, Linien und Flächen, aber noch zusätzlich aus Volumina.

a) **Vektordaten**

Punkte und Linien unterscheiden sich gegenüber dem im Abschnitt 3.4.1a) Gesagten nur dadurch, daß zur Metrikinformation die Z-Koordinate als gleichrangige Koordinate zu den XY-Koordinaten hinzukommt. Die Flächen sind in bezug auf Flächenkoordinaten zweidimensional, aber in bezug auf XYZ-Koordinaten dreidimensional. Man kann die im 3D-Raum beliebig verlaufenden Objektoberflächen mit Hilfe von geschlossenen räumlichen Linienzügen in Teilflächen zerlegen und innerhalb dieser geschlossenen Linienzüge - im allgemeinen gekrümmte - Flächen ausbreiten (im Abschnitt C 1.7.1 wurden bereits einschlägige Konzepte andiskutiert).

Allgemeine Flächen trennen in einem vektorbasierten 3D-TIS häufig Bereiche mit gleichen Eigenschaften voneinander. In diesem Fall wird also ein **Volumenbereich, in dem gleiche Eigenschaften gegeben sind, von allgemeinen Flächen im 3D-Raum begrenzt**.

b) **Rasterdaten**

So wie im 2D- und 2.5D-TIS ein 2D-Raster mit seinen Pixeln viele Vorteile bietet, ist für ein 3D-TIS ein 3D-Raster mit entsprechenden Elementen vorzusehen. Diese Elemente werden mit **Voxel (Volumen x Element)** bezeichnet.

Die Werte eines Voxels, also die **Attributierung** für ein solches Element, können sehr verschieden sein (die konkreten Angaben beziehen sich teilweise auf Figur 3.4-3):

- Bedeutung eines "Punktes" im 3D-Raum (z.B. Wert 1 für markante Höhenpunkte im Gelände).
- Bedeutung einer "Linie" im 3D-Raum (Wert 5 für alle Voxel entlang eines der Entwässerung dienenden Ablaufrohres (Drainage), Wert 35 für alle Voxel entlang eines (überhängenden) Klettersteiges etc.).

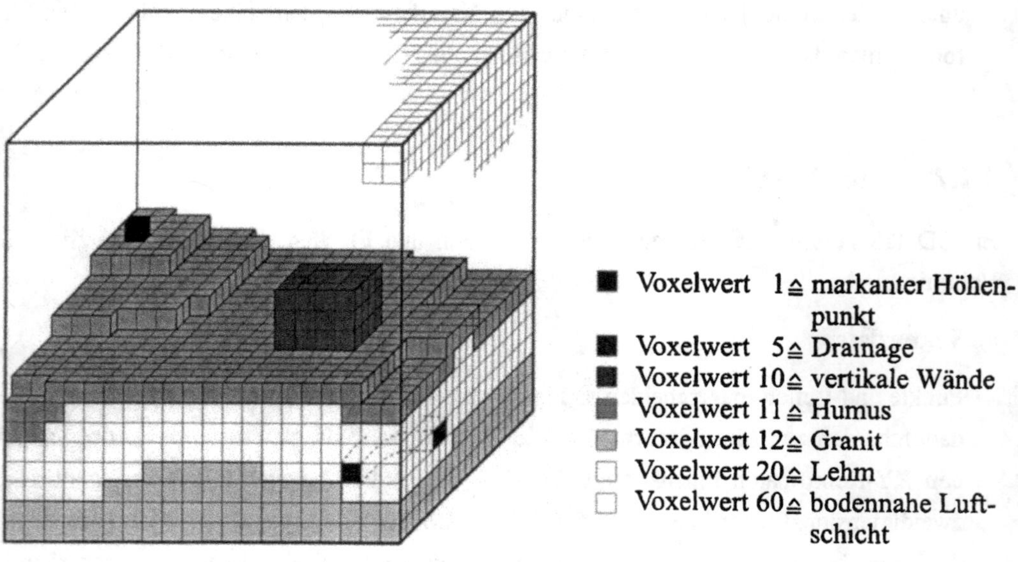

Figur 3.4-3: Voxelmodell

- Bedeutung einer "Fläche" im 3D-Raum (Wert 10 für alle Voxel, die vertikale Flächen eines Gebäudes repräsentieren; Wert 23 für alle Voxel, die die Oberfläche einer Autobahn repräsentieren; etc.).
- Bedeutung der verschiedenen Volumenbereiche (Wert 11 für die Voxel der Humusdecke, Wert 20 für die Voxel der darunter liegenden Lehmschicht, Wert 12 für den darunter liegenden Granit, Wert 60 für die bodennahe Luftschicht, Wert 52 für das Eis der Gletscher, Wert 50 für das Wasser der Seen, etc.).

3.4.3 Gegenseitige Konvertierung

Um die Vorteile der verschiedenen Datentypen ausnützen zu können, müssen in einem leistungsfähigem TIS sowohl eine Raster/Vektor-Konvertierung als auch eine Vektor/Raster-Konvertierung möglich sein. Solche Konvertierungsmöglichkeiten sollten im 2D-, 2.5D- und 3D-TIS vorhanden sein. Auch der Übergang von 3D auf 2D ist von Interesse.

Eine Vektor/Raster-Konvertierung im 2D-Raum ist aus den Figuren F 3.4-1 und 3.4-2 ersichtlich: Jene Pixel, die Punkte, Linien und Linienteile sowie Flächen und Flächenteile enthalten, erhalten die für die Attributierung der jeweiligen Punkte, der jeweiligen Linien und der jeweiligen Flächen vorgesehenen Pixel-Werte. Bei Mischpixel, das sind Pixel für die mehr als ein Pixelwert anfällt, sind Prioritäten vorzugeben.

Algorithmen für das schwierigere Problem, nämlich die Raster/Vektor-Konvertierung, lernen wir im Abschnitt I 2.3.1 kennen.

AUFGABE 3.4-1: Es ist eine Vektor/Raster-Konversion im 2D-Raum zu konzipieren. Das Augenmerk ist auf eine etwa 3 m breite Forststraße, die in Form von begrenzenden Polygonzügen vorliegt und in einer homogenen Waldfläche verläuft, zu richten. Die Pixel-Größe soll 5 m betragen. Abhängig von der Zielvorgabe unterscheiden sich die Algorithmen. Man überlege sich die Algorithmen für folgende Zielvorgaben:

a) Die Größe der Flächen der Forststraße und des Waldes sollen möglichst erhalten bleiben.
b) Der Verlauf des Forstweges soll durch eine nichtunterbrochene Pixelfolge repräsentiert werden.

G EINIGE VORBEMERKUNGEN ZUR GEOINFORMATIK

Definition[1]: Die Geoinformatik setzt sich mit dem Wesen und der Funktion der Geoinformation, mit ihrer Bereitstellung in Form von Geodaten und mit den darauf aufbauenden Anwendungen auseinander. In diesem Abschnitt konzentrieren wir uns im wesentlichen darauf, wie Geodaten in Informationssystemen bereitgestellt werden können. Wir beginnen mit der Datenstrukturierung in EDV-Anlagen, wobei wir mit einfachen Datenstrukturen beginnen (Abschnitt 1.) und dann auf die Besonderheiten raumbezogener Daten übergehen (Abschnitt 2.). Anschließend befassen wir uns mit Geodatenbanken.

1. EINFACHE DATENSTRUKTUREN

In der jeweiligen EDV-Anlage sind die Daten, die die Information tragen, zu speichern. Eine effiziente Speicherung setzt eine gewisse **Strukturierung der Daten** voraus. Die Effizienz einer Datenstruktur wird insbesondere an

- den **Zugriffszeiten** auf einzelne Datensätze und
- der **Änderbarkeit** (Ersetzen, Löschen, Einfügen) der Daten

gemessen.

Die Zentralspeicher in den Computern werden zwar von Jahr zu Jahr immer größer, doch für die Speicherung aller Daten eines großen Geo-Informationssystems wird man noch einige Jahrzente auch **Sekundärspeicher** beanspruchen müssen. (Zur Datensicherung wird es wegen ihrer **Persistenz** immer Sekundärspeicher geben.) Die Zentralspeicher erlauben den Direkt-Zugriff (*random access memory* - RAM) im Mikrosekundenbereich; der Nanosekundenbereich steht unmittelbar bevor. Im Sekundärspeicher (Magnetplatten, optische Datenträger etc.) erfolgt der Direkt-Zugriff - auf Datenblöcke - im Millisekundenbereich. Der Datenaustausch zwischen Zentralspeicher und Sekundärspeicher erfolgt blockweise. Dazu benötigt man einen **Puffer** im Zentralspeicher, der mindestens einen Block (besser einige Blöcke) des Sekundärspeichers umfaßt.

Für ein großes TIS, das eine Datenmenge von einigen hundert Giga-Bytes besitzen kann, ist deshalb ein optimales Zusammenspiel zwischen dem Zentralspeicher und den Sekundärspeichern zu organisieren. Im folgenden werden dafür einige Prinzipien skizziert. Vorher soll auf die Struktur einer einzigen Datei - z.B. im Zentralspeicher - eingegangen werden.

---

[1] Bartelme, N.: Geoinformatik. Springer-Verlag, 1995.

1.1 Einzeldatei

Wir beginnen gleich mit einem Beispiel. Für Österreichs Städte sei eine adäquate Datenstruktur gesucht. Für jede Stadt sind folgende Informationen vorzusehen:

(S)tadt:

PLZ	Name	Einwohnerzahl	ϕ,λ des Mittelpunktes	
3300	Amstetten	22 000	48°07'32"	14°52'54"
6500	Landeck	7 300	47°08'31"	10°34'14"
3910	Zwettl	11 600	48°36'21"	15°10'00"
7000	Eisenstadt	10 100	47°50'43"	16°31'31"
4600	Wels	53 800	48°09'53"	14°01'37"
.				
END-Marke				

Tab. 1.1-1: (Unsortierte Datei der Städte Österreichs (PLZ ... Postleitzahl)

Eine Zeile in der Tab. 1.1-1 heißt **Datensatz** (*record*). Die Summe aller Datensätze, also die Datensatzsammlung, ist eine **Datei** (*file*). Um solche Datensätze in die EDV-Anlage einlesen und speichern zu können, müssen noch der Typ der einzelnen Elemente und ihre (maximale) Länge festgelegt werden; z.B.:

(S)tadt:

INTEGER	CHAR(25)	INTEGER	INTEGER	INTEGER

1 INTEGER ≙ 4 Bytes ≙ (maximal) $\pm 2^{31} = \pm 2\ 147\ 483\ 648$ 1 CHAR ≙ 1 Zeichen ≙ 1 Byte

In einem Datensatz ist noch das sogenannte **Schlüsselelement** festzulegen. Mit dem Schlüsselelement wird der jeweilige Datensatz in der Datei angesprochen. Die Schlüsselelemente müssen innerhalb einer Datei eindeutig sein. In unserem Beispiel (Tab. 1.1-1) bietet sich die Postleitzahl (PLZ) als Schlüsselelement an. Der Stadt-Name als Schlüssel reicht dagegen nicht aus, wenn es mehrere Städte gleichen Namens gibt. Um sicher zu gehen, kann man den Schlüssel auch aus zwei Elementen des Datensatzes - z.B. PLZ und Stadt-Name - zusammensetzen.

Die Datensätze einer Datei können hintereinander abgelegt werden, d.h. es wird auf eine Sortierung verzichtet (Tab. 1.1-1). Bei einer **unsortierten Datei** können die Manipulationen verhältnismäßig einfach vorgenommen werden; zum Beispiel können am Schluß neue Datensätze aufgenommen werden. Zugriffe zu Datensätzen in einer unsortierten Datei sind aber denkbar ungünstig: Mit dem ersten Datensatz beginnend ist der Reihe nach das Schlüsselelement mit dem Suchkriterium zu vergleichen (**sequentielles Suchen**).

Große Vorteile für den Zugriff bringt eine **sortierte Datei**. Die Umwandlung einer unsortierten Datei in eine sortierte Datei ist allerdings sehr aufwendig. Eine sortierte Datei erlaubt das **binäre Suchen**. Es erfordert in einer Datei mit n Datensätzen im Durchschnitt $\log_2 n$ Schritte im Vergleich zu n/2 Schritten beim sequentiellen Suchen. Man drückt das **Zeitverhalten** eines Suchprozesses **in Ordnungen** aus: $O(n/2) \sim O(n)$ gilt für das sequentielle Suchen, $O(\log_2 n)$ gilt für das binäre Suchen.

Beispiel für eine Datei mit 500 000 Datensätzen:

sequentielles Suchen	250 000 Schritte
binäres Suchen	ca. 19 Schritte

Sortierte Dateien sind - sofern sie im Zentralspeicher Platz finden - **für den Zugriff optimal**. Auf Dateien, die aus Platzgründen in den Sekundärspeicher ausgelagert werden müssen, kann durch eine Zerlegung in Blöcke und mit einer begleitenden Zusatzinformation ebenfalls ein verhältnismäßig schneller Zugriff erreicht werden (Abschnitt 1.2).

Die **Datenmanipulation** ist bei sortierten Dateien **sehr schwerfällig**: Zum Beispiel beim Einfügen eines neuen Datensatzes sind alle Datensätze hinter dem einzufügenden Datensatz um einen Platz zu verschieben. Abhilfe schaffen hier (zusätzliche) Indizes (Abschnitt 1.3). **Sortierte und unsortierte Dateien nützen den Speicherplatz optimal aus**.

AUFGABE 1.1-1 : Man schätze die Größe der Städtedatei Österreichs mit 170 Datensätzen ab und bringe diesen Speicherbedarf in Beziehung zu den Speicherkapazitäten gängiger Computer.
ZUSATZAUFGABE: Wie würden sich die Verhältnisse ändern, wenn man erstens die Attribute um das Gründungsjahr (INTEGER) und um den Namen des Bürgermeisters (CHAR(30)) erweiterte und zweitens auch alle 17200 Ortschaften aufnähme.

AUFGABE 1.1-2: Man schätze für unser Beispiel die Anzahl der Schritte für das binäre und sequentielle Suchen ab.

1.2 Geblockte Dateien im Direktzugriff

In einem TIS sind die Dateien in der Regel so groß, daß sie nur im Sekundärspeicher untergebracht werden können. Damit erhebt sich die Frage, wie zu den einzelnen Datensätzen oder zumindest zu Gruppen von Datensätzen ein verhältnismäßig schneller Zugriff erreicht werden kann.

Die Lösung kann anhand des mit der Tab. 1.1-1 eingeführten Beispieles skizziert werden: Die Datei - wir unterstellen eine sortierte Datei - wird in gleich große Blöcke[1] zerlegt und auf den Sekundärspeicher gelegt (Tab. 1.2-1). Jeder Block erhält eine **Blockidentifikation** (BLOCK-ID). (In unserem Beispiel wurden die BLOCK-IDs so einfach gewählt, daß ihre Speicherung nicht notwendig wäre, sondern mittels eines (durchlaufenden) Index angegeben werden könnte.)

In einer sogenannten ***hash*-Tabelle** (*hash* bedeutet zerhacken), die im Zentralspeicher aufgebaut ist, befindet sich eine sortierte Auswahl der Schlüsselelemente - in unserem Fall jede fünfundzwanzigste Postleitzahl (PLZ) - und die Blockidentifikationen (BLOCK-IDs). Ein Zugriff zu den Attributen des Schlüsselwertes PLZ = 2014 läuft nun folgendermaßen ab:

---

[1] Diese Blöcke müssen nicht den physischen Blöcken des Sekundärspeichers entsprechen. Das Zusammenspiel dieser formalen Blöcke mit den physischen Blöcken übernimmt das Betriebssystem.

- Binäres Suchen in der *hash*-Tabelle mit dem Ergebnis BLOCK-ID = 118.
- Übernahme des Blockes 118 vom Sekundärspeicher in den Zentralspeicher.
- Binäres Suchen im Block 118 mit dem Schlüsselwert PLZ = 2014.

hash **- Tabelle**

PLZ	BLOCK-ID
.	.
.	.
.	.
2000	118
2026	119
2074	120
.	.
.	.
.	.

(S)tädte-Datei

BLOCK-ID	PLZ	Name	S-Attribute
118			
119			

Tabelle 1.2-1: Geblockte Datei im Direktzugriff

Für das Auslegen der *hash*-Tabelle und für den Zugriff auf einen Datensatz benötigt man - allgemein gesprochen - eine sogenannte ***hash*-Funktion h(w)**. Dabei ist w der auf die Gesamtdatei bezogene Schlüsselwert, aus dem die *hash*-Funktion jenen Schlüsselwert ableitet, der in der *hash*-Tabelle zu finden ist. In unserem Beispiel (Tab. 1.2-1), das für die Praxis nicht repräsentativ ist, wurde die *hash*-Funktion so festgelegt, daß jede 25. PLZ in die *hash*-Tabelle aufgenommen wurde. (In der Tab. 1.2-1 wurden durchlaufende PLZen unterstellt.)

AUFGABE 1.2-1: Die Datensätze für unsere Städte-Dateien sollen in unsortierter Form in einer peripheren Eingabedatei (z.B. CD-ROM) stehen. Man überlege sich Schritt für Schritt den **Aufbau einer geblockten und sortierten Datei** mit einer *hash*-Tabelle, so wie sie in der Tab. 1.2-1 skizziert ist.

Hash-Funktionen können auch als sogenannte Entscheidungsbäume und/oder Adressenmatrizen implementiert werden. Im Kapitel über raumbezogene Daten (Abschnitt G 2.) werden wir darauf näher eingehen.

1.3 Indizierte und invertierende Dateien

Eine sortierte Datei, sei sie geblockt oder ungeblockt, erlaubt einen schnellen Zugriff nur über den eingeführten Schlüssel, in unserem Beispiel über die Postleitzahlen (PLZ). Will man dagegen auf ein Element zugreifen, das nicht zum Schlüssel gehört, so ergeben sich Zugriffszeiten, die einer unsortierten Datei entsprechen (siehe Abschnitt G 1.1). In unserem

Beispiel wäre z.B. die Anfrage nach den Attributen einer Stadt, von der man (nur) den Namen kennt, ein solcher Fall.

Das angeschnittene Problem läßt sich mit indizierten und invertierenden Dateien sehr effizient lösen. Zu diesem Zweck sind die Datensätze, die in der Regel viele Attribute enthalten, mit einem (durchlaufenden) **Index** zu versehen. In einer zweiten Datei, einer **invertierenden Datei**, werden nur Datensätze mit zwei Elementen aufgenommen, nämlich das für den raschen Zugriff gesuchte Element - in unserem Fall der Name der jeweiligen Stadt - und der Index des jeweiligen Datensatzes in der ursprünglichen Datei. Die invertierende Datei wird nach den (Schlüssel-)Elementen sortiert, auf die ein rascher Zugriff vorgesehen ist. Im folgenden Beispiel (Tab. 1.3-1) gehen wir sogar von einer unsortierten Städte-Datei aus, die wir um einen durchlaufenden Index, der implizit gegeben ist und keinen Speicherplatz erfordert, erweitern. Für einen schnellen Zugriff mit den beiden Schlüsselelementen "PLZ" und (Stadt-)"Name" werden zwei invertierende Dateien hinzugefügt.

Index	PLZ	Name	S-Attribute
1			
2			
3			
.			
.			

PLZ	Index

Name	Index

Tabelle 1.3-1: Unsortierte Datei mit Index und zwei invertierende Dateien

Es darf nicht übersehen werden, daß der Vorteil des **schnellen Zugriffs** auf mehrere Elemente durch **zusätzlichen Speicherplatz** erkauft wurde.

Mit indizierten und invertierenden Dateien kann auch die **Veränderbarkeit von Dateien** sehr effizient gestaltet werden. Hat man nämlich in eine sortierte Datei einen Datensatz einzufügen, müssen alle - oft sehr umfangreiche - Datensätze, die hinter dem einzufügenden Datensatz liegen, um eine Position verschoben werden. Bei einer indizierten Datei kann der einzufügende (umfangreiche) Datensatz am Ende der Datei angehängt werden. Anschließend sind nur die invertierenden Dateien - z.B. die (schlanke) Datei mit den PLZen als Schlüsselwort - zu sortieren.

2. BESONDERHEITEN BEI DER STRUKTURIERUNG RAUMBEZOGENER DATEN

Raumbezogene Daten enthalten - neben anderer Information - Koordinaten, wobei wir uns in diesem Abschnitt auf Koordinaten im 2D-Raum beschränken. Die Koordinaten stellen den Bezug zum Raum her. **Mit den Koordinaten wird Information "verortet"**, z.B. die Namen und andere Attribute der Städte. In der Tab. G 1.1-1 haben wir bereits Koordinaten - die geographischen Koordinaten ϕ und λ - aufgenommen. Sie haben dort aber nur den Rang eines Attributes; eine koordinatenbezogene Abfrage würde in dieser Tabelle sehr viel Zeit in Anspruch nehmen.

Eine **einfache Lösung böten indizierte und invertierende Dateien** (Abschnitt G 1.3): Zu diesem Zweck würde man eine unsortierte Datei mit einem durchlaufenden Index anlegen (Tab. G 1.3-1, links). In dieser unsortierten Datei kämen auch die Koordinaten ϕ und λ jeweils in einer eigenen Spalte vor. Zusätzlich wären zwei invertierende Dateien anzulegen, wobei eine Datei als Schlüsselwert die aufsteigenden ϕ-Koordinaten und eine Datei als Schlüsselwert die aufsteigenden λ-Koordinaten enthielten. In der zweiten Spalte stünden die Indizes der (umfangreichen) unsortierten Städte-Datei.

AUFGABE 2-1: In Anlehnung an die Tab. G 1.3-1 sind Tabellen zu entwerfen, die einen raschen Zugriff auf Koordinatenfenster (*windows*) erlauben.

Im folgenden werden zwei weitere - weit verbreitete - Lösungen für die Strukturierung raumbezogener Daten, also für Geodaten gebracht. Die beiden Lösungen kennt man unter den Bezeichnungen *EXCELL* und *GRIDFILE*. Dabei beschränken wir uns auf den wichtigsten Datentyp, auf die 2D-Punkte, aus denen bekanntlich die Linien und Flächen gebildet werden können.

2.1 *EXtendible CELL Structure (EXCELL)*

Für eine Blockung der Geodaten könnte das Interessensgebiet mittels eines regelmäßigen Gitters in **gleich große Zellen** aufgeteilt werden. Da in einem TIS die Punktdichte in der Regel stark variiert, würde die Datenmenge von Zelle zu Zelle sehr unterschiedlich sein. Die den einzelnen Zellen zugeordneten Datenblöcke hätten deshalb stark variierende Längen, was sich auf die Leistungsfähigkeit des TIS negativ auswirken würde.

Die *EXCELL*-Methode geht von einem regelmäßigen Gitter ab und teilt den Raum wesentlich flexibler auf. Zur Beschreibung dieser Aufteilung wird ein **binärer Baum** benutzt. Das Prinzip wird im folgenden anhand des Aufbaues eines Datenbestandes in einer Datenbank erläutert (Figur 2.1-1)[1].

In der Figur 2.1-1 wird unterstellt, daß in einem Datenblock nur maximal fünf Punkte liegen dürfen. Oben/links in der Figur 2.1-1 ist diese Grenzsituation wiedergegeben. Wenn ein sechster Punkt dazukommt, ist das Interessensgebiet - auch Zelle genannt - zu teilen; wir

---

[1] Diese Figur sowie die beiden folgenden Figuren und der dazugehörige Text lehnen sich eng an an Bartelme, N.: Geoinformatik. Springer-Verlag, 1995.

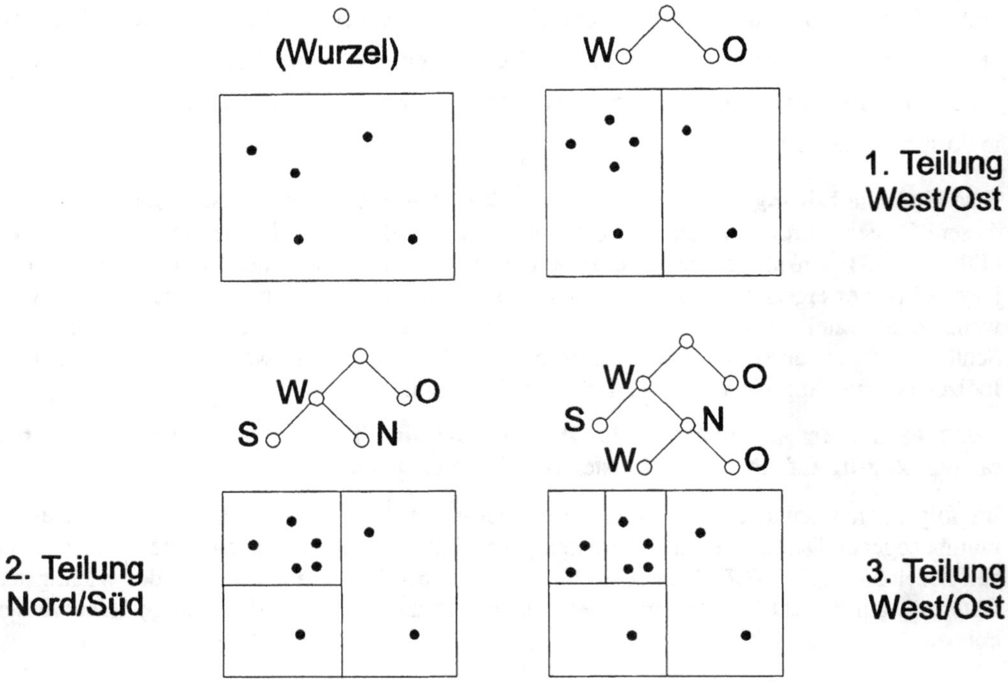

Figur 2.1-1: Binäre Aufteilung des 2D-Raumes und der dazugehörige Binär-Baum

benutzen eine West/Ost-Teilung in zwei gleich große Gebiete. Der siebente Punkt kann ohne Zellteilung eingebracht werden. Der achte Punkt zieht wieder eine Zellteilung nach sich; wir benutzen jetzt - alternierend zur West/Ost-Teilung - eine Nord/Süd-Teilung. Der neunte Punkt führt zur dritten Zellteilung, eine West/Ost-Teilung.

Diese binäre Zellteilung garantiert, daß das Datenvolumen in jeder Zelle eine vorgegebene Obergrenze nicht überschreitet. Das gesamte Interessensgebiet ist in **ineinander verschachtelte Rechtecke unterteilt**; die Form der Rechtecke wird von der Rechtecksform des (ungeteilten) Interessensgebietes bestimmt.

AUFGABE 2.1-1: Man beginne mit einem quadratischen Interessensgebiet und führe nach der oben angegebenen Regel einige Zellteilungen durch. Anschließend nehme man einmal ein liegendes Rechteck und einmal ein stehendes Rechteck mit einem Seitenverhältnis 1:2 an und führe ebenfalls nach der oben angegebenen Regel einige Zellteilungen durch. Wie ist die Regel für die Zellteilungen abzuwandeln, daß beim stehenden Rechteck besser geformte Rechtecke bei der Zellteilung herauskommen?

Beim Aufbau des Datenbestandes entsteht der binäre Baum; die "Blätter" des Baumes repräsentieren die Datenblöcke - zum Beispiel bestehend aus den Punktidentifikationen (PUNKT-IDs) und den beiden Koordinaten für alle Punkte in der jeweiligen Zelle. Es erhebt sich die Frage, wie man auf diese Datenblöcke mit XY-Koordinaten als Schlüsselelement rasch zugreifen kann. Dafür könnte man den binären Baum verwenden. Bei der *EXCELL*-Methode wird der binäre Baum nicht direkt verwendet; es wird vielmehr eine **Adressenmatrix mit einem gleichmäßigen Suchgitter** angelegt (Figur 2.1-2).

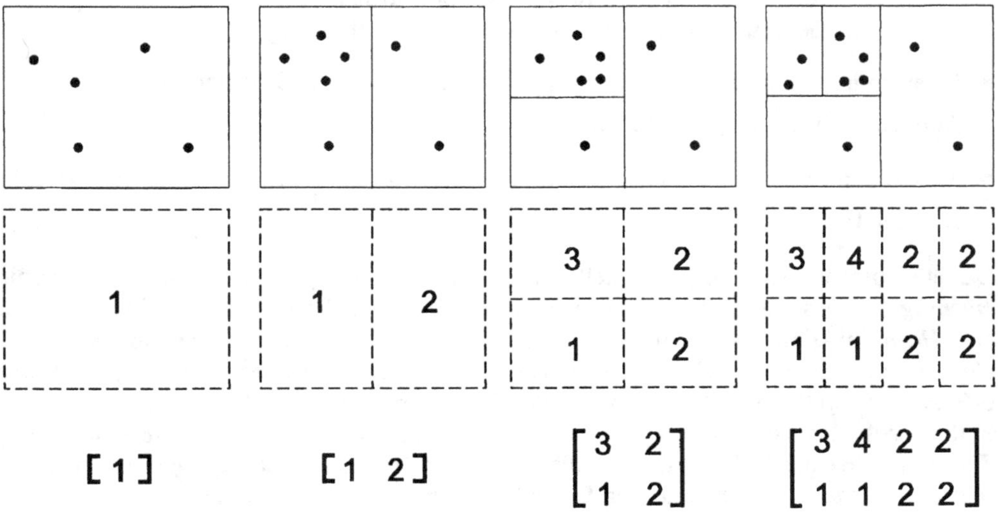

Figur 2.1-2: Binäre Zellteilung, gleichmäßiges Suchgitter und EXCELL-Adressen

Vor der ersten Zellteilung gibt es für das gesamte Interessensgebiet einen Block mit der ID = 1. Nach der ersten Zellteilung gibt es die beiden BLOCK-IDs 1 und 2. Im Block mit der ID = 1 befinden sich vor und nach der Zellteilung selbstverständlich nicht mehr die gleichen Punkte. Während der zweiten Zellteilung sind die Punkte dem Block mit der ID = 1 wiederum neu zuzuordnen; während der zweiten Zellteilung kommt ein neuer Block mit der ID = 3 hinzu. Während der zweiten Zellteilung bleibt der Block mit der ID = 2 unverändert; in der 2x2-Adressenmatrix tritt aber zweimal der Block mit der ID = 2 auf. Im Rahmen der dritten Zellteilung kommt ein neuer Block mit der ID = 4 hinzu und die Punkte sind dem Block mit der ID = 3 neu zuzuordnen. Die 2x4-Adressenmatrix ist in der Figur 2.1-2 ersichtlich.

Das zur jeweiligen Adressenmatrix gehörende Suchgitter ist mit Koordinaten festgelegt. Bei der *EXCELL*-Methode benutzt man dafür die Koordinaten der linken/unteren Ecke des Interessensgebietes und in jeder Koordinatenrichtung einen Index, der sich auf die Zellen des Suchgitters bezieht. Eine **XY-Anfrage** läuft dann folgendermaßen ab:

- Indexermittlung in X-Richtung im Suchgitter mit dem Ergebnis der Spalte in der Adressenmatrix. Den X-Index bekommt man aus der Formel

$$X\text{-Index} = \frac{x \cdot n}{L} \text{ (aufgerundet)} \tag{2.1-1}$$

x ... um die X-Koordinate der linken/unteren Ecke des Interessensgebietes reduzierter X-Wert
L ... Ausdehnung des Interessensgebietes in X-Richtung
n ... Gesamtanzahl der Zellen im Suchgitter in X-Richtung.

- Indexermittlung in der Y-Richtung im Suchgitter mit dem Ergebnis der Zeile in der Adressenmatrix analog Formel (2.1-1).
- Mit Zeilen- und Spaltenindex bekommt man aus der Adressenmatrix die gesuchte BLOCK-ID.

Das eben beschriebene Vorgehen stellt nichts anderes als ein primitives **zweidimensionales *Hashing*** dar, das auf die Punkte eines Blockes über einen Berechnungsalgorithmus (das ist eine *Hash*-Funktion) zugreifen kann; (im Abschnitt G 1.2 haben wir das eindimensionale *Hashing* kennengelernt.) Die Adressenmatrix ist im Zentralspeicher zu halten; die Datenblöcke - z.B. mit den PUNKT-IDs und den XY-Koordinaten aller Punkte in den einzelnen Zellen - befinden sich auf dem Sekundärspeicher. Für den Fall, daß die Adressenmatrix im Zentralspeicher nicht Platz hat, kann die Adressenmatrix etwa nach den gleichen Prinzipien selbst wieder unterteilt und auf den Sekundärspeicher ausgelagert werden.

AUFGABE 2.1-2: Wie ist die Datenstrukturierung zu erweitern, um auch die PUNKT-ID als Schlüsselelement benutzen zu können.

2.2 *GRIDFILE*-Methode

Dabei geht man **von der Forderung eines gleichmäßigen Suchgitters ab**. Bei sehr inhomogenen Punktverteilungen wächst nämlich bei der *EXCELL*-Methode mit dem gleichmäßigen Suchgitter (Figur 2.1-2) die Adressenmatrix unnötigerweise sehr stark an. Eine effizientere Methode ist in der Figur 2.2-1 skizziert.

Im Rahmen der ersten beiden Zellteilungen läuft der Aufbau der Adressenmatrizen im wesentlichen genauso ab wie bei der *EXCELL*-Methode (Figur 2.1-2). Bei der dritten Zellteilung kommt der Vorteil der *GRIDFILE*-Methode zum Tragen: Die **Adressenmatrix reduziert** sich von vier Spalten auf drei Spalten. Dieser Vorteil wird damit erkauft, daß das ungleichmäßige Suchgitter mit zwei Koordinatendateien - und nicht mehr mit einer Index-Lösung entsprechend Gleichung (2.1-1) - festgelegt wird. Die XY-Anfrage läuft bei der *GRIDFILE*-Methode nahezu genauso ab wie bei der oben erläuterten *EXCELL*-Methode. Lediglich anstelle der Index-Ermittlung ist ein binäres Suchen (Abschnitt G 1.1) in der X- und Y-Koordinatendatei erforderlich.

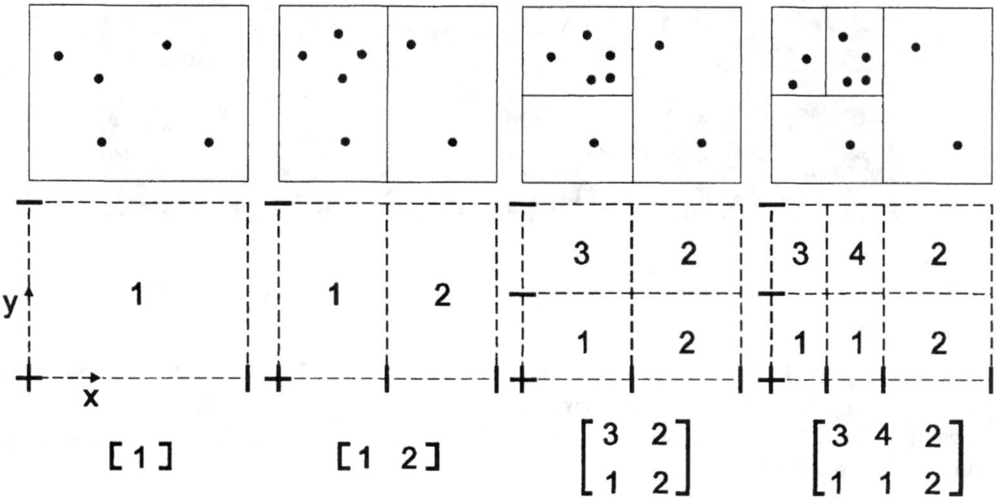

Figur 2.2-1: Binäre Zellteilung, ungleichmäßiges Suchgitter und GRIDFILE-Adressen

AUFGABE 2.2-1: Man überlege sich, warum sowohl die EXCELL- als auch die GRIDFILE-Methode bei einer Punktanordnung entlang einer Diagonalen in einem rechteckigen Interessensgebiet sehr ineffizient werden.

Am Ende des Abschnittes über die Strukturierung raumbezogener Daten sollen noch einige Verallgemeinerungen und Eigenschaften der vorgestellten Methoden angesprochen werden:

- Die **binäre Zellteilung** kann auch auf den **3D-Raum** ausgedehnt werden. Zu diesem Zweck ist die West/Ost- und die Nord/Süd-Unterteilung noch um eine Oben/Unten-Unterteilung zu erweitern.
- Anstelle einer binären Zellteilung kann auch bei Erreichung der vorgegebenen Obergrenze einer Zelle, das Rechteck in vier gleiche (kleinere) Rechtecke zerlegt werden. Eine solche Zellteilung beschreibt man mit einem ***Quadtree***. *Quadtrees* eignen sich vor allem für Rasterdaten; eine Zelle umfaßt Rasterelemente mit gleicher Information (z.B. die gleiche Landnutzung). Figur 2.2-2 zeigt eine solche *Quadtree*-Struktur. Das linke Bild und das mittlere Bild können Ergebnisse einer **Vektor/Raster-Konvertierung** sein. Das rechte Bild ist die Vereinigung dieser beiden Bilder.

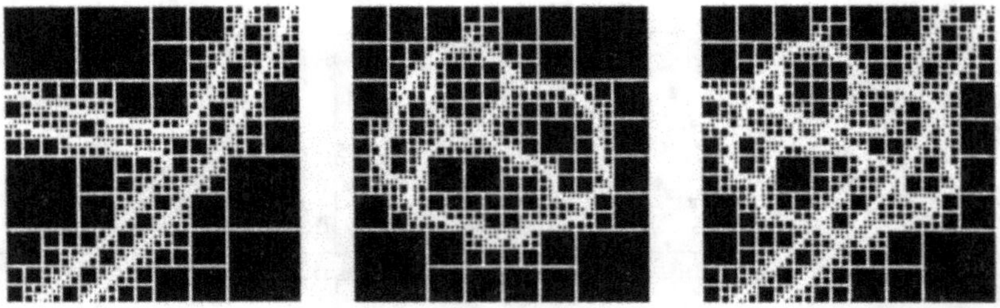

Figur 2.2-2: Vereinigung von zwei Bildern, die mittels Quadtrees strukturiert sind. [1]

AUFGABE 2.2-2: Man überlege sich im Detail die in der Figur 2.2-2 wiedergegebene Verschneidung. Dabei gehe man davon aus, daß im linken Bild in den Zellen die beiden Attribute "Straße" und "Nicht-Straße" sowie im mittleren Bild das Attribut "Grundstücksnummer" gespeichert sind.

- Im 3D-Raum wird aus dem *Quadtree* der ***Octtree***. Dabei wird ein Quader in acht Teilquader zerlegt.
- Mit den gleichmäßigen (*EXCELL*) und ungleichmäßigen (*GRIDFILE*) Suchgittern findet man sehr schnell die örtlich benachbarten Zellen. Anstelle des Operierens in den Suchgittern kann man auch **direkt entlang der Äste und Knoten der Teilungsbäume** mit einer entsprechenden Adressenstruktur auf- und abwandern. Alle Teilflächen unterhalb eines Knotens im Baum sind zum Beispiel örtlich benachbart. Die benachbarten Teilflächen braucht man für Vektoren, deren Endpunkte in verschiedenen Teilbereichen liegen, etc.

AUFGABE 2.2-3: Man überlege sich mit Hilfe der *EXCELL*-Struktur die Extraktion aller Punkte in einem Koordinatenfenster (*WINDOW*), das in der rechten Konstellation der Figur 2.1-2 drei Zellen teilweise betrifft.

AUFGABE 2.2-4: Man verwende im Beispiel der Figur 2.1-1 anstatt eines binären Baumes einen *Quadtree*.

AUFGABE 2.2-5: Man überlege sich die *EXCELL*- und *GRIDFILE*-Adressenmatrix für die binäre Zellteilung im 3D-Raum.

Zusätzliche **Literatur** zum Abschnitt 2: Knuth, D.: The Art of Computer Programming. Addison-Wesley, 1972. Tamminen, M.: EXCELL method for efficient geometric access to data. Acta Polytechnica Scandinavia, Mathematics and Computer Science Series, No.34, Helsinki, 1981. Samet, H.: The Design and Analysis of Spatial Data Structures. Applications of Spatial Data Structures: Computer Graphics, Image Processing and GIS. Beide Bücher in Addison-Wesley, USA, 1990. Neureither, M.: DGK, Reihe C, Heft 387, 1992.

---

[1] Entnommen aus Yang, H.: Zur Integration von Vektor- und Rasterdaten in Geo-Informationssystemen. DGK, Reihe C, Heft 389, 1992.

3. KONZEPTIONELLES ZU DATENBANKEN[1]

In diesem Kapitel befassen wir uns mit Konzeptionellem zu allgemeinen Datenbanken. Die Beispiele werden mit einfachen Geodaten gestaltet. Es soll betont werden, daß dieses Kapitel nur eine sehr bescheidene Einführung in das breite Fachgebiet der Datenbanken sein kann.

Die Abschnitte G 1. und G 2. waren auf die physische und interne Datenbasis ausgerichtet, obwohl manche Ausführungen bereits den logischen Aufbau einer Datenbank berührt haben. In diesem Abschnitt wird es umgekehrt sein: Der **logische Aufbau der Datenbanken** steht - mehr oder weniger losgelöst von der physischen und internen Datenbasis - im Mittelpunkt der Betrachtungen.

Die Datenbankkonzepte lassen sich einteilen in:

- Hierarchische Datenbank (Abschnitt 3.1),
- netzartige Datenbank (Abschnitt 3.2),
- relationale Datenbank (Abschnitt 3.4) und
- objektorientierte Datenbank (Abschnitt 3.6).

3.1 Hierarchische Datenbank

Manche topographische, geographische und administrative Objekte sind hierarchisch angelegt. Für diese Objekte bietet sich eine hierarchische Datenbank an.

Ein typisches Beispiel, das sich für eine hierarchische Datenbank eignet, ist die Einteilung Österreichs in neun Bundesländer und die Einteilung dieser Bundesländer in Bezirke (etwa 100 Bezirke für ganz Österreich). Ein Informationssystem über die Städte Österreichs, das wir im Abschnitt G 1. begonnen haben, benötigt auch eine Zuordnung der Städte zu den Bundesländern und Bezirken. Man braucht zum Beispiel eine solche Zuordnung, um alle Städte eines Bundeslandes oder Bezirkes schnell ansprechen und/oder graphisch ausgeben zu können. Man könnte eine solche Zuordnung erreichen, indem man in die einzelnen Datensätze der Dateien (Tab. G 1.1-1, 1.2-1, 1.3-1, aber auch in die Datensätze des Abschnittes

---

[1] Hinweise zur Terminologie: In der (Geo-)Informatik spricht man gerne von Datenmodellen und Datenbankmodellen. In diesem Lehrbuch ist der Begriff "Modell" weitgehend den topographischen Modellen vorbehalten. Mit Hilfe von Daten, Datenstrukturen und Datenbanken werden (topographische) Modelle gebildet. Die in diesem Lehrbuch verwendeten Begriffe und die in der (Geo-)Informatik benutzten Begriffe haben folgende Entsprechungen:

- Physisch orientierte Datenstrukturen (Z.B. Abschnitt G 1.2) ≙ Datenstrukturen,
- logisch orientierte Datenstrukturen (z.B. Figur G 2.1-1) ≙ Datenmodellen,
- Datenbankkonzepte dieses Abschnittes ≙ Datenbankmodellen.

G 2.) die **zusätzlichen Attribute** "Bundesland" und "Bezirk" aufnehmen würde. Eine solche Lösung widerspräche aber den Grundsätzen für eine Datenbank in mehrfacher Hinsicht:

a) Zugriffe auf alle Städte eines Bundeslandes oder Bezirkes würden nur über die Attribute "Bundesland" bzw. "Bezirk" möglich sein, was äußerst ineffizient wäre. In einer Datenbank sollten die **Datensätze nicht über Attribute sondern nur über ihre Schlüssel angesprochen** werden.

b) Infolge der verhältnismäßig hohen Anzahl der Städte auf der einen Seite und der geringen Anzahl von Bundesländern und Bezirken auf der anderen Seite, wäre in die oben angegebenen Dateien die gleiche Information sehr oft abzuspeichern. Eine Datenbank sollte dagegen mit **möglichst geringer Redundanz** auskommen.

c) Etwaige Attribute zu den einzelnen Bundesländern und zu den einzelnen Bezirken könnten auf sinnvolle Weise nicht in den oben erwähnten Datensätzen für die einzelnen Städte untergebracht werden. In einer Datenbank sind die **Attribute ihren Objekten** und nicht den Attributen anderer Objekte **zuzuordnen.**

Eine adäquate Lösung des angeschnittenen Problemes bietet eine hierarchische Datenbank, wie es in der Figur 3.1-1 konzipiert ist. Die Wurzel des Baumes ist Österreich; der Baum verzweigt sich in die Bundesländer und Bezirke; die Blätter bilden die Städte. Zwischen den Knoten unterschiedlicher Hierarchiestufen des Baumes, also den unterschiedlichen Objekttypen (Bundesland, Bezirk, etc.), bestehen sogenannte **1:n-Beziehungen**. Das bedeutet, daß zu **einem höheren Knoten mehrere darunter liegende Knoten** gehören. (Hinweis: In hierarchischen Datenbanken können nur 1:n-Beziehungen abgebildet werden.)

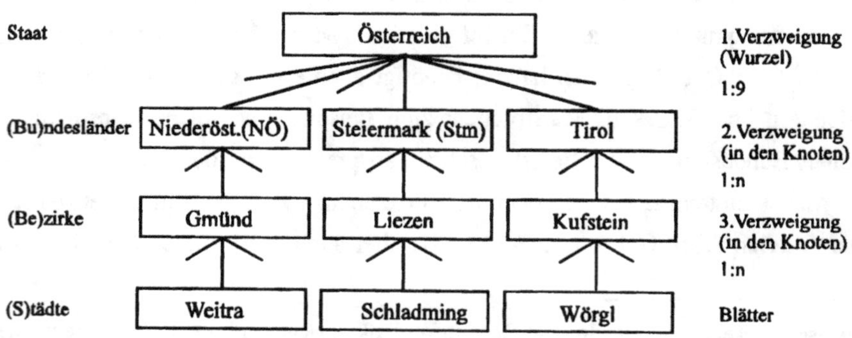

Figur 3.1-1: Hierarchisches Datenbankkonzept für die Städte Österreichs mit ihren darüberliegenden Verwaltungseinheiten

Ein solches hierarchisches Datenbankkonzept kann mit hierarchisch angeordneten Dateien im Zentralspeicher verwirklicht werden; auf eine eventuell zusätzlich erforderliche Blockung (Abschnitt G 1.2) wird nicht eingegangen. Die **hierarchisch angeordneten Dateien** für unser Beispiel sind in den Tabellen 3.1-2 angedeutet.

Bundesländer Österreichs

Bu-Name	(Bu-)Attribute	Zeiger zu den Bezirken
.		.
Niederösterreich		104
.		.
Steiermark		106
Tirol		107
.		.

Bezirke Niederösterreichs

104	**Be-Name**	(Be-)Attribute	Zeiger zur Städtedatei
	Amstetten		4001
	.		.
	Gmünd		4008
	.		.

Bezirke Tirols

107	**Be-Name**	(Be-)Attribute	Zeiger zur Städtedatei
	Imst		7001
	.		.
	Kufstein		7004
	.		.

entsprechend: Bezirke der Steiermark und der anderen Bundesländer

Städte des Bezirkes Gmünd

4008	**PLZ**	Name	(S-)Attribute einschl.	ϕ und	λ
		. Weitra			

Städte des Bezirkes Kufstein

7004	**PLZ**	Name	(S-)Attribute einschl.	ϕ und	λ
		. Wörgl			

entsprechend: Städte der Bezirke Amstetten und Imst sowie die der anderen Bezirke

Tab. 3.1-2: Hierarchisch angeordnete Dateien zum hierarchischen Datenbankkonzept der Figur 3.1-1

Die große Menge der Daten befindet sich in den bezirksweise aufgeteilten Städtedateien, den Blättern des Baumes.[1] Die hierarchische Datenbank gestattet einen effizienten Zugriff

---

[1] Anstelle der bezirksweise aufgeteilten (umfangreichen) Städtedateien könnte man diese Städtedateien auf die PLZen reduzieren und eine einzige für ganz Österreich repräsentative Städtedatei mit den PLZen als Schlüssel anlegen.

AUFGABE 3.1-1: Man überlege sich die Vor- und Nachteile einer solchen Städtedatei für ganz Österreich.

- auf alle Städte eines Bundeslandes mit dem Schlüssel "Bu-Name",
- auf alle Städte eines Bezirkes mit dem Schlüssel "Bu-Name/Be-Name" und
- auf eine einzelne Stadt mit dem Schüssel "Bu-Name/Be-Name/PLZ".

Dieser effiziente Zugriff wurde durch Zeiger (≙ Adressen) erreicht. In der hierarchischen Datenbank gibt es keine redundanten Daten. Außerdem können für die Bundesländer und Bezirke - nahezu beliebig viele - Attribute aufgenommen werden.

Die hierarchische Datenbank, wie sie in der Figur 3.1-1 und den Tabellen 3.2-2 konzipiert wurde, bietet **nur** für die drei genannten Schlüssel "Bu-Namen", "Bu-Name/Be-Name" und "Bu-Name/Be-Name/PLZ" einen optimalen Zugriff. Wenn man in unserem Beispiel auch einen schnellen **Zugriff auf alle Städte eines Blattes der Österreich-Karte 1:200 000** (ÖK200) und/oder der Österreichkarte 1:50 000 (ÖK50) wünscht, **versagt das bisherige hierarchische Datenbankkonzept** mehr oder weniger. Eine Zuordnung der Städte zu einem Kartenblatt, das mit geographischen Koordinaten begrenzt ist, mit Hilfe der geographischen Koordinaten, die als Attribute in den Städtedateien enthalten sind, wäre zwar grundsätzlich möglich, würde aber vor allem gegen den oben erwähnten Grundsatz a) einer Datenbank verstoßen.

Eine Lösung bestünde darin, die Städtedatei Österreichs - in der in der zuletzt angegebenen Fußnote definierten Form - als *EXCEL*-Datei (Abschnitt G 2.1) oder als *GRIDFILE* (Abschnitt G 2.2) anzulegen. Damit hätte man für räumliche Anfragen, zum Beispiel für den Zugriff auf die Städte in einer ÖK200 oder in einer ÖK50, sehr günstige Bedingungen (Aufgabe G 2.2-2). Diese elegante Lösung bezeichnet man als **(karten-)blattschnittfrei**. Die physische Speicherung der Daten ist dabei nämlich völlig losgelöst von der Einteilung der Kartenblätter eines Landes.

In der Fortsetzung dieses Kapitels bringen wir - vor allem aus didaktischen Gründen - andere Lösungen. Eine Lösung, die die beiden oben erwähnten Grundsätze a) und c) nicht verletzte, würde der **Aufbau eines Zugriffs mit einer zweiten Hierarchie darstellen**. Diese von der ersten Hierarchie unabhängige Hierarchie ist in der Figur 3.1-3 skizziert. Die Wurzel entspricht der Blatteinteilung für die ÖK200 (es gibt 23 Blätter in Österreich). Die darunter liegende Verzweigung in den ÖK200-Blättern zeigt auf die jeweils 16 (maximal) ÖK50-Blätter. Die darunter liegende Verzweigung in den 213 ÖK50-Blättern zeigt auf die Städtedatei im jeweiligen Kartenblatt. Jede der 213 Städtedateien ist zweckmäßigerweise nach dem Schlüssel "PLZ" zu sortieren.

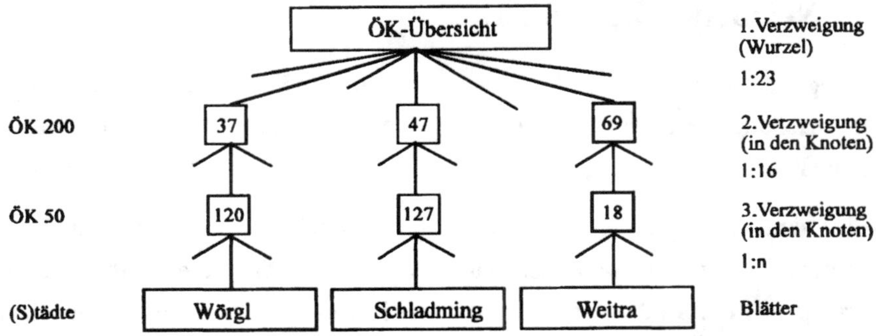

Figur 3.1-3: Hierarchisches Datenbankkonzept für die Städte Österreichs mit ihren darüberliegenden Kartenblättern

Eine solche zweite Hierarchie würde einen effizienten Zugriff

- auf alle Städte eines ÖK200-Blattes mit dem Schlüssel "ÖK200",
- auf alle Städte eines ÖK50-Blattes mit dem Schlüssel "ÖK200/ÖK50", und
- eine einzelne Stadt mit dem Schlüssel "ÖK200/ÖK50/PLZ"

gestatten. Der **Nachteil einer solchen zweiten Hierarchie** ist allerdings, daß die Datensätze in den **Städtedateien zweimal** vorgehalten werden müßten (Verletzung des oben erwähnten Grundsatzes b). Diese hohe Redundanz kann vermieden werden, wenn wir auf ein netzartiges Datenbankkonzept, das im folgenden Abschnitt vorgestellt wird, übergehen.

AUFGABE 3.1-2: Man entwerfe die hierarchisch angeordneten Dateien für die in der Figur 3.1-3 konzipierte (zusätzliche) hierarchische Datenbank. Eine Veranschaulichung dieser Aufgabe bietet die Blatteinteilung der Österreich-Karte des Bundesamtes für Eich- und Vermessungswesen, die auf der Rückseite eines jeden Kartenblattes gedruckt ist. (Die Blatteinteilung der ÖK50 ist in der Figur I 3.2-7 wiedergegeben.) Hinweis: Die Tabelle oben/rechts in der Tab. G 3.2-2 ist ein Teil des Ergebnisses.
ZUSATZAUFGABE: Man überlege sich sinnvolle Attribute zu den Objekten "ÖK200" und "ÖK50".

AUFGABE 3.1-3: Man überlege sich wünschenswerte Bundesländer- und Bezirks-Attribute für die entsprechenden Dateien in der Tab. 3.1-2.

AUFGABE 3.1-4: Man überlege sich Erweiterungen des hierarchischen Datenbankkonzeptes, wie es in der Figur 3.1-1 und Tab. 3.1-2 angegeben ist, um mit verkürzten Schlüsseln "Be-Name" oder "PLZ" (Lösung: Fußnote mit der Aufgabe 3.1-1) eingehen zu können.
ZUSATZAUFGABE: Wie sieht eine Erweiterung aus, wenn auch Anfragen mit dem Schlüssel "Stadt-Name" vorzusehen sind.

3.2 Netzartige Datenbank

Die netzartige Datenbank ist eine Erweiterung der hierarchischen Datenbank. An die Stelle mehrerer unabhängiger Zugriffsbäume in der hierarchischen Datenbank tritt in der netzartigen Datenbank ein Netzwerk, das keine redundante Datenspeicherung benötigt.

Wir wollen den Grundgedanken der netzartigen Datenbank gleich an unserem Beispiel demonstrieren. Wir sind an **schnellen Zugriffen auf die Städte der Bundesländer und Bezirke sowie auf die Städte der Kartenblätter** interessiert, ohne daß die einzelnen Stadt-Datensätze zweimal zu speichern sind. Eine Lösung des Problems zeigt das Netzwerk der Figur 3.2-1. Man sieht daraus, daß die Datensätze der einzelnen Städte nur noch einmal auftreten.

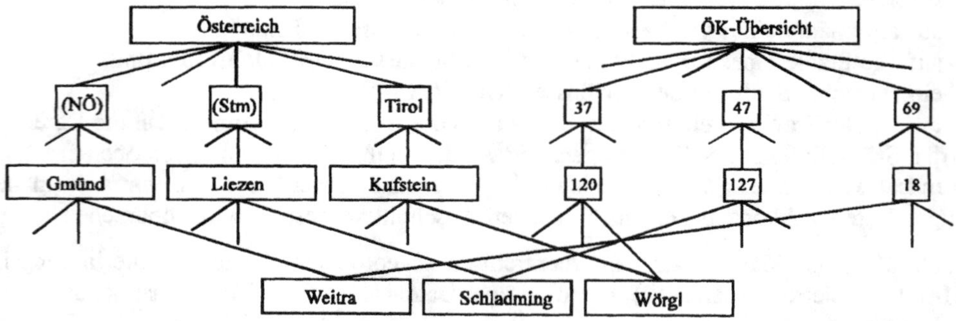

Figur 3.2-1: Netzartiges Datenbankkonzept für die Städte Österreichs mit darüberliegenden Verwaltungseinheiten und Kartenblatteinteilungen

In den Tabellen 3.2-2 ist ein Teil der vernetzten Dateien des netzartigen Datenbankkonzeptes angegeben. Auf der linken Hälfte geschieht der Zugriff auf die Städte über die Bundesländer und Bezirke, auf der rechten Hälfte über die Kartenblätter. **Beide Zugriffspfade münden in ein und dieselbe Datei der Städte Österreichs**, die für den Schlüssel PLZ sortiert ist. In den beiden letzten Spalten dieser Datei sind **zwei Ketten von Zeigern**[1] aufgenommen worden, eine Verkettung innerhalb der Bezirke und eine Verkettung innerhalb der ÖK50-Blätter.

[1] Dafür ist der Begriff "Zeiger" etwas unglücklich, denn ein Zeiger weist üblicherweise auf eine (Speicher-)Adresse hin und nicht - wie in der Tabelle 3.2-2 - auf einen Wert (PLZ) des Schlüssels der Städtedatei.

Bundesländer- und Bezirkshierarchie	ÖK200- und ÖK50-Blätterhierarchie
↓	↓
Bezirke Niederösterreichs	ÖK50-Blätter im Blatt Nr.69-ÖK200

104	Name	(Be-)Attribute	PLZ der 1. Stadt
	Amstetten . Gmünd .		

205	ÖK50-Nr.	ÖK50-Attribute	PLZ der 1. Stadt
	1 . 18 .		

Städte Österreichs

PLZ	Name	(S-)Attribute einschließlich ϕ und λ			Zeigerkette innerhalb der Bezirke	Zeigerkette innerhalb der ÖK50-Blätter

Tab. 3.2-2: Vernetzte Dateien für die Städte Österreichs mit Zugriffe über die Verwaltungseinheiten und Kartenblätter

Eine solche Verkettung funktioniert folgendermaßen: In den darüberliegenden Dateien sind die PLZen der ersten Stadt im jeweiligen Bezirk bzw. im jeweiligen ÖK50-Kartenblatt gespeichert. Mit diesen PLZen findet das einschlägige Datenverwaltungsprogramm in der Städte-Datei den dazugehörigen Datensatz. Der Zeiger in der vorletzten Spalte - wir beschränken uns auf die Bezirke - dieses Datensatzes ist die PLZ der zweiten Stadt in diesem Bezirk; mit diesem Zeiger (PLZ) findet das einschlägige Datenverwaltungsprogramm daher - mit binärem Suchen - den Datensatz der zweiten Stadt in diesem Bezirk. Der Zeiger im Datensatz der zweiten Stadt ist die PLZ der dritten Stadt in diesem Bezirk etc. Auf die gleiche Weise verbindet die Kette der Zeiger (PLZen) in der letzten Spalte alle Städte innerhalb der einzelnen Kartenblätter.

Mit dem netzartigen Datenbankmodell konnte eine weitgehende **Redundanzfreiheit** in den Daten erreicht werden; man braucht nur zusätzlichen Speicher für die Zeiger. Im allgemeinen ist der Speicherplatz für diese Zeiger aber wesentlich geringer als der Speicherplatz für unabhängige hierarchische Datenbanken.

Bei netzartigen Datenbanken geht die gewohnte Ordnung, die in 1:n-Beziehungen in hierarchischen Datenbanken verwirklicht wird, verloren. Bei netzartigen Datenbanken kann man grundsätzlich die Verbindungslinien zwischen den Objekten in beiden Richtungen durchlaufen (Aufgabe 3.2-1). In der Figur 3.2-1 sind - abstrakt gesagt - die oberen und unteren

Objekte gleichberechtigt. Das bedeutet, daß wir in netzartigen Datenbanken auch n:1-Beziehungen haben (in der Figur 3.2-1 gibt es nur 2:1-Beziehungen). Existieren zwischen den Knoten unterschiedlicher Objekttypen in einer netzartigen Datenbank eine 1:n- und eine m:1-Beziehung, so faßt man beide Beziehungen zu einer **m:n-Beziehung** zusammen.

Netzartige Datenbanken wurden von einer *Data Base Task Group*[1] standardisiert.

AUFGABE 3.2-1: Die Tabellen 3.2-2 eignen sich bisher für Zugriffe auf die Städte Österreichs über die Verwaltungseinheiten und Kartenblätter. Aber auch die umgekehrte Richtung - im Sinne einer netzartigen Datenbank - ist interessant: Man beginnt mit der PLZ in der untersten Tabelle 3.2-2 und möchte auch den dazugehörigen Bezirk bzw. das dazugehörige ÖK50-Blatt etc. haben. Dafür bieten sich die Zeigerketten in der vorletzten und letzten Spalte in der untersten Tabelle 3.2-2 an: Zu diesem Zweck kann man am Ende der jeweiligen Zeigerkette für die einzelnen Bezirke bzw. ÖK50-Blätter einen Zeiger auf die Datei des jeweiligen Bezirkes bzw. auf die Datei des jeweiligen ÖK50-Blattes anbringen. Man überlege sich im Detail diese Zeiger, ebenso die Zeiger von den Bezirken auf die Bundesländer bzw. die Zeiger von den ÖK50-Blättern auf die ÖK200-Blätter (Hinweis: Zu diesem Zweck sind die Bezirksdateien und die ÖK50-Dateien um jeweils eine Zeile zu erweitern.)

AUFGABE 3.2-2: In den Tabellen 3.2-2 wurde eine Städte-Datei für eine netzartige Datenbank aufgenommen, die beide Zugriffspfade gleichrangig behandelt. Man hätte auch die Städte-Dateien, wie sie in der Tab. 3.1-2 für die Bezirke strukturiert wurden, belassen können und für den zweiten Zugriff "Kartenblätter" eine Datei nur mit Zeigern zu den Datensätzen in diesen Städte-Dateien aufbauen können. Man überlege sich dieses Konzept; auch eine Bewertung der beiden Lösungen ist gefragt.

3.3 Bewertung des hierarchischen und netzartigen Datenbankkonzeptes

Die hierarchischen und netzartigen Datenbankkonzepte werden hauptsächlich mit Zeigern verwirklicht. Eine solche von Zeigern dominierte Datenbank hat den Vorteil, daß Zugriffspfade entlang dieser Zeiger sehr effizient sein können. Die Beantwortung von Anfragen, die nicht mit **Zeigerketten** vorprogrammiert sind (z.B. in unserem oben eingeführten Beispiel die Anfrage nach jener Stadt, die einer Einwohnerzahl von 50 000 möglichst nahe kommt), dauern dagegen bei etwas größeren Datenbeständen sehr lange. **Hierarchische und netzartige Datenbankmodelle können deshalb nur für Datenbanken verwendet werden, deren Zugriffspfade im voraus bekannt sind und deren Datenbestände sich nicht oder**

[1] CODASYL: Conference on Data Systems Languages, ACM, New York, 1973.

nur wenig ändern. Eine wesentlich anpassungsfähigere Lösung bieten die im kommenden Abschnitt zu besprechenden relationalen Datenbanken.

Da die topographischen Datenbestände - man denke vor allem an das digitale Geländemodell - verhältnismäßig statisch sind, sind in einem TIS hierarchische und netzartige Datenbanken verhältnismäßig häufig anzutreffen.

3.4 Relationale Datenbank

Für eine relationale Datenbank unterteilt man die Daten in **Datengruppen**. Die Daten jeder Gruppe werden in Tabellen zusammengefaßt. Eine solche Tabelle wird auch als **Relation** bezeichnet; sie setzt nämlich die Daten einer Datengruppe in Beziehung zueinander. In einer relationalen Datenbank können auch die Datengruppen, also die einzelnen Tabellen, miteinander in Beziehung gesetzt werden. Das Ergebnis einer solchen Verknüpfung kann eine neue Tabelle sein, die entweder permanent in die Datenbank aufgenommen wird oder - nach Beantwortung der jeweiligen Anfrage - wieder gelöscht wird.

Die Tabellen in einer relationalen Datenbank müssen eindeutige Bezeichnungen tragen (TABELLEN-IDs). Auch innerhalb einer Tabelle muß es einen (eindeutigen) Schlüssel geben, der aus dem Wert einer Spalte besteht oder - sehr häufig - aus den Werten mehrerer Spalten zusammengesetzt sein kann. Diese Schlüssel werden in vielen Fällen erst bei der Anfrage an die Datenbank definiert; grundsätzlich sind alle Spalten in einer Tabelle einer relationalen Datenbank gleichrangig. Selbstverständlich bieten sich manche Spalten mehr für die Schlüssel-"Rolle" an als andere. Auch eine Sortierung der Zeilen innerhalb einer Tabelle wird meistens nicht vorgenommen.

Die Zeilen und Spalten einer Tabelle tragen in einer relationalen Datenbank spezielle Bezeichnungen:

- Die **Zeilen** werden **Tupel** und
- die **Spalten** werden **Domänen**

genannt.

Wir gehen zunächst davon aus, daß für die drei Datengruppen "Bundesländer", "Städte" und "Flüge" bereits Tabellen in einer relationalen Datenbank existieren, die folgenden Inhalt besitzen sollen:

Bundesländer (BuL)

BuL-Name	BuL-Einw.-Zahl	Fläche	Hauptst.
Burgenland Kärnten .			Eisenstadt Klagenfurt .

(S)tädte

S-Name	S-Einw.-Zahl	BuL

(F)lüge

F-Name	von	nach	Abflug	Ankunft

Tabellen 3.4-1 in einer relationalen Datenbank

Die Anfragen an die relationale Datenbank formuliert man in einfach strukturierten Anfragesprachen wie z.B. in **SQL** (***structure query language***).[1] SQL hat sich inzwischen zu einem internationalen Standard etabliert (ISO, Abschnitt F 2.), den alle auf dem Markt befindlichen relationalen Datenbanken "verstehen".

Wir geben nun zwei Beispiele für SQL-Anfragen, wobei im ersten Beispiel nur eine Tabelle beteiligt ist und im zweiten Beispiel zwei Tabellen betroffen sind.

1. Beispiel: Gesucht sind alle Städte und deren Einwohnerzahl mit mehr als 100 000 und weniger als 500 000 Einwohnern.

```
SELECT   S-Name, S-Einw.-Zahl
FROM     Städte
WHERE    S-Einw.-Zahl > 100000 AND S-Einw.-Zahl < 500000
```

Als Ergebnis dieser SQL-Anfrage erhalten wir folgende Tabelle:

S-Name	S-Einw.-Zahl
⋮	⋮

[1] Melton, J., Simon, A.: Understanding the new SQL: a complete guide. Morgan Kaufmann Publishers Inc., 1993.

2. Beispiel: Gesucht ist Name und Einwohnerzahl der Stadt, von der der Flug "OS610" ausgeht.

```
SELECT  S-Name, S-Einw.-Zahl
FROM    Städte
WHERE   S-Name = (SELECT von FROM Flüge WHERE F-Name = 0S610)
```

Diese SQL-Anfrage liefert:

S-Name	S-Einw.-Zahl
.	.

Die Auswertung solcher Anfragen an relationale Datenbanken geschieht durch **Vergleich der Werte in den Tabellen** und nicht über (zusätzlich) angebrachte Zeiger. Eine relationale Datenbank hat gegenüber einer hierarchischen oder netzartigen Datenbank **folgende Vorteile**:

- Das Anwendungsprogramm muß keine Rücksicht auf die mit Zeigern vorprogrammierten Zugriffspfade nehmen; die relationale Datenbank bedient Anfragen, die erst im Laufe der Zeit auftauchen, in gleicher Weise, wie die von Anfang an bekannten Anfragen.
- Die einzelnen Tabellen sind voneinander unabhängig und nicht mit Zeigern verbunden; auch auf die Sortierung innerhalb der Tabellen muß das Anwendungsprogramm keine Rücksicht nehmen.
- Mit dem Wachsen der Bedürfnisse können auch zusätzliche Spalten in einzelne Tabellen aufgenommen werden; (die Erweiterung um zusätzliche Zeilen ist bei jeder Datenbank selbstverständlich;) auch neue Tabellen können aufgenommen werden.
- Mit der Tabellenstruktur kann auf einfache Weise eine benutzerspezifische Sicht (*view*) verwirklicht werden, z.B. aus Datenschutzgründen keine Sicht auf personenbezogene Daten.

Diese große Universalität und Flexibilität des relationalen Konzeptes gegenüber dem hierarchischen und dem netzartigen Datenbankkonzept wird durch längere Antwortzeiten erkauft[1]. Auf weitere Unzulänglichkeiten der relationalen Datenbanken wird am Ende des Abschnittes 3.4.2 eingegangen. Interessant ist noch der Blick auf die algebraischen Operationen, die auf die Relationen angewandt werden können. Diese Regeln sind in der relationalen Algebra zusammengefaßt.

---

[1] Um die Antwortzeiten zu verbessern, kann man in einem Datenverwaltungsprogramm zum Beispiel für den Zugriff auf die (Schlüssel-)Domänen auch eine *hash*-Organisation zu den Tabellen hinzugegeben werden (Details siehe Singer, Ch.: GIS 6, Heft 6, 9-16, 1993). Auch eine obligatorische Sortierung der (Schlüssel-)Domänen erhöht die Leistungsfähigkeit der relationalen Datenbanken.

3.4.1 Relationale Algebra[1]

Die Regeln der relationalen Algebra werden im folgenden teilweise anhand von abstrakten Relationen und teilweise anhand der Relation "Flüge" der Tab. 3.4-1 gezeigt. Wir beginnen mit zwei abstrakten Relationen R und S:

R:

A	B	C
a_1	b_1	c_1
a_1	b_2	c_1
a_2	b_1	c_2

S:

A	B	C
a_1	b_2	c_1
a_2	b_2	c_1

Unter der Voraussetzung, daß die beiden Relationen über die gleiche Anzahl von Domänen verfügen, sind folgende Mengenoperationen möglich (falls diese Voraussetzung nicht gegeben ist, kann eine Leerdomäne hinzugefügt werden):

a) **Vereinigung**

$R \cup S$:

A	B	C
a_1	b_1	c_1
a_1	b_2	c_1
a_2	b_1	c_2
a_2	b_2	c_1

b) **Durchschnitt**

$R \cap S$:

A	B	C
a_1	b_2	c_1

c) **Differenz**

R - S:

A	B	C
a_1	b_1	c_1
a_2	b_1	c_2

d) **Projektion**

Dieser Operator bewirkt eine Auswahl von Domänen aus einer Relation.

e) **Selektion**

Mit diesem Operator können Tupel aus einer Relation ausgewählt werden. Man kann zum Beispiel aus der Relation "Flüge" (Tab.3.4-1) mit einer Selektion "von = Wien" die Tupel mit den Flügen auswählen, die von Wien ausgehen. Wenn anschließend noch eine Projektion auf die Domänen "F-Name", "von" und "nach" durchgeführt wird, erhält man schließlich

[1] Codd, E.: In Data Base Systems (R. Rustin, ed.), Prentice-Hall, Englewood Cliffs, New Jersey, pp. 65-98, 1972.

folgendes Ergebnis:

F-Name	von	nach
.	Wien	.
.	Wien	.
.	.	.

f) **Natürliche Verbindung** (*join*)

Dieser Operator verknüpft zwei Relationen auf ihren gemeinsamen Attributen:

R:

A	B	C
a_1	b_1	c_1
a_1	b_2	c_1
a_2	b_1	c_2

S:

B	C	D
b_2	c_2	d_1
b_1	c_2	d_1

$R \bowtie S$:

A	B	C	D
a_2	b_1	c_2	d_1

Der natürliche Verbund soll noch mit den beiden Relation "Bundesländer (BuL)" und "Städte (S)" (Tab. 3.4-1) demonstriert werden. Zunächst projizieren wir die Bundesländer-Relation auf die Domänen "BuL-Name" und "Hauptstädte", wobei letztere Domäne noch in S-Name umbenannt wird. Die Städte-Relation wird auf die Domänen "S-Name" und "S-Einw.-Zahl" projiziert. Ein natürlicher Verbund dieser beiden Relationen führt schließlich zu dem Ergebnis:

BuL-Name	S-Name	S-Einw.Zahl
Burgenland	Eisenstadt	.
.	.	.

Der natürliche Verbund ist ein äußerst mächtiges Werkzeug. Er ist übrigens eine spezielle Form des allgemeineren **kartesischen Produktes**.

AUFGABE 3.4-1: Man gebe mit SQL-Befehlen an, wie aus den Tab. 3.4-1 eine Relation extrahiert werden kann, die aus den Domänen "Hauptstadt" und "S-Einw.-Zahl" besteht.

AUFGABE 3.4-2: Von jedem Bundesland ist aus den Tab. 3.4-1 die Einwohnerdichte (Einwohner/km^2) zu ermitteln. Hinweis: Aus der Datenbank erhält man nur die Einwohnerzahl und die Fläche; die Berechnung der Einwohnerdichte erfolgt im entsprechenden Anwendungsprogramm.

3.4.2 Stabile Datenstrukturen (Normalformen)

Die Daten in einer relationalen Datenbank sind so zu gruppieren - also in Tabellen einzuteilen -, daß eine stabile Datenstruktur entsteht. Von einer stabilen Datenstruktur spricht man insbesondere dann, wenn sich die Datenbank verändernden Gegebenheiten anpassen kann, ohne daß dadurch **Inkonsistenzen** (= Verletzung der Eindeutigkeit in den Daten, m.a.W. die Daten müssen lückenlos und widerspruchsfrei sein) heraufbeschworen werden. Die Gefahr von solchen Inkonsistenzen, die auch als **Anomalien** in der Datenbank bezeichnet werden, tritt vor allem bei redundanten Datenspeicherungen auf.

Um Anomalien in relationalen Datenbanken zu vermeiden, wurden sogenannte **Normalformen** festgelegt. Es gibt inzwischen fünf Normalformen, die **eine relationale Datenbank sehr genau definieren**. Wir beschränken uns auf zwei Aspekte, die in den Normalformen festgelegt sind. Weitere Einzelheiten entnehme man der zahlreich vorhandenen Datenbankliteratur[1].

Eine der Normalformen sagt aus, daß alle Eintragungen in einer Relation **atomar** sein müssen. In der folgenden Relation mit den Städtenamen und den Umringpolygonen der Städte tritt zum Beispiel die Eintragung "(P)unkt-ID mit den geographischen Koordinaten ϕ und λ" der einzelnen Punkte des Polygonzuges nicht atomar auf:

(S)tädte mit Umringpolygonen

S-Name	P_1	ϕ_1	λ_1	P_2	ϕ_2	λ_2	usw.

Tab. 3.4-2: Städte-Relation in nichtatomarer Form

Tabelle 3.4-2 hat eine variable Anzahl von Spalten, die sehr viel schwieriger zu manipulieren ist als eine Tabelle mit einer festen Anzahl von Spalten. Um die Normalform einzuhalten, müssen wir daraus eine Städte-Tabelle und für jede Stadt eine Tabelle für das Umringpolygon anlegen:

[1] Z.B. Bartelme, N.: Geoinformatik. Springer-Verlag, 1995. Ullmann, J.: Principles of Database Systems. Computer Science Press, 1982.

(S)tädte

S-Name	S-Attribute

Innsbruck

Punkt-ID	ϕ	λ

Wien

Punkt-ID	ϕ	λ

Tab. 3.4-3: Städte-Relation und Relationen für die Umringpolygone der einzelnen Städte in atomarer Form

Bereits dieses kleine Beispiel gestattet folgende Schlußfolgerung: **Die Kriterien der Normalformen - in unserem Beispiel die Atomisierung - erzwingen eine große Anzahl von Tabellen. Die Attribute für ein und dasgleiche topographische Objekt - in unserem Fall für eine Stadt - werden auf mehrere Tabellen verteilt.**

Das nächste Beispiel zeigt uns, wie durch Ersetzen einer veralteten Eintragung durch eine aktuelle Eintragung eine **Anomalie in einer Datenbank** entstehen kann, wenn sie nicht den Normalformen genügt. Die beiden Relationen "Städte" und "Flüge", wie sie in den Tabellen 3.4-1 angegeben sind, verletzen die entsprechende Normalform. Ändert sich nämlich der Name einer Stadt, so wird der Datenbankbenutzer in der Städte-Relation den alten Stadt-Namen durch den neuen Stadt-Namen ersetzen. Er erwartet dann, daß bei allen Beantwortungen der Anfragen an die Datenbank der neue Stadt-Name erscheinen wird. In einer relationalen Datenbank sind aber die Tabellen voneinander unabhängig, das heißt in der Tabelle "Flüge" bleiben bei den Attributen "von" und "nach" die alten Stadt-Namen gespeichert. In der Datenbank treten also Inkonsistenzen auf, die bei verschiedenen Auswertungen schwerwiegende Folgen haben können.

Die aufgezeigte Anomalie kann man dadurch beheben, daß man - wie zum Beispiel N. Bartelme in seinem schon öfters zitierten Lehrbuch für ein ähnliches Beispiel vorschlägt - in der Städte-Relation zwischen dem Stadt-Namen und der Stadt-Nummer unterscheidet. Die jeweilige Stadt-Nummer sollte das Datenverwaltungsprogramm selbsttätig vergeben. Die Stadt-Nummern bleiben dem Anwender verborgen. Die beiden Relationen haben damit folgendes Aussehen:

(S)tädte:	S-Name	S-Nr.	S-Einw.-Zahl	BuL

(F)lüge:	F-Name	S-Nr. von	S-Nr. nach	Abflug	Ankunft

Wenn jetzt in der Städte-Relation der Name einer Stadt geändert wird, ist davon die Flüge-Relation nicht betroffen. Voraussetzung ist noch, daß als Ergebnis einer Anfrage nicht die internen Städte-Nummern der Flüge-Relation, sondern - mit Hilfe der Städte-Relation - die Städte-Namen dem Anwender präsentiert werden.

Auch dieses kleine Beispiel führt zu einer Schlußfolgerung, die der nach der Tabelle 3.4-3 angegebenen Schlußfolgerung ähnelt: **Die Kriterien der Normalformen vergrößern die Datenbestände um zusätzliche Tabellen und zusätzliche Spalten in den Tabellen erheblich. Dadurch dauern die Antworten von Anfragen im allgemeinen länger. Die Sicherheit der Datenbanken wird dadurch aber erheblich verbessert.**

AUFGABE 3.4-3:: Man erweitere die Tabellen 3.4-1 um Relationen, die die Kartenblätter der ÖK50 und ÖK200 einbeziehen (siehe Abschnitt G 3.2). Dabei sind die beiden Regeln aus den Normalformen zu beachten, die in diesem Abschnitt erläutert wurden.

AUFGABE 3.4-4: Man gebe die SQL-Befehle an, die aus den Tabellen 3.4-3 jene Informationen zur Verfügung stellen, um daraus in einem Anwendungsprogramm die Bevölkerungsdichte für die einzelnen Städte berechnen zu können. Dabei setzen wir voraus, daß in der Städte-Relation die Einwohnerzahl enthalten ist.

Zusätzliche **Literatur** zum Abschnitt 3.4: Singer, C.: GIS 6, Heft 6, S. 9-16, 1993.

3.5 Semantisches Datenbankmodell

Mit einem semantischen Datenbankmodell **entwirft** man eine Datenbank. Das semantische Datenbankmodell nimmt dabei - im Prinzip - keine Rücksicht, ob die Umsetzung eines solchen Entwurfes mit einer hierarchischen oder netzartigen Datenbank oder mit einer relationalen Datenbank oder mit einer objektorientierten Datenbank (Abschnitt 3.6) erfolgt. In einem semantischen Datenbankmodell will man die Reichhaltigkeit der realen Welt und die Vielschichtigkeit der potentiellen Anwendungen möglichst vollständig abbilden.[1]

Ein weit verbreitetes semantisches Datenbankmodell ist das sogenannte ***Entity-Relationship-Modell***[2]. Unter ***Entities*** versteht man - sehr allgemein gesprochen - die Objekte. Die Relationen verknüpfen die Entitäten mit 1:1-, 1:n-, m:1- und m:n-Beziehungen.

---

[1] Da die Abbildung der (realen) Welt bei diesem Konzept stark im Vordergrund steht, sprechen wir von einem semantischen Datenbank**modell**.

[2] Chen, P.P.S.: ACM Transactions on Database Systems. Vol. 1, pp. 9-36, 1976.

Die **Entitäten** werden im semantischen Datenbankmodell sehr weit gefaßt: Sie enthalten alle **Attribute** der Objekte (bei Gebäuden die geometrischen Parameter, aber auch die Sachdaten wie das Baujahr etc., bei Straßen die geometrischen Parameter, aber auch die Sachdaten wie die Art des Straßenbelages etc.) und **Operationen** auf diesen Attributen (z.B. Generalisierung des Umgrenzungspolygones der Städte in Abhängigkeit unterschiedlicher Detaillierungsgrade). Ein solches Objekt (Entität) ist ein mit Eigenschaften und Operatoren ausgestattetes Ganzes, das sich eindeutig von anderen Objekten abhebt.

Die **Relationen zwischen den Entitäten** werden in einem semantischen Datenbankmodell im allgemeinen ebenfalls sehr weit gefaßt. Im folgenden werden die wichtigsten Typen von Relationen angesprochen.[1]

a) **Klassenhierarchie**

Auf der untersten Ebene der Klassenhierarchie befindet sich die Menge der einzelnen Objekte mit ihren Werten für die verschiedenen Attribute. Die Menge der Einzelobjekte wird zu mehreren Objektklassen - auch Objekttypen genannt - zusammengefaßt, wobei - in Ausnahmefällen - ein Einzelobjekt auch mehreren Objektklassen angehören kann. In einer Objektklasse sind die Attribute definiert, die die jeweilige Objektklasse näher beschreiben. Die Zuweisung der Werte für die Attribute, die für die jeweilige Objektklasse definiert wurden, erfolgt bei den einzelnen Objekten. Dieser Vorgang wird **Instanzierung** genannt.

In einer Klassenhierarchie faßt man die Objektklassen zu Objektsuperklassen zusammen. Die Relation der Objektklassen zu den (darüberliegenden) Objektsuperklassen werden als **ISA-Beziehungen** bezeichnet. Die ISA-Beziehung zwischen einer Objektklasse und einer Objektsuperklasse besagt: Die jeweilige Objektklasse **ist ein** (***is a***) (nachgeordnetes) Mitglied einer Objektsuperklasse, d.h. eine Objektsuperklasse ist eine Generalisierung einer Menge von Objektklassen, und umgekehrt, d.h. Objektklassen sind eine Spezialisierung der jeweiligen Objektsuperklasse. **Die ISA-Beziehung wird deshalb auch gerne als Generalisierung und Spezialisierung bezeichnet**.

Figur 3.5-1 zeigt ein Beispiel mit "Gemeinde" als Objektsuperklasse, die in die drei Objektklassen "Stadtgemeinde", "Marktgemeinde" und "Gemeinde ohne besonderen Status" aufgeteilt wird. Darunter befinden sich die instanzierten Objekte, wobei wir uns auf Linz, Reutte und Hausbrunn beschränkt haben.

---

[1] In Anlehnung an Molenaar, M.: GIS 6, No. 4, pp. 22-28, 1993.

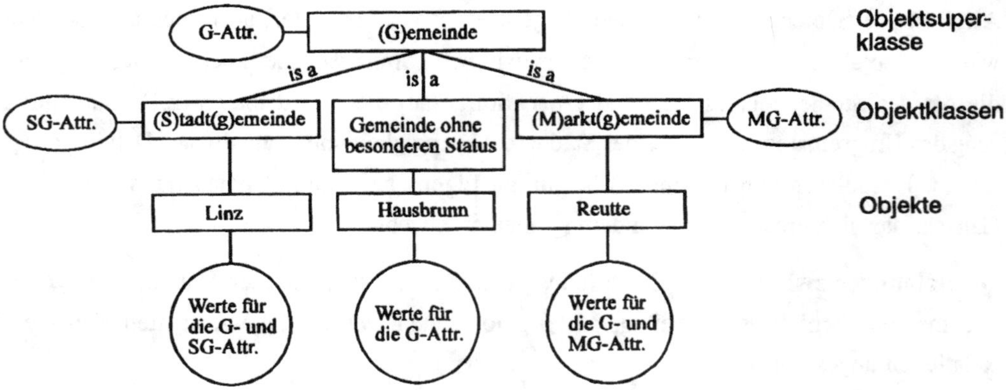

Figur 3.5-1: Klassenhierarchie (ISA-Beziehungen) in einem semantischen Datenbankmodell

Mit der Klassenhierarchie ist eine sogenannte **Vererbung** (*inheritance*) verbunden. In unserem Beispiel sind auf der Ebene der Objektsuperklasse "Gemeinden" alle Attribute angesiedelt, die eine Gemeinde in allgemeiner Form beschreiben. Zum Beispiel hat eine **Gemeinde**

- einen Namen,
- das Recht auf Selbstverwaltung in örtlichen Angelegenheiten,
- ein Gemeindeamt, das z.B. Wahlbehörde für die Gemeindevertretung ist,
- ein Gemeindegebiet (Umringpolygon).

Jede Objektklasse erbt die Attribute ihrer Objektsuperklasse. Die jeweilige Objektsuperklasse ist der "Vorfahre" für ihre Objektklassen. Zusätzlich bekommen die einzelnen Objektklassen eigene Attribute zur allgemeinen Beschreibung zugeordnet.

In unserem Fall lauten diese objektklassenspezifischen Attribute:

Eine **Stadtgemeinde** hat

- das Stadtrecht,
- ein Rathaus, das von der Objektsuperklasse "Gemeinde" als Gemeindeamt geerbt, aber in "Rathaus" umgetauft wird,
- mehr als 1000 Einwohner,
- ein weitgefächertes Ausbildungsangebot,
- eine intensive Industrie- und Gewerbstätigkeit,
- etc.

Eine **Marktgemeinde** hat

- das Marktrecht,
- Einrichtungen zur Abhaltung eines Marktes,
- mehr als 200 Einwohner,
- etc.

Die gesamte Menge der Objekte erhalten im Rahmen der Instanzierung die Werte für die Attribute sowohl der zuständigen Objektsuperklasse als auch ihrer Objektklassen.

Zum Beispiel für Stadtgemeinde **Linz**:

- Name "Linz",
- Adresse des Rathauses,
- 203 516 Einwohner,
- Koordinaten der Eckpunkte des Umringpolygones,
- Benennung der Schulen,
- Kepleruniversität mit 8920 Studierenden,
- Benennung der Industrie- und Gewerbebetriebe,
- etc.

b) **Aggregation**

Mit der Aggregation werden aus elementaren Objekten komplexe Objekte zusammengesetzt. Im Englischen spricht man von ***composite objects***. Die Aggregation ist eine typische ***bottom-up*-Beziehung**. Die Klassenhierarchie war dagegen eine typische *top-down*-Beziehung. Bei der Aggregation werden aus den Instanzierungen der elementaren Objekte die Wertzuweisungen für die Attribute der (darüberliegenden) komplexen Objekte abgeleitet. (Bei der Klassenhierarchie vererben dagegen die komplexen Objekte ihre (allgemeinen) Eigenschaften an die elementaren Objekte). Die Aggregations-Beziehung wird gerne als ***PART-OF*-Beziehung** bezeichnet.

Aus den Flächenangaben der elememtaren Objekte "Grundstücke" kann zum Beispiel durch Aggregation die Wertzuweisung für das Attribut "Fläche" einer Gemeinde gefunden werden. (Dafür ist Voraussetzung, daß die Zuordnung aller Grundstücke zur jeweiligen Gemeinde gegeben ist.)

Ein anderes Aggregations-Beispiel ist in der Figur 3.5-2 skizziert. Es gibt an, wie die Werte der Attribute "Erschließungsqualität" und "Gebäudeausmaße" eines Wohnhauses aus den Attributen der elementaren Objekte ("Straßenanschluß", "Elektrizitätsanschluß", etc. bzw. "Stockwerke", "Geschoßdecken", etc.) gefunden werden können.

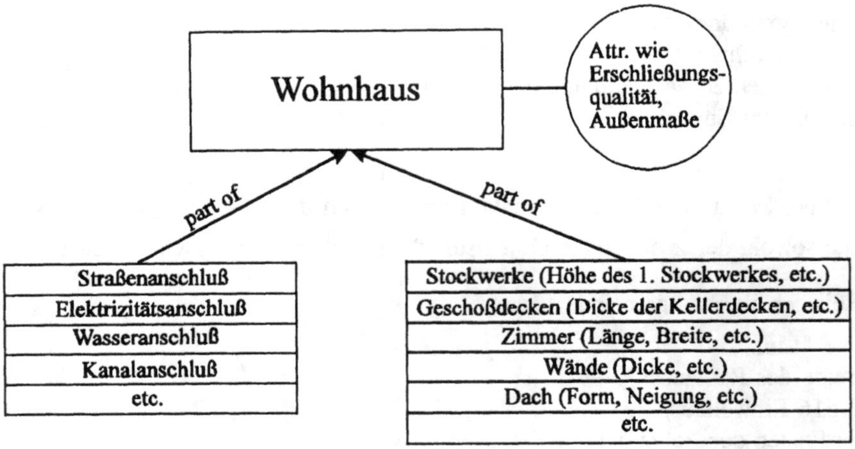

Figur 3.5-2: Aggregation (PART-OF-Beziehungen) in einem semantischen Datenbankmodell

c) **Assoziation**

Die Assoziation - auch **Gruppierung** genannt - faßt selbständige Objekte mit mindestens einer gemeinsamen Eigenschaft zu einem neuen Objekt bzw. einer Objektgruppe zusammen. Die Assoziation ist keine so enge Beziehung wie die Klassenhierarchie oder die Aggregation. Die Klassenhierarchie ist vorwiegend - von oben nach unten betrachtet - eine 1:n-Beziehung, die Aggregation - von unten nach oben betrachtet - eine m:1-Beziehung. Die Assoziation ist dagegen in der Regel eine m:n-Beziehung. Ein typisches Beispiel für eine Assoziation wäre die Gliederung der Städte Österreichs in die Objektgruppen "Universitätsstädte", "Festspielstädte", "Messestädte" etc.

3.6 Objektorientierte Datenbank

Das im vorhergehenden Abschnitt skizzierte semantische Datenbankkonzept läßt sich - ohne größere Abstriche - in einer objektorientierten Datenbank verwirklichen. **In einer objektorientierten Datenbank besteht ein Objekt sowohl aus Attributen, die eine Entität der realen Welt beschreiben, als auch Operationen bzw. Methoden, die diese Entität "lebendig" machen und mit anderen Entitäten der realen Welt verbinden.** In einem solchen Objekt sind also die Daten **und** die Programmprozeduren für ihre Auswertung enthalten.

Auch die **Relationen**, die die Entitäten miteinander verbinden, können zu **eigenen Objekten** werden (Beispiel: Die (verbindende) Relation zwischen zwei Städten kann eine Straße sein, die selbst Attribute und Methoden erhält. Auf diese Weise wird diese Relation zu einem eigenständigen Objekt.) Das in den Figuren F 3.2-1 und 3.2-2 skizzierte Ebenenprinzip verstößt in der Regel gegen die objektorientierten Datenbankkonzepte: Die Abgrenzungen eines Objektes "Straße" können zum Beispiel in den einzelnen Ebenen unterschiedliche Bedeutungen haben und in den einzelnen Ebenen mit unterschiedlichen Koordinaten auftauchen.

Ein Objekt in einer objektorientierten Datenbank ist in hohem Maße eine Welt für sich. In einem solchen Objekt sind **auch Methoden eingekapselt**, die Komponenten des jeweiligen Objektes sind und die die Ergebnisse als Wertzuweisungen für die Attribute liefern können (***encapsulation***).

Ein Objekt hat einen eindeutigen **Identifikator** (*object identifier*, OID), der unabhängig von den jeweiligen Werten für die Attribute ist und der vom Anwender nur unter besonderen Vorkehrungen geändert werden kann.

Zwischenbemerkung: Bei relationalen Datenbanken (Abschnitt 3.4) werden die Objekte wesentlich enger gefaßt: Dort ist ein Objekt ein Tupel; Operationen auf diesen Attributen eines Tupels führen - mittels der Relationenalgebra - zu neuen Relationen (Tabellen), die wiederum aus Tupeln (Objekten) bestehen. Bei relationalen Datenbanken werden also die Objekte (= Tupel) über Attribute angesprochen, die als Schlüssel benutzt werden. Ein Objekt (im Sinne einer objektorientierten Datenbank) ist bei den relationalen Datenbanken in der Regel auf viele Tabellen verteilt. Das relationale Prinzip verstößt in hohem Maße gegen die objektorientierten Prinzipien. Diesem Nachteil begegnet man mit Konzepten, die unter dem Schlagwort "**objekt-relational**" bekannt wurden.

Die in hohem Maße unabhängigen Objekte **kommunizieren über Nachrichten** (*messages*) miteinander. Mit einer Nachricht vom Objekt A kann zum Beispiel eine Auswertemethode im Objekt B angestoßen werden. Das Ergebnis dieser Auswertung gibt das Objekt B an das Objekt A zurück (siehe Figur 3.5-3).

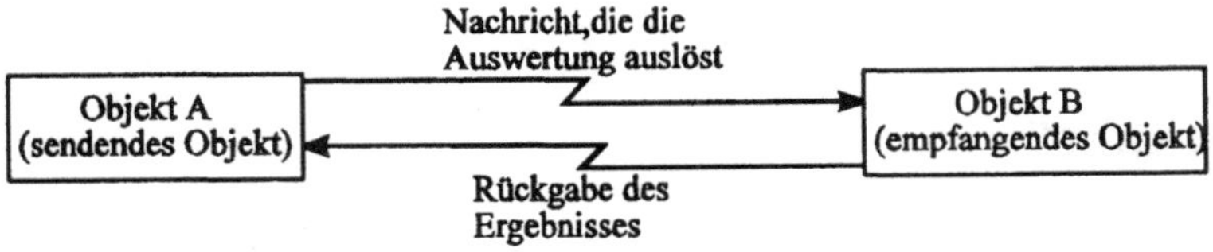

Figur 3.5-3: Kommunikation zwischen Objekten in einer objektorientierten Datenbank

Hinweis: Bei einem relationalen Datenbankkonzept gibt es innerhalb der eigentlichen Datenbank keine Möglichkeit, Auswertemethoden unterzubringen. Die Auswertemethoden müssen bei der relationalen Datenbank in eigenständigen Anwendungsprogrammen verwirklicht werden.

Die objektorientierten Datenbanken sind gegenwärtig Gegenstand aktiver Forschung. Es wird noch mehrere Jahre dauern, bis eine exakte Definition für ein objektorientiertes Datenbankkonzept vorliegt. Es ist deshalb nicht verwunderlich, daß viele verfügbare **Datenbanksysteme gerne das Prädikat "objektorientiert"** benutzen, obwohl sie nur geringfügig über eine hierarchische oder netzartige Datenbank oder eine relationale Datenbank hinausgehen. Auf das an sich widersprüchliche Prädikat "objekt-relational" wurde oben bereits hingewiesen. Die Ziele des objektorientierten Datenbankkonzeptes werden stark unterstützt, wenn man für den Entwurf und die Programmierung eine der objektorientierten Programmiersprachen wie C++ oder SMALLTALK oder JAVA oder EIFFEL[1] benutzt.

Weitere **Literatur** zu den Abschnitten 3.5 und 3.6: Dillon, T., Tan, P.L.: Object-oriented Conceptual Modeling. Prentice Hall of Australia, 1993. Heuer, A.: Objektorientierte Datenbanken. Addison-Wesley (Deutschland), 1992. Laurini, R., Thompson, D.: Fundamentals of Spatial Information Systems. Academic Press, 1992. Günther, O., Lamberts, J.: Objektorientierte Techniken zur Verwaltung von Geodaten in: Günther, O., Rickert, W. (Hrsg.): Wissensbasierte Methoden zur Fernerkundung der Umwelt. Wichmann-Verlag, S. 55-99, 1992. Frank, A., Egenhofer, M.: Object-Oriented Methods for Spatial Information Systems. Workshop at the Symposium "Spatial Data Handling", Zürich, 1990. Berzen, N., Benning, W.: ZfV 122, S 249-262, 1997.

4. SPEZIELLES ZU GEODATENBANKEN

Geodaten haben spezielle Eigenschaften, die in Datenbanken ihren Niederschlag finden sollten. Punktförmige Geodaten mit Attributen haben wir in den vorausgehenden Abschnitten ausführlich behandelt. Dazu zählen auch topographische Gebilde, die ein Umringpolygon haben, wie zum Beispiel eine Stadt mit ihrem Einzugsgebiet. Dagegen wurde über topographische Liniennetze und über Netzwerke von Flächen noch sehr wenig gesagt.

4.1 Liniennetze

Die Liniennetze werden aus Punkten aufgebaut. Die Verbindungsinformation, die die Nachbarschaftsbeziehungen angibt, nennt man **Topologie**. Wir beginnen mit einem Flußnetz.

---

1 Meyer, B.: Objektoriente Softwareentwicklung. Hansa-Verlag, 1990.

4.1.1 Flußnetz

Ein Flußnetz besteht aus Knoten (*nodes, vertices*) und Kanten (*arcs, edges*). Die Kanten beginnen und enden an einem Knoten. Die (vielen) Zwischenpunkte auf einer Kante könnte man auch als Knoten einführen. Darauf wird aber verzichtet, da sie für die Strukturierung der Datenbank keine nennenswerte Bedeutung besitzen. Beim Flußnetz sind die Kanten (talwärts) gerichtet. Wir haben es also mit einem **gerichteten Graphen** zu tun. Ein weiteres Merkmal eines Flußgraphen ist, daß er keine Zyklen besitzt. Figur 4.1-1 zeigt die Knoten und Kanten eines Flußgraphen bzw. eines Flußnetzes.

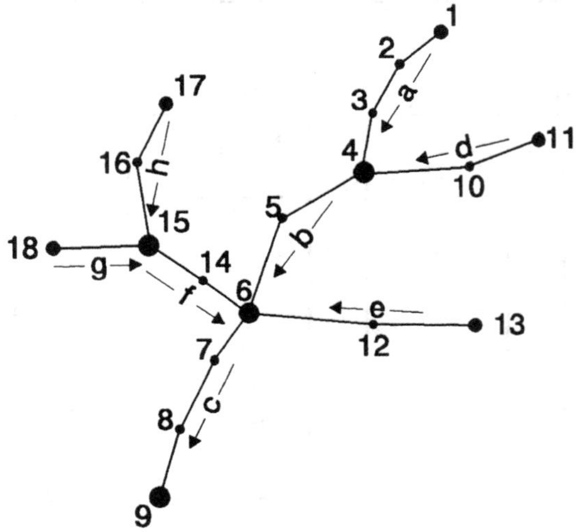

Figur 4.1-1: Knoten und Kanten eines Flußnetzes

Im folgenden entwerfen wir für eine **netzartige Datenbank** die Dateien, die zur **Knoten/Kanten-Topologie eines Flußnetzes** gehören (Tab. 4.1-2). Es gibt zwei gleichrangige Dateien, die Datei der Kanten mit den Kanten-IDs und die Datei der Knoten mit den Knoten-IDs. Die eine Datei wird innerhalb der Knoten-IDs und die andere Datei innerhalb der Kanten-IDs sortiert. Die Knoten-IDs und die Kanten-IDs sind die Schlüsselelemente bei Anfragen. Der Einfachheit halber gehen wir im folgenden davon aus, daß beide Dateien im Zentralspeicher Platz haben. (Bei einem größeren Datenbestand wäre eine Blockung (Abschnitt G 1.2) erforderlich; die Knotendatei könnte man als *EXCELL*-Datei (Abschnitt G 2.1) oder als *GRIDFILE* (Abschnitt G 2.2) anlegen.) Die dritte Datei, die Datei der Zwischenpunkte, wird auf jeden Fall auf den Sekundärspeicher ausgelagert.

(Ka)nten

Ka-ID	von Kn-ID	nach Kn-ID	Zeiger zum 1. Zwischenpunkt
a	1	4	2
b	4	6	5
c	6	9	7
d	11	4	10
e	13	6	12
f	15	6	14
g	18	15	-
h	17	15	16

(Kn)oten

Kn-ID	X	Y	Z	Anfang der Kante
1	..	..	..	a
4	..	..	..	b
6	..	..	..	c
9	..	..	..	Endmarke
11	..	..	..	d
13	..	..	..	e
15	..	..	..	f
17	..	..	..	h
18	..	..	..	g

Zwischenpunkte (Zwp)

Zwp-ID	X	Y	Z	Zeiger zum nächsten Zwischenpunkt
2	..	..	..	3
3	..	..	..	Endmarke
5	..	..	..	Endmarke
7	..	..	..	8
8	..	..	..	Endmarke
10	..	..	..	Endmarke
12	..	..	..	Endmarke
14	..	..	..	Endmarke
16	..	..	..	Endmarke

Tabellen 4.1-2: Dateien zum Flußnetz der Figur 4.1-1 für eine netzartige Datenbank

AUFGABE 4.1-1:Man überlege sich eine sinnvolle Ausprägung der Endmarken.

Alternative: Bei den Zwischenpunkten könnte man die Zwischenpunkt-Identifikationen (Zwp-ID) weglassen und die XYZ-Koordinaten als "String" zu den einzelnen Kanten-IDs (Kn-IDs) abspeichern.

Folgende Anfragen können mit dieser **Strukturierung effizient** beantwortet werden:

- Gesucht sind alle Koordinaten des Flußlaufes, der mit dem Knoten 11 beginnt.
- Wieviele Knoten gibt es entlang des Flußlaufes, der mit dem Knoten 17 beginnt?
- Wieviele Knoten liegen unterhalb des Knotens 15 ?

AUFGABE 4.1-2: Man durchwandere die Dateien im Detail zur Beantwortung dieser Anfragen. Bei welcher Anfrage benötigt man auch die (untergeordnete) Datei der Zwischenpunkte ?

Folgende Anfrage kann zum Beispiel nur über die **Abfrage in den Attributen**, die ungeordnet sind und deshalb für einen Zugriff ungeeignet sind, beantwortet werden:

- Wieviele Zuläufe hat der Knoten 6 ?

AUFGABE 4.1-3: Man vollziehe in den Dateien im Detail diese Anfrage. Welche Attribut-Spalte, die sequentiell durchzusehen ist, enthält die wesentliche Information ?

Abfragen nach den Attributen in einer hierarchischen oder netzartigen Datenbank sollte man - wie schon erwähnt - vermeiden. Legt man in einer **relationalen Datenbank** (Abschnitt G 3.4) die folgenden zwei Tabellen an (auf die Wiedergabe der dritten Tabelle mit den Zwischenpunkten wird verzichtet), so bekommt man mit der relationalen Algebra die Antwort:

(Ka)nten

Ka-ID	von	nach

(Kn)oten

Kn-ID	X	Y	Z

Der SQL-Befehl für die Beantwortung der gestellten Frage lautet:

```
SELECT    Ka-ID, von, nach
FROM      Kanten
WHERE     nach = 6
```

Damit erhält man die Relation:

Zuflüsse im Knoten 6

Ka-ID	von	nach
b	4	6
e	13	6
f	15	6

Mit dem SQL-Befehl COUNT bekommt man daraus die Anzahl 3. Die Koordinaten des Knotens 6 erhält man noch aus der Anfrage:

```
SELECT    Kn-ID, X, Y, Z
FROM      Knoten
WHERE     Kn-ID = 6
```

Am Ende des Abschnittes "Flußnetz" soll eine bescheidene Andeutung gemacht werden, wie zu den geometrischen und topologischen Attributen, die in der Knoten/Kanten-Topologie festgehalten wurde, auch thematische Attribute, die für ein **Flußinformationssystem** erforderlich sind, eingebracht werden können. Diese Erweiterungen deuten wir in dem in diesem Abschnitt zuerst verwendeten netzartigen Datenbankkonzept an. Die wichtigste Erweiterung ist folgende **zusätzliche Datei**:

(F)lüsse im Interessensgebiet

F-ID	Knoten-ID der Quelle bzw. des Anfangs	Attribute
Donau	1	.
.	.	
.	.	
Inn	17	
.		
.		
Traisen	.	
.		
.		

Die nächste **Erweiterung** betrifft die **ursprüngliche Kanten-Datei** (Tab. 4.1-2); in die Kanten-Datei kann man - das ist eine der möglichen Lösungen - eine zweite Spalte mit den Flußnamen (F-IDs) aufnehmen und den Flußnamen gemeinsam mit der Kanten-ID als erweiterten Schlüssel benützen. Damit können in der Zusammenschau aller Dateien folgende Fragen beantwortet werden:

- Wieviele Knoten gibt es entlang der Donau?
- Gesucht sind alle Koordinaten der Punkte entlang des Inns.
- Welche Flüsse münden in die Donau unterhalb der Traisenmündung?

Die so erweiterte Kantendatei könnte noch um Spalten für die Attribute "schiffbar", "Wasserqualität", "etc." ergänzt werden.

4.1.2 Verkehrsnetz

Die Dateien für eine netzartige Datenbank und die Tabellen für eine relationale Datenbank können für ein Verkehrsnetz in Anlehnung an das Flußnetz - mit einigen Adaptierungen - aufgebaut werden. Der wichtigste Unterschied zum Flußnetz ist, daß die Attribute "von" und "nach" keine Fließrichtung implizieren. Ein Verkehrsnetz ist demnach - von den Einbahnen abgesehen - kein gerichteter Graph. Beim **Verkehrsgraphen** gibt es selbstverständlich auch Zyklen. Wenn man Unterführungen einer Straße unter einer anderen Straße in der Datenbank berücksichtigen will, verliert der Graph seine Eigenschaft "eben" oder "planar"; Straßengraphen sind im allgemeinen "nicht planar".

AUFGABE 4.2-1: Man entwerfe die Dateien (netzartige Datenbank) und die Tabellen (relationale Datenbank) für ein Verkehrsnetz.

Literatur zu ATKIS, wobei auch das Verkehrsnetz eine große Rolle spielt: Walter, V.: DGK, Reihe C, Heft 480, 1997.

4.2 Netzwerke von Flächen

Bei einem Netzwerk von Flächen (*patchwork*) kommt zusätzlich zur Knoten/Kanten-Topologie eine Topologie hinzu, die die Nachbarschaften der Flächen angibt. Man kann von einer sogenannten **Flächen-Topologie** sprechen. Eine solche Flächen-Topologie erläutern wir anhand des in der Figur 4.2-1 skizzierten Beispieles. Entlang der Kanten soll es wieder (viele) Zwischenpunkte geben; sie sind in der Figur 4.2-1 aber nicht eingetragen. Auch in den Dateien und Tabellen werden wir wenig auf die Zwischenpunkte Rücksicht nehmen; sie sind in gleicher Weise zu behandeln wie im Abschnitt G 4.1.

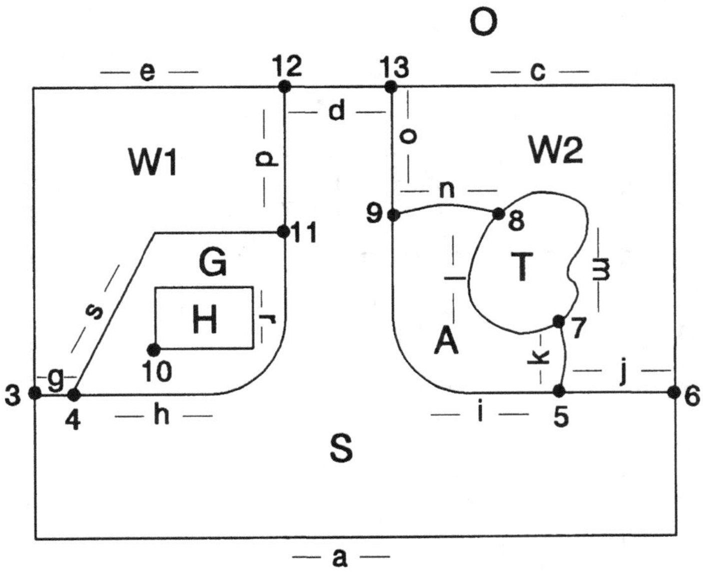

Figur 4.2-1: Netzwerk von Flächen

Wir beginnen mit einem Konzept für eine **netzartige Datenbank**. Es bieten sich die Dateien "Flächen", "Kanten" und "Knoten" an. Für jede Fläche wird noch eine eigene Kanten-Datei angelegt, die die (Ka)nten-IDs in der Reihenfolge gegen die Uhrzeigerdrehung enthält. Dabei ist es noch notwendig, Inseln besonders zu kennzeichnen; in unserem Beispiel ist die Fläche H eine Insel in der Fläche G; die Kante r wurde in der KaF-Datei 101 mit einem Minus versehen.

(F)lächen

F-ID	ID der (Ka)nten-Datei
A	100
G	101
H	102
S	103
T	104
W1	105
W2	106

Kanten-Datei für jede Fläche (KaF)

100	k,l,n,i
101	h,s,-r
102	r
103	j,i,o,d,p,h,g,a
104	m,l
105	s,p,e,g
106	m,k,j,c,o,n

(Ka)nten

Ka-ID	Anf.- Kn. Kn-ID	End-Kn. Kn-ID	li.Fl. F-ID	re.Fl. F-ID	Zeiger zum 1. Zwischenpunkt
a	6	3	0	S	...
c	6	13	W2	O	...
d	13	12	S	O	...
e	12	3	W1	O	...
g	3	4	W1	S	...
h	4	11	G	S	...
i	5	9	S	A	...
j	5	6	W2	S	...
k	5	7	A	W2	...
l	7	8	A	T	...
m	7	8	T	W2	...
n	9	8	W2	A	...
o	9	13	S	W2	...
p	11	12	W1	S	...
r	10	10	H	G	...
s	4	11	W1	G	...

(Kn)oten

Kn-ID	X	Y	Z
3	..	..	..
4	..	..	..
5	..	..	..
6	..	..	..
7	..	..	..
8	..	..	..
9	..	..	..
10	..	..	..
11	..	..	..
12	..	..	..
13	..	..	..

Diese Dateien enthalten viel Redundanz; dadurch wurde aber eine **Struktur** ermöglicht, mit der sehr **effizient** folgende Anfragen beantwortet werden können:

- Gesucht sind alle Koordinaten der Fläche W1.
- Gesucht sind alle Koordinaten der Fläche A (auch diese Anfrage funktioniert, obwohl die Kante 7,8 zweimal in der Datei "Kanten" vorkommt).
- Welche Flächen grenzen an die Fläche S an?

- Welche Flächen grenzen an die Fläche H an?
- Welche Flächen stoßen entlang der Kante g zusammen?

Folgende Anfrage kann allerdings nur über **Abfragen in den Attributen** beantwortet werden, was allerdings in netzartigen Datenbanken vermieden werden sollte:

- Welche Flächen stoßen am Knoten 4 zusammen?

Liegen die drei folgenden Tabellen in einer **relationalen Datenbank** vor, so wird die gestellte Frage mit relationaler Algebra beantwortet:

(F)lächen

F-ID	F-Attr.
A	Acker
G	Garten
.	.
.	.

(Ka)nten

Ka-ID	Anf.-Kn	End-Kn	li.Fl.	re.Fl.
a	6	3	O	S
c	6	13	W2	O
d	.	.	.	.
e	.	.	.	.
.	.	.	.	.
.	.	.	.	.
.	.	.	.	.
g	.	.	.	.
h	.	.	.	.
.	.	.	.	.
.	.	.	.	.

(Kn)oten

Kn-ID	X	Y	Z
3	.	.	.
4	.	.	.
.	.	.	.
.	.	.	.

Die gestellte Frage kann man mit Hilfe der Relation "Kanten" beantworten:

```
SELECT    Ka-ID, li.Fl., re.Fl.
FROM      Kanten
WHERE     Anf.-Kn = 4
OR        End-Kn = 4
```

Als Ergebnis erhält man eine neue Relation:

Kanten im Punkt 4

Ka-ID	li.Fl.	re.Fl.
g	W1	S
h	G	S
s	W1	G

Daraus kann leicht abgeleitet werden, daß es die Flächen G, S und W1 sind, die im Knoten 4 zusammenstoßen.

Mit diesen drei Relationen "Flächen", "Kanten" und "Knoten" können auch die weiter oben in diesem Abschnitt angegebenen Anfragen beantwortet werden.

AUFGABE 4.2-1: Gesucht sind alle Koordinaten der Fläche W1 mit Hilfe der angegebenen drei Relationen. (Lösung: SELECT Ka-ID, Anf.-Kn, End-Kn FROM Kanten WHERE Li.Fl. = W1 OR re.Fl. = W1; von dieser neuen Relation ist eine Projektion auf Anf.-Kn und eine Projektion auf End-Kn vorzunehmen; schließlich sind die beiden Projektionen zu vereinigen mit dem Ergebnis Kn-IDs = 11, 12, 3, 4.)

AUFGABE 4.2-2: Auch für die anderen weiter oben in diesem Abschnitt formulierten Anfragen sind die SQL-Befehle und die Operatoren der relationalen Algebra anzugeben.

AUFGABE 4.2-3: Die drei Tabellen für die relationale Datenbank bergen vor allem bezüglich der Flächen-Identifikationen (F-ID) Anomalien in sich. Würde man nämlich die eine Fläche-ID in der Relation "Flächen" ändern, was in der Praxis sicherlich häufig vorkommt, dann würden - wenn keine passenden Vorkehrungen getroffen sind - in der Relation "Kanten" die alten Flächen-IDs bleiben. Man treffe Vorkehrungen - in Anlehnung an den Abschnitt G 3.4.2 - zur Vermeidung von diesbezüglichen Anomalien in der Datenbank.

Am Ende des Abschnittes "Netzwerke von Flächen" soll eine bescheidene Andeutung gemacht werden, wie die Knoten/Kanten- und die Flächen-Topologie im Hinblick auf thematische Attribute für ein **Informationssystem über die Landnutzung** erweitert werden kann. Ähnlich wie am Ende des Abschnittes G 4.1.1 wird man übergeordnete Tabellen einführen. Die Tabelle "Flächen" im relationalen Konzept ist dafür unmittelbar geeignet. Auf detaillierte Ausführungen wird verzichtet.

Im Geo-Informationssystem ARC/INFO, einem weit verbreiteten System, wurde eine andere Lösung mit Hilfe von sogenannten ***Label*-Punkten** verwirklicht: Man setzt in jede Fläche - etwa in die Mitte - einen Punkt, der mit XY-Koordinaten fixiert wird. Anstelle einer manuellen Digitalisierung der *Label*-Punkte am Bildschirm gibt es auch eine automatisch arbeitende Variante, die nur in extremen Fällen (sehr schmale und lang gezogene Flächen) versagt. In diesen extremen Fällen ist eine manuelle Unterstützung erforderlich.

Die XY-Koordinaten der *Label*-Punkte wird man als zusätzliche Domänen in die Flächenrelation aufnehmen. Sie bekommt dann folgendes Aussehen:

(F)lächen

F-ID	X-*Label*	Y-*Label*	F-Attr.
A	..	..	Acker
G	..	..	Garten
H	..	..	Gebäude
.	..	..	.
.	..	..	.

Zum Schluß soll noch auf die **raumbezogene Strukturierung von Flächennetzwerken** hingewiesen werden. Die auf Grund des bisherigen Manuskriptes auf der Hand liegende Lösung besteht darin, die Datei bzw. Relation "Knoten" als *GRIDFILE* bzw. *EXCELL*-Datei anzulegen.

4.3 Komplexe Objektbildung

Bisher wurden die Themen - zum Beispiel Flußnetz und Landnutzung - voneinander unabhängig betrachtet. In einem GIS kann man die einzelnen unabhängigen Themen jeweils einer **Informationsebene** (*layer*) zuordnen. (Wenn die Geometrie mit XY- **und** Z-Koordinaten verwirklicht ist, sollte man besser von **Informationsschichten** sprechen.) Die einzelnen Informationsebenen kann man miteinander in Beziehung setzen; man kann einen **Vereinigung** (***overlay***) herstellen. In den verschiedenen Informationsebenen gibt es häufig Punkte und Linien, die identisch sein sollten. Bei einer Vereinigung von Informationsebenen, in denen diese Identitäten nicht herbeigeführt wurden, kommt es zu Schwierigkeiten (siehe Figur F 3.2-1 und 3.2-2).

Die einzelnen Informationsebenen sind deshalb auf **gemeinsame geometrische Gebilde** aufzubauen. Man braucht zusätzlich zu einer Knoten/Kanten- und einer (horizontalen) Flächentopologie eine "**vertikale**" **Topologie**. Im folgenden führen wir sehr unterschiedliche Themen zusammen und integrieren auch ein digitales Geländemodell (DGM), wobei wir uns mit einem 2.5D-Geländemodell begnügen.

Eine solche komplexe Objektbildung soll anhand eines Beispieles erläutert werden, in das auch Bemerkungen zur Datenerfassung einbezogen werden[1].

Figur 4.3-1 zeigt das Ergebnis einer typischen **photogrammetrischen Datenerfassung**. Es wurden dreidimensionale Linien (Verkehrslinien, Trennungslinien zwischen unterschiedlichen Landnutzungen, Geländekanten und Flußläufe) und dreidimensionale Punkte (die Oberfläche beschreibende Einzelpunkte und Brücken) erfaßt.

In diesen Daten ist zum Beispiel das **Thema "Landnutzungen"** enthalten; dieses Netzwerk von Flächen (Figur 4.3-2) könnte mit den im Abschnitt G 4.2 skizzierten Methoden in eine Geodatenbank eingebracht werden.

Ein anderes **Thema** sind die "**Bodenarten**", die durch Digitalisierung von Bodenkarten gewonnen werden. Figur 4.3-3 zeigt diese Informationsebene, die ebenfalls mit dem im Abschnitt G 4.2 skizzierten Methoden für eine Geodatenbank aufbereitet sein könnten. Ein Übereinanderlegen (*overlay*) der Knoten und Kanten der Landnutzung (Figur 4.3-2) und der Knoten und Kanten der Bodenarten (Figur 4.3-3) erlaubt eine EDV-gestützte Bereinigung der Widersprüche an den gemeinsamen Trennungslinien. Die Figuren 4.3-1, 4.3-2 und 4.3-3 zeigen die bereits bereinigten Daten.

Eine Verschneidung der Landnutzungen (Figur 4.3-2) mit den Bodenarten (Figur 4.3-3) liefert die **kleinsten Flächenelemente für unterschiedliche Sachdaten**. Figur 4.3-4 zeigt

---

[1] Viele Anregungen zu diesem Beispiel stammen von Pilouk, M., Kufoniyi, O.: IAPRS 30, Part 3/2, pp.670-677, München, 1994.

das Ergebnis, das die **multi-thematischen Flächen** mit ihren Flächen-IDs - in unserem Fall zusammengesetzt aus zwei thematischen Ebenen - des Interessensgebietes wiedergibt.

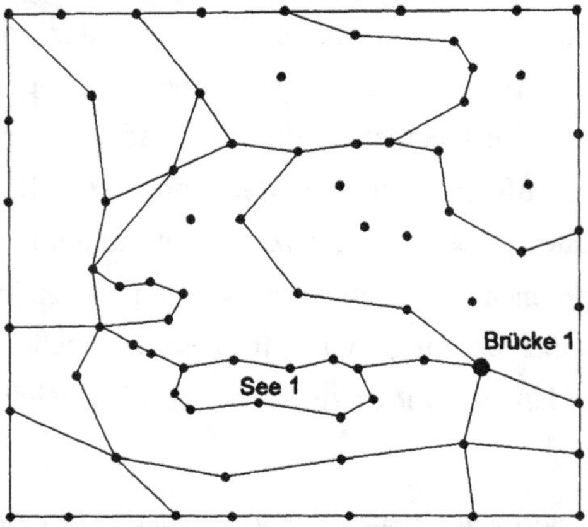

Figur 4.3-1: Linien und Punkte einer (photogrammetrischen) Datenerfassung

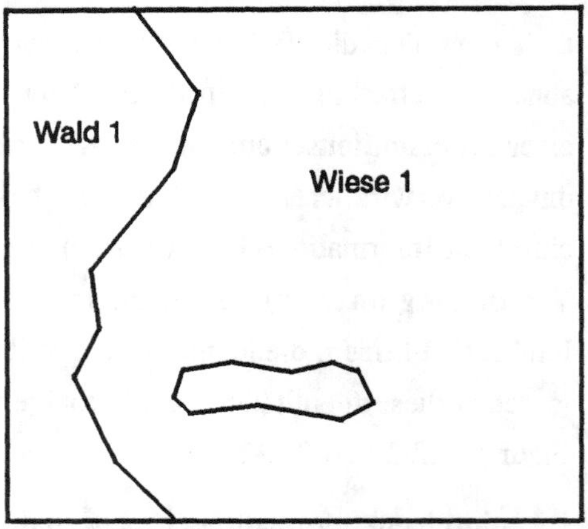

Figur 4.3-2: Landnutzungen

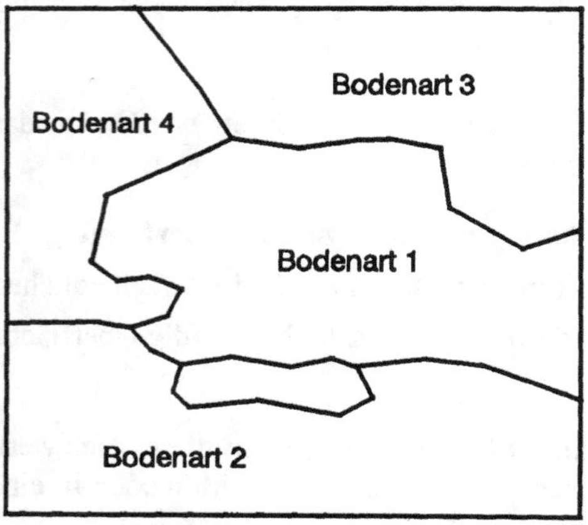

Figur 4.3-3: Bodenarten

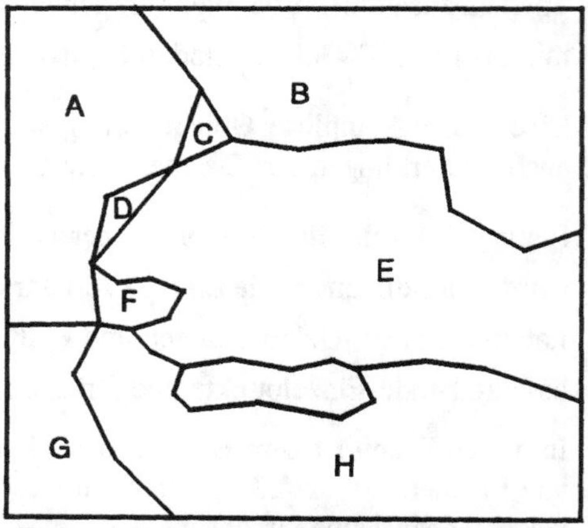

Figur 4.3-4: Overlay der Landnutzungen und Bodenarten

Für die **linienhaften Objekte** kann in gleicher Weise vorgegangen werden. Die Figuren 4.3-5, 4.3-6 und 4.3-7 zeigen die Linien der Themen "Verkehrslinien", "Gewässerlinien" und "Geländekanten". Ein Übereinanderlegen dieser Linien mit ihren Themen liefert die **kleinsten Linienstücke für unterschiedliche Sachdaten**. Die Objekt-IDs dieser so erhaltenen Linienstücke und ihre themenbezogenen Namen sind in den Figuren 4.3-5, 4.3-6 und 4.3-7 eingetragen.

Die Geländeoberfläche, m.a.W. das **digitale Geländemodell** (DGM), die bzw. das ebenfalls in eine komplexe Objektbildung einbezogen werden soll, kann aus den dreidimensionalen Geländekanten und den dreidimensionalen Einzelpunkten mittels einer **Dreiecksvermaschung** (Abschnitt H 1.1.1) gebildet werden. Die Linienstücke der anderen Themen - in unserem

Fall die Linienstücke der Verkehrslinien (Figur 4.3-5) und die Linienstücke der Gewässerlinien (Figur 4.3-6) - und die Trennungslinien der multi-thematischen Flächen (Figur 4.3-4) sind in dieser Dreiecksvermaschung in der Weise zu berücksichtigen, daß diese Linien zu Dreiecksseiten werden[1]. Das Ergebnis zeigt die Figur 4.3-8.

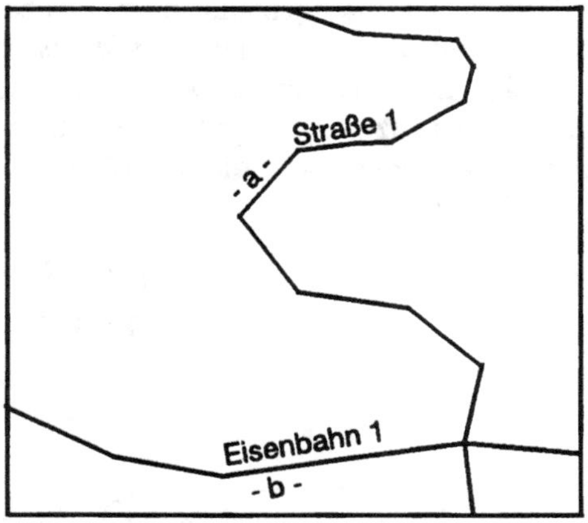

Figur 4.3-5: Verkehrslinien

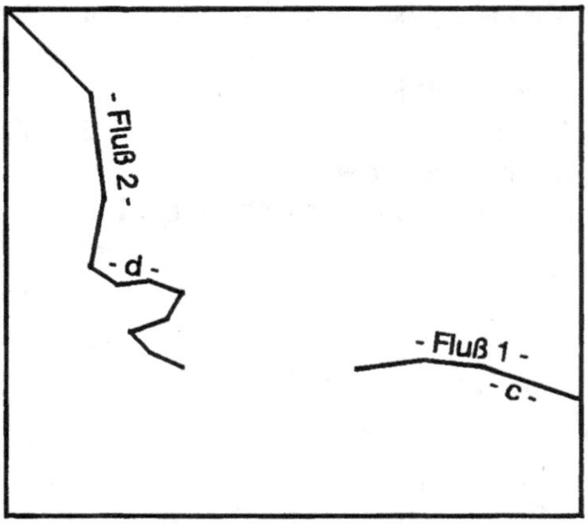

Figur 4.3-6: Gewässerlinien

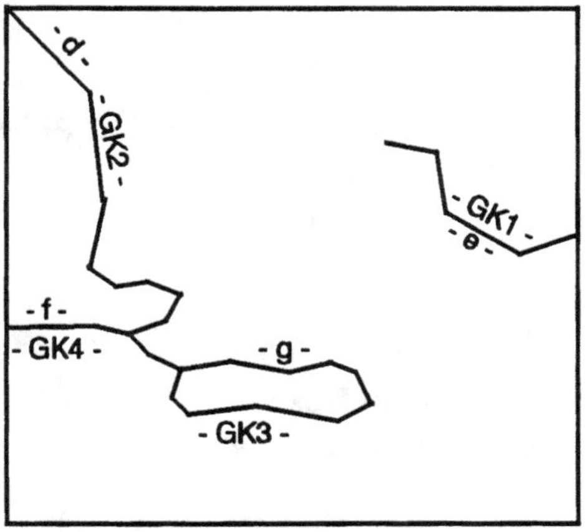

Figur 4.3-7: Geländekanten

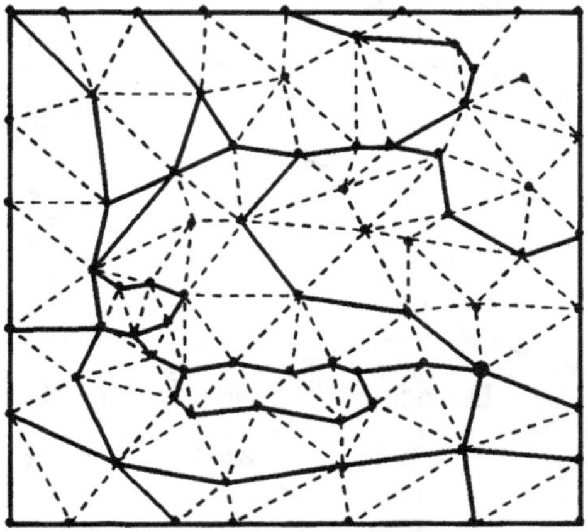

Figur 4.3-8: Geländeoberfläche

---

[1] In der Praxis kann dieses Vorgehen zu absurden Verhältnissen führen. Man denke zum Beispiel an die Grundstücksgrenzen: Die Grundstücksgrenzen würden sehr viele Dreiecksseiten erzwingen, die keine relevante DGM-Information enthalten. Noch absurder sind die Begrenzungslinien unterschiedlicher Immissionsbereiche; sie sind nämlich von den Kleinformen des Geländes völlig unabhängig. Trotz dieser Einwände behalten wir - der Einfachheit halber bzw. aus didaktischer Sicht - die Einbeziehung aller thematischen Elemente in das DGM bei.

In dem **semantischen Datenbankmodell**, das teilweise in der Figur 4.3-9 skizziert ist, sind Klassenhierarchien (mit *ISA*-Beziehungen (Abschnitt 3.2.5a)) und Aggregationen (mit *PART-OF*-Beziehungen (Abschnitt 3.2.5b)) vorgesehen. Zum Beispiel sollen die einzelnen Flüsse zur Objektklasse "Fluß" zusammengefaßt werden, ebenso die einzelnen Seen zur Objektklasse "See". Die darüberstehende Objektsuperklasse habe die Bezeichnung "Gewässer". Zur Abrundung ist in der Figur 4.3-9 auch die Objektklasse "Quelle" aufgenommen. In gleicher Weise sind auch die anderen Superklassen - z.B. "Landnutzungen" mit den Objektklassen "Wald", "Wiese", etc. - aufzubauen. Mehrere Dreieckskanten sind sowohl *part of* Objekte der Superklasse "Gewässer" als auch der Superklasse "Landnutzungen". Dadurch kommt es zu einer netzartigen Strukturierung im semantischen Datenbankmodell, die der Übersichtlichkeit wegen aber nicht in die Figur 4.3-9 eingezeichnet wurde.

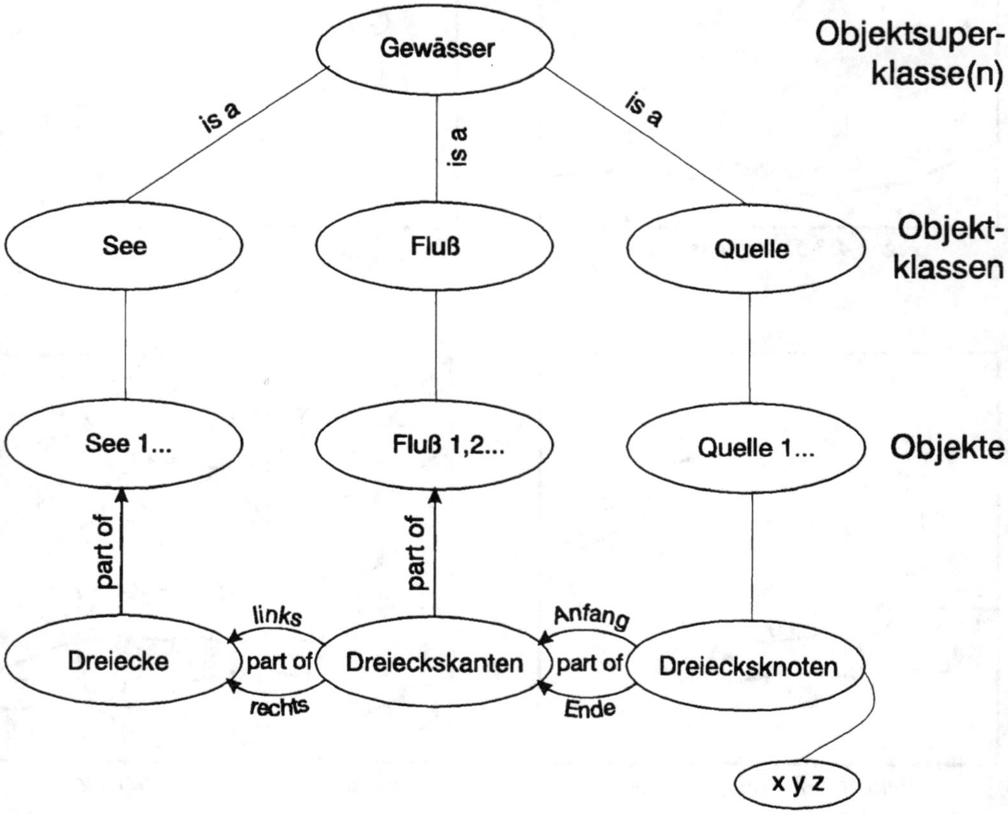

Figur 4.3-9: Semantisches Datenbankmodell für eine (komplexe) Objektbildung

Das semantische Datenbankmodell (Figur 4.3-9) kann mit den Relationen, die in den Tabellen 4.3-11 angedeutet sind, in einer relationalen Datenbank verwirklicht werden. Dabei wurde für flächige Objekte eine Relation "Flächen", für die linienhaften Objekte eine Relation "Linien" und für die punktförmigen Objekte eine Relation "Punkte" geschaffen. Die Zusammenhänge dieser Relationen erkennt man in der Figur 4.3-10 besonders gut.

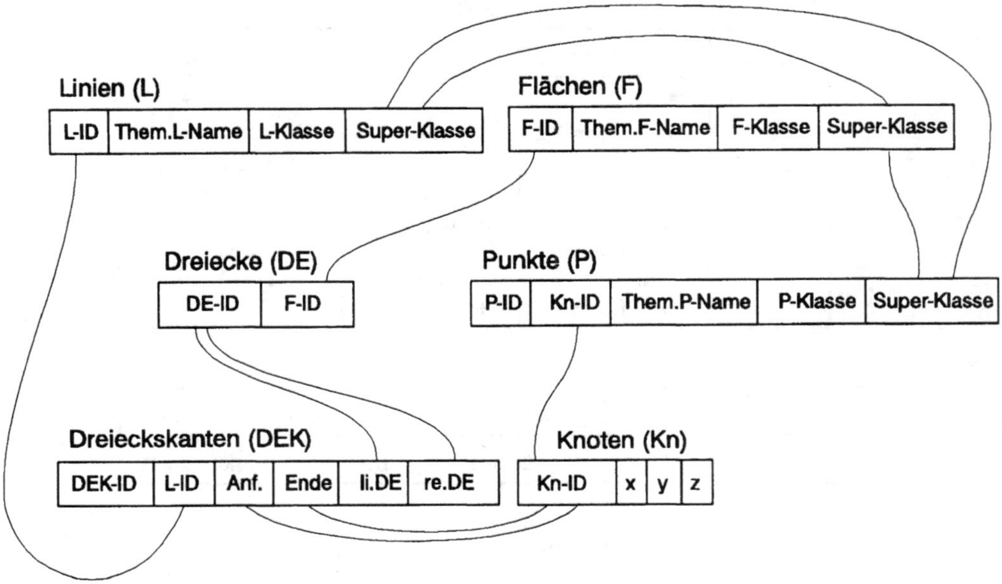

Figur 4.3-10: Zusammenhänge der Relationen (Tabellen 4.3-11) über gemeinsame Domänen

Flächen (F)

F-ID	Them.-F-Name	F-Klasse	Super-Klasse
A	Wald 1	Wald	Landnutzungen
A	Bodenart 4	Bodenart	Böden
B	Wiese 1	Wiese	Landnutzungen
B	Bodenart 3	Bodenart	Böden
C	Wiese 1	Wiese	Landnutzungen
C	Bodenart 4	Bodenart	Böden
D	Wald 1	Wald	Landnutzungen
D	Bodenart 1	Bodenart	Böden
E	Wiese 1	Wiese	Landnutzungen
E	Bodenart 1	Bodenart	Böden
F	Wiese 1	Wiese	Landnutzungen
F	Bodenart 4	Bodenart	Böden
G	Wald 1	Wald	Landnutzungen
G	Bodenart 2	Bodenart	Böden
H	Wiese 1	Wiese	Landnutzungen
H	Bodenart 2	Bodenart	Böden
I	See 1	See	Gewässer

Tabellen 4.3-11 (erster Teil)

Linien (L)

L-ID	Them.-L-Name	L-Klasse	Super-Klasse
a	Straße 1	Straße	Verkehrsnetz
b	Eisenbahn 1	Eisenbahn	Verkehrsnetz
c	Fluß 1	Fluß	Gewässer
d	Fluß 2	Fluß	Gewässer
d	Gel.-Kante 2	Geländekante	DGM
e	Gel.-Kante 1	Geländekante	DGM
f	Gel.-Kante 4	Geländekante	DGM
g	Gel.-Kante 3	Geländekante	DGM

Punkte (P)

P-ID	Kn-ID	Them.-P-Name	P-Klasse	Super-Klasse
1	33	Brücke 1	Brücke	Verkehrsnetz

(DGM-)Dreieckskanten (DEK)

DEK-ID	L-ID	Anf.	Ende	li.DE	re.DE
alle Dreieckskanten der Figur 4.3-8	a	..	..	..	..
	.	..	..	..	..
	.	..	..	..	..
		..	..	..	..
	b	..	..	..	..
	c	..	..	..	..
	c	..	..	..	..
	c	..	..	..	..
	d	..	..	..	..
	.	..	..	..	..
	.	..	..	..	..
	e	..	..	..	..
	f	..	..	..	..
	f	..	..	..	..
	g	..	..	..	..
	.	..	..	..	..
	.	..	..	..	..
	g				

Tabellen 4.3-11 (zweiter Teil)

(DGM-)Dreiecke (DE)

DE-ID	F-ID
alle Dreiecke der Figur 4.3-8	A A . . B C D E . . I

(DGM-)Knoten (Kn)

Kn-ID	X	Y	Z
alle Punkte der Figur 4.3-8	Strukturiert als *GRIDFILE* oder als *EXCELL*-Datei		

Tabellen 4.3-11 (dritter Teil): Konzept einer relationalen Datenbank für multi-thematische Linien und Flächen sowie für ein integriertes digitales Geländemodell (DGM)

Das vorgestellte **Konzept einer relationalen Datenbank für multi-thematische Linien und Flächen** mit integrierten DGM bedarf einiger Anmerkungen:

- Die topographischen Objekte wurden zwar in ihre kleinsten Bausteine zerlegt, doch ist über die **gemeinsamen Domänen** in den Tabellen der **Zusammenhang** zu den größeren (umfassenden) Objekten gegeben.
- In vielen Spalten - sogar in den Identifikationsspalten - kommen manchmal die gleichen Eintragungen vor; die Schlüssel für eindeutige Anfragen sind deshalb aus mehreren Spalten zusammenzusetzen. Eine **stabile Datenbank** erreicht man, wenn man für die einzelnen IDs eigene Tabellen anlegt. Die folgenden Tabellen können zum Beispiel die Flächentabelle 4.3-11 ersetzen:

Wald 1

F-ID	
A	
D	
G	

Wiese 1

F-ID	
B	
C	
E	
F	
H	

Bodenart 1

F-ID	
D	
E	

etc.

- Die Tabellen enthalten unnötig viel redundante Information. (Diese Redundanz wäre übrigens noch um ein Vielfaches größer geworden, wenn die Attribute, die die Klassenhierarchie festlegen, nicht an die F-, L- und P-Tabelle sondern an die DE-, DEK- und

Kn-Tabelle angehängt worden wären.) Im Rahmen der Instanzierung können aber kompaktere Strukturen gefunden werden. Diese Komprimierung soll wiederum anhand der Flächentabelle 4.3-11 gezeigt werden. Für die **F-Klassen** sind folgende Tabellen einzuführen:

Wälder

Them.-F-Name
Wald 1

Wiesen

Them.-F-Name
Wiese 1

Bodenarten

Them.-F-Name
Bodenart 1
Bodenart 2
Bodenart 3
Bodenart 4

Seen

Them.-F-Name
See 1

Mit den Superklassen kann ähnlich verfahren werden.

- Falls zu einem späteren Zeitpunkt ein Linien- oder ein Flächennetz mit einem neuen Thema hinzukommt, wird ein äußerst intensiver Bereinigungs- und Restrukturierungsprozeß in Gang gesetzt, der allerdings eindeutige Verhältnisse in der Datenbank schafft. Diesen **aufwendigen Prozeß** wird man daher **für Themen**, die inhaltlich weit von der jeweiligen Datenbank entfernt sind, **nicht in Gang setzen**. (Zum Beispiel wird man die Abgrenzungen der Schäden eines Hagelereignisses in ein TIS auf diese Weise nicht integrieren!)
- Abschließend soll betont werden, daß die Tabellen 4.3-11 für eine unmittelbare Umsetzung in die Praxis nicht geeignet sind; mit diesem Konzept, das sehr komplexe Anfragen erlaubt, sollten aber einige **Denkanstöße** gegeben werden.

AUFGABE 4.3-1: Man formuliere mit SQL-Befehlen und der relationalen Algebra (Abschnitt 3.4.1) folgende Anfragen:

- Gesucht sind die Knoten und Kanten aller Flüsse für eine Kartierung.
- Gesucht sind die Bodenarten im Wald 1 für eine Kartierung mit den Bodenarten in unterschiedlichen Farben.
- Gesucht ist die Landnutzung in den Regionen, die höher als 1000 m liegen, d.h. es sind die DGM-Dreiecke mit der jeweiligen Landnutzung gefragt.

Zusätzliche **Literatur** zum Abschnitt 4.3: Kufoniyi, O., Bouloucos, T., Molenaar, M.: IAPRS 30, Part 4, pp. 664-671, 1994. Pilouk, M., Tempfli, K.: AUTOCARTO 11, pp. 278-287, 1993. Kufoniyi, O.: ITC Publication, No. 28, 1995. Köhl, M.: Dissertation, Ecole Nationale Supérieure des Arts et Industries de Strasbourgh, 1998.

H ALGORITHMEN FÜR DIGITALE TOPOGRAPHISCHE MODELLE

In diesem Hauptkapitel werden vor allem Algorithmen behandelt, die die Geometrie der topographischen Objekte beschreiben. Wir beginnen mit **Modellen**, die mit **Vektordaten** gebildet werden. Dabei greifen wir einige für TISe interessante (Basis-)Algorithmen aus der sogenannten Computer-Geometrie heraus.

In den darauf folgenden Kapiteln (2. und 3.) werden die **Interpolations- und Approximationsalgorithmen** für Kurven und gekrümmte Flächen behandelt. Zu einem digitalen topographischen Modell gehören nämlich nicht nur die gespeicherten Punkte sondern auch die Vorschriften, wie man aus den diskreten Punkten zum Kurven- bzw. Flächenverlauf kommt.

Im nächsten Kapitel (4.) befassen wir uns mit den sogenannten **Gestaltinformationen**. Die manuelle Datenerfassung geschieht häufig punktweise; registriert werden die Koordinaten der Punkte. Bei der Datenerfassung ordnet der Operateur diese Punkte geometrischen Gestalten (z.B. rechtwinkeligen Gebäuden) zu, die deshalb bei der Modellbildung zu berücksichtigen sind. Man spricht in diesem Zusammenhang auch von Homogenisierung, die - allgemein gesprochen - **die Gestaltinformation mit den Meßergebnissen harmonisiert**.

Das letzte Kapitel (5.) ist der **Spektralanalyse** gewidmet. Sie ist ein interessantes Werkzeug zur Beantwortung von Fragen zur Genauigkeit, adäquaten Punktdichte etc. Zum Schluß (Kapitel 6.) wird die ***Wavelet*-Theorie**, eine sehr moderne Theorie, kurz angesprochen.

1. EINIGE BASISALGORITHMEN FÜR VEKTORDATEN (COMPUTER-GEOMETRIE)

Die Computer-Geometrie, die die - zum Teil klassischen - geometrischen Aufgaben mit dem Computer als Hilfsmittel löst, ist eine junge und sehr prosperierende Disziplin. Die Computer-Geometrie räumt der Topologie eine sehr große Bedeutung ein. Wir beginnen mit der sogenannten Dreiecksvermaschung (Abschnitt 1.1) und setzen mit geschlossenen Polygonen (Abschnitt 1.2) fort. Im Abschnitt 1.3 behandeln wir den Verschnitt von zwei Polygonnetzen. Alle genannten Probleme sind typisch für den **2D-Raum** bzw. **2.5D-Raum**.

1.1 Dreiecksvermaschung

Als Motivation für diesen Abschnitt sollen zunächst einige interessante Aufgabenstellungen formuliert werden:

a) Es wurden mehrere Beobachtungszentren (z.B. für elektronische Tachymeter) in einem Gebiet eingerichtet. Das gesamte Gebiet ist in Teilgebiete (Regionen) so zu unterteilen, daß die horizontale Entfernung (euklidische Metrik) zwischen jedem beliebigen Punkt in einer solchen Region und "seinem" Beobachtungszentrum ein Minimum wird. Dieser so definierte **Einzugsbereich für jedes Beobachtungszentrum** ist gesucht. Abstrakter fomuliert: Welche Region gehört zu welchem Punkt?

b) Man hat die XY-Koordinaten von vielen Punkten - ohne Zusatzinformation über ihre Nachbarschaft - gemessen. In einem Rechenprozeß sind die **Nachbarschaftsbeziehungen** - d.h. welche Punkte liegen einander am nächsten - zu finden. Abstrakter formuliert: Der Nachbarschaftsgraph ist gesucht.

c) Eine Oberfläche wird häufig punktweise, d.h. die Z-Koordinate an XY-Stützstellen, erfaßt. Für manche Interpolationsmethoden ist vorher die Aufgabe zu lösen, wie die **XY-Ebene in die "elementarsten" Einheiten**, auch Simplexe genannt, aufgeteilt werden kann. Abstrakter formuliert: Gesucht ist das die Stützpunkte verbindende Dreiecksnetz nach einer vorgegebenen Zielfunktion.

d) Man hat an vielen XY-Stützstellen die Stützwerte (Z-Koordinaten) gemessen. Gesucht ist jene Stelle, an der der nächste Punkt zu messen ist, wenn als Kriterium für den zusätzlichen Stützpunkt die **wirksamste Verkleinerung des "stützpunktlosen" Bereiches** verwendet werden soll. Abstrakter formuliert: An welcher XY-Position sind die Entfernungen zu den benachbartsten Stützpunkten am größten.

Diese Fragen können mit einer sogenannten Dreiecksvermaschung und dem dazu dualen Graphen beantwortet werden. Am bekanntesten ist die sogenannte **Delaunay-Triangulation**. Der dazu **duale Graph** wird als **Voronoi-Diagramm** bezeichnet. Die Delaunay-Triangulation und das darauf aufbauende Voronai-Diagramm werden im folgenden Abschnitt behandelt.

1.1.1 Delaunay-Triangulation und Voronoi-Diagramm

Für **zwei gegebene Punkte** P_1 und P_2 liegen die Punkte des Voronai-Diagramms auf der **Streckensymmetralen** (Figur 1.1-1, links). Für **drei Punkte** (Figur 1.1-1, rechts) besteht das Voronoi-Diagramm aus drei Streckensymmetralen, die sich im **Umkreismittelpunkt** des Dreiecks P_1,P_2,P_3 schneiden.

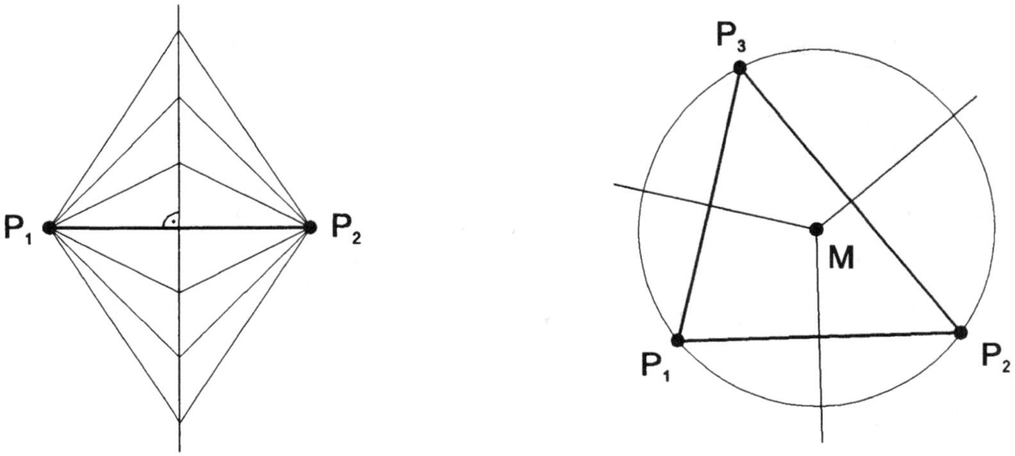

Figur 1.1-1: Voronoi-Diagramm für zwei Punkte (links) und drei Punkte (rechts)

Bei **vier Punkten**, die ein konvexes Viereck bilden, gibt es (zunächst) zwei unterschiedliche Dreiecksvermaschungen und deshalb auch zwei unterschiedliche Gebietseinteilungen. In der Figur 1.1-2 sind die beiden Varianten gezeichnet. Man sieht, daß die linke Gebietsaufteilung unseren "Erwartungen" wesentlich besser entspricht, als die rechte Gebietsaufteilung. Diese "Erwartungen" kann man mit **unterschiedlichen Kriterien, die gegenseitig auswechselbar sind**, wie folgt ausdrücken. **Eine Delaunay-Triangulation liefert Dreiecke**

- **mit den kleinsten Umkreisradien,**
- **mit Umkreisen, in denen kein Eckpunkt eines anderen Dreieckes liegt,**
- **mit den größten minimalen Winkeln (Min-Max-Kriterium),** (1.1-1)
- **mit Dreieckseiten, deren Längen am wenigsten differieren (gleichseitige Dreiecke als Zielfunktion).**

Im Schnittpunkt M stoßen in der Regel drei Streckensymmetralen zusammen. Beim Sonderfall, daß **vier Punkte auf einem Umkreis liegen**, stoßen in diesem Mittelpunkt vier Streckensymmetralen zusammen. In diesem Sonderfall sind die Lösungen mit den beiden unterschiedlichen Diagonalen gleichwertig.

AUFGABE 1.1-1: Man gebe sich auf einem Kreis drei eng benachbarte Punkte und einen vierten Punkt vor, der diesen drei Punkten auf dem Kreis etwa gegenüberliegt. Man zeichne die beiden Lösungen ein und beurteile beide Lösungen hinsichtlich der oben erwähnten vier Kriterien der Delaunay-Triangulation.

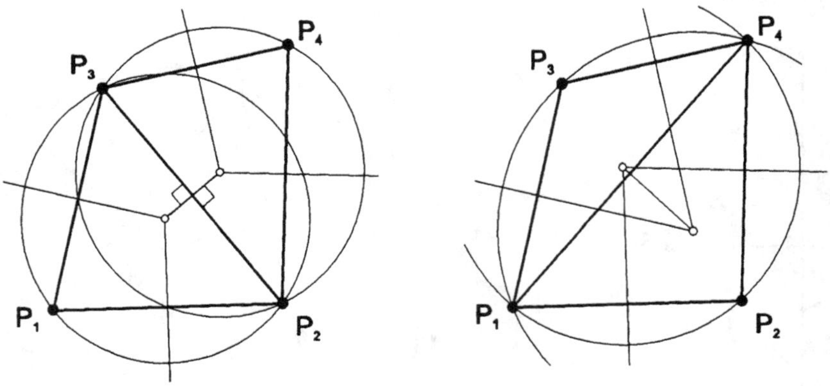

Figur 1.1-2: Dreiecksvermaschung und Gebietseinteilung für vier Punkte mit zwei unterschiedlichen Varianten

Für die Ermittlung der Delaunay-Triangulation und des Voronoi-Diagramms sind die **Umkreismittelpunkte** von vielen Dreiecken zu berechnen. Es seien **a**, **b** und **c** die Ortsvektoren zu den Dreieckspunkten A, B und C. Daraus ergibt sich - nach einem Vorschlag von H. Kager - der Ortsvektor **m** für den Umkreismittelpunkt M aus folgenden Beziehungen:

$$\boldsymbol{m} = \boldsymbol{a} + \lambda(\boldsymbol{b} - \boldsymbol{a}) + \mu(\boldsymbol{c} - \boldsymbol{a}) = \boldsymbol{a} + \lambda\bar{\boldsymbol{b}} + \mu\bar{\boldsymbol{c}} \qquad (1.1\text{-}2)$$

Die Koeffizienten λ und μ ergeben sich aus folgender Beziehung:

$$\lambda = 0.5 \begin{vmatrix} \bar{\boldsymbol{b}}^T\bar{\boldsymbol{b}} & \bar{\boldsymbol{b}}^T\bar{\boldsymbol{c}} \\ \bar{\boldsymbol{c}}^T\bar{\boldsymbol{c}} & \bar{\boldsymbol{c}}^T\bar{\boldsymbol{c}} \end{vmatrix} \Bigg/ \begin{vmatrix} \bar{\boldsymbol{b}}^T\bar{\boldsymbol{b}} & \bar{\boldsymbol{b}}^T\bar{\boldsymbol{c}} \\ \bar{\boldsymbol{b}}^T\bar{\boldsymbol{c}} & \bar{\boldsymbol{c}}^T\bar{\boldsymbol{c}} \end{vmatrix}$$

$$\mu = 0.5 \begin{vmatrix} \bar{\boldsymbol{b}}^T\bar{\boldsymbol{b}} & \bar{\boldsymbol{b}}^T\bar{\boldsymbol{b}} \\ \bar{\boldsymbol{b}}^T\bar{\boldsymbol{c}} & \bar{\boldsymbol{c}}^T\bar{\boldsymbol{c}} \end{vmatrix} \Bigg/ \begin{vmatrix} \bar{\boldsymbol{b}}^T\bar{\boldsymbol{b}} & \bar{\boldsymbol{b}}^T\bar{\boldsymbol{c}} \\ \bar{\boldsymbol{b}}^T\bar{\boldsymbol{c}} & \bar{\boldsymbol{c}}^T\bar{\boldsymbol{c}} \end{vmatrix} \qquad (1.1\text{-}3)$$

ZAHLENBEISPIEL: Für die drei Punkte P_1, P_2 und P_3 eines Dreiecks, das in Figur 1.1-1 (rechts) gezeichnet ist, werden folgende Entsprechungen in der Bezeichnung eingeführt; außerdem sind die lokalen Koordinaten in Klammern angegeben: $P_1 \hat{=} A(0.0,0.0)$, $P_2 \hat{=} B(4.3,0.0)$ und $P_3 \hat{=} C(1.1,4.1)$.

Gleichung (1.1-3):

$$\lambda = 0.5 \begin{vmatrix} 18.49 & 4.73 \\ 18.02 & 18.02 \end{vmatrix} \Big/ \begin{vmatrix} 18.49 & 4.73 \\ 4.73 & 18.02 \end{vmatrix} = 0.3989$$

$$\mu = 0.5 \begin{vmatrix} 18.49 & 18.49 \\ 4.73 & 18.02 \end{vmatrix} \Big/ \begin{vmatrix} 18.49 & 4.73 \\ 4.73 & 18.02 \end{vmatrix} = 0.3953$$

Gleichung (1.1-2):

$$\boldsymbol{m} = \begin{pmatrix} 0.0 \\ 0.0 \end{pmatrix} + 0.3989 \begin{pmatrix} 4.3 \\ 0.0 \end{pmatrix} + 0.3953 \begin{pmatrix} 1.1 \\ 4.1 \end{pmatrix} = \begin{pmatrix} 2.1 \\ 1.6 \end{pmatrix}$$

AUFGABE 1.1-2: Für die vier Punkte der Figur 1.1-2 sind die Koordinaten aus der Graphik - bezüglich eines beliebig vorgegebenen Koordinatensystems - zu entnehmen. Mit diesen Koordinaten sind die Umkreismittelpunkte zu berechnen.

In der Regel sind die Punkte, die trianguliert werden sollen, unsortiert. Man beginnt deshalb den sukzessiven Aufbau einer Delaunay-Triangulation mit den ersten drei (beliebigen) Punkten. In der Fortsetzung des sukzessiven Aufbaues tritt ständig das Problem auf, **wie sich die Triangulation bei Hinzufügen eines weiteren Punktes verändert**. In der Figur 1.1-3 ist die Situation für das Hinzufügen eines vierten Punktes skizziert. Dabei sind die folgenden drei Fälle zu unterscheiden:

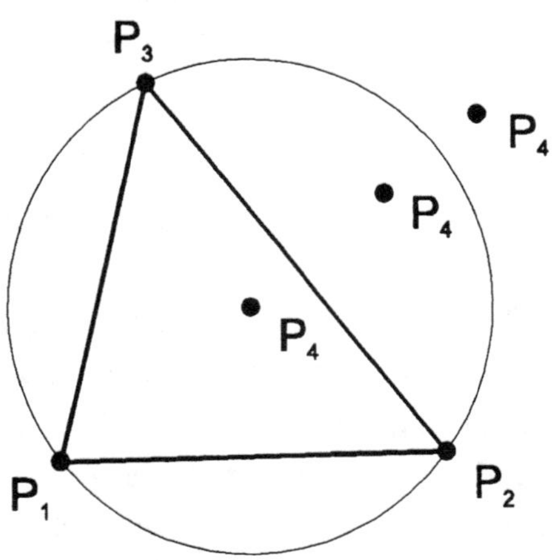

Figur 1.1-3: Hinzufügen eines vierten Punktes P_4 zu einem Dreieck

a) Liegt der vierte Punkt im Dreieck, entstehen drei neue Dreiecke.
b) Liegt der vierte Punkt außerhalb des Dreiecks, aber innerhalb des Umkreises, so wird das ursprüngliche Dreieck durch zwei neue Dreiecke mit der Seite P_1P_4 als gemeinsame Dreieckseite ersetzt.
c) Liegt der vierte Punkt außerhalb des Umkreises, so bleibt das alte Dreieck erhalten und die Punkte P_2, P_3 und P_4 bilden ein zusätzliches neues Dreieck.

Sofern bereits mehrere Punkte "trianguliert" sind und ein zusätzlicher Punkt in eines der Dreiecke[1] einzufügen ist (vergleichbar mit dem oben behandelten Fall a), so ändert sich die Triangulierung nur in seiner Nachbarschaft. In Figur 1.1-4 ist ein solcher Fall gezeichnet. Der Punkt P_0 wird in eine vorhandene Triangulierung eingefügt. Dadurch ändert sich aber nur der dick umrandete Teil.

Erkenntnis: **Die Delaunay-Triangulierung hat keine globalen sondern die gewünschten lokalen Eigenschaften.**[2]

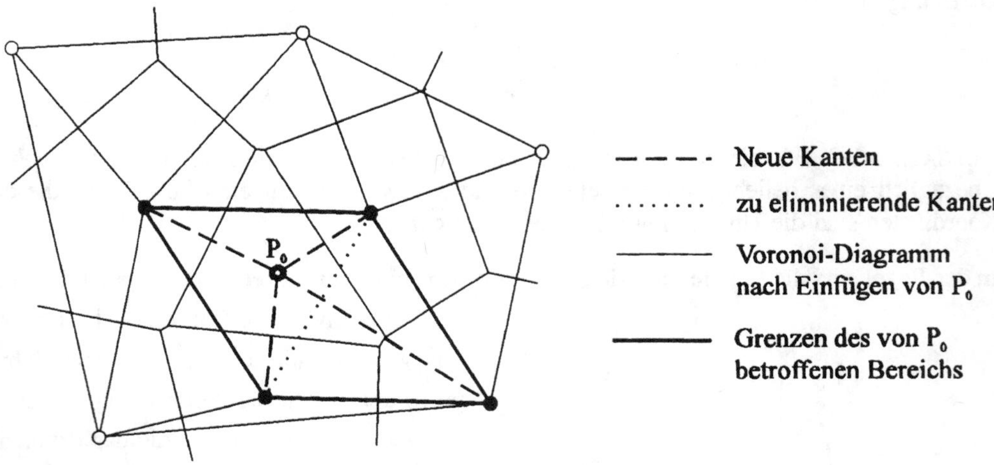

Figur 1.1-4: Einfügen eines weiteren Punktes P_0 in eine Delaunay-Triangulation

Diese lokalen Eigenschaften nützt man auch bei der Berücksichtigung von sogenannten **Zwangskanten** aus. Zwangskanten sind zum Beispiel Punkte entlang von Wasserläufen oder Geländekanten. Zunächst kann man eine Triangulierung mit allen Punkten ohne Beachtung der Zwangskanten machen. In einem zweiten Schritt werden bei dieser Variante die Zwangskanten eingefügt; sie verändern die Triangulation nur noch lokal auf beiden Seiten einer Zwangskante. Figur 1.1-5 zeigt ein kleines Beispiel. Nach der Delaunay-Triangulierung der neun Punkte ergibt sich die auf der linken Hälfte skizzierte Konfiguration. Die Zwangskante zwischen A und B hat sich bereits bei der Delaunay-Triangulierung "automatisch" ergeben, die Zwangskante zwischen B und C dagegen nicht.

---

1 Das Auffinden dieses Dreiecks behandeln wir erst im Abschnitt H 3.8.2.1.

2 Etwas allgemeiner gefaßt gelten folgende Formulierungen: Die Delaunay-Triangulation ist eine Triangulation, bei der die Änderungen - unter bestimmten Voraussetzungen, auf die nicht eingegangen wird - lokal bleiben. Durch Anwendung lokaler Optimierungskriterien erreicht man eine global optimierte Triangulation.

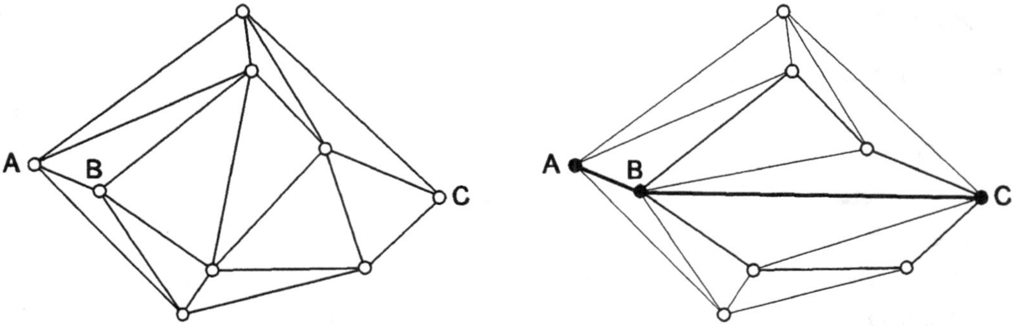

Figur 1.1-5: Einfügen der beiden Zwangskanten zwischen A und C

Der von einer Zwangskante ausgeübte "Zwang" ergibt in ihrer Umgebung neue Dreiecke. Interessant ist festzuhalten, daß dadurch die oben angegebenen **Delaunay-Kriterien (1.1-1) nicht mehr für das gesamte Gebiet eingehalten sind**; sie sind nur noch - in Bezug auf die Figur 1.1-5 - in der oberen und unteren Hälfte getrennt erfüllt.

Die Delaunay-Triangulation liefert als Nebenprodukt eine **Umhüllende zur vorgegebenen Punktwolke**. Es ist eine **konvexe Umhüllende**. Fällt nämlich ein Neupunkt außerhalb des bestehenden Verbandes von Dreiecken, so wird untersucht, zu welchen Seiten des Randpolygones, das einen Umlaufsinn gegen den Uhrzeiger besitzt, der Neupunkt rechts liegt. Tritt in der Figur 1.1-5 zum Beispiel der unterste Punkt als Neupunkt auf, so liegt er zu drei Seiten des Randpolygons - von Punkt A beginnend - auf der rechten Seite. Zu den Knoten dieser Dreiecksseiten werden Kanten gezogen. Die Dreiecke in der Nähe einer solchen Umhüllenden können sehr schlecht geformt sein. Man betrachte zum Beispiel die unteren Dreiecke in der Figur 1.1-5.

Zum Schluß fassen wir die **Eigenschaften einer Delaunay-Triangulation (DT) und des Voronoi-Diagramms (VD) zusammen**. **Beiden ist gemeinsam**:

- Die Lösung ist - wenn man von vier Punkten auf einem Umkreis absieht - eindeutig, d.h. unabhängig vom Startwert beim sukzessiven Aufbau.
- DT und VD sind zwei duale (Nachbarschafts-)Graphen.
- DT und VD enthalten die gleiche Information, aber in unterschiedlicher Ausprägung.
- DT und VD haben lokale Eigenschaften, d.h. beim nachträglichen Einfügen von Punkten und Zwangskanten ändert sich nur die unmittelbare Umgebung.

Eigenschaften der Delaunay-Triangulation (DT):

- Zu jedem DT-Dreieck korrespondiert ein VD-Knoten.
- Jede Seite in der DT korrespondiert zu einer Seite im VD; beide stehen aufeinander senkrecht.
- Jeder Knoten der DT korrespondiert zu einer Region im VD.
- Die Umhüllende der DT ist konvex.
- Die DT-Dreiecke überlappen sich nicht.
- Innerhalb der Umkreise der einzelnen Dreiecke liegen keine Punkte der DT-Dreiecke.
- Bei n Punkten, wobei n_A die Anzahl der Außenpunkte sein soll, gibt es 3(n-1)-n_A Dreieckseiten und 2(n-1)-n_A Dreiecke (**Euler'sche Formel**).
- Der zu einem DT-Punkt nächstliegende DT-Punkt ist durch eine DT-Seite miteinander verbunden.
- Der Mittelpunkt jenes Umkreises, der von den Umkreisen aller Dreiecke den größten Radius besitzt, ist die beste Stelle für den nächsten zu messenden Punkt.

Eigenschaften des Voronoi-Diagramms (VD):

- Eine Voronoi-Region, die vom Polygon der Streckensymmetralen um einen DT-Punkt begrenzt wird, ist immer konvex. Ein solches Polygon wird auch **Thiessen-Polygon** genannt.
- Am Gebietsrand verlaufen die Kanten des VD ins Unendliche.
- Die Region, die zu einem DT-Punkt die kürzesten Entfernungen aufweist (Nachbarschaftsgebiet), ist die zu diesem Punkt gehörende Voronoi-Region.
- Die Schnittpunkte der Streckensymmetralen in den DT-Dreiecken sind die Knoten im VD. Diese Knoten sind die Mittelpunkte der Umkreise für die DT-Dreiecke.
- In den Knoten der VD stoßen in der Regel drei Kanten zusammen.
- Liegen vier DT-Punkte auf einem Umkreis, stoßen im VD-Knoten vier Kanten zusammen.

AUFGABE 1.1-3: Gegeben sind fünf Punkte mit ihren Koordinaten: 1(0,0), 2(5,0), 3(11,1), 4(6,5) und 5(6,6). Man konstruiere die Delaunay-Triangulation und das Voronoi-Diagramm. Wo ist am sinnvollsten der nächste Punkt, also der sechste Punkt, zu erfassen?

AUFGABE 1.1-4: Gegeben sind vier Punkte mit ihren Koordinaten: 1(0,0), 2(8,0), 3(8,8) und 4(0,8). Man konstruiere die DT. Wie verändert sich diese Triangulation, wenn der Punkt 5(9,4) hinzukommt?

AUFGABE 1.1-5: Man überprüfe, ob die beiden Dreiecksnetze der Figur 1.1-5 die **Euler'sche Formel** erfüllen (Lösung: n=9, n_A=5, Anzahl der Dreieckseiten = 3(9-1) - 5=19, Anzahl der Dreiecke = 2(9-1) - 5=11).

Von der umfangreichen **Literatur** werden nur drei - aus verschiedenen Sichten kommenden - Publikationen genannt: O'Rourke, J.: Computational Geometry in C. Cambridge University Press, 1993. Gold, M.: CISM 45, No. 1, pp. 65-80, 1991. Neureither, M.: DGK, Reihe C, Heft 387, 1992. Diese drei Publikationen enthalten umfangreiche Literaturlisten.

1.1.2 TIS-Beispiele

Die Delaunay-Triangulation ist im TIS-Bereich ein beliebtes Mittel, um von Punkten und/oder digitalisierten Linien zu Flächen zu kommen. Im folgenden geben wir zwei Beispiele an.

a) Digitalisierte Profile

In großen Flüssen werden von Zeit zu Zeit Querprofile gemessen, um daraus jeweils die Flußsohle zu modellieren. Figur 1.1-6 zeigt die gemessenen Profilpunkte für eine solche Aufnahme. Eine Delaunay-Triangulation liefert den in der Figur 1.1-7 wiedergegebenen Verband von räumlichen Dreiecken. Die Dreiecksvermaschung wird bei einer solchen 2.5D-Anwendung allerdings in der Ebene durchgeführt. Den Eckpunkten der ebenen Dreiecke wird anschließend die Höhe zugeordnet. Figur 1.1-8 zeigt schließlich die abgeleiteten Isolinien, worauf im Abschnitt H 3.4 näher eingegangen wird.

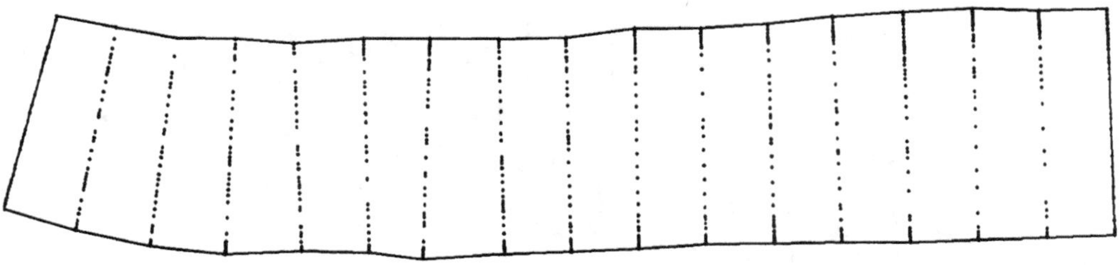

Figur 1.1-6: Mit Echolot gemessene Punkte

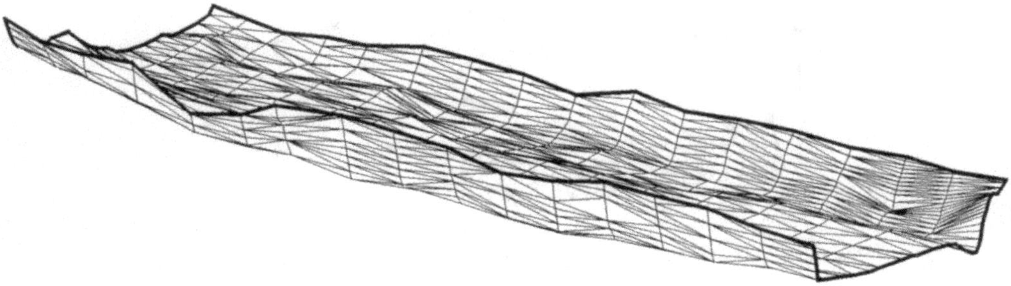

Figur 1.1-7: Ergebnis der Dreiecksvermaschung, wobei für eine anschauliche Schrägansicht den Eckpunkten die Höhen hinzugefügt wurden

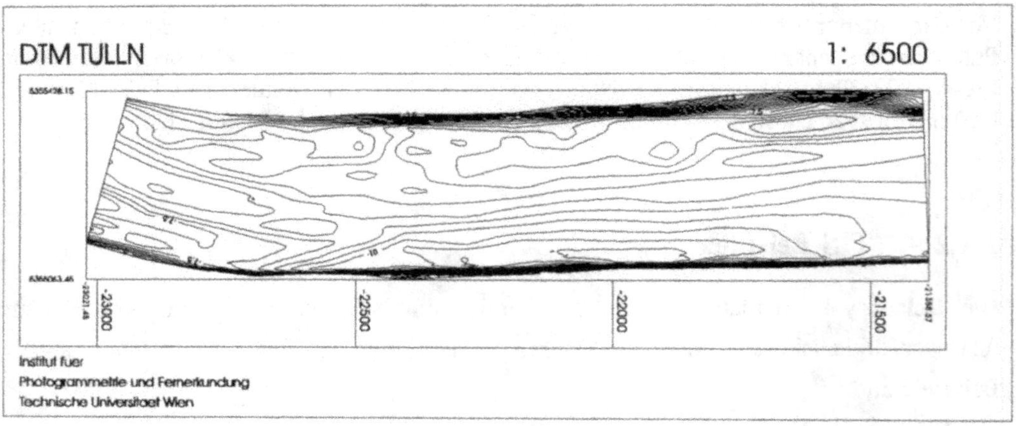

Figur 1.1-8: Isolinien der Flußsohle

b) Digitalisierte Höhenlinien

Figur 1.1-9 zeigt eine Dreiecksvermaschung mit digitalisierten Höhenlinien. Bei einer solchen Dreiecksvermaschung werden die Polygonseiten entlang der Höhenlinien als Zwangskanten eingeführt. An starken Krümmungen der Höhenlinien entstehen horizontale

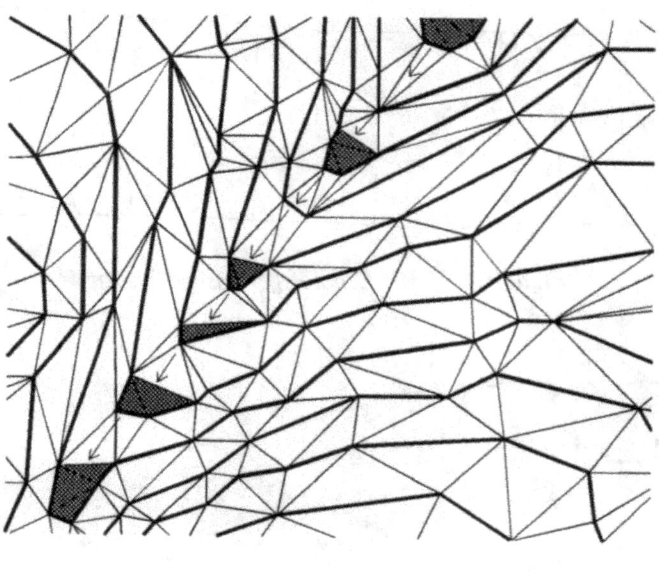

Figur 1.1-9: Dreiecksvermaschung mit digitalisierten Höhenlinien

Dreiecke (schraffierte Dreiecke in der Figur 1.1-9). Solche Dreiecke kann man vermeiden, indem man für die Dreiecksvermaschung noch die Bedingung einführt, daß die drei Eckpunkte nicht auf derselben Höhenlinie liegen dürfen.

Andererseits kann es aber auch wünschenswert sein, gerade diese horizontalen Dreiecke zu finden. Sie sind nämlich ein Indikator für das automatische Auffinden von

- markanten Höhenpunkten auf Bergen, in Mulden und auf Sätteln sowie von
- Punkten auf Rücken- und Muldenlinien.

Auf die Bedeutung solcher Strukturelemente im TIS wird im Abschnitt I 2.3.2 näher eingegangen.

Die Beispiele des Abschnittes 1.1.2 sind entnommen aus: Heitzinger, D., Kager, H.: IAPRS 32, part 4, pp. 230-237, Stuttgart, 1998, PFG, Heft 1, S. 29-40, 1999.

1.2 Geschlossene Polygonzüge

In der Computer-Geometrie spricht man von einem **Polygon**, wenn eine Menge von Linienelementen, meistens geradlinige Elemente, eine geschlossene Kurve bilden. Wesentlich anschaulicher ist der Begriff "Geschlossener Polygonzug". Insbesondere der Kürze wegen werden wir in diesem Abschnitt von Polygonen reden.

Einige **Eigenschaften eines Polygons**:

- Die Anzahl der Kanten entspricht der Anzahl der Knoten.
- In jedem Knoten laufen zwei Kanten zusammen, m.a.W. in jedem Knoten schneiden sich zwei Kanten. Bei "einfachen" Polygonen gibt es keine weiteren Schnitte der Kanten. (Figur 1.2-1 zeigt keine "einfachen" Polygone).

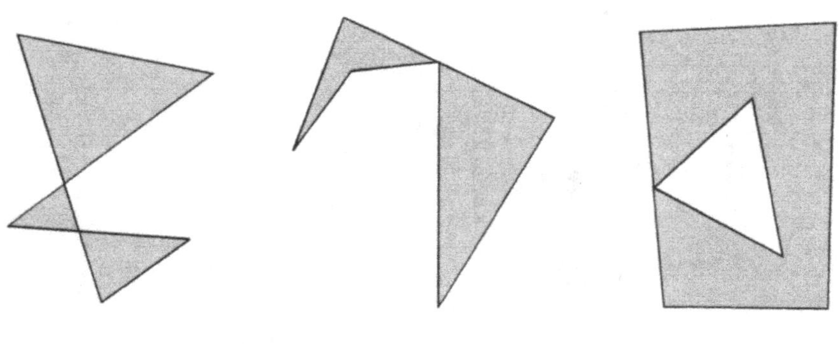

Figur 1.2-1: Unerlaubte Schnitte von Kanten

- Ein Polygon teilt die Ebene in zwei Bereiche, einen Innen- und einen Außenbereich.
- Wenn alle Innenwinkel eines einfachen Polygones kleiner als π sind, spricht man von einem konvexen Polygon.

In einem TIS gibt es viele geometrische Aufgaben, die mit Polygonen zusammenhängen. Auf einige Aufgaben wird im folgenden eingegangen.

a) Punkt in bezug zum Polygon (*point-in-polygon problem*)

Die Identifizierung eines Polygons erfolgt in einem TIS häufig mit dem *Cursor* am graphischen Bildschirm. Man stelle sich zum Beispiel eine Präsentation der Bundesländerbegrenzungen am Bildschirm vor. Wenn man einen beliebigen Punkt am Bildschirm digitalisiert, besteht die Aufgabe, den geschlossenen Polygonzug (des jeweiligen Bundeslandes) zu finden, in dem der digitalisierte Punkt liegt (*point-in-polygon problem*).

Wir betrachten den allgemeinen Fall, also nichtkonvexe Polygone. Figur 1.2-2 zeigt zwei verschiedene Lösungen für die gleiche Problemstellung. Bei der ersten Lösung legt man vom Punkt P einen Strahl in beliebiger Richtung (in Figur 1.2-2, links, in X-Richtung). **Ist die Anzahl der Schnittpunkte gerade, so liegt der Punkt P nicht im Polygon; ist die Anzahl der Schnittpunkte ungerade, so liegt der Punkt P im Polygon.**

Diese Methode kann bei Berührungen des Strahles an Knoten und Kanten zu Problemen führen. Deshalb wird häufig folgender (aufwendigerer) Algorithmus verwendet (Figur 1.2-2, rechts). Man berechnet die Differenzen der Richtungswinkel der benachbarten Punkte des Polygons, wobei auch der Endpunkt, der mit dem Anfangspunkt identisch ist, einbezogen wird; anschließend summiert man diese Winkel auf. **Ergibt sich als Winkelsumme Null, liegt der Punkt P außerhalb des Polygons; ergibt sich als Winkelsumme 2π, liegt der Punkt P im Polygon.**

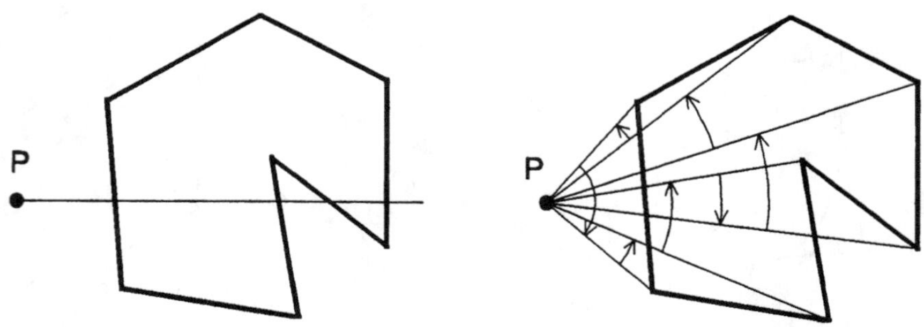

Figur 1.2-2: Zwei Lösungen für das Point-in-polygon problem

b) Zerlegung des Polygons

Ein Polygon kann in kleinere Flächensegmente zerlegt werden. Besonders interessant ist eine Dreieckszerlegung. Die Konstruktion ergibt sich aus der **Definition der Diagonalen**: Sie schneiden keine Kanten des Polygones und sie schneiden sich nicht untereinander. Figur 1.2-3 zeigt ein Beispiel einer Zerlegung eines Polygones. Für ein einziges Polygon gibt es mehrere unterschiedliche Dreiecksnetze. Für eine Optimierung der Dreiecksformen kann man die Delaunay-Kriterien (Abschnitt 1.1.1) anwenden; dabei sind die Seiten des Polygons als Zwangskanten anzusehen.

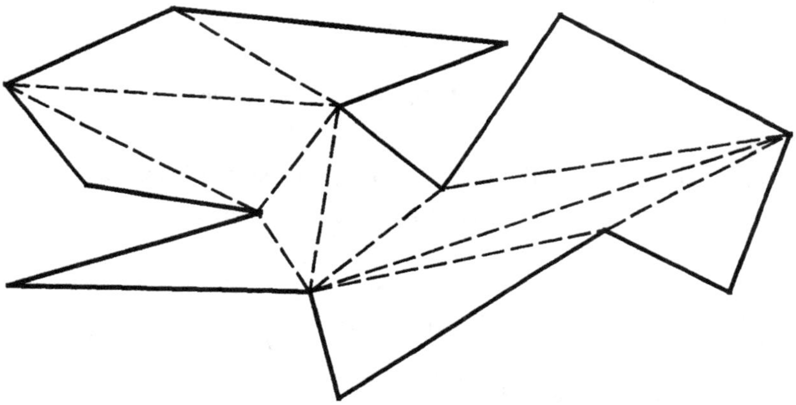

Figur 1.2-3: Triangulation eines Polygons mit 14 Eckpunkten

Eine solche Triangulierung hat interessante Eigenschaften:

- Bei n Eckpunkten gibt es n-3 Diagonalen, die n-2 Dreiecke bilden.

AUFGABE 1.2-1: Man verifiziere diese Aussage anhand der Figur 1.2-3; außerdem leite man diese Beziehungen aus den Euler'schen Formeln ab, wie sie im Abschnitt H 1.1.1 angegeben wurden. (Lösung: Es gibt nur Außenpunkte, d.h. $n = n_A$; Anzahl der Dreiecksseiten = 3(n-1) - n = 2n-3, das sind n-3 Diagonalen; Anzahl der Dreiecke = 2(n-1) - n n-2.)

- Nach der Triangulierung eines Polygons können den Eckpunkten drei Farben so zugeordnet werden, daß an den Endpunkten aller Dreieckseiten immer zwei verschiedene Farben vorkommen (Drei-Farben-Problem, Figur 1.2-4).

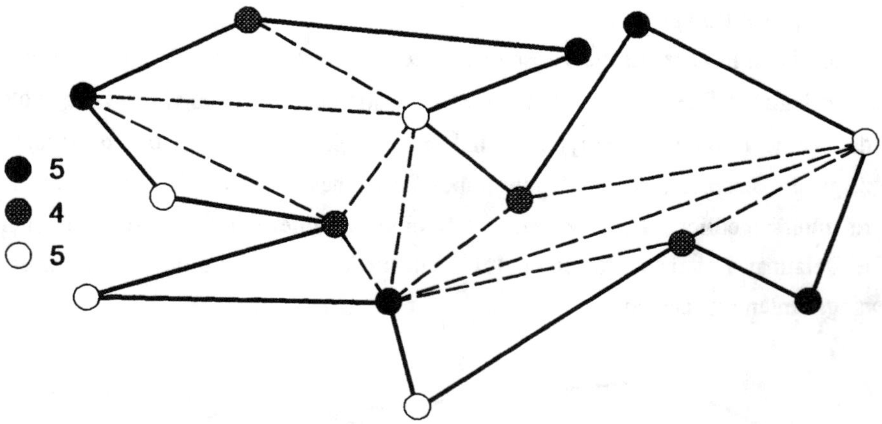

Figur 1.2-4: Drei-Farben-Problem

- Der duale Graph zur Triangulierung eines Polygons ist ein Baum, also ein Graph ohne Schleifen, mit höchstens einem Grad 3 in den Knoten (Figur 1.2-5).

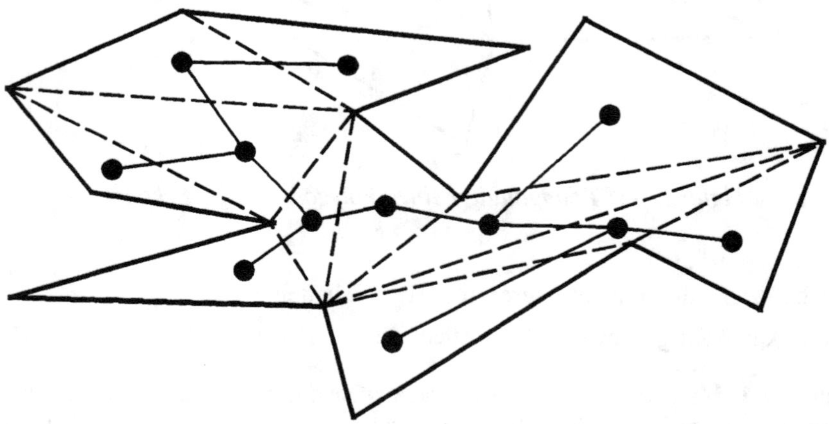

Figur 1.2-5: Dualer Graph zur Triangulation

AUFGABE 1.2-2: Man führe die drei geschlossenen Polygone der Figur 1.2-1 in "gutartige" Polygone über. (Lösung: Mit Schnittberechnungen sind beim linken Beispiel drei Polygone und bei den anderen beiden Beispielen zwei Polygone zu machen.)

AUFGABE 1.2-3: Man schiebe den Punkt P nach rechts in die beiden Polygone der Figur 1.2-2; anschließend wende man die beiden *Point-in-polygon*-Algorithmen für die Überprüfung an, ob der Punkt P im jeweiligen Polygon liegt.

AUFGABE 1.2-4: Man unterteile das Polygon der Figur 1.2-3 in irgendein anderes Netzwerk von Dreiecken. Auf die neue Unterteilung ist ebenfalls die Euler'sche Formel anzuwenden (Lösung: Jede mögliche Dreieckszerlegung führt auf 14-3=11 Diagonalen und auf 14-2=12 Dreiecke!).

AUFGABE 1.2-5: In der Figur 1.2-4 sind in den Knoten eine Verteilung von drei Farben angegeben, wobei in jedem Dreieck die Eckpunkte verschiedene Farben besitzen. Man vertausche die Farben in den beiden am weitesten rechts liegenden Knoten; anschließend ist die Verteilung der Farben nach der Drei-Farben-Regel für das gesamte Netzwerk anzugeben.

Einzelne Beispiele des Kapitels 1.2 stammen von O'Rourke, J.: Computational Geometry in C. Cambridge University Press, 1993. Für eine Vertiefung empfiehlt sich dieses Buch als **Literatur**.

1.3 Verschneidung von zwei Polygonnetzen

Eine Standardaufgabe in einem GIS ist die Verschneidung von zwei Polygonnetzen, die in Form von **2D-Vektoren** vorliegen sollen. (Eine Verschneidung auf Rasterbasis zeigt Figur G 2.2-2.) Das eine Polygonnetz sollen zum Beispiel die Grenzen von Grundstücksflächen sein; das zweite Polygonnetz sollen zum Beispiel die Begrenzungslinien einer (geplanten) Straße oder digitalisierte Höhenlinien sein (Figur 1.3-1). Gesucht sind

- die Koordinaten der Schnittpunkte der beiden Polygonnetze und
- die Größe der neu gebildeten Teilflächen.

Ein GIS für gehobene Ansprüche liefert nicht nur die Koordinaten der Schnittpunkte und die Flächenangaben, sondern auch die Genauigkeit dieser abgeleiteten Größen.

Die **Genauigkeit der Ausgangsdaten**, also die der Koordinaten der beiden Polygonnetze, fassen wir in der Matrix Σ_{pp} zusammen. Im einfachsten Fall haben alle Koordinaten die gleiche Genauigkeit; in diesem Fall ist in der Matrix Σ_{pp} nur die Hauptdiagonale besetzt, und zwar mit der Varianz für diese Koordinatenunsicherheit. Die nächste Verfeinerung besteht darin, die Varianzen - in Abhängigkeit von unterschiedlichen Koordinatenunsicherheiten - entlang der Hauptdiagonalen zu variieren. Eine weitere Verfeinerung bezieht auch die Kovarianzen zwischen den Koordinaten ein, d. h. die Matrix Σ_{pp} wird eine allgemeine Varianz-Kovarianzmatrix. Eine solche allgemeine Varianz-Kovarianzmatrix kann zum Beispiel von einer (strengen) Netzausgleichung stammen. Wir beginnen im folgenden Abschnitt mit der Berechnung der Koordinaten der Schnittpunkte und der dazugehörigen Varianz-Kovarianzmatrix.

Polygonnetz 1:

Punkt	X [m]	Y [m]
1	50	150
2	75	175
3	100	225
4	110	300
5	50	110
6	95	155
7	125	220
8	135	300

Polygonnetz 2:

Punkt	X [m]	Y [m]
10	25	250
11	110	275
12	125	275
13	150	175
14	150	50
15	50	50
16	70	140
17	70	150
18	50	200

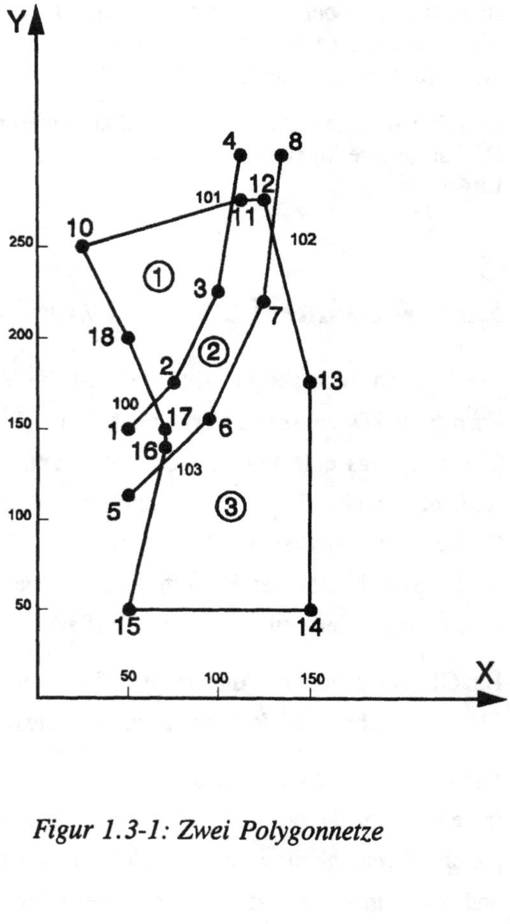

Figur 1.3-1: Zwei Polygonnetze

1.3.1 Varianz-Kovarianzmatrix der Schnittpunkte

Wir betrachten den Schnittpunkt von zwei Polygonseiten P_1P_2 und P_3P_4. Für die **gesuchten Schnittpunktskoordinaten** wird eine Formel benutzt, die die Schnittpunktskoordinaten X_S und Y_S in direktem Zusammenhang mit den insgesamt acht Koordinaten der vier gegebenen Punkte bringt:

$$\begin{pmatrix} X_S \\ Y_S \end{pmatrix} = \begin{pmatrix} X_1 \\ Y_1 \end{pmatrix} + \frac{\begin{vmatrix} \Delta X_{14} & \Delta X_{34} \\ \Delta Y_{14} & \Delta Y_{34} \end{vmatrix}}{\begin{vmatrix} \Delta X_{12} & \Delta X_{34} \\ \Delta Y_{12} & \Delta Y_{34} \end{vmatrix}} \begin{pmatrix} \Delta X_{12} \\ \Delta Y_{12} \end{pmatrix} = \begin{pmatrix} X_1 \\ Y_1 \end{pmatrix} + \frac{Z}{N} \begin{pmatrix} \Delta X_{12} \\ \Delta Y_{12} \end{pmatrix} \tag{1.3-1}$$

ΔX_{ij} bzw. ΔY_{ij} ... Koordinatendifferenzen im Sinne $X_j - X_i$ bzw. $Y_j - Y_i$.

Das allgemeine Fehlerfortpflanzungsgesetz für einen Schnittpunkt lautet:

$$\Sigma_{SS} = A\,\Sigma_{pp}\,A^T \tag{1.3-2}$$

Σ_{pp}... Varianz-Kovarianz der Koordinaten der Ausgangspunkte.

A ... Jakobi-Matrix bestehend aus den **partiellen Differentialquotienten** der Gleichung (1.3-1) für die beiden Koordinaten des Schnittpunktes und die "partiellen Differentialquotienten" vom Wert 1 für die Ausgangspunkte. Für den Schnittpunkt aus den beiden Polygonseiten P_1P_2 und P_3P_4 lautet diese Matrix **A**:

$$A = \begin{pmatrix} \frac{\partial X_S}{\partial X_1} & \frac{\partial X_S}{\partial Y_1} & \dots & \frac{\partial X_S}{\partial X_4} & \frac{\partial X_S}{\partial Y_4} \\ \frac{\partial Y_S}{\partial X_1} & \frac{\partial Y_S}{\partial Y_1} & \dots & \frac{\partial Y_S}{\partial X_4} & \frac{\partial Y_S}{\partial Y_4} \\ 1 & 0 & \dots & 0 & 0 \\ 0 & 1 & \dots & 0 & 0 \\ \vdots & \vdots & \vdots & \vdots & \vdots \\ 0 & 0 & \dots & 1 & 0 \\ 0 & 0 & \dots & 0 & 1 \end{pmatrix} \tag{1.3-3}$$

Die angegebenen Differentialquotienten können mittels Gleichung (1.3-1) gebildet werden.

Zum Beispiel:

$$\frac{\partial X_S}{\partial X_3} = \frac{\Delta Y_{14}\cdot N - \Delta Y_{12}\cdot Z}{N^2}\cdot\Delta X_{12} \qquad \frac{\partial X_S}{\partial Y_3} = \frac{\Delta X_{12}\cdot Z - \Delta X_{14}\cdot N}{N^2}\cdot\Delta X_{12}$$

$$\frac{\partial Y_S}{\partial X_3} = \frac{\Delta Y_{14}\cdot N - \Delta Y_{12}\cdot Z}{N^2}\cdot\Delta Y_{12} \qquad \frac{\partial Y_S}{\partial Y_3} = \frac{\Delta X_{12}\cdot Z - \Delta X_{14}\cdot N}{N^2}\cdot\Delta Y_{12} \tag{1.3-4}$$

AUFGABE 1.3-1: Man gebe die anderen Differentialquotienten an. (Hinweis: Durch zyklisches Vertauschen in den Gleichungen (1.3-1) und (1.3-4)).

ZAHLENBEISPIEL: Mittels der vier Ausgangspunkte 1, 2, 17 und 18 der Figur 1.3-1 sollen die Koordinaten des Schnittpunktes 100 und die Varianz-Kovarianzmatrix angegeben werden. Laut Formel (1.3-1) ergibt sich $X_{100} = 64.3$, $Y_{100} = 164.3$. Für die acht Koordinaten der Ausgangspunkte gelte die Varianz $\sigma_X^2 = \sigma_Y^2 = 0.25\ \text{m}^2$, das entspricht zum Beispiel einem mittleren (Digitalisierungs-)Fehler von ± 0.2 mm in einer Karte 1:2500. Mit der Beziehung (1.3-2) unter Beachtung der Beziehung (1.3-3) ergibt sich folgende Varianz-Kovarianzmatrix:

$$\begin{array}{lcccccccccc} \textbf{Punkt:} & \multicolumn{2}{c}{S} & \multicolumn{2}{c}{2} & \multicolumn{2}{c}{1} & \multicolumn{2}{c}{17} & \multicolumn{2}{c}{18} \end{array}$$

$$\Sigma_{SS} = \begin{pmatrix} 0.108 & 0.036 & 0.041 & -0.041 & 0.031 & -0.031 & 0.128 & 0.051 & 0.051 & 0.020 \\ & 0.218 & -0.102 & 0.102 & -0.077 & 0.077 & 0.128 & 0.051 & 0.051 & 0.020 \\ & & 0.250 & 0 & 0 & 0 & 0 & 0 & 0 & 0 \\ & & & 0.250 & 0 & 0 & 0 & 0 & 0 & 0 \\ & & & & 0.250 & 0 & 0 & 0 & 0 & 0 \\ & & & & & 0.250 & 0 & 0 & 0 & 0 \\ & & & & & & 0.250 & 0 & 0 & 0 \\ & & & & & & & 0.250 & 0 & 0 \\ & & & & & & & & 0.250 & 0 \\ & & & & & & & & & 0.250 \end{pmatrix}$$

Die mittleren Fehler der Koordinaten des Schnittpunktes lauten: $\sigma_{X100} = \pm 0.33$ m, $\sigma_{Y100} = \pm 0.45$ m. Der Schnittpunkt hat also eine höhere Genauigkeit als die Ausgangspunkte (Mittelungseffekt!). Die Korrelation ist umso größer, je näher der Schnittpunkt bei einem Ausgangspunkt liegt. Der größte Korrelationskoeffizient tritt in diesem Beispiel zwischen dem Schnittpunkt und dem Punkt 17 auf (siehe Figur 1.3-1); er beträgt für die X-Koordinate, wie aus den Zahlenwerten der Matrix Σ_{SS} abgelesen werden kann:

$$\rho_{XS,X17} = 0.128/\sqrt{0.108 \cdot 0.25} = 0.78 .$$

Erkenntnis aus dem Zahlenbeispiel: Auch bei unkorrelierten Ausgangspunkten treten zwischen dem Schnittpunkt und den Ausgangspunkten sehr hohe Korrelationen auf, die in der Fortsetzung der Berechnungen nicht vernachlässigt werden dürfen.

Da manche Punkte der ursprünglichen Polygonnetze an mehreren Schnittpunkten beteiligt sein können und da auf einer Polygonseite mehrere Schnittpunkte liegen können, gibt es im allgemeinen auch **Korrelationen zwischen den Koordinaten der Schnittpunkte**. Man bekommt die gesamten Korrelationsverhältnisse, wenn man alle Schnittpunkte der beiden zu verschneidenden Polygonnetze nach dem allgemeinen Fehlerfortpflanzungsgesetz gemeinsam betrachtet, das heißt die **Gleichungen (1.3-2) und (1.3-3) sind für eine simultane Bestimmung aller Schnittpunkte zu interpretieren**.

AUFGABE 1.3-2: Bei den vier Schnittpunkten 100, 101, 102 und 103 der Figur 1.3-1 treten übrigens keine Korrelationen zwischen den Schnittpunkten auf. Warum?

AUFGABE 1.3-3: Man berechne die Korrelation der Koordinaten der Schnittpunkte 100 und 103 unter der Annahme, daß im Polygonnetz 2 der Eckpunkt 16 nicht existiere.

1.3.2 Varianz-Kovarianzmatrix der Flächen

Die Flächen werden mit der bekannten Formel

$$F = \frac{1}{2}\sum_{i=1}^{n}(X_{i-1} - X_{i+1})Y_i = \frac{1}{2}\sum_{i=1}^{n}(Y_{i+1} - Y_{i-1})X_i \tag{1.3-5}$$

berechnet. Da in der Regel Polygonpunkte an mehreren Flächen beteiligt sind, sind die Flächen eines Polygonnetzes mit dem allgemeinen Fehlerfortpflanzungsgesetz gemeinsam zu betrachten, das heißt, **das allgemeine Fehlerfortpflanzungsgesetz ist für alle Flächen simultan anzuwenden**:

$$\boldsymbol{\Sigma}_{FF} = \boldsymbol{B}\,\boldsymbol{\Sigma}_{SS}\,\boldsymbol{B}^T \tag{1.3-6}$$

Σ_{SS} ... Varianz-Kovarianzmatrix der Eckpunkte aller Flächen, wobei manche Eckpunkte Schnittpunkte sein können. Falls es keine Schnittpunkte gibt, tritt an die Stelle der Σ_{SS}-Matrix die Σ_{PP}-Matrix (siehe Gleichung (1.3-2)).

B ... Jakobi-Matrix bestehend aus den partiellen Differentialquotienten zur Gleichung (1.3-5):

$$\frac{\partial F}{\partial X_i} = \frac{1}{2}(Y_{i+1} - Y_{i-1}), \qquad \frac{\partial F}{\partial Y_i} = \frac{1}{2}(X_{i-1} - X_{i+1}). \tag{1.3-7}$$

Die Kovarianzen zwischen den Flächen sind sehr wichtig, wenn n Einzelflächen F_i zu einer **größeren Fläche G zusammengefaßt** werden:

$$G = \sum_{i=1}^{n} F_i \tag{1.3-8}$$

Um die Genauigkeit σ_G der Fläche G zu bekommen, ist auf die Beziehung (1.3-8) das allgemeine Fehlerfortpflanzungsgesetz, das die Korrelation zwischen den Einzelflächen beachtet, anzuwenden:

$$\sigma_G^2 = \boldsymbol{c}^T\,\boldsymbol{\Sigma}_{FF}\,\boldsymbol{c} \tag{1.3-9}$$

Σ_{FF} ... Varianz-Kovarianzmatrix der zu vereinigenden Flächen, also in der Regel eine Submatrix von der Σ_{FF}-Matrix der Gleichung (1.3-6).

c ... Vektor mit 1-Elementen, die den "partiellen Differentialquotienten" der Gleichung (1.3-8) entsprechen.

FORTSETZUNG DES ZAHLENBEISPIELES (Figur 1.3-1): Einerseits ist die Genauigkeit der ursprünglichen Grundstücksfläche, die wir mit der Nummer 4 versehen, gefragt; andererseits ist die Genauigkeit der drei Teilflächen 1, 2 und 3 nach der Verschneidung der beiden Polygonnetze gesucht. Zuerst sind die Koordinaten der vier Schnittpunkte 100, 101, 102 und

103 zu ermitteln. Für den Schnittpunkt 100 ist das Ergebnis im Abschnitt 1.3.1 zu finden. Dort ist auch die Varianz-Kovarianzmatrix Σ_{SS} für diesen Schnittpunkt und den vier Ausgangspunkten 1, 2, 17 und 18 angegeben. Für die anderen drei Schnittpunkte wird auf die Wiedergabe der Zahlenwerte verzichtet. Es soll aber nochmals betont werden, daß in der Σ_{SS}-Matrix (1.3-2) beachtliche Korrelationen auftreten, obwohl die Σ_{pp}-Matrix der Ausgangspunkte, die auf der Hauptdiagonalen den Wert 0.25 besitzen, keine Korrelationen enthält. Die Vernachlässigung dieser Korrelationen bei der Ermittlung der Flächengenauigkeiten ist aus der folgenden Tabelle ersichtlich. Einerseits wurde die Formel (1.3-6) mit Beachtung der Korrelationen, das heißt, nach dem allgemeinen Fehlerfortpflanzungsgesetz (aFFG) und andererseits ohne Beachtung der Korrelationen, das heißt, nach dem einfachen Fehlerfortpflanzungsgesetz (eFFG) ausgewertet.

Fläche	Anzahl Eckpkt.	Fläche $[m^2]$	aFFG $[m^2]$	eFFG $[m^2]$
1	6	4686	±56	±51
2	12	3579	±61	±54
3	7	11572	±91	±91
4	9	19837	±97	±97

Tabelle 1.3-2: Vergleich der Genauigkeiten für das allgemeine Fehlerfortpflanzungsgesetz (aFFG) und das einfache Fehlerfortpflanzungsgesetz (eFFG)

Da bei der Fläche 4 keine Schnittpunkte beteiligt sind, muß das einfache und das allgemeine Fehlerfortpflanzungsgesetz zu den gleichen Ergebnissen führen. (Bei der Fläche 3 gibt es einen Unterschied, der aber erst in der ersten Nachkommastelle auftritt.) Die Unterschiede zwischen dem einfachen und dem allgemeinen Fehlerfortpflanzungsgesetz treten stärker zu Tage, wenn in den Ausgangsdaten bereits Korrelationen enthalten sind. In der Veröffentlichung[1] ist ein Beispiel enthalten, wo man mit dem einfachen Fehlerfortpflanzungsgesetz um 30% zu optimistische Werte erhalten hat.

Nun wenden wir uns noch der **Flächenvereinigung** zu. In der vorletzten Spalte der Tabelle 1.3-2 sind die Genauigkeiten der vier Flächen - berechnet nach dem allgemeinen Fehlerfortpflanzungsgesetz - angegeben. Die vollständige Varianz-Kovarianzmatrix dieser Flächen - berechnet mittels Gleichung (1.3-6) - lautet:

	Nr. 1	Nr. 2	Nr. 3	Nr. 4	Nr. 5
Nr. 1	3098	-1168	0	1930	1930
Nr. 2	-1168	3684	-1662	853	853
Nr. 3	0	-1662	8206	6544	6544
Nr. 4	1930	853	6544	9328	9328
Nr. 5	1930	853	6544	9328	9328

Tabelle 1.3-3: Varianz-Kovarianzmatrix für die einzelnen Flächen

[1] Kraus, K., Ludwig, M.: ZfV 123, S. 81-87, 1998.

Dabei wurde eine fünfte Fläche aufgenommen. Es ist die Grundstücksfläche, aber unter Einbeziehung der vier Schnittpunkte. Die Genauigkeit dieser Fläche muß mit der Genauigkeit der Fläche 4 übereinstimmen, denn die Schnittpunkte sind nur eine redundante Information. Bei der Anwendung des einfachen Fehlerfortpflanzungsgesetzes ergibt sich diese wichtige Identität nicht.

Für die Vereinigung der drei Teilflächen zur Gesamtfläche, das ist die Grundstücksfläche, liefert das allgemeine Fehlerfortpflanzungsgesetz (1.3-9) unter Verwendung der Zahlenwerte der Tabelle 1.3-3 das erwartete Ergebnis:

$$\sigma_G^2 = (1,1,1)\begin{pmatrix} 3098 & -1168 & 0 \\ -1168 & 3684 & -1662 \\ 0 & -1662 & 8206 \end{pmatrix}\begin{pmatrix} 1 \\ 1 \\ 1 \end{pmatrix} = 9328; \qquad \sigma_G = \pm 97\ m^2$$

Würde man nur das einfache Fehlerfortpflanzungsgesetz auf diese Flächenvereinigung anwenden, bekäme man mit den Zahlenwerten der Tabelle 1.3-3:

$\sigma_G = \sqrt{3098 + 3684 + 8206} = \pm 122\ \mathrm{m}^2$. Der Fehler in der Genauigkeit würde also etwa 25% betragen.

1.3.3 EDV-technische Verwirklichung

Dabei beschränken wir uns auf einige Hinweise, die sich auf den von Herrn Ludwig erstellten Prototypen beziehen. Es wurden **Punktgruppen mit gleichen Genauigkeitsparametern** gebildet. Im Extremfall kann auch nur ein Punkt in einer Gruppe liegen.

Dem Aufbau der Datenstrukturen wurden folgende Überlegungen zugrunde gelegt: Es gibt einen **Datentyp *Punkt***. Dieser und nur dieser **verfügt über Koordinaten**. Andere Daten erhalten ihren Lagebezug mittels Referenz auf einen oder mehrere *Punkte*. Die Referenzierung erfolgt über eine *Punktnummer*. Der Datentyp *Fläche* stellt eine Punktverkettung dar.

Im *Punkt*-Datensatz sind neben der *Punktnummer* auch die individuellen zufälligen Koordinatenfehler abgelegt. Da die Genauigkeitsparameter für größere Punktgruppen in der Regel gleich sind, wurde ein eigener Datensatz *Klasse* geschaffen. Dieser enthält neben den zufälligen Koordinatenfehlern auch - falls vorhanden - die systematischen Koordinatenfehler sowie Referenzen zur Verknüpfung (= Topologie) mit den zugehörigen *Punkten*. Die ***Schnittpunkte* sind in einem eigenen Datensatz** zusammengefaßt, der die Nummer des jeweiligen Schnittpunktes und die vier *Punktnummern* der beiden den Schnittpunkt definierenden Geraden enthält. Außerdem gibt es zu jedem Schnittpunkt Platzhalter für seine partiellen Differentialquotienten innerhalb der **A**-Matrix (1.3-3).

Damit sind alle notwendigen Informationen - eindeutig untereinander verknüpft - vorhanden. Da die Varianz-Kovarianzmatrizen nur sehr dünn besetzt sind, werden für die Speicherung und Berechnung nur die von Null verschiedenen Elemente herangezogen. Große Aufmerksamkeit wurde auf die **Nachführung** gelegt. **Verändert man zum Beispiel an einem Punkt die Koordinaten, werden alle betroffenen Schnittpunkte und Flächen sowie ihre Genauigkeiten** - ohne zusätzliche manuelle Eingabe - **neu berechnet**.

Schließlich ist der **dokumentarische Wert** des vorgestellten Konzeptes herauszustellen. In den Attributen zu den Eckpunkten wird festgehalten, welcher Genauigkeitsklasse sie angehören und - bei Schnittpunkten - aus welchen Ausgangspunkten sie ermittelt wurden. Das Endergebnis sind nicht nur die Genauigkeiten der Flächen, sondern auch die sehr großen Korrelationen zwischen diesen Flächen. Bei Flächenvereinigungen dürfen solche Korrelationen nicht vernachlässigt werden.

Literatur: Kraus, K., Kager, H.: Mitt. der Geodätischen Institute TU Graz, Folge 78, S. 95-101, 1993, ist die Basisliteratur. Kraus, K., Ludwig, M.: ZfV 123, S. 81-87, 1998, ist eine Weiterführung, insbesondere ist darin ein Beispiel aus der Praxis enthalten. Vor kurzem haben dieses Problem Bill, R., Korduan, P.: ZfV 123, S. 247-253, 333-338, 1998, aufgegriffen und insbesondere Vorschläge für eine effiziente EDV-technische Verwirklichung unterbreitet.

2. KURVENINTERPOLATION UND -APPROXIMATION

Digitale topographische Modelle sind bekanntlich (Abschnitt F 1.2) eine Vereinfachung der realen Topographie, die durch Idealisierung und Diskretisierung entstehen. Insbesondere für die Visualisierung der digitalen topographischen Modelle ist **aus den diskreten Punkten ein Kontinuum** zu bilden. Wir beschränken uns zunächst auf Kurven, die aus diskreten Punkten zu ermitteln sind. Die dafür geeigneten Algorithmen findet man in der mathematischen Literatur unter "Interpolation" und "Approximation".

Bei einer solchen Interpolation kann auch eine Filterung, die häufig als Glättung bezeichnet wird, beabsichtigt sein (Abschnitt H 2.3). Eine solche **Filterung** erfolgt zum Beispiel unmittelbar nach der **(mit zufälligen Fehlern behafteten) Digitalisierung** von räumlichen Kurven und von (zweidimensionalen) Höhenlinien.

2.1 Parametrisierung von Kurven

Viele Interpolationsalgorithmen setzen voraus, daß es zu einer Abszisse nur eine Ordinate geben darf. Zum Beispiel bei Höhenlinien gibt es zu einer X-Koordinate in der Regel aber mehrere Y-Koordinaten bzw. zu einer Y-Koordinate mehrere X-Koordinaten. Die gewünschte eindeutige Zuordnung von Abszissen und Ordinaten erreicht man mit der sogenannten **Parametrisierung von Kurven** die anhand der Figur 2.1.-1 für eine ebene Kurve erläutert werden soll. Als Parameter wurde T, die Länge des **Polygonzuges** zwischen den diskreten Punkten, gewählt. (Die Kurve selbst, deren Länge in der Mathematik gerne als Parameter benutzt wird, ist noch nicht bekannt.) Damit können X = X(T) und Y = Y(T) in Abhängigkeit von T dargestellt werden, wobei zu jeder Abszisse T jeweils nur **eine Ordinate** X(T) bzw. Y(T) gehört.

Die Parameterdarstellung einer **räumlichen Kurve** ist analog aufgebaut. In diesem Fall ist der Parameter T die Länge des **räumlichen Polygonzuges** zwischen den diskreten Punkten. Man kann für den Parameter T aber auch die Länge eines Polygonzuges in der Grundrißebene verwenden, wenn zu einem Grundrißpunkt von vornherein immer nur eine Höhe gehört, also keine (Gelände-)Überhänge auftreten (≙ 2.5 D, siehe Abschnitt F 3.2). Solche Verhältnisse hat man z.B. beim Digitalisieren von Längsprofilen entlang einer gekrümmten Straße im photogrammetrischen Stereomodell.

Ohne auf die geschilderten unterschiedlichen Verhältnisse eingehen zu müssen, können wir uns in der Fortsetzung auf das Interpolations- und Approximationsproblem in einem Koordinatensystem beschränken, dessen Abszisse der Parameter T ist und dessen Ordinate wir mit S anstelle von X oder Y oder Z bezeichnen. Wir behandeln die Probleme also **nur in der TS-Ebene**.

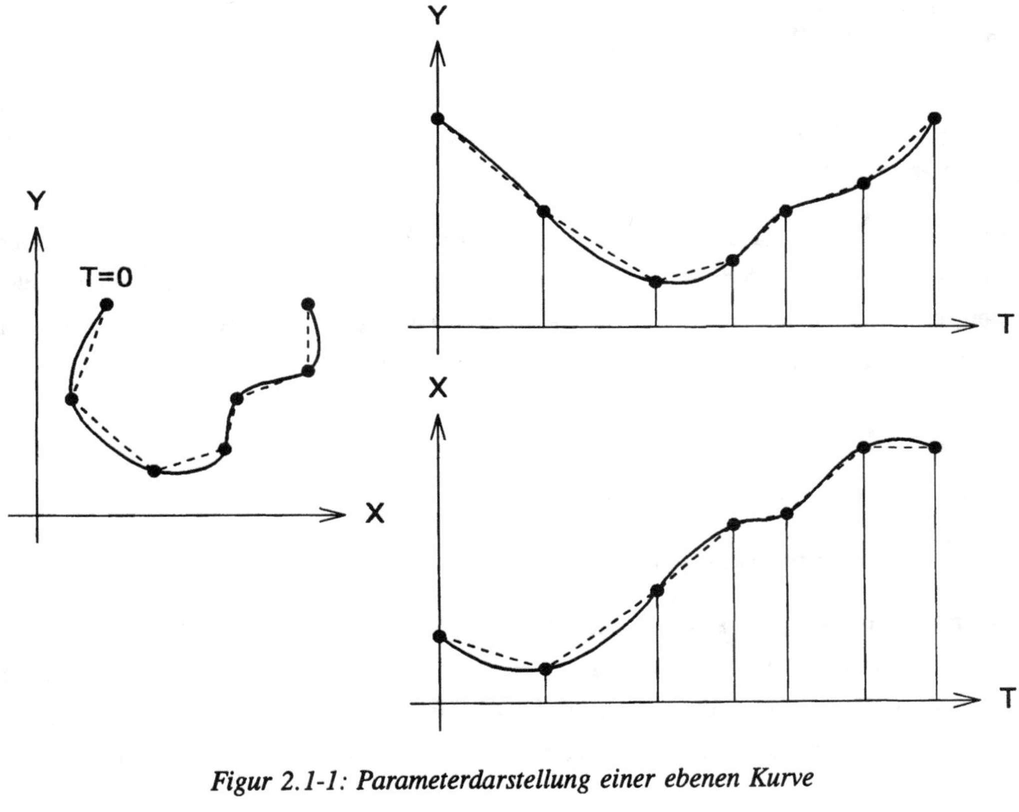

Figur 2.1-1: Parameterdarstellung einer ebenen Kurve

AUFGABE 2.1-1: Gegeben ist die Punktfolge einer räumlichen Kurve. Man berechne und zeichne die Parameterdarstellung für die TX-, TY- und TZ-Ebene, wobei T einmal durch den räumlichen Polygonzug und einmal durch den ebenen Polygonzug in der XY-Ebene definiert sein soll.

	X	Y	Z
1	0	2	1
2	2	1	1
3	5	1	2
4	6	3	3
5	5	4	5

AUFGABE 2.1-2: Gegeben sind die sechs Punkte einer **geschlossenen** räumlichen Kurve. (Die ganzzahligen XY-Koordinaten können der Figur 2.1-2 entnommen werden; die Z-Koordinaten sind angeschrieben). Man zeichne die Parameterdarstellung in der TX-, TY-und TZ-Ebene, wobei die Länge des räumlichen Polygonzugs als Parameter T dienen soll.

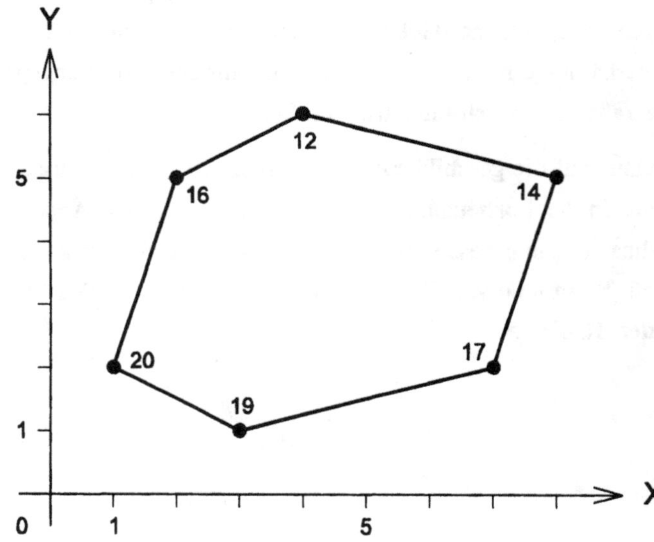

Figur 2.1-2: Geschlossene Kurve

Erkenntnis aus Aufgabe 2.1-2: Bei **geschlossenen Kurven** haben der Anfangs- und der Endpunkt die gleiche Ordinate. Man spricht in diesem Fall von einer **periodischen Funktion**, da es - zum Beispiel bei 6 Punkten - zum 1. Punkt einen 7., einen 13. etc. und zum 2. Punkt einen 8., einen 14. etc. mit gleicher Ordinate gibt.

2.2 Kurveninterpolation

2.2.1 Polynominterpolation

Sofern sich die Aufgabe stellt, Punkte in der TS-Ebene durch eine gekrümmte Kurve zu verbinden, denkt der unvoreingenommene Leser zuerst an die Polynominterpolation. Soll das Polynom durch die **n Punkte** - die man als **Stützpunkte** bezeichnet - hindurchgehen, was im Abschnitt 2.2 unterstellt werden soll, muß man ein **Polynom vom Grad n-1** wählen:

$$S = S(T) = a_0 + a_1 T + a_2 T^2 + ... + a_{n-1} T^{n-1} \qquad (2.2\text{-}1)^1$$

Die Polynomkoeffizienten a_i können aus folgendem linearen Gleichungssystem gewonnen werden:

$$S_i = a_0 + T_i a_1 + T_i^2 a_2 + ... T_i^{n-1} a_{n-1} \qquad i = 1(1)n \qquad (2.2\text{-}2)$$

ZAHLENBEISPIEL:

T_i	1	3	5	7	8	10	12	15
S_i	3	6	3	2	1	1	1	6

Gleichungssystem (2.2-2):

$$\begin{pmatrix}3\\6\\3\\2\\1\\1\\1\\6\end{pmatrix} = \begin{pmatrix}1 & 1 & 1 & 1 & 1 & 1 & 1 & 1\\ 1 & 3 & 9 & 27 & 81 & 243 & 729 & 2187\\ 1 & 5 & 25 & 125 & 625 & 3125 & ... & ...\\ 1 & 7 & 49 & 343 & 2401 & ... & ... & ...\\ 1 & 8 & 64 & 512 & 4096 & ... & ... & ...\\ 1 & 10 & 100 & 1000 & ... & ... & ... & ...\\ 1 & 12 & 144 & 1728 & ... & ... & ... & ...\\ 1 & 15 & 225 & 3375 & ... & ... & ... & ...\end{pmatrix} \cdot \begin{pmatrix}a_0\\a_1\\a_2\\a_3\\a_4\\a_5\\a_6\\a_7\end{pmatrix}$$

Lösung: $a_0 = -36.0$ $a_1 = 70.38$ $a_2 = -41.549$ $a_3 = 11.9113$
$a_4 = -1.86753$ $a_5 = 0.162959$ $a_6 = -0.0074086$ $a_7 = 0.00013648$

Damit kann für jede T-Koordinate die S-Koordinate der Kurve mittels Gleichung (2.2-1) berechnet werden. Z.B. ergibt sich bei T = 2 für S = 8.65. Für den Bereich $T \epsilon [1,15]$ ist in Figur 2.2-1 die interpolierte Kurve samt den Stützpunkten mit ihren Koordinaten T_i, S_i gezeichnet.

Lagrange hat für die Polynominterpolation eine elegante Methode angegeben, die die aufwendige Lösung des Gleichungssystems (2.2-2) umgeht. Zu diesem Zweck führt man für jeden Stützpunkt P_i folgende **Basisfunktionen** $g_i(T)$ ein:

$$g_i(T) = \frac{(T - T_1)(T - T_2)...(T - T_{i-1})(T - T_{i+1})...(T - T_n)}{(T_i - T_1)(T_i - T_2)...(T_i - T_{i-1})(T_i - T_{i+1})...(T_i - T_n)} \qquad (2.2\text{-}3)$$

---

1 Für eine effizientere Auswertung ist folgende Schreibweise vorzuziehen (Horner-Schema):

$$S = S(T) = (....((a_{n-1}T + a_{n-2})T + a_{n-3})T... + a_1)T + a_0$$

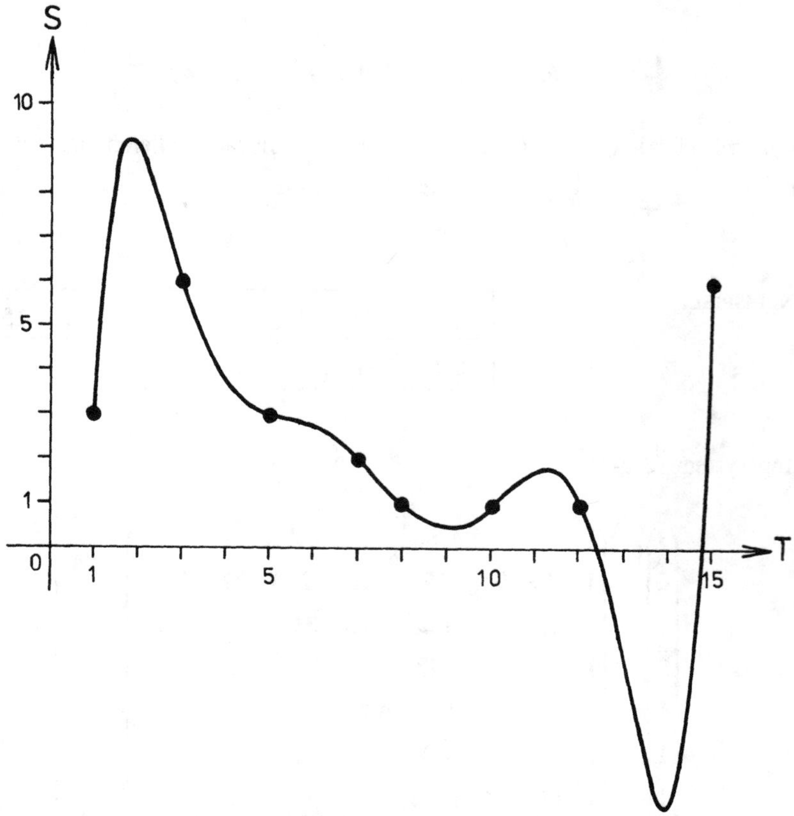

Figur 2.2-1: Polynominterpolation

ZAHLENBEISPIEL: Um Platz zu sparen, reduzieren wir das oben eingeführte Beispiel auf die ersten vier Stützpunkte.

$$g_1(T) = \frac{(T-3)\,(T-5)\,(T-7)}{(1-3)\,(1-5)\,(1-7)} = -\frac{1}{48}\,(T^3 - 15T^2 + 71T - 105)$$

$$g_2(T) = \frac{(T-1)\,(T-5)\,(T-7)}{(3-1)\,(3-5)\,(3-7)} = \frac{1}{16}\,(T^3 - 13T^2 + 47T - 35)$$

$$g_3(T) = \frac{(T-1)\,(T-3)\,(T-7)}{(5-1)\,(5-3)\,(5-7)} = -\frac{1}{16}\,(T^3 - 11T^2 + 31T - 21)$$

$$g_4(T) = \frac{(T-1)\,(T-3)\,(T-5)}{(7-1)\,(7-3)\,(7-5)} = \frac{1}{48}\,(T^3 - 9T^2 + 23T - 15)$$

Figur 2.2-2 zeigt die vier Lagrange-Basisfunktionen. Man erkennt daraus, daß der Wert der Lagrange-Basisfunktion an der zur Basisfunktion gehörenden Stützstelle gleich Eins und an den übrigen Stützstellen gleich Null ist. Die Basisfunktion $g_i(T)$ beschreibt den Anteil, den der jeweilige Stützwert S_i zum Endergebnis, d.h. zum interpolierten Funktionsverlauf,

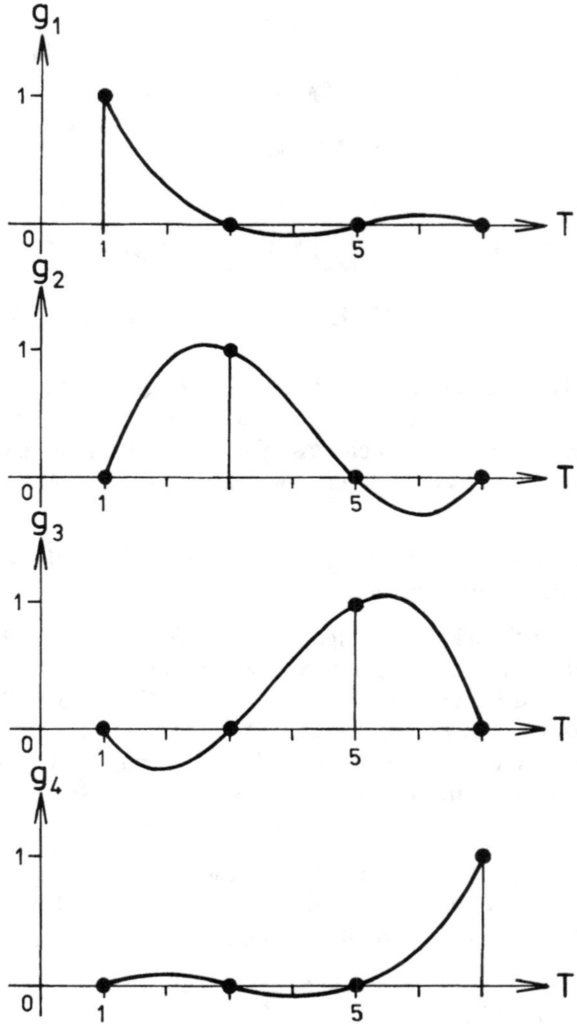

Figur 2.2-2: Lagrange-Basisfunktionen

beiträgt. Für die Lagrange-Basisfunktion ist deshalb auch die Bezeichnung **Gewichtsfunktion** angebracht.[1]

Das gesuchte Polynom S(T) ergibt sich aus den Stützwerten S_i und den Lagrange-Basisfunktionen $g_i(T)$ auf folgende Weise:

---

[1] Gewichtsfunktionen können grundsätzlich willkürlich konstruiert werden. Man muß nur beachten, daß bei der jeweiligen Basisfunktion an "ihrer" Stützstelle der Wert Eins und an den übrigen Stützstellen der Wert Null auftritt. Oft wird noch die Zusatzbedingung $\sum g_i(T) = 1$ gefordert. Beispiele für verschiedene (zweidimensionale) Gewichtsfunktionen findet man in den Abschnitten FE 6.4.1, H 3.2.1 und H 3.3.4.

$$S = S(T) = g_1(T)S_1 + .. + g_i(T)S_i + .. + g_n(T)S_n = \sum_{i=1}^{n} g_i(T)S_i \qquad (2.2\text{-}4)$$

Für das eingeführte Zahlenbeispiel mit den vier Stützpunkten lautet demnach das Gesamtpolynom:

$$S = -\frac{3}{48}(T^3-15T^2+71T-105) + \frac{6}{16}(T^3-13T^2+47T-35) - \frac{3}{16}(T^3-11T^2+31T-21)$$
$$+ \frac{2}{48}(T^3-9T^2+23T-15) = \frac{1}{12}(2T^3-27T^2+100T-39)$$

AUFGABE 2.2-1: Man ermittle mit Hilfe des Gleichungssystems (2.2-2) ebenfalls das Polynom für die vier Stützpunkte und vergleiche es mit dem Lagrange'schen Ergebnis. HINWEIS: **In beiden Fällen muß sich das gleiche Polynom ergeben, denn durch n Stützpunkte gibt es genau ein Polynom vom Grad n-1**. Die Art der Bestimmung des Polynoms darf auf das Ergebnis keinen Einfluß haben.

AUFGABE 2.2-2: Man wiederhole die Aufgabe 2.2-1 mit Hilfe der **Newton'schen Interpolationsformel** für die Polynominterpolation.

AUFGABE 2.2-3: Die fünf Punkte der Aufgabe 2.1-1 sind mittels einer Polynominterpolation zu verbinden, wobei für die Parameterdarstellung der räumliche Polygonzug zu wählen ist. Zusätzlich berechne man für die Mitte der (räumlichen) Sehnen die XYZ-Koordinaten der Kurve, und man skizziere das Polynom in der TX-, TY-, TZ-, XY-, XZ- und YZ-Ebene. ZUSATZAUFGABE: Man verwende den (ebenen) Polygonzug der XY-Ebene für die Parameterdarstellung. Der Vergleich der Koordinaten in der Mitte der Sehnen wird unterschiedlich sein, worauf wir im Abschnitt H 2.2.5 nochmals zu sprechen kommen.

AUFGABE 2.2-4: Man schätze den Rechenaufwand für die Auswertung des Polynoms (2.2-1) und der dort in der Fußnote angegeben Gleichung ab. Ergebnis: N(N-1)/2 Multiplikationen und N-1 Additionen gegenüber N-1 Multiplikationen und N-1 Additionen.

AUFGABE 2.2-5: Man beweise, daß die Lagrange-Basisfunktionen $g_i(T)$ die wünschenswerte Bedingung $\sum g_i(T) = 1$ erfüllen.

Die Qualität einer Polynominterpolation läßt sehr zu wünschen übrig. Man sieht aus der Figur 2.2-1, daß die **Polynominterpolation nur in der Kurvenmitte ein akzeptables Verhalten hat und daß sie besonders in den Randbereichen zum Ausschwingen neigt**.

Für topographische Modelle braucht man dagegen einen Interpolationsalgorithmus, der einen Funktionsverlauf ohne Ausschwingen liefert. Diese Forderung erfüllen zusammengesetzte Polynome, die auch Splinefunktionen genannt werden.

2.2.2 Zusammengesetzte Polynome (Spline-Funktionen)

Eine Verbesserung des Ausschwingverhaltens kann offensichtlich nur durch eine Reduktion des Polynomgrades erreicht werden, m.a.W. die höheren Ableitungen der Funktion müssen Null sein. Andererseits soll der gesuchte Funktionsverlauf durch alle Stützpunkte hindurch gehen. Man muß deshalb **anstelle eines Polynoms höheren Grades mehrere Polynome niedrigeren Grades**, die man aneinanderfügt, verwenden. In diesem Abschnitt beschränken wir uns darauf, daß zwischen zwei Stützpunkten immer ein eigenes Polynomstück eingesetzt wird. Da die Anfangs- und Endpunkte der Polynomstücke als Knoten bezeichnet werden, sind in diesem Fall die **Stützpunkte und die Knoten identisch**.

Die **zusammengesetzten linearen Polynome** sind uns in der Form des Polygonzuges bereits vertraut. Sie haben einerseits die gewünschte Eigenschaft, nicht auszuschwingen; andererseits ist aber die Krümmung (zweite Ableitung)[1] entlang der Polygonseiten gleich Null und die Steigung (erste Ableitung) in den Knoten unstetig. Diese Eigenschaften treffen für viele Linien in digitalen topographischen Modellen nicht zu.

Eine erhebliche Verbesserung brächten **zusammengesetzte quadratische Polynome**. Ihre Steigung (erste Ableitung) würde sich in den Knoten stetig und ihre Krümmung (zweite Ableitung) in den Knoten unstetig ändern. Diese Eigenschaften treffen zwar für einen beachtlichen Teil der Linien in digitalen topographischen Modellen zu, jedoch werden einige Linien (z.B. Eisenbahnlinien) mit zusammengesetzten quadratischen Polynomen nicht gut genug approximiert. Die zusammengesetzten quadratischen Polynome sind gegenüber den (berühmten) zusammengesetzten kubischen Polynomen außerdem nicht detailliert mathematisch aufbereitet.

Zusammengesetzte kubische Polynome sind für die Approximation der Linien in digitalen topographischen Modellen flexibel genug und der Grad des Polynoms ist noch so niedrig, daß in der Regel kein unmotiviertes Ausschwingen passiert. Ein kubisches Polynom für das Intervall $[T_i, T_{i+1}]$ hat die Form:

$$S_{[i,i+1]} = a_{0[i,i+1]} + a_{1[i,i+1]}(T-T_i) + a_{2[i,i+1]}(T-T_i)^2 + a_{3[i,i+1]}(T-T_i)^3 \qquad T \in [T_i, T_{i+1}] \tag{2.2-5}$$

Unter der Annahme, n Stützpunkte seien mit ihren Koordinaten T_i und S_i gegeben, sind für den gesamten Funktionsverlauf n-1 kubische Polynome (2.2-5) zu bestimmen (Figur 2.2-3).

---

[1] Die Krümmung wird in diesen und in den folgenden Abschnitten als zweite Ableitung angesprochen, obwohl in die Krümmung - wie in der Differentialgeometrie definiert - auch die erste Ableitung eingeht (siehe auch Anhang H 2.5-1).

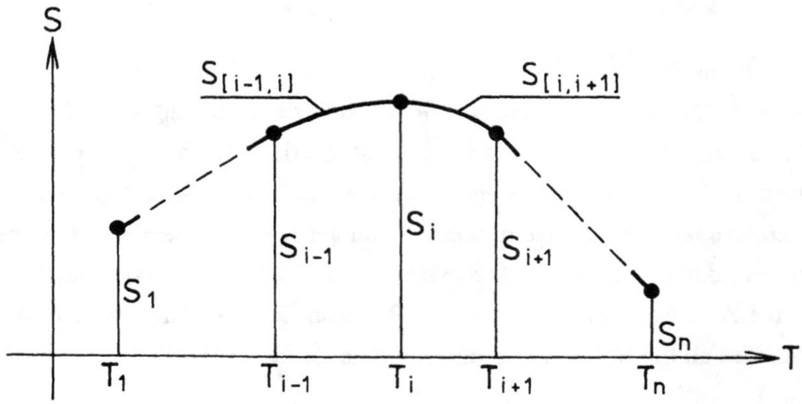

Figur 2.2-3: Stückweise Polynome

Die **Steigung** $S'_{[i,i+1]}$ und die **Krümmung** $S''_{[i,i+1]}$ des kubischen Polynoms $S_{[i,i+1]}$ folgen aus Gleichung (2.2-5) durch folgende Differentiationen:

$$S'_{[i,i+1]} = a_{1[i,i+1]} + 2a_{2[i,i+1]}(T-T_i) + 3a_{3[i,i+1]}(T-T_i)^2 \qquad (2.2\text{-}6)$$

$$S''_{[i,i+1]} = 2a_{2[i,i+1]} + 6a_{3[i,i+1]}(T-T_i) \qquad T \in [T_i,T_{i+1}] \qquad (2.2\text{-}7)$$

Für die Ermittlung der insgesamt 4(n-1) Polynomkoeffizienten a_k aus den n Stützpunkten mit ihren Koordinaten T_i und S_i stehen folgende Bestimmungsgleichungen zur Verfügung:

Für jedes der (n-1) Polynome (2.2-5) **zwei Gleichungen** mit den Stützpunktkoordinaten T_i,S_i und T_{i+1},S_{i+1}:

$$S_i = a_{0[i,i+1]} \qquad (2.2\text{-}8)$$

$$S_{i+1} = a_{0[i,i+1]} + a_{1[i,i+1]}(T_{i+1}-T_i) + a_{2[i,i+1]}(T_{i+1}-T_i)^2 + a_{3[i,i+1]}(T_{i+1}-T_i)^3 \qquad (2.2\text{-}9)$$

In jedem der (n-2) inneren Knoten müssen die links- und rechtsseitige **Steigung** (2.2-6) **gleich** sein, d.h. $S'_{[i-1,i]} = S'_{[i,i+1]}$ (**C^1-Stetigkeit**):

$$a_{1[i-1,i]} + 2a_{2[i-1,i]}(T_i-T_{i-1}) + 3a_{3[i-1,i]}(T_i-T_{i-1})^2 = a_{1[i,i+1]} \qquad (2.2\text{-}10)$$

In jedem der (n-2) inneren Knoten müssen die links- und rechtsseitige **Krümmung** (2.2-7) **gleich** sein, d.h. $S''_{[i-1,i]} = S''_{[i,i+1]}$ (**C^2-Stetigkeit**):

$$2a_{2[i-1,i]} + 6a_{3[i-1,i]}(T_i-T_{i-1}) = 2a_{2[i,i+1]} \qquad (2.2\text{-}11)$$

Eine Gegenüberstellung der 4(n-1) Unbekannten mit den 2(n-1) + 2(n-2) = 4(n-1)-2 Bestimmungsgleichungen zeigt an, daß noch zwei Bestimmungsgleichungen fehlen. Für eine **periodische Funktion**, die zum Beispiel bei der Parameterdarstellung geschlossener Kurven entsteht (siehe Aufgabe H 2.1-2), lauten die beiden Gleichungen in Anlehnung an (2.2-10) und (2.2-11):

$$\begin{aligned} a_{1[n-1,n]} + 2a_{2[n-1,n]}(T_n - T_{n-1}) + 3a_{3[n-1,n]}(T_n - T_{n-1})^2 &= a_{1[1,2]} \\ 2a_{2[n-1,n]} + 6a_{3[n-1,n]}(T_n - T_{n-1}) &= 2a_{2[1,2]} \end{aligned} \qquad (2.2\text{-}12)$$

Für eine **nichtperiodische Funktion**, wie zum Beispiel in Figur 2.2-3 skizziert, setzt man die Krümmung S″ (2.2-7) im ersten und n-ten Punkt gleich Null, d.h. außerhalb der Stützpunkte verläuft die Funktion geradlinig mit der Steigung, die die Funktion in den beiden äußersten Stützpunkten hat:

$$\begin{aligned} S_1'' &= 0 = 2a_{2[1,2]} \\ S_n'' &= 0 = 2a_{2[n-1,n]} + 6a_{3[n-1,n]}(T_n - T_{n-1}) \end{aligned} \qquad (2.2\text{-}13)$$

Das Auflösen der 4(n-1) Gleichungen (2.2-8) bis (2.2-12) bzw. (2.2-13) für die 4(n-1) Polynomkoeffizienten a_k kann auf die Auflösung von (n-2) Gleichungen für die (n-2) Koeffizienten a_2 reduziert werden. Die Koeffizienten a_2 können nämlich - wie im Anhang H 2.2-1 näher ausgeführt - in Abhängigkeit von den Stützpunktkoordinaten T_i,S_i ausgedrückt werden:

$$\frac{1}{3}(T_i - T_{i-1})a_{2[i-1,i]} + \frac{2}{3}(T_{i+1} - T_{i-1})a_{2[i,i+1]} + \frac{1}{3}(T_{i+1} - T_i)a_{2[i+1,i+2]} = \frac{S_{i+1} - S_i}{T_{i+1} - T_i} - \frac{S_i - S_{i-1}}{T_i - T_{i-1}} \qquad (2.2\text{-}14)$$

Für das eingeführte ZAHLENBEISPIEL mit den 8 Stützpunkten lauten die 6 Gleichungen für die 6 Koeffizienten a_2 (der Koeffizient $a_{2[1,2]}$ ist laut (2.2-13) für eine nichtperiodische Funktion gleich Null):

$$\begin{pmatrix} 8/3 & 2/3 & & & & \\ 2/3 & 8/3 & 2/3 & & & \\ & 2/3 & 2 & 1/3 & & \\ & & 1/3 & 2 & 2/3 & \\ & & & 2/3 & 8/3 & 2/3 \\ & & & & 2/3 & 13/3 \end{pmatrix} \cdot \begin{pmatrix} a_{2[2,3]} \\ a_{2[3,4]} \\ a_{2[4,5]} \\ a_{2[5,6]} \\ a_{2[6,7]} \\ a_{2[7,8]} \end{pmatrix} = \begin{pmatrix} -3 \\ 1 \\ -1/2 \\ 1 \\ 0 \\ 5/3 \end{pmatrix}$$

Wegen der **bandförmigen** (genauer: tridiagonalen) **Koeffizientenmatrix** erfordert die Lösung des Gleichungssystems für die Polynomkoeffizienten a_2 einen verhältnismäßig geringen Rechenaufwand. Bei **periodischen Funktionen** ist das Gleichungssystem um **eine Unbekannte größer** und die Koeffizientenmatrix wird zyklisch tridiagonal, d.h. die Matrix enthält zusätzlich in der rechten/oberen und linken/unteren Ecke einen von Null verschiedenen Koeffizienten.

Das Ergebnis des Gleichungssystems für unser ZAHLENBEISPIEL ist in der folgenden Tabelle in der ersten Zeile eingetragen. Ausgehend von diesen Koeffizienten und den Stützpunkten T_i,S_i wurden die anderen Koeffizienten der Polynome in den einzelnen Intervallen mittels der Beziehungen (2.2-1-10) des Anhanges H 2.2-1 berechnet und in den darunter liegenden Zeilen eingetragen.

Intervall	[1,2]	[2,3]	[3,4]	[4,5]	[5,6]	[6,7]	[7,8]
a_2	0	-1.3441	0.8764	-0.6617	0.7170	-0.3203	0.5641
a_0	3.0000	6.0000	3.0000	2.0000	1.0000	1.0000	1.0000
a_1	2.3961	-0.2921	-1.2275	-0.7979	-0.7425	0.0510	0.5386
a_3	-0.2240	0.3701	-0.2563	0.4596	-0.1729	0.1474	-0.0627

Figur 2.2-4 zeigt das graphische Ergebnis der Interpolation. Im Vergleich zur Interpolation mit **einem** Polynom 7. Grades (Figur 2.2-1) fällt vor allem der wesentlich diszipliniertere Kurvenverlauf auf.

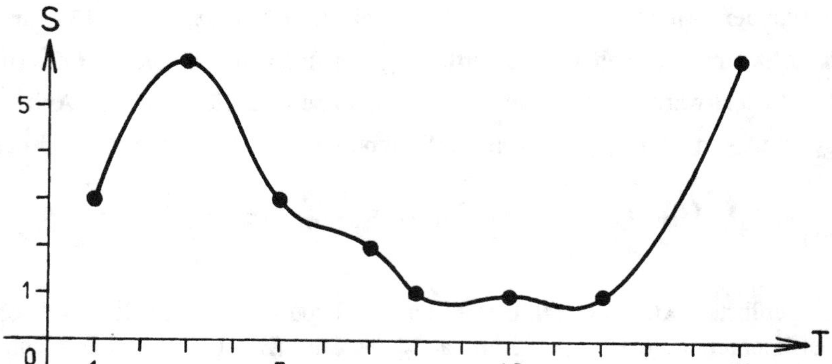

Figur 2.2-4: Zusammengesetzte kubische Polynome

Die zusammengesetzten kubischen Polynome haben eine interessante Entsprechung in der Mechanik. Spannt man einen elastischen Stab in Lager ein, die sich in den Stützpunkten befinden und die nur Kräfte senkrecht zur Biegelinie ausüben können, bekommt der Stab die Form von zusammengesetzten kubischen Polynomen. Man kann deshalb sagen, daß die **Biegeenergie** für die zusammengesetzten kubischen Polynome **ein Minimum** ist. Infolge dieser Eigenschaft, die für Holz- und Metallkonstruktionen von großem Interesse ist, werden die zusammengesetzten kubischen Polynome auch kubische **Spline-Funktionen** genannt. Die kubischen Spline-Funktionen haben auch die Eigenschaft der **Minimierung der Quadrate**

der Krümmungen einer interpolierenden Kurve. Die Plausibilität dieser Aussage kann anhand der Figur 2.2-4 leicht nachvollzogen werden, wenn man anstelle der Krümmungen die Neigungsdifferenzen entlang der Kurve betrachtet.

Die zusammengesetzten kubischen Polynome können leicht an einige charakteristische Linienmerkmale, wie sie in digitalen topographischen Modellen häufig vorkommen, angepaßt werden. Springt z.B. die Krümmung an einem Stützpunkt und kennt man in diesem Stützpunkt den Unterschied der auftretenden Krümmungen $S''_{[i-1,i]}$ und $S''_{[i,i+1]}$, dann ist in Gleichung (2.2-11) auf der rechten Seite diese **Krümmungsdifferenz** hinzuzufügen. Genauso kann man bekannte Sprünge in der Steigung berücksichtigen, indem man in der Gleichung (2.2-10) auf der rechten Seite die Steigungsdifferenz hinzufügt. Auf diese Weise kann man **Spitzen in den Linien** erzeugen, allerdings unter der Voraussetzung, daß man die Steigungsdifferenzen in diesen Punkten kennt. Meistens kennt man sie aber nicht. Man erzeugt dann die Spitzen in einer Kurve dadurch, daß die ganze Kurve in unabhängige Kurventeile zerlegt und jedes Kurventeil für sich berechnet wird. Lediglich der Stützwert am Ende eines Kurventeiles ist auch der Stützwert für den Anfang des nächsten Kurventeiles.

Die zusammengesetzten kubischen Polynome haben einige **Nachteile**:

- Es kommt bei sehr ungünstigen Punktkonstellationen noch zu **Ausschwingungen** (Figur 2.2-5).
- Es kommt bei sehr ungleichmäßigen Punktabständen - wie sie zum Beispiel nach einer Interpolation der Höhenlinienpunkte in einem rasterförmigen Oberflächenmodell auftreten können (Figur H 3.4-1) - zu **numerischen Schwierigkeiten**: Auf der rechten Seite der Gleichung (2.2-14) kann der Nenner sehr klein werden. Die Stützpunkte müssen deshalb vor der Bestimmung der zusammengesetzten kubischen Polynome bezüglich ihrer Abstände überprüft und eventuell korrigiert werden.
- Jeder Stützpunkt - auch wenn er noch so weit entfernt ist - hat Einfluß auf die Koeffizienten eines jeden Polynomstückes. Eine solche Eigenschaft nennt man "**global**". Für ein TIS ist man dagegen an lokalen Interpolationsmethoden interessiert[1]. Zum Beispiel kann bei einer *On-line*-Kartierung eine (lange) Linie mit zusammengesetzten Polynomen erst dargestellt werden, wenn alle Punkte der ganzen Linie, die allerdings durch Linienknicke verkürzt sein kann, digitalisiert sind.

Eine Methode ohne Ausschwingungen und mit lokalen Eigenschaften ist die nun zu besprechende Akima-Interpolation.

---

[1] Der Vollständigkeit halber ist zu erwähnen, daß es auch Spline-Kurven mit lokalen Eigenschaften gibt, und zwar die sogenannten **Basis-Spline-Kurven**, die auch als B-Splines bezeichnet werden.

AUFGABE 2.2-6: Man löse die Aufgabe H 2.1-2 mit zusammengesetzten kubischen Polynomen. Zum Schluß ist der Übergang auf die XY-Ebene zu machen und ein Längsprofil entlang der (gekrümmten) Grundrißkurve anzugeben.
ZUSATZFRAGE: In diesem Fall sind die Interpolationsformeln für eine periodische Funktion zu verwenden. Wie kann man am Interpolationsergebnis erkennen, ob der Fall einer periodischen oder einer nichtperiodischen Funktion vorliegt?

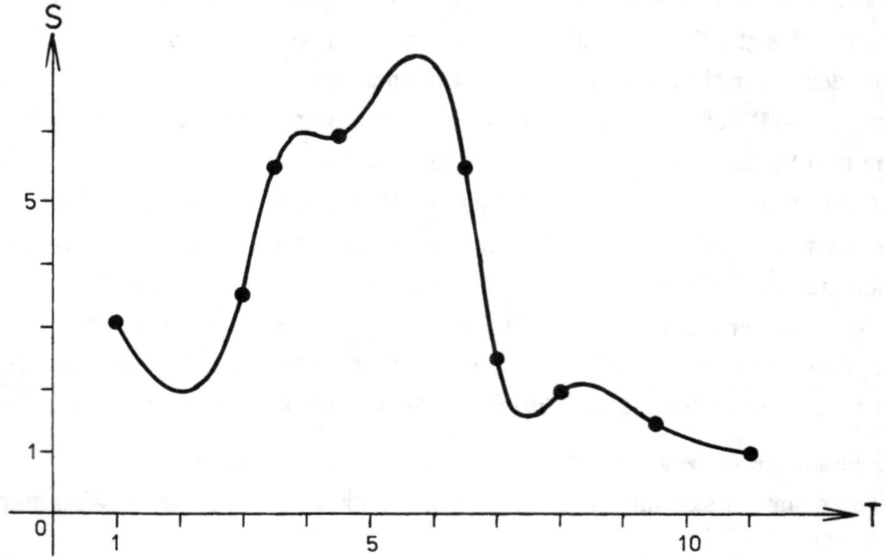

Figur 2.2-5: Zusammengesetzte kubische Polynome [1]

2.2.3 Akima-Interpolation[2] [3]

Diese Interpolationsart verbindet die Stützpunkte **ebenfalls** mit **kubischen Polynomen**. Zur Bestimmung der Polynomkoeffizienten tragen aber - im Gegensatz zu der vorhin behandelten Methode - nur die Stützpunkte in der näheren Umgebung bei. Die Akima-Interpolation **beginnt mit** der Bestimmung der **Steigung S_i'** (erste Ableitung) im jeweiligen Stützpunkt P_i unter Zuhilfenahme von jeweils zwei Stützpunkten vor und nach dem Punkt P_i. Die Steigung S_i' der Kurve ergibt sich **als allgemeines gewogenes Mittel** aus den Steigungen tan $\alpha_{i-1,i}$ und

---

[1] Dieses Beispiel ist allerdings nicht fair, denn nach der Parametrisierung (Abschnitt H 2.1) einer Kurve gibt es keine Steigungen größer als 50 gon bzw. kleiner als -50 gon.

[2] Akima, H.: Journal of the Association for Computing Machinery, Vol. 17, 589-602, 1970.

[3] Blöser, F. und Überhuber, C.: Bericht Nr. 22/76 und 28/77 der Projektgruppe Mathematische Software des Institutes für Numerische Mathematik der TU Wien, 1976 und 1977. Diese Publikation gab auch die Anregung für mehrere Beispiele im Abschnitt 2.2.

tan $\alpha_{i,i+1}$ der beiden anliegenden Sehnen; die **Gewichte** p_r und p_v hängen davon ab, **inwieweit die Steigungen der <u>beiden</u> vorhergehenden bzw. nachfolgenden Sehnen differieren**. Mit den Bezeichnungen der Figur 2.2-6 lauten die Beziehungen:

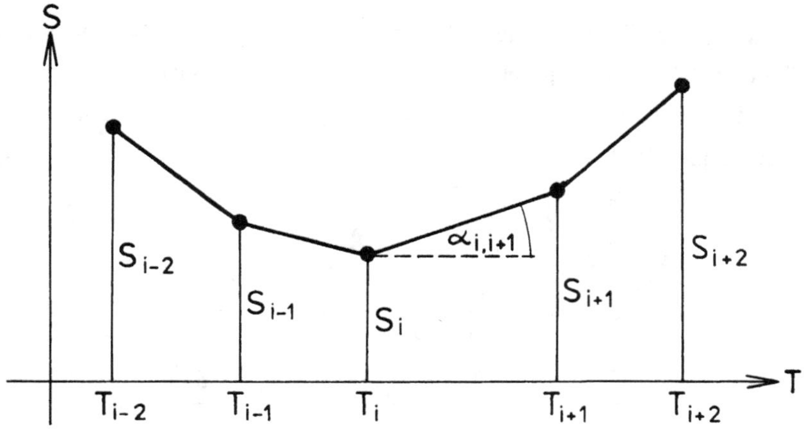

Figur 2.2-6: Bezeichnungen für die Akima-Interpolation

$$\tan \alpha_{i,i+1} = \frac{S_{i+1}-S_i}{T_{i+1}-T_i} \;;$$

tan $\alpha_{i-2,i-1}$, tan $\alpha_{i-1,i}$ und tan $\alpha_{i+1,i+2}$ entsprechend

$$S_i' = \frac{p_r \tan\alpha_{i-1,i} + p_v \tan\alpha_{i,i+1}}{p_r + p_v}$$

$$p_r = \left|\tan\alpha_{i+1,i+2} - \tan\alpha_{i,i+1}\right| \qquad (2.2\text{-}15)$$

$$p_v = \left|\tan\alpha_{i-1,i} - \tan\alpha_{i-2,i-1}\right|$$

Bei **periodischen Funktionen** (z.B. Parameterdarstellung einer geschlossenen Kurve) sind für die Auswertung des Gleichungssystems (2.2-15) die ersten Punkte am Ende anzufügen, also $(T_n,S_n) := (T_1,S_1)$, $(T_{n+1},S_{n+1}) := (T_2,S_2)$, $(T_{n+2},S_{n+2}) := (T_3,S_3)$. Bei **nichtperiodischen Funktionen** muß man am Anfang und am Ende jeweils zwei zusätzliche Punkte schätzen. Es ist üblich, durch die drei ersten bzw. drei letzten Punkte eine Parabel (= Polynom zweiten Grades) zu legen und dann zwei Punkte auf dieser Parabel einzurechnen.

Hat man mit den Beziehungen (2.2-15) die Steigungen S_i' in allen Stützpunkten berechnet, sind noch die **Koeffizienten** $a_{0[i,i+1]}$, $a_{1[i,i+1]}$, $a_{2[i,i+1]}$ und $a_{3[i,i+1]}$ der **kubischen Polynome**

$S_{[i,i+1]}$ für die einzelnen Intervalle $[T_i, T_i+1]$ der Gleichung (2.2-5) zu ermitteln. Dazu stehen im Knoten T_i (≙ Anfang des Polygonstückes) die Koordinaten (T_i,S_i) und die Steigung S_i' sowie im Knoten T_{i+1} (≙ Ende des Polynomstückes) die Koordinaten (T_{i+1},S_{i+1}) und die Steigung S_{i+1}' zur Verfügung.

Anstelle von $S_{[i,i+1]}$ und T können deshalb in der Gleichung (2.2-5) die beiden Koordinatenpaare (S_i,T_i) und (S_{i+1},T_{i+1}) eingesetzt werden, ebenso in die Gleichung (2.2-6) anstelle von $S_{[i,i+1]}'$ und T die beiden Paare (S_i',T_i) und (S_{i+1}',T_{i+1}). Aus diesen **vier Gleichungen** folgen nach einigen Umformungen:

$$
\begin{aligned}
a_{0[i,i+1]} &= S_i \\
a_{1[i,i+1]} &= S_i' \\
a_{2[i,i+1]} &= -\frac{S_{i+1}'+2S_i'}{T_{i+1}-T_i} + 3\,\frac{S_{i+1}-S_i}{(T_{i+1}-T_i)^2} \\
a_{3[i,i+1]} &= \frac{S_{i+1}'+S_i'}{(T_{i+1}-T_i)^2} - 2\,\frac{S_{i+1}-S_i}{(T_{i+1}-T_i)^3}
\end{aligned}
\qquad (2.2\text{-}16)
$$

Für die im vorausgehenden Abschnitt eingeführten Beispiele sind die Ergebnisse der Akima-Interpolation in Figur 2.2-7 gezeichnet; und zwar ist die obere Hälfte mit der Figur 2.2-4 und die untere Hälfte mit der Figur 2.2-5 zu vergleichen.

Vergleiche mit Kurven, wie sie **geschulte Zeichner** zwischen Stützpunkten interpolieren, haben ergeben, daß die **Akima-Interpolation der freihändigen Interpolation am nächsten kommt**. Besonders auffallend ist dieses Verhalten vor und nach einem Geradenstück. In diesem Fall ergibt sich aus dem Gleichungssystem (2.2-15):

$S_i' = \tan \alpha_{i-1,i}$, wenn $\alpha_{i-1,i} = \alpha_{i-2,i-1}$ (linke Hälfte Figur 2.2-8)

$S_i' = \tan \alpha_{i,i+1}$, wenn $\alpha_{i+1,i+2} = \alpha_{i,i+1}$ (rechte Hälfte Figur 2.2-8)

Die Akima-Interpolation führt also zu einem **geradlinigen Funktionsverlauf, wenn mindestens drei Stützpunkte auf einer Geraden liegen**. Die zusammengesetzten kubischen Polynome des Abschnittes H 2.2.2 haben dagegen diese Eigenschaft nicht: Sie schwingen auch in jenen Bereichen, in denen drei und mehr Stützpunkte auf einer Geraden liegen, aus. (Vergleiche Figur 2.2-7 mit den Figuren 2.2-4 und 2.2-5).

Treffen an einem Stützpunkt zwei Geradenstücke zusammen, d.h. man hat eine **Spitze** im Funktionsverlauf, wird S_i' unbestimmt. Man führt in einem solchen Knickpunkt **zwei unterschiedliche Steigungen** ein, die der jeweiligen Sehne im Knickpunkt entsprechen.

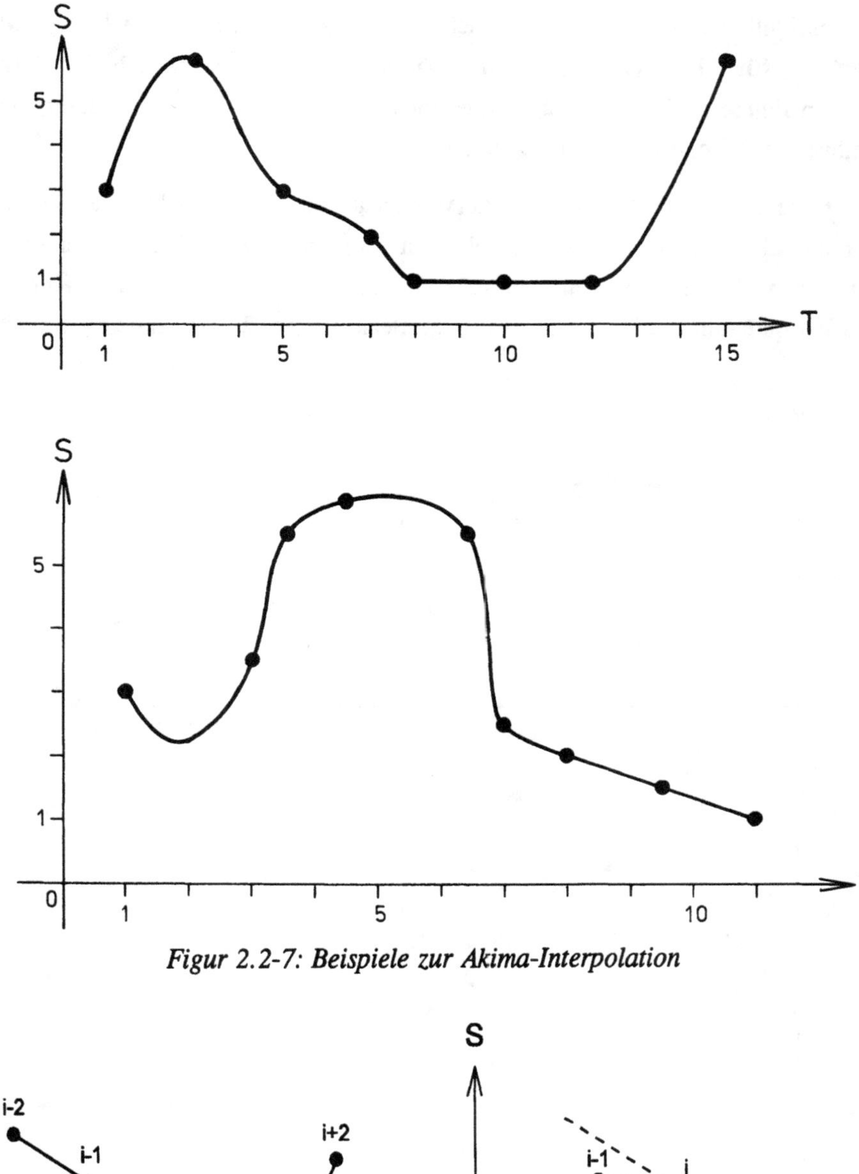

Figur 2.2-7: Beispiele zur Akima-Interpolation

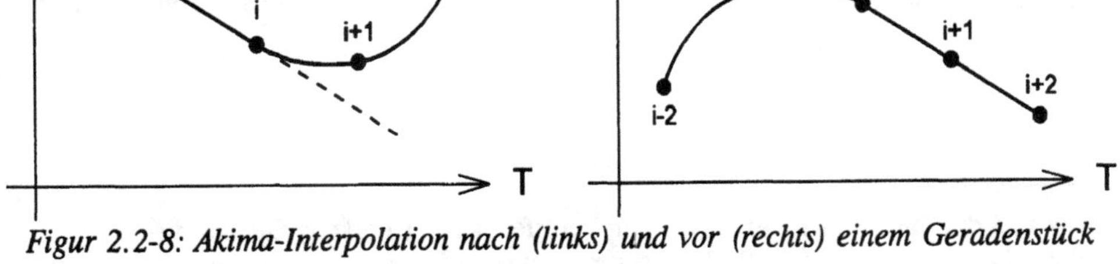

Figur 2.2-8: Akima-Interpolation nach (links) und vor (rechts) einem Geradenstück

Zum Abschluß dieses Kapitels stellt sich die **Frage, ob die Akima-Interpolation alle Bedürfnisse für TISe befriedigen kann**. Zur Beantwortung eines Teils der Frage stellen wir in den Figuren 2.2-9 und 2.2-10 Interpolationsergebnisse der Akima-Interpolation und der kubischen Spline-Interpolation gegenüber.

In der Figur 2.2-9 ist der jeweilige Kurvenverlauf für zwei verschiedene Stützwerte des mittleren Punktes angegeben. Daraus sieht man das globale bzw. lokale Wirken sehr gut: Bei der kubischen Spline-Interpolation entsteht im gesamten Bereich eine neue Kurve; bei der Akima-Interpolation sind - wie auch aus den Beziehungen (2.2-15) ersichtlich - insgesamt

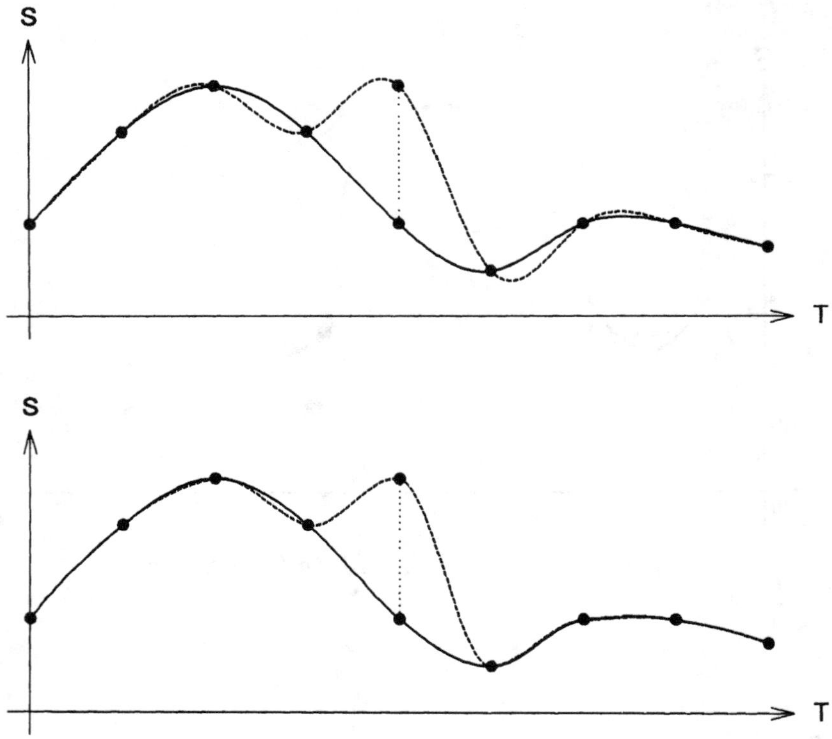

Figur 2.2-9: Einfluß der Änderung eines Knotens bei der kubischen Spline-Interpolation (oben) und der Akima-Interpolation (unten)[1]

[1] Die und die folgenden Figuren sind der Veröffentlichung Forkert, G.: Geow. Mitt. TU Wien, Heft 41, 1994, entnommen. Diese Veröffentlichung enthält auch die detaillierten mathematischen Ableitungen für die am Ende dieses Abschnittes gemachten Aussage in bezug auf 2D-, 2.5D- und 3D-Tauglichkeit.

sechs Intervalle betroffen. Aus der Sicht der TISe würden auch vier Intervalle ausreichen. In bezug auf das Beispiel der Figur 2.2-9 würden wir uns **eine noch stärkere lokale Wirkungsweise wünschen**.

In der Figur 2.2-10 ist das Ergebnis der Spline-Interpolation und der Akima-Interpolation wiedergegeben. In diesem (extremen) Beispiel empfindet man die Eigenschaft der Akima-Interpolation, daß bei mehr als zwei Punkten in einer Geraden die interpolierte Kurve eine Gerade wird, als nachteilig. In diesem Fall beeinflußt der Stützwert des mittleren Stützpunktes nur die beiden angrenzenden Intervalle. Bei einer solchen Punktanordnung würden wir uns eine **nicht so enge lokale Wirkungsweise wünschen**.

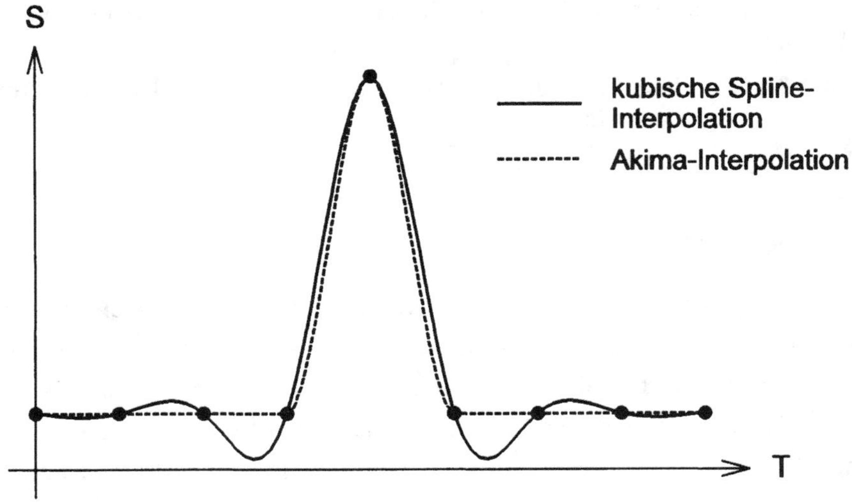

Figur 2.2-10: Kubische Spline-Interpolation und Akima-Interpolation

Schließlich ist noch Stellung zu nehmen, inwieweit die Interpolationsmethoden für ein 2D-, 2.5D- und 3D-TIS (Abschnitt F 3.2) geeignet sind. Die **Akima-Interpolation** verfolgt das Ziel, den menschlichen Zeichner nachzuahmen. Sie ist deshalb auf 2D- und 2.5D-Anwendungen ausgerichtet. Nach einer Parametrisierung von 3D-Kurven kann grundsätzlich die Akima-Interpolation auch im 3D-Raum benutzt werden. Es stellt sich aber heraus, daß dieses **Ergebnis von der Lagerung des Koordinatensystems abhängig ist**.

Die kubische **Spline-Interpolation** ist dagegen invariant gegenüber der Lagerung des Koordinatensystems; sie ist also eine 3D-Lösung. Diese Feststellung überrascht nicht, wenn man sich das mechanische Äquivalent einer Spline-Interpolation - nämlich den gebogenen Stab - vor Augen hält.

Die im folgenden Abschnitt vorgestellte **Schmiege-Interpolation** (*osculatory interpolation*), die auch mit dem Namen **Bessel** verbunden wird, ist ebenfalls eine 3D-Lösung. Sie hat hinsichtlich ihrer lokalen Wirkungsweise gewisse Vorteile gegenüber der Akima-Interpolation. Um es gleich vorwegzunehmen: Sie liegt in ihrem Verhalten zwischen der Spline-Interpolation und der Akima-Interpolation.

AUFGABE 2.2-7: Man entnehme aus der Figur 2.2-5 die Stützpunktkoordinaten und berechne die kubischen Polynome einmal nach den Formeln des Abschnittes 2.2.2 und einmal mittels der Akima-Interpolation. Außerdem vergleiche man die erste Ableitung S′ (Steigung) und die zweite Ableitung S″ ("Krümmung") für beide Interpolationsmethoden in den Knoten.

AUFGABE 2.2-8: Man gebe sich Zahlenwerte vor, die den Punktanordnungen der Figur 2.2-8 entsprechen und berechne die kubischen Polynome nach den Vorschriften der Akima-Interpolation.

AUFGABE 2.2-9: Man löse die auf die XY-Ebene reduzierte Aufgabe H 2.1-2, allerdings mit den Vorschriften der Akima-Interpolation.

2.2.4 Bessel-Interpolation

Die Bessel-Interpolation entspricht formal stark der Akima-Interpolation. Man ermittelt zunächst aus jeweils drei benachbarten Stützpunkten die Steigung S_i' der Kurve im mittleren Knoten K_i. Anschließend wird für jedes Intervall [i,i+1] ein kubisches Polynom $S_{[i,i+1]}$ (Gleichung (2.2-5)) aus den beiden Koordinatenpaaren (S_i,T_i) und (S_{i+1},T_{i+1}) sowie aus den Steigungen S_i' an der Stelle T_i und S_{i+1}' an der Stelle T_{i+1} mit Hilfe der Beziehungen (2.2-16) berechnet.

Es ist noch offen, wie die Steigung S_i' bestimmt wird. Sie ergibt sich - wie bei der Akima-Interpolation - als gewogenes Mittel aus den Steigungen der beiden im Knoten K_i zusammenstoßenden Sehnen, allerdings mit anderen Gewichten. In Anlehnung an die Gleichung (2.2-15) lautet die Gleichung für die Bessel-Interpolation (Figur 2.2-11):

$$\tan\alpha_{i-1,i} = \frac{S_i - S_{i-1}}{T_i - T_{i-1}} \qquad \tan\alpha_{i,i+1} = \frac{S_{i+1} - S_i}{T_{i+1} - T_i}$$

$$S_i' = \frac{p_r \tan\alpha_{i-1,i} + p_v \tan\alpha_{i,i+1}}{p_r + p_v} \tag{2.2-17}$$

$$p_r = T_{i+1} - T_i \qquad p_v = T_i - T_{i-1}$$

Zu den angegebenen Gewichten p_r und p_v kommt man auf folgende Weise (Anhang H 2.2-2):

- Man legt durch drei benachbarte Stützpunkte ein Polynom zweiten Grades (= Parabel, in der Figur 2.2-11 gestrichelt).[1]
- Die Steigung im mittleren Knoten K_i der Parabel wird der Steigung der Interpolationskurve in diesem Punkt gleichgesetzt.

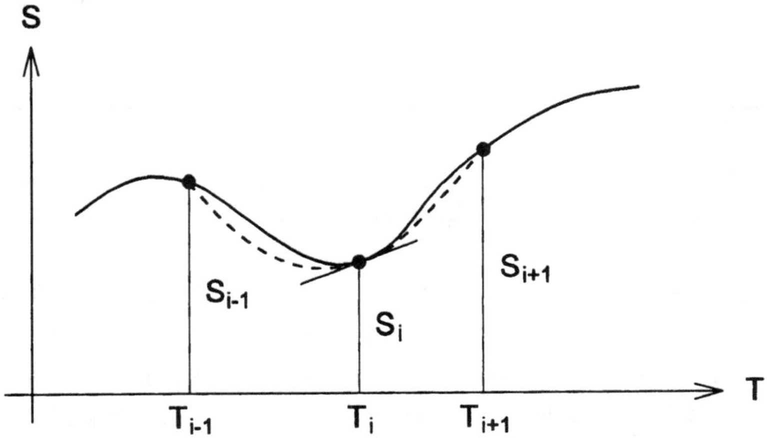

Figur 2.2-11: Bessel-Interpolation (Parabel gestrichelt)

Am Anfang und am Ende einer offenen Kurve bekommt man die erforderlichen Steigungen S_1' und S_n' dadurch, daß auf der Parabel, die durch die ersten bzw. letzten drei Stützpunkte gelegt wird, jeweils ein zusätzlicher Knoten durch Extrapolation gefunden wird.

Die Bessel-Interpolation wollen wir nun auf die beiden kritischen Beispiele (Figur 2.2-9 und Figur 2.2-10) anwenden. Die Figur 2.2-12 ist mit der Figur 2.2-9 zu vergleichen. Wir sehen, daß die **Bessel-Interpolation noch mehr lokal als die Akima-Interpolation wirkt**. Diese enge lokale Wirkungsweise ersieht man unmittelbar aus dem Algorithmus, denn nur drei benachbarte Stützpunkte beeinflussen bei der Bessel-Interpolation das Ergebnis - im Gegensatz zu fünf benachbarten Stützpunkten bei der Akima-Interpolation.

---

[1] Der Verlauf dieser Parabel ist unabhängig von der Lagerung des Koordinatensystems; deshalb ist die Bessel-Interpolation 3D-tauglich.

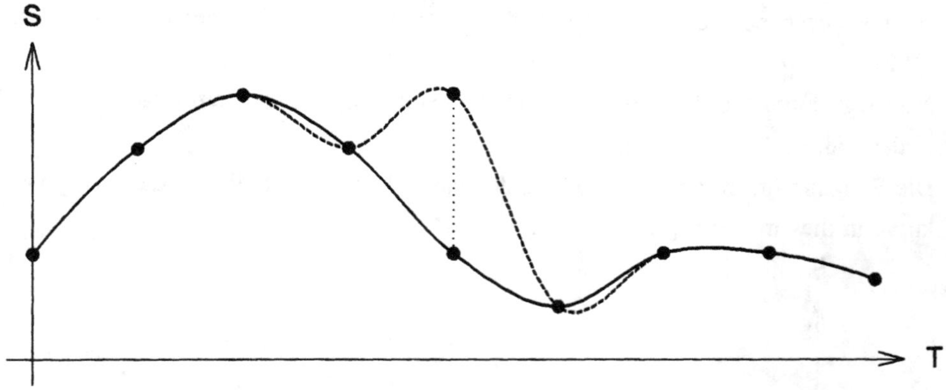

Figur 2.2-12: Einfluß der Änderung eines Knotens bei der Bessel-Interpolation (Vergleich mit Figur 2.2-9)

Die Figur 2.2-13 ist mit der Figur 2.2-10 zu vergleichen. Wir sehen, daß die Bessel-Interpolation im dritten und sechsten Intervall eine Ausschwingung - positiv formuliert: einen geringeren Sprung in der Krümmung als die Akima-Interpolation - macht. In diesem extremen Beispiel ist - aus der Sicht eines TIS - sicherlich der Bessel-Interpolation der Vorzug einzuräumen, es sei denn, die Datenerfassung lieferte Hinweise für den geradlinigen Verlauf auch im dritten und sechsten Intervall. Noch eine interessante vergleichende Feststellung: Die Akima-Interpolation verbindet bereits drei auf einer Geraden liegenden Punkte

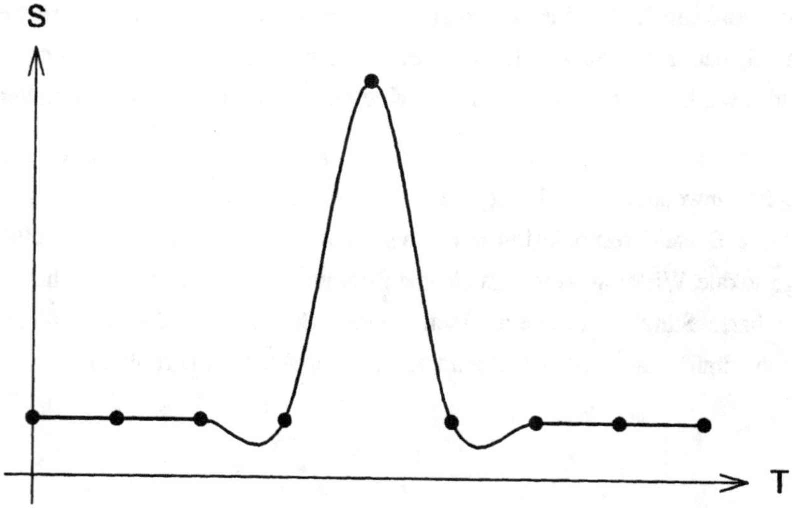

Figur 2.2-13: Bessel-Interpolation am Anfang und am Ende von Geraden (Vergleich mit Figur 2.2-10)

geradlinig; die Bessel-Interpolation erkennt erst bei **vier Punkten die Geradlinigkeit**, wobei sie nur das mittlere Intervall geradlinig formt.

AUFGABE 2.2-10: Man verifiziere diese Aussage anhand der Interpolationsalgorithmen. Zur Veranschaulichung nehme man drei Punkte auf einer Geraden und erhöhe jeweils die Punktanzahl um einen Punkt. Am Anfang und Ende ist zusätzlich jeweils ein Punkt außerhalb der Geraden anzunehmen.

Mit der Bessel-Interpolation ist eine äußerst zufriedenstellende Interpolation für TISe gefunden. Sie ist - wie bereits am Ende des Abschnittes H 2.2.3 erwähnt - **auch 3D-tauglich**.

2.2.5 Bézier-Kurven

Die zusammengesetzten kubischen Polynome eignen sich gut für kurvige Verbindungen von Stützpunkten. Sie sind dagegen weniger geeignet, um Kurven nach gewissen Vorstellungen geometrisch zu gestalten. Das Gestalten von Formen spielt im Fahrzeugbau eine große Rolle. Es ist daher nicht überraschend, daß für CAD-Systeme im Fahrzeugbau andere Kurvenrepräsentationen gesucht wurden. P. de Casteljau und P. Bézier haben - unabhängig voneinander - um 1960 Kurvenrepräsentationen gefunden, die für diese Aufgabenstellung besonders geeignet sind.

2.2.5.1 Grundgleichung für eine Bézier-Kurve dritten Grades

Wir beschränken uns auf Bézier-Kurven dritten Grades. Das sind ebenfalls **zusammengesetzte kubische Polynome**. Bézier beschreibt die kubischen Polynome nicht mit den Koeffizienten $a_{0[i,i+1]}$, $a_{1[i,i+1]}$, $a_{2[i,i+1]}$ und $a_{3[i,i+1]}$ (Gleichung H(2.2-5)), sondern mit anderen Größen, die sich für das Entwerfen von Kurven zum Beispiel am Bildschirm besser eignen.

Wir wollen nun die Bézier-Darstellung aus der uns vertrauten Darstellung, die die sogenannten **Monome als Basisfunktionen** (a_0-Term ≙ Translation, a_1-Term ≙ geneigte Ursprungsgerade, a_2-Term ≙ quadratische Parabel, a_3-Term ≙ kubische Parabel) benutzt, ableiten. Dabei können wir uns auf ein Intervall $T \in [T_i, T_{i+1}]$ beschränken. Anstelle des Parameters T, der entlang der 2D- oder 3D-Polygonseite läuft, wird der Einfachheit halber ein neuer Parameter t eingeführt:

$$t = \frac{T - T_i}{T_{i+1} - T_i} \qquad t \in [0,1] \tag{2.2-18}$$

Die monomische Darstellung eines Polynoms dritten Grades (Gleichung H(2.2-5)) reduziert sich daher auf die Form:

$$S(t) = a_0 + a_1 t + a_2 t^2 + a_3 t^3 \qquad t \in [0,1] \qquad (2.2\text{-}19)^1$$

Anstelle der Monome als Basisfunktionen kann man auch andere Basisfunktionen wählen, solange der Grad unverändert bleibt und nach wie vor alle Terme vorkommen. Im folgenden Polynom dritten Grades wurden andere Basisfunktionen, die diese Bedingungen erfüllen, verwendet:

$$S(t) = d_0(1-t)^3 + d_1(1-t)^2 t + d_2(1-t)t^2 + d_3 t^3 \qquad t \in [0,1] \qquad (2.2\text{-}20)$$

Die Gleichungen (2.2-19) und (2.2-20) müssen das gleiche Polynom wiedergeben. Daher ist ein **Koeffizientenvergleich** angebracht, der nach einigen Umformungen zu folgenden Entsprechungen führt:

$$\begin{aligned} d_0 &= a_0 \\ d_1 &= 3a_0 + a_1 \\ d_2 &= 3a_0 + 2a_1 + a_2 \\ d_3 &= a_0 + a_1 + a_2 + a_3 \end{aligned} \qquad (2.2\text{-}21)$$

Anstelle der Koeffizienten a_0, a_1, a_2 und a_3 kann man die Stützwerte S_i und S_{i+1} der beiden Stützpunkte P_i und P_{i+1} sowie die Steigungen S_i' und S_{i+1}' in diesen Punkten - mit Hilfe der Gleichungen H(2.2-5) und (2.2-6) - unter Beachtung der Gleichung H(2.2-18) - einführen:

$$\begin{aligned} d_0 &= S_i \\ d_1 &= 3S_i + S_i' \\ d_2 &= 3S_{i+1} - S_{i+1}' \\ d_3 &= S_{i+1} \end{aligned} \qquad (2.2\text{-}22)$$

Das Einsetzen der Beziehungen (2.2-22) in Gleichung (2.2-20) ergibt:

$$S(t) = S_i(1-t)^3 + (S_i + \frac{1}{3}S_i')3(1-t)^2 t + (S_{i+1} - \frac{1}{3}S_{i+1}')3(1-t)t^2 + S_{i+1}t^3 \qquad t \in [0,1] \qquad (2.2\text{-}23)$$

[1] Durch den Übergang vom beliebigen Parameter T auf den auf Eins normierten Parameter t bekommen die Koeffizienten a_1, a_2 und a_3 andere Zahlenwerte (a_0 bleibt von diesem Parameterwechsel unberührt).

Damit ist die Bézier-Kurve dritten Grades gefunden. Die neuen Basisfunktionen sind die sogenannten **Bernstein-Polynome**. Sie lauten allgemein für den Grad n

$$B_r^n(t) = \binom{n}{r} (1-t)^{n-r} t^r \qquad r = 0(1)n \tag{2.2-24}$$

und für den Grad 3

$$B_0^3(t) = (1-t)^3 \qquad B_1^3(t) = 3(1-t)^2 t \qquad B_2^3(t) = 3(1-t)t^2 \qquad B_3^3(t) = t^3 \tag{2.2-25}$$

Sie sind in der Figur 2.2-14 gezeichnet:

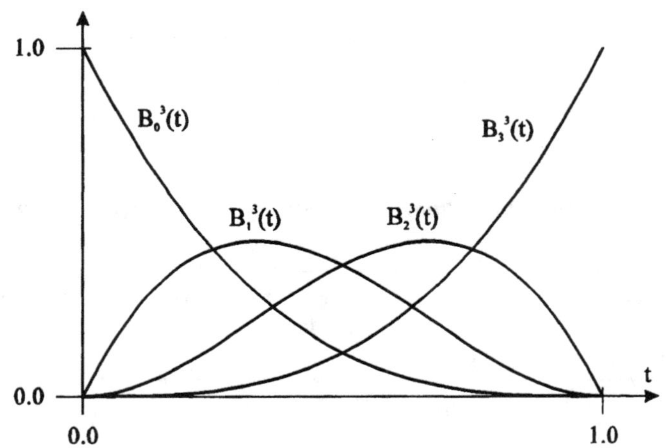

Figur 2.2-14: Bernstein-Polynome dritten Grades

Noch interessanter sind die zu den einzelnen Bernstein-Polynomen gehörenden Koeffizienten in der Gleichung (2.2-23). Bevor wir sie interpretieren, gehen wir auf den **3D-Raum** über, das heißt **Gleichung (2.2-23) ist vektorwertig** anzuschreiben (Figur 2.2-15):

$$\boldsymbol{X}(t) = \boldsymbol{X}_i(1-t)^3 + (\boldsymbol{X}_i + \frac{1}{3}\dot{\boldsymbol{X}}_i)3(1-t)^2 t + (\boldsymbol{X}_{i+1} - \frac{1}{3}\dot{\boldsymbol{X}}_{i+1})3(1-t)t^2 + \boldsymbol{X}_{i+1}t^3 \qquad t \in [0,1] \tag{2.2-26}$$

Die Vektoren $\dot{\mathbf{X}}_i$ und $\dot{\mathbf{X}}_{i+1}$ bilden - gemeinsam mit den Vektoren $\mathbf{X}_i$ und $\mathbf{X}_{i+1}$ - die Koeffizienten in der Gleichung (2.2-26). Der Vektor $\dot{\mathbf{X}}_i$ liegt in der Tangente an die 3D-Kurve im Punkt P_i. Die Komponenten dieses Vektors sind die Ableitungen X_i', Y_i' und Z_i' nach t bzw. T an der Stelle t = T = 0. Für den Vektor $\dot{\mathbf{X}}_{i+1}$ gilt eine entsprechende Interpretation.

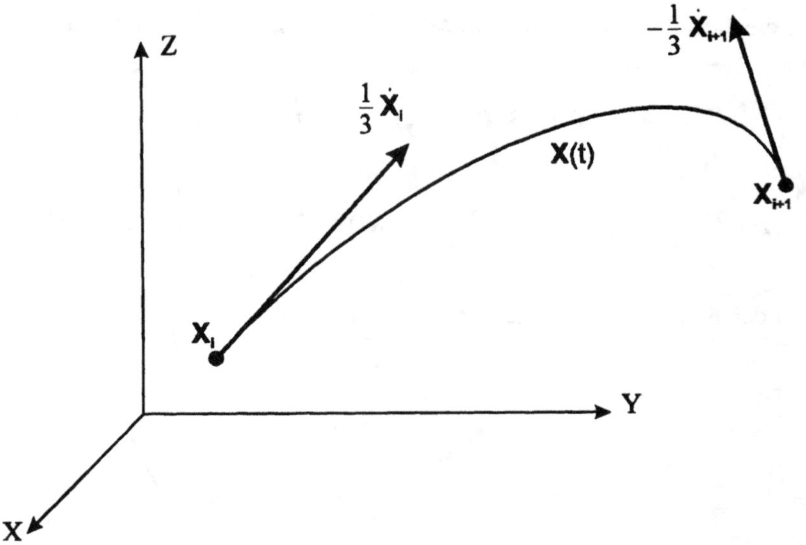

Figur 2.2-15: Bézier-Darstellung eines Polynomes dritten Grades im 3D-Raum

ZAHLENBEISPIEL: Für das Polynom dritten Grades im Intervall [2,3] und im Intervall [3,4] (Zahlenbeispiel des Abschnittes H 2.2.2, Figur H 2.2-4) ist die Bézier-Darstellung anzugeben. Für die dort angegebene Ordinate, das soll die X-Koordinate sein, ergaben sich folgende monomische Basisfunktionen:

	$T \in [3,5]$	$T \in [5,7]$	$t \in [0,1]$	
	[2,3]	[3,4]	[2,3]	[3,4]
a_0	6.000	3.000	6.000	3.000
a_1	-0.292	-1.228	-0.584	-2.455
a_2	-1.344	0.876	-5.376	3.506
a_3	0.370	-0.256	2.961	-2.050

Im rechten Teil der Tabelle wurde der Übergang von den ursprünglichen Intervallen $T \in [3,5],[5,7]$ auf das normierte Intervall $t \in [0,1]$ vorgenommen. In der folgenden Tabelle wurden einerseits nur die wichtigsten Koeffizienten eingetragen und andererseits wurden auch Koeffizienten für die beiden anderen Koordinaten hinzugefügt:

	[2,3]		[3,4]	
	a_0	a_1	a_0	a_1
X	6.000	-0.584	3.000	-2.455
Y	4.000	-0.702	5.000	-1.642
Z	7.000	0.920	4.000	0.980

$t \in [0,1]$

Gleichung (2.2-26):

$$\begin{pmatrix} X(t) \\ Y(t) \\ Z(t) \end{pmatrix} = \begin{pmatrix} 6.000 \\ 4.000 \\ 7.000 \end{pmatrix} (1-t)^3 + \begin{pmatrix} 5.805 \\ 4.234 \\ 6.693 \end{pmatrix} 3(1-t)^2 t + \begin{pmatrix} 3.818 \\ 5.547 \\ 3.673 \end{pmatrix} 3(1-t)t^2 + \begin{pmatrix} 3.000 \\ 5.000 \\ 4.000 \end{pmatrix} t^3$$

AUFGABE 2.2-11: Für die X-Koordinaten berechne man an der Stelle T = 4 bzw. t = 0.5 einerseits den Funktionswert mit den monomischen Basisfunktionen und andererseits mit den Bernstein-Polynomen als Basisfunktionen (Ergebnis: 4.734). Das Ergebnis zeichne man in die Figur H 2.2-4 ein.

AUFGABE 2.2-12: Das Zahlenbeispiel enthält die Bézier-Kurve für das Intervall [2,3]. Aus dieser Gleichung kann unmittelbar die erste Hälfte der Parameter für die Bézier-Kurve für das Intervall [3,4] angegeben werden. Lösung:

$$\begin{pmatrix} X(t) \\ Y(t) \\ Z(t) \end{pmatrix} = \begin{pmatrix} 3.000 \\ 5.000 \\ 4.000 \end{pmatrix} (1-t)^3 + \begin{pmatrix} 2.182 \\ 4.453 \\ 4.327 \end{pmatrix} 3(1-t)^2 t + \ldots$$

AUFGABE 2.2-14: Gegeben sind zwei Punkte P_1 und P_2 mit den Tangenten in diesen beiden Punkten im TS-Koordinatensystem (Figur 2.2-16). Auf den Tangenten gibt es die beiden (inneren) Bézier-Punkte I_1 und I_2. Ihre Abszissen dritteln das Intervall; die Längen $\overline{P_1 I_1}$ und $\overline{P_2 I_2}$ entsprechen einem Drittel der Ableitungen S_1' und S_2' (Beweis: Hoschek/Lasser: Literaturhinweis am Ende des Abschnittes 2.2.5). Mit den Koordinaten der vier Punkte ist das Polynom dritten Grades fixiert. Man gebe die monomische Darstellung aus den Koordinaten der vier Punkte $P_1(3,6)$, $P_2(5,3)$, $I_1(11/3,5.805)$, $I_2(13/3,3.818)$ an. (Lösung: Intervall [2,3] des Zahlenbeispieles des Abschnittes H 2.2.2). Außerdem stelle man die Bézier-Punkte und den Verlauf des Polynoms in einer Graphik dar.

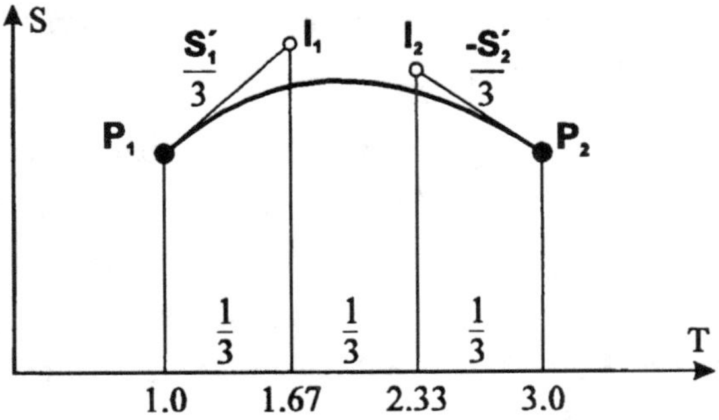

Figur 2.2-16: Die vier Bézier-Punkte P_1, P_2 I_1 I_2 für ein Polynom dritten Grades

FORTSETZUNG DES ZAHLENBEISPIELES: Die durch die (inneren) Bézier-Punkte festgelegten "Tangentenlängen" sind eine sehr anschauliche Darstellung der zusammengesetzen Polynome dritten Grades. In der Figur 2.2-17 sind in jedem Knoten für die Spline-Funktion der Figur H 2.2-4 die "Tangentenlängen" eingetragen. Man sieht, daß die Bézier-Innenpunkte die ΔT-Intervalle zwischen jeweils zwei Stützpunkten dritteln.

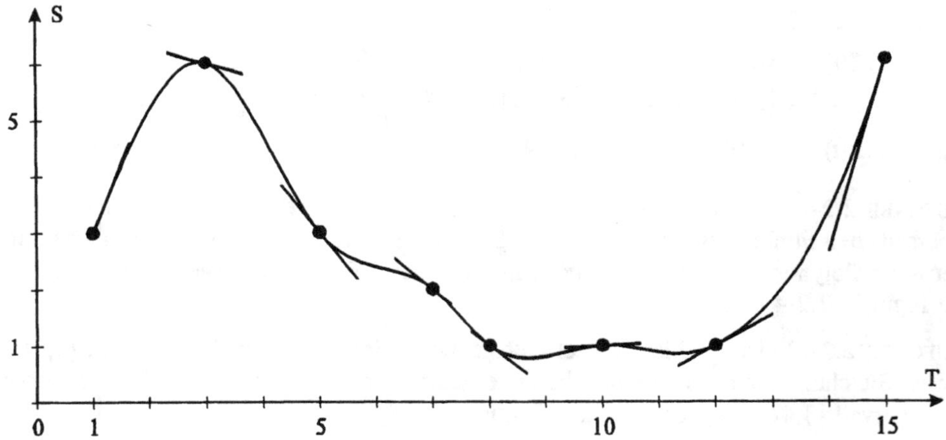

Figur 2.2-17: Spline-Funktion (Figur H 2.2-4) in Bézier-Darstellung mit "Tangentenlängen"

Anstelle der Spline-Funktion können selbstverständlich auch die anderen zusammengesetzten kubischen Polynome des Abschnittes H 2.2 (Akima- und Bessel-Interpolation) auf diese Weise dargestellt werden.

2.2.5.2 Algorithmus von de Casteljau

Die ursprünglichen Stützpunkte $\mathbf{X}_i$ und $\mathbf{X}_{i+1}$ und die Endpunkte der beiden Vektoren $\dot{\mathbf{X}}_i/3$ und $-\dot{\mathbf{X}}_{i+1}/3$ definieren die Bézier-Kurve dritten Grades vollständig (Figur 2.2-15). Diese vier Punkte, die wir in der Figur 2.2-18 mit P_0, P_1, P_2 und P_3 bezeichnet haben, beschreiben ein Polygon, das sogenannte **Bézier-Polygon**.

Auf der Basis dieses Bézier-Polygons, das im allgemeinen im 3D-Raum liegt, hat de Casteljau einen Algorithmus zum Auffinden von Punkten auf der Kurve $\mathbf{X}(t)$ angegeben. Er ist in der Figur 2.2-18 skizziert: Man gibt sich den gesuchten Punkt als t-Parameter vor, in unserem Fall ist $t = 3/5$. Anschließend teilt man die Polygonseiten P_0P_1, P_1P_2 und P_2P_3 in diesem Verhältnis, also $3/5{:}(1-3/5) = 3{:}2$. Das Ergebnis sind die Punkte P_0^1, P_1^1 und P_2^1. In der Fortsetzung teilt man die Polygonseiten $P_0^1P_1^1$ und $P_1^1P_2^1$ ebenfalls im Verhältnis 3:2; man erhält P_0^2 und P_1^2. Zuletzt wird die Polygonseite $P_0^2\,P_1^2$ im gleichen Verhältnis unterteilt. **P_0^3 ist der gesuchte Punkt auf der Bézier-Kurve und die Punkte P_0^2 und P_1^2 liegen auf der Tangente im Punkt P_0^3.** Diese Konstruktion funktioniert im 2D- und im 3D-Raum in gleicher Weise.

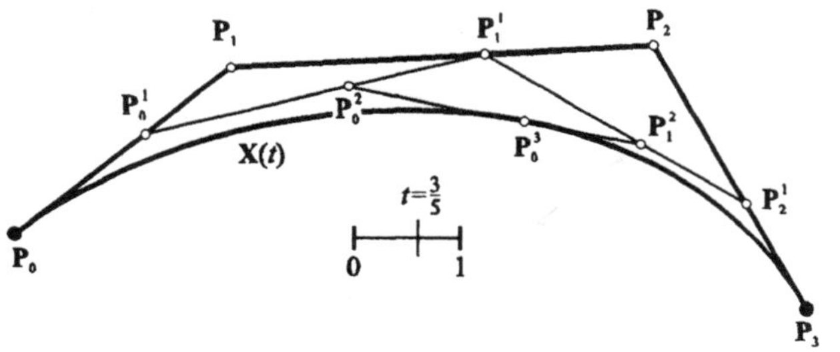

Figur 2.2-18: Der Algorithmus von de Casteljau zum Ermitteln eines Kurvenpunktes an der Stelle t = 3/5

Der de Casteljau-Algorithmus ist ein sog. Unterteilungsalgorithmus. Als "Nebenprodukt" der Konstruktion eines Punktes aus dem Bézier-Polygon $P_0P_1P_2P_3$ erhält man zwei neue Bézier-Polygone, nämlich $P_0P_0^1P_0^2P_0^3$ und $P_0^3P_1^2P_2^1P_3$, die gemeinsam dasselbe Kurvenstück beschreiben wie das ursprüngliche Polygon, aber näher an der Kurve liegen.

2.2.5.3 Vermischtes

Insbesondere das **Bézier-Polygon erlaubt die** in der Einleitung des Abschnittes 2.2.5 angesprochene **Gestaltungsmöglichkeit der Kurven**: Man kann sich zum Beispiel vier Punkte P_0, P_1, P_2 und P_3 im 3D-Raum beliebig vorgeben und mit dem de Casteljau-Algorithmus die Kurve konstruieren. Die Kurve dritten Grades verläuft durch die beiden Punkte P_0 und P_3 (man betrachte die Figuren 2.2-15 und 2.2.-18). Die Tangente an die Kurve im Punkt P_0 verläuft in der Geraden P_0 P_1; die Länge der Strecke $\overline{P_0P_1}$ beeinträchtigt stark die Krümmung der Kurve. Figur 2.2-19 zeigt einige interessante Beispiele im 2D-Raum, wobei die beiden Punkte P_0 und P_3 gleich angenommen und die beiden Punkte P_1 und P_2 variiert wurden.

Beim ersten Pärchen wurden nicht nur die beiden Punkte P_0 und P_3, sondern auch die Richtungen der Tangenten in diesen beiden Punkten gleich belassen. Hier tut sich ein (scheinbarer) Widerspruch auf: Bekanntlich ist ein Polynom dritten Grades festgelegt, wenn man die beiden Endpunkte und die Tangenten in diesen Endpunkten kennt (siehe Gleichungssystem H(2.2-16)). Wie wir aus der Figur 2.2-16 und 2.2-17 wissen, dritteln die beiden inneren Bézier-Punkte das Parameterintervall. Das gilt für skalarwertige Polynome. Es gilt auch für vektorwertige Polynome, allerdings für jede einzelne Komponente getrennt. Der **Anwender** hat mit dieser Problematik nichts zu tun: Er kann **vier Punkte beliebig vorgeben**; der de Casteljau-Algorithmus liefert eine Kurve, die dem Verlauf des Bézier-Polygons folgt.

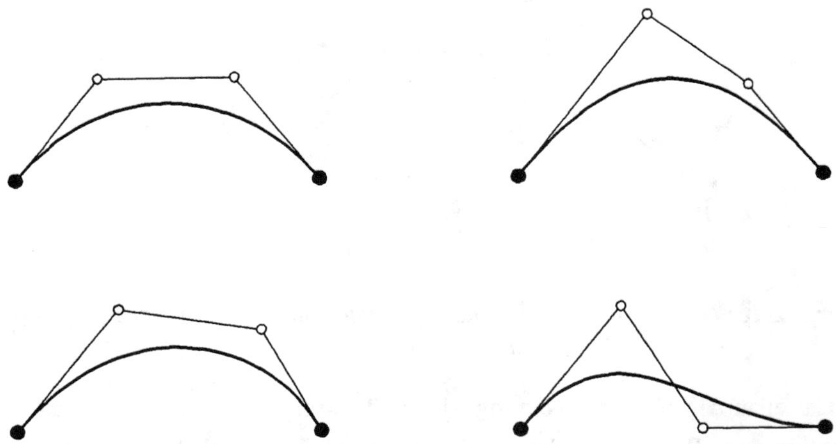

Figur 2.2-19: Bézier-Polygone und Bézier-Kurven dritten Grades

Literatur zu Abschnitt 2.2.5: Farin, G.: Bernstein-Bézier patches. Computer Aided Geometry Design 3, pp. 83-127, Elsevier Science Publishers B.V., 1986. Hoschek, J., Lasser, D.: Fundamentals of Computer Aided Geometry Design. A K Peters Ltd., 1993, und: Grundlagen der geometrischen Datenverarbeitung. Teubner-Verlag, 1992. Forkert, G.: Geow. Mitt. TU Wien, Heft 41, 1994.

2.3 Kurveninterpolation mit Filterung

Im Abschnitt 2.2 ging es darum, zwischen Stützpunkten Kurven zu legen. Die Stützpunkte wurden von der interpolierten Kurve exakt angehalten. Die Stützpunkte sind aber in der Regel mit zufälligen Fehlern behaftet. Man erwartet daher, daß mit der Kurveninterpolation diese **zufälligen Fehler weitgehend eliminiert** - mit anderen Worten **herausgefiltert** - werden.

Für eine solche Kurveninterpolation mit Filterung kommen die kubische Spline-Interpolation (Abschnitt H 2.2.2), die Akima-Interpolation (Abschnitt H 2.2.3) und die Bessel-Interpolation (Abschnitt H 2.2.4) in Frage. Für TISe bietet sich besonders die **Bessel-Interpolation** an, denn sie ist 3D-tauglich und lokal wirksam. Ihre **lokale Wirkungsweise** geht bei der Erweiterung auf die Filterung allerdings **weitgehend verloren**.

Bei der Bessel-Interpolation ohne Filterung (Abschnitt H 2.2.4) war jeder Stützpunkt ein Knoten. Bei der Bessel-Interpolation mit Filterung braucht man deutlich mehr Stützpunkte P_j als Knotenpunkte K_i. Die Knoten K_i fallen in der Regel nicht mit den Stützpunkten P_j zusammen. Figur 2.3-1 zeigt eine 3D-Kurve mit n Knoten K_i, die aus kubischen Polynomen zusammengesetzt ist, und einen Stützpunkt P_j gemeinsam mit seinem Fußpunkt F_j. Der

Verbesserungsvektor $\mathbf{v}_j$ soll in einer Ebene liegen, die **senkrecht zur Kurve** steht. Die vektorwertigen Verbesserungsgleichungen lauten:

$$\boldsymbol{v}_j = \begin{pmatrix} v_{xj} \\ v_{yj} \\ v_{zj} \end{pmatrix} = \begin{pmatrix} X_{F_j} \\ Y_{F_j} \\ Z_{F_j} \end{pmatrix} - \begin{pmatrix} X_{P_j} \\ Y_{P_j} \\ Z_{P_j} \end{pmatrix} \qquad (2.3\text{-}1)$$

Eine **erste Näherung** für die 3D-Kurve findet man dadurch, daß entlang des räumlichen Polygonzugs durch die (fehlerhaften) Stützpunkte P_j die Knotenpunkte K_i - zum Beispiel im konstanten Abstand ΔT - eingerechnet werden. Mit den auf diese Weise gefundenen (Näherungs-)Knoten K_i kann dann die erste Näherung der 3D-Kurve mit der Bessel-Interpolation (Abschnitt H 2.2.4) ermittelt werden. Dabei wird der räumliche Polygonzug durch die Knoten K_i für die Parametrisierung verwendet. Als nächster Schritt ist für die einzelnen Stützpunkte P_j der - genäherte - Parameterwert T_{Fj} zu suchen. Man erhält T_{Fj}, indem durch jeden Stützpunkt P_j (siehe Figur 2.3-1) eine Lotebene senkrecht zur 3D-Kurve gelegt wird. Der Schnitt der 3D-Kurve mit dieser Lotebene ergibt den (Näherungs-)Fußpunkt F_j, von dem anschließend auch der Parameter T_{Fj} berechnet werden kann.

Nach diesem Exkurs kommen wir wieder zurück zur Verbesserungsgleichung (2.3-1). In Fortsetzung verwenden wir als Ordinate wieder S anstelle der kartesischen Koordinaten X bzw. Y bzw. Z. Eine Verbesserungsgleichung in der TS-Ebene lautet daher:

$$v_{s_j} = S_{F_j} - S_{P_j} \qquad (2.3\text{-}2)$$

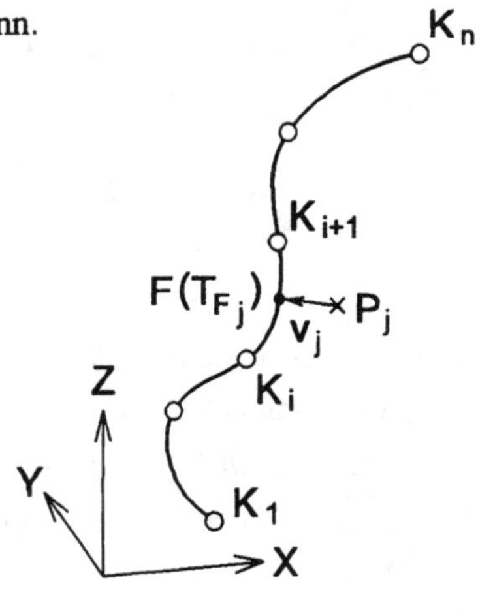

Figur 2.3-1: Ein Stützpunkt (von vielen) und die 3D-Kurve, die aus kubischen Polynomen zusammengesetzt ist.

Die Ordinate S_{Fj} ergibt sich an der Stelle T_{Fj} aus jenem kubischen Polynom $S_{[i,i+1]}$, das zwischen den Knoten K_i und K_{i+1} verläuft (Figur 2.3-2):

$$v_{s_j} = a_{0[i,i+1]} + a_{1[i,i+1]}\,(T_{F_j} - T_{K_i}) + a_{2[i,i+1]}\,(T_{F_j} - T_{K_i})^2 + a_{3[i,i+1]}\,(T_{F_j} - T_{K_i})^3 - S_{P_j} \qquad (2.3\text{-}3)$$

Bei der Bessel-Interpolation kann der Polynomkoeffizient $a_{1[i,i+1]}$, der der ersten Ableitung S_i' entspricht (siehe Gleichung H(2.2-16)), in Abhängigkeit von den Koordinaten der drei

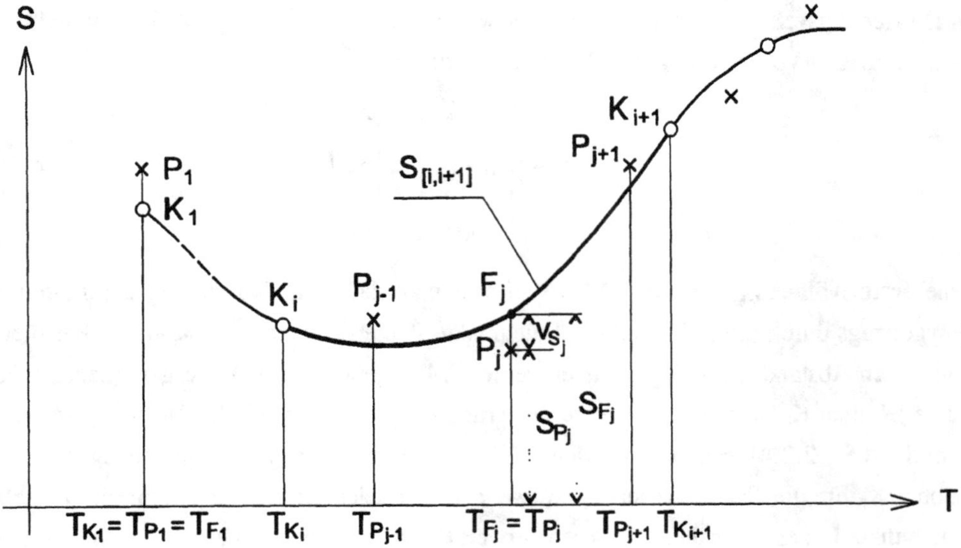

Figur 2.3-2: Bessel-Interpolation mit Filterung

benachbarten Knoten ausgedrückt werden (siehe Gleichung H(2.2-17)):

$$a_{1[i,i+1]} = S_i' = \frac{(T_{i+1} - T_i)\,\dfrac{S_i - S_{i-1}}{T_i - T_{i-1}} + (T_i - T_{i-1})\,\dfrac{S_{i+1} - S_i}{T_{i+1} - T_i}}{T_{i+1} - T_{i-1}} \qquad (2.3\text{-}4)^1$$

Auch die anderen drei Polynomkoeffizienten a_0, a_2 und a_3 lassen sich schließlich in Abhängigkeit von den Koordinaten T_i,S_i und T_{i+1},S_{i+1} der beiden Knoten K_i imd K_{i+1} sowie den Steigungen S_i' und S_{i+1}' angeben (Gleichungen H(2.2-16)). Letztere sind Funktionen der Knotenkoordinaten (T_{i-1},S_{i-1}), (T_i,S_i), (T_{i+1},S_{i+1}) und (T_{i+2},S_{i+2}). Auf die Wiedergabe der angedeuteten Umformungen beginnend mit der Gleichung (2.3-3) unter Beachtung der Gleichung (2.3-4) und den Beziehungen H(2.2-16) wird verzichtet, ebenfalls auf die erforderliche Linearisierung dieser Verbesserungsgleichung. Außerdem gehen wir nicht auf die Schätzung der **Genauigkeiten der Kurvenparameter** bzw. der interpolierten Werte ein. Eine solche Schätzung ist eine Standardaufgabe bei einer Ausgleichung nach der Methode der kleinsten Quadrate, mit der die Kurveninterpolation mit Filterung gelöst wird. Wir gehen im folgenden dagegen detailliert auf die Bedeutung der einzelnen Parameter ein.

---

[1] Anstelle von T_i,S_i usw. wäre in diesem Abschnitt korrekterweise T_{Ki},S_{Ki} usw. zu schreiben.

Die **Beobachtungen sind die Stützpunktkoordinaten** X_{Pj}, Y_{Pj} und Z_{Pj}, die in der Gleichung (2.3-3) mit der neutralen Bezeichnung S_{Pj} angegeben sind. **Jeder Stützpunkt P_j liefert im 3D-Raum 3 Verbesserungsgleichungen vom Typ (2.3-3)**.

Die **Unbekannten** sind:

a) Die Parameterwerte **T_{Fj} aller Fußpunkte F_j für alle Stützpunkte P_j** (Figur 2.3-2), wobei alle drei Koordinaten den gleichen T_{Fj}-Wert haben. Würde man T_{Fj} nicht als Unbekannte führen, sondern innerhalb einer Iteration und von Iteration zu Iteration unverändert belassen, ergäbe $\sum v_s^2$ kein Minimum. Figur 2.3-3 zeigt ein Ausgleichungsergebnis mit festgehaltenen "Fußpunkten".

b) Die **drei Koordinaten X_{Ki}, Y_{Ki}, Z_{Ki} eines jeden Knotens K_i**, wobei der jeweilige Parameterwert T_{Ki} vorgegeben sein muß (worauf wir noch zu sprechen kommen).

Damit stehen bei m digitalisierten Stützpunkten und n Knoten den $3 \cdot m$ Verbesserungsgleichungen insgesamt $(3 \cdot n + m)$ Unbekannte gegenüber. Um eine Überbestimmung zu sichern, **müssen also für die Bestimmung eines Knotens K_i mehr als 1.5 Stützpunkte P_j durchschnittlich zur Verfügung stehen**.

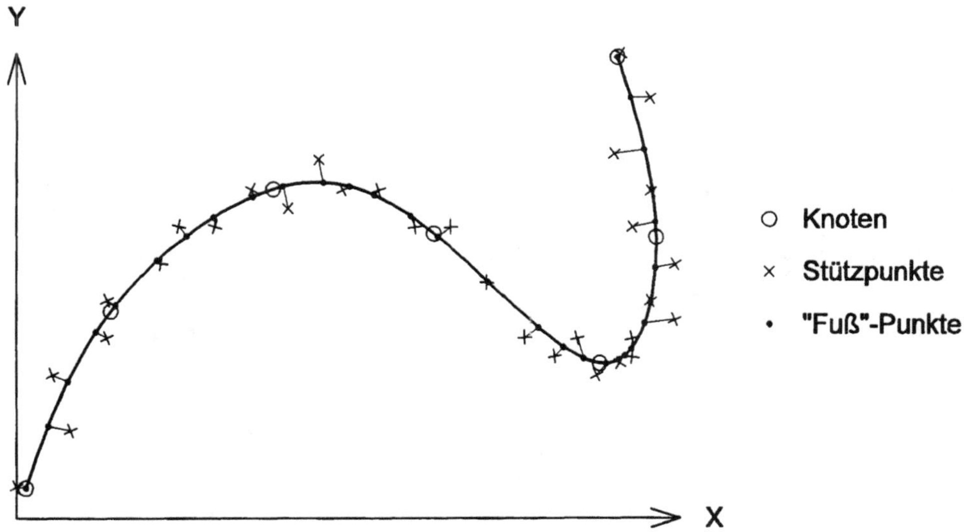

Figur 2.3-3:Ausgeglichene ebene Kurve mit festgehaltenen "Fußpunkten"[1]

Die **Parameterwerte T_{Ki}** der (unbekannten) Knoten K_i sind **vorzugeben**. Dafür gibt es mehrere Möglichkeiten. Zum Beispiel kann man den Parameterwert T_{Fj} eines jeden zweiten

[1] Entnommen aus Forkert, G.: Geow. Mitt. der TU Wien, Heft 41, 1994.

oder dritten Stützpunktes P_j nehmen. Eine andere Möglichkeit besteht darin, entlang der T-Achse einen konstanten Abstand ΔT zu wählen. Den ersten und letzten Knoten wird man in den Fußpunkt des ersten und letzten Stützpunktes legen (in der Figur 2.3-2 sind die Verhältnisse für den ersten Knoten bzw. Stützpunkt eingezeichnet). Anstelle eines konstanten Abstandes ergibt ein von der Krümmung der Raumkurve abhängiger Abstand bessere Ergebnisse. Die Krümmung der Raumkurve ist allerdings in erster Näherung erst nach der ersten Iteration bekannt.

Für eine **Optimierung der Positionierung der Knoten K_i** bietet sich noch ein erweitertes Ausgleichungsmodell an. Dabei führt man die Parameterwerte T_{Ki} der einzelnen Knoten K_i als Unbekannten ein. Zur Kompensation der zusätzlichen Unbekannten kommt für jeden Knoten folgende fiktive Verbesserungsgleichung hinzu (in Anlehnung an die Gleichungen B(3.5-11) und B(3.5-24)):

$$v_{T_i} = dT_{K_i} - (\overline{T}_{K_i} - T^0_{K_i}) \qquad (2.3\text{-}5)$$

$\overline{T}_{Ki}$ ... Fiktive Beobachtungen, mit deren a priori Gewichte p_T man die Bewegungsfreiheit der Knoten entlang der 3D-Kurve steuert (das Gewicht p_T für diese Beobachtungsgruppe im Verhältnis zum Gewicht p_S für die Beobachtungsgruppe H(2.3-3) kann man erfolgreich mit einer Methode, wie sie im Abschnitt B 8. vorgestellt wurde, schätzen).

T^0_{Ki} ... Näherungswerte für die Parameterwerte T_{Ki} der Knoten K_i.

dT_{Ki} ... Zu suchende Zuschläge für die Näherungswerte T^0_{Ki}.

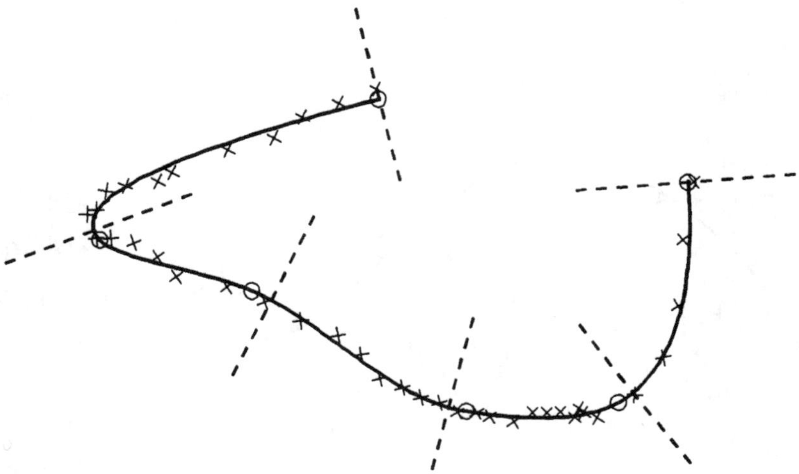

Figur 2.3-4: 2D-Kurvenausgleichung mit fiktiv beobachteten Parameterwerten für die Knoten[1]

[1] Entnommen aus Forkert, G.: Geow. Mitt. der TU Wien, Heft 41, 1994. Diese Veröffentlichung enthält auch weitere Details zu der hier vorgestellten Methode.

Das auf diese Weise erweiterte Verbesserungsgleichungssystem führt zu einer vermittelnd verlaufenden 3D-Kurve, die sich sehr gut an die digitalisierten Stützpunkte anpaßt; die **Quadratsumme der Verbesserungen v_s, also $\sum v_s^2$, erreicht ein noch kleineres Minimum** als eine Ausgleichung ohne die Verbesserungsgleichungen (2.3-5). Figur 2.3-4 zeigt ein 2D-Beispiel. Die a priori vorgegebenen Knoten(-Ebenen) sind gestrichelt angegeben. Man sieht, daß die ausgeglichenen Knoten (als Kreise eingezeichnet) davon beachtlich differieren. Im ersten und letzten Knoten wird man die Gewichte p_T sehr groß wählen, um den Anfangs- und Endknoten im Fußpunkt des ersten und letzten Stützpunktes zu belassen.

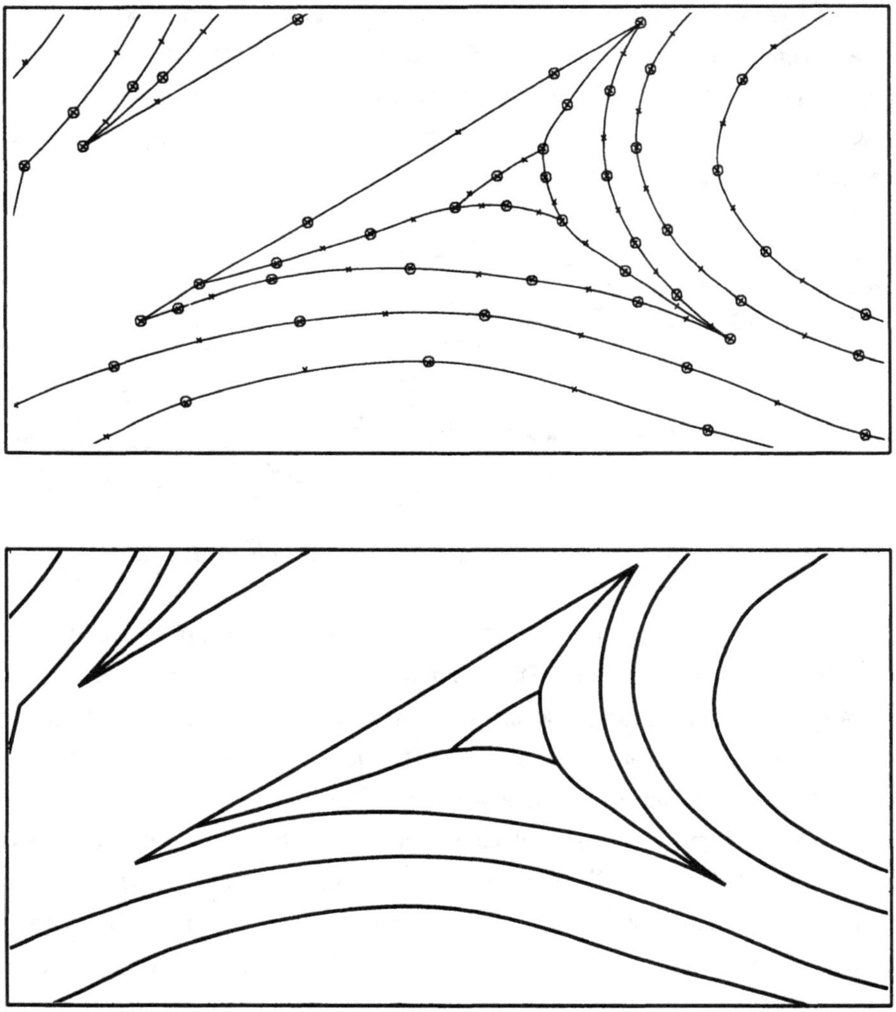

Figur 2.3-5: Bessel-Interpolation mit Filterung
Stützpunkte (x) und Knoten (o)

Figur 2.3-5 zeigt ein **praktisches Beispiel**. Das Autobahnkleeblatt wurde dreidimensional in einem photogrammetrischen Zweibildauswertegerät manuell digitalisiert. Die Digitalisierung istverhältnismäßig weitabständig, sodaß die Positionierung der Knoten in der Regel im Fußpunkt eines jeden zweiten Stützpunktes erfolgen konnte. Verbesserungsgleichungen vom Typ (2.3-5) wurden nicht hinzugefügt. Spitzen in den Linien konnten dadurch erreicht werden, daß man links und rechts der Spitze eine getrennte Linie ansetzte und einen gemeinsamen Knoten für die beiden an der jeweiligen Spitze zusammenlaufenden Linien einführte. Auf eine ähnliche Weise kann man auch drei - und mehr - in einem Liniennetzknoten zusammenlaufende Linien modellieren. Solche Liniennetzknoten treten manchmal auch an Innenknoten einer Linie auf, d.h. die eine Linie hat am Innenknoten eine C^1-Stetigkeit und die andere Linie am Innenknoten ihren Anfang. Das Beispiel wurde im 3D-Raum gerechnet, wie man auch an der Schrägansicht 2.3-6 erkennt.

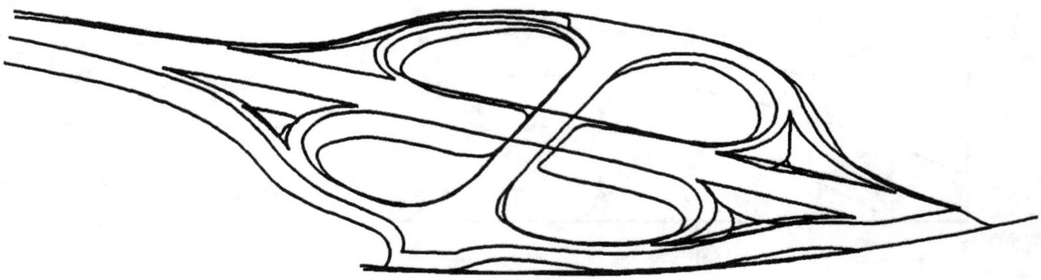

Figur 2.3-6: Schrägansicht des gesamten Autobahnkleeblattes

Die Kurveninterpolation hat in einem TIS in erster Linie die Aufgabe, aus den diskreten Punkten ein Kontinuum zu machen. Die Kurveninterpolation mit Filterung hat noch zusätzlich die Aufgabe der **Datenkompression**. An die Stelle der ursprünglichen Stützpunkte treten nach der Kurvenapproximation die Knoten. Bei dem Beispiel des Autobahnkleeblattes (Figur 2.3-5 und 2.3-6) wurde auf diese Weise eine Datenreduktion von etwa 50% erreicht. Beim Beispiel der Figur 2.3-4 erreicht man sogar eine Reduktion von 41 Stützpunkten auf 6 Knoten (85% Reduktion!). Erfolgt die Datenerfassung in digitalisierten Photographien mittels Linienextraktion (Abschnitt C 2.2.2), fallen entlang der extrahierten Linien sehr viele Stützpunkte an; eine Reduktion auf die Knoten ist bei dieser Datenerfassungsvariante daher besonders wichtig.

AUFGABE 2.3-1: Für die 2D-Kurveninterpolation mit Filterung der Figur 2.3-4 ist die Anzahl der Beobachtungen bzw. Verbesserungsgleichungen und die Anzahl der Unbekannten anzugeben.

2.4 Parallellen zu zweidimensionalen Kurven

Die **Datenerfassung** kann beschleunigt werden, wenn die Software die Möglichkeit der Konstruktion einer parallelen Linie zu einer anderen (Basis-)Linie besitzt. Man digitalisiert zum Beispiel - in mittleren Maßstäben - einen Straßenrand; der dazu parallele Straßenrand kann - wenn die (konstante) Breite bekannt ist - durch Konstruktion gefunden werden.

Parallellinien zu 2D-Kurven benötigt auch die sogenannte **Puffer-Funktion**, die in den meisten Geo-Informationen verwirklicht ist. Damit kann man zum Beispiel die gleichmäßige Ausbreitung eines Phänomens senkrecht zu einer Linie modellieren.

Die dritte Anwendung der parallelen Kurven tritt bei der **Visualisierung der digitalen topographischen Modelle** auf. Um manche Linien hervorzuheben, werden sie als Doppel- oder Dreifach-Linien graphisch wiedergegeben.

Es sei vorausgesetzt, daß die **Basiskurve in einer Parameterdarstellung** mit **T als Polygonzugslänge** zwischen den Knoten vorliege, also X = X(T) und Y = Y(T) seien bekannt (Abschnitt H 2.1, insbesondere Figur H 2.1-1). Weiters sei vorausgesetzt, daß die Basiskurve in der TX- und in der TY-Ebene mit zusammengesetzten kubischen Polynomen nach der **Akima-Interpolation** (H 2.2.3) oder **Bessel-Interpolation** mit und ohne Filterung (Abschnitte H 2.3 und H 2.2.4) vorliege. (Selbstverständlich könnte die Basiskurve auch als Splinefunktion oder in Bézier-Form gegeben sein).

Bei diesen beiden Interpolationen liefern die Gleichungen H(2.2-15) oder H(2.2.-17) in jedem Knoten die Steigungen bzw. Ableitungen dX/dT und dY/dT. (Man beachte, daß S′ nichts anderes als dS/dT ist und man bei einer ebenen Kurve für S einmal X und einmal Y einzusetzen hat).

Unter diesen Voraussetzungen existiert in der XY-Ebene die **Tangentengleichung** in jedem Knoten der Basiskurve (Figur 2.4-1). Sie lautet:

$$\begin{pmatrix} X \\ Y \end{pmatrix} = \begin{pmatrix} X_P \\ Y_P \end{pmatrix} + \lambda \begin{pmatrix} dX/dT \\ dY/dT \end{pmatrix} = \begin{pmatrix} X_P \\ Y_P \end{pmatrix} + \lambda \begin{pmatrix} \dot{X} \\ \dot{Y} \end{pmatrix} \qquad (2.4\text{-}1)$$

Dabei durchläuft λ alle reellen Zahlen. In Figur 2.4-1 ist die Tangente im Knoten K_i eingezeichnet.

Nach diesen Vorüberlegungen fällt es leicht, eine **parallele Kurve im Abstand b** zur Basiskurve zu finden. Zu diesem Zweck setzt man in der XY-Ebene in den Knoten der Basiskurve senkrecht zu den Tangenten im Abstand b die Knoten der Parallelkurve ab (Figur 2.4-1). Anschließend macht man mit diesen Knoten eine Parameterdarstellung X = X(T)

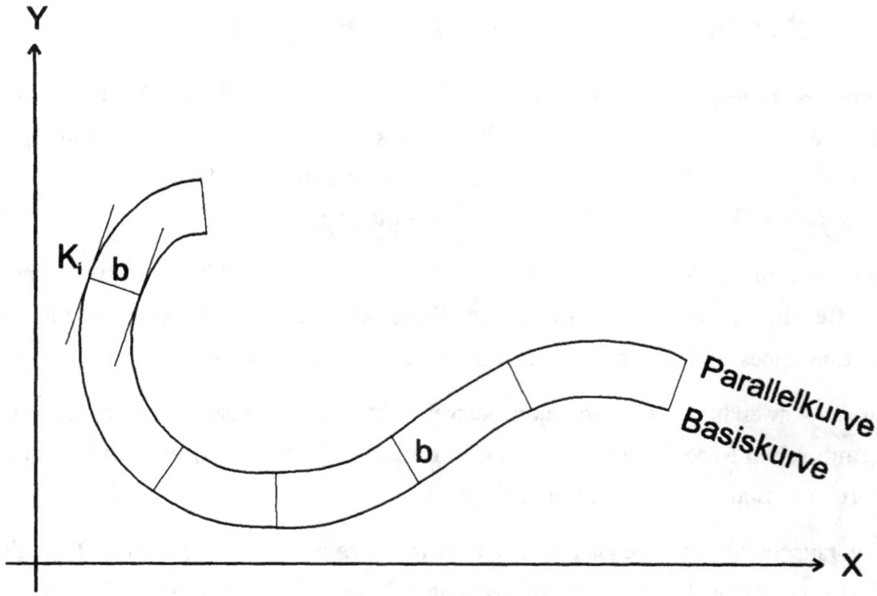

Figur 2.4-1: Parallelkurve zur Basiskurve

und Y = Y(T) der Parallelkurve, wobei T die Länge des Polygonzuges, der die Knoten der Parallelkurve verbindet, ist. Die Fortsetzung der Kurveninterpolation in der TX- und TY-Ebene läuft so ab, wie in den Abschnitten H 2.2.3 oder H 2.2.4 beschrieben. Die Steigungen in den Knoten sind aber nicht aus den Gleichungen H(2.2-15) oder H(2.2-17) zu berechnen, sondern es sind die bereits bekannten Steigungen der Basiskurve von den gegenüberliegenden Knoten zu übernehmen.

AUFGABE 2.4-1: Die 2D-Kurve der Aufgabe H 2.2-9 ist als Basiskurve für Parallelkurven aufzufassen. Man berechne zwei Parallelkurven im Abstand von 0.3 Einheiten mit Hilfe der Akima-Interpolation.

AUFGABE 2.4-2: Bei großen Breiten b bzw. großen Krümmungen in der Basiskurve treten bei der Parallelkurve Überschläge auf. Man überlege sich die Kriterien für solche Überschläge, die in der Software abzufangen sind.

AUFGABE 2.4-3: Die Interpolation mit Filterung kann auch auf parallele Kurven ausgedehnt werden, d.h. es existieren Stützpunkte zu beiden Kurven. Wie ist der mathematische Ansatz des Abschnittes H 2.3 zu erweitern, damit sich jeweils gegenüberliegende Knoten mit gleichem Abstand auf parallelen Besselkurven ergeben ?

2.5 Polygonzugsapproximation von Kurven

Die graphischen Ausgabegeräte können zwei Punkte nur geradlinig verbinden. Es müssen daher die Kurven, die zum Beispiel mit zusammengesetzten kubischen Polynomen gegeben sind, durch Polygonzüge approximiert werden. In den meisten Fällen wird diese Aufgabe vom jeweiligen Prozeßrechner der Graphikeinheit übernommen.

Für die Ableitung der Polygonzugsapproximation gehen wir davon aus, daß die Kurve durch **stückweise kubische Polynome** (Abschnitt H 2.2.2 oder H 2.2.3 oder H 2.2.4 oder H 2.3 oder H 2.4) gegeben ist. Ein Intervall $[T_i,T_{i+1}]$ eines zusammengesetzten kubischen Polynomes $S_{[i,i+1]}$ ist in Figur 2.5-1 skizziert. Der maximale Approximationsfehler dS_{max} hängt offensichtlich von der Größe des Intervalles [a,b] und von der Größe der Krümmung S'' im Intervall [a,b] ab.

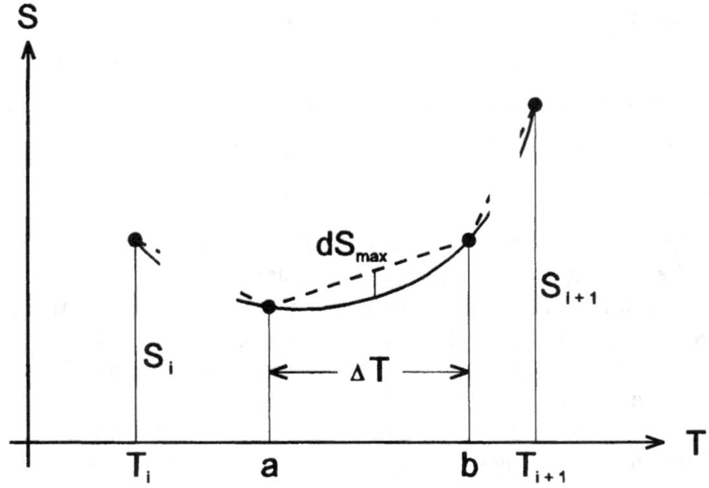

Figur 2.5-1: Polygonzugsapproximation

In einschlägigen Mathematik-Büchern findet man für den Approximationsfehler dS die Beziehung:

$$dS = (T-a)\ (T-b)\ \frac{S''(\tau)}{2} \qquad T,\tau \in [a,b] \tag{2.5-1}$$

Dabei ist τ eine von vornherein nicht bekannte Stelle im Intervall [a,b]. Der maximale Approximationsfehler dS_{max} wird kleiner bleiben als

$$dS_{max} \le \frac{\Delta T^2}{8}\ S''_{max}\ , \tag{2.5-2}$$

denn der Maximalwert von (T-a)(T-b) = $((b-a)/2)^2 = \Delta T^2/4$. Außerdem nimmt bei stückweisen kubischen Polynomen die zweite Ableitung S'' im Intervall $[T_i,T_{i+1}]$ linear ab bzw. zu; der größte Wert S''_{max} kann deshalb nur am Anfang oder am Ende des Intervalles $[T_i,T_{i+1}]$ auftreten. Da man für eine Polygonzugsapproximation das zu verwendende Inkrement ΔT der Einfachheit halber in jedem Intervall $[T_i,T_{i+1}]$ konstant wählt und nur von Intervall zu Intervall variiert, ergibt sich aus der Beziehung (2.5-2):

$$\Delta T \leq \sqrt{8dS_{max}/|S''_{max}|} \qquad (2.5\text{-}3)^1$$

Bei einer graphischen Ausgabe wird man dS_{max} etwa gleich der Zeichengenauigkeit von beispielsweise 0.2 mm wählen. Die zweiten Ableitungen S'' in den Knoten sind aus der Bestimmung der stückweisen kubischen Polynome bekannt (Abschnitt H 2.2.3, H 2.2.4, H 2.2.5, H 2.3 und H 2.4, in diesen Abschnitten haben wir die zweite Ableitung mit Krümmung bezeichnet). Das aus Gleichung (2.5-3) berechnete Inkrement ΔT wird man zweckmäßigerweise noch so verkleinern, daß $(T_{i+1}-T_i)/\Delta T$ eine ganze Zahl ergibt. Verbergen sich hinter der Ordinate S die Koordinaten von Kurven aus einer Parameterdarstellung (Abschnitt H 2.1), ist für jede Koordinate das Inkrement ΔT zu berechnen und in der Fortsetzung für alle Koordinaten das kleinste Inkrement zu verwenden.

ZAHLENBEISPIEL: Für die einzelnen stückweisen kubischen Polynome des Abschnittes H 2.2.2 sind die Inkremente für eine Polygonzugsapproximation mit einem erlaubten Maximalfehler von 0.2 zu berechnen. Die größten Krümmungen S''_{max} treten an den Stützpunkten auf. Sie sind bei den kubischen Spline-Funktionen links und rechts der Stützpunkte gleich (Gleichung H(2.2-7)). Die größte Krümmung kann für die einzelnen Intervalle - unter Beachtung der Gleichung H(2.2-7) - unmittelbar aus der im Abschnitt H 2.2.2 angegebenen Tabelle abgelesen werden. In der folgenden Tabelle sind auch die mittels Gleichung (2.5-3) berechneten Inkremente ΔT und die jeweilige Anzahl n (aufgerundet) der Inkremente angegeben:

Intervall	[1,2]	[2,3]	[3,4]	[4,5]	[5,6]	[6,7]	[7,8]
S''_{max}	-2.6882	-2.6882	1.7528	1.4340	1.4340	1.1282	1.1282
ΔT	0.77	0.77	0.96	1.06	1.06	1.19	1.19
n	3	3	3	1	2	2	3

Zur Veranschaulichung der Ergebnisse trage man den approximierenden Polygonzug in die Figur H 2.2-4 ein.

---

1 Die Äquivalenz dieser Formel mit der Formel A(6.3-8) wird im Anhang H 2.5-1 nachgewiesen.

AUFGABE 2.5-1: Man wiederhole das Zahlenbeispiel unter der Auflage, daß der Approximationsfehler kleiner als 0.1 werden soll.

AUFGABE 2.5-2 : Die Formeln H(2.5-2) und (2.5-3) gelten selbstverständlich nicht nur für Polynome. Zum Beispiel kann damit auch eine Polygonzugsapproximation der trigonometrischen Funktion $S = 2 \cdot \sin T$ behandelt werden. Es ist der Polygonzug gesucht, der höchstens um 0.2 von der Funktion $S = 2 \cdot \sin T$ abweicht (Lösung: $\Delta T = 0.89$).

3. FLÄCHENINTERPOLATION UND -APPROXIMATION

Im folgenden wird davon ausgegangen, daß ein Haufen von Punkten mit XYZ-Koordinaten existiert, aus dem der Verlauf der Oberfläche zu rekonstruieren ist. Wir beginnen mit einer 2.5D-Fläche, also einer Fläche ohne Überhänge. Ansonsten werden keine weiteren Bedingungen an die Anordnung der Punkte gestellt. Zunächst wird der allgemeinste Fall, das sind **unregelmäßig verteilte Punkte**, behandelt. Zusätzlich kann es markante Höhenpunkte und Punkte entlang von Geländekanten und Randlinien geben. Für spezielle Punktanordnungen - zum Beispiel entlang von Höhenlinien oder Profilen - sind eigenständige Interpolationsmethoden heranzuziehen (Abschnitt H 1.1.2).

Es gibt eine Vielzahl von Interpolationsalgorithmen. Im folgenden sollen nur jene Algorithmen herausgegriffen werden, die bei digitalen Geländemodellen eine größere Bedeutung erlangt haben.

3.1 Polynominterpolation

Bei der Polynominterpolation einer Oberfläche soll die Z-Koordinate als Funktion der Grundrißkoordinaten X und Y berechnet werden können, also

$$Z = Z(X,Y) = a_0 + a_1X + a_2Y + a_3X^2 + a_4Y^2 + a_5XY + \ldots \qquad (3.1\text{-}1)^1$$

Aus den Stützpunkten mit ihren Koordinaten X_i, Y_i, Z_i können die Polynomkoeffizienten a_i aus folgendem linearen Gleichungssystem gewonnen werden:

$$Z_i = a_0 + X_i a_1 + Y_i a_2 + X_i^2 a_3 + Y_i^2 a_4 + X_i Y_i a_5 + \ldots \qquad (3.1\text{-}2)$$

$$\boldsymbol{Z_i = b_i^T a} \qquad i = 1(1)\, n$$

[1] Ein solches (Flächen-)Polynom nennt man **bivariates Polynom**, im Gegensatz zum **univariaten Polynom**, das eine Kurve beschreibt (siehe Gleichung H(2.2-1)).

Entspricht die Anzahl der Koeffizienten a_i der Stützpunktanzahl, so ist Gleichung (3.1-2) ein **lineares Gleichungssystem**, das folgendermaßen in Matrizen geschrieben und aufgelöst werden kann:

$$\begin{pmatrix} Z_1 \\ Z_2 \\ . \\ . \\ Z_n \end{pmatrix} = \begin{pmatrix} 1 & X_1 & Y_1 & X_1^2 & Y_1^2 & X_1Y_1 & .. \\ 1 & X_2 & Y_2 & X_2^2 & Y_2^2 & X_2Y_2 & \\ . & . & . & . & . & . & \\ . & . & . & . & . & . & \\ 1 & X_n & Y_n & X_n^2 & Y_n^2 & X_{N_n} & .. \end{pmatrix} \begin{pmatrix} a_o \\ a_1 \\ a_2 \\ a_3 \\ a_4 \\ a_5 \\ . \\ . \end{pmatrix} \qquad (3.1\text{-}3)$$

$$z = Ba \qquad (3.1\text{-}4)$$

$$a = (B)^{-1} z$$

ZAHLENBEISPIEL A: Gegeben sind 6 Punkte mit ihren Koordinaten X,Y,Z, die mit einem Polynom 2. Grades verbunden werden sollen.

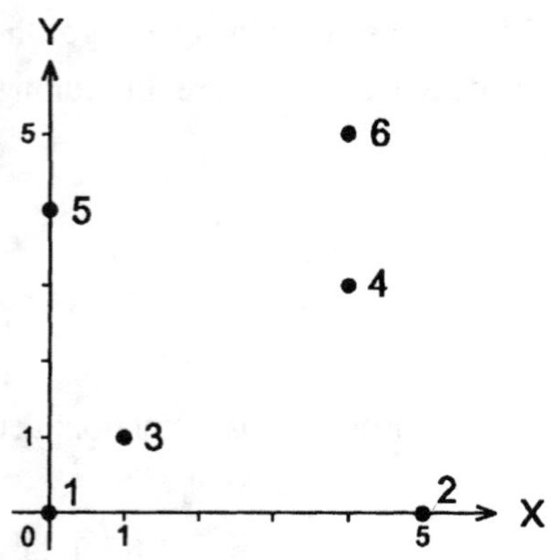

Nr.	1	2	3	4	5	6
X	0	5	1	4	0	4
Y	0	0	1	3	4	5
Z	2	0	1	1	2	2

Gleichungssystem (3.1-3):

$$\begin{pmatrix} 2 \\ 0 \\ 1 \\ 1 \\ 2 \\ 2 \end{pmatrix} = \begin{pmatrix} 1 & 0 & 0 & 0 & 0 & 0 \\ 1 & 5 & 0 & 25 & 0 & 0 \\ 1 & 1 & 1 & 1 & 1 & 1 \\ 1 & 4 & 3 & 16 & 9 & 12 \\ 1 & 0 & 4 & 0 & 16 & 0 \\ 1 & 4 & 5 & 16 & 25 & 20 \end{pmatrix} \begin{pmatrix} a_0 \\ a_1 \\ a_2 \\ a_3 \\ a_4 \\ a_5 \end{pmatrix}$$

Lösung: $a_0 = 2$, $a_1 = -1.2267$, $a_2 = -0.0636$, $a_3 = 0.1653$, $a_4 = 0.0159$, $a_5 = 0.1091$.

Damit kann für jedes XY-Koordinatenpaar die Z-Koordinate berechnet werden. Z.B. ergibt sich bei X = Y = 1.5 der Wert Z = 0.72.

Ist die Anzahl n der Stützpunkte größer als die Anzahl der Koeffizienten a_i, liefert Gleichung (3.1-2) ein Verbesserungsgleichungssystem für eine **Ausgleichung nach vermittelnden Beobachtungen**

$$v_i + Z_i = \boldsymbol{b}_i^T \boldsymbol{a} \,, \qquad i = 1(1)n \tag{3.1-5}$$

aus dem die unbekannten Parameter a wie folgt berechnet werden können:

$$\boldsymbol{a} = (\boldsymbol{B}^T\boldsymbol{B})^{-1}\boldsymbol{B}^T\boldsymbol{z} \tag{3.1-6}$$

ZAHLENBEISPIEL B: Zusätzlich zu den sechs Punkten des Zahlenbeispieles A sollen noch zwei weitere Punkte mit ihren Koordinaten X,Y,Z für die Bestimmung des Polynomes 2. Grades gegeben sein.

Nr.	7	8
X	3	1
Y	2	4
Z	0.5	1.5

Gleichungssystem (3.1-5):

$$\begin{pmatrix} v_1 \\ v_2 \\ v_3 \\ v_4 \\ v_5 \\ v_6 \\ v_7 \\ v_8 \end{pmatrix} + \begin{pmatrix} 2 \\ 0 \\ 1 \\ 1 \\ 2 \\ 2 \\ 0.5 \\ 1.5 \end{pmatrix} = \begin{pmatrix} 1 & 0 & 0 & 0 & 0 & 0 \\ 1 & 5 & 0 & 25 & 0 & 0 \\ 1 & 1 & 1 & 1 & 1 & 1 \\ 1 & 4 & 3 & 16 & 9 & 12 \\ 1 & 0 & 4 & 0 & 16 & 0 \\ 1 & 4 & 5 & 16 & 25 & 20 \\ 1 & 3 & 2 & 9 & 4 & 6 \\ 1 & 1 & 4 & 1 & 16 & 4 \end{pmatrix} \begin{pmatrix} a_0 \\ a_1 \\ a_2 \\ a_3 \\ a_4 \\ a_5 \end{pmatrix}$$

Lösung nach (3.1-6): a_0 = 1.9704, a_1 = -1.0860, a_2 = -0.0889, a_3 = 0.1385, a_4 = 0.0251, a_5 = 0.0994

Die interpolierte Fläche verläuft in diesem Fall nicht durch die Stützpunkte hindurch. Die Residuen bzw. Verbesserungen v_i können nach Gleichung (3.1-5) berechnet werden. Z.B. erhält man für den Punkt 3 mit seinen Koordinaten X = Y = 1 für Z = 1.06, d.h. v = 1.06 - 1.00 = 0.06.

Eine Interpolation, die die Stützpunkte nicht exakt anhält, trägt - wie bereits im Abschnitt H 2.3 für Kurven eingeführt - die Bezeichnung "**Interpolation mit Filterung**". Von einer Interpolation mit Filterung erwartet man, daß die zufälligen Meßfehler in den Stützpunktkoordinaten Z_i im Rahmen der Interpolation eliminiert werden. **Bei einer Polynominter-**

polation läßt sich die Filterung allerdings schwer steuern.

Die **Polynominterpolation ohne Filterung** hat ebenfalls sehr schlechte Eigenschaften: Das Interpolationsergebnis ist nur in der Mitte des Interpolationsgebietes akzeptabel; besonders in den Randbereichen kommt es im allgemeinen zu großen Ausschwingungen (Figur H 2.2-1 zeigt ein einschlägiges Beispiel für eine Kurveninterpolation mit einem Polynom).[1]

Aus diesen Gründen wird die Polynominterpolation für digitale Oberflächenmodelle nur in der Form sogenannter **gleitender Polynomflächen** eingesetzt. In diesem Fall wird an jeder zu interpolierenden Stelle eine eigene Polynomfläche aus den Stützpunkten, die der Interpolationsstelle benachbart sind, bestimmt. Rücken die Interpolationsstellen unendlich nahe zusammen, **gleitet** somit die Polynomfläche - jeweils an der Interpolationsstelle berührend - entlang der Oberfläche.

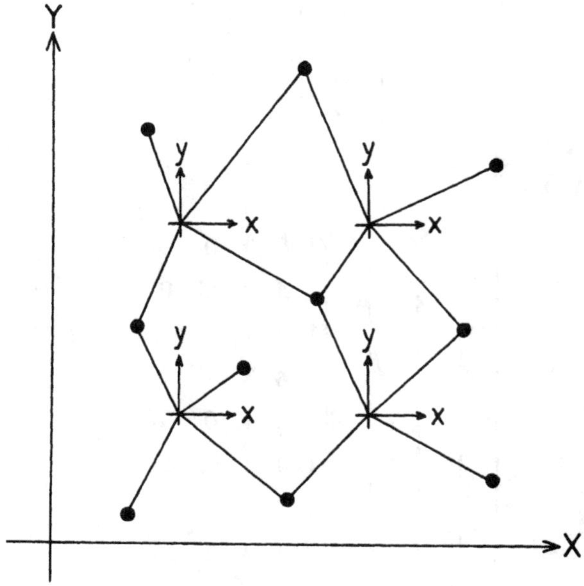

Figur 3.1-1: Stützpunkte und Interpolationsstellen einer gleitenden Schrägebene

Dieser Vorgang soll noch etwas detaillierter anhand der Figur 3.1-1 erläutert werden. Die gleitende Polynomfläche soll eine geneigte Ebene sein. In die jeweilige Interpolationsstelle

---

[1] Auch für die flächenhafte Polynominterpolation können Basis- bzw. Gewichtsfunktionen - wie für die Kurveninterpolation mit Polynomen (Abschnitt H 2.2.1) - angegeben werden. Man findet sie zum Beispiel bei E. Wild, DGK, Reihe C, Heft 277, 1983. Für die speziellen Polynomflächen "**Hyperbolisches Paraboloid**" und "**Schrägebene**", die man für die Höheninterpolation in einem hybriden digitalen Geländemodell (Abschnitt C 1.1.1.2 und H 3.4.1) benötigt, sind die Gewichts- bzw. Basisfunktionen in der ersten und zweiten Ausgabe des Bandes 2 dieser Lehrbuchreihe enthalten.

(z.B. in einen Rasterpunkt des gesuchten digitalen Geländemodells) legt man ein lokales Koordinatensystem, d.h. $Z = a_0 + a_1x + a_2y$; damit ist der gesuchte Interpolationswert der Koeffizient a_0. Außerdem werden die der Interpolationsstelle benachbarten Stützpunkte - am besten in den vier Quadranten getrennt - gesucht, zum Beispiel jeweils vier Stützpunkte bei einer **gleitenden Schrägebene** (Figur 3.1-1). Damit hat man um eine Verbesserungsgleichung mehr als Unbekannte. Anschließend bildet man das Verbesserungsgleichungssystem (3.1-5) und löst es entsprechend Gleichung (3.1-6) auf.

Um die (unkontrollierte) Filterung an der Interpolationsstelle zu unterdrücken, führt man in diese Ausgleichung noch **Gewichte** ein, zum Beispiel $p_i = 1/\overline{PP}_i^2$, wobei $\overline{PP}_i$ die Entfernung des jeweiligen Stützpunktes P_i von der Interpolationsstelle P ist. Sofern die Interpolationsstelle einem Stützpunkt unendlich nahe kommt, ergibt sich infolge des unendlich hohen Gewichtes dieses Stützpunktes als **Interpolationswert exakt der Stützwert**. (Wegen eines Überlaufes des Exponenten sind im Rahmen der numerischen Rechnung entsprechende Vorkehrungen zu treffen). Die Polynomkoeffizienten a_i einer gleitenden Polynomfläche mit Berücksichtigung einer Gewichts(diagonal)matrix **P** ergeben sich durch entsprechende Erweiterung der Gleichung (3.1-6):

$$\boldsymbol{a} = (\boldsymbol{B}^T\boldsymbol{P}\boldsymbol{B})^{-1}\boldsymbol{B}^T\boldsymbol{P}\boldsymbol{z} \tag{3.1-7}$$

ZAHLENBEISPIEL C: Unter Verwendung der Stützpunkte 3 und 5 sowie 7 und 8 der Zahlenbeispiele A und B ist an der Stelle X = 1.6 und Y = 2.6 der Interpolationswert mittels gleitender Schrägebene zu bestimmen ($p_i = 1/\overline{PP}_i^2$).

Z-Koordinaten und xy-Koordinaten bezogen auf die Interpolationsstelle sowie die Gewichte sind in folgender Tabelle zusammengestellt:

	Z	x	y	$\overline{PP}_i$	p
3	1	-0.6	-1.6	1.7	0.34
5	2	-1.6	1.4	2.1	0.22
7	0.5	1.4	-0.6	1.5	0.43
8	1.5	0.4	1.4	1.5	0.47

Die Matrix **B** der Gleichung (3.1-3) bzw. (3.1-4) lautet:

$$\boldsymbol{B} = \begin{pmatrix} 1 & -0.6 & -1.6 \\ 1 & -1.6 & 1.4 \\ 1 & 1.4 & -0.6 \\ 1 & 0.4 & 1.4 \end{pmatrix}$$

Die Polynomkoeffizienten **a** ergeben sich aus Gleichung (3.1-7) (der Koeffizient a_0 ist das Ergebnis):

$$\boldsymbol{a} = \begin{pmatrix} 1.467 & 0.233 & 0.164 \\ 0.233 & 1.610 & -0.265 \\ 0.164 & -0.265 & 2.390 \end{pmatrix}^{-1} \begin{pmatrix} 0.342 & 0.221 & 0.431 & 0.472 \\ -0.206 & -0.354 & 0.603 & 0.189 \\ -0.548 & 0.310 & -0.258 & 0.660 \end{pmatrix} \begin{pmatrix} 1 \\ 2 \\ 0.5 \\ 1.5 \end{pmatrix} = \begin{pmatrix} \mathbf{1.19} \\ -0.33 \\ 0.27 \end{pmatrix}$$

AUFGABE 3.1-1: Man wiederhole das Zahlenbeispiel C an der Stelle X = Y = 1.5 und an der Stelle X = Y = 1.

ZUSATZAUFGABE: Wie können die numerischen Probleme bei einem Gewicht $p_i = \infty$ umgangen werden ?

AUFGABE 3.1-2: Man wiederhole die Aufgabe 3.1-1 und verwende anstelle einer gleitenden Schrägebene eine gleitende Horizontalebene mit den Gewichten $p_i = 1/\overline{PP}_i^2$.

ZUSATZAUFGABE: Man beweise, daß die **gleitende Horizontalebene dem arithmetischen Mittel entspricht**. Die Gewichte haben bei beiden Berechnungsverfahren die gleiche Bedeutung.

Die gleitenden Polynomflächen werden in der Praxis nicht zur Interpolation von universellen Geländemodellen eingesetzt. Die interpolierte Fläche weist nämlich **Unstetigkeitsstellen** auf, und zwar dann, wenn zwischen benachbarten Interpolationsstellen die jeweils herangezogenen Stützpunkte nicht dieselben sind. Auch wenn man wesentlich mehr als vier Stützpunkte für die Interpolation heranzieht, muß es zwangsläufig zu solchen Unstetigkeitsstellen kommen. Figur 3.1-2 zeigt das Höhenlinienbild, das aus unregelmäßig verteilten Stützpunkten mit einem mittleren Punktabstand von etwa 4 m an jeder Interpolationsstelle ermittelt wurde. Obwohl es sich um ein glattes Gelände handelt, verlaufen die Höhenlinien sehr unruhig.

Die "Gruben" im Höhenlinienbild 3.1-2 rühren von groben Datenfehlern her (die Datenerfassung erfolgte mit Laser-Scanner, Abschnitt I 2.2). Für die gleitende Schrägebene wurden Gewichte verwendet, die für ein exaktes Anhalten der Stützpunkte gesorgt haben. Die interpolierte Oberfläche verläuft also streng durch die Stützpunkte hindurch (keine Filterung!). Eine solche Interpolation eignet sich sehr gut für die **Lokalisierung grober Datenfehler**, wie man sich an Hand des Höhenlinienbildes 3.1-2 überzeugen kann.

Die Lokalisierung grober Datenfehler ist eine interessante Anwendung der gleitenden Polynomflächen. Wegen des geringen Rechenaufwandes wird diese Methode auch noch eingesetzt, wenn die Glattheit der abgeleiteten Oberfläche keine Rolle spielt. Eine typische Anwendung ist ein **Geländemodell für die Orthophotoherstellung**.[1] Da heutzutage aber die digitalen Geländemodelle nicht mehr für einen speziellen Zweck, sondern für eine universelle Verwendung etabliert werden, wofür qualifiziertere Interpolationsalgorithmen erforder-

[1] Z.B. Otepka, G., Loitsch, J.: Geow.Mitt., Heft 8, 23-49, 1976.

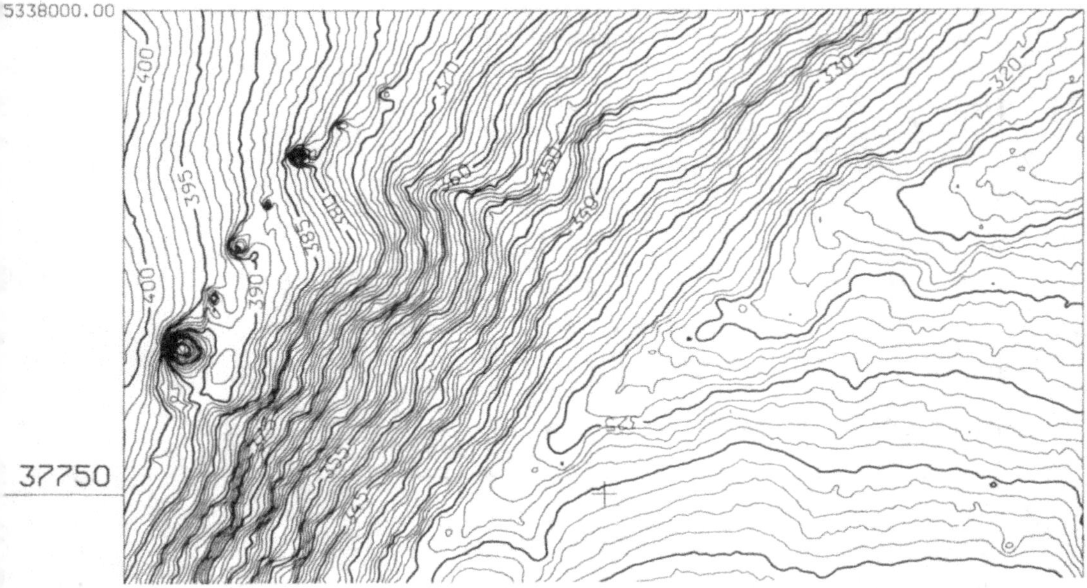

Figur 3.1-2: Mit gleitender Schrägebene abgeleitete Höhenlinien (Stützpunktabstand etwa 4 m)

lich sind, haben die gleitenden Polynomflächen nur noch eine geringe Bedeutung.

Literatur zu gleitenden Polynomflächen: Clarke, A., Grün, A., Loon, J.: IAP XXIV-3, Commission III, Helsinki, 1982.

3.2 Interpolation mittels Flächensummation[1]

3.2.1 Ableitung der Grundgleichung

Diese Methode beruht auf der Vorstellung, daß um jede Stützstelle eine Elementarfläche - in der Regel eine Rotationsfläche - gelegt wird und die **Oberfläche durch Summation** dieser Flächen entsteht. In Z-Richtung sind dabei die einzelnen Rotationsflächen so zu skalieren, daß die Summe der Rotationsflächen exakt durch die Stützpunkte hindurch geht.

---

[1] In der Literatur findet man diese Methode auch unter der Bezeichnung "***Multiquadradric Method***" (z.B. Hardy, R.L.: AVN 79, S. 398-406, 1972).

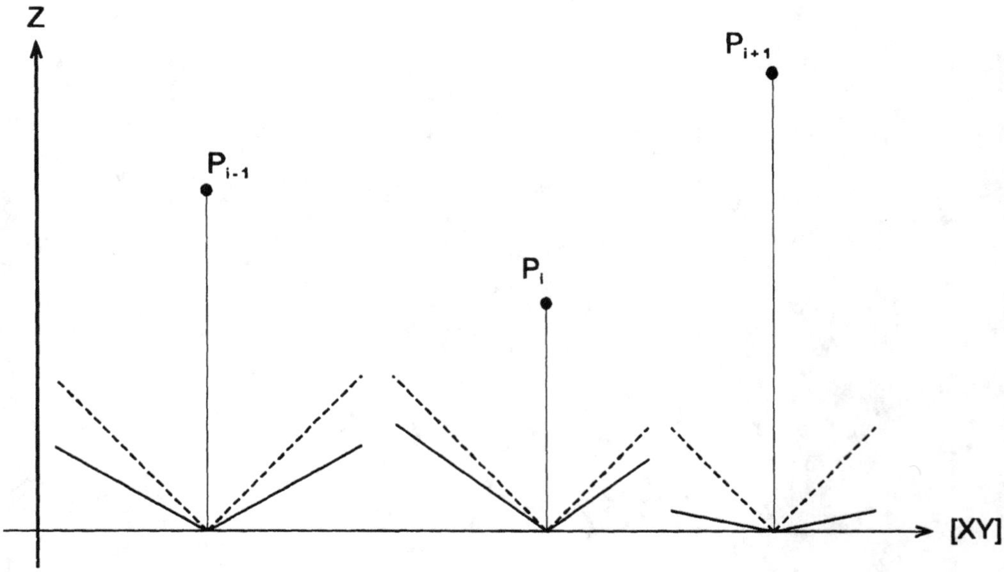

Figur 3.2-1: Flächensummation mit auf der Spitze stehenden Rotationskegeln mit 50 gon geneigten Mantellinien (die ursprünglichen Kegel sind gestrichelt, die skalierten Kegel sind ausgezogen).

Als Rotationsfläche in den Stützstellen wird zunächst ein auf der **Spitze stehender Kegel**, dessen Mantellinie mit 50 gon ansteigt, herangezogen (Figur 3.2-1). Bezeichnet man die jeweilige Stützstelle mit X_i, Y_i und die variablen Ortskoordinaten mit X,Y, so wird dieser Kegel durch folgende Funktion beschrieben:

$$k(X,Y) = \sqrt{(X-X_i)^2 + (Y-Y_i)^2} \qquad (3.2\text{-}1)$$

Führt man für $\sqrt{(X-X_i)^2+(Y-Y_i)^2}$ die Entfernung $\overline{PP}_i$ zwischen dem (variablen) Punkt P mit seinen Koordinaten X,Y und der jeweiligen Stützstelle P_i mit ihren Koordinaten X_i, Y_i ein, so lautet die Gleichung (3.2-1):

$$k(PP_i) = \overline{PP_i} \qquad (3.2\text{-}2)$$

Die Funktion $k(PP_i)$ wird als **K**ernfunktion bezeichnet. Die **Kernfunktion** für den Rotationskegel (3.2-1) ist also eine unter 50 gon ansteigende Ursprungsgerade (Figur 3.2-1).

Für die Skalierung der n Rotationsflächen (n = Anzahl der Stützpunkte) sind n Maßstabsfaktoren m_i einzuführen und zu bestimmen:

$$Z = Z(X,Y) = \sqrt{(X-X_1)^2+(Y-Y_1)^2}\; m_1 + \dots + \sqrt{(X-X_n)^2+(Y-Y_n)^2}\; m_n$$

$$Z = \sum_{i=1}^{n} \sqrt{(X-X_i)^2+(Y-Y_i)^2}\; m_i = \sum_{i=1}^{n} k(PP_i)m_i = \boldsymbol{k}^T\boldsymbol{m} \qquad (3.2\text{-}3)^1$$

Für die Bestimmung der n Maßstabsfaktoren m_i stehen n Stützpunkte mit ihren Stützwerten Z_i zur Verfügung. Es ergibt sich also folgendes lineare Gleichungssystem:

$$\begin{pmatrix} k(0) & k(P_1P_2) & \dots & k(P_1P_n) \\ & k(0) & \dots & k(P_2P_n) \\ & & & \vdots \\ symm. & & & k(0) \end{pmatrix} \begin{pmatrix} m_1 \\ m_2 \\ \vdots \\ m_n \end{pmatrix} = \begin{pmatrix} Z_1 \\ Z_2 \\ \vdots \\ Z_n \end{pmatrix} \qquad (3.2\text{-}4)$$

$$\boldsymbol{K}\,\boldsymbol{m} = \boldsymbol{z}$$
$$\boldsymbol{m} = \boldsymbol{K}^{-1}\boldsymbol{z} \qquad (3.2\text{-}5)$$

Beziehung (3.2-5) in Gleichung (3.2-3) eingesetzt, führt zur gesuchten Endformel:

$$Z = \boldsymbol{k}^T\boldsymbol{m} = \boldsymbol{k}^T\boldsymbol{K}^{-1}\boldsymbol{z} \qquad (3.2\text{-}6)$$

Vergleicht man Gleichung (3.2-6) mit Gleichung H(2.2-4) - dort ist der Funktionswert Z allerdings mit S bezeichnet -, so sind auch die **Gewichtsfunktionen** $g_i(X,Y)$ für die Interpolation mittels Flächensummation gefunden:

$$\boldsymbol{g}^T = \boldsymbol{k}^T\boldsymbol{K}^{-1} \qquad (3.2\text{-}7)$$

also

$$Z = \boldsymbol{g}^T\boldsymbol{z}\,. \qquad (3.2\text{-}8)$$

ZAHLENBEISPIEL: Gegeben sind drei Stützpunkte.

Punkt	X	Y	Z
1	0	0	1
2	4	1	0
3	0	5	2

Mit der Kernfunktion (3.2-1) lautet die Gleichung (3.2-4):

[1] **k** ist ein "Vektor", dessen Komponenten die Funktionen $k(PP_i)$ sind. Bei der Interpolation des Z-Wertes an der jeweiligen XY-Position enthält der **k**-Vektor die Funktionswerte der Funktion $k(PP_i)$ an der XY-Stelle.

$$\begin{pmatrix} 0 & \sqrt{17} & 5 \\ \sqrt{17} & 0 & \sqrt{32} \\ 5 & \sqrt{32} & 0 \end{pmatrix} \begin{pmatrix} m_1 \\ m_2 \\ m_3 \end{pmatrix} = \begin{pmatrix} 1 \\ 0 \\ 2 \end{pmatrix}$$

$$\begin{pmatrix} m_1 \\ m_2 \\ m_3 \end{pmatrix} = \begin{pmatrix} -0.1372 & 0.1213 & 0.1000 \\ 0.1213 & -0.1072 & 0.0884 \\ 0.1000 & 0.0884 & -0.0729 \end{pmatrix} \begin{pmatrix} 1 \\ 0 \\ 2 \end{pmatrix} = \begin{pmatrix} 0.063 \\ 0.298 \\ -0.046 \end{pmatrix}$$

An der Stelle X = 2, Y = 2 beträgt zum Beispiel der Interpolationswert entsprechend Gleichung (3.2-3) bzw. (3.2-6):

$$Z = (\sqrt{8}, \sqrt{5}, \sqrt{13}) \begin{pmatrix} 0.063 \\ 0.298 \\ -0.046 \end{pmatrix} = 0.679$$

In Figur 3.2-2 ist der interpolierte Funktionsverlauf innerhalb des Dreiecks $P_1P_2P_3$ skizziert.

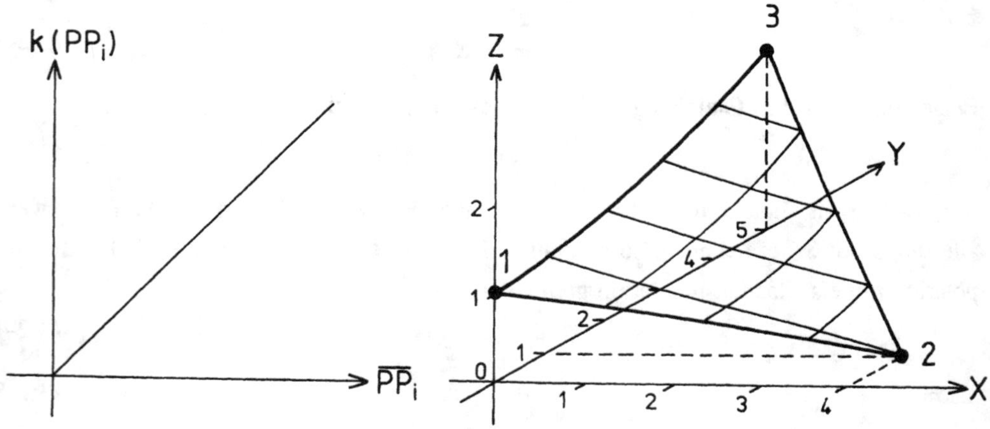

Figur 3.2-2: Kernfunktion und interpolierte Oberfläche

Der Vektor **g** der drei Gewichtsfunktionen (3.2-7) lautet schließlich unter Beachtung der Gleichungen (3.2-6) und (3.2-3):

$$\boldsymbol{g} = \begin{pmatrix} g_1(X,Y) \\ g_2(X,Y) \\ g_3(X,Y) \end{pmatrix} = \boldsymbol{K}^{-1}\boldsymbol{k} = \begin{pmatrix} -0.137 \sqrt{(X-X_1)^2+(Y-Y_1)^2} + 0.121 \sqrt{(X-X_2)^2+(Y-Y_2)^2} + 0.100 \sqrt{(X-X_3)^2+(Y-Y_3)^2} \\ 0.121 \sqrt{(X-X_1)^2+(Y-Y_1)^2} - 0.107 \sqrt{(X-X_2)^2+(Y-Y_2)^2} + 0.088 \sqrt{(X-X_3)^2+(Y-Y_3)^2} \\ 0.100 \sqrt{(X-X_1)^2+(Y-Y_1)^2} + 0.088 \sqrt{(X-X_2)^2+(Y-Y_2)^2} - 0.073 \sqrt{(X-X_3)^2+(Y-Y_3)^2} \end{pmatrix}$$

Die drei Gewichtsfunktionen sind in Figur 3.2-3 gezeichnet. Man erkennt daraus die typische Eigenschaft der Gewichtsfunktionen: Sie haben an der Stützstelle, zu der die jeweilige Gewichtsfunktion gehört, den Wert Eins und an den übrigen Stützstellen den Wert Null. In den dazwischenliegenden Bereichen bringen sie zum Ausdruck, inwieweit der jeweilige Stützwert am Endergebnis beteiligt ist.

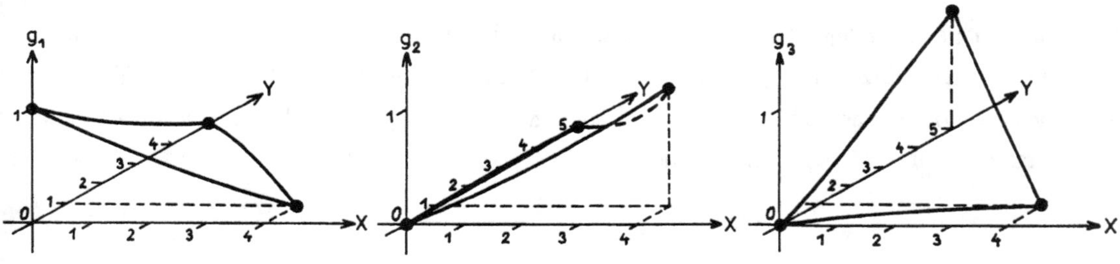

Figur 3.2-3: Gewichtsfunktionen für die drei Stützstellen

AUFGABE 3.2-1: Die drei Stützpunkte in der Figur 3.2-1 haben in einem TS-Koordinatensystem die Koordinaten (1,3), (4,2) und (6,4). Man berechne die Maßstabsfaktoren (Lösung: 0.53, 0.67 und 0.20) und den Interpolationswert an der Stelle T=3 (Lösung: S = 2.33).

3.2.2 Verschiedene Kernfunktionen

Eine **Kernfunktion**, die mit einer **geneigten Tangente** beginnt, liefert interpolierte Flächen mit **Spitzen** in den Stützpunkten. Ein demonstratives Beispiel zeigt Figur 3.2-4:

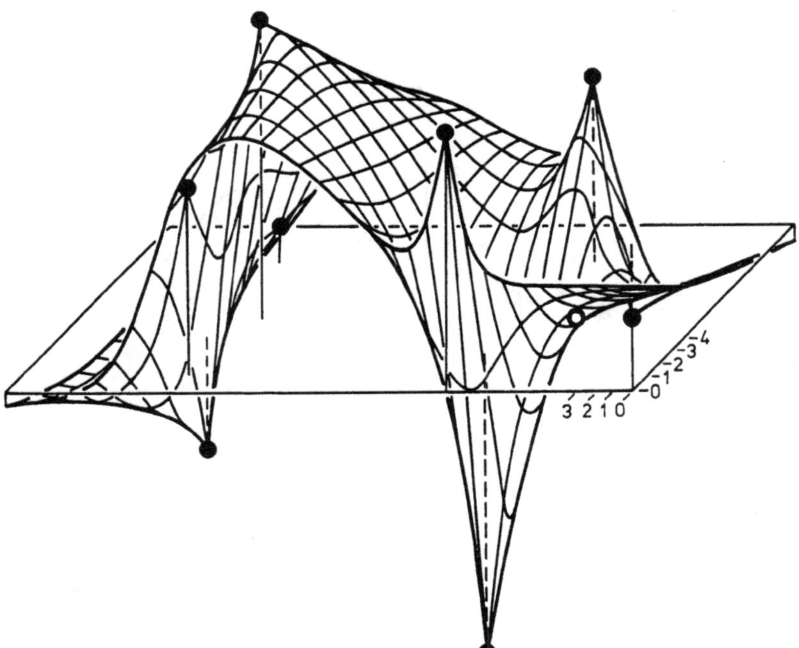

Figur 3.2-4: Interpolationsergebnis mit einer geneigten Geraden als Kernfunktion[2]

2 Entnommen aus: Aßmus, E., Kraus, K.: DGK, Reihe A, Heft 76, 1974.

Für digitale Geländemodelle ist ein solches Interpolationsergebnis in der Regel nicht gefragt. Die meisten Stützpunkte repräsentieren nämlich eine **glatte Oberfläche**. Man erhält diese Interpolationseigenschaft, wenn anstelle eines Kegels ein **Hyperboloid als Rotationsfläche** herangezogen wird. Die Kernfunktion für ein Hyperboloid lautet:

$$k(PP_i) = \sqrt{c + \overline{PP}_i^2} \qquad c \geq 0 \tag{3.2-9}$$

Für c = 0 geht Gleichung (3.2-9) in Gleichung (3.2-2) über. Welchen Einfluß die Größe c auf das Interpolationsergebnis ausübt, soll an Stützpunkten und Interpolationsstellen in einem Profil demonstriert werden. In Figur 3.2-5 ist die Kernfunktion der jeweils interpolierten Kurve gegenübergestellt.

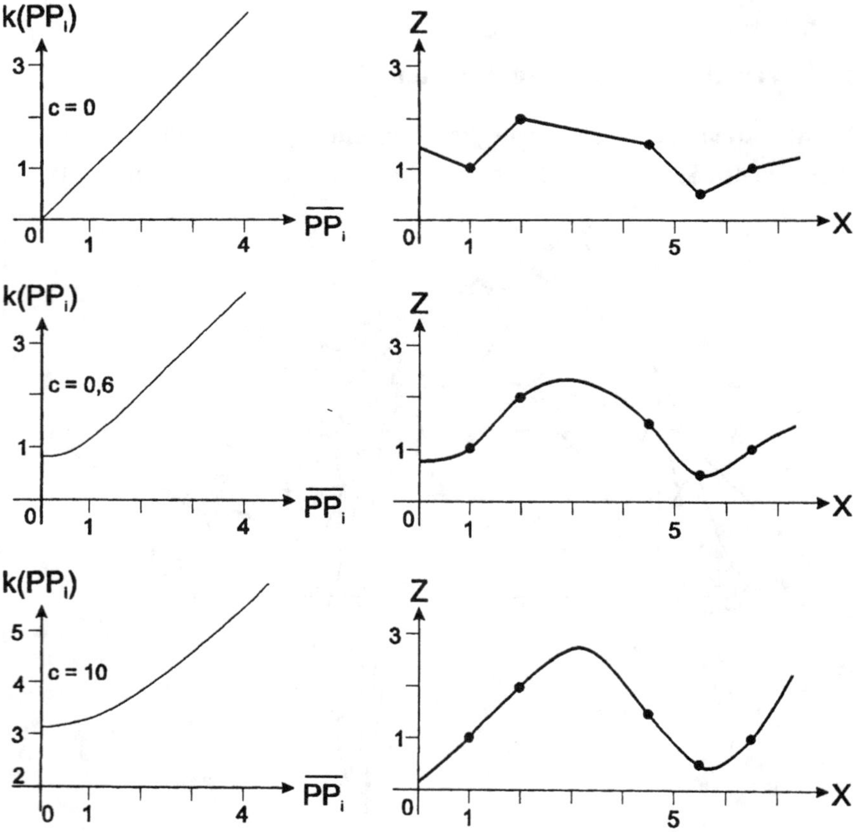

Figur 3.2-5: Kernfunktion und interpolierte Kurve[1]

[1] Teilweise entnommen aus Wild, E.: DGK, Reihe C, Heft 277, 1983.

Die **horizontale Tangente** am Beginn der Kernfunktion bewirkt ein **Ausrunden** der interpolierten Kurven, und zwar umso mehr, je größer c gewählt wird. Von Göpfert[1] stammt der folgende Vorschlag für die Größe c:

$$c = 0.6\ \overline{P_iP}^2_{k\ \min}\ , \qquad (3.2\text{-}10)$$

wobei $\overline{P_iP_k}_{\min}$ die Entfernung zwischen den beiden am meisten benachbarten Stützstellen im Interpolationsgebiet ist. In Figur 3.2-5 wurde die zweite Kernfunktion mittels der Gleichung (3.2-10) bestimmt.

E. Wild[2] hat ausgezeichnete Interpolationseigenschaften, die im folgenden mit einigen Beispielen belegt werden sollen, mit **individuellen Kernfunktionen** $k(PP_i)$ für jede Stützstelle P_i erreicht:

$$k(PP_i) = \sqrt{1 + \overline{PP}_i^2/\overline{P_kP}^2_{i\ \min}}\ , \qquad (3.2\text{-}11)$$

wobei $\overline{P_iP_k}_{\min}$ die Entfernung zwischen der jeweiligen Stützstelle P_i zu seiner benachbartsten Stützstelle P_k ist. Diese minimalen Entfernungen entnimmt man zweckmäßigerweise einer Delaunay-Triangulation (Abschnitt H 1.1.1). Die Kernfunktion (3.2-11) bewirkt - bereits vor der Skalierung - an jeder Stützstelle ein anderes Hyperboloid. Der Scheitel ist immer Eins.

In Figur 3.2-6 sind für eine sehr unterschiedliche Stützpunktdichte die Kernfunktionsparameter $\overline{P_iP_k}_{\min}$ für jeden Stützpunkt im Maßstab 1:2 gezeichnet, außerdem das Höhenlinienbild jener Geländeoberfläche, die durch die Gleichungen (3.2-11) und (3.2-6) repräsentiert wird.

Mit der Kernfunktion (3.2-11) ist übrigens die **Matrix K nicht mehr symmetrisch**. Sie lautet:

$$\boldsymbol{K} = \begin{pmatrix} 1 & k(P_1P_2) & \dots & k(P_1P_n) \\ k(P_2P_1) & 1 & \dots & k(P_2P_n) \\ \vdots & \vdots & \vdots & \vdots \\ k(P_nP_1) & k(P_nP_2) & \dots & 1 \end{pmatrix} \qquad (3.2\text{-}12)$$

---

[1] ZfV 102, 457-460, 1977.

[2] DGK, Reihe C, Heft 277, 1983.

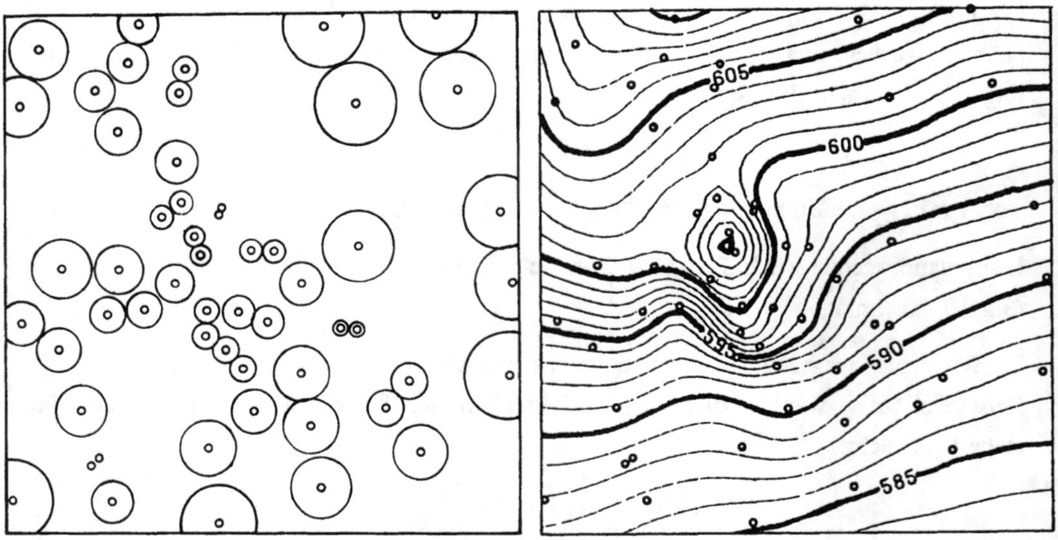

Figur 3.2-6: Kernfunktionsparameter $\overline{P_iP_{k_{min}}}$ im Maßstab 1:2 (links) und Höhenlinienbild der interpolierten Fläche (rechts)

Die Kernfunktion (3.2-11) mit ihrem individuellen Parameter $\overline{P_iP_{k_{min}}}$ für jeden Stützpunkt erlaubt auch eine zufriedenstellende Berücksichtigung von **Gerippelinien**. Gerippelinien werden auch als weiche Geländekanten bezeichnet. Senkrecht zu einer Gerippelinie ist die Krümmung größer als entlang der Gerippelinie. Eine dichte Punktanordnung entlang den Gerippelinien ergibt kleine Kernfunktionsparamenter $\overline{P_iP_{k_{min}}}$ bzw. starke Krümmungen im Scheitel dieser Hyperboloide; damit entsteht eine starke Krümmung der interpolierten Fläche. In Figur 3.2-7 ist diese Wirkungsweise demonstriert. Im linken (Simulations-)Beispiel wurden nur 19 Stützpunkte für die Oberflächeninterpolation verwendet. Sofern entlang den Höhenlinien 30 und 40 eine ausgeprägte Neigungsänderung vorhanden ist, sind zusätzliche Punkte aufzunehmen und in der Berechnung zu berücksichtigen. Den Erfolg sieht man am rechten Beispiel der Figur 3.2-7.

Einen Schritt weiter geht man bei **Geländekanten**. An den Geländekanten laufen die auf beiden Seiten liegenden Flächen "spitz" zusammen. Senkrecht zur Geländekante tritt eine Unstetigkeit in den Neigungen auf (C^0-Stetigkeit ist gegeben, aber keine C^1-Stetigkeit). Auf die Einbeziehung der Geländekanten in den Interpolationsprozeß wird erst im Abschnitt H 3.4 eingegangen.

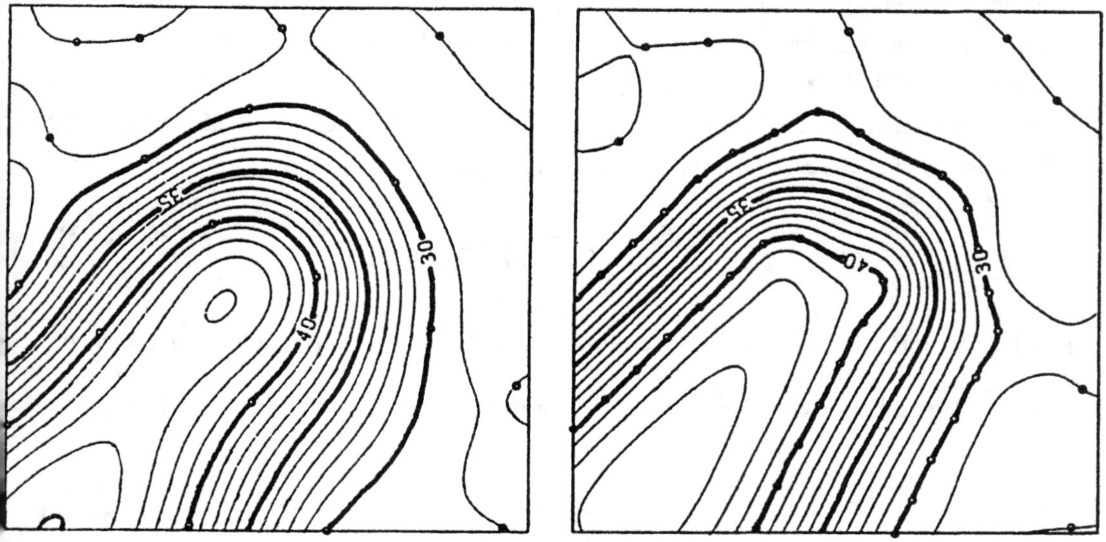

Figur 3.2-7: Höhenlinien der interpolierten Fläche ohne (links) und mit (rechts) Punktverdichtung entlang den synthetischen Strukturlinien[1]

AUFGABE 3.2-2: Man wiederhole das Zahlenbeispiel des Abschnittes H 3.2.1 mit der Kernfunktion, die mit den Gleichungen (3.2-9) und (3.2-10) definiert ist.

AUFGABE 3.2-3: Wie sieht die interpolierte (besser gesagt extrapolierte) Fläche aus, wenn man Gleichung (3.2-6) auf einen einzigen Stützpunkt anwendet? (Vorsicht bei Kernfunktionen mit $k(0) = 0$!)

AUFGABE 3.2-4: Man überprüfe das Interpolationsergebnis der Figur 3.2-5, indem man die Koordinaten der Stützpunkte abgreift und mit der Gleichung (3.2-6) die interpolierten Werte berechnet.

AUFGABE 3.2-5: Man wiederhole die Aufgabe 3.2-4, allerdings mit der Kernfunktion (3.2-11).

3.2.3 Einbeziehung von vorgegebenen Neigungen

In die Interpolation mittels Flächensummation können auch vorgegebene Neigungen einbezogen werden. Der bisher erläuterte Algorithmus berücksichtigt lediglich die Z-Koordinaten in den einzelnen Stützstellen und keine Neigungen in diesen oder anderen Punkten. Wie Neigungen in der Flächensummation berücksichtigt werden können, soll zunächst

[1] Entnommen aus Wild, E.: DGK, Reihe C, Heft 277, 1983.

anhand einer **eindimensionalen Stützstellenanordnung** betrachtet werden. Für eine Stützstelle mit einem vorgegebenen Neigungswinkel α ist eine Kernfunktion k_α zu verwenden, die einerseits an der Stützstelle eine Schrägstellung der zu interpolierenden Kurve erlaubt und andererseits aber keinen Beitrag zur Flächensummation an dieser Stützstelle liefert. Eine Kernfunktion mit diesen Eigenschaften ist zum Beispiel:

$$k_\alpha(PP_i) = \frac{X - X_i}{1 + \overline{PP_i}^2 / \overline{P_k P}^2_{i\,min}} \qquad (3.2\text{-}13)$$

Dabei ist $\overline{P_i P_{k_{min}}}$ - wie bei der Kernfunktion (3.2-11) - wiederum die Entfernung zur benachbartsten Stützstelle. Für $\overline{P_i P_{k_{min}}} = 1$ ist in Figur 3.2-8 die Kernfunktion k_α gezeichnet.

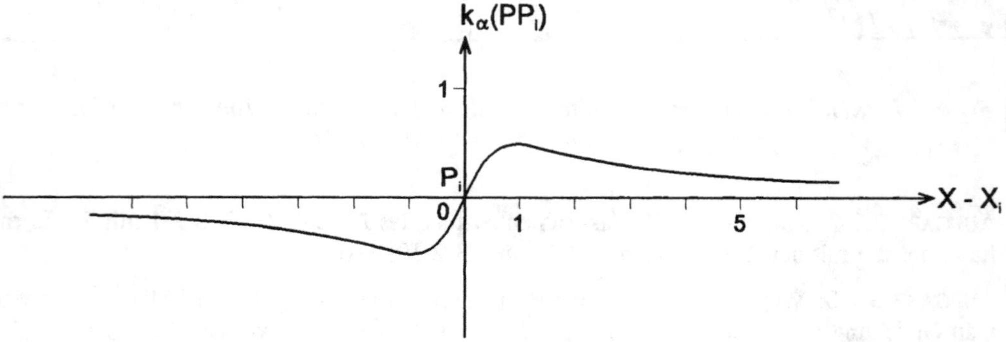

Figur 3.2-8: Kernfunktion zur Berücksichtigung von vorgegebenen Neigungen

Über den dazugehörenden Maßstabsfaktor m, der selbstverständlich auch negativ werden und damit eine negative Neigung an der Stelle P_i berücksichtigen kann, können die zu summierenden Elementarflächen so beeinflußt werden, daß die gewünschte Neigung an der Stelle P_i entsteht. An diesem Summationsprozeß nehmen selbstverständlich nicht nur die mit den Kernfunktionen k_α formulierten Elementarflächen, sondern auch die mit den Kernfunktionen k_z (z.B. Gleichung (3.2-11)) formulierten Elementarflächen teil.

Das erweiterte Gleichungssystem (3.2-4) lautet für n gegebene Z-Koordinaten und für eine vorgegebene Neigung $\tan\alpha$ an der Stützstelle P_r:

$$\begin{pmatrix} k_z(0) & \dots & k_z(P_1P_n) & k_\alpha(P_1P_r) \\ \vdots & & \vdots & \vdots \\ k_z(P_nP_1) & \dots & k_z(0) & k_\alpha(P_nP_r) \\ k_z^{\prime}(P_rP_1) & \dots & k_z^{\prime}(P_rP_n) & k_\alpha^{\prime}(0) \end{pmatrix} \begin{pmatrix} m_1 \\ \vdots \\ m_n \\ m_{n+1} \end{pmatrix} = \begin{pmatrix} Z_1 \\ \vdots \\ Z_n \\ \tan\alpha_r \end{pmatrix} \tag{3.2-14}$$

Die letzte Zeile des Gleichungssystems (3.2-14) besagt, daß die mit den Faktoren m_i multiplizierten Neigungen sowohl der Kernfunktion k_z als auch der Kernfunktion k_α in der Summe an der Stelle P_r den Wert $\tan\alpha_r$ annehmen müssen. Diese Neigungen bekommt man durch Differentiation der Kernfunktionen k_z (3.2-11) und k_α (3.2-13).

ZAHLENBEISPIEL: Gegeben sind drei Stützpunkte.
Mit der Kernfunktion (3.2-11) ergeben die **drei Stützpunkte** das in Figur 3.2-9 auf der linken Hälfte gezeichnete Ergebnis. Soll im Punkt 2 eine **horizontale Tangente** auftreten, ist der erweiterte Algorithmus zu verwenden. Das Gleichungssystem (3.2-14) lautet mit der Kernfunktion (3.2-11) und der Kernfunktion (3.2-13):

Pkt.	X	Z
1	1	8
2	3	2
3	9	11

$$\begin{pmatrix} 1 & 1.4142 & 1.6667 & -1 \\ 1.4142 & 1 & 1.4142 & 0 \\ 4.1231 & 3.1623 & 1 & 0.6 \\ 0.3536 & 0 & -0.1179 & 1 \end{pmatrix} \begin{pmatrix} m_1 \\ m_2 \\ m_3 \\ m_4 \end{pmatrix} = \begin{pmatrix} 8 \\ 2 \\ 11 \\ 0 \end{pmatrix}$$

Lösung: $m_1 = -7.958$ $\quad m_2 = 13.341$ $\quad m_3 = -0.062$ $\quad m_4 = 2.807$

Damit beträgt der interpolierte Wert zum Beispiel an der Stelle X = 7 entsprechend der Gleichung (3.2-6):

$$Z = (3.162,\ 2.236,\ 1.054,\ 0.800) \begin{pmatrix} -7.958 \\ 13.341 \\ -0.062 \\ 2.807 \end{pmatrix} = 6.85$$

In Figur 3.2-9 ist die interpolierte Funktion skizziert. Die gewünschte horizontale Tangente im Punkt 2 hat sich eingestellt.

Ist eine **Oberfläche** Z(X,Y) zu interpolieren und will man **Tangentialebenen** mit vorgegebenen Neigungen bei der Interpolation an bestimmten Stellen erzwingen, sind für die jeweilige Stelle **zwei Neigungswerte** der Tangentialebene einzuführen. Zusätzlich zur Kernfunktion (3.2-13) für die X-Richtung braucht man eine entsprechende in Y-Richtung. Zum Beispiel erwartet man in beobachteten **markanten Höhenpunkten**, daß dort die interpolierte Oberfläche eine horizontale Tangentialebene besitzt. Ein extremes (synthetisches) Beispiel zeigt

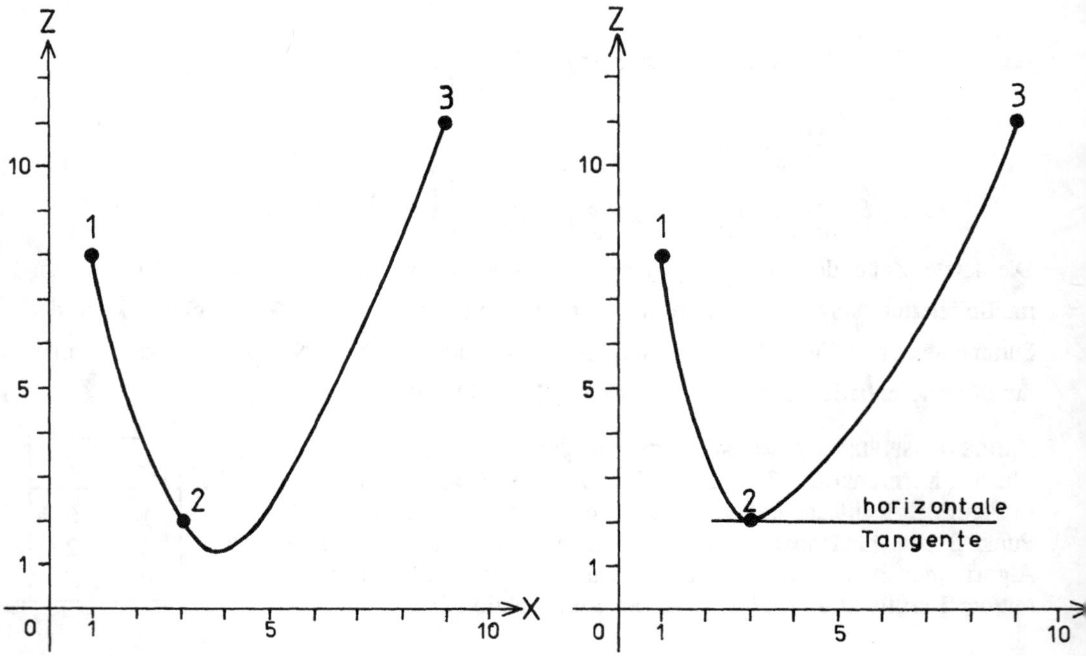

Figur 3.2-9: Interpolationsbeispiel mit drei Stützpunkten (links) und zusätzlich mit einer horizontalen Tangente (rechts)

Figur 3.2-10. Die interpolierte Fläche der linken Hälfte entstand aus den Z-Koordinaten; für die Interpolation der rechten Hälfte hat man in den beiden markanten Höhenpunkten noch zusätzlich entlang den beiden Koordinatenrichtungen horizontale Tangenten berücksichtigt. Der Erfolg ist offensichtlich.

Die Interpolation mittels Flächensummation wird für digitale Geländemodelle vor allem dann verwendet, wenn die Punktdichte verhältnismäßig gering ist und die Stützpunkte möglichst frei von Meßfehlern sind. Im Rahmen der Interpolation mittels Flächensummation kann aber auch eine Filterung (≙ Glättung) durchgeführt werden, worauf im Abschnitt H 3.3 eingegangen wird.

AUFGABE 3.2-6: Man wiederhole das Zahlenbeispiel mit der Bedingung, daß im Punkt 2 eine Steigung von -20% auftritt.

AUFGABE 3.2-7: Man wiederhole das Zahlenbeispiel unter Verwendung der drei Stützpunkte und der zusätzlichen Information, daß an der Stelle X = 5 eine horizontale Tangente auftreten soll.

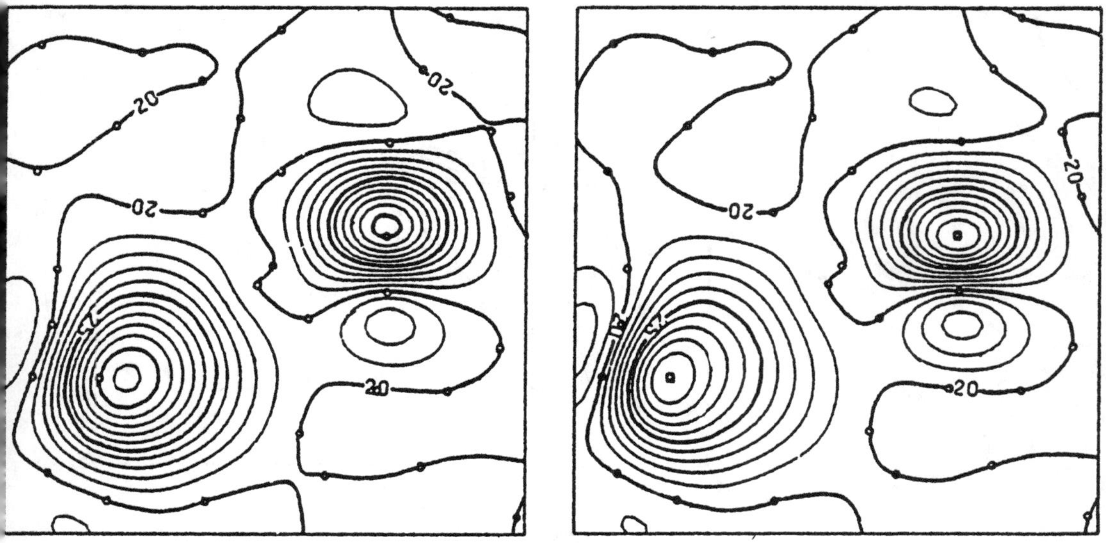

Figur 3.2-10: Interpolationsergebnis ohne (links) und mit (rechts) Berücksichtigung von horizontalen Tangentialebenen in den beiden markanten Höhenpunkten[1]

3.2.4 Ermittlung der Neigung sowie der Richtung der Fall- und Höhenlinie an einer beliebigen Stelle der Oberfläche

Die Oberfläche, die durch Summation von Elementarflächen in den Stützstellen entsteht, wurde bisher nur für Interpolationszwecke verwendet: Wir haben an einer beliebigen Interpolationsstelle X,Y den Z-Wert interpoliert. Zusätzlich zum Z-Wert können wir an der XY-Stelle den Normalvektor der Oberfläche ermitteln; damit ist auch die Neigung $\tan\alpha$ der Fläche und die Richtung der Fall- und der Höhenlinie gegeben (Figur 3.2-11).

---

[1] Entnommen aus Wild, E.: DGK, Reihe C, Heft 277, 1983. Dort wurde auch die Idee dieses Interpolationsalgorithmus erstmals veröffentlicht. Man findet dort auch Beispiele wie z.B. an den **Grat- und Tallinien** die Höhenlinien senkrecht zu diesen Linien erzwungen werden können. Eine weitere, dort zu findende Erweiterung sind **elliptische Kernfunktionen**. Sie kann man zum Interpolieren von Flächen gebrauchen, wenn die **Stützpunkte in einer Richtung wesentlich enger als in der anderen** angeordnet sind (z.B. Geländeaufnahme in Profilen, wobei der Punktabstand in den Profilen meistens wesentlich enger ist als der Profilabstand). Eine allgemeinere Lösung für das zuletzt angeschnittene Problem findet man im Abschnitt H 1.1.2.

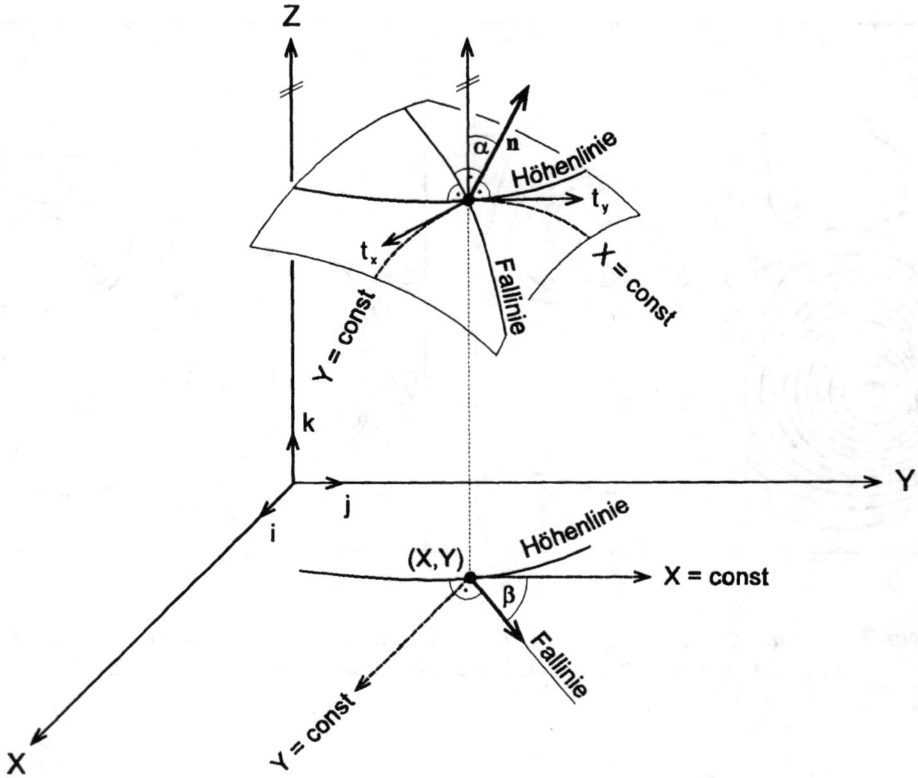

*Figur 3.2-11: Normalvektor **n** der Fläche sowie Fall- und Höhenlinie*

Der **Normalvektor n** ist der sogenannte **Gradient grad**. Für eine implizite Flächendarstellung F(X,Y,Z) = 0 erhält man bekanntlich den Gradienten aus folgender Gleichung:

$$grad = \boldsymbol{n} = \begin{pmatrix} \partial F/\partial X \\ \partial F/\partial Y \\ \partial F/\partial Z \end{pmatrix} \tag{3.2-15}$$

Bei der Flächensummation bekommen wir die Flächenfunktion in expliziter Form (Gleichung (3.2-3) bzw. (3.2-6)): Z = Z(X,Y), woraus auch eine implizite Form angegeben werden kann: F(X,Y,Z) = Z - Z(X,Y) = 0. Damit lautet die Gleichung (3.2-15) für die Flächennormale:

$$\boldsymbol{n} = \begin{pmatrix} -\partial Z/\partial X \\ -\partial Z/\partial Y \\ 1 \end{pmatrix} \tag{3.2-16}$$

Für die Flächensummation mittels auf der Spitze stehender Rotationskegel (Gleichung (3.2-3)) lauten zum Beispiel die gesuchten partiellen Differentiale:

$$\frac{\partial Z}{\partial X} = \frac{X-X_1}{\sqrt{(X-X_1)^2+(Y-Y_1)^2}}\, m_1 + \ldots + \frac{X-X_n}{\sqrt{(X-X_n)^2+(Y-Y_n)^2}}\, m_n = \sum_{i=1}^{n} \frac{X-X_i}{\sqrt{(X-X_i)^2+(Y-Y_i)^2}}\, m_i$$
$$\frac{\partial Z}{\partial Y} = \frac{Y-Y_1}{\sqrt{(X-X_1)^2+(Y-Y_1)^2}}\, m_1 + \ldots + \frac{Y-Y_n}{\sqrt{(X-X_n)^2+(Y-Y_n)^2}}\, m_n = \sum_{i=1}^{n} \frac{Y-Y_i}{\sqrt{(X-X_i)^2+(Y-Y_i)^2}}\, m_i \qquad (3.2\text{-}17)$$

AUFGABE 3.2-8: Die partiellen Differentiale für die anderen Kernfunktionen (3.2-9), (3.2-10) und (3.2-13) sind ebenfalls anzugeben.

Auf der Oberfläche gibt es auch sogenannte **Parameterlinien**. Da wir direkt mit den X- und Y-Koordinaten parametrisieren, lauten die Gleichungen für die Parameterlinien (Figur 3.2-11):

$$\begin{aligned} Z &= Z(Y) \quad \text{für } X = \text{const} \\ Z &= Z(X) \quad \text{für } Y = \text{const} \end{aligned} \qquad (3.2\text{-}18)$$

Die Richtungsvektoren der Tangenten an diesen Parameterlinien an einer beliebigen XYZ-Stelle ergeben sich zu (Figur 3.2-11):

$$\boldsymbol{t}_X = \begin{pmatrix} 1 \\ 0 \\ \partial Z/\partial X \end{pmatrix} \qquad \boldsymbol{t}_Y = \begin{pmatrix} 0 \\ 1 \\ \partial Z/\partial Y \end{pmatrix} \qquad (3.2\text{-}19)$$

Das äußere Produkt dieser beiden Vektoren liefert ebenfalls den **Normalvektor** (3.2-16):

$$\boldsymbol{n} = \boldsymbol{t}_X \times \boldsymbol{t}_Y \qquad (3.2\text{-}20)$$

AUFGABE 3.2-9: Man beweise diese Aussage.

ZAHLENBEISPIEL: Im Abschnitt H 3.2.1 wurde aus drei Stützpunkten eine Oberfläche ermittelt. An der Stelle X = Y = 2 lautet der Normalvektor der Fläche:

$$\frac{\partial Z}{\partial X} = \left(\frac{2}{\sqrt{8}}, \frac{-2}{\sqrt{5}}, \frac{2}{\sqrt{13}}\right) \begin{pmatrix} 0.063 \\ 0.298 \\ -0.046 \end{pmatrix} = -0.248$$

$$\frac{\partial Z}{\partial Y} = \left(\frac{2}{\sqrt{8}}, \frac{1}{\sqrt{5}}, \frac{-3}{\sqrt{13}}\right) \begin{pmatrix} 0.063 \\ 0.298 \\ -0.046 \end{pmatrix} = 0.216$$

Gleichung (3.2-16): $\boldsymbol{n} = \begin{pmatrix} 0.248 \\ -0.216 \\ 1 \end{pmatrix}$

Die Richtungsvektoren der Tangenten an die Parameterlinien lauten:

$$\text{Gleichung (3.2-19):}\quad \boldsymbol{t}_X = \begin{pmatrix} 1 \\ 0 \\ -0.248 \end{pmatrix} \qquad \boldsymbol{t}_Y = \begin{pmatrix} 0 \\ 1 \\ 0.216 \end{pmatrix}$$

Da der Vektor **n** senkrecht auf der Oberfläche steht und der Vektor **k** (≙ Einheitsvektor in der Z-Achse) senkrecht zur XY-Ebene verläuft, schließen die beiden Vektoren den **Neigungswinkel** α der Fläche ein (Figur 3.2-11). Man bekommt den Neigungswinkel aus folgender Gleichung:

$$\cos\alpha = \frac{\boldsymbol{n}^T\boldsymbol{k}}{|\boldsymbol{n}|} = \frac{\begin{pmatrix} n_x \\ n_y \\ n_z \end{pmatrix}^T \cdot \begin{pmatrix} 0 \\ 0 \\ 1 \end{pmatrix}}{\sqrt{n_x^2 + n_y^2 + n_z^2}} = \frac{n_z}{\sqrt{n_x^2 + n_y^2 + n_z^2}} \tag{3.2-21}$$

Anstelle von $\cos\alpha$ ist in der Topographie $\tan\alpha$ (≙ Geländeneigung) gebräuchlicher:

$$\tan\alpha = \frac{\sqrt{1 - \cos^2\alpha}}{\cos\alpha} = \frac{\sqrt{n_x^2 + n_y^2}}{n_z} \tag{3.2-22}$$

Der Richtungswinkel β der Fallinie - auch als **Exposition** bezeichnet - ergibt sich aus (Figur 3.2-11):

$$\tan\beta = \frac{n_x}{n_y}\,, \tag{3.2-23}$$

wobei in Uhrzeigerdrehung beginnend von der positiven Y-Achse gezählt wird. Die **Höhenlinie** verläuft im Grundrißpunkt X,Y senkrecht zur Fallinie. Diese Richtungen sind wertvolle Konstruktionselemente für die Ermittlung der Höhenlinien (siehe Abschnitt H 3.4.1).

Schließlich kann noch aus Gleichung (3.2-22) der Zusammenhang zwischen $\tan\alpha$ (≙ Geländeneigung in der Fallinie) und $\tan\alpha_x$ (= n_x/n_z ≙ Geländeneigung entlang der X-Koordinatenlinie) und $\tan\alpha_y$ (= n_y/n_z ≙ Geländeneigung entlang der Y-Koordinatenlinie) angegeben werden ($n_z = 1$):

$$\tan^2\alpha = \tan^2\alpha_x + \tan^2\alpha_y \tag{3.2-24}$$

Fortsetzung des ZAHLENBEISPIELES: An der Stelle X = Y = 2 berechnen wir:

Neigung mittels Gleichung (3.2-22): $\tan\alpha = \sqrt{0.248^2 + 0.216^2} = 0.329$

Richtung der Fallinie mittels Gleichung (3.2-23):
$\tan\beta = 0.248/(-0.216) = -1.148 \qquad \beta = 146.15$ gon

AUFGABE 3.2-10: Man berechne in allen Gitterpunkten der Figur H 3.2-2 die Neigungen der Oberfläche sowie die Richtungen von Fall- und Höhenlinien. Man skizziere diese Richtungen im XY-Gitter.

ZUSATZAUFGABE: In den Eckpunkten 1, 2 und 3 des Dreiecks treten Probleme bei der Berechnung auf. Warum?

Dieses Kapitel soll mit einem attraktiven Beispiel abgeschlossen werden. In der Figur 3.2-12 sind in den Gitterpunkten die Fallinienvektoren einer topographischen Oberfläche gezeichnet. In den Gitterpunkten setzen die Vektoren an; am Ende des jeweiligen Vektors ist ein Punkt gezeichnet (man verbinde damit die Vorstellung eines Wassertropfens). Die Länge der Vektoren des **Vektorfeldes** wurde abhängig von der Oberflächenhelligkeit bei Beleuchtung des Geländes aus Nordwest unter einer Zenitdistanz von 50 gon gewählt. Die Vektorlängen ergeben sich also aus dem skalaren Produkt des Vektors der Beleuchtungsrichtung und der Flächennormale in jedem Gitterpunkt. Man hätte als Vektorlängen auch die Geländeneigung wählen können.

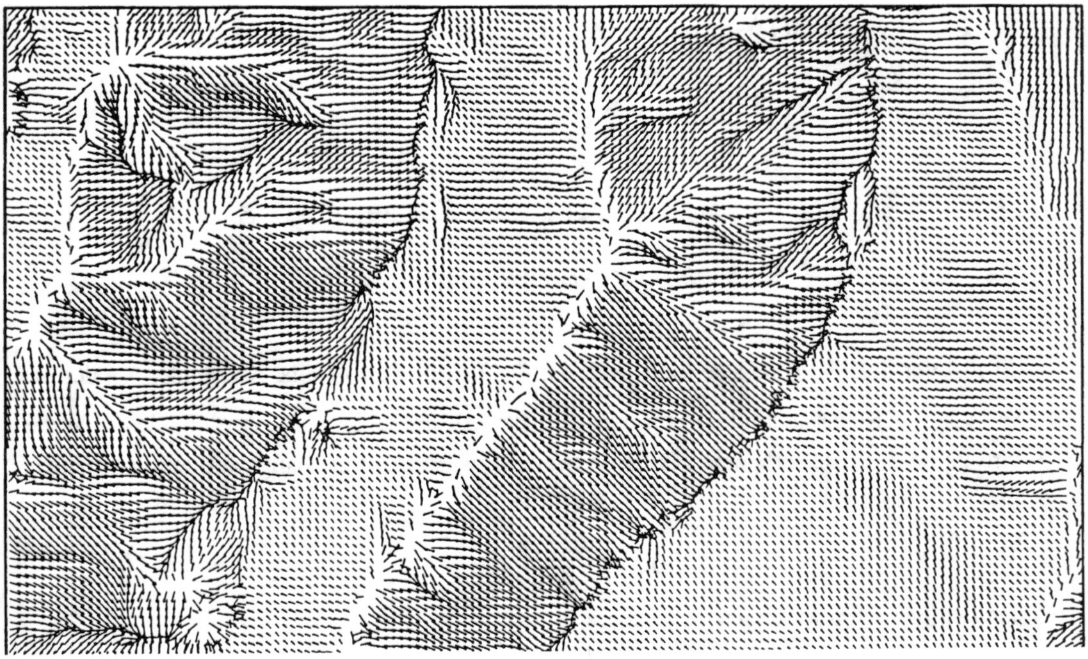

Figur 3.2-12: Vektoren an die Fallinien (≙ Expositionskarte) mit Vektorlängen abhängig von der Oberflächenhelligkeit bei Beleuchtung des Geländes aus Nordwest unter einer Zenitdistanz von 50 gon[1]

[1] Entnommen aus Rieger, W.: Geow. Mitt., Heft 39, 1992. In dieser Veröffentlichung findet man auch weitere Details zu Fallinien-Vektorfeldern.

3.3 Interpolation nach kleinsten Quadraten

3.3.1 Statistische Analyse und Grundgleichung

Für die Interpolation mittels Flächensummation kann als Kernfunktion auch eine Glockenkurve verwendet werden. Die Glockenkurve erlaubt aber auch eine in der Statistik verankerte Betrachtung dieses Interpolationsalgorithmus: **An die Stelle der Kernfunktion tritt die Kovarianzfunktion**. Sie hat die Form (Figur 3.3-1):

$$C(P_iP_k) = C(0)\, e^{-\left(\frac{\overline{P_iP_k}}{c}\right)^2} \qquad (3.3\text{-}1)$$

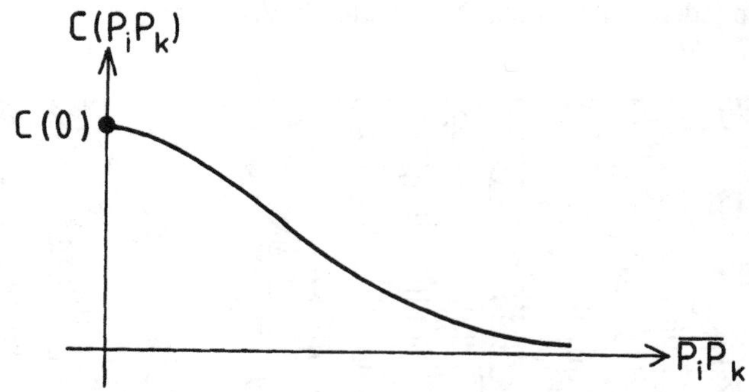

Figur 3.3-1: Kovarianzfunktion

C(0) ist der Scheitelwert, also die Kovarianz für $\overline{P_iP_k} = 0$; c ist eine Konstante, mit der die Neigung der Kovarianzfunktion im mittleren Bereich festgelegt wird. Anstelle des c-Wertes wird gerne die anschaulichere **Halbwertsweite** d_h verwendet; sie hängt mit dem c-Wert wie folgt zusammen:

$$0.5 = \frac{C(d_h)}{C(0)} = e^{-\left(\frac{d_h}{c}\right)^2}. \qquad (3.3\text{-}2)$$

Nach einigen Umformungen erhält man:

$$d_h = c\,\sqrt{\ln 2} \qquad (3.3\text{-}3)^1$$

Die Kovarianz $C(P_iP_k)$ zwischen den beiden Punkten P_i und P_k ist in der Gleichung (3.3-1) in Abhängigkeit von der Entfernung $\overline{P_iP_k}$ gebracht: Liegen die beiden Punkte nahe bei-

---

[1] Mit dieser Beziehung kann Gleichung (3.3-1) wie folgt umgeformt werden:

$$C(P_iP_k) = C(0)\cdot 2^{-\left(\frac{\overline{P_iP_k}}{d_h}\right)^2}$$

einander, ist die Kovarianz groß; mit wachsender Entfernung tendiert die Kovarianz gegen Null.

Die ursprünglichen Geländehöhen Z_i haben das angedeutete statistische Verhalten nicht. Erst nach Abspaltung eines **deterministischen Anteiles bzw. Trends**, die mit einer stark überbestimmten Polynominterpolation mittels Gleichung H(3.1-6) gemacht werden kann, sind die Voraussetzungen für die Anwendung einer Kovarianzfunktion entsprechend Gleichung (3.3-1) gegeben.

Die Zusammenhänge werden klarer, wenn nun die **empirische Bestimmung der Kovarianzfunktion** aus den Stützpunkten besprochen wird. In Figur 3.3-2 ist die Gelände- und die Trendoberfläche eingezeichnet. Die ursprünglichen Z-Koordinaten reduzieren sich durch die Abspaltung des Trends auf die z-Koordinaten, die noch in den **unregelmäßigen Anteil** r_i (≙ Meßfehler)[1] und den **korrelierten bzw. systematischen Anteil** s_i zerlegt werden, d.h.

$$z_i = s_i + r_i \qquad (3.3\text{-}4)$$

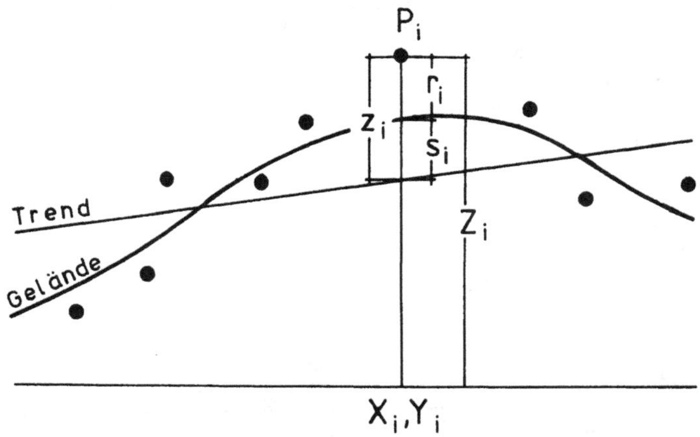

Figur 3.3-2: Trend- und Geländeoberfläche sowie Stützpunkte P_i

Die empirische Bestimmung beginnt mit der Berechnung der Varianz V_{zz} aus den n Stützpunkthöhen z_i, die als **zentrierte Stützwerte** bezeichnet werden:

$$V_{zz} = \frac{1}{n}\sum z_i z_i = \frac{1}{n}\left(\sum s_i s_i + 2\sum s_i r_i + \sum r_i r_i\right) \qquad (3.3\text{-}5)$$

[1] Die Anteile r_i sind als Meß**fehler** definiert, im umgekehrten Vorzeichen wie die Verbesserungen v_i in der Ausgleichung nach der Methode der kleinsten Quadrate.

Mit wachsendem n strebt der mittlere Term gegen Null, sodaß folgender Zusammenhang zwischen der **Varianz V_{zz} der zentrierten Stützwerte** und der **Varianz V_{ss} des korrelierten Anteiles** sowie der **Varianz V_{rr} des unregelmäßigen Anteiles** gilt:

$$V_{zz} = \frac{1}{n} \sum z_i z_i = \frac{1}{n} (\sum s_i s_i + \sum r_i r_i) = V_{ss} + V_{rr} \qquad (3.3\text{-}6)$$

Anschließend bildet man alle möglichen Punktepaare P_i und P_k und teilt sie in **mehrere Entfernungsintervalle** $d_j - \Delta d \leq \overline{P_i P_k} < d_j + \Delta d$ ein. (Bei n Punkten gibt es übrigens (n-1)n/2 Punktepaare.) Für die Punktepaare eines jeden Entfernungsintervalles werden dann aus den zentrierten Stützwerten z_i und z_k die **empirischen Kovarianzen** C_j berechnet:

$$C_j = \frac{1}{n_j} \sum z_i z_k = \frac{1}{n_j} (\sum s_i s_k + \sum s_i r_k + \sum s_k r_i + \sum r_i r_k) \;. \qquad (3.3\text{-}7)$$

Dabei ist n_j die Anzahl der im jeweiligen Intervall gefundenen Punktepaare. Mit wachsendem n_j streben die drei letzten Terme gegen Null, so daß gilt:

$$C_j = \frac{1}{n_j} \sum z_i z_k = \frac{1}{n_j} \sum s_i s_k \qquad (3.3\text{-}8)$$

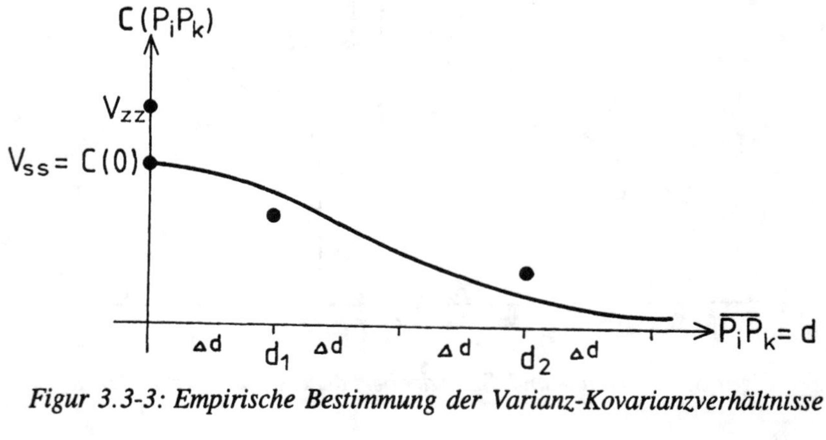

Figur 3.3-3: Empirische Bestimmung der Varianz-Kovarianzverhältnisse

In Figur 3.3-3 ist die empirische Bestimmung der Varianz-Kovarianzverhältnisse skizziert. Falls die Stützwerte nicht mit unregelmäßigen Fehlern behaftet sind, fallen - wie aus Gleichung (3.3-6) ersichtlich - die **Varianz V_{zz}** der Stützwerte und die **Varianz V_{ss}** des korrelierten Anteiles zusammen; **die unterschiedliche Größe der beiden Varianzen drückt aus, inwieweit die Stützwerte mit unregelmäßigen Meßfehlern behaftet sind.**

Da in der Regel gute Schätzungen für den unregelmäßigen Höhenfehler σ_Z bekannt sind (Abschnitt A 4.4.1), ermittelt man den **Scheitelwert C(0) in der Praxis** aus der Gleichung (3.3-6):[1]

$$C(0) = V_{ss} = V_{zz} - V_{rr} = V_{zz} - \sigma_Z^2 \tag{3.3-9}$$

Für jedes Entfernungsintervall läßt sich dann aus den empirischen Kovarianzen C_j (3.3-8) der c-Wert (3.3-1) bestimmen:

$$c_j = d_j / \sqrt{\ln(C(0)/C_j)} \tag{3.3-10}$$

Durch Mittelbildung mit den Gewichten $p_j = d_j^2$ ergibt sich schließlich der endgültige c-Wert. Offen blieb noch die Frage, wie groß man das **Intervall $2 \cdot \Delta d$** für die empirische Bestimmung der Kovarianzfunktion wählt. Man schätzt zunächst einen Wert für $2 \cdot \Delta d$ und ermittelt die Anzahl n_1 der Punktepaare im ersten Intervall $0 \leq \overline{P_i P_k} < d_1 + \Delta d$. Dann überprüft man, ob n_1 innerhalb des Kriteriums $2n \leq n_1 < 6n$ liegt (n = Anzahl der Stützpunkte).[1]

ZAHLENBEISPIEL: Aus 8 Stützpunkten - eine für statistische Betrachtungen eigentlich zu geringe Anzahl - ist die Kovarianzfunktion zu bestimmen. (Die 8 Stützpunkte entsprechen denen des Zahlenbeispieles B des Abschnittes H 3.1):

	1	2	3	4	5	6	7	8	
X	0	5	1	4	0	4	3	2	m
Y	0	0	1	3	4	5	2	4	m
Z	2	0	1	1	2	2	0.5	1,5	m
z	0.75	-1.25	-0.25	-0.25	0.75	0.75	-0.75	0.25	m

Die auf die Trendfläche sich beziehenden Höhenwerte z_i sind durch Abspalten eines konstanten Anteiles von 1.25, der durch Mittelbildung berechnet wurde, entstanden.

Varianz V_{zz} der Stützwerte nach Gleichung (3.3-5):

$$V_{zz} = \frac{4.00}{8} = 0.500\ m^2$$

Unter der Annahme einer photogrammetrischen Datenerfassung mit Luftbildern aus einer Flughöhe von 2000 m und einer Definitionsunsicherheit der Punkte von ± 15 cm, ergibt sich σ_Z aus der Gleichung A(4.4-2):

---

1 Sind Scheitelwert C(0) und Varianz V_{zz} nahezu gleich und rücken zwei oder mehr Stützpunkte unendlich nahe zusammen, kann es zu numerischen Problemen kommen, die H. Kager (ZfV 101, 377-384, 1976) behandelt hat.

2 Jansa, J.: Geow. Mitt., Heft 24, 1983.

$$\sigma_Z = \sqrt{0.16^2 + 0.15^2} = \pm 0.22\ m$$

Damit lautet der Scheitelwert für die Kovarianzfunktion laut Gleichung (3.3-9):

$$C(0) = 0.500 - 0.048 = 0.452\ m^2$$

Wegen der geringen Anzahl von Stützpunkten mußte bei der Wahl der Schrittweite $2 \cdot \Delta d$ etwas improvisiert werden. (Von den Entfernungen wurde 1.4 subtrahiert.) Für die ersten beiden Entfernungsintervalle ergaben die Formeln (3.3-8) und (3.3-10) folgende Werte:

d_j	n_j	$\sum z_i z_k$	Cj	c_j
2.3	13	0.5625	0.043	1.50
4.1	8	0.3750	0.047	2.72

Der endgültige c-Wert folgt aus:

$$c = \frac{\sum c_j d_j}{\sum d_j} = \frac{14.62}{6.4} = 2.28\ m$$

Damit lautet die Kovarianzfunktion (3.3-1):

$$C(P_i P_k) = 0.452\ e^{-\left(\frac{\overline{P_i P_k}}{2.28}\right)^2}$$

Nachdem nun die Kovarianzfunktion, die im Sinne der Interpolation mittels Flächensummation auch als Kernfunktion aufgefaßt werden kann, bekannt ist, ist in Anlehnung an Gleichung H(3.2-6) auch die **Grundgleichung für die Interpolation nach kleinsten Quadraten** - unter Berücksichtigung der Trendabspaltung - gegeben:

$$\hat{z} = (C(PP_1),\ C(PP_2),\ \dots\ C(PP_n)) \begin{pmatrix} V_{zz} & C(P_1P_2) & \dots & C(P_1P_n) \\ & V_{zz} & \dots & C(P_2P_n) \\ & & & \vdots \\ \textit{symmetrisch} & & & V_{zz} \end{pmatrix}^{-1} \begin{pmatrix} z_1 \\ z_2 \\ \vdots \\ z_n \end{pmatrix}$$

(3.3-11)[1]

$$\hat{z} = c^T\ C^{-1} z$$

Die Koordinaten X und Y des Punktes P, der nur im Vektor **c** auftritt, sind die variablen Koordinaten für die Oberflächenbeschreibung. Der Punkt P ist die Interpolationsstelle, an der die Gleichung (3.3-11) zahlenmäßig auszuwerten ist. Der Vektor **c** enthält die Kovarianzen der Interpolationsstelle P zu den n Stützpunkten P_i. Man erhält sie, indem man die Entfernungen $\overline{PP_i}$ berechnet und aus der Kovarianzfunktion (3.3-1) die Kovarianzen $C(PP_i)$

[1] Das Dach über dem Funktionswert, also $\hat{z}$, soll andeuten, daß dieser Wert geschätzt ist.

entnimmt. In der Matrix **C** treten die Kovarianzen $C(P_iP_k)$ zwischen den Stützstellen auf, die man mit den Entfernungen $\overline{P_iP_k}$ zwischen den Stützstellen ebenfalls der Kovarianzfunktion (3.3-1) entnimmt. Für die **Kovarianzen sowohl zwischen den Stützpunkten als auch für die Kovarianzen zwischen dem jeweiligen Neupunkt und den Stützpunkten wird die gleiche statistische Verteilung**, d.h. die gleiche Kovarianzfunktion (3.3-1), unterstellt; das ist eine wesentliche Grundannahme dieser Methode.

Auf der Hauptdiagonalen der Matrix **C** ist bekanntlich - siehe Gleichung H(3.2-4) - der Funktionswert der Kernfunktion für die Entfernung d = 0 zu schreiben. Aus der Figur 3.3-3 ist ersichtlich, daß für d = 0 sowohl der Scheitelwert $C(0) = V_{ss}$ als auch die Varianz V_{zz} in Frage kommen. Verwenden wir C(0), ist es eine **Interpolation ohne Filterung**. Gleichung (3.3-9) gibt uns die dazugehörende statistische Interpretation: σ_z muß Null sein, d.h. man hat es mit unendlich genauen Stützwerten zu tun. Setzt man dagegen auf der Hauptdiagonalen - wie in Gleichung (3.3-11) - die Varianz V_{zz} ein, bekommt man eine **Interpolation mit Filterung**, wobei die Residuen an den Stützpunkten in der Größenordnung von σ_Z liegen werden.

Fortsetzung des ZAHLENBEISPIELES: Die Auswertung der Gleichung (3.3-1) erfolgt zweckmäßigerweise in zwei Stufen. Zuerst berechnet man das Produkt

$$\boldsymbol{C}^{-1}\boldsymbol{z} = \begin{pmatrix} 0.5 & 0.004 & 0.308 & 0.004 & 0.021 & 0.000 & 0.037 & 0.010 \\ & 0.500 & 0.017 & 0.066 & 0.000 & 0.003 & 0.098 & 0.004 \\ & & 0.500 & 0.037 & 0.066 & 0.004 & 0.173 & 0.066 \\ & & & 0.500 & 0.017 & 0.210 & 0.308 & 0.173 \\ & & & & 0.500 & 0.017 & 0.037 & 0.210 \\ & & & & & 0.500 & 0.066 & 0.173 \\ & & & & & & 0.500 & 0.173 \\ \mathit{symm.} & & & & & & & 0.500 \end{pmatrix}^{-1} \begin{pmatrix} 0.75 \\ -1.25 \\ -0.25 \\ -0.25 \\ 0.75 \\ 0.75 \\ -0.75 \\ 0.25 \end{pmatrix} = \begin{pmatrix} 2.821 \\ -2.296 \\ -2.165 \\ -0.484 \\ 1.785 \\ 1.840 \\ -0.488 \\ -0.301 \end{pmatrix}$$

und dann folgt der interpolierte Wert aus dem **Produkt zweier Vektoren**. Für die Interpolationsstelle P(X=1.5, Y=1.5) lautet der interpolierte Wert:

$$\hat{z} = (0.191\ 0.028\ 0.411\ 0.089\ 0.089\ 0.013\ 0.280\ 0.130)\begin{pmatrix} 2.821 \\ -2.296 \\ -2.165 \\ -0.484 \\ 1.785 \\ 1.840 \\ -0.488 \\ -0.301 \end{pmatrix} = -0.45$$

$$Z = 1.25 - 0.45 = 0.80$$

Interessant ist noch das Verhalten der interpolierten Fläche in den Stützpunkten, d.h. die Interpolationsstelle P wandert der Reihe nach in die einzelnen Stützpunkte P_i. Für alle Residuen r_i folgt:

$$\boldsymbol{r} = \begin{pmatrix} r_1 \\ \vdots \\ r_n \end{pmatrix} = \begin{pmatrix} z_1 \\ \vdots \\ z_n \end{pmatrix} - \begin{pmatrix} c_1^T \\ \vdots \\ c_n^T \end{pmatrix} \boldsymbol{C}^{-1}\mathbf{z} = \mathbf{z} - \overline{\boldsymbol{C}}\boldsymbol{C}^{-1}\mathbf{z} \tag{3.3-12}$$

Die beiden Matrizen $\overline{\mathbf{C}}$ und $\mathbf{C}$ unterscheiden sich nur dadurch, daß bei $\overline{\mathbf{C}}$ auf der Hauptdiagonalen der Scheitelwert C(0) und bei $\mathbf{C}$ die Varianz V_{zz} auftritt, also $\overline{\mathbf{C}} = \mathbf{C} - (V_{zz} - C(0))\mathbf{E}$. Unter Beachtung von Gleichung (3.3-9) kann deshalb Gleichung (3.3-12) wie folgt formuliert werden:

$$\boldsymbol{r} = (\boldsymbol{C} - \overline{\boldsymbol{C}})\ \boldsymbol{C}^{-1}\mathbf{z} = \sigma_z^2\boldsymbol{C}^{-1}\mathbf{z} \tag{3.3-13}$$

Fortsetzung des ZAHLENBEISPIELES: Berechnung der 8 Residuen v_i nach Gleichung (3.3-13) unter Verwendung des bereits berechneten Produktes $\mathbf{C}^{-1}\mathbf{z}$:

$$\begin{pmatrix} r_1 \\ r_2 \\ r_3 \\ r_4 \\ r_5 \\ r_6 \\ r_7 \\ r_8 \end{pmatrix} = 0.0484 \begin{pmatrix} 2.821 \\ -2.296 \\ -2.165 \\ -0.484 \\ 1.785 \\ 1.840 \\ -0.488 \\ -0.301 \end{pmatrix} = \begin{pmatrix} 0.14 \\ -0.11 \\ -0.10 \\ -0.02 \\ 0.09 \\ 0.09 \\ -0.02 \\ -0.01 \end{pmatrix}$$

Die guten Filtereigenschaften dieser Interpolationsmethode sollen noch mit einem Beispiel aus der Topographie belegt werden. Der Figur H 3.3-4 liegt - abgesehen von sieben groben Fehlern - der gleiche Datensatz wie der Figur H 3.1-2 zu Grunde. Für die Ermittlung des Scheitelwertes der Kovarianzfunktion mittels Gleichung (3.3-9) wurde ein unregelmäßiger Höhenfehler von $\sigma_z = \pm 20$ cm benutzt. Die interpolierte Oberfläche ist in Figur 3.3-4 in Form von Höhenlinien wiedergegeben. Besonders hervorzuheben ist die ausgezeichnete **Scharungsplastik**[1], insbesondere der eng beieinander liegenden Höhenlinien. Sie ist der schlechten Scharungsplastik einer Interpolation mit gleitender Schrägebene gegenüberzustellen (man vergleiche die Figuren H 3.3-4 und H 3.1-2).

So ansprechend die **Filterung** bei der Interpolation nach kleinsten Quadraten auch ist, so **gefährlich** kann sie aber auch sein. Falls man mit den grob fehlerhaften Daten ebenfalls das Höhenlinienbild mit einem σ_z von ± 20 cm ermittelt, erhält man als Ergebnis Figur 3.3-5. Man erkennt auf der linken Seite fünf grobe Datenfehler; mit der gleitenden Schrägebene (Figur H3.1-2) treten dagegen sieben grobe Datenfehler in diesem Bereich deutlich hervor. Diese sieben groben Datenfehler wurden eliminiert bevor das Höhenlinienbild der Figur 3.3-4 abgeleitet wurde. Wenn man aber **anstelle der Graphik die Filterbeträge (3.3-13) für die Beurteilung der Daten heranzieht**, findet man durchaus die sieben groben Datenfehler mit der Interpolation nach kleinsten Quadraten.

Am Ende dieses Abschnittes ist darauf hinzuweisen, daß die Grundgleichung (3.3-11) für diese Interpolationsmethode auch aus einer Ableitung gewonnen werden kann, die jenen Interpolationsalgorithmus sucht, dessen **Interpolationsfehlerquadratsumme ein Minimum** wird.[2] [3] Wegen dieser interessanten Eigenschaft ist die Gleichung (3.3-11) auch als **Interpolation nach kleinsten Quadraten** bekannt. Sie ist allerdings nur dann die genaueste Interpolationsmethode, wenn die Kovarianzen zwischen den Stützpunkten sowie zwischen der Interpolationsstelle und den Stützpunkten in Form der Kovarianzfunktion - zum Beispiel der Gleichung (3.3-1) - vollständig repräsentiert sind. Diese Voraussetzung trifft umsomehr zu, je größer und gleichmäßiger die Punktdichte für die empirische Bestimmung der Kovarianzfunktion ist und je homogener die Krümmungsverhältnisse der Geländeoberfläche sind.

---

1 Sie ist in flachen Gebieten etwas beeinträchtigt. Die dort sichtbaren kantigen Formen rühren daher, daß in diesen Bereichen Laser-Scanner-Daten aus zwei überlappenden Streifen zusammenstoßen (siehe auch Abschnitt I 2.2.3c).

2 Moritz, H. u. Sünkel, H.: Approximation Methods in Geodesy. Sammlung Wichmann, Neue Folge, Band 10, Wichmann-Verlag Karlsruhe, 1978.

3 Kraus, K.: ZfV 99, 198-205, 1974.

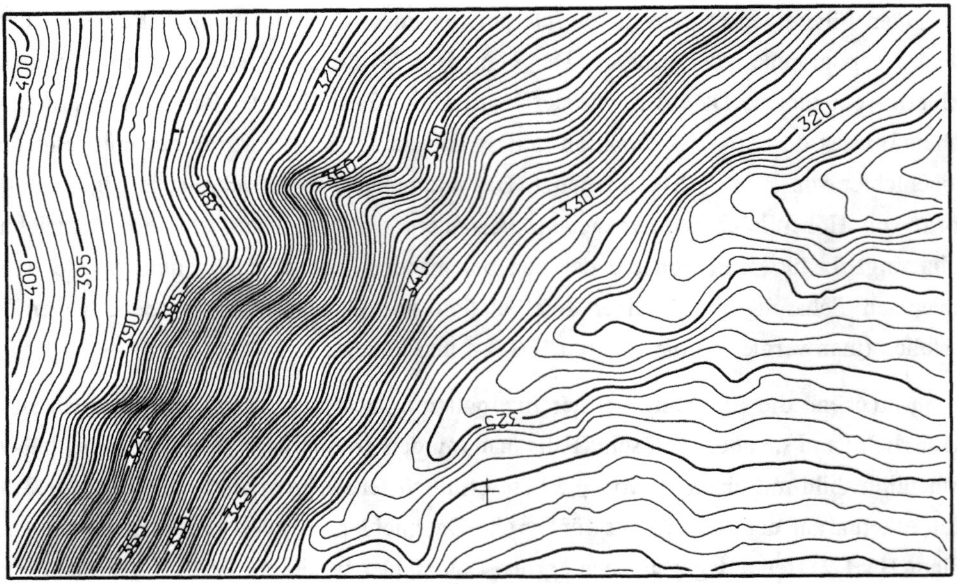

Figur 3.3-4: Mittels Interpolation nach kleinsten Quadraten abgeleitete Höhenlinien

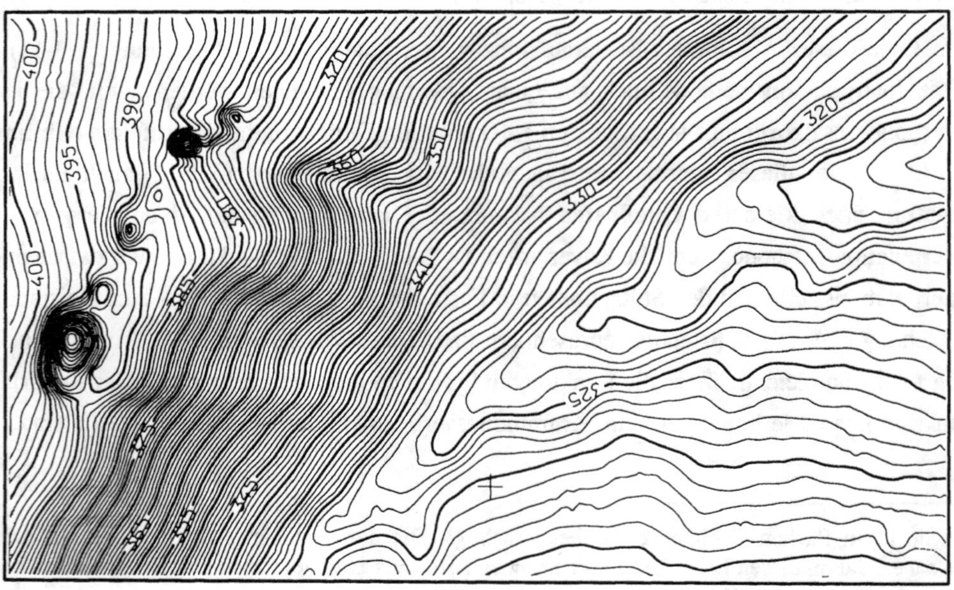

Figur 3.3-5: Mit Interpolation nach kleinsten Quadraten - aus Daten mit groben Fehlern - abgeleitete Höhenlinien

Die Interpolation nach kleinsten Quadraten kann selbstverständlich um alle Verfeinerungen ergänzt werden, die für die Interpolation mittels Flächensummation (Abschnitt H3.2) angegeben wurden. So ist zum Beispiel ein **variabler c-Wert für jeden Stützpunkt** - in Anlehnung an die Kernfunktion H(3.2-9) und die Gleichung H(3.2-10) - denkbar, solange die Matrix **C** (3.3-11) regulär bleibt. Der c-Wert, der für die Steigung der Glockenkurve im mittleren Bereich - beziehungsweise für die Halbwertsweite (3.3-3) - verantwortlich ist, ergibt sich dann nicht mittels der Gleichung (3.3-10) aus den empirischen Kovarianzen C_j, sondern aus der Entfernung zum jeweils benachbartsten Stützpunkt. Eine solche Vorgangsweise ist angebracht, wenn mit dem Setzen der einzelnen Stützpunkte implizit auch über die Geländeform etwas ausgesagt wird. Setzt ein topographisch geschulter Auswerter nämlich sehr wenig Punkte, drückt er damit bereits eine **Geländeform mit geringen Krümmungen** aus.

Auch die **horizontalen Tangentialebenen in den markanten Höhenpunkten** können bei der Interpolation nach kleinsten Quadraten in gleicher Weise wie bei der Flächensummation herbeigeführt werden (siehe Abschnitt H 3.2.3). Auch die **Flächennormale** und alle damit zusammenhängenden Flächenparameter (Abschnitt H 3.2.4) können in jedem mittels Interpolation nach kleinsten Quadraten ermittelten Punkt angegeben werden.

AUFGABE 3.3-1: Man gebe für die Interpolation nach kleinsten Quadraten - in Anlehnung an die Gleichungen H(3.2-17) - die partiellen Differentialquotienten $\partial Z/\partial X$ und $\partial Z/\partial Y$ an. Diese Differentiale bilden die zwei wichtigsten Komponenten der Flächennormale (Gleichung (3.2-16)).

AUFGABE 3.3-2: Man wähle zwei zentrierte Stützpunkte mit gleichen XY-Koordinaten, aber unterschiedlichen Z-Koordinaten, und eine Kovarianzfunktion mit Filterung und eine Kovarianzfunktion ohne Filterung. Man ermittle jeweils den Interpolationswert an der Stützstelle (Hinweis: bei der Interpolation ohne Filterung gibt es keine Lösung. Warum?).

3.3.2 Genauigkeit der interpolierten Werte

Mittels Gleichung (3.2-11) kann an jeder beliebigen Stelle P mit ihren Koordinaten X und Y nicht nur der Interpolationswert $\hat{z}$, sondern auch seine Genauigkeit $\sigma_{\hat{z}}$ berechnet werden. Diese Genauigkeit ergibt sich aus folgender Beziehung:

$$\sigma_{\hat{z}}^2 = V_{ss} - c^T C^{-1} c \tag{3.3-14}$$[1]

Dabei ist V_{ss} die Varianz des systematischen bzw. korrelierten Anteiles, der dem Scheitelwert C(0) der Kovarianzfunktion entspricht (Figur 3.3-3).

Für das im Abschnitt H 3.3.1 eingeführte ZAHLENBEISPIEL ergibt sich die Genauigkeit für den interpolierten Wert $\hat{z} = -0.45$ an der Stelle P(X=1.5,Y=1.5) aus folgenden Rechenschritten:

$$C^{-1} = \begin{pmatrix} 3.381 & -0.050 & -2.336 & -0.352 & 0.104 & 0.049 & 0.756 & 0.041 \\ & 2.094 & 0.108 & -0.063 & -0.045 & 0.019 & -0.461 & 0.164 \\ & & 4.007 & 0.827 & -0.333 & -0.148 & -1.704 & 0.011 \\ & & & 4.173 & 0.097 & -1.342 & -2.567 & -0.234 \\ & & & & 2.527 & 0.269 & 0.262 & -1.237 \\ & & & & & 2.747 & 0.783 & -0.852 \\ & & & & & & 4.355 & -0.786 \\ symm. & & & & & & & 3.163 \end{pmatrix}$$

$$c^T = (0.191\ 0.028\ 0.411\ 0.089\ 0.089\ 0.013\ 0.280\ 0.130)$$

$$\sigma_{\hat{z}}^2 = 0.452 - 0.393 = 0.059\ m^2 \qquad \sigma_{\hat{z}} = \pm\ 0.24\ m$$

Eine Diskussion der Genauigkeitseigenschaften der Interpolation nach kleinsten Quadraten wird im folgenden mit zwei extremen Beispielen geführt. Im ersten Beispiel gibt es nur einen einzigen Stützpunkt. Im zweiten Beispiel werden wir sehr viele Stützpunkte betrachten.

3.3.2.1 Ein einziger Stützpunkt

Interessant ist, daß die Interpolation nach kleinsten Quadraten auch für einen einzigen Stützpunkt ein Ergebnis liefert. In diesem Fall ist es eine Extrapolation. In der Folge sprechen wir daher von **Prädiktion, die die Interpolation und Extrapolation einschließt.** In der Figur 3.3-6 sind die Varianz-Kovarianzverhältnisse, das Ergebnis $\hat{z}$ und die Genauigkeit $\sigma_{\hat{z}}$ wiedergegeben, wobei die ausgezogenen Linien einer Prädiktion ohne Filterung und die gestrichelten Linien einer Prädiktion mit Filterung entsprechen.

---

[1] Die Ableitung findet man bei Kraus, K.: ZfV 99, S.198-205, 1974. Dort ist auch eine Genauigkeitsformel angegeben, inwieweit sich fehlerhafte Varianz-Kovarianzverhältnisse auf die Genauigkeit der Interpolation auswirken.

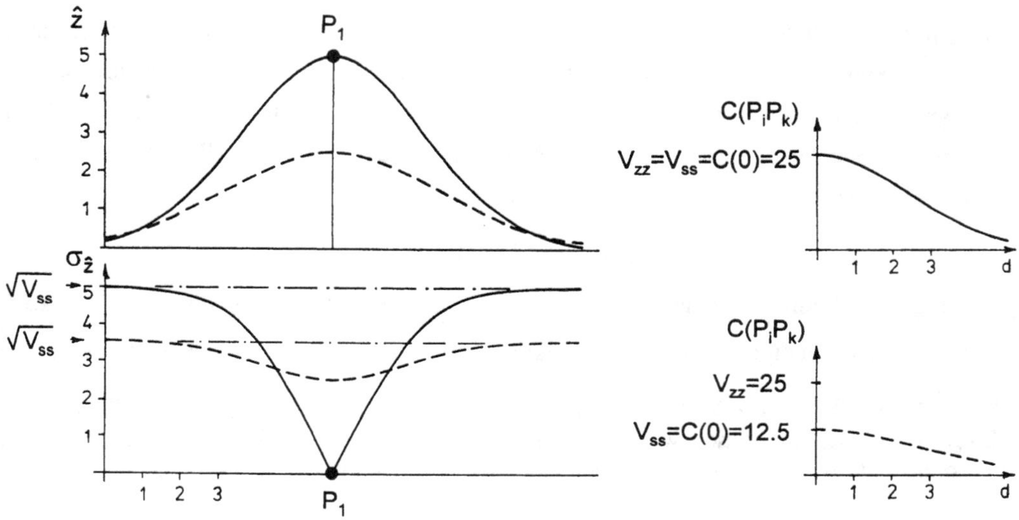

Figur 3.3-6: Varianz-Kovarianzverhältnisse, Prädiktionsergebnisse $\hat{z}$ und Genauigkeit $\sigma_{\hat{z}}$ mit (gestrichelte Linien) und ohne (ausgezogene Linien) Filterung[1]

a) **Prädiktion ohne Filterung**: Der Stützpunkt P_1 wird genau angehalten. Die extrapolierte Funktion $\hat{z}$ verläuft - entsprechend der Kovarianzfunktion - asymptotisch gegen Null. Ergebnis: **Je weiter die Prädiktionsstelle von den Stützpunkten entfernt ist, desto mehr tendiert das Prädiktionsergebnis gegen Null bzw. gegen den Trend**, mit anderen Worten, die Interpolation nach kleinsten Quadraten ist eine sehr vorsichtige Methode in Bereichen ohne Stützpunkte.

Der Prädiktionsfehler $\sigma_{\hat{z}}$ an der Stützstelle P_1 muß Null betragen, wie sich aus der Formel (3.3-14) auch ergibt:

$$\sigma_{\hat{z}} = \pm\sqrt{25 - 25 \cdot 25^{-1} \cdot 25} = 0$$

Interessant ist der mittlere Prädiktionsfehler $\sigma_{\hat{z}}$ an unendlich entfernten Prädiktionsstellen. Er ergibt sich aus der Gleichung (3.3-14) wie folgt:

$$\sigma_{\hat{z}} = \pm\sqrt{25 - 0 \cdot 25^{-1} \cdot 0} = \pm 5$$

Das Ergebnis besagt, daß der **größte mittlere Prädiktionsfehler dem systematischen bzw. korrelierten Anteil**, also $\sqrt{V_{ss}}$, **entspricht**, mit anderen Worten, in jenen Berei-

---

[1] Entnommen aus Aßmus, E., Kraus, K.: DGK, Reihe A, Heft 76, 1974. Dort sind neben den in diesem Abschnitt angebebenen Beispiele weitere Beispiele enthalten.

chen, in denen keine Prädiktion stattfindet, bleibt ein dort eventuell vorhandener systematischer Anteil als Fehler übrig.

b) **Prädiktion mit Filterung**: Die Varianz-Kovarianzverhältnisse wurden so angenommen, daß die Stützwerte zur Hälfte aus systematischen Anteilen und zur Hälfte aus unregelmässigen Fehlern bestehen. Das Prädiktionsergebnis $\hat{z}$ entspricht dieser Vorgabe. Der Prädiktionsfehler $\sigma_{\hat{z}}$ an der Stützstelle P_1 muß in diesem Fall von Null verschieden sein, wie sich aus der Formel (3.3-14) auch ergibt:

$$\sigma_{\hat{z}} = \pm\sqrt{12.5 - 12.5 \cdot 25^{-1} \cdot 12.5} = \pm 2.5$$

Der größte Prädiktionsfehler steigt bei dieser Prädiktion mit Filterung bis auf $\sqrt{V_{ss}} = \pm 3.5$ an. Der vollständige Verlauf des Prädiktionsfehlers ist in der Figur 3.3-6 skizziert.

AUFGABE 3.3-3: Man gebe für das eingeführte Zahlenbeispiel an der Stützstelle mit der Koordinate 2 den Prädiktionswert $\hat{z}$ und die Genauigkeit $\sigma_{\hat{z}}$ sowohl für die Prädiktion mit und ohne Filterung an. Die erforderliche Kovarianz C(d=4) beträgt 6 bzw. 3.

3.3.2.2 Viele Stützpunkte

Es wurden 115 Stützpunkte vorgegeben (Figur 3.3-7). Die Varianz der Stützwerte beträgt: $V_{zz} = 822.5$. Infolge der hohen Anzahl von Stützwerten war es möglich, den Scheitelwert C(0) der Kovarianzfunktion, und damit auch den unregelmäßigen Fehleranteil der Stützwerte, - aus den Daten selbst zu gewinnen. Der Scheitelwert ergibt sich zu: C(0) = 815.9; daraus folgt für den mittleren Fehler der Stützwerte: $\sigma_z = \sqrt{822.5 - 815.9} = \pm 2.6$. Der empirisch erhaltene Verlauf der gesamten Kovarianzfunktion ist in der Figur 3.3-7 eingezeichnet.

In der oberen Hälfte der Figur 3.3-7 ist das Interpolationsergebnis $\hat{z}$ und in der unteren Hälfte die Genauigkeit $\sigma_{\hat{z}}$ - berechnet mit Gleichung (3.3-14) - wiedergegeben. Der maximale mittlere Fehler kann - weit außerhalb der Stützstellen - auf $\sqrt{V_{ss}} = \sqrt{815.9} = \pm 28.6$ ansteigen. Im Bereich der Stützpunkte ergibt sich eine konstante Genauigkeit von $\sigma_{\hat{z}} = \pm 1.14$. Es ist ein interessantes Ergebnis in Anbetracht dessen, daß die Stützpunkte nur eine Genauigkeit von $\sigma_z = \pm 2.6$ besitzen.

Ergebnis: **Bei einer hohen Stützpunktdichte kann die Genauigkeit des Interpolationsergebnisses deutlich besser** - in unserem Beispiel um den Faktor Zwei - **als die Genauigkeit der Stützwerte sein**. (Im Abschnitt H 5.3 greifen wir diese Problemstellung nochmals auf.)

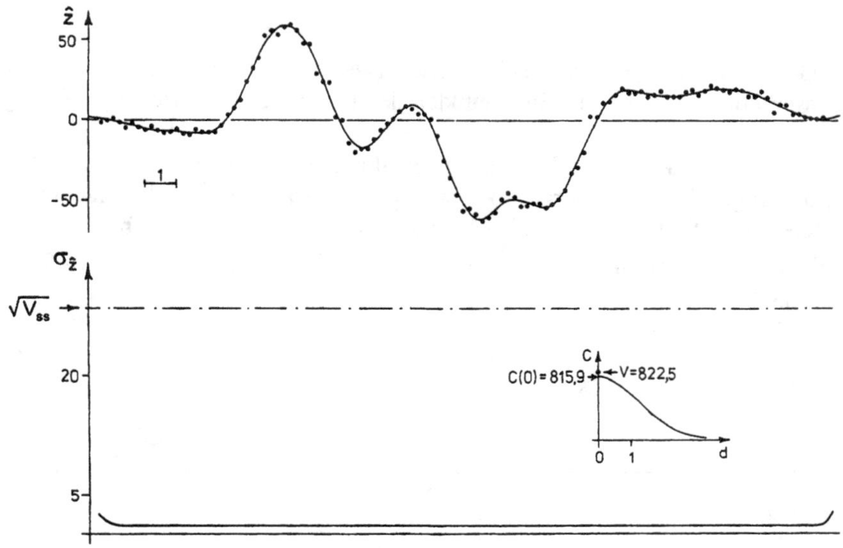

Figur 3.3-7: Interpolationsergebnis und Interpolationsgenauigkeit mit 115 Stützpunkten

In der Fortsetzung wollen wir in dem angeführten Beispiel die Stützpunktmenge reduzieren und den damit zwangsläufig verbundenen Genauigkeitsverlust angeben. Bei einer **Reduktion auf 29 Stützpunkte, also auf ein Viertel** der Stützpunktmenge, verschlechtert sich die Genauigkeit nur auf $\sigma_{\hat{z}} = \pm 2.16$. Diese Genauigkeit ist aber immer noch besser als die Genauigkeit der Stützwerte, die $\sigma_z = \pm 2.6$ beträgt. In der Figur 3.3-8 ist das Interpolations-

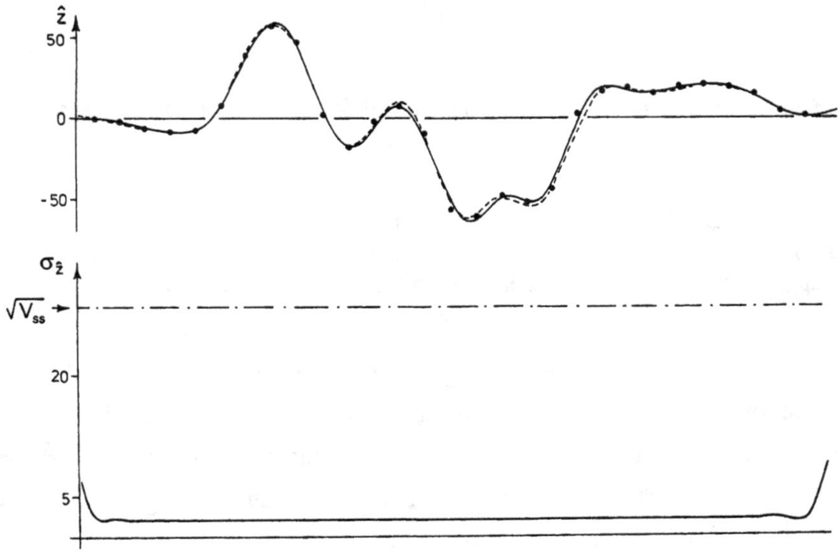

Figur 3.3-8: Interpolationsergebnis und Genauigkeit mit 29 Stützpunkten (das sehr genaue Ergebnis der Figur 3.3-7 ist gestrichelt)

ergebnis und die Interpolationsgenauigkeit wiedergegeben. Zum Vergleich ist auch das Interpolationsergebnis aus den 115 Stützpunkten der Figur 3.3-7 gestrichelt eingetragen.

Eine noch drastischere **Reduktion** der Anzahl der Stützpunkte **auf nur 10 Stützpunkte** führt zu dem in der Figur 3.3-9 wiedergegebenen Ergebnis. In diesem Fall steigt der mittlere Fehler zwischen den Stützpunkten auf ± 14.6 an. In diesem Zusammenhang ist daran zu erinnern, daß bei Verzicht auf die gesamte Interpolation ein Fehler von $\sqrt{V_{ss}} = \sqrt{815.9} = \pm 28.6$ eintreten würde.

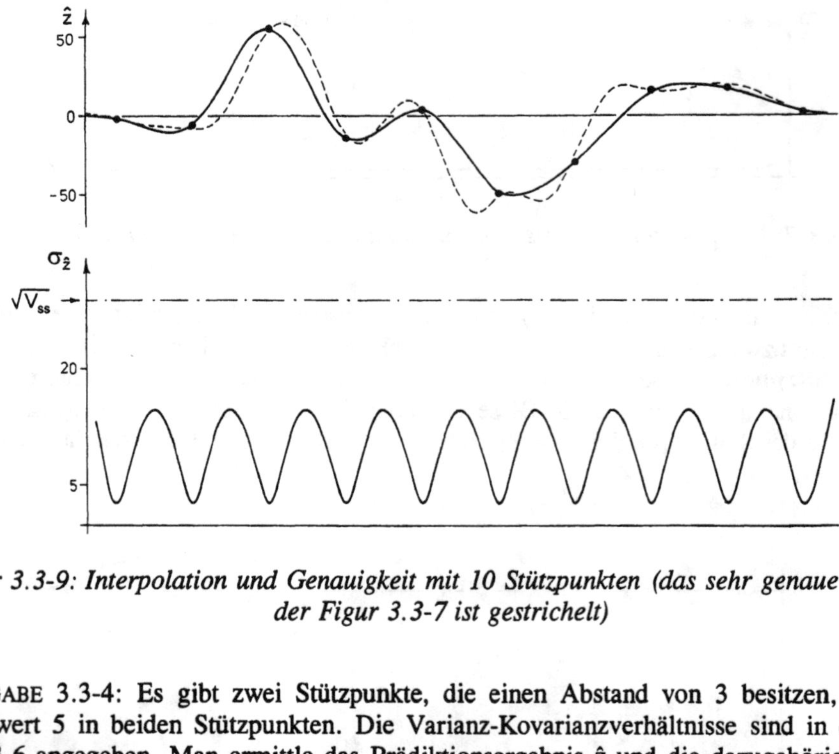

Figur 3.3-9: Interpolation und Genauigkeit mit 10 Stützpunkten (das sehr genaue Ergebnis der Figur 3.3-7 ist gestrichelt)

AUFGABE 3.3-4: Es gibt zwei Stützpunkte, die einen Abstand von 3 besitzen, mit dem Stützwert 5 in beiden Stützpunkten. Die Varianz-Kovarianzverhältnisse sind in der Figur H 3.3-6 angegeben. Man ermittle das Prädiktionsergebnis $\hat{z}$ und die dazugehörige Genauigkeit $\sigma_{\hat{z}}$.

Die Genauigkeit der interpolierten Werte ist ein vorzügliches Kriterium für eine Datenverdichtung. Zu diesem Zweck wird man - in den Schnittpunkten eines regelmäßigen XY-Gitters - die Höhenwerte interpolieren und die dazugehörigen mittleren Fehler berechnen. In jenen Gitterpunkten, in denen die mittleren Fehler einen gewissen Schwellwert überschreiten, sind weitere Stützpunkte zu erfassen.

3.3.3 Spezielle Filterungen

3.3.3.1 Elimination des systematischen Abtastfehlers

Bei einer dynamischen Profilierung im photogrammetrischen Stereoauswertegerät tritt zwangsläufig ein **systematischer Abtastfehler** auf, der im Rahmen des Interpolationsprozesses weitgehend zu eliminieren ist. Bei der dynamischen Profilierung fährt der Operateur mäanderförmig die Profile kontinuierlich ab (Figur A 4.3-26); die Steuerung dieser Profile übernimmt das EDV-System, während der Operateur die Höhe nachstellt. Der Abtastfehler hängt von der Profiliergeschwindigkeit und von der Geländeneigung ab (Figur A 4.4-5).

Zur Elimination des Abtastfehlers teilt man die **Stützpunkte in zwei Gruppen** ein; jede Gruppe enthält die Punkte, die in einer Profilrichtung erfaßt wurden. In einer Gruppe kann dann eine Autokovarianzfunktion, und zwischen den beiden Gruppen eine Kreuzkovarianzfunktion empirisch ermittelt werden. Der Unterschied der beiden Kovarianzfunktionen gibt Aufschluß über die Größe des Abtastfehlers. Die Kovarianzfunktion der vom Abtastfehler befreiten Stützpunkte liegt in der **Mitte zwischen Auto- und Kreuzkovarianzfunktion**. Nähere Details und vor allem wie die Grundgleichung H(3.3-11) für die Elimination des Abtastfehlers adaptiert werden muß, findet man in der Literatur[1]. E. Wild[2] löst dieses

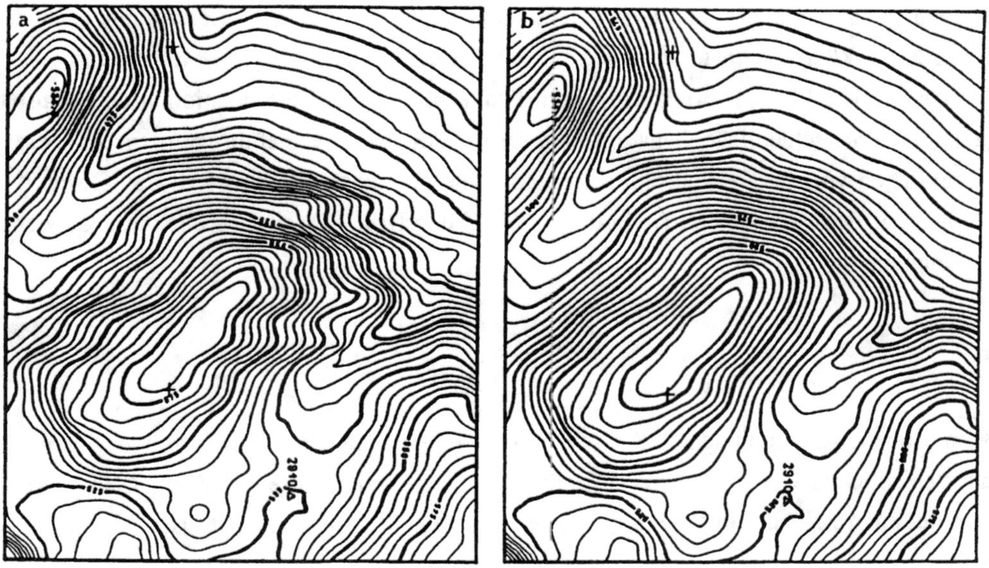

Figur 3.3-10: Höhenlinien aus Profilen ohne (links) und mit (rechts) Elimination des Abtastfehlers

[1] Kraus, K.: ZfV 98, 146-153, 1973.

[2] DGK, Reihe C, Heft 277, 1983.

Problem mit sogenannten elliptischen Kovarianzfunktionen. Figur 3.3-10 zeigt ein demonstratives Beispiel. Die linke Hälfte gibt die Höhenlinien wieder, die aus den Profildaten ohne Elimination des Abtastfehlers gewonnen wurden, während bei der Ermittlung der Höhenlinien auf der rechten Hälfte der Figur 3.3-10 dieser systematische Fehlereinfluß weitgehend beseitigt werden konnte.

Ergänzung: Die angedeutete spezielle Filterung mit Auto- und Kreuzkovarianzfunktionen kann auch angewandt werden, wenn die zwei Gruppen von Stützpunkten unregelmäßig angeordnet sind. Typische Beispiele sind

- der **Überlappungsbereich von zwei photogrammetrischen Stereomodellen**, die höhenmäßig schlecht eingepaßt wurden und
- der **Überlappungsbereich von Laser-Scanner-Streifen**, die mit GPS und INS nicht gut genug bestimmt wurden (Abschnitt I 2.2-3c).

3.3.3.2 Gruppenweise unterschiedliche und individuelle Genauigkeiten der Stützpunkte

In der bisherigen Grundgleichung (3.3-11) der Interpolation nach kleinsten Quadraten gehen alle Stützpunkte mit gleicher Genauigkeit ein. So wie bei einer Ausgleichung nach der Methode der kleinsten Quadrate unterschiedliche Genauigkeiten der Beobachtungen berücksichtigt werden können, so können natürlich auch bei der Interpolation nach kleinsten Quadraten unterschiedliche Genauigkeiten für die Stützwerte eingeführt werden. Zu diesem Zweck legen wir die Gewichte p_i so fest, daß die **genauesten Stützwerte das Gewicht 1** bekommen. Beim Bilden der **Varianz** V_{zz} (Gleichung H(3.3-5)) sind bereits diese Gewichte zu beachten:

$$V_{zzp=1} = \frac{\sum z_i z_i p_i}{\sum p_i} \qquad (3.3\text{-}15)$$

Beim Bilden der empirischen Kovarianzen C_j (Gleichung H(3.3-8)) haben dagegen die unterschiedlichen Gewichte keinen Einfluß, denn die Kovarianzen sind ein Maß für den korrelierten Anteil, der unabhängig von der Genauigkeit der Stützpunkte ist.

Bei der Ermittlung des **Scheitelwertes** C(0) der Kovarianzfunktion (Gleichung H(3.3-9)) aus der Varianz $V_{zzp=1}$ (Gleichung H(3.3-15)) ist der a priori bekannte unregelmäßige Höhenfehler für die Gewichtseinheit, den wir mit σ_{zo} bezeichnen, heranzuziehen:

$$C(0) = V_{zzp=1} - \sigma_{z_o}^2 \qquad (3.3\text{-}16)$$

Für jeden Stützwert z_i mit seinem Gewicht p_i kann nun eine **individuelle Varianz** V_{zzpi} angegeben werden:

$$V_{zzp_i} = \frac{V_{zzp=1} - C(0)}{p_i} + C(0) = \frac{\sigma_{z_o}^{\ 2}}{p_i} + C(0) \qquad (3.3\text{-}17)$$

Für einen Stützwert mit dem Gewicht $p_i = 1$ liefert diese Gleichung die gewünschte Varianz $V_{zzp=1} = C(0) + \sigma_{zo}^2$, für einen Stützwert mit dem Gewicht $p_i = 0.5$ eine Varianz von $V_{zzp=0.5} = C(0) + 2\ \sigma_{zo}^2$ etc. (siehe Figur 3.3-11).

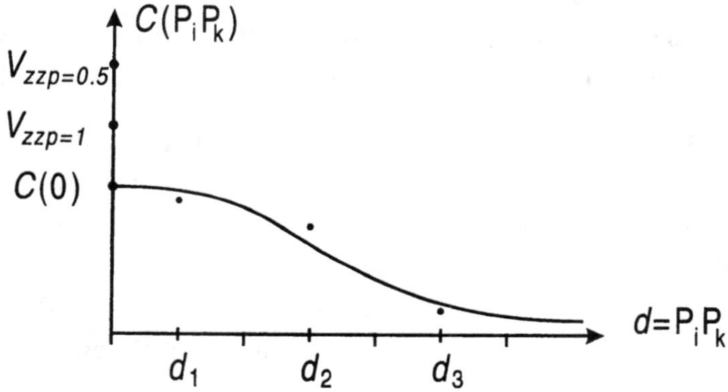

Figur 3.3-11: Varianz $V_{zzp=1}$ und $V_{zzp=0.5}$ für Stützwerte mit den Gewichten $p = 1$ und $p = 0.5$; empirische Kovarianzen C_j für drei Entfernungsklassen d_j zur empirischen Bestimmung der Kovarianzfunktion

Auf der Hauptdiagonlen der Matrix **C** (3.3-11) tritt nun an die Stelle einer konstanten Varianz V_{zz} für jeden Stützpunkt die individuelle Varianz V_{zzpi}. Dadurch erhalten die Stützpunkte mit **geringeren Gewichten größere Filterbeträge r_i**. Diese Filterbeträge werden nicht mehr mittels Gleichung H(3.3-13), sondern mittels der folgenden Gleichung ermittelt:

$$\boldsymbol{r} = \sigma_{z_o}^2 \begin{pmatrix} 1/p_1 & & & \\ & 1/p_2 & & \\ & & \cdot & \\ & & & 1/p_n \end{pmatrix} \boldsymbol{C}^{-1}\boldsymbol{z} \qquad (3.3\text{-}18)$$

Mit dieser **erweiterten Form der Interpolation nach kleinsten Quadraten** können folgende Daten adäquat bearbeitet werden:

- Im gleichen Gebiet können photogrammetrische Daten, die aus Flügen mit unterschiedlicher Höhe gewonnen wurden, vorliegen, die gemeinsam zu einem digitalen Geländemodell verarbeitet werden sollen.[1]
- Markante Höhenpunkte werden in der Regel genauer gemessen als die übrigen Massenpunkte. Diese unterschiedliche Meßgenauigkeit ist bei der Interpolation zu berücksichtigen.
- Im flachen Gelände ist die Höhenmeßgenauigkeit besser als im steilen Gelände, was mit Gewichten in Abhängigkeit von der Geländeneigung berücksichtigt werden kann.
- Für weiträumig gesetzte Stützpunkte hat man nicht genügend Information zur Filterung. Die Gewichte sollte man daher in Abhängigkeit von der Entfernung zum benachbartsten Stützpunkt variieren,[2] d.h. isoliert stehende Stützpunkte erhalten ein sehr hohes Gewicht.

Schließlich soll noch die **Verbindung der robusten Schätzung** (Abschnitt B 7.2.1.5), die die Elimination der groben Datenfehler zum Ziel hat, mit der Interpolation nach kleinsten Quadraten erwähnt werden. Zunächst wird man - mit allen groben Datenfehlern - eine normale Interpolation nach kleinsten Quadraten durchführen. Sie liefert die Filterbeträge **r** entsprechend Gleichung H(3.3-13). Bei ausreichender Punktdichte werden die groben Datenfehler besonders große Filterbeträge hervorrufen. In einer zweiten Ausgleichung wird man daher **individuelle Gewichte in Abhängigkeit von den Filterbeträgen** entsprechend Gleichung

$$p_i = \frac{1}{1 + (a|r_i|)^b}, \qquad a,b \geq 0 \tag{3.3-19}$$

die wir bereits als Gleichung B(7.2-23) kennengelernt haben, einführen. Dabei sind die Parameter a und b so zu wählen, daß die Stützwerte mit großen Filterbeträgen nahezu das Gewicht Null bekommen, sodaß die Ausreißer nur mehr sehr wenig zum Endergebnis beitragen. Das Verfahren ist iterativ anzuwenden, wobei von Iteration zu Iteration a und b jeweils anzupassen sind und Stützpunkte mit sehr kleinen Gewichten aus dem Datensatz eliminiert werden.

---

[1] Ein instruktives Beispiel findet man bei Ecker, R.: Proceedings des Symposiums für Angewandte Geographische Informationsverarbeitung - AGIT'99, Salzburg, 1999.

[2] Nähere Details siehe Wild, E.: DGK, Reihe C, Heft 277, 1983.

3.3.3.3 Daten mit schiefer Fehlerverteilung

Ein im Flugzeug eingebauter **Laser-Scanner** (Abschnitt I 2.2) liefert Höhendaten, die in bezug zur Geländeoberfläche viele große positive Fehler (≙ Reflexion des Laserstrahles an Bäumen, Gebäuden etc.) aufweisen. Es können aber auch einige negative Fehler auftreten (z.B. Registrierfehler). **Echolotmessungen** mit einem Meßschiff haben ähnliche Fehlereigenschaften.

Die Interpolation nach kleinsten Quadraten mit schiefer Fehlerverteilung soll unmittelbar an Hand eines simulierten Beispieles (Figur 3.3-12) erläutert werden. Die Stützpunkte sind in einem Profil angeordnet; der erläuterte Algorithmus kann uneingeschränkt aber auch für zweidimensional angeordnete Punkthaufen verwendet werden. In der Fortsetzung sprechen wir von **Vegetationspunkten**, die über dem Gelände liegen und von **Bodenpunkten**, die auf dem Gelände liegen. Die Genauigkeit σ_{zo} der Bodenpunkte soll bei unserem simulierten Beispiel ± 1 m betragen.

Der erste Schritt ist die **Abspaltung des Trends**, wie in der Figur 3.3-12 eingezeichnet. Der nächste Schritt ist eine **Interpolation** nach kleinsten Quadraten **mit gleichgenauen Stützwerten**. Da man in der Regel keine Kenntnis von den Baumhöhen hat und da man auch die Anteile der Vegetations- und Bodenpunkte nicht kennt, ist der **Scheitelwert C(0) aus den Daten selbst** zu gewinnen. In unserem Beispiel beträgt die Varianz V_{zz} (Gleichung H(3.3-5)) der zentrierten Stützwerte $V_{zz} = 6072/71 = 85.5\ m^2$. Die Kovarianzen C_j (Gleichung H(3.3-8)) für die Entfernungsklasse $d_1[0\text{-}4.8] = 2.4$ und für die Entfernungsklasse $d_2\ [4.8\text{-}9.6] = 7.2$ betragen $64.8\ m^2$ und $53.9\ m^2$. Eine Gerade durch diese beiden Punkte und der Verschnitt mit der Ordinatenachse liefert den Scheitelwert C(0) = 70.2, d.h. diese Daten haben - falls man ihre spezielle Eigenschaft der Schiefe der Datenfehler nicht beachtet - eine Genauigkeit von etwa (laut Gleichung H(3.3-9)): $\sigma_z = \sqrt{85.2 - 70.2} = \pm 3.9\ m$. Der **c-Wert** (Gleichung H(3.3-10) - berechnet aus vier empirischen Varianzen C_j - ergibt sich zu 18.3 m. Mit diesen Varianz-Kovarianzverhältnissen liefert die Interpolation nach kleinsten Quadraten das in der Figur 3.3-12 wiedergegebene Ergebnis. Die Filterbeträge - mittels Gleichung H(3.3-13) berechnet - ergeben das Histogramm der Figur 3.3-13. **Obwohl bei dieser Interpolation symmetrisch verteilte Datenfehler angenommen wurden, sind die Filterbeträge unsymmetrisch verteilt**. Die Standardabweichung dieser Fehlerverteilung beträgt ± 3.8 m, das ist ein Wert, der nahezu mit dem "vorgesehenen" Wert ± 3.9 übereinstimmt.

Der mittlere Filterbetrag von ± 3.8 m ist aber viel zu groß, denn wir erwarten für die Bodenpunkte eine Genauigkeit von $\sigma_{zo} = \pm 1$ m. Für eine **zweite Interpolation** sind Gewichte zu finden, die dieser Vorgabe Rechnung tragen. Auf dem **negativen Ast des Histo-**

gramms (Figur 3.3-13) suchen wir zu diesem Zweck einen **neuen Nullpunkt, der eine Standardabweichung von ±1 m** - auf dem negativen Ast - **ergibt**. In unserem Fall ist eine Verschiebung g von -3.4 m erforderlich.

Mit **individuellen Gewichten** p_i wollen wir nun einerseits dieser Exzentrizität g und andererseits der Größe der Filterbeträge Rechnung tragen. In Anlehnung an die Gleichung (3.3-19) benutzen wir folgende Gewichtsfunktion:

$$p_i = \frac{1}{1 + (a|r_i - g|)^b} \qquad a,b \geq 0 \qquad (3.3\text{-}20)$$

Für alle Stützpunkte sind die Gewichte in der Figur 3.3-14 eingezeichnet. Die gewichtete Varianz $V_{zzp=1}$ (3.3-15) beträgt 72.77 m². Damit folgt der Scheitelwert C(0) (3.3-16) unter Beachtung von $\sigma_{zo} = \pm 1$ m zu 71.77 m². Der c-Wert (Gleichung H(3.3-10)) wurde - obwohl grundsätzlich nicht mehr erforderlich - nochmals berechnet; es ergab sich ein Wert von 18.1 m.

Damit liegen die Voraussetzungen für eine **Interpolation unter Beachtung der Schiefe der Datenfehler** vor. Die einzelnen Stützpunkte erhalten individuelle Gewichte laut Gleichung (3.3-20), die zu individuellen Varianzen entsprechend Gleichung (3.3-17) auf der Hauptdiagonalen der **C**-Matrix führen. Das Ergebnis dieser Interpolation ist in Figur 3.3-15 wiedergegeben; zum Vergleich ist auch das Ergebnis mit symmetrisch angenommenen Datenfehlern eingezeichnet. Das Ergebnis entspricht unseren Vorstellungen: **Die interpolierte Kurve verläuft vermittelnd durch die Bodenpunkte**; die Vegetationspunkte werden mehr oder weniger ignoriert. Bei einer ungünstigen Punktverteilung kann noch ein weiterer Iterationsschritt erforderlich sein.

Sofern eine **Fläche durch die Baumkronen** gesucht ist und die Bodenpunkte ignoriert werden sollen, ist in der Gewichtsfunktion (3.3-20) eine entgegengesetzt wirkende Exzentrizität g einzuführen. In Figur 3.3-16 sind beide Gewichtsfunktionen eingezeichnet. Dabei wurde die Gewichtsfunktion für die Ermittlung der Oberfläche durch die Bodenpunkte im gesamten Ast links von g_{Boden} mit dem höchstmöglichen Gewicht p = 1 belegt. Dieses Vorgehen ist gerechtfertigt, wenn mit absoluter Sicherheit keine Laserpunkte unterhalb der Geländeoberfläche liegen. Für die Gewichtsfunktion zur Ermittlung der Fläche durch die Baumkronen wurde der gesamte Ast rechts von g_{Krone} mit dem höchsten Gewicht belegt; dabei wird unterstellt, daß es keine Laserpunkte oberhalb der Baumkronen gibt (Vorsicht: fliegende Vögel können diese Annahme durchkreuzen!).

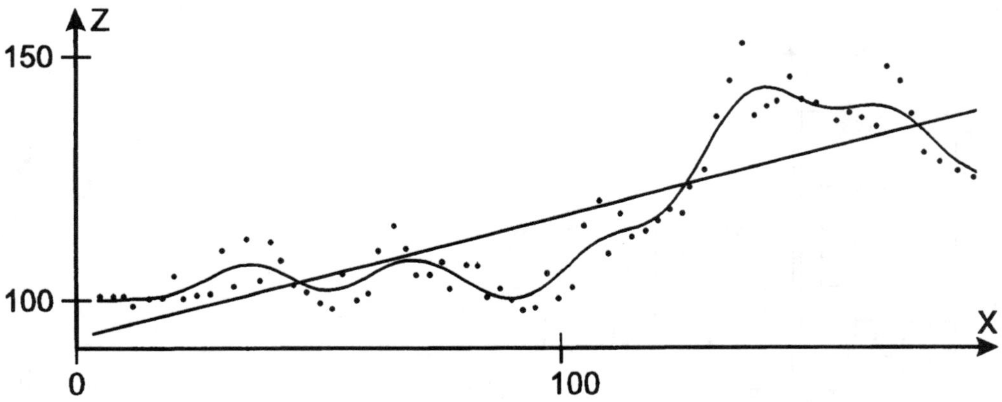

Figur 3.3-12: 71 Stützpunkte, Trend, Ergebnis der Interpolation nach kleinsten Quadraten mit symmetrischer Fehlerverteilung

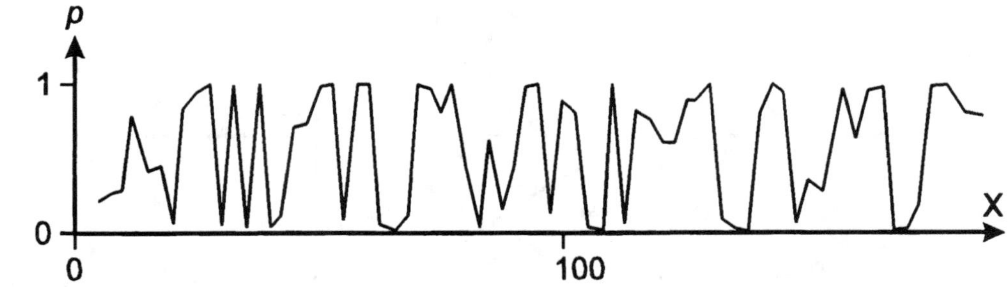

Figur 3.3-14: Gewichte, berechnet mittels Gleichung (3.3-20)

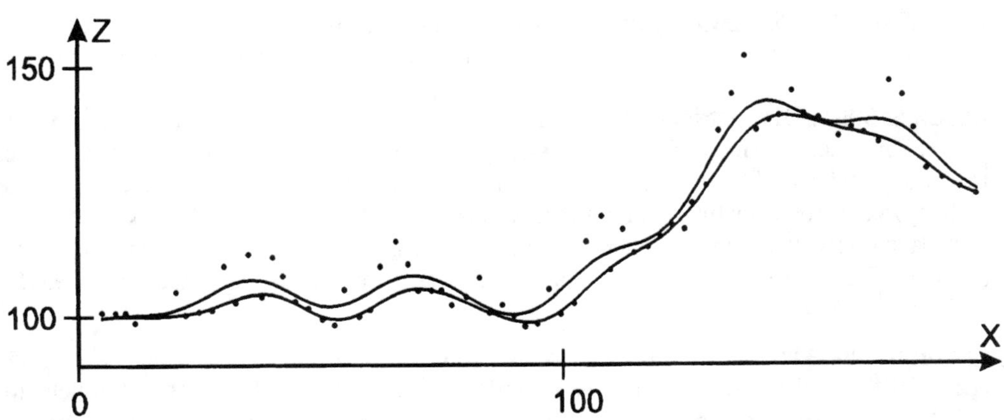

Figur 3.3-15: Interpolation mit Berücksichtigung der unsymmetrischen Fehlerverteilung (zum Vergleich ist auch das Ergebnis der Figur 3.3-12 eingezeichnet)

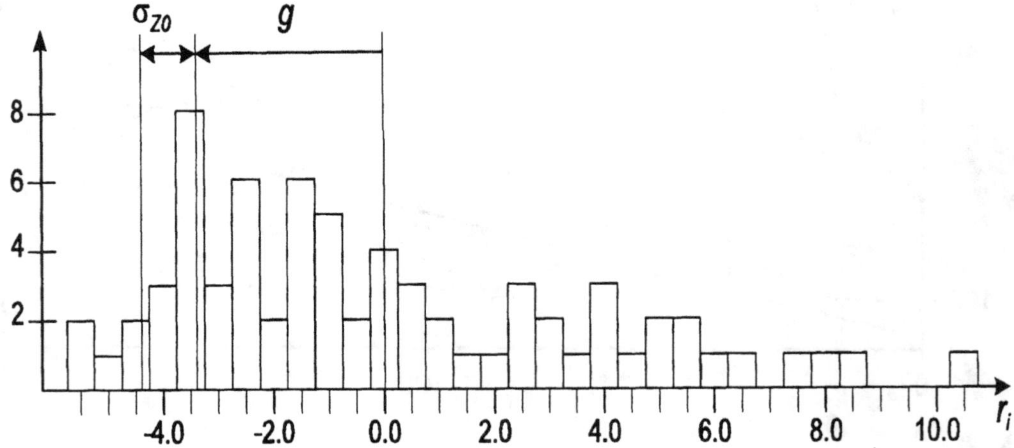

Figur 3.3-13: Histogramm der Filterbeträge entsprechend Figur 3.3-12. Exzentrizität g und erwartete Standardabweichung σ_{zo} der Bodenpunkte

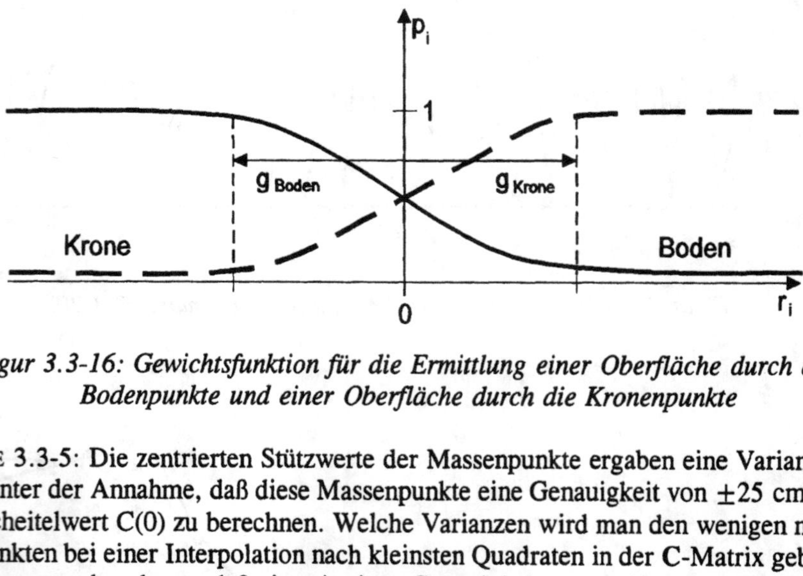

Figur 3.3-16: Gewichtsfunktion für die Ermittlung einer Oberfläche durch die Bodenpunkte und einer Oberfläche durch die Kronenpunkte

AUFGABE 3.3-5: Die zentrierten Stützwerte der Massenpunkte ergaben eine Varianz $\mathbf{V}_{zz}$ von 50 m^2. Unter der Annahme, daß diese Massenpunkte eine Genauigkeit von ± 25 cm besitzen, ist der Scheitelwert C(0) zu berechnen. Welche Varianzen wird man den wenigen markanten Höhenpunkten bei einer Interpolation nach kleinsten Quadraten in der **C**-Matrix geben, wenn man davon ausgehen kann, daß sie mit einer Genauigkeit von ± 10 cm gemessen wurden. (Lösung: $C(0) = 50 - 0.25^2 = 49.9375$; Varianz der markanten Höhenpunkte $= 49.9375 + 0.10^2 = 49.9475$).

Literatur zum Abschnitt 3.3.3.3: Kraus, K.: VGI 85, S. 25-30, 1997. Kraus, K., Pfeifer, N.: IAPRS 32, Part 3-2W3, pp. 80-86, Haifa, 1997. Kilian, J., Haala, N., Englich, M.: IAPR XXXI, part B3, pp. 383-388, Vienna, 1996. Das Beispiel dieses Abschnittes hat S. Meier mit seinen Mitarbeitern mit aktiven Splines (*snakes*) bearbeitet: Borkowski, A., Burghardt, D., Meier, S.: VGI 85, S. 281-285, 1997.

3.3.4 Gegenüberstellung mit dem Krige-Schätzer

In der Geostatistik ist der sogenannte Krige-Schätzer[1] das Standardverfahren zur Schätzung von Ressourcen aus punktuellen Beobachtungen (z.B. Bohrungen). Es steht die Frage an, ob ein Zusammenhang zwischen dem populären Krige-Schätzer und den in der Geodäsie weit verbreiteten Interpolationsmethoden besteht.

In der Zusammenschau der Gleichungen H(3.2-3) bis H(3.2-8) mit der Gleichung H(3.3-11) erkennt man den Vektor **g** der Gewichtsfunktionen[2] für die Interpolation nach kleinsten Quadraten. Er lautet:

$$\boldsymbol{g}^T = \boldsymbol{c}^T \boldsymbol{C}^{-1} \qquad (3.3\text{-}22)$$

Mit den Gewichtsfunktionswerten **g** und den Stützwerten **z** erhält man bekanntlich (Gleichung H(3.2-8)) den Interpolationswert $\hat{z}$ an einer beliebigen Stelle:

$$\hat{z} = \boldsymbol{g}^T \boldsymbol{z} \qquad (3.3\text{-}23)$$

Da es sich dabei um einen linearen Zusammenhang zwischen dem Interpolationswert $\hat{z}$ und den Stützwerten **z** handelt, werden diese Methoden auch als **lineare Prädiktion** bezeichnet.

Gleichung (3.3-22), die die Gewichtsfunktionswerte für die Interpolation nach kleinsten Quadraten angibt, kann wie folgt umgewandelt werden:

Transposition: $$\boldsymbol{g} = \boldsymbol{C}^{-1}\boldsymbol{c} \qquad (3.3\text{-}24)$$
Multiplikation von links mit **C**: $$\boldsymbol{C}\boldsymbol{g} = \boldsymbol{c} \qquad (3.3\text{-}25a)$$

Die letzte Gleichung lautet in ausführlicher Schreibweise, wobei wir auf individuelle Varianzen auf der Hauptdiagonalen verzichten:

$$\begin{pmatrix} V_{zz} & C(P_1P_2) & \dots & C(P_1P_n) \\ & V_{zz} & \dots & C(P_2P_n) \\ & & & \vdots \\ symm. & & & V_{zz} \end{pmatrix} \begin{pmatrix} g_1 \\ g_2 \\ \vdots \\ g_n \end{pmatrix} = \begin{pmatrix} C(PP_1) \\ C(PP_2) \\ \vdots \\ C(PP_n) \end{pmatrix} \qquad (3.3\text{-}25b)$$

In dieser Gleichung sind die Gewichtsfunktionswerte g_i die Unbekannten. Sie variieren von Interpolationsstelle zu Interpolationsstelle, da auch die Kovarianzen $C(PP_i)$ zwischen der Interpolationsstelle P und den n Stützpunkten von Interpolationsstelle zu Interpolationsstelle variieren. Die Matrix **C** bleibt dagegen immer gleich.

---

[1] Benannt nach dem südafrikanischen Geostatistiker D.G. Krige. Für die Verbreitung der Methode hat Matheron, G.: Kriging or Polynomial Procedures? Canadian Mining and Metallurgical Bulletin, No.60, p. 665, 1967, gesorgt.

[2] Diese Gewichtsfunktionen haben mit den Gewichtsfunktionen des vorausgehenden Abschnittes nichts zu tun. In Anlehnung an den Abschnitt H 2.2.1, in dem wir die Lagrange-Basisfunktionen eingeführt haben, könnte man die g-Funktionen in diesem Abschnitt als Krige-Basisfunktionen bezeichnen.

Gleichung (3.3-25) entsteht - wie schon angedeutet (siehe am Ende des Abschnittes H 3.3.1) - aus der Bedingung, daß die Varianz der Schätzungen ein Minimum wird. Für eine solche Interpolation ist die Bezeichnung 'Interpolation nach kleinsten Quadraten' angebracht. Gleichung (3.3-25) entspricht (fast) dem in der Literatur[1] zu findenden Krige-Schätzer. Beim Krige-Schätzer wird zusätzlich zur Varianzminimierung die sogenannte **Erwartungstreue** gefordert, m.a.W. die Schätzung soll ohne *Bias* sein. Die Interpolation mittels Gleichung (3.3-25) hat einen - teilweise gewünschten - *Bias*[2]: Wenn die Interpolationsstelle P weit von den Stützpunkten wegwandert, tendiert die Interpolation nach kleinsten Quadraten gegen Null und nicht gegen den Mittelwert der Stützwerte (Figur H 3.3-6 ist ein extremes Beispiel). Die beim Krige-Schätzer geforderte Erwartungstreue kann man bei der Interpolation nach kleinsten Quadraten dadurch erreichen, daß man das Gleichungssystem (3.3-25) noch um die Bedingungsgleichung

$$\sum_{i=1}^{n} g_i = 1 \qquad (3.3\text{-}26)$$

erweitert (siehe auch Fußnote am Ende des Abschnittes H 2.2.1).

Damit haben wir - ausgehend von der Grundgleichung H(3.3-11) der Interpolation nach kleinsten Quadraten - die **Grundgleichung für den Krige-Schätzer** gefunden:

$$\begin{pmatrix} V_{zz} & C(P_1P_2) & \dots & C(P_1P_n) & 1 \\ & V_{zz} & \dots & C(P_2P_n) & 1 \\ & & & & \vdots \\ & & & V_{zz} & 1 \\ symm. & & & & 0 \end{pmatrix} \begin{pmatrix} g_1 \\ g_2 \\ \vdots \\ g_n \\ -\mu \end{pmatrix} = \begin{pmatrix} C(PP_1) \\ C(PP_2) \\ \vdots \\ C(PP_n) \\ 1 \end{pmatrix} \qquad (3.3\text{-}27)$$

μ ... Lagrange'scher Multiplikator, der die Bedingung (3.3-26) für die Erwartungstreue herbeiführt.

ZAHLENBEISPIEL: Wir nehmen das extreme Beispiel des Abschnittes H 3.3.2.1 mit nur einem einzigen Stützwert. Bei der Interpolation nach kleinsten Quadraten mittels Gleichung H(3.3-11) ist das Prädiktionsergebnis die entsprechend skalierte Kovarianzfunktion. Der Krige-Schätzer liefert - für eine Prädiktion ohne Filterung - zum Beispiel an der Interpolationsstelle P = 3 folgendes Ergebnis:

---

1 Z.B. Dutter, R.: Geostatistik. Teubner-Verlag, Stuttgart, 1985. Isaaks, E., Srivastava, R.: Applied Geostatistics. Oxford University Press, 1989. Kraus, K.: VGI 86, S. 45-48, 1998.

2 Man kann diesen *Bias* auch nachträglich beseitigen, indem man die mittels Gleichung (3.3-25) erhaltenen Gewichtsfunktionswerte $\mathbf{g}^T = \mathbf{c}^T\mathbf{C}^{-1}$ nachträglich normiert und die Interpolation mit **normierten Gewichtsfunktionen** durchführt (siehe Wild, E.: DGK, Reihe C, Heft 277, 1987).

Gleichung (3.3-27): $\begin{pmatrix} 25 & 1 \\ 1 & 0 \end{pmatrix} \begin{pmatrix} g_1 \\ -\mu \end{pmatrix} = \begin{pmatrix} 11 \\ 1 \end{pmatrix} \quad \rightarrow \quad g_1 = 1, \quad \mu = 14$

Gleichung (3.3-23): $\hat{z} = 1 \cdot 5 = 5$

Erkenntnis: Bei einem **einzigen Stützpunkt** liefert der Krige-Schätzer ein Prädiktionsergebnis, das für die gesamte XY-Ebene dem Stützwert entspricht. Dieses Ergebnis wird unabhängig von der Form der Kovarianzfunktion - auch unabhängig von einer für die Filterung ausschlaggebenden Differenz zwischen Varianz V_{zz} und Scheitelwert C(0) - erzielt.

AUFGABE 3.3-7: Man wiederhole dieses Zahlenbeispiel für zwei Stützpunkte mit unterschiedlichen Stützwerten und man überlege sich, inwieweit die eben gemachte Aussage auch für zwei - und mehr - Stützpunkte angepaßt werden muß. (Lösung: Für unendlich weit entfernte Prädiktionsstellen ergibt sich beim Krige-Schätzer das arithmetische Mittel.)

AUFGABE 3.3-8: Man gebe sich zwei Stützpunkte mit den gleichen XY-Koordinaten, aber unterschiedlichen (positiven) Stützwerten, und eine Kovarianzfunktion mit einem Scheitelwert C(0), der unterhalb der Varianz V_{zz} liegt, vor. (Falls man Scheitelwert C(0) und Varianz V_{zz} gleich groß annehmen würde, wäre übrigens das Prädiktionsproblem singulär. Warum?) Anschließend interpoliere man an der XY-Position der beiden Stützwerte, einmal mittels Interpolation nach kleinsten Quadraten mit Gleichung H(3.3-11) und einmal mittels Krige-Schätzer; man vergleiche die Ergebnisse. (Lösung: Der Krige-Schätzer liefert - unabhängig von der Annahme der Varianz-Kovarianzverhältnisse immer das arithmetische Mittel der beiden Stützwerte; bei der Interpolation nach kleinsten Quadraten liegt das Interpolationsergebnis unterhalb des arithmetischen Mittels.)

Das Zahlenbeispiel und die Aufgaben veranschaulichen, daß der **Krige-Schätzer in einem Schritt die Abspaltung eines konstanten Trends und die Prädiktion vornimmt**. Anstelle eines konstanten Trends kann im Rahmen des Krige-Schätzers auch ein polynomialer Trend höherer Ordnung berücksichtigt werden. Man spricht dann von einem universellen Krige-Schätzer[1]. Der universelle Krige-Schätzer entspricht der sogenannten **Kollokation** in der Geodäsie[2].

In der Geostatistik wird anstelle der Kovarianzfunktion $C(P_iP_k)$ (Gleichung H (3.3-1)) vorrangig die sogenannte **Variogramm-Funktion**[3] $\gamma(P_iP_k)$ verwendet. Beide Funktionen sind zueinander komplementär.

---

1 Z.B. Henley, S.: Nonparametric Geostatistics. Elsevier Applied Science, 1981.

2 Wolf, H.: ÖZ 65, S. 132-138, 1977, hat die Kollokation und die Sonderfälle sehr prägnant zusammengestellt. Siehe auch: Moritz, H.: Studio geoph. et geod. 14, 353-362, 1970, und Kraus, K.: In F. Ackermann: Numerische Photogrammetrie. Sammlung Wichmann, Neue Folge, Band 5, S. 225-253, 1973.

3 Siehe die in diesem Abschnitt H 3.3.4 zitierte Geostatistik-Literatur.

$$\gamma(P_iP_k) = V_{zz} - C(P_iP_k) \tag{3.3-28}$$

Die Kovarianzfunktion wird aus den empirischen Kovarianzen $\frac{1}{n_j}\sum z_i z_k$ (Gleichung H(3.3-8)) für verschiedene Entfernungsklassen d_j abgeleitet; dafür verwendet man die zentrierten Stützwerte. Die Variogramm-Funktion bekommt man mittels $\frac{1}{2n_j}\sum (Z_i - Z_k)^2$ für verschiedene Entfernungsklassen d_j; dafür können die ursprünglichen Stützwerte herangezogen werden.

In der 2.5D-Topographie wird die Geländehöhe Z als Funktion der Koordinaten X und Y dargestellt, also Z = Z(XY). Die Geostatistik benutzt eine allgemeinere Terminologie; dort spricht man von **regionalisierten Variablen** Z(x); der Vektor **x** kann ein-, zwei- oder dreidimensional sein. Die Funktion Z(x) kann auch sehr unterschiedliche Funktionswerte repräsentieren. Einige typische Beispiele seien genannt:

- Marktpreise eines Grundstückes in Abhängigkeit von der Zeit (ein Funktionswert im 1D-Raum).
- Luftschadstoffkonzentrationen in Abhängigkeit von der Geländehöhe (ein Funktionswert im 1D-Raum).
- Geländehöhe in der 2.5D-Topographie (ein Funktionswert im 2D-Raum).
- X- und Y-Deformationen einer (veralteten) Katasterkarte, die punktweise mit photogrammetrischen oder terrestrischen Messungen aufgedeckt wurden (zwei Funktionswerte im 2D-Raum).
- X- und Y-Deformationen eines (veralteten) Festpunktfeldes gegenüber einem modernen GPS-Netz (zwei Funktionswerte im 2D-Raum). Abschnitt I 3.1.3 enthält ein Beispiel.
- X- und Y-Verbesserungen nach einer photogrammetrischen Blockausgleichung mit ungenauen Festpunkten, deren Koordinaten als (verbesserungsbedürftige) Beobachtungen in die Ausgleichung eingeführt wurden (zwei Funktionswerte im 2D-Raum). Abschnitt B 9.5.1.3 zeigt ein Beispiel.
- Schwerebeschleunigungswerte im Hochgebirge (ein Funktionswert im 3D-Raum); in diesem Fall werden die Kovarianzen in Abhängigkeit der **räumlichen** Entfernungen gebracht.
- Windgeschwindigkeiten im allgemeinsten Fall (drei Funktionswerte (Geschwindigkeit und zwei Richtungskomponenten) im 3D-Raum).

Diese Prädiktionsaufgaben können sowohl mit der Interpolation nach kleinsten Quadraten als auch mit den Krige-Schätzer gelöst werden.

Ergänzung: Die Gegenüberstellung der Interpolation nach kleinsten Quadraten mit dem Krige-Schätzer wurde von K. Kraus in VGI 86, S. 45-48, 1998, publiziert. Am 15.4.1998 bekam K. Kraus von G. Alpar in Budapest einen Sonderdruck aus Acta Geodaet., Geophys. et Montanist. Acad. Sci. Hung. Tomus 16 (1), pp. 41-49 (1981) überreicht, der - bereits 1981! - ebenfalls die Äquivalenz der beiden Methoden beweist.

3.4 Hybrides digitales Geländemodell

Nach den verhältnismäßig umfangreichen theoretischen Ausführungen zur Kurven- und Flächeninterpolation ist es angebracht, detaillierter auf das Geländemodell, für das die erläuterte Theorie in hohem Maße vorgesehen ist, zu schauen. Wir begnügen uns in diesem Abschnitt mit einem 2.5D-Geländemodell (das 3D-Geländemodell wird erst im Abschnitt 3.8 behandelt).

Die einfachste Datenstruktur für ein Geländemodell erhält man, wenn in der XY-Ebene ein Gitter mit quadratischen Maschen ausgebreitet wird und in jedem Gitterpunkt mit den Methoden der Abschnitte H 3.2 oder H 3.3 die Höhenwerte interpoliert werden. Ein solches Geländemodell wird als **Rastermodell** bezeichnet; eine treffendere Bezeichnung ist **Gittermodell**.[1]

In einem Gittermodell gehen unter anderem die Geländekanten und die markanten Höhenpunkte, die eine qualifizierte Datenerfassung enthält, verloren. Anstelle eines reinen Gittermodelles ist für ein TIS daher ein **hybrides digitales Geländemodell** vorzusehen, in dem unter anderem Geländekanten und markante Höhenpunkte adäquat berücksichtigt werden. Figur 3.4-1 zeigt ein solches hybrides Geländemodell. Es besteht in der XY-Ebene aus einem regelmäßigen Gitter, in das Geländekanten, Randlinien und markante Höhenpunkte integriert sind.

Zuerst wird **entlang der Stützpunkte der jeweiligen Geländekante** - ebenso für eine **Randlinie - eine Interpolation** ohne Filterung durchgeführt (Abschnitte H 2.2.3 oder 2.2.4). Wenn eine verhältnismäßig enge Stützpunktdichte erfaßt wurde, wird man eine Interpolation mit Filterung vornehmen (Abschnitt H 2.3). Als Parameterlinie T wird der 2D-Polygonzug, der die Stützstellen geradlinig miteinander verbindet, gewählt. Die **Höhen der Stützpunkte** sind die **S-Werte** im Sinne der Kurveninterpolation (Abschnitte H 2.2 und 2.3). Nachdem man die zusammengesetzten kubischen Polynome bestimmt hat, werden an den Schnittpunkten der Geländekanten mit den Gitterlinien und - falls eine Filterung erfolgt - an den

---

[1] Diese beiden Begriffe werden manchmal auch zur Definition des folgenden Unterschiedes genutzt: Beim **Gittermodell** beziehen sich die Höhen auf die Schnittpunkte der Gitterlinien, beim **Rastermodell** dagegen auf die Mittelpunkte der Maschen bzw. Zellen.

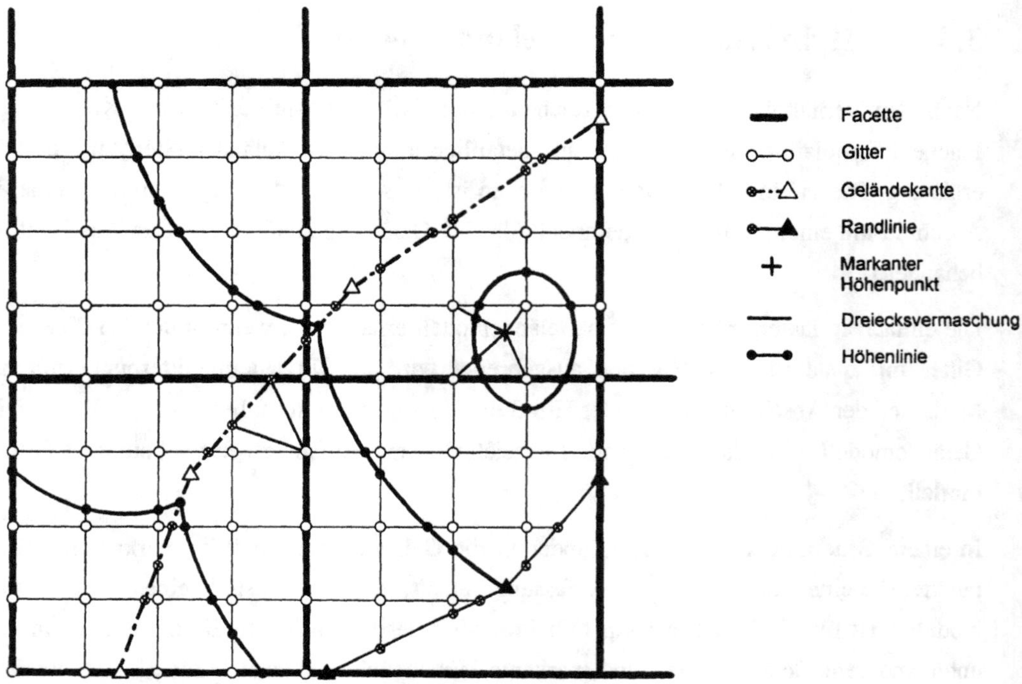

Figur 3.4-1: Hybrides digitales Geländemodell

Stützstellen selbst die Höhen interpoliert. In Figur 3.4-1 sind Geländekanten und Randlinien (2D-Polygonzüge) und die Gitterschnitte eingezeichnet.[1]

Bei der **anschließenden Oberflächeninterpolation** - mit den Methoden der Abschnitte H 3.2 oder H 3.3 - gehen die vorher interpolierten Punkte entlang der Geländekanten und Randlinien als fest zu haltende Stützpunkte, d.h. Stützwerte mit nahezu unendlich großem Gewicht, ein. **Geländekanten zerlegen** gewissermaßen **das gesamte Interpolationsgebiet in Teilgebiete**. Die vorher entlang der Geländekanten interpolierten Höhen gehen in beiden angrenzenden Interpolationsgebiete als Stützwerte ein. Die Zerlegung in Teilgebiete durch die

[1] Eine hochwertigere Lösung bestünde aus folgenden Schritten, wobei auf eine Filterung verzichtet werden soll:

- Parametrisierung der jeweiligen Geländekante mit dem XY-Polygonzug entlang der ursprünglichen Stützpunkte,
- 2D-Interpolation mittels einer Kurveninterpolation,
- Verschneidung dieser XY-Kurven mit den Gitterlinien,
- Parametrisierung der jeweiligen Geländekante mit einem XY-Polygonzug enlang der ursprünglichen Stützpunkte **und** der dazwischen liegenden Gitterschnittpunkten,
- Verwendung dieser Parametrisierung für die Kurveninterpolation der Z-Koordinaten an den Gitterschnittpunkten.

Geländekanten bewirkt aus statistischer Sicht, die bei der Interpolation nach kleinsten Quadraten (Abschnitt H 3.3.1) gepflegt wurde, folgendes: Über die Geländekanten hinweg gibt es keine Korrelationen, d.h. die jeweilige Kovarianz zwischen zwei Punkten, die auf verschiedenen Seiten einer Geländekante liegen, wird Null.

Mit der Oberflächeninterpolation werden die Höhen für die XY-Gitterpunkte aus den gegebenen Stützpunkten, die in der Regel unregelmäßig verteilt sind, berechnet. **Die Gitterpunkte, als Sekundärdaten bezeichnet, ersetzen in diesem Bereich die Originaldaten.**

Figur 3.4-2 zeigt ein praktisches Beispiel eines hybriden digitalen Geländemodelles in einer Perspektive. Es ist besonders hervorzuheben, daß an den Geländekanten die Gitterlinien knicken. Figur 3.4-3 zeigt ein Beispiel mit sehr vielen Randlinien, die die auszusparenden Flächen definieren.

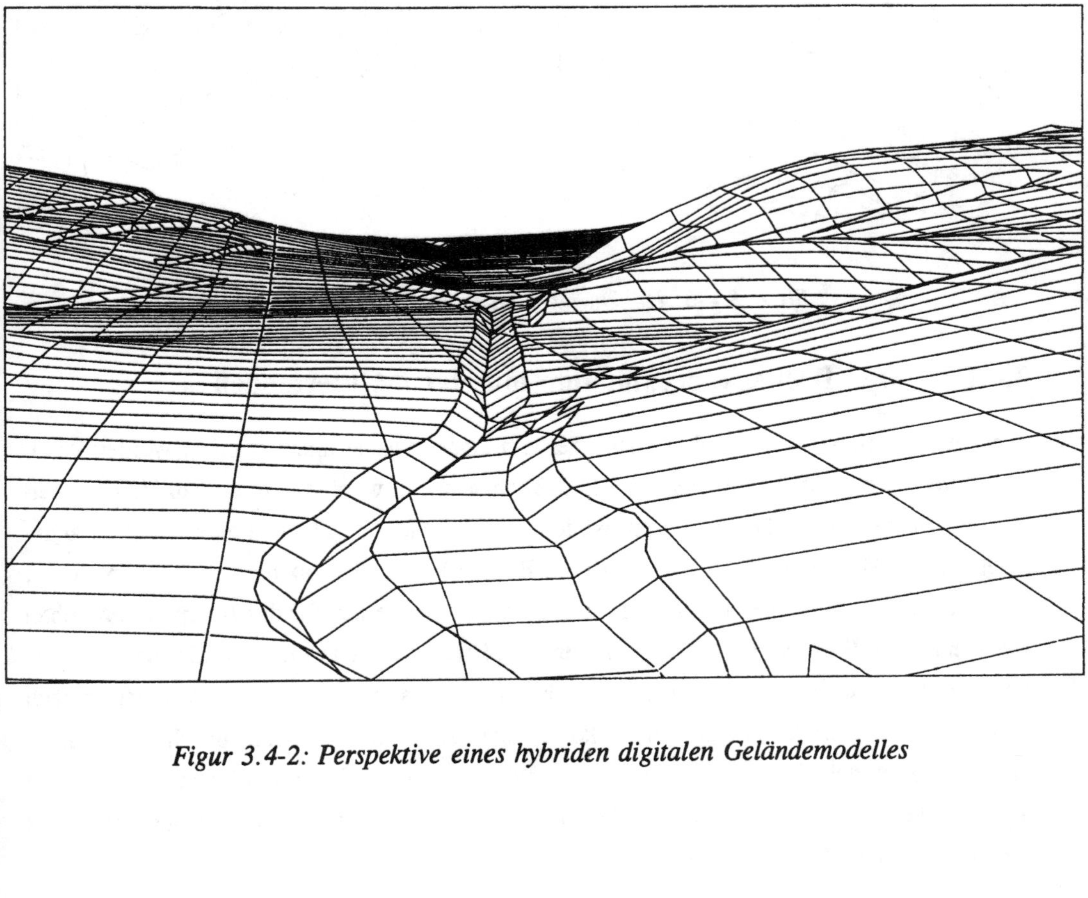

Figur 3.4-2: Perspektive eines hybriden digitalen Geländemodelles

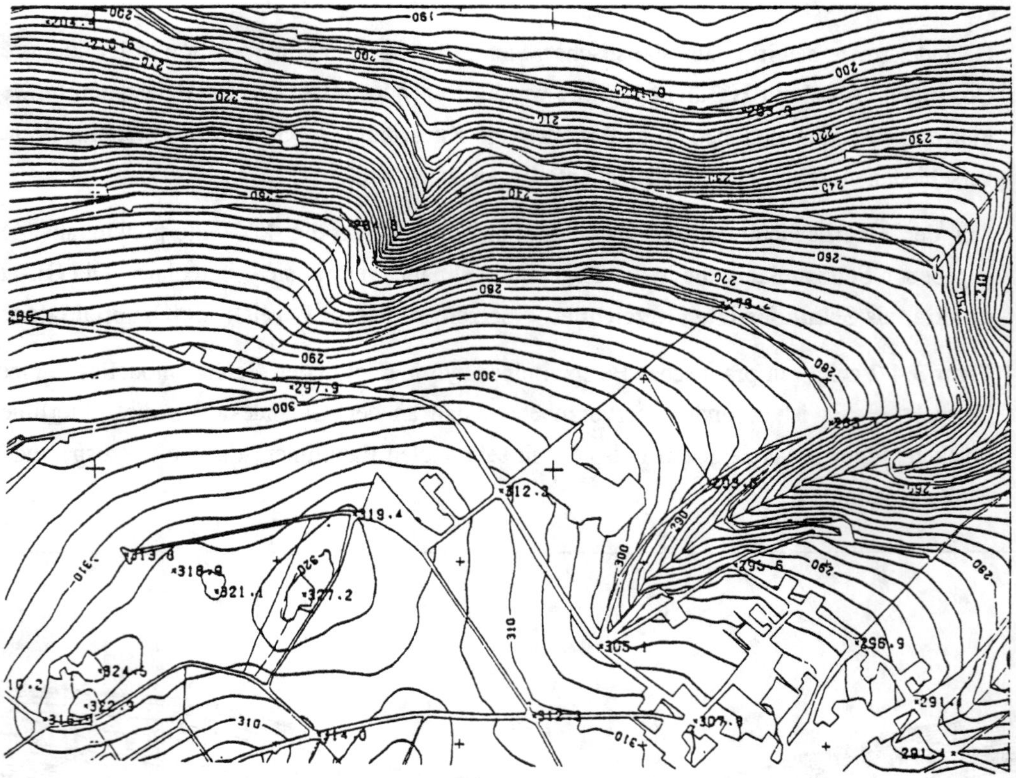

Figur 3.4-3: Höhenlinien mit ausgesparten Flächen

3.4.1 Oberflächenapproximation mit einem Gittermodell

Die **Gitterweite** ist so zu wählen, daß innerhalb einer Masche linear operiert werden kann. Die Gitterweite kann mit der Formel H(2.5-3) abgeschätzt werden, wobei man im allgemeinen den tolerierbaren Höhenfehler etwas kleiner als die Höhenmeßgenauigkeit der Ausgangsdaten wählt (Abschnitt C 1.1.1.2 enthält ein Beispiel). Für die maximale zweite Ableitung, also dem Reziprokwert des Krümmungsradius, nimmt man einen für das Interpolationsgebiet repräsentativen Wert, allerdings nicht an einer Geländekante. Nachdem für die Flächeninterpolation in der Regel die Interpolation mittels Flächensummation oder die Interpolation nach kleinsten Quadraten verwendet wird, bekommt man die zweite Ableitung durch zweimaliges Differenzieren der Gleichungen H(3.2-6) beziehungsweise H(3.3-11).[1] (Im Abschnitt H 3.2.4 findet man solche Differentiationen. Im Abschnitt H 5.3 wird das angeschnittene Thema nochmals aufgegriffen.)

---

[1] Jansa, J.: Geow. Mitt., Heft 24, 1983.

Innerhalb einer Gittermasche, die von keiner Geländekante bzw. Randlinie geschnitten wird und in der kein markanter Höhenpunkt liegt, wird - für manche Anwendungen (z.B. Volumenermittlung, Abschnitt 4.5c) - die Oberfläche durch ein **hyperbolisches Paraboloid** (Gleichung H(3.5-3)) approximiert. In den übrigen Maschen erfolgt eine Delaunay-Triangulation unter Beachtung von Zwangskanten (Abschnitt H 1.1.1) und eine Approximation mit **geneigten Dreiecken** (≙ 3D-Dreiecke; Gleichung H(3.5-6)). Für zwei Gittermaschen ist in Figur 3.4-1 eine solche Dreieckszerlegung eingezeichnet (siehe auch Figur H 3.5-4 und Abschnitt C 1.1.1.2).

AUFGABE 3.4-1: Man führe für einige Gittermaschen der Figur 3.4-1, die von Geländekanten geschnitten werden, eine Dreiecksvermaschung nach den Delaunay-Kriterien durch.

Bei der **Verfolgung von Höhenlinien** im hybriden Geländemodell wird die Qualität der Approximation mit hyperbolischen Paraboloiden und 3D-Dreiecken etwas verbessert, indem man - wie in der Figur 3.4-1 ersichtlich - entlang der Gitterlinien und Dreiecksseiten zwar linear interpoliert, die Folge dieser Punkte aber dann mit zusammengesetzten kubischen Polynomen verbindet (z.B. mit der Akima-Interpolation, Abschnitt H 2.2.3).[1] Dabei wird an den Höhenlinienpunkten, die auf Geländekanten liegen, nur eine C^0-Stetigkeit aber keine C^1-Stetigkeit herbeigeführt.

Literatur zum hybriden digitalen Geländemodell: Ebner, H., Reinhardt, W., Hößler, R.: IAPR 27, B11, pp. 546-566, Kommission III, Kyoto, 1988.

3.4.2 Zerlegung des Interessensgebietes in Teilgebiete

Sowohl die Interpolation mittels Flächensummation als auch die Interpolation nach kleinsten Quadraten sind **global**, d.h. alle Stützpunkte - auch wenn sie noch so weit von der Interpolationsstelle entfernt sind - tragen grundsätzlich zum Interpolationsergebnis bei. Dieses globale Verhalten, das bei topographischen Oberflächen keine Rechtfertigung findet, zieht einen sehr großen Rechenaufwand nach sich. Die Anzahl der Unbekannten zur Lösung der Gleichungssysteme (z.B. H(3.2-5)) entspricht der Anzahl der Stützpunkte.

Die im vergangenen Abschnitt erwähnte Vorausgleichung der Geländekanten, deren interpolierte Punkte in die anschließende Flächeninterpolation als festzuhaltende Punkte eingehen, bewirkt bereits eine gewisse Zerlegung des Gesamtgebietes in Teilgebiete. Eine weitere

[1] In den einzelnen Punkten dieser Punktfolge könnte man sich - nachdem die XY-Koordinaten bekannt sind - aus den Parametern der Oberflächenfunktion, wie im Abschnitt H 3.2.4 erläutert, sogar Tangenten an die jeweilige Höhenlinie besorgen.

Unterteilung ist in der Figur 3.4-1 mit den sogenannten **Facetten** angedeutet. Eine Facette entspricht einem (verkleinerten) Interpolationsgebiet, das durch Geländekanten eventuell in weitere Subgebiete geteilt sein kann. Bei der Interpolation innerhalb einer Facette tragen nicht nur die Stützpunkte in der jeweiligen Facette, sondern auch Stützpunkte, die außerhalb der jeweiligen Facette in der Nachbarschaft liegen, bei. Dabei ist im Prinzip soweit auszuholen, daß zusätzliche, weiter entfernte Stützpunkte keinen nennenswerten Beitrag zum Interpolationsergebnis entlang den vier Facettenbegrenzungslinien mehr leisten. Dieser Prozeß kann durch zwei unabhängige Interpolationen der Gitterpunkte auf den Facettenbegrenzungslinien in den beiden angrenzenden Facetten kontrolliert werden. Eine Lösung, die die Zusammenschlüsse der Facetten noch weiter verbessert, wird im Abschnitt H 3.8.3 besprochen.

Literatur zu Geländekanten: Aßmus, E.: Schriftenreihe des Instituts für Photogrammetrie der Uni Stuttgart, Heft 1, S. 131-145, 1976. Kraus, K.: BuL 54, S. 129-131, 1986.

3.4.3 Datenstruktur

Die erwähnten Facetten eignen sich auch als Strukturelemente für die zu speichernden Daten. Die Datei, die alle Daten einer Facette enthält, nennen wir **Facettendatei**. Innerhalb einer Facette ist die Speicherung der XY-Koordinaten für die Gitterpunkte nicht erforderlich, denn sie ergeben sich aus der Gitterweite und der Positionierung des Höhenwertes innerhalb der Matrix der Gitterpunkte einer Facette und erst anschließend die Punkte entlang der Geländekanten und Randlinien ablegt. Bei den Schnittpunkten der Geländekanten und Randlinien mit den Gitterlinien reicht die Speicherung der Höhenwerte und der X- oder Y-Koordinate aus. Für die Eckpunkte der Geländekanten und Randlinien sowie für die markanten Höhenpunkte braucht man zusätzlich zum Höhenwert auch die X- und Y-Koordinate. Darüber hinaus müssen in den Datensätzen **Zeiger** (*pointer*) aufgenommen werden, die auf die Höhenpunkte hinweisen, die dem jeweiligen Höhenpunkt benachbart sind. Solche Zeiger, die die **Topologie** widerspiegeln, sind in der Figur 3.4-4, das ist die linke untere Facette der Figur 3.4-1, eingetragen. H. Kager hat diese Zeiger-Lösung im Programmpaket SCOP verwirklicht.

Die Dateien für die einzelnen Facetten sind unterschiedlich lang. Für einen direkten Zugriff (*random access*) werden sie in konstante Blöcke zerlegt und auf einem Peripher-Speicher abgelegt, wobei in einigen Blöcken Höhendaten von zwei und eventuell auch mehr Facetten sein können. Im Arbeitsspeicher wird eine **Metadatei** über die **Facetten** angelegt, in der die Adresse des ersten Höhenpunktes der jeweiligen Facette enthalten ist. Zusätzlich wird man in die Metadatei der Facetten noch aufnehmen, ob es in der jeweiligen Facette Geländekanten, Randlinien und/oder markante Höhenpunkte gibt; auch die Angabe der maximalen

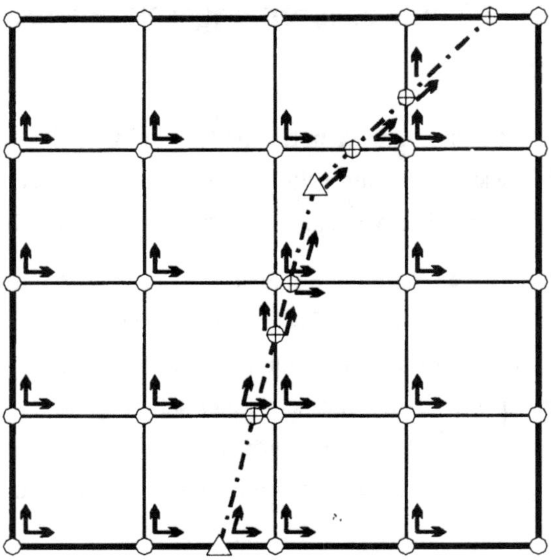

Figur 3.4-4: Hybrides Geländemodell mit Zeigern innerhalb der Facettendatei

Höhenwerte ist sehr sinnvoll.[1] Dadurch entsteht eine zweistufige **Datenpyramide**; in der oberen Ebene ist das Basiselement die Facette; in der darunter liegenden Ebene ist die Gittermasche das Basiselement.

Der Verlauf aller gewünschten **Höhenlinien** wird zunächst innerhalb der einzelnen Facetten, die nacheinander in den Arbeitsspeicher geladen werden, ermittelt. Anschließend werden die Höhenlinienteilstücke der einzelnen Facetten zu den Höhenlinien im gesamten Interessensgebiet zusammengesetzt.

Literatur zum Abschnitt 3.4: Aßmus, E., Köstli, A., Kraus, K., Molnar, L., Wild, E.: AVN 89 (Deutsch), 330-344, 1982, und Schriftenreihe des Inst. für Photogr. der Uni Stuttgart, Heft 8 (Englisch), pp. 165-182, 1982.

[1] Details hiezu findet man bei Köstli, A., Sigle, M.: BuL 54, S. 122-129, 1986. Zusätzliche Literatur: Fritsch, D., Pfannenstein, A.: IAPR 29, Commission III, pp. 497-508, Washington, 1992.

3.5 Geländemodell aus zusammengesetzten linearen bivariaten Polynomen

Die zusammengesetzten Polynome wurden für die Kurveninterpolation im Abschnitt H 2.2.2 bereits besprochen. In diesem Abschnitt erfolgt einerseits der Übergang auf die Flächeninterpolation; andererseits beschränken wir uns auf **zusammengesetzte lineare Polynome**[1].

Der Übergang von der Kurveninterpolation auf die Flächeninterpolation geschieht dadurch, daß man die zusammengesetzen linearen Polynome entlang den Koordinatenlinien sowohl in X- als auch in Y-Richtung ansetzt. Die Knotenpunkte, also die Knickpunkte der Polygonzüge, sind deshalb in der XY-Ebene in einem regelmäßigen Gitter - im folgenden in einem Gitter mit quadratischen Maschen - angeordnet (Figur 3.5-1). Die Stützpunkte sollen dagegen unregelmäßig verteilt sein. Punkte entlang von Geländekanten behandeln wir erst im Abschnitt 3.5.2.

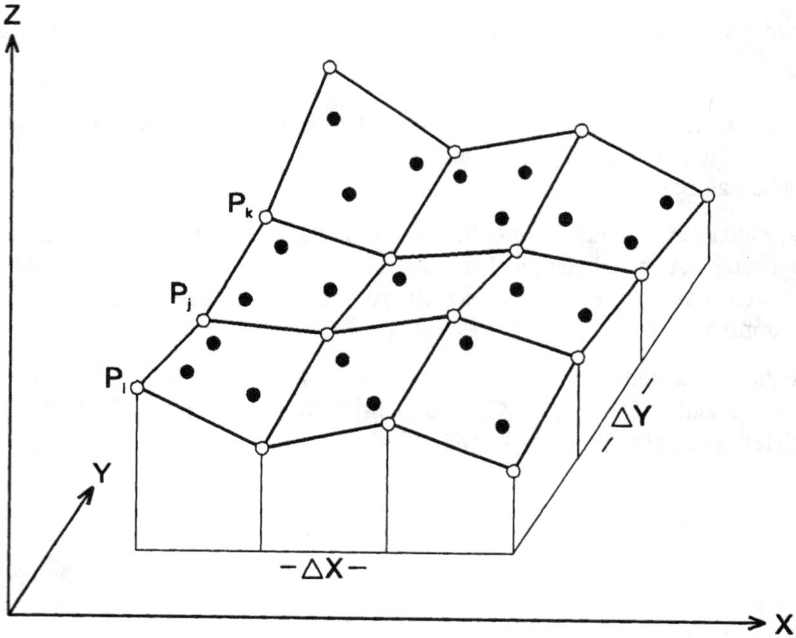

Figur 3.5-1: Stützpunkte und Knotenpunkte

[1] In der Veröffentlichung Ebner, H., Hofmann-Wellenhof, B., Reiss, P., Steidler, F.: ZfV 105, 215-225, 1980, ist auch ein Ansatz für kubische Polynome angedeutet.

3.5.1 Ohne Geländekanten

Als Unbekannte für die stückweisen linearen Polynome wählt man am besten die Z-Koordinaten der Knoten. Zur Bestimmung dieser Z-Koordinaten stehen im allgemeinen zwei Gruppen von Verbesserungsgleichungen für eine Ausgleichung nach vermittelnden Beobachtungen zur Verfügung:

a) Berücksichtigung der Neigungsdifferenzen (Krümmungen)

Wählt man entweder entlang einer X- oder Y-Koordinatenlinie drei aufeinanderfolgende Punkte P_i, P_j und P_k aus (Figur 3.5-1), so lautet die Differenz der Neigungen der beiden Geraden im Schnittpunkt P_j:

$$\tan\alpha_{jk} - \tan\alpha_{ij} = \frac{Z_k - Z_j}{\Delta XY} - \frac{Z_j - Z_i}{\Delta XY} \qquad (3.5\text{-}1)$$

ΔXY ... Weite ΔX bzw. ΔY des Quadratgitters in der XY-Ebene

Da die Neigungsdifferenzen, die auch ein Maß für die **Krümmung**[1] der Polygonzüge sind, zum Minimum gemacht werden sollen, ergibt sich aus Gleichung (3.5-1) folgende "Verbesserungsgleichung":

$$v_{kr} = \frac{1}{\Delta XY}\,(Z_i - 2Z_j + Z_k) \qquad (3.5\text{-}2)$$

Für das in Figur 3.5-1 skizzierte Beispiel lassen sich in X-Richtung 8 und in Y-Richtung ebenfalls 8 solche Gleichungen zur Bestimmung der Z-Koordinaten der 16 Knoten aufstellen. Die insgesamt 16 Gleichungen wären übrigens erfüllt, wenn man alle 16 Knoten in einer Horizontalebene annähme. Für eine nichttriviale Lösung sind aber noch Verbesserungsgleichungen für die Stützpunkte zu berücksichtigen:

b) Berücksichtigung der Stützpunkte

Aufgrund der XY-Koordinaten wird jeder Stützpunkt in seine XY-Masche einsortiert. Die über der XY-Masche liegende Deckfläche ist durch vier geneigte Strecken begrenzt, durch

---

[1] Aus der Neigungsdifferenz ergibt sich ein Näherungswert für die Krümmung, indem man Gleichung (3.5-1) noch durch ΔXY dividiert. Die Krümmung - wie sie in der Differentialgeometrie definiert ist - entstünde durch unendlich kleine Polygonseiten und zusätzlich durch die Berücksichtigung der ersten Ableitung (siehe auch Abschnitt H 2.2.2 und Anhang H 2.5-1).

die ein hyperbolisches Paraboloid[1] gelegt werden kann (siehe auch Abschnitt C 1.1.1.2):

$$Z = a_0 + a_1X + a_2Y + a_3XY \tag{3.5-3}$$

Anstelle der vier (unbekannten) Koeffizienten a_0, a_1, a_2 und a_3 können die vier (unbekannten) Z-Koordinaten der vier Eckpunkte des jeweiligen XY-Quadrates eingeführt werden. Gleichung C(1.1-3) gibt diesen Zusammenhang an. Dieser Zusammenhang ist besonders einfach, wenn man lokale $\overline{X}\overline{Y}$-Koordinaten einführt, die sich auf die linke untere Ecke der jeweiligen quadratischen Masche beziehen (Figur C 1.1-3). Nach dieser Substitution kann für den jeweiligen **Stützpunkt** mit seinen Koordinaten $\overline{X}_s, \overline{Y}_s, Z_s$ seine Verbesserungsgleichung angegeben werden:

$$\begin{aligned} v_s = {} & \left(1 - \frac{\overline{X}_s}{\Delta XY} - \frac{\overline{Y}_s}{\Delta XY} + \frac{\overline{X}_s\overline{Y}_s}{\Delta XY^2}\right)Z_1 + \left(\frac{\overline{X}_s}{\Delta XY} - \frac{\overline{X}_s\overline{Y}_s}{\Delta XY^2}\right)Z_2 \\ & + \left(\frac{\overline{Y}_s}{\Delta XY} - \frac{\overline{X}_s\overline{Y}_s}{\Delta XY^2}\right)Z_3 + \frac{\overline{X}_s\overline{Y}_s}{\Delta XY^2}Z_4 - Z_s \end{aligned} \tag{3.5-4}$$

Diese Verbesserungsgleichung bewirkt, daß der jeweilige Stützpunkt möglichst gut am hyperbolischen Paraboloid liegt; der beobachtete Stützwert Z_s erhält eine kleine Verbesserung v_s. Für jeden Stützpunkt ergibt sich eine solche Verbesserungsgleichung, ohne daß zu den Unbekannten der Verbesserungsgleichungen (3.5-2) neue Unbekannte hinzukommen. Zur Bestimmung der insgesamt 16 unbekannten Koordinaten der Figur 3.5-1 stehen somit 16 Verbesserungsgleichungen (3.5-2) für die Neigungsdifferenzen und 22 Verbesserungsgleichungen (3.5-4) für die Stützpunkte zur Verfügung.

Über die **Gewichte** p_{kr} und p_s zu den Verbesserungsgleichungen (3.5-2) und (3.5-4) läßt sich steuern, ob die interpolierte Fläche möglichst kleine Krümmungen aufweisen soll oder ob die Stützpunkte stärker angehalten werden sollen, d.h. wie groß die **Filterung** im Zusammenhang mit der Interpolation sein soll. Eine wichtige Orientierung für die richtige Gewichtswahl besteht darin, daß die Verbesserungen v_s (Gleichung (3.5-4)) etwa die Höhenmeßgenauigkeit der Stützpunkte erreichen sollen. Auch eine Variation der Gewichte p_{kr} abhängig von der Geländeform läßt sich berücksichtigen[2].

---

1 Das hyperbolische Paraboloid gehört eigentlich schon zu den quadratischen Polynomflächen; die Bezeichnung 'zusammengesetzte **lineare** Polynome' ist also nicht ganz zutreffend. Allerdings interpoliert das hyperbolische Paraboloid entlang den Koordinatenlinien linear, sodaß die gewählte Bezeichnung doch ihre Richtigkeit hat.

2 Ebner, H.: BuL 51, Heft 1, 1983.

ZAHLENBEISPIEL: Mit den 6 Punkten des Zahlenbeispieles A des Abschnittes H 3.1 sind für die 9 Punkte des nebenstehenden Quadratgitters die Höhen mittels stückweiser linearer Polynome zu bestimmen.

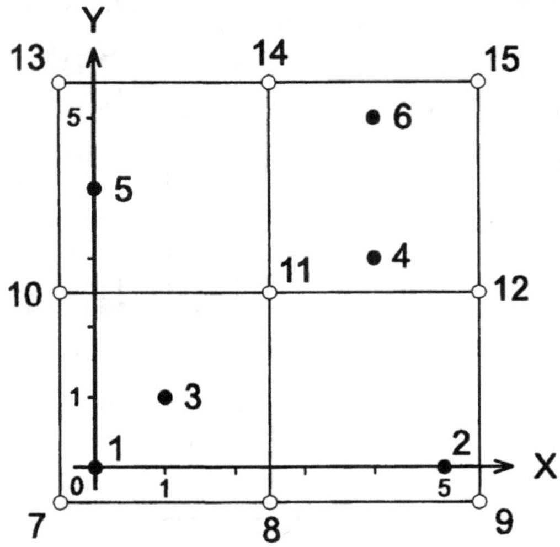

6 Verbesserungsgleichungen (3.5-2) für die Neigungsdifferenzen:

Neigungs-differenz	Z_7	Z_8	Z_9	Z_{10}	Z_{11}	Z_{12}	Z_{13}	Z_{14}	Z_{15}	1
7,8,9	1/3	-2/3	1/3							0
10,11,12				1/3	-2/3	1/3				0
13,14,15							1/3	-2/3	1/3	0
7,10,13	1/3			-2/3			1/3			0
8,11,14		1/3			-2/3			1/3		0
9,12,15			1/3			-2/3			1/3	

6 Verbesserungsgleichungen (3.5-4) für die Stützpunkte:

Stütz-punkt	Z_7	Z_8	Z_9	Z_{10}	Z_{11}	Z_{12}	Z_{13}	Z_{14}	Z_{15}	1
1	0.694	0.139		0.139	0.028					2
2		0.139	0.694		0.028	0.139				0
3	0.250	0.250		0.250	0.250					1
4					0.417	0.417		0.083	0.083	1
5				0.417	0.083		0.417	0.083		2
6					0.083	0.083		0.417	0.417	2

Unter Berücksichtigung der Gewichte $p_{kr} = 10$ für die Neigungsdifferenzen und $p_s = 1$ für die Stützpunkte ergibt sich folgendes Normalgleichungssystem:

$$\begin{pmatrix} 2.76 & -2.06 & 1.11 & -2.06 & 0.08 & 0.00 & 1.11 & 0.00 & 0.00 \\ & 5.56 & -2.12 & 0.08 & -2.15 & 0.02 & 0.00 & 1.11 & 0.00 \\ & & 2.70 & 0.00 & 0.02 & -2.12 & 0.00 & 0.00 & 1.11 \\ & & & 5.81 & -2.12 & 1.11 & -2.05 & 0.03 & 0.00 \\ & & & & 9.15 & -2.04 & 0.03 & -2.14 & 0.07 \\ & & & & & 5.76 & 0.00 & 0.07 & -2.15 \\ & & & & & & 2.39 & -2.19 & 1.11 \\ & & & & & & & 5.74 & -2.04 \\ symm. & & & & & & & & 2.40 \end{pmatrix} \begin{pmatrix} Z_7 \\ Z_8 \\ Z_9 \\ Z_{10} \\ Z_{11} \\ Z_{12} \\ Z_{13} \\ Z_{14} \\ Z_{15} \end{pmatrix} = \begin{pmatrix} 1.64 \\ 0.53 \\ 0.00 \\ 1.36 \\ 1.06 \\ 0.58 \\ 0.83 \\ 1.08 \\ 0.92 \end{pmatrix}$$

Lösung:

Z_7	Z_8	Z_9	Z_{10}	Z_{11}	Z_{12}	Z_{13}	Z_{14}	Z_{15}
1.90	0.66	-0.53	1.93	1.32	0.74	2.00	2.02	2.04

AUFGABE 3.4-1: Man wiederhole das Zahlenbeispiel mit den Gewichten $p_{kr} = 5$ und $p_s = 1$ und vergleiche die Ergebnisse.
ZUSATZAUFGABE: Welches Ergebnis wird sich einerseits bei sehr kleinen p_{kr}-Gewichten und andererseits bei sehr kleinen p_s-Gewichten einstellen?

Wegen der Auflösung der Objektoberfläche in kleine abgegrenzte Flächenelemente ist für die zusammengesetzten Polynome und für verwandte Methoden auch die Bezeichnung **finite Elemente** gebräuchlich.[1] Die mathematische Formulierung mit Differenzen legt die treffendere Bezeichnung "**Interpolation mit finiten Differenzen**" nahe.

3.5.2 Mit Geländekanten

Die zusammengesetzten linearen Polynome erlauben auch die Berücksichtigung der Geländekanten. Anhand des in Figur 3.5-2 skizzierten Beispieles sollen im folgenden die beiden Gruppen von Verbesserungsgleichungen niedergeschrieben werden:

[1] Eine sehr allgemeine Formulierung der Oberflächenbeschreibung mit finiten Elementen findet man z.B. bei Lancaster, P., Salkauskas, K.: Curve and surface fitting. Acad. Press, London, 1990.

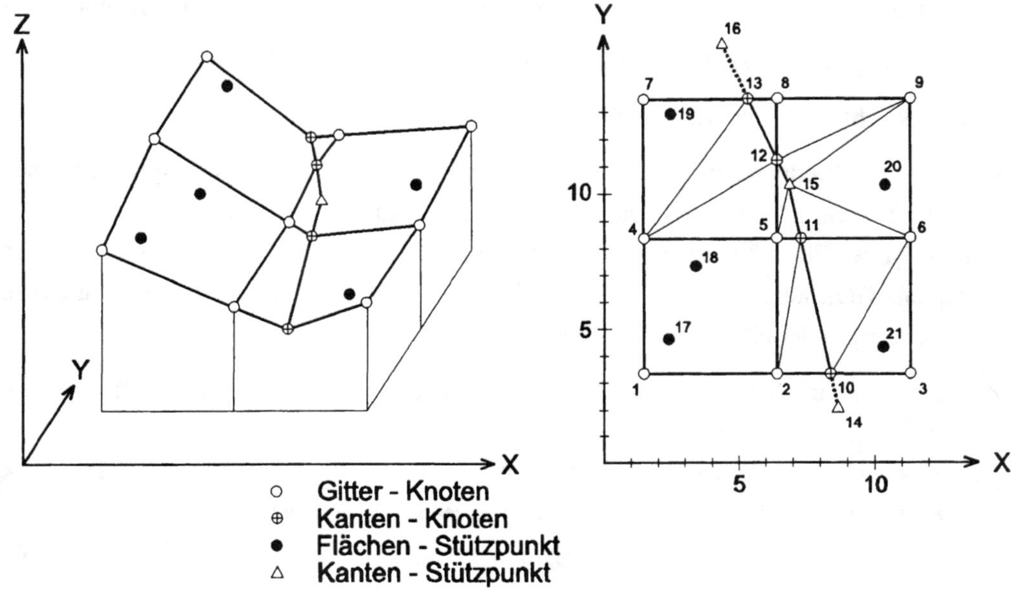

Figur 3.5-2: Finite Elemente mit Geländekanten

a) **Berücksichtigung der Neigungsdifferenzen (Krümmungen)**

Neben den 9 Knoten in den Gittereckpunkten gibt es 4 zusätzliche (unbekannte) Knoten, die auf den Verbindungsgeraden[1] zwischen den Stützpunkten 14, 15 und 16 der Geländekanten liegen. Die Verbesserungsgleichungen werden nun so angesetzt, daß

- **entlang der Gitterlinien in den Gitter-Knoten möglichst kleine Neigungsdifferenzen** entstehen und sich in den **Kanten-Knoten beliebig große Neigungsdifferenzen** einstellen können und
- **entlang den Geländekanten** sowohl in den Kanten-Knoten als auch Kanten-Stützpunkten **möglichst kleine Neigungsdifferenzen** entstehen.

Bei Neigungsdifferenzen, bei denen auch Kanten-Knoten beteiligt sind, ist die Verbesserungsgleichung (3.5-2) wie folgt zu verallgemeinern:

$$v_{kr} = \frac{Z_i}{\Delta T_{ij}} - \left(\frac{1}{\Delta T_{ij}} + \frac{1}{\Delta T_{jk}}\right) Z_j + \frac{Z_k}{\Delta T_{jk}} \qquad (3.5\text{-}5)$$

[1] Man könnte auch ohne wesentlich größeren Aufwand Verbindungskurven in der XY-Ebene benutzen.

Dabei sind ΔT_{ij} und ΔT_{jk} die (Grundriß-)Entfernungen $\overline{P_iP_j}$ und $\overline{P_jP_k}$. Die Tabelle 3.5-3 enthält im oberen Teil die 11 Verbesserungsgleichungen für die Neigungsdifferenzen.

b) **Berücksichtigung der Stützpunkte**

Nur in jenen Gittermaschen, die von einer Geländekante nicht geschnitten werden, können die Stützpunkte mit der Verbesserungsgleichung (3.5-4) ins Spiel gebracht werden. Das trifft im Beispiel der Figur 3.5-2 nur für die Stützpunkte 17 und 18 zu. (Siehe die beiden ersten 'Stützpunkt-Gleichungen' in der Tabelle 3.5-3; in der letzten Spalte erscheint die gemessene Z-Koordinate des jeweiligen Stützpunktes).

In jenen **Gittermaschen, die von einer Geländekante geschnitten werden**, ist zuerst eine Dreieckszerlegung - zum Beispiel mit einer Delaunay-Triangulation (Abschnitt H 1.1.1) mit Zwangskanten vorzunehmen (Figur C 1.1-4 zeigt ein Beispiel). Für ein geneigtes Dreieck (3D-Dreieck) als Deckfläche ist die Gleichung einer schrägen Ebene zu benutzen:

$$Z = a_0 + a_1 X + a_2 Y \tag{3.5-6}$$

Anstelle der drei (unbekannten) Koeffizienten a_0, a_1 und a_2 können die drei (unbekannten) Z-Koordinaten der drei Eckpunkte des jeweiligen Dreiecks eingeführt werden. Gleichung C(1.1-6) gibt diesen Zusammenhang an. Dieser Zusammenhang ist besonders einfach, wenn man lokale $\overline{XY}$-Koordinaten einführt, die sich auf eine Ecke des jeweiligen Dreiecks beziehen (Figur C 1.1-5). Nach dieser Substitution kann für den jeweiligen Stützpunkt mit seinen Koordinaten $\overline{X}_s, \overline{Y}_s, Z_s$ seine Verbesserungsgleichung angegeben werden:

$$v_s = \frac{1}{\overline{X}_2\overline{Y}_3 - \overline{X}_3\overline{Y}_2} \Big(\big((\overline{X}_2\overline{Y}_3 - \overline{X}_3\overline{Y}_2) + (\overline{Y}_2 - \overline{Y}_3)\overline{X}_s + (\overline{X}_3 - \overline{X}_2)\overline{Y}_s\big)Z_1 + (\overline{Y}_3\overline{X}_s - \overline{X}_3\overline{Y}_s)Z_2 + (\overline{X}_2\overline{Y}_s - \overline{Y}_2\overline{X}_s)Z_3\Big) - Z_s \tag{3.5-7}$$

Diese Verbesserungsgleichung bewirkt, daß der jeweilige Stützpunkt möglichst gut im schrägen Dreieck liegt; der beobachtete Stützwert Z_s erhält eine kleine Verbesserung v_s. Mit dieser Verbesserungsgleichung wurden die Stützpunkte 19, 20 und 21 in das Verbesserungsgleichungssystem der Tabelle 3.5-3 aufgenommen. Schließlich fehlen noch die **Stützpunkte** 14, 15 und 16, für die folgende Verbesserungsgleichungen angesetzt werden:

$$v_s = Z_i - Z_{s,i} , \tag{3.5-8}$$

wobei $Z_{s,i}$ die beobachtete Höhe und Z_i die ausgeglichene Höhe ist (siehe die letzten drei Verbesserungsgleichungen in der Tabelle 3.5-3).

	Z_1	Z_2	Z_3	Z_4	Z_5	Z_6	Z_7	Z_8	Z_9	Z_{10}	Z_{11}	Z_{12}	Z_{13}	Z_{14}	Z_{15}	Z_{16}	1
	Neigungsdifferenzen																
1,2,10	0.20	-0.70								0.50							0
4,5,11				0.20	-1.45						1.25						0
13,8,9								-1.11	0.20				0.91				0
1,4,7	0.20			-0.40			0.20										0
2,5,12		0.20			-0.57							0.37					0
3,6,9			0.20			-0.40			0.20								0
14,10,11										-1.00	0.19			0.81			0
10,11,15										0.19	-0.71				0.51		0
11,15,12											0.51	1.12			-1.63		0
15,12,13												-1.51	0.39		1.12		0
12,13,16												0.39	-0.82			0.43	0
	Stützpunkte																
17	0.59	0.15		0.21	0.05												5.7
18	0.12	0.08		0.48	0.32												5.7
19				0.12			0.62						0.26				6.4
20						0.46			0.32						0.22		4.1
21			0.47			0.20				0.33							3.8
14														1			2.7
15															1		3.7
16																1	3.9
Ergebnis	6.00	3.80	4.28	6.90	3.94	4.23	7.39	3.92	4.19	2.87	3.48	3.78	3.86	2.71	3.70	3.91	

Tab. 3.5-3: Verbesserungsgleichungen des in Figur 3.5-2 skizzierten Beispieles

Mit den Gewichten p_{kr} und p_s für die Verbesserungen kann wiederum gesteuert werden, ob auf geringe Krümmung oder auf geringe Filterung der Stützwerte mehr Wert gelegt wird. Die **Gewichte p_{kr}** werden zusätzlich noch untereinander variieren, denn die Größe der jeweiligen Neigungsdifferenz sollte man auch von der Länge der beiden Geradenstücke zwischen den betreffenden Knoten abhängig machen. Auch eine Variation der Gewichte p_s untereinander ist sinnvoll: Zum Beispiel haben markante Höhenpunkte eine wesentlich höhere Genauigkeit als die übrigen Stützpunkte. Man wird deshalb auch die Z-Koordinaten aller Stützpunkte, die nicht mit Geländekanten etwas zu tun haben, als Unbekannte in den Verbesserungsgleichungen (3.5-4), (3.5-5) und (3.5-7) betrachten und zusätzlich für jeden Stützpunkt eine Verbesserungsgleichung (3.5-8) einführen, die individuell gewichtet werden kann.

Die Flexibilität der finiten Elemente soll noch durch den Hinweis auf die Behandlung von **'weichen' Geländekanten**, also **Gerippelinien**, ergänzt werden. Sie könnten adäquat berücksichtigt werden, wenn man entlang den Gitterlinien auch die Verbesserungsgleichungen für die Neigungsdifferenzen mit dem Gitterlinienpunkt in der Mitte ansetzte. Abhängig von der erwarteten Größe der Ausrundung an der Gerippelinie wäre dann das Gewicht zu wählen.

Für das Zahlenbeispiel der Figur 3.5-2 wurde auf eine individuelle Gewichtung verzichtet. Für alle Verbesserungsgleichungen wurde das Gewicht 1 gewählt. In der letzten Zeile der Tab. 3.5-3 ist das Ergebnis der Normalgleichungsauflösung festgehalten.

AUFGABE 3.5-2: Man wiederhole das Zahlenbeispiel der Tab. 3.5-2 unter der Annahme, daß die Höhengenauigkeit der Kanten-Stützpunkte 14, 15 und 16 doppelt so groß ist wie die der Flächen-Stützpunkte. (Das bedeutet, daß die letzten drei Verbesserungsgleichungen der Tab. 3.5-2 das Gewicht 4 erhalten.)

3.5.3 Vermischtes

Da der Gitterabstand im allgemeinen kleiner als der durchschnittliche Abstand der Stützpunkte ist, treten bei den finiten Elementen sehr **große Gleichungssysteme** auf. Durch eine zweistufige Bearbeitung und eine Zerlegung des Interessensgebietes in **Teilgebiete**, wie sie im Abschnitt H 3.4.2 bereits besprochen wurde, kann dieses Problem auch für die finiten Elemente weitgehend gelöst werden.[1]

---

[1] Siehe auch Ebner, H., Reiss, P.: Nachr. aus dem Karten- und Vermessungswesen, Reihe 2, Heft 36, S. 79-94, 1978.

AUFGABE 3.5-3: Man überlege sich eine solche zweistufige Interpolation anhand des Beispieles der Figur 3.5-2. **Hinweis**: Zuerst wird man die Höhen der Punkte 10, 11, 12 und 13 mittels zusammengesetzter kubischer Polynome (z.B. mit der Akima-Interpolation, Abschnitt H 2.2.3) entlang des (Grundriß-)Polygonzuges 14,15,16 bestimmen. Anschließend folgt die flächenhafte Interpolation mittels zusammengesetzter linearer Polynome, wobei die Punkte 10, 11, 12 und 13 als Festpunkte fungieren. **Hinweis**: Die Spalten Z_{10} bis Z_{16} und die letzten drei Verbesserungsgleichungen in der Tabelle 3.5-3 sind zu streichen. **Das zu lösende Normalgleichungssystem zerfällt dann in zwei unabhängige Systeme**.

Das zweite Problem in diesem "vermischten" Kapitel betrifft die zu wählende **Gitterweite**. (Für die Interpolation mittels Flächensummation und für die Interpolation nach kleinsten Quadraten wurde diese Approximationsaufgabe im Abschnitt H 3.4.1 erläutert.) Bei den zusammengesetzten linearen Polynomen ist dieses Problem zweistufig zu lösen. Man beginnt mit einer grob geschätzten Gitterweite und berechnet die Verbesserungen v_{kr} (Gleichungen (3.5-2) und (3.5-5)), die bekanntlich die Neigungsdifferenzen repräsentieren. Die Division durch die Gitterweite liefert die gesuchte zweite Ableitung. Mit der maximalen zweiten Ableitung bekommt man mittels Gleichung H(2.5-3) eine neue Gitterweite ΔXY, mit der schließlich das endgültige Interpolationsergebnis gefunden werden kann.

ZAHLENBEISPIEL: Beim Interpolationsbeispiel der Figur 3.5-2 mit zusammengesetzten linearen Polynomen tritt nach der Ausgleichung entlang der Geraden 1,4,7 eine Verbesserung v_{kr} = -0.084 und entlang der Geraden 3,6,9 eine Verbesserung v_{kr} = 0.002 auf. (Diese Verbesserungen bekommt man, indem man die ausgeglichenen Höhen (≙ letzte Zeile der Tab. 3.5-3) in die 4. und 6. Verbesserungsgleichung der Tab. 3.5-3 einsetzt.) Wir nehmen den größeren Wert und dividieren ihn durch die Gitterweite, d.h. $S''_{max} = |-0.084|/5 = 0.0168$. Unter der Annahme, daß das Höhenmodell eine Genauigkeit von ± 10 cm haben soll, folgt aus Gleichung H(2.5-3):

$$\Delta XY \leq \sqrt{8 \cdot 0.10/0.0168} = 6.9$$

Die gewählte Gitterweite von 5 m ist also für das Geländemodell der Figur 3.5-2 klein genug.

Die **Genauigkeit der gewonnenen Höhen** ergibt sich bei den zusammengesetzten linearen Polynomen auf die konventionelle Weise: Es ist nämlich eine Ausgleichung nach vermittelnden Beobachtungen, sodaß die invertierte Normalgleichungsmatrix die gesuchten Genauigkeiten liefert.

Falls die **Oberflächeninterpolation mit der (photogrammetrischen) Punktbestimmung in einem einzigen Auswerteprozeß** zu **verbinden** ist, bieten die finiten Elemente einen Vorteil gegenüber der Flächensummation (Abschnitt 3.2) und der Interpolation nach kleinsten Quadraten (Abschnitt 3.3). Beim Finite-Elemente-Ansatz treten nämlich die unbekannten Stützwerte - also die Z-Koordinaten - als Unbekannte in den Verbesserungsgleichungen für die Oberflächenermittlung auf. In den Verbesserungsgleichungen für die photogrammetrische Punktbestimmung (Abschnitt B 3.5.1), die bei diesen Überlegungen im Vordergrund stehen sollen, treten - zusätzlich zu den XY-Koordinaten auch die Z-Koordinaten der Objektpunkte auf. Ein Zusammenführen der Verbesserungsgleichungen B(3.5-2) mit den Verbesserungsgleichungen dieses Abschnittes in ein einziges Verbesserungsgleichungssystem **vereinigt** daher **die photogrammetrische Bestimmung der Stützpunkte mit der Oberflächenermittlung**. Eine solche Vereinigung haben wir im Abschnitt B 3.5.5 (Beobachtete Gestalten) für einzelne Oberflächenelemente bereits vorgenommen. Die finiten Elemente sind eine **Erweiterung der dort eingeführten Gestalten auf zusammengesetzte lineare bivariate Polynome**.

Im Gegensatz zur Flächensummation und zur Interpolation nach kleinsten Quadraten liefern die zusammengesetzten linearen Polynome keine glatte Oberfläche. Trotzdem können aus solchen Geländemodellen die **Geländeneigung sowie die Richtung der Fall- und Höhenlinien** angegeben werden. Wir erläutern das Verfahren anhand der Figur 3.5-4, die einen kleinen Ausschnitt mit der Geländekante 6,7,8,9 zeigt. Im Gitterknoten 1 kann die Geländeneigung in X-Richtung aus den ausgeglichenen Höhen der Punkte 1 und 5 berechnet werden. In Y-Richtung aus den ausgeglichenen Höhen der Punkte 1 und 4. Aus diesen Neigungen, die den Richtungsvektoren t_x und t_y der Tangenten an die X- und Y-Parameterlinien entsprechen, kann dann mittels der im Abschnitt H 3.2.4 angegebenen Gleichungen die Neigung sowie die Richtung der Fall- und Höhenlinie für das dreieckige Flächenelement 1,4,5 angegeben werden. Im Gitterknoten 1 stoßen vier 3D-Dreiecke zusammen (Figur 3.5-4), sodaß auch für die anderen drei Dreiecke 1,5,7, 1,7,8 und 1,8,4 diese Berechnung durchzuführen ist. Der repräsentative Wert für den Gitterknoten 1 ist das arithmetische Mittel aus

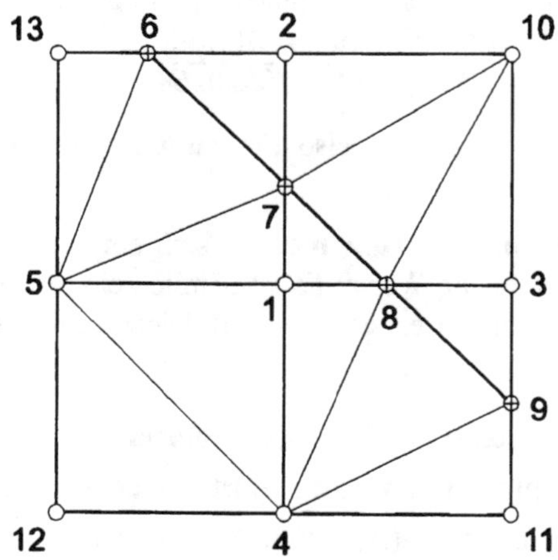

Figur 3.5-4: Hybrides digitales Geländemodell mit einer Delaunay-Triangulation

den vier zusammenstoßenden Dreiecken. Schließlich ist noch zu erwähnen, daß die Dreiecksbildung in dem hybriden Geländemodell - von dem Figur 3.5-4 einen kleinen Ausschnitt zeigt - mit einer Delaunay-Triangulation mit Zwangskanten (Abschnitt H 1.1.1) erfolgt (siehe auch Abschnitt H 3.4.1).

In einem Knoten auf einer Geländekante gibt es zwei Flächennormalen und daher auch zwei Sätze von Richtungen für die Fall- und Höhenlinien. Man darf daher nur die entsprechenden Werte der Dreiecke auf der einen Seite und die entsprechenden Werte der Dreiecke auf der anderen Seite mitteln. Zum Beispiel im Punkt 7 sind einerseits die Werte der Dreiecke 5,6,7, 1,5,7 und 1,7,8 und andererseits die Werte der Dreiecke 2,6,7, 2,7,10 und 7,8,10 zu mitteln. Wenn man aus den Neigungswerten in den Gitter-Knoten und aus den Neigungswerten in den Knoten entlang der Geländekanten eine **Isolinie mit gleichem Neigungswert** ableitet, tritt **an der Geländekante eine Versetzung** dieser Isolinie auf. Figur I 4.2-2 zeigt ein Beispiel aus der Praxis.

Am Ende dieses Kapitels soll noch die Auswertung der **Laser-Scanner-Daten** (Abschnitt I 2.2) mit zusammengesetzten linearen bivariaten Polynomen angesprochen werden. Bei der Interpolation nach kleinsten Quadraten, die wir für diese Problemstellung im Abschnitt H 3.3.3.3 speziell adaptiert haben, bestimmt die Anzahl der Stützpunkte die Größe der Gleichungssysteme. Die Größe des Normalgleichungssystems der zusammengesetzten linearen bivariaten Polynome ergibt sich dagegen aus der Anzahl der Gitterpunkte. Bei der Auswertung der Laserdaten gibt es deutlich weniger Gitterpunkte als Stützpunkte; eine entsprechende Adaption der Interpolation mit zusammengesetzten linearen bivariaten Polynomen an die schiefe Fehlerverteilung - wie im Abschnitt H 3.3.3.3 erläutert - ist daher vielversprechend.

Literatur zu Abschnitt 3.5: Reiß, B.: DGK, Reihe C, Heft 315, 1985. Stanger, W.: DGK, Reihe C, Heft 273, 1982.

3.6 Geländemodell aus räumlichen Dreiecken (3D-Dreiecke)

In jenen Bereichen, in denen die Geländeoberfläche glatt ist, wurden - mit den bisher behandelten Methoden - aus den Originaldaten die Höhen für ein engmaschiges Gitter abgeleitet (Figur H 3.4-1). In diesem Abschnitt verfolgen wir eine andere Strategie: **Die Originaldaten sollen das Gerüst des Geländemodelles repräsentieren**. Zu diesem Zweck sind die Stützpunkte, von denen die XYZ-Koordinaten bekannt sind, mit einem Dreiecksnetz zu verbinden. Diese Dreiecksvermaschung geschieht in der XY-Ebene, wie wir sie im Abschnitt H 1.1.1 erläutert haben. Abschnitt H 1.1.2 enthält Beispiele. Ein solches Dreiecksnetz nennt man auch **TIN** (***triangulated irregular network***).

In jedem Dreieckspunkt kennt man auch die Höhe. Damit bildet man aus den in der Ebene liegenden TIN-Dreiecken Dreiecke im Raum (3D-Dreiecke). Die Geländeoberfläche wird bei dieser Methode durch ein **Polyeder von Dreiecken approximiert**.

Figur 3.6-1 zeigt die Originaldaten, Figur 3.6-2 das Ergebnis der Delaunay-Triangulation. Figur 3.6-3 gibt die Oberfläche in Form von Höhenlinien wieder. Sie werden durch **lineare Interpolation** innerhalb der Dreiecke gefunden.

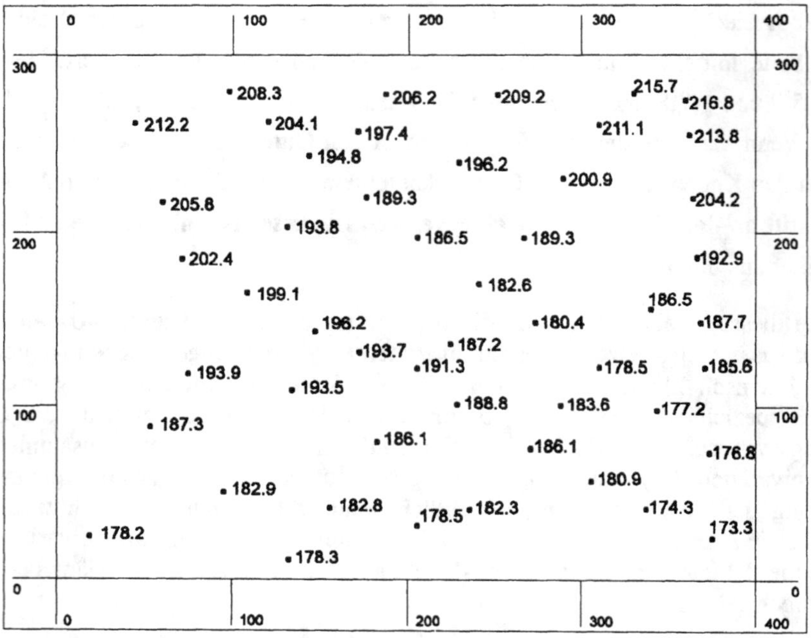

Figur 3.6-1: Originaldaten

Ein Geländemodell mit 3D-Dreiecken hat folgende Vor- und Nachteile:

Vorteile:

- Leicht durchschaubarer Algorithmus.
- Originaldaten bilden den zentralen Datenbestand, was insbesondere bei einer tachymetrischen Geländeaufnahme erwartet wird.
- Volumenbestimmungen (Abschnitt I 4.5c) werden einfach.
- Geländekanten können in Form von Zwangskanten exakt berücksichtigt werden (Figur H 1.1-5).

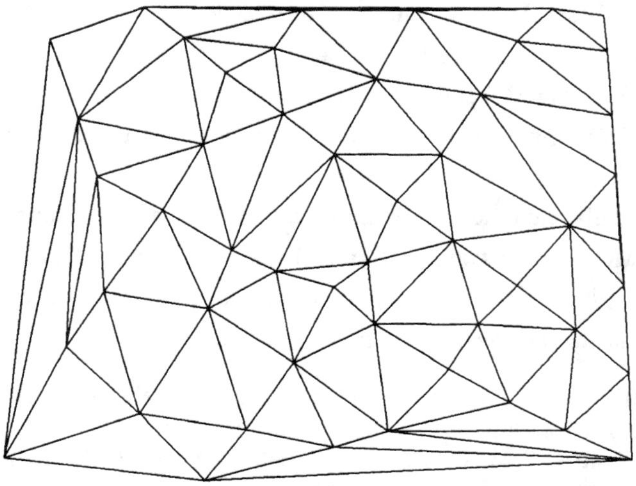

Figur 3.6-2: Delaunay-Triangulation (TIN)

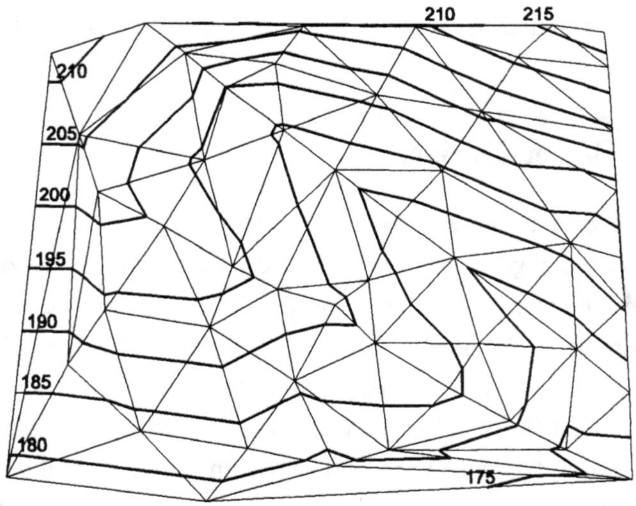

Figur 3.6-3: Höhenlinien in einem TIN

Nachteile:

- Die unvermeidlichen unregelmäßigen Meßfehler werden nicht herausgefiltert (Interpolation ohne Filterung).
- Insbesondere in Bereichen mit schlecht geformten Dreiecken (Figur 3.6-3) kommt es zu unbegründeten Kleinformen in den Höhenlinien.

- Eine Glättung dieser Höhenlinien, was verschiedentlich softwaremäßig realisiert ist, verbessert nur das graphische Ergebnis, aber nicht die eigentliche Oberfläche.
- Solche Glättungen der Höhenlinien erfolgen für jede Höhenlinie getrennt, sodaß es bei einem engen Höhenlinienintervall zu Berührungen und sogar zu Kreuzungen kommen kann.
- Die getrennt geglätteten Höhenlinien ergeben keine gute Scharungsplastik, wie wir sie von anderen Methoden gewohnt sind (man betrachte die Figur H 3.3-4).
- Die Approximation durch ebene Dreiecke ist häufig zu grob. Der Übergang auf gekrümmte Segmente (*Patches*) beseitigt diese Nachteile.

Die **Datenstruktur** eines auf einem TIN aufbauenden Geländemodells ist sehr einfach implementierbar. Im wesentlichen benötigt man nur zwei Tabellen in einer relationellen Datenbank (Abschnitt G 3.4). In der einen Tabelle (Knotentabelle) stehen die Punkte mit ihren XYZ-Koordinaten, in der anderen Tabelle die Dreiecke (Figur C 1.1-15 und Tab. C 1.1-16 enthalten ein Beispiel). Sinnvollerweise wird man beide Tabellen noch um Spalten, in die Punktklassen (z.B. unterschiedliche Genauigkeiten) und Dreiecksklassen (z.B. die Nutzungsart des jeweiligen Dreiecks) aufgenommen werden. Eine solche komplexe Objektbildung haben wir im Abschnitt G 4.2 kennengelernt. Dort ist bei der Basisstruktur zusätzlich zur Knoten- und Dreieckstabelle eine Kantentabelle aufgenommen (Tabellen G 4.3-11).

3.7 Das Bézier-Dreieck

Bevor ein Geländemodell auf der Basis gekrümmter *Patches* besprochen werden kann (Abschnitt 3.8), ist ein allgemeines Kapitel über das Bézier-Dreieck einzuschieben. So wie man ein (Kurven-)Polynom mit eindimensionalen Bernsteinpolynomen als Basisfunktionen und den 3D-Koordinaten der Punkte des Bézier-Polygons (Abschnitt H 2.2.5) darstellen kann, können wir auch ein (Flächen-)Polynom über einem Dreieck als Bézier-Darstellung formulieren. Im Kapitel H 2.2.5.1 haben wir uns auf ein kubisches (Kurven-)Polynom, das mit vier Bézier-Punkten festgelegt wird, beschränkt. In diesem Kapitel beschränken wir uns auf ein (Flächen-)**Polynom dritten Grades**, das in **monomischer Darstellung** lautet:

$$Z(XY) = a_0 + a_1X + a_2Y + a_3X^2 + a_4Y^2 + a_5XY + a_6X^3 + a_7Y^3 + a_8X^2Y + a_9XY^2 \quad (3.7\text{-}1)$$

Dieses Polynom könnte nach dem im Abschnitt H 2.2.5.1 angegebenen Überlegungen in eine Bézier-Darstellung überführt werden. Wir verzichten darauf. Für uns ist wesentlich interessanter, mit welchen Informationen die zehn Koeffizienten a_i bestimmt werden können. Folgende Informationen sind zum Beispiel eine interessante Variante (Figur 3.7-1):

- **3 Eckpunkte** mit ihren XYZ-Koordinaten liefern **3 Gleichungen** (3.7-1).
- Die **3 Normalen** bzw. Tangentialebenen in den Eckpunkten liefern **6 Gleichungen**, und zwar jede Tangentialebene eine Gleichung für dZ/dX und eine Gleichung für dZ/dY.
- Die noch fehlende **10. Gleichung** liefert zum Beispiel ein Punkt mit seinen XYZ-Koordinaten. Dieser Punkt sollte im Inneren des Dreiecks liegen.

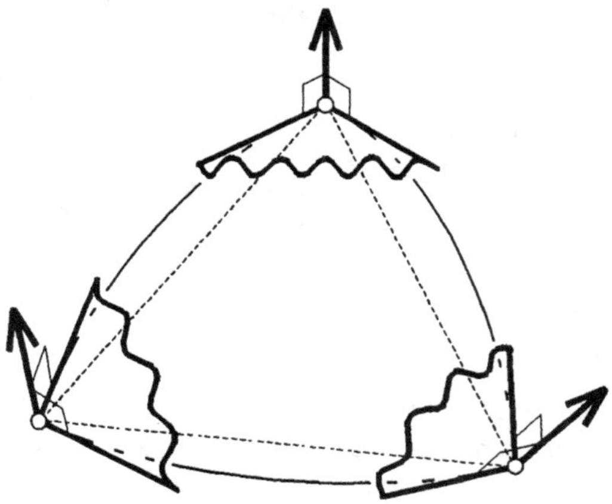

Figur 3.7-1: Gekrümmte Fläche über einem 3D-Dreieck mit Flächennormalen in den Eckpunkten

In der **Bézier-Darstellung** sind diese Informationen zur Beschreibung des Polynoms dritten Grades wie folgt zu interpretieren (Figur 3.7-2):

- Die drei Eckpunkte mit ihren XYZ-Koordinaten definieren die Eckpunkte P_{300}, P_{030} und P_{003} des Bézier-Netzes.
- Eine Flächennormale bzw. eine Tangentialebene im Eckpunkt des Dreiecks liefert auch die Tangenten an die beiden vom jeweiligen Eckpunkt ausgehenden 3D-Kurven. Die Bézier-Darstellung dieser kubischen 3D-Kurven definiert für jede Dreieckseite die beiden inneren Bézier-Punkte (siehe Abschnitt H 2.2.5.1), das sind die Punkte P_{210}, P_{120}, P_{021}, P_{012}, P_{102} und P_{201}.
- Das noch fehlende 10. Bestimmungselement ist der Punkt P_{111}, der das Bézier-Netz vervollständigt.

Wenn dieser zentrale Bézier-Punkt P_{111} bekannt ist, kann der de Casteljau-Algorithmus - in Anlehnung an Kapitel H 2.2.5.2 - zur Bestimmung eines Punktes auf der Fläche und zur Bestimmung der Tangentialebene in diesem Punkt angewandt werden. Diese Konstruktion ist in Figur 3.7-2 skizziert. Die Parametrisierung geschieht in einem Dreieck R,S,T im 2D-Raum mit sogenannten **baryzentrischen Koordinaten** r, s und t, wobei die Bedingung

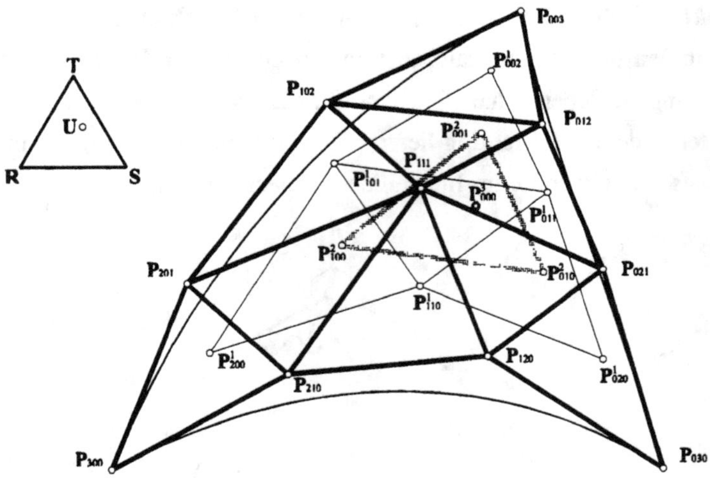

Figur 3.7-2: Konstruktion eines Flächenpunktes in einem Bézier-Dreieck vom Grad 3. Der Punkt U, dessen Abbild auf der Fläche gesucht ist (Ergebnis: P^3_{000}*) ist in baryzentrischen Koordinaten in einem 2D-Dreieck festgelegt. Die Punkte* P^2_{100}, P^2_{010} *und* P^2_{001} *bilden die Tangentialebene im Punkt* P^3_{000}.

r+s+t=1 einzuhalten ist. Die baryzentrischen Koordinaten des Punktes U können als Verhältnisse von Dreicksflächen interpretiert werden:

$$r = \frac{\Delta(UST)}{\Delta(RST)} \qquad s = \frac{\Delta(RUT)}{\Delta(RST)} \qquad t = \frac{\Delta(RSU)}{\Delta(RST)} \tag{3.7-2}$$

Die Eckpunkte R, S und T haben die baryzentrischen Koordinaten (1,0,0), (0,1,0) und (0,0,1). Alle Punkte auf der Dreieckseite $\overline{RS}$ haben die baryzentrische Koordinate t=0; für die anderen beiden Dreieckseiten $\overline{ST}$ und $\overline{TR}$ gilt r=0 und s=0.

Der Punkt, der auf der Fläche gesucht ist, wird im 2D-Dreieck festgelegt. In der Figur 3.7-2 ist es der Punkt U. Anschließend wird - dem de Casteljau-Algorithmus folgend - der Punkt U affin in das 3D-Dreieck (P_{300}, P_{210}, P_{201}) übertragen. Auf diese Weise erhält man die XYZ-Koordinaten für den Punkt P^1_{200}. Auf die gleiche Weise erhält man in den anderen Dreiecken die Punkte P^1_{110}, P^1_{020}, P^1_{011}, P^1_{002} und P^1_{101}. Anschließend wird der Punkt U affin in das 3D-Dreieck (P^1_{200}, P^1_{110}, P^1_{101}) abgebildet. Das Ergebnis sind die XYZ-Koordinaten des Punktes P^2_{100}. Auf die gleiche Weise erhält man in den beiden anderen Dreiecken die Punkte P^2_{010} und P^2_{001}. Diese drei Punkte definieren die **Tangentialebene**. Der **gesuchte Punkt auf der Polynomfläche** dritten Grades ergibt sich durch affine Übertragung des Punktes U in das Dreieck (P^2_{100}, P^2_{010}, P^2_{001}). Er trägt die Bezeichnung P^3_{000}.

In der Figur 3.7-3 ist der de Casteljau-Algorithmus für einen **Punkt U** angewandt, **der auf der Dreieckseite $\overline{RS}$** liegt und mit dem Kurvenparameter τ festgelegt ist. In diesem Fall wird der gesuchte Punkt P^3_{000} nur von den Bézier-Punkten P_{300}, P_{210}, P_{120} und P_{030}, die die untere Randkurve definieren, beeinflußt. Die Tangentialebene in diesem Punkt hängt noch zusätzlich von den Bézier-Punkten P_{201}, P_{111} und P_{021} ab.

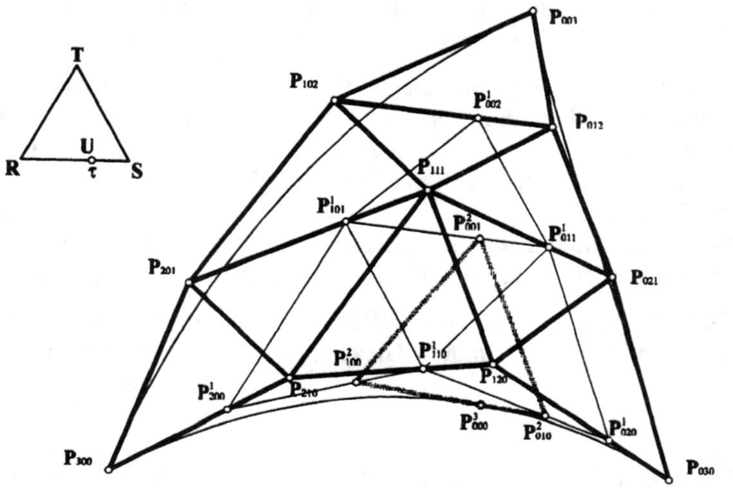

Figur 3.7-3: Konstruktion eines Flächenpunktes, der auf der unteren Randkurve an der Parameterstelle τ liegt. Seine Koordinaten hängen nur von den unteren vier Bézier-Punkten ab, die Tangentialebene in diesem Punkt noch zusätzlich von den Bézier-Punkten P_{201}, P_{111} und P_{021}.

Diese spezielle Lage von U bietet die Möglichkeit, einen **Zusammenhang zwischen einer** (bekannten) **Flächennormale n in einem Punkt auf einer Randkurve**, in unserem Fall auf der unteren 3D-Kurve, **und dem (unbekannten) zentralen Bézier-Punkt P_{111}** herzustellen. Die Flächennormale $\mathbf{n}(\tau)$ und der in der Tangentialebene liegende Vektor $\mathbf{q}(\tau)$ müssen die Bedingung

$$\boldsymbol{n}^T(\tau)\cdot\boldsymbol{q}(\tau) = \boldsymbol{n}(\tau)\cdot(\boldsymbol{X}^2_{001}(\tau) - \boldsymbol{X}^3_{000}(\tau)) = 0 \qquad (3.7\text{-}3)$$

$\mathbf{X}^l_{ijk}$ ... Koordinatenvektor des Punktes P^l_{ijk}

erfüllen. Der Punkt P^2_{001} liegt - wie Figur 3.7-3 zeigt - auf einem Polynom zweiten Grades mit den Punkten P_{201}, P_{111} und P_{021} als Bézier-Polygon. Wir können daher - in Anlehnung an Abschnitt H 2.2.5.1 - folgende Polynomdarstellung benutzen:

$$\boldsymbol{X}^2_{001}(\tau) = (1-\tau)^2\boldsymbol{X}_{201} + 2(1-\tau)\tau\boldsymbol{X}_{111} + \tau^2\boldsymbol{X}_{021} \qquad (3.7\text{-}4)$$

Diese Gleichung in Gleichung (3.7-3) eingesetzt und umgeformt ergibt folgende Beziehung:

$$2(1-\tau)\tau\boldsymbol{n}^T(\tau)\cdot\boldsymbol{X}_{111} = -(1-\tau)^2\boldsymbol{n}^T(\tau)\cdot\boldsymbol{X}_{201} - \tau^2\boldsymbol{n}^T(\tau)\cdot\boldsymbol{X}_{021} + \boldsymbol{n}^T(\tau)\cdot\boldsymbol{X}^3_{000}(\tau) \qquad (3.7\text{-}5)$$

Die Unbekannten in dieser Gleichung sind die Koordinaten X_{111}, Y_{111} und Z_{111}. Ein bekannter Normalvektor $\mathbf{n}(\tau_1)$ an der Stelle τ_1 liefert eine Gleichung (3.7-5). Wir benötigen also mindestens zwei weitere Normalvektoren $\mathbf{n}(\tau_2)$ und $\mathbf{n}(\tau_3)$. Es ist empfehlenswert, daß die drei Normalvektoren etwa in der Mitte der drei Randkurven liegen. Falls es noch mehr Normalvektoren entlang der Randkurven gibt, wird man eine Ausgleichung nach der Methode der kleinsten Quadrate durchführen. Weitere Details dazu findet man in der Veröffentlichung[1], die auch als Vorlage für diesen Abschnitt gedient hat.

AUFGABE 3.7-1: Die in der Einleitung dieses Abschnittes für ein kubisches Polynom angestellten Überlegungen sind für ein Polynom vom Grad 4 vorzunehmen. **Ergebnis**: Eine Polynomfläche vierten Grades in monomischer Darstellung hat 15 Koeffizienten a_i; für die Bézier-Darstellung benötigt man ein Bézier-Netz mit 15 Punkten. Man skizziere und kommentiere diese 15 Bézier-Punkte.
ZUSATZAUFGABE: Wie muß man diese Bézier-Punkte reduzieren, daß die Randkurven kubische Polynome werden, die Fläche aber ein Polynom vom Grad 4 bleibt?

AUFGABE 3.7-2: Was passiert, wenn alle Flächennormalen $\mathbf{n}(\tau)$ zur Bestimmung der Koordinaten des zentralen Punktes P_{111} mittels Gleichung (3.7-4) zueinander parallel sind?

3.8 Konzept für ein universelles 3D-Oberflächenmodell

In der Literatur sind bisher nur Lösungen für Teilprobleme eines universellen 3D-Oberflächenmodelles zu finden. Die gegenwärtig verfügbare Software ist von einem universellen 3D-Oberflächenmodell ebenfalls noch weit entfernt. Im folgenden wird ein Konzept für ein universelles 3D-Oberflächenmodell vorgestellt, wobei wir die Betrachtungen weitgehend auf ein 3D-Geländemodell ausrichten. Es beginnt mit der Filterung und Vernetzung der digitalisierten Geländekanten.

3.8.1 Filterung und Vernetzung der digitalisierten Geländekanten

Die Stützpunkte entlang der 3D-Geländekanten sind in der Regel mit zufälligen Meßfehlern behaftet. Eine Kurveninterpolation mit Filterung, wie sie im Abschnitt H 2.3 beschrieben wurde, beseitigt weitgehend diese zufälligen Fehler.

Das Ergebnis einer solchen Interpolation mit Filterung sind die XYZ-Koordinaten der Knoten der zusammengesetzten kubischen Polynome und die $3 \times 4 = 12$ Koeffizienten a_i eines jeden 3D-Polynoms. Aus den Koeffizienten a_i können mit den Methoden des Abschnittes H 2.2.5.1 die Bézier-(Innen-)Punkte ermittelt werden. Die **Bézier-Punkte in ihrer Gesamtheit repräsentieren die 3D-Kurve**. Die ursprünglich gemessenen Stützpunkte werden durch diese Bézier-Punkte ersetzt. Damit ist eine **Datenbereinigung und Datenkompression** verbunden.

[1] Pfeifer, N., Pottmann, H.: IAPR 31, Part B3, pp. 638-643, Vienna, 1996.

Wenn man für diese Interpolation mit Filterung die Bessel-Methode (Abschnitt H 2.2.4) verwendet, hat man eine **strenge 3D-Lösung**, die von der Lagerung des XYZ-Koordinatensystems unabhängig ist.

Diese Interpolation mit Filterung wird nicht für jede einzelne Geländekante(-Linie) isoliert durchgeführt, sondern für alle Geländekanten(-Linien) eines Interessensgebietes gemeinsam. Dadurch entsteht ein **Netzwerk von Geländekanten(-Linien)**, in dem es auch ausgeglichene Knoten gibt, an denen drei und eventuell auch mehr Geländekanten zusammenlaufen. Die Figuren H 2.3-5 und H 2.3-6 zeigen einschlägige Beispiele.

Im folgenden Abschnitt wird beschrieben, wie die abseits von den Geländekanten liegenden Geländepunkte in die Oberflächenbildung einbezogen werden können.

3.8.2 3D-Dreiecksvermaschung

Gegeben ist eine 3D-Punktwolke; die Punkte dieser Wolke liegen auf einer (unbekannten) Oberfläche. Diese Oberfläche ist zwar zweidimensional, weist aber Überhänge, Höhlen etc. auf. Eine solche Oberfläche bezeichnen wir als 3D-Oberfläche. Mit der 3D-Dreiecksvermaschung wird ein mit den originären Punkten gebildeter Verband von Dreiecken auf der Oberfläche gesucht, der die 3D-Oberfläche möglichst gut approximiert.

Dabei ist ein Netzwerk von Geländekanten(-Linien) zu beachten, das - wie im Abschnitt 3.8.1 beschrieben - bereits auf zusammengesetzte kubische Polynome reduziert wurde. Die Kanten zwischen den Knoten der zusammengesetzten kubischen Polynome sind in die Triangulierung als Dreiecksseiten aufzunehmen.

Eine 3D-Dreiecksvermaschung lösen wir sukzessive. Man beginnt mit einem (beliebigen) Dreieck und erweitert Punkt für Punkt den Dreiecksverband. Dabei ist wichtig, daß durch Hinzufügen eines Neupunktes die Umgestaltung des vorherigen Dreiecksnetzes lokal bleibt. Für eine 3D-Dreiecksvermaschung gibt es noch keine Standardlösung vergleichbar der Delaunay-Triangulation im zweidimensionalen Fall. Bei einer **3D-Dreiecksvermaschung** sind - in Anlehnung an die 2D-Dreiecksvermaschung (Abschnitt H 1.1) - **vier Probleme** zu lösen:

- Auffinden des zu einem Neupunkt gehörenden Dreiecks.
- Einbinden dieses Neupunktes in den Dreiecksverband.
- Optimierung der Triangulierung in der Umgebung des eingeführten Neupunktes.
- Berücksichtigung der die Knoten der zusammengesetzten kubischen Polynome verbindenden Geländekanten(-Linien).

3.8.2.1 Auffinden des zu einem Neupunkt gehörenden Dreiecks

Ein zweckmäßiges Ordnungselement in einer 3D-Dreiecksvermaschung ist die sogenannte **Links/Rechts-Relation**. Dazu benötigt man in den bereits triangulierten Punkten auch die Normalvektoren. Die Normalvektoren können direkt gemessen werden, zum Beispiel mit flächenbasierter Bildzuordnung (Abschnitt C 2.2.1). Liegen keine gemessenen Normalvektoren vor, sind sie aus dem Punkthaufen zu schätzen. Den **Normalvektor zu einem 3D-**

Dreieck bekommt man dadurch, daß man aus zwei Vektoren, die in zwei Dreiecksseiten liegen, das äußere Vektorprodukt bildet. Treffen in einem Knoten der Triangulierung mehrere Dreiecke zusammen, wird man einen Mittelwert aus den Normalvektoren der beteiligten Dreiecke bilden.

Mit der Links/Rechts-Relation kann entschieden werden, ob der **Neupunkt P links oder rechts der Ebene** ϵ, die vom Vektor $(\mathbf{X}_2 - \mathbf{X}_1)$, der die beiden Punkte P_1 und P_2 verbindet, und dem Normalvektor **n** aufgespannt wird (Figur 3.8-1). Für den Normalvektor **n** nimmt man zweckmäßigerweise das Mittel aus den Normalvektoren $\mathbf{n}_1$ im Punkt P_1 und $\mathbf{n}_2$ im Punkt P_2. Mit dem Spat-Produkt

$$d = ((X_2 - X_1) \times n)\cdot(X - X_1) \qquad \begin{matrix} d \geq 0 \text{ für P rechts} \\ d \leq 0 \text{ für P links} \end{matrix} \qquad (3.8\text{-}1)$$

kann entschieden werden, ob der Neupunkt P, zu dem der Vektor **X** gehört, links oder rechts von der Ebene ϵ liegt.

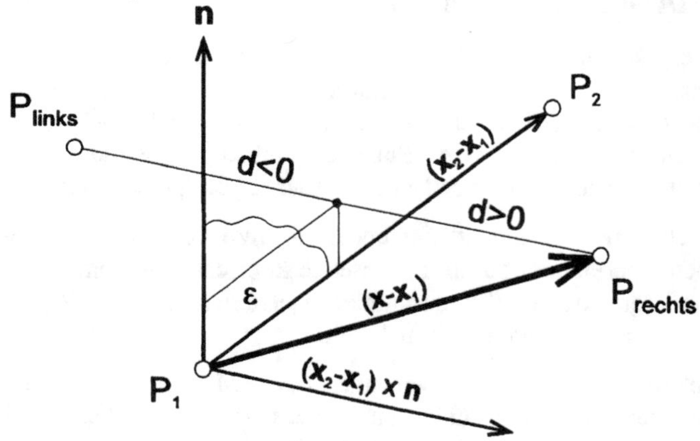

Figur 3.8-1: Links/Rechts-Relation

Wie die Figur 3.8-2 zeigt, kann diese Links/Rechts-Relation auch zu Fehlentscheidungen führen. Solche Fehlentscheidungen müssen mit zusätzlichen Kriterien abzufangen. Zum Beispiel die 3D-Entfernungen des Neupunktes zu den bereits triangulierten Punkten ist dafür sehr hilfreich.

Die Links/Rechts-Relation wird in einem sogenannten ***Rover*, der durch die Dreiecksvermaschung wandert**, implementiert. Eine solche Wanderung ist in der Figur 3.8-3 skizziert, wobei wir uns - der besseren Anschaulichkeit wegen - bis zum Ende des Abschnittes 3.8.2.2 auf ein 2D-Dreiecksnetz beschränken. Die Ausgangslage des *Rovers* ist die Position RST. Gesucht ist das Dreieck, in dem der Neupunkt P liegt. Zuerst muß sich der *Rover* um den Punkt R drehen, bis der Punkt P links von RS und rechts von RT liegt. Auf diese Weise findet er die Position R'S'T'. Da P noch rechts von S'T' liegt, hüpft der *Rover* in das angrenzende Dreieck mit der gemeinsamen Dreieckseite. Die neue Position ist R"S"T". Nun beginnt wieder das Drehen um R" bis P im richtigen Zwickel liegt. Das Ergebnis ist nun das gesuchte Dreieck R‴S‴T‴. P liegt jeweils links der Seite R‴S‴, S‴T‴ und T‴R‴.

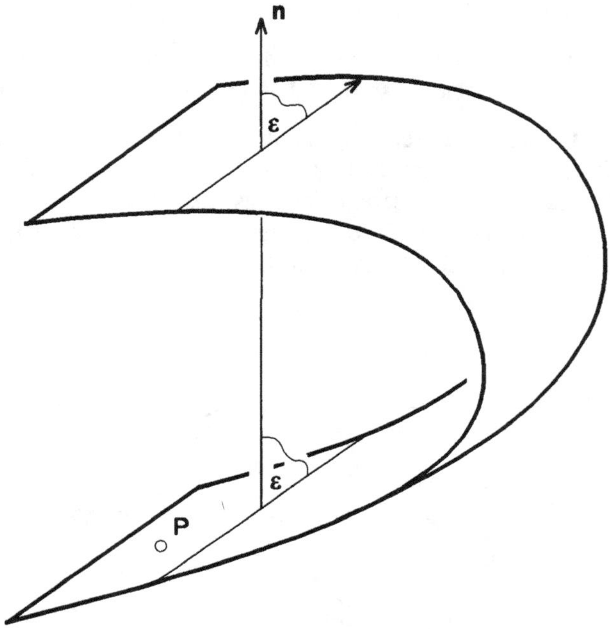

Figur 3.8-2: Fehlentscheidung mit der Links/Rechts-Relation (3.8-1)

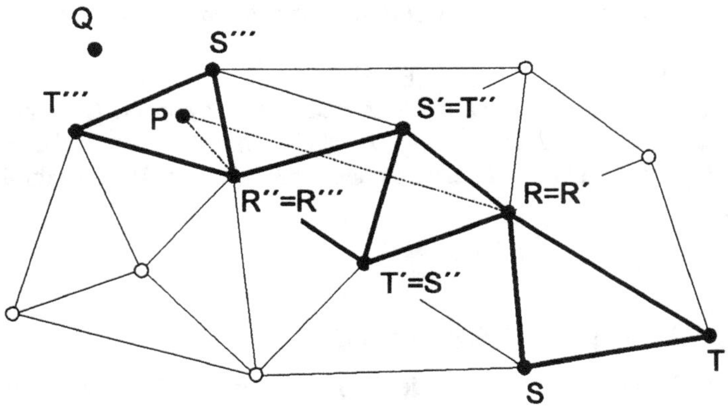

Figur 3.8-3: Positionierung des Rovers, Ausgangslage RST, Endposition R'''S'''T'''

Wäre der Neupunkt außerhalb des Dreiecksverbandes gelegen, käme der *Rover* - für den Punkt Q der Figur 3.8-3 - zur gleichen Endposition hinsichtlich des Zwickels. In diesem Fall läge aber der Neupunkt rechts von der Seite S'''T'''.

3.8.2.2 Einbindung eines Neupunktes in den Dreiecksverband

In Figur 3.8-4 ist die ursprüngliche Dreiecksvermaschung in dünner Strichstärke gezeichnet. Fällt ein Neupunkt P in ein Dreieck, so entstehen (zunächst) drei **neue Kanten**.

Fällt ein Neupunkt Q außerhalb der ursprünglichen Dreiecksvermaschung, werden neue Kanten zu allen Punkten des Begrenzungspolygones gezogen, für die Q rechts von der jeweiligen Dreiecksseite liegt. In unserem Fall entstehen dadurch vier neue Kanten. Diese Maßnahme sorgt dafür, daß am Ende der Dreiecksvermaschung auch eine **Umhüllende** gefunden ist. (Im 2D-Raum ist es eine konvexe Umhüllende.)

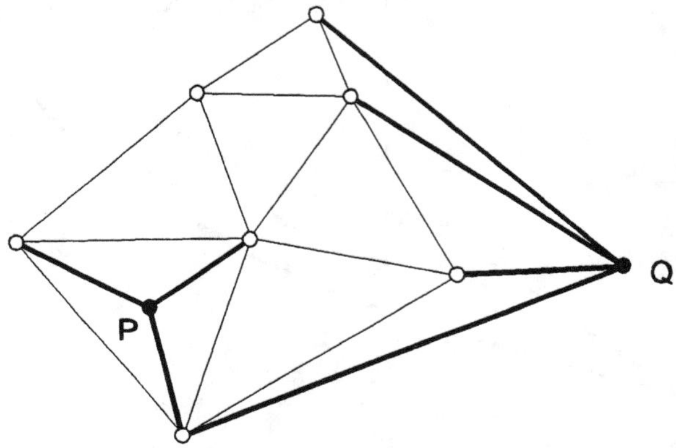

Figur 3.8-4: Einbindung eines inneren Neupunktes P in die Dreiecksvermaschung und eines äußeren Neupunktes Q durch Erweiterung der Umhüllenden

AUFGABE 3.8-1: Man überprüfe mit der Euler-Formel (Abschnitt H 1.1.1) den Graphen der Figur 3.8-4 vor und nach dem Einfügen der Neupunkte P und Q. (Lösung: Vor dem Einfügen: Anzahl der Dreiecksseiten = 3(7-1)-6 = 12, Anzahl der Dreiecke = 2(7-1)-6 = 6. Nach dem Einfügen: Anzahl der Dreiecksseiten = 3(9-1)-5 = 19, Anzahl der Dreiecke = 2(9-1)-5 = 11)

3.8.2.3 Optimierung einer Triangulierung

Zunächst soll die Frage beantwortet werden, ob ein Neupunkt P, der mit den Punkten T und S (zunächst) das Dreieck PTS bildet, das angrenzende ursprüngliche Dreieck RST beläßt oder ob zwei neue Dreiecke mit der gemeinsamen Kante RP gebildet werden (Figur 3.8-5). Man spricht in diesem Zusammenhang vom **Umlegen der Diagonalen** (*Swappen*) in einem 3D-Viereck. Es gibt verschiedene Kriterien, die wir als ***Swap*-Kriterien** bezeichnen, für dieses Umlegen:[1]

[1] Diese Methode wird in der Literatur auch als "**Inkrementeller *Flip*-Algorithmus**" bezeichnet.

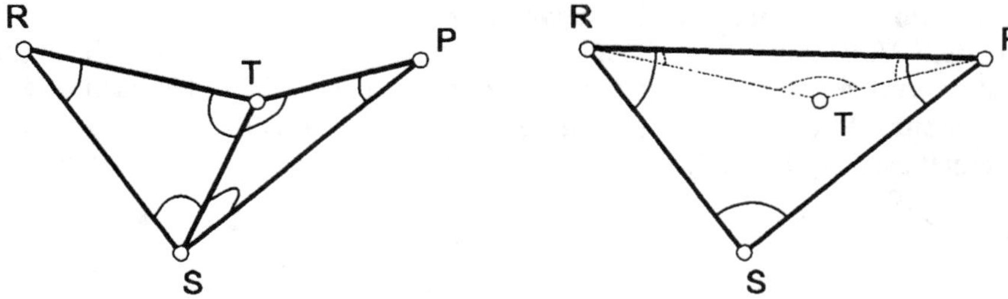

Figur 3.8-5: Dreieckswinkel für die Entscheidung beim MaxMin-Kriterium

a) **Maximierung des minimalen Dreieckswinkels** (MaxMin-Kriterium)
Dabei werden alle möglichen Dreieckswinkel berechnet und jene Version mit dem maximalen minimalen Winkel bevorzugt (Figur 3.8-5).

b) **Minimierung des maximalen Dreieckswinkels** (MinMax-Kriterium)
Dabei gehen wir ebenfalls von den berechneten Winkeln aus (Figur 3.8-5). In diesem Fall wird nicht der minimale Winkel maximiert sondern der maximale Winkel minimiert.

Zwischenbemerkung: Das MaxMin-Kriterium und das MinMax-Kriterium nehmen keine Rücksicht auf einen glatten Verlauf der Oberfläche. Es können daher in der Nachbarschaft ungewollte überschlagende Dreiecke entstehen. Das folgende *Swap*-Kriterium zielt auf eine möglichst glatte Oberfläche ab.

c) **Optimierung des Knickwinkels**
Figur 3.8-6 zeigt die Geometrie. Es wird der Knickwinkel β der beiden angrenzenden Dreiecke einerseits entlang der Kante ST und andererseits entlang der Kante RP berechnet. Die Konstellation mit dem kleinsten Knickwinkel β wird bevorzugt.

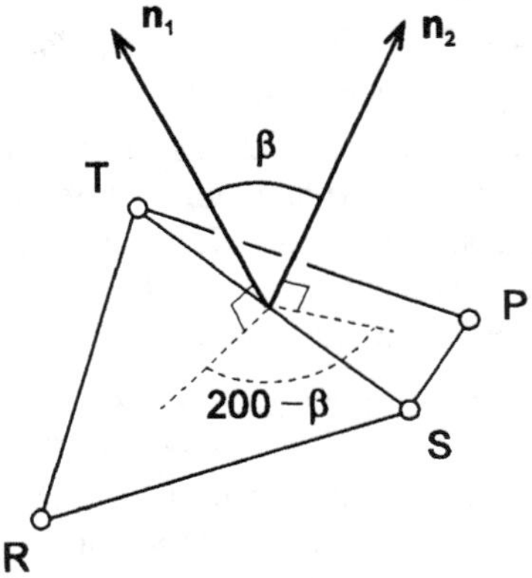

Figur 3.8-6: Knickwinkel β zweier Dreiecke

In der Praxis hat sich noch keines der genannten *Swap*-Kriterien als überlegen erwiesen. Die Wahl hängt von der Punktverteilung und von den Erwartungen an die 3D-Dreiecksvermaschung ab. Im folgenden wird ein weiteres *Swap*-Kriterium erläutert, das nicht nur vier Punkte betrifft, sondern eine größere Umgebung einbezieht.

d) **Einbeziehung der Knickwinkel benachbarter Dreiecke**
Bei diesem Verfahren werden vier Knickwinkel berechnet (Figur 3.8-7). Jener Konfiguration wird der Vorzug eingeräumt, die zum Beispiel den kleinsten maximalen Knickwinkel besitzt. Mit diesem *Swap*-Kriterium bekommt man ein Polyeder aus Dreiecken, das verhältnismäßig kleine Knicke an den zusammenstoßenden Dreieckseiten aufweist.

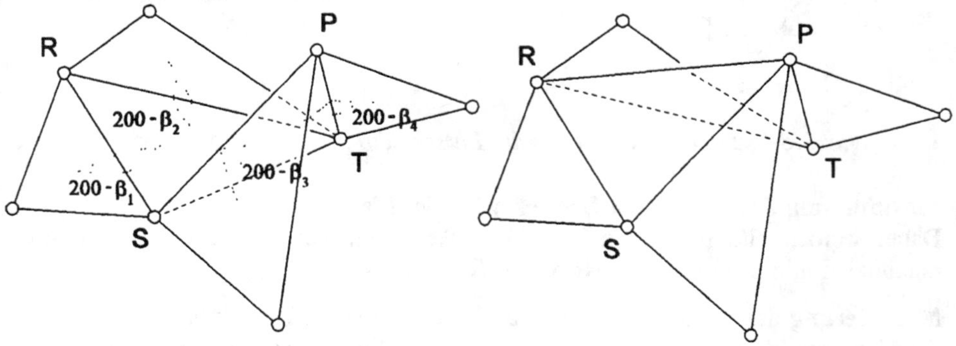

Figur 3.8-7: Swap-Kriterium mit vier Knickwinkeln

In der **Literatur**, die am Ende des Abschnittes 3.8.2.5 angegeben wird, sind weitere *Swap*-Kriterien zu finden. Bei Verwendung der in diesem Abschnitt vorgestellten *Swap*-Kriterien ist nicht sichergestellt, daß ein globales Optimimum erreicht wird. Mögliche Lösung: Schumaker, L.: Computer Aided Geometric Design, Heft 10, pp. 329-345, 1993.

3.8.2.4 Berücksichtigung von Zwangskanten entlang der Geländekanten(-Linien)

Die Knoten der zusammengesetzten kubischen Polynome, die die Geländekanten(-Linien) repräsentieren, haben bei der 3D-Dreiecksvermaschung eine Sonderstellung: Die auf der **Geländekanten(-Linien)** benachbarten Knoten **bilden einerseits Zwangskanten in der Dreiecksvermaschung und andererseits sind in jedem solchen Knoten zwei Normalvektoren zu beachten**. Die Knickwinkel entlang dieser Zwangskanten werden nicht optimiert; sie können (nahezu) beliebig große Werte annehmen.

Beim Schätzen der Normalvektoren in den Knoten der Geländekanten(-Linien) dürfen nur die Normalvektoren jeweils der Dreiecke benutzt werden, die auf einer Seite der jeweiligen Geländekante(-Linie) liegen. Auf beiden Seiten einer solchen Zwangskante wird getrennt - ähnlich wie bei der Delaunay-Triangulation (Abschnitt H 1.1.1) - eine Optimierung der Triangulierung nach den im Abschnitt 3.8.2.3 angegebenen *Swap*-Kriterien herbeigeführt.

3.8.2.5 Beispiele

Zunächst wird ein Zahlenbeispiel gebracht, anschließend ein synthetisches Beispiel; den Abschluß bildet ein TIS-Beispiel.

a) **Zahlenbeispiel**

Gegeben sind vier Punkte mit ihren Koordinaten 1(100,100,100), 2(150,110,140), 3(70,140,150) und 4(120,160,80). Man entscheide nach dem MaxMin- und dem MinMax-Kriterium sowie nach der Minimierung des Knickwinkels über die 3D-Dreiecksvermaschung. Entlang der möglichen sechs Kanten bildet man zunächst die Vektoren und normiert sie. Aus dem skalaren Produkt von jeweils zwei normierten Vektoren, die vom jeweiligen Eckpunkt ausgehen, erhält man den jeweiligen Dreieckswinkel. Die Dreieckswinkel für die vier möglichen Dreiecke lauten (in gon):

Δ 123		Δ 124		Δ 134		Δ 234	
W_{123}	59.7	W_{124}	56.9	W_{134}	53.0	W_{234}	63.7
W_{231}	52.9	W_{241}	55.1	W_{341}	57.9	W_{342}	66.6
W_{312}	87.4	W_{412}	88.1	W_{413}	89.1	W_{423}	69.7

Anschließend stellt man für die sechs möglichen Kanten die jeweils zwei angrenzenden Dreiecke mit ihren Winkeln zusammen:

Kante	12	13	14	23	24	34
Dreiecks-	59.7	59.7	56.9	59.7	56.9	53.0
winkel	52.9	52.9	55.1	52.9	55.1	57.9
	87.4	87.4	88.1	87.4	88.1	89.1
Dreiecks-	56.9	53.0	53.0	63.7	63.7	63.7
winkel	55.1	57.9	57.9	66.6	66.6	66.6
	88.1	89.1	89.1	69.7	69.7	69.7

Der maximale minimale Dreieckswinkel (**MaxMin-Kriterium**) tritt dann ein, wenn die vier Punkte mit der gemeinsamen Kante 24 "trianguliert" werden, m.a.W. wenn die beiden Dreiecke 124 und 234 zur Oberfläche erklärt werden.

Der minimale maximale Dreieckswinkel (**MinMax-Kriterium**) tritt dann ein, wenn die vier Punkte mit der gemeinsamen Kante 23 "trianguliert" werden. In diesem Fall bilden die beiden Dreiecke 123 und 234 die Oberfläche.

Zur Ermittlung der Oberfläche mit dem **optimalen Knickwinkel** ist für jede Dreiecksfläche die Flächennormale **n** zu bilden. Man beginnt mit einem beliebigen Dreieck; wir wählen das Dreieck 123. Für die drei anderen Dreiecke ist beim Bilden des äußeren Produktes aus jeweils zwei Kanten-Vektoren zu beachten, daß die jeweilige gemeinsame Kante mit dem Dreieck 123 in der Gegenrichtung eingeführt wird. Auf diese Weise wird erreicht, daß beide Normalen nach "außen" zeigen und nicht eine Normale nach "außen" und die andere nach "innen" zeigt. Die vier normierten Normalvektoren lauten:

	ΔX	ΔY	ΔZ
n_{123}	-0.2448	-0.8234	0.5119
n_{134}	-0.8222	0.0865	-0.5626
n_{142}	0.6156	-0.4262	-0.6629
n_{243}	0.3596	0.7974	0.4847

In der Fortsetzung wird für jede der sechs möglichen Kanten mit Hilfe des skalaren Produktes der beiden Normalvektoren, die zu den an der jeweiligen Kante zusammenstoßenden beiden Dreiecke gehören, der Winkel β zwischen diesen beiden Normalvektoren berechnet (Figur 3.8-6). Die Ergebnisse lauten:

Kante	12	13	14	23	24	34
beteiligte **n**	$\mathbf{n}_{123} \cdot \mathbf{n}_{142}$	$n_{123} \cdot n_{134}$	$n_{134} \cdot n_{142}$	$n_{123} \cdot n_{243}$	$n_{243} \cdot n_{142}$	$n_{243} \cdot n_{134}$
β(gon)	108.9	110.1	110.9	133.1	129.0	133.3

Der optimale Knickwinkel tritt also dann auf, wenn die Kante 12 zur gemeinsamen Kante erklärt wird und die beiden Dreiecke 123 und 124 die Oberfläche bilden.

Hinweis: Dieses Zahlenbeispiel wurde bewußt ohne Anfertigung einer Figur bearbeitet. Dem Computer, der diese Aufgabe üblicherweise löst, steht auch keine Figur zur Veranschaulichung zur Verfügung.

AUFGABE 3.8-2: Man wiederhole das Zahlenbeispiel mit folgenden vier Punkten: 1(100, 100, 100), 2(150, 110, 110), 3(80, 140, 130), 4(120, 160, 100). (Lösung: Bei allen drei Kriterien ergibt sich die Kante 14 als gemeinsame Kante; der Knickwinkel β beträgt dort 137.5 gon; die Oberfläche der "Aufgabe 3.8-2" ist also glatter als die Oberfläche des "Zahlenbeispieles".)

b) **Synthetisches Beispiel**

Figur 3.8-8 zeigt das Ergebnis einer 3D-Dreiecksvermaschung mit Punkten, die eine geschlossene Fläche beschreiben.

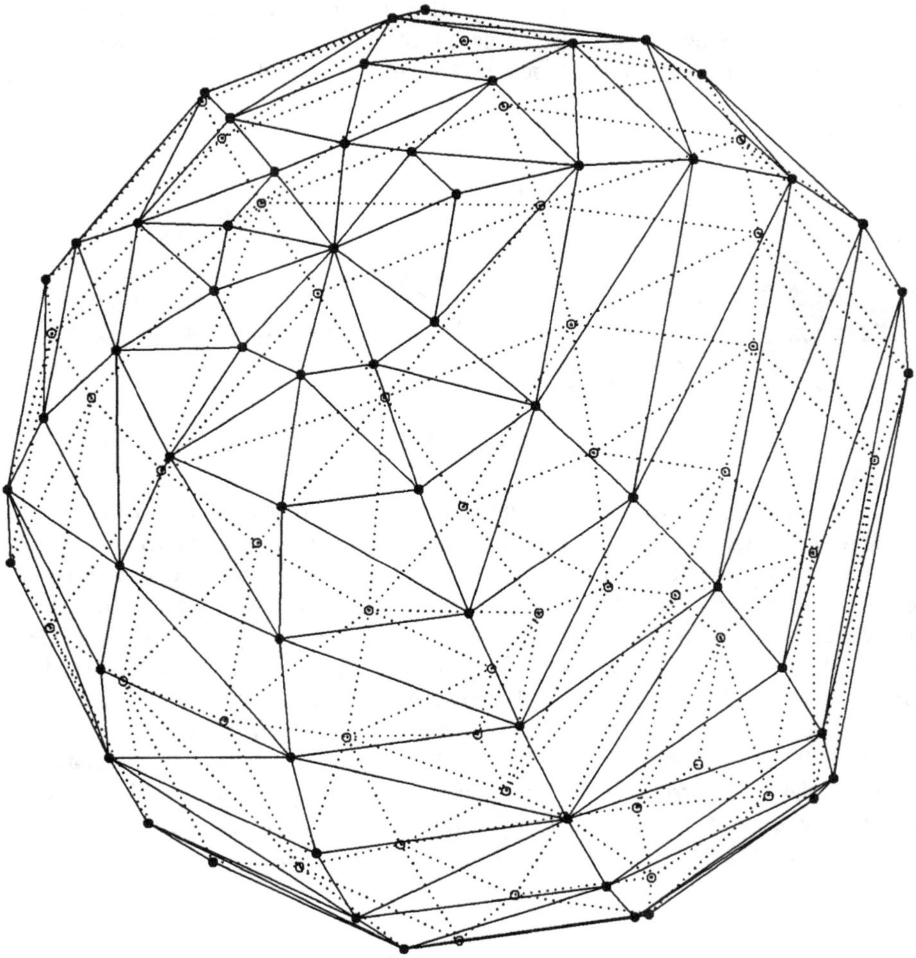

Figur 3.8-8: 3D-Triangulierung einer geschlossenen Fläche

c) **TIS-Beispiel**

Figur 3.8-9 zeigt das Ergebnis einer 3D-Dreiecksvermaschung. Es ist ein Geländeausschnitt mit einem Gebäude. Am Gebäude treten vertikale Wände auf, sodaß eine 3D-Lösung erforderlich ist und man mit einer 2.5D-Lösung nicht auskommt. Mehrere Polygonseiten wurden als Zwangskanten eingeführt, zum Beispiel die Schnittlinien des Gebäudes mit dem Gelände. Da an solchen Zwangskanten die Knicke der angrenzenden Dreiecke beliebig groß werden können, wird der abrupte Übergang vom flachen Gelände zu den vertikalen Gebäudewänden gut gelöst. Die Traufenlinien und der Dachfirst werden in gleicher Weise behandelt. Aber auch im Gelände gibt es Zwangskanten mit dem Attribut, daß der Neigungswechsel der angrenzenden Dreiecke beliebig sein darf, wie man aus der Figur 3.8-9 gut erkennen kann. Auf diese Weise wird der abrupte Neigungswechsel an den Geländekanten gut modelliert.

Da die Punkte und Linien der Ausgangsdaten eine sehr unterschiedliche Rolle bei der Dreiecksvermaschung spielen, ist dafür zu sorgen, daß zu den Punkten, Linien und Dreiecken vielseitige Attribute, wie im Abschnitt I 2.1.3.1 besprochen wird, abgelegt werden.

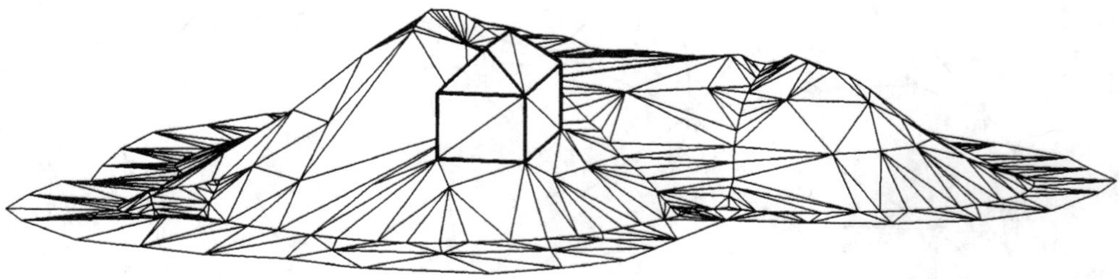

Figur 3.8-9: 3D-Dreiecksvermaschung mit einem Gebäude im Gelände

Die Ausführungen des Abschnitts 3.8.2 lehnen sich stark an die am I.P.F. von D. Heitzinger ausgeführte Diplomarbeit an: 3D-Oberflächenmodellierung mit topologischen Grundelementen. Die beiden graphischen Beispiele des Abschnittes 3.8.2.5 stammen ebenfalls aus dieser Diplomarbeit. Weitere **Literatur** zum Abschnitt 3.8.2: Barnhill, R.: In Rice (Ed.): Mathematical Software III. Academic Press, 1977. Choi, B. et al.: Computer Aided Geometric Design, Vol. 20, No. 5, pp. 239-248, 1988. Halmer, A., Heitzinger, D., Kager, H.: IAPR 31, Part B4, pp. 407-412, Vienna, 1996. Boissonat, J.: ACM, Vol. 3, Nr. 4, pp. 266-286, 1984. Hoppe, H., De Rose, T., Duchamp, T., Mc Donald, J., Stuetzle, W.: SIGGRAPH 92 Proceedings, pp. 71-78, 1992. Darin ist auch die **3D-Tetraeder-Vermaschung**, aus der nach verschiedenen Kriterien eine 3D-Triangulation extrahiert werden kann, enthalten. Mit diesem Thema hat sich D. Heitzinger in seiner Dissertation (erscheint als Geow. Mitt. der TU Wien, im Jahre 2000) ausführlich befaßt.

3.8.3 Filterung der Massenpunkte und Verbesserung der Schätzung der Flächennormalen

Die 3D-Dreiecksvermaschung, wie sie eben beschrieben wurde, enthält die topologische Information zu den Punkten und Linien auf der Oberfläche. Die 3D-Dreiecke sind die Grundelemente; über diesen Dreiecken sind gekrümmte Flächen zu bilden. Vor diesem Schritt sind allerdings noch **die mit zufälligen Meßfehlern behafteten 3D-Koordinaten der Eckpunkte der Dreiecke zu filtern**. Eine solche Filterung ist nur noch bei den auf der Oberfläche liegenden Massenpunkten vorzunehmen; die Knoten der zusammengesetzten kubischen Polynome entlang der Geländekanten(-Linien) haben bereits einen solchen Filterprozeß hinter sich (Abschnitt H 3.8.1).

Als gekrümmte Flächen über den ebenen Dreiecken werden wir Bézier-Flächen (Abschnitt H 3.7) benutzen. Dafür benötigt man in den Eckpunkten der Dreiecke aber nicht nur die 3D-Koordinaten sondern auch die Flächennormalen. Im Rahmen der 3D-Triangulierung fallen zwar solche **Flächennormalen** an (Abschnitt H 3.8.2); doch ist eine **Verbesserung dieser**

groben Schätzungen angebracht. Die (beiden) Flächennormalen in jedem Knoten der zusammengesetzten kubischen Polynome entlang der Geländekanten(-Linien) sind ebenfalls gesucht.

Wir beginnen mit der Filterung der Massenpunkte und der Verbesserung der Schätzung der Flächennormalen in den Massenpunkten.

a) **Massenpunkte**

In der Figur 3.8-11 ist ein Massenpunkt P mit seiner Umgebung angegeben. Die **Umgebung wird mit topologischen** (und nicht mit euklidischen) **Kriterien definiert**. In Figur 3.8-11 sind die benachbarten Punkte der ersten und der zweiten Generation herausgehoben. In der Praxis begnügt man sich in der Regel mit zwei Generationen.

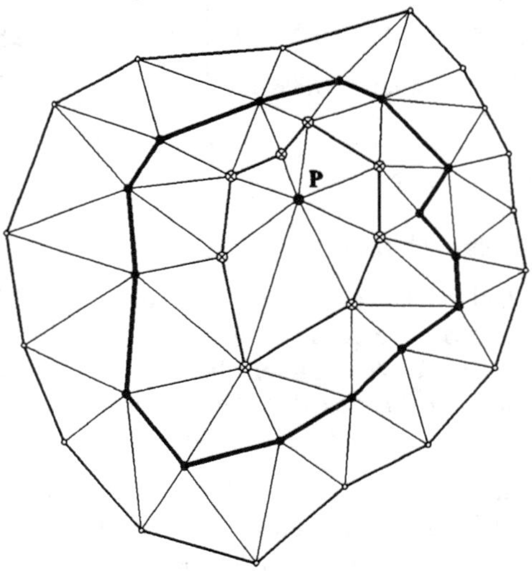

Figur 3.8-11: Massenpunkt P mit seinen Nachbarn der ersten (Kreuz im Kreis) und zweiten (gefüllte Kreise) Generation

Mit dem zentralen Massenpunkt und seinen Nachbarpunkten wird anschließend eine **Interpolation nach kleinsten Quadraten** (Abschnitt H 3.3) durchgeführt. Sie **liefert einen gefilterten Stützwert für den Punkt P und in diesem Punkt auch eine Flächennormale** (Abschnitt H 3.2.4). Diese Flächennormale ist besser als die im Rahmen der 3D-Triangulation angefallene Flächennormale, weil man einerseits mehr benachbarte Punkte einbezieht und andererseits auch eine Filterung der Koordinaten der Punkte einhergeht. Eine solche Filterung und Ermittlung der Flächennormalen wird für jeden Massenpunkt mit seinen jeweiligen Nachbarpunkten getrennt durchgeführt.

Die Interpolation nach kleinsten Quadraten gemäß Abschnitt H 3.3 ist nicht 3D-tauglich. **Auf iterative Weise gelingt aber die Unabhängigkeit von der Lagerung des Koordinatensystems**. Zu diesem Zweck verwendet man die aus der 3D-Triangulierung stammende Flächennormale im Punkt P und transformiert die ursprünglichen kartesischen Koordinaten X, Y und Z in ein lokales xyz-Koordinatensystem, dessen z-Achse in dieser Flächennormale liegt. Diese Transformation wird wiederholt, wenn aus der Interpolation nach kleinsten Quadraten eine verbesserte Flächennormale vorliegt.

AUFGABE 3.8-3: Die auf den Massenpunkt P bezogenen XYZ-Koordinaten eines Nachbarpunktes Q lauten: 14.12, -27.10 und 2.10 m. Der Flächennormalvektor **n** aus der 3D-Triangulation hat im Punkt P folgende Komponenten: 0.3142, 0.3192, 0.8941. Man berechne die xyz-Koordinaten für den Punkt Q, wenn die z-Achse in die Flächennormale **n** gelegt wird. Lösung: Die letzte Spalte der Drehmatrix A(2.2-4), die die Komponenten des Normalvektors **n** enthält, liefert ϕ = 20.34 gon und ω = 378.17 gon; κ kann Null gesetzt werden. Anschließend kann die Drehmatrix gebildet und die gesuchte Transformation durchgeführt werden:

$$\begin{pmatrix} 0.9494 & 0.0000 & 0.3142 \\ -0.1056 & 0.9418 & 0.3192 \\ -0.2959 & -0.3362 & 0.8941 \end{pmatrix}^T \begin{pmatrix} 14.12 \\ -27.10 \\ 2.10 \end{pmatrix} = \begin{pmatrix} 15.65 \\ -26.23 \\ -2.34 \end{pmatrix}$$

AUFGABE 3.8-4: Man löse die Aufgabe 3.8-3 nicht mit Hilfe der Winkel ω und ϕ, sondern mit Hilfe der Bedingung $\mathbf{R}^T\mathbf{R} = \mathbf{E}$.

b) Knoten entlang der Geländekanten

Die Knoten entlang der Geländekanten gingen ebenfalls in die 3D-Triangulierung ein. In einem solchen Knoten kann man ebenfalls die oben beschriebene Filterung durchführen. Da die Knoten entlang der Geländekanten(-Linien) bereits eine Filterung erfahren haben (Abschnitt H 2.3), werden die **Koordinaten der Knoten** bei einer solchen Interpolation **nicht mehr gefiltert**, d.h. sie bekommen sehr hohe Gewichte (Abschnitt H 3.3.3.2).

In den Knoten der Geländekanten(-Linien) kennt man aus der vorausgehenden Kurveninterpolation (Abschnitt 2.3) auch die **Tangenten an die Geländekanten**(-Linien) im jeweiligen Knoten. Eine solche Tangente legt eine Normalebene fest, in der die beiden Flächennormalen im jeweiligen Knoten liegen müssen (Figur 3.8-12). Bei der Interpolation nach kleinsten Quadraten im jeweiligen Knoten ist die bekannte Neigungskomponente, die der Stellung der erwähnten Normalebene entspricht, einzuführen (siehe Abschnitt H 3.2.3). Die zweite Neigungskomponente, die in der Normalebene verläuft, kann aus der interpolierten Fläche durch Differentiation gefunden werden (Abschnitt H 3.2.4).

Zum Schluß ist klarzustellen, daß man bei der Flächeninterpolation in einem Knoten der jeweiligen Geländekante(-Linie) **nur die Nachbarn auf einer Seite der jeweiligen Geländekante(-Linie)** verwendet. Für die zweite Interpolation in einem Knoten benutzt man die Geländepunkte auf der anderen Seite der jeweiligen Geländekante(-Linie).

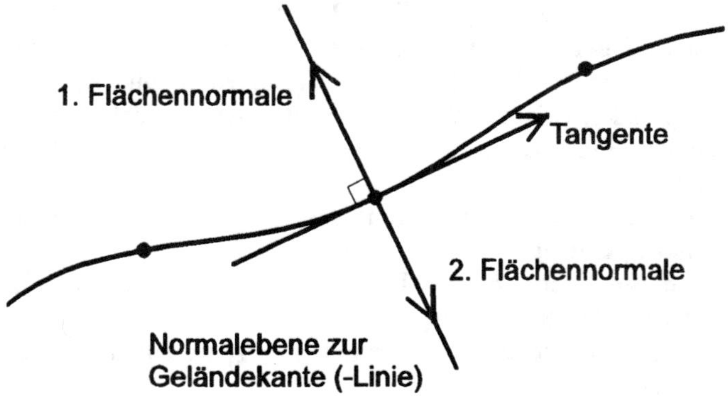

Figur 3.8-12: Die beiden Flächennormalen in einem Knoten der Geländekante(-Linie)

3.8.4 Verband von Bézier-Dreiecken

Das Ergebnis der bisherigen Arbeitsschritte auf dem Weg zu einem mit gekrümmten *Patches* aufgebauten 3D-Geländemodell ist in der Figur 3.8-13 skizziert: In allen Massenpunkten gibt es die gefilterten XYZ-Koordinaten und die Flächennormalen **n**. Entlang der Geländekanten gibt es die Knoten der zusammengesetzten kubischen Polynome, die in der Figur 3.8-13 mit den Bézier-Innenpunkten angedeutet sind. Außerdem kennt man die beiden Flächennormalen in jedem Knoten.

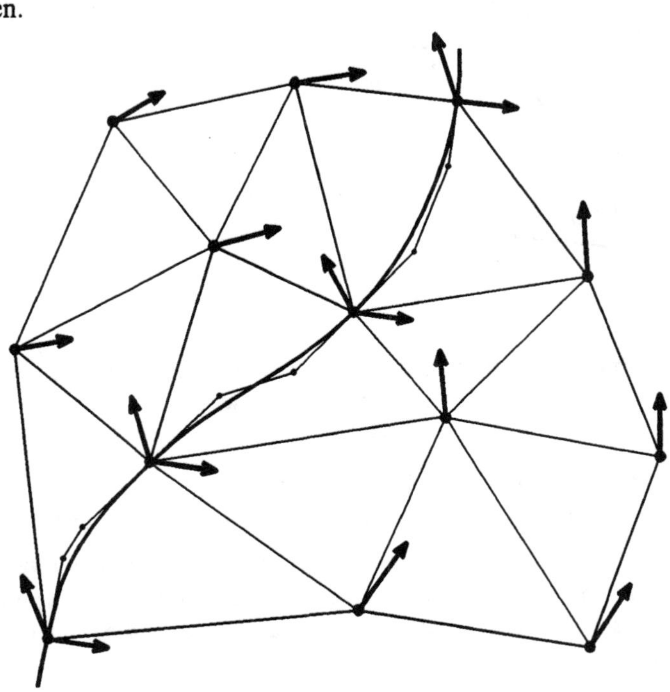

Figur 3.8-13: 3D-Dreiecksvermaschung mit Flächennormalen und Geländekanten(-Linien)

Der nächste Schritt ist, entlang der **jeweiligen Dreieckseite**, an der ein oder zwei Massenpunkte beteiligt sind, **Polynome dritten Grades** zu bestimmen: Man kennt in den beiden Endpunkten P_0 und P_1 einer Dreieckseite die Normalen $\mathbf{n}_0$ und $\mathbf{n}_1$ und damit auch die Tangentialebenen ϵ_0 und ϵ_1 (Figur 3.8-14). Zunächst sind die Richtungen der Tangenten $\mathbf{t}_0$ und $\mathbf{t}_1$ in den beiden Endpunkten P_0 und P_1 zu bestimmen. Dafür bietet sich folgende Vorgehensweise an:

- Festlegung einer Normalebene zur Tangentialebene ϵ_0 im Punkt P_0, die den Normalvektor $\mathbf{n}_0$ und den Punkt P_1 enthält.
- Der Verschnitt dieser Ebene mit der Tangentialebene ϵ_0 liefert den Tangentenvektor $\mathbf{t}_0$, auf dem der Bézier-Innenpunkt I_0 liegt.
- Festlegung einer Normalebene zur Tangentialebene ϵ_1 im Punkt P_1, die den Normalvektor $\mathbf{n}_1$ und den Punkt P_0 enthält.
- Der Verschnitt dieser Ebene mit der Tangentialebene ϵ_1 liefert den Tangentenvektor $\mathbf{t}_1$, auf dem der Bézier-Innenpunkt I_1 liegt.

Da in der Regel die **beiden Normalebenen nicht zusammenfallen**, wird das Polynom dritten Grades, das die beiden Punkte P_0 und P_1 verbinden wird, keine ebene Kurve sondern **eine räumliche Kurve** sein.

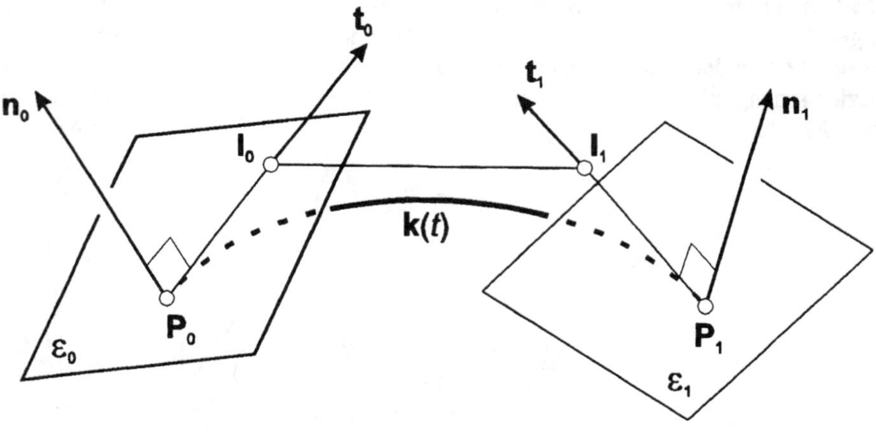

Figur 3.8-14: Bézier-Innenpunkte entlang einer Dreieckseite, entlang der ein Polynom dritten Grades gelegt wird.

Jetzt sind noch die **Abstände I_0 von P_0 und I_1 von P_1** zu klären. Dafür gibt es mehrere Möglichkeiten. In Anlehnung an die Figur H 2.2-16 bilden wir zuerst den Verbindungsvektor $\vec{P_0P_1}$; bei einem Drittel der Vektorlänge $\overline{P_0P_1}$ definieren wir anschließend eine Normalebene zu diesem Verbindungsvektor; der Durchstoßpunkt des Tangentenvektors $\mathbf{t}_0$ mit dieser Ebene liefert schließlich den Bézier-Innenpunkt I_0. Den Bézier-Innenpunkt I_1 bekommt man auf die gleiche Weise.

Mit diesem Verfahren können für alle Dreiecksseiten des gesamten Dreiecksverbandes die kubischen Polynome beziehungsweise die Bézier-Innenpunkte gefunden werden. Damit liegen die Voraussetzungen für das **Bilden der zusammenhängenden Bézier-Dreiecke** vor. Da jeweils zwei benachbarte Bézier-Dreiecke das gleiche Polynom dritten Grades - genauer: die gleichen Bézier-Innenpunkte - verwenden, wird der Verband der *Patches* zumindest C^0-Stetigkeit besitzen. Die Qualität des Verbandes würde noch wesentlich höher sein, wenn auch C^1-Stetigkeit - zumindest nahezu - erreicht werden könnte. Dieser Wunsch kann mit der Wahl des noch nicht festgelegten Bézier-Innenpunktes P_{111} (Figur H 3.7-2) erfüllt werden.

Im Abschnitt H 3.7 haben wir eine Methode zur Bestimmung des **Bézier-Innenpunktes** P_{111} kennengelernt: Dafür braucht man auf den drei Randkurven mindestens je eine Tangentialebene bzw. Flächennormale. Mit Hilfe der Gleichungen H(3.7-4) können damit die XYZ-Koordinaten des im Dreieck liegenden Bézier-Innenpunktes P_{111} berechnet werden.

Dieser Zusammenhang der Bézier-Innenpunkte mit den Tangentialebenen auf den Randkurven bietet nun die Möglichkeit, einen weitgehend glatten Übergang von einer Dreiecksfläche zur benachbarten Dreiecksfläche zu erreichen. In der Figur 3.8-15 sind zwei benachbarte Bézier-Dreiecke skizziert. **Auf der gemeinsamen Randkurve zwischen den beiden Knoten P_0 und P_1 ist etwa in der Mitte eine Tangentialebene bzw. eine Flächennormale n gesucht**. Eine der möglichen Lösungen läuft wie folgt ab:

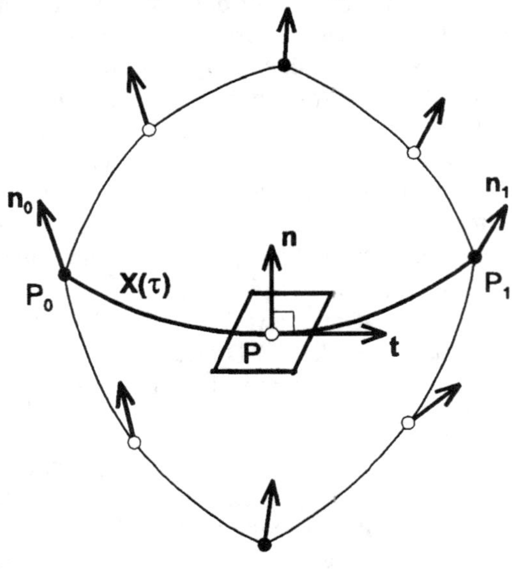

Figur 3.8-15: Zwei benachbarte Dreiecksflächen mit einer gemeinsamen Raumkurve X(τ) und gemeinsamer Tangentialebene im Punkt P

- Für die Raumkurve $\mathbf{X}(\tau)$ zwischen den beiden Punkten P_0 und P_1 wählt man die Parametrisierung $\tau \in [0,1]$.
- Entlang der Raumkurve interpoliert man mit dem Parameter τ linear die Komponenten des Normalvektors $\tilde{\mathbf{n}}(\tau)$ aus den beiden Vektoren $\mathbf{n}_0$ und $\mathbf{n}_1$:

$$\tilde{\boldsymbol{n}}(\tau) = \tau \boldsymbol{n}_0 + (1 - \tau)\boldsymbol{n}_1 \qquad (3.8\text{-}2)$$

Man spricht in diesem Zusammenhang auch von Überblenden (***Blending***). Für $\tau = 0.5$, worauf wir uns zunächst beschränken, ergibt sich der Vektor $\tilde{\mathbf{n}}$ als arithmetisches Mittel der beiden Vektoren $\mathbf{n}_0$ und $\mathbf{n}_1$.

- Im nächsten Schritt ist dieser Vektor $\tilde{\mathbf{n}}$ auf den Punkt P der Raumkurve $\mathbf{X}(\tau)$ zu setzen (Figur 3.8-15). Den Punkt P findet man auf der Raumkurve $\mathbf{X}(\tau)$ mit dem Algorithmus von de Casteljau (Abschnitt H 2.2.5.2).
- Der de Casteljau-Algorithmus liefert erfreulicherweise auch die Tangente $\mathbf{t}$ an die Raumkurve $\mathbf{X}(\tau)$ im Punkt P.
- Mit dem skalaren Produkt $\tilde{\mathbf{n}}^T \cdot \mathbf{t}$ kann festgestellt werden, inwieweit die "interpolierte" Flächennormale $\tilde{\mathbf{n}}$ senkrecht auf der Raumkurve $\mathbf{X}(\tau)$ steht. Da die Raumkurve $\mathbf{X}(\tau)$ Bestandteil der gesuchten Fläche ist, muß der Normalvektor $\mathbf{n}$ orthogonal zu $\mathbf{t}$ verlaufen.
- Eine etwaige Abweichung kann man dadurch beseitigen, daß man im Punkt P eine Normalebene zur Raumkurve errichtet - der Tangentenvektor $\mathbf{t}$ steht auf dieser Normalebene orthogonal - und den "interpolierten" Vektor $\tilde{\mathbf{n}}$ in diese Normalebene orthogonal projiziert.
- Der auf diese Weise gefundene Vektor ist der gesuchte Flächennormalvektor $\mathbf{n}$ im Punkt P.

In der Praxis wird man entlang der einzelnen Randkurven der Dreiecke nicht nur für einen Punkt sondern für mehrere - zum Beispiel für drei - Punkte die Flächennormalen $\mathbf{n}$ in der geschilderten Weise ermitteln. Die **Koordinaten des Bézier-Innenpunktes** im jeweiligen Dreieck werden dann **mittels einer Ausgleichung nach der Methode der kleinsten Quadrate** bestimmt (Abschnitt H 3.7). Ermittelt man anschließend mit den 10 Punkten des Bézier-Kontrollnetzes mit dem de Casteljau-Algorithmus (Abschnitt H 3.7) die Tangentialebenen auf den Randkurven, dann wird es geringe Abweichungen - um in der Anordnung der beiden Dreiecke in der Figur 3.8-15 zu bleiben - zwischen den vom oberen und den vom unteren Dreieck ermittelten Tangentialebenen geben. Mit der beschriebenen Methode wird also keine strenge C^1-Stetigkeit erreicht. Pfeifer und Pottmann[1] sprechen von einer $\boldsymbol{\epsilon C^1}$**-Stetigkeit**. Bild 3.8-16 zeigt ein extremes Beispiel: Oben ist der Torus mit 3D-Dreiecken approximiert, unten mit einem Bézier-Dreiecksverband mit ϵC^1-Stetigkeit. Man sieht die große Qualitätssteigerung, wenn man über die 3D-Dreiecke gekrümmte Flächen legt. Auf der Innenseite des Torus sieht man die unvermeidlichen Abweichungen einer ϵC^1-Stetigkeit gegenüber einer strengen C^1-Stetigkeit.

Grundsätzlich besteht auch die Möglichkeit, einen Verband gekrümmter Dreiecksflächen mit exakter C^1-Stetigkeit aufzubauen. Eine solche Variante würde auf die Lösung großer Gleichungssysteme hinauslaufen;[2] diese Lösung ist also nicht mehr lokal beherrschbar. Für topographische Oberflächen genügt die ϵC^1-Stetigkeit. In der Topographie ist nämlich die lokale Wirkungsweise des Algorithmus wesentlich wichtiger als eine strenge C^1-Stetigkeit.

---

1 Pfeifer, N., Pottmann, H.: IAPR 31, Part B3, pp. 638-643, Vienna, 1996.

2 Z.B. Mann, S., Loop, C., Lounsbery, M., Meyers, D., Painter, J., DeRose, T., Sloan, K.: A Survey of Parametric Scattered Data Fitting Using Triangular Interpolants. In H. Hagen (Hrsg.): Curve and Surface Design. SIAM Publications, 1992.

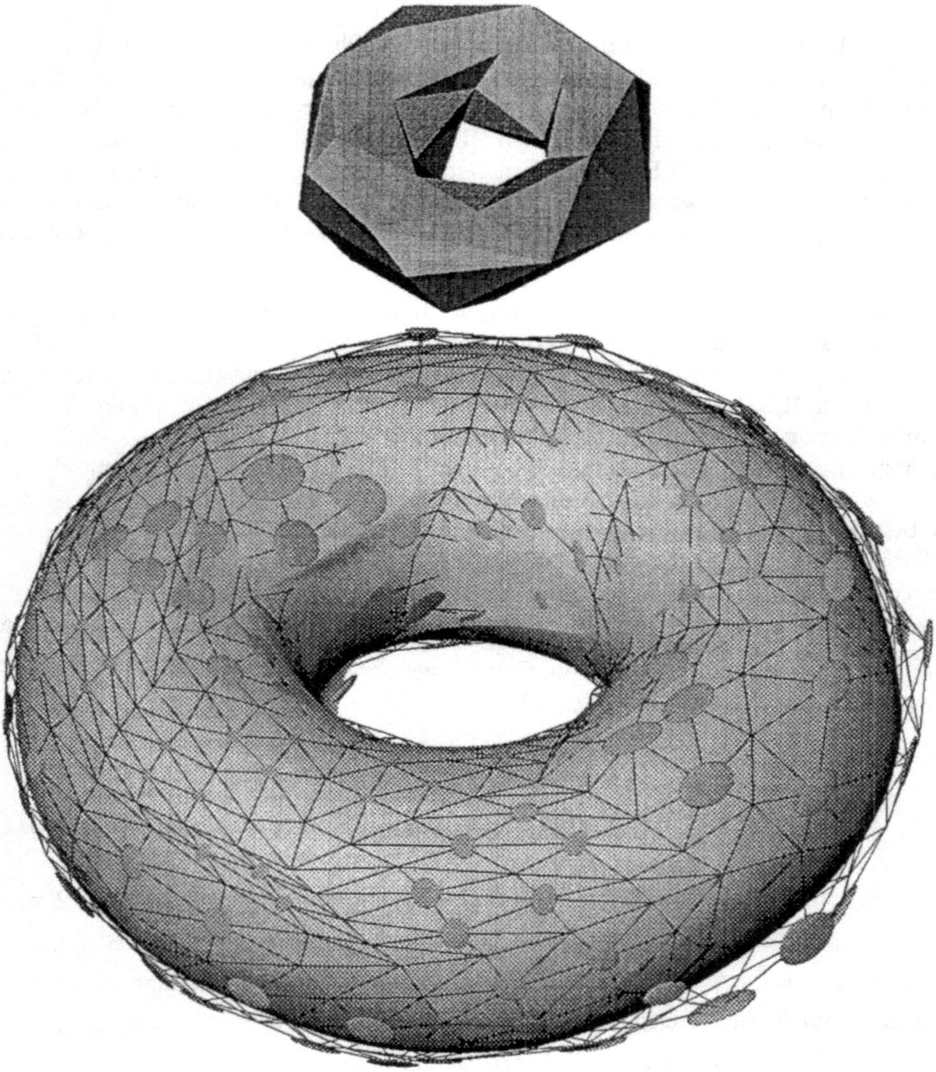

Bild 3.8-16: 3D-Triangulation und Oberflächenbildung mit Hilfe von 3D-Dreiecken (oben); in einem zweiten Schritt wurde über die 3D-Dreiecke ein Verband von Bézier-Dreiecksflächen mit ϵC^1-Stetigkeit gelegt (unten).[1]

[1] Entnommen aus N. Pfeifer: Diplomarbeit am I.P.F., 1996. Es wurde eine Bézier-Fläche vom Grad 4 gewählt. In diesem Fall besteht das Bézier-Kontrollnetz zu einem Dreieck aus 15 Kontrollpunkten (siehe Aufgabe H 3.7-1). An Bézier-Innenpunkten sind Fehlerellipsen zu sehen; sie geben die Unsicherheit der Bestimmung der Bézier-Innenpunkte an (siehe Aufgabe H 3.7-2).

3.8.5 Bivariate Polynominterpolation mit C^1-Kontinuität

Zum Abschluß des Kapitels über eine universelle 3D-Oberflächenmodellierung soll aus der zahlreichen Literatur noch die Publikation "Bivariate Interpolation über Dreieckselementen durch Polynome fünfter Ordnung mit C^1-Kontinuität" erwähnt werden[1]. Dabei werden **Polynome vom Grad 5**, die bekanntlich 21 Koeffizienten haben, für dreieckige *Patches* benutzt. In jedem der drei Eckpunkte benötigt man den Stützwert, die beiden ersten Ableitungen und die drei zweiten Ableitungen. Die restlichen drei Bestimmungsgleichungen bekommt man dadurch, daß entlang der drei Randkurven **strenge C^1-Kontinuität** erreicht wird.

Auch diese Methode ist lokal. Ihre Kombination mit der Interpolation nach kleinsten Quadraten ist sehr interessant. Man könnte nämlich in den Eckpunkten des Dreiecksnetzes eine Filterung der Stützpunkte durchführen und die beiden ersten Ableitungen ermitteln, wie im Abschnitt H 3.2.4 gezeigt wurde. Die sehr glatte Fläche, die die Interpolation nach kleinsten Quadraten liefert, könnte für diese Methode noch weiter ausgenutzt werden, indem **auch die drei zweiten Ableitungen in jedem Dreieckspunkt** durch Differentiation der Funktion Z(XY) bestimmt würde. Auf eine weitere Vertiefung dieses Ansatzes, insbesondere die Behandlung der Geländekanten und die Ausweitung auf die 3D-Tauglichkeit (die erwähnte Publikation enthält nämlich nur eine 2.5D-Lösung), wird hier verzichtet. Es soll lediglich noch die Bemerkung erlaubt sein, daß dieser Ansatz weniger für topographische Oberflächen sondern mehr für künstliche Oberflächen wie Brückenbauelemente interessant sein kann.

Literatur zum Kapitel 3.: D. Watson: Contouring. Pergamon Press, 1992. Es ist eine EDV-orientierte Darstellung mit sehr vielen Literaturzitaten.

4. GESTALTBEDINGUNGEN (HOMOGENISIERUNG)

Bei Objekten, die von Menschen geschaffen wurden, sind viele geometrische Parameter bekannt. Typische Parameter sind die rechten Winkel an Gebäuden. Diese Bemerkung gilt allerdings nur aus der Sicht eines (kleinen) Maßstabes, in dem die Bauungenauigkeit keine Rolle mehr spielt. Andererseits wird in diesem Abschnitt ein (so großer) Maßstab unterstellt, daß noch keine Generalisierungen erforderlich sind.

In dem so eingeschränkten **Maßstabsbereich** sind die photogrammetrisch oder auf andere Weise bestimmten und mit zufälligen Fehlern behafteten Objektkoordinaten mit Hilfe der bekannten Gestaltinformationen zu verbessern. Wir beschränken uns bei der nun folgenden Behandlung der einzelnen Gestaltbedingungen zunächst auf den zweidimensionalen Raum, also auf ein 2D-TIS mit Vektordaten.

[1] Preußer, A.: ZfV 109, S. 292-301, 1984.

4.1 2D-Homogenisierung

4.1.1 Orthogonalität

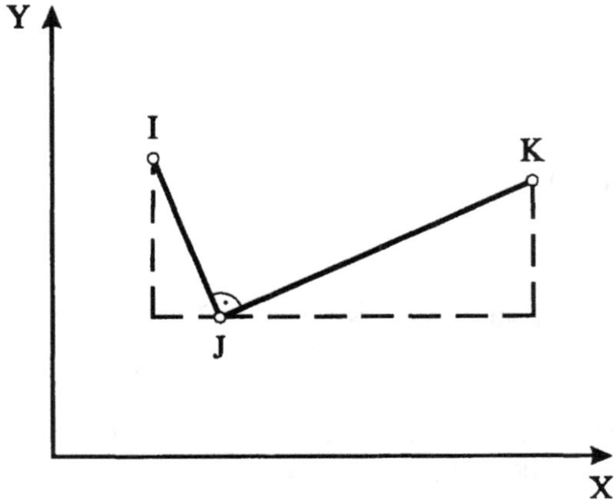

Figur 4.1-1: Orthogonalitätsbedingung

Die Bedingung, daß die Verbindungsgeraden der drei Punkte I, J und K einen rechten Winkel bilden, folgt aus dem skalaren Produkt der beiden Vektoren $\vec{JI}$ und $\vec{JK}$ ((Figur 4.1-1):

$$\vec{JI}^T \cdot \vec{JK} = \begin{pmatrix} X_i - X_j \\ Y_i - Y_j \end{pmatrix}^T \cdot \begin{pmatrix} X_k - X_j \\ Y_k - Y_j \end{pmatrix} = 0 \tag{4.1-1}$$

$$\text{oder:}\quad (X_i - X_j)\,(X_k - X_j) + (Y_i - Y_j)\,(Y_k - Y_j) = 0 \tag{4.1-2}$$

Die in der Gleichung (4.1-2) auftretenden XY-Koordinaten sind im Sinne der Ausgleichungsrechnung die ausgeglichenen Koordinaten, die sich bekanntlich aus den beobachteten $\overline{XY}$-Koordinaten und den dazugehörenden Verbesserungen v_x und v_y zusammensetzen. Die **nichtlineare Bedingungsgleichung** lautet deshalb:

$$((\overline{X}_i+v_{xi})-(\overline{X}_j+v_{xj}))((\overline{X}_k+v_{xk})-(\overline{X}_j+v_{xj}))+((\overline{Y}_i+v_{yi})-(\overline{Y}_j+v_{yj}))((\overline{Y}_k+v_{yk})-(\overline{Y}_j+v_{yj})) = 0$$

Unter Beschränkung auf die Glieder erster Ordnung folgt daraus die **linearisierte Bedingungsgleichung** für eine Ausgleichung nach bedingten Beobachtungen:

$$(\overline{X}_k-\overline{X}_j)v_{xi}+(\overline{Y}_k-\overline{Y}_j)v_{yi}+(2\overline{X}_j-\overline{X}_i-\overline{X}_k)v_{xj}+(2\overline{Y}_j-\overline{Y}_i-\overline{Y}_k)v_{yj}+(\overline{X}_i-\overline{X}_j)v_{xk}+(\overline{Y}_i-\overline{Y}_j)v_{yk}+w_{ijk} = 0$$

wobei w_{ijk} der Widerspruch ist: (4.1-3)

$$w_{ijk} = (\overline{X}_i-\overline{X}_j)(\overline{X}_k-\overline{X}_j)+(\overline{Y}_i-\overline{Y}_j)(\overline{Y}_k-\overline{Y}_j)$$

Hat man an einem Objekt mehrere Rechtwinkelbedingungen, ist für jede **unabhängige** Bedingung eine Gleichung (4.1-3) aufzustellen. Alle Bedingungsgleichungen können zu einem System zusammengefaßt und wie folgt aufgelöst werden:

$$\boldsymbol{A}^T\boldsymbol{v} + \boldsymbol{w} = 0 \qquad (4.1\text{-}4)$$

$$(\boldsymbol{A}^T\boldsymbol{P}^{-1}\boldsymbol{A})\boldsymbol{k} + \boldsymbol{w} = 0$$

$$\boldsymbol{k} = -(\boldsymbol{A}^T\boldsymbol{P}^{-1}\boldsymbol{A})^{-1}\boldsymbol{w} \qquad (4.1\text{-}5)$$

$$\boldsymbol{v} = \boldsymbol{P}^{-1}\boldsymbol{A}\boldsymbol{k} \qquad (4.1\text{-}6)$$

In diesem Formelsatz wurde auch berücksichtigt, daß die mit zufälligen Fehlern behafteten Koordinaten unterschiedliche Genauigkeiten, d.h. unterschiedliche Gewichte p haben können.

ZAHLENBEISPIEL: Gegeben sind die photogrammetrischen Koordinaten von den vier Eckpunkten eines Gebäudes, die aufgrund des Erscheinungsbildes im photogrammetrischen Stereomodell ein Rechteck bilden (Figur 4.1-2). Der Bildmaßstab beträgt 1:42 000 (ein extrem kleiner Bildmaßstab), sodaß nach Formel A (4.4-2) der mittlere Koordinatenfehler $\sigma_{x,y} = +27$ cm beträgt.

Punkt	1	2	3	4
$\underline{\bar{X}}$	702.2	701.2	709.7	711.3 m
Y	501.2	506.1	509.1	503.2 m

Zuerst erhebt sich die Frage, wieviele Bedingungsgleichungen in diesem Fall aufzustellen sind. Rein formal könnte man vier Bedingungsgleichungen der Bauart (4.1-3) angeben. Doch davon sind nur drei voneinander unabhängig, denn drei rechte Winkel in einem Viereck erzwingen auch den vierten rechten Winkel. Wir entscheiden uns für die Bedingungsgleichungen mit den Punkten 1,2,3 und 2,3,4 und 3,4,1. Sie lauten:

$$\begin{pmatrix} 8.5 & 3.0 & -9.5 & 1.9 & 1.0 & -4.9 & 0 & 0 \\ 0 & 0 & 1.6 & -5.9 & 6.9 & 8.9 & -8.5 & -3.0 \\ -1.6 & 5.9 & 0 & 0 & -9.1 & -2.0 & 10.7 & -3.9 \end{pmatrix} \begin{pmatrix} v_{x1} \\ v_{y1} \\ v_{x2} \\ v_{y2} \\ v_{x3} \\ v_{y3} \\ v_{x4} \\ v_{y4} \end{pmatrix} = \begin{pmatrix} 6.20 \\ -4.10 \\ -2.76 \end{pmatrix}$$

Mit der Einheitsmatrix **E** als Gewichtsmatrix **P** lautet die Normalgleichungsmatrix

$$(A^T A) = \begin{pmatrix} 200.12 & -63.12 & 4.80 \\ -63.12 & 245.44 & -159.84 \\ 4.80 & -159.84 & 253.88 \end{pmatrix}$$

und die Korrelaten **k**

$$\boldsymbol{k} = -\frac{1}{100}\begin{pmatrix} 0.571 & 0.237 & 0.138 \\ 0.237 & 0.789 & 0.492 \\ 0.138 & 0.492 & 0.701 \end{pmatrix}\begin{pmatrix} -6.20 \\ 4.10 \\ 2.76 \end{pmatrix} = \begin{pmatrix} 0.022 \\ -0.031 \\ -0.031 \end{pmatrix}$$

Mittels Gleichung (4.1-6) kann man die Verbesserungen **v** berechnen. Die Addition der Verbesserungen **v** und der beobachteten $\overline{XY}$-Koordinaten führt schließlich zu den in der folgenden Tabelle zusammengestellten ausgeglichenen XY-Koordinaten:

Punkt	1	2	3	4
X	702.4	700.9	709.8	711.2 m
Y	501.1	506.3	508.8	503.4 m

In Figur 4.1-2 ist die Wirkungsweise dieses Homogenisierungs-Algorithmus dargestellt. Das Gebäude ist nach der Homogenisierung exakt rechtwinkelig. **Die Quadratsumme der dabei erforderlichen Lageverschiebungen ist ein Minimum**.

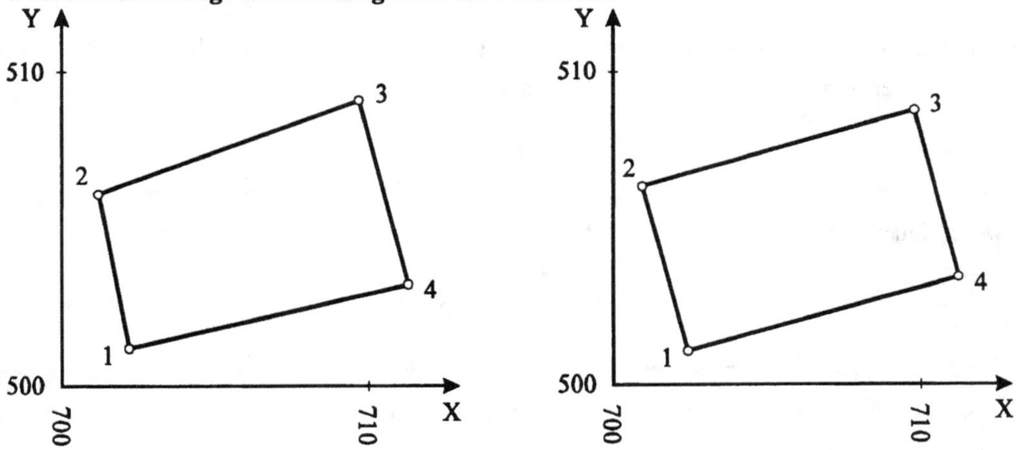

Figur 4.1-2: Ursprüngliche photogrammetrische Koordinaten eines Gebäudes (links) und Ergebnis einer Homogenisierung (rechts)

AUFGABE 4.1-1: Man setze die ausgeglichenen, in der obigen Tabelle zusammengestellten XY-Koordinaten in die Bedingungsgleichung (4.1-2) ein und überlege, warum dabei der Wert Null nicht exakt herauskommt.[1]

AUFGABE 4.1-2: Man berechne die Genauigkeitssteigerung der Koordinaten, die durch die Homogenisierung eintritt. **Hinweis**: Die Gewichtskoeffizienten $\mathbf{Q}_{l+v}$ der verbesserten Beobachtung betragen:

$$Q_{l+v} = P^{-1} - P^{-1}A(A^TP^{-1}A)^{-1}A^TP^{-1}.$$

AUFGABE 4.1-3: Man wiederhole die Berechnungen und verwende anstelle der Bedingungsgleichungen 1,2,3 und 2,3,4 und 3,4,1 die äquivalenten Bedingungsgleichungen 2,3,4 und 3,4,1 und 4,1,2.

Bevor eine Ausgleichung der mit zufälligen Fehlern behafteten Koordinaten geschieht, ist im EDV-Programm zu prüfen, ob **eventuell grobe Meßfehler** an den Widersprüchen beteiligt sind. Um diese Frage zu klären, berechnet man den mittleren Fehler σ_w des Widerspruches w_{ijk} (4.1-3), der von den mittleren Koordinatenfehlern $\sigma_{X,Y}$ herrührt, und vergleicht den tatsächlichen Widerspruch mit einer passend gewählten Toleranz (Maximalfehler).

Die **Fehlerfortpflanzung** des mittleren Fehlers $\sigma_{X,Y}$ der für alle Koordinaten gleich angenommen wird, auf den Widerspruch läßt sich an der Gleichung (4.1-3) ablesen:

$$\sigma_w^2 = ((\overline{X}_k-\overline{X}_j)^2+(\overline{Y}_k-\overline{Y}_j)^2+(2\overline{X}_j-\overline{X}_i-\overline{X}_k)^2+(2\overline{Y}_j-\overline{Y}_i-\overline{Y}_k)^2+(\overline{X}_i-\overline{X}_j)^2+(\overline{Y}_i-\overline{Y}_j)^2)\sigma_{X,Y}^2$$

Unter mehrmaliger Anwendung des pythagoreischen Lehrsatzes auf die in Figur 4.1-1 ersichtlichen Dreiecke läßt sich dieser Ausdruck wie folgt zusammenfassen:

$$\sigma_w = \sqrt{2}\,\overline{IK}\,\sigma_{X,Y} \tag{4.1-7}$$

Man akzeptiert den jeweiligen Widerspruch w_{ijk}, wenn der normierte Widerspruch $\overline{w}_{ijk} = w_{ijk}/\sigma_w$ innerhalb einer passend gewählten **Toleranz** k - üblicherweise etwa 2.5 - liegt:

$$k < \frac{|w_{ijk}|}{\sigma_w} = |\overline{w}_{ijk}| \tag{4.1-8}$$

Wird die Toleranz k überschritten, ist wahrscheinlich bei der Koordinatenmessung ein grober Fehler passiert, der vor der Ausgleichung behoben werden muß (wichtiger Vorteil des On-line-Betriebes!).

---

[1] Die exakte Behandlung nichtlinearer Ausgleichungsprobleme ist u.a. zu finden bei Bopp, H., Krauß, H.: ZfV 102, 261-270, 1977, und der dort angegebenen Literatur.

FORTSETZUNG DES ZAHLENBEISPIELES: In der folgenden Tabelle sind in der Spalte 2 die Entfernungen $\overline{IK}$ angegeben. Die Spalte 3 enthält die berechneten mittleren Fehler σ_w entsprechend der Gleichung (4.1-7), wobei für $\sigma_{X,Y}$ der weiter oben angegebene Wert von ± 27 cm herangezogen wurde. Die nächste Spalte enthält die Widersprüche w, die mit Hilfe der Gleichung (4.1-3) bereits für die Ausgleichung zu berechnen waren. Die letzten beiden Spalten enthalten den mit Gleichung (4.1-8) formulierten Test mit k = 2.5.

I,J,K	$\overline{IK}$ [m]	σ_w [m²]	Widerspruch w [m²]	normierter Widerspruch $\|\bar{w}\|$	Akzeptanz
1,2,3	10.9	4.2	-6.20	1.5	ja
2,3,4	10.5	4.0	4.10	1.0	ja
3,4,1	10.9	4.2	2.76	0.7	ja

AUFGABE 4.1-4: Man überprüfe den bei der Aufgabe 4.1-3 auftretenden Widerspruch $w_{4,1,2}$ hinsichtlich etwaiger grober Fehler. Kann dieser Widerspruch außerhalb der Toleranz liegen, wenn bereits die Widersprüche $w_{1,2,3}$, $w_{2,3,4}$ und $w_{3,4,1}$ innerhalb der Toleranz lagen?

4.1.2 Parallelität

Die Bedingung, daß die Verbindungsgerade $\overline{IJ}$ parallel zur Verbindungsgeraden $\overline{KL}$ ist, folgt aus dem skalaren Produkt des Vektors $\vec{IJ}'$, der senkrecht zum Vektor $\vec{IJ}$ steht, und des Vektors $\vec{KL}$ (Figur 4.1-3):

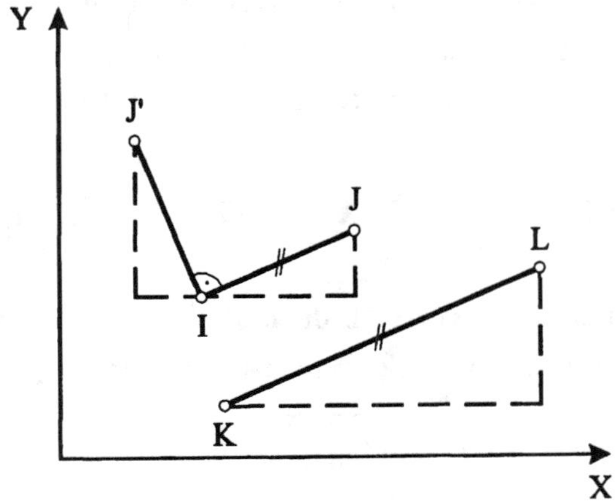

Figur 4.1-3: Parallelitätsbedingung

$$\vec{IJ}^{\prime T} \cdot \vec{KL} = \begin{pmatrix} -(Y_j - Y_i) \\ (X_j - X_i) \end{pmatrix}^T \cdot \begin{pmatrix} X_l - X_k \\ Y_l - Y_k \end{pmatrix} = 0 \qquad (4.1\text{-}10)$$

$$\textbf{oder:} \quad -(Y_j - Y_i)(X_l - X_k) + (X_j - X_i)(Y_l - Y_k) = 0 \qquad (4.1\text{-}11)$$

Die in der Gleichung (4.1-11) auftretenden XY-Koordinaten sind wiederum die ausgeglichenen Koordinaten, die sich aus beobachteten $\overline{XY}$-Koordinaten und den dazugehörenden Verbesserungen v_x und v_y zusammensetzen. Die **nichtlineare Bedingungsgleichung** lautet demnach:

$$((\overline{Y}_j+v_{yj})-(\overline{Y}_i+v_{yi}))((\overline{X}_l+v_{xl})-(\overline{X}_k+v_{xk}))-((\overline{X}_j+v_{xj})-(\overline{X}_i+v_{xi}))((\overline{Y}_l+v_{yl})-(\overline{Y}_k+v_{yk})) = 0$$

Daraus bekommt man die **linearisierte Bedingungsgleichung** für eine Ausgleichung nach bedingten Beobachtungen:

$$(\overline{Y}_l-\overline{Y}_k)v_{xi}+(\overline{X}_k-\overline{X}_l)v_{yi}+(\overline{Y}_k-\overline{Y}_l)v_{xj}+(\overline{X}_l-\overline{X}_k)v_{yj}+(\overline{Y}_i-\overline{Y}_j)v_{xk}+(\overline{X}_j-\overline{X}_i)v_{yk}+$$
$$+(\overline{Y}_j-\overline{Y}_i)v_{xl}+(\overline{X}_i-\overline{X}_j)v_{yl}+w_{ijkl} = 0,$$

wobei w_{ijkl} der Widerspruch ist: (4.1-12)

$$w_{ijkl} = -(\overline{Y}_j-\overline{Y}_i)(\overline{X}_l-\overline{X}_k) + (\overline{X}_j-\overline{X}_i)(\overline{Y}_l-\overline{Y}_k)$$

Liegen für ein Objekt mehrere **unabhängige** Bedingungen vor, muß ein ganzes System von Bedingungsgleichungen aufgestellt werden, das man anhand der Gleichungen (4.1-4), (4.1-5) und (4.1-6) lösen kann.

Zum Testen, ob an den Widersprüchen w_{ijkl} **eventuell grobe Datenfehler** beteiligt sein können, ist noch der mittlere Fehler σ_w des Widerspruches w_{ijkl} (4.1-12) ausgehend vom mittleren Koordinatenfehler $\sigma_{X,Y}$ zu berechnen. Diese **Fehlerfortpflanzung** kann an der Gleichung (4.1-12) abgelesen werden:

$$\sigma_w^2=((\overline{Y}_l-\overline{Y}_k)^2+(\overline{X}_k-\overline{X}_l)^2+(\overline{Y}_k-\overline{Y}_l)^2+(\overline{X}_l-\overline{X}_k)^2+(\overline{Y}_i-\overline{Y}_j)^2+(\overline{X}_j-\overline{X}_i)^2+(\overline{Y}_j-\overline{Y}_i)^2+(\overline{X}_i-\overline{X}_j)^2)\sigma_{X,Y}^2$$

Mittels des pythagoreischen Lehrsatzes für die in Figur 4.1-3 ersichtlichen rechtwinkeligen Dreiecke kann diese Beziehung wie folgt vereinfacht werden:

$$\sigma_w = \sqrt{2(\overline{IJ}^2 + \overline{KL}^2)}\ \sigma_{X,Y} \qquad (4.1\text{-}13)$$

Sofern die beiden Verbindungsgeraden $\overline{IJ}$ und $\overline{KL}$ etwa gleich lang sind, ergibt sich noch eine weitere Vereinfachung:

$$\sigma_w = (\overline{IJ} + \overline{KL})\ \sigma_{X,Y} \qquad (4.1\text{-}14)$$

Ein Zahlenbeispiel mit Parallelitätsbedingungen enthält der folgende Abschnitt.

AUFGABE 4.1-5: Man kann die Orthogonalitätsbedingung auch verallgemeinern, indem die beiden Punkte I und J eine Gerade definieren und die beiden Punkte K und L die dazu orthogonale Gerade. Für diesen allgemeineren Fall sind die linearisierte Bedingungsgleichung und der mittlere Fehler σ_w des Widerspruches abzuleiten. **Hinweis**: Für σ_w ergibt sich ebenfalls die Beziehung (4.1-13).

AUFGABE 4.1-6: Neben Orthogonalitäts- und Parallelitätsbedingungen sind in manchen Fällen noch weitere Bedingungen gefragt. Z.B. Streckenbedingungen, wenn die Länge und/oder Breite des Hauses aus Bauplänen exakt bekannt sind. Manchmal gibt es auch Maße, die den senkrechten Abstand eines angemessenen Punktes von einer Geraden, die durch zwei andere angemessene Punkte festgelegt ist, definieren. Weiters sind hin und wieder viele Punkte exakt entlang einer Geraden auszurichten. Man stelle die linearisierten Bedingungsgleichungen für die Strecken-, Abstands- und Geradenbedingung auf.[1]
ZUSATZAUFGABE: Für das Modellieren mancher Objekte aus Punkten, deren Koordinaten zufällige Fehler besitzen, sind auch Kreisbedingungen von Interesse. Man mache sich auch über diese Bedingungsgleichungen Gedanken. Dabei sind die Tangentenbedingungen am Beginn und Ende des Kreisbogens mit in die Überlegungen einzubeziehen.

4.1.3 Kombination von Orthogonalität und Parallelität sowie die Berücksichtigung von Festpunkten

In der Praxis treten gleichzeitig Orthogonalitäts- und Parallelitätsbedingungen auf. Sie sind teilweise auch gegeneinander austauschbar, wie im folgenden Zahlenbeispiel demonstriert wird.

ZAHLENBEISPIEL A: Die Orthogonalisierung des viereckigen Gebäudes der Figur 4.1-2 wurde im vorausgegangenen Abschnitt mit drei Orthogonalitätsbedingungen gelöst. Man kann dieses Problem aber auch mit einer Orthogonalitätsbedingung und zwei Parallelitätsbedingungen lösen. Wir verwenden die Orthogonalitätsbedingung 1,2,3, die bereits im Zahlenbeispiel des vorausgegangenen Abschnittes aufgestellt wurde, und die beiden Parallelitätsbedingungen 1,2,4,3 und 4,1,3,2. Damit lautet das System der linearisierten Bedingungensgleichungen (4.1-3) und (4.1-12):

[1] Man findet sie bei Kraus, K., Bettin, R.: BuL 38, 241-248, 1970 und der dort angegebenen Literatur bzw. teilweise im Abschnitt E 1.3 a) und b) im Band 2 (1. oder 2. Auflage).

$$\begin{pmatrix} 8.5 & 3.0 & -9.5 & 1.9 & 1.0 & -4.9 & 0 & 0 \\ 5.9 & 1.6 & -5.9 & -1.6 & 4.9 & 1.0 & -4.9 & -1.0 \\ 3.0 & -8.5 & -2.0 & 9.1 & 2.0 & -9.1 & -3.0 & 8.5 \end{pmatrix} \begin{pmatrix} v_{x1} \\ v_{y1} \\ v_{x2} \\ v_{y2} \\ v_{x3} \\ v_{y3} \\ v_{x4} \\ v_{y4} \end{pmatrix} = \begin{pmatrix} 6.20 \\ 1.94 \\ 10.30 \end{pmatrix}$$

Die beiden zuletzt angegebenen Widersprüche für die Parallelitätsbedingungen sind noch bezüglich grober Datenfehler mit den Gleichungen (4.1-8) und (4.1-13) bzw. (4.1-14) zu testen. Die Länge und Breite des Gebäudes betragen 9.2 m und 5.6 m. Mit $\sigma_{X,Y} = \pm 27$ cm beträgt daher $\sigma_w = 5.0\ m^2$ für die Gebäudelänge und $\sigma_w = 3.0\ m^2$ für die Gebäudebreite. Die normierten Widersprüche $\bar{w}$ lauten für die Gebäudelänge 10.30/5.0 = 2.1 und für die Gebäudebreite 1.94/3.0 = 0.6. Sie liegen noch unter der üblichen Toleranz von 2.5, sodaß die Hypothese, daß keine groben Datenfehler beteiligt sind, aufrecht bleibt.

Mit der Einheitsmatrix **E** als Gewichtsmatrix **P** lauten die Korrelaten **k** (4.1-5):

$$\boldsymbol{k} = -\begin{pmatrix} 200.12 & 107.96 & 82.88 \\ 107.96 & 124.76 & 8.24 \\ 82.88 & 8.24 & 336.12 \end{pmatrix}^{-1} \begin{pmatrix} -6.20 \\ -1.94 \\ -10.30 \end{pmatrix} = \begin{pmatrix} 0.025 \\ -0.008 \\ 0.025 \end{pmatrix}$$

Die mit Gleichung (4.1-6) berechneten Verbesserungen **v** entsprechen - abgesehen von Gliedern zweiter Ordnung (siehe Aufgabe 4.1-1) - den Verbesserungen, die im Zahlenbeispiel des vorausgehenden Abschnittes bereits mit drei Orthogonalitätsbedingungen gefunden wurden und die zu der in Figur 4.1-2 korrigierten Graphik geführt haben.

Hin und wieder stößt man in der Praxis noch auf den Wunsch, nicht alle Punkte durch Gestaltbedingungen zu verbessern, sondern den einen oder anderen **Punkt** dabei **unverändert** zu **belassen**. Man kann diesem Wunsch Rechnung tragen, wenn man die Gewichte p der Koordinatenverbesserungen des entsprechenden Punktes im Gleichungssystem (4.1-5) sehr hoch ansetzt.

ZAHLENBEISPIEL B (Figur 4.1-4): Die Koordinaten der beiden Punkte 1 und 2 sollen aus einer sehr genauen Grenzvermessung stammen. Sie sind im Vergleich zu den photogrammetrischen Koordinaten der anderen Punkte, die nur aus dem (viel zu kleinen) Bildmaßstab 1:42 000 (mittlerer Koordinatenfehler wiederum ±27 cm) stammen sollen, als fehlerfrei anzusehen. Für die beiden Grenzpunkte wurde das Gewicht p = 1000 gewählt; für die photogrammetrischen Punkte das Gewicht p = 1.

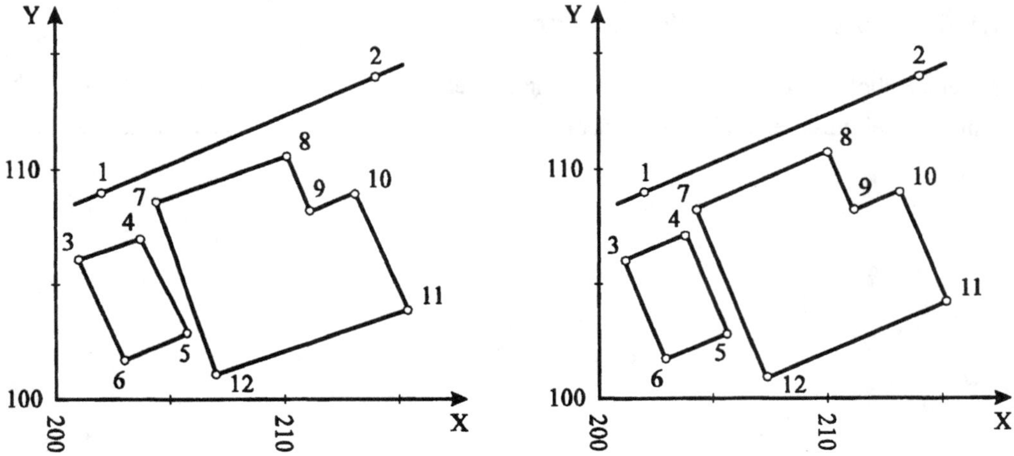

Figur 4.1-4: Ursprüngliche photogrammetrische Koordinaten (links) und Ergebnis einer Homogenisierung (rechts)

Um zu der korrigierten Objektgestalt zu kommen, wurden folgende Bedingungen in eine Ausgleichung eingeführt:

- Eine Orthogonalität der Geraden 1,2 mit der Geraden 7,12 (dazu ist die in der Aufgabe 4.1-5 gesuchte allgemeine Orthogonalitätsbedingung erforderlich),
- fünf Orthogonalitätsbedingungen entsprechend (4.1-3) für die 3er-Punktgruppen 7,8,9 8,9,10 9,10,11 10,11,12 und 11,12,7,
- eine Parallelitätsbedingung entsprechend (4.1-12) für die 4er-Punktgruppe 4,5,7,12,
- drei Orthogonalitätsbedingungen entsprechend (4.1-3) für die 3er-Punktgruppen 3,4,5 4,5,6 und 5,6,3.

Das Ergebnis ist auf der rechten Hälfte der Figur 4.1-4 eingezeichnet.

AUFGABE 4.1-7: Mit welchen Kombinationen von Bedingungsgleichungen hätte man das gleiche Ergebnis erzielen können?

AUFGABE 4.1-8: Gegeben sind die sechs Punkte eines Walmdaches. Die Koordinaten sind so zu verbessern, daß

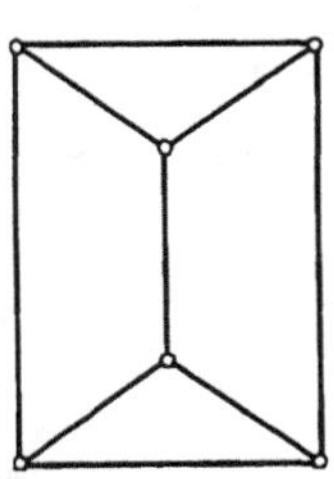

- an den vier Eckpunkten rechte Winkel auftreten,
- die Firstlinie parallel und im gleichen Abstand zu den Traufenlinien verläuft und
- die beiden dreieckigen Dachflächen gleich groß werden.

Man stelle die Bedingungsgleichungen auf und berücksichtige dabei, daß die beiden Firstpunkte sehr genau photogrammetrisch eingemessen werden konnten und deshalb im Rahmen der Ausgleichung nur geringfügig verändert werden sollen.

4.1.4 Ergänzung fehlender Punkte

Bei einer photogrammetrischen Auswertung ist gelegentlich die eine oder andere Hausecke zum Beispiel durch einen Baum verdeckt. In solchen Fällen sind fehlende Punkte zu ergänzen.

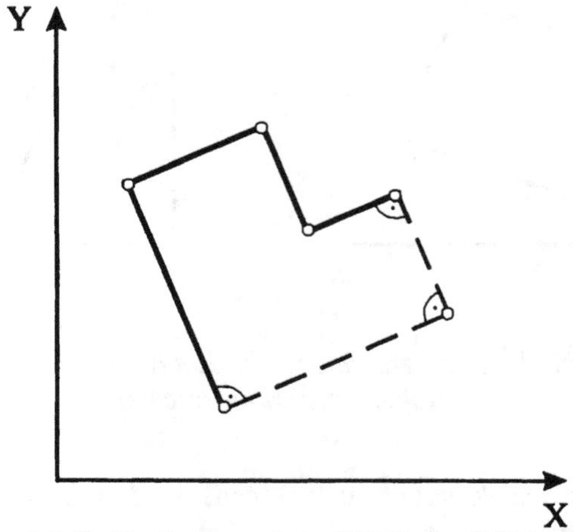

Figur 4.1-5: Ergänzung eines "fehlenden" Eckpunktes

In Figur 4.1-5 ist ein Beispiel skizziert. Um bei der Ergänzung des fehlenden Punktes keine Schwierigkeiten zu haben, ist **vorher** eine Homogenisierung der gemessenen Punkte mit den in den Abschnitten 4.1.1 bis 4.1.3 besprochenen Methoden erforderlich. Im Fall der Figur 4.1-5 sind es drei Orthogonalitäts- bzw. Parallelitätsbedingungen. Ist die Korrektur der angemessenen Punkte durchgeführt, kann mit elementaren geometrischen Beziehungen der fehlende Punkt in die gewünschte Position eingerechnet und visualisiert werden.

AUFGABE 4.1-9: Bei der photogrammetrischen Auswertung eines Gebäudes waren drei Ecken nicht direkt einstellbar. Als Ersatz wurden entlang der Gebäudeseiten Punkte gemessen. Man stelle die Bedingungsgleichungen für die Orthogonalisierung auf und man überlege, wie die fehlenden Eckpunkte ergänzt werden können.

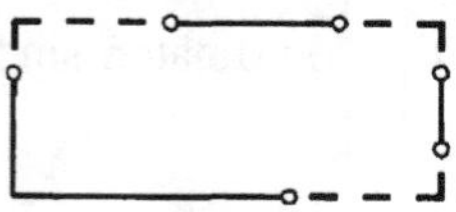

Literatur zur 2D-Homogenisierung: Haag, K., Köhler, G.: AVN 93, 190-202, 1986. Schenk, T.: BuL 54, 155-165, 1986.

4.1.5 Anwendungsbezogene Hinweise

In den meisten TISen sind keine mathematisch strengen Verfahren - wie sie in den letzten Abschnitten behandelt wurden - verwirklicht. Man begnügt sich z.B. mit einem Verfahren, das vorschreibt, zwei Punkte an den Endpunkten einer **langen Gebäudeseite** zuerst zu digitalisieren. Aufbauend auf diesen beiden Punkten, die festgehalten werden, wird dann mit elementarer Geometrie (CAD-Lösung) das Gebäude konstruiert, wobei die Seitenlängen aus den digitalisierten Eckpunkten berechnet werden. Diese Methode mag zwar für viele Fälle ausreichen, doch in Extremsituationen - in denen solche Orthogonalisierungen aber besonders wichtig sind - versagt eine so einfache Methode.

Eine andere, etwas bessere Näherungslösung besteht darin, aus den digitalisierten Eckpunktskoordinaten die Seiten eines Gebäudes zu berechnen. Gegenüberliegende Seitenlängen können dabei noch gemittelt werden. Aus den endgültigen Seiten konstruiert man dann rechnerisch in einem lokalen Koordinatensystem ein "ideales" Gebäude, das schließlich mit einer **Helmerttransformation** (Abschnitt B 5.1.1.3) oder einer überbestimmten Drei-Parametertransformation (≙ Helmerttransformation mit vorgegebenem Maßstab) im übergeordneten Koordinatensystem so positioniert wird, daß - wie bei den Lösungen der Abschnitte H 4.1.1 bis H 4.1.3 - die Quadratsumme der eintretenden Lageverschiebungen der ursprünglich digitalisierten Eckpunkte ein Minimum wird.

Ein schwieriges Problem stellt die **Mensch-Maschinenkommunikation** (*user interface*) für eine Homogenisierung - also die Anweisungen an das EDV-Programm - dar. Das Problem ist dann besonders groß, wenn ein **ganzes Ensemble von Gebäuden und ähnlichen Objekten** mittels einer zusammenhängenden Ausgleichung bearbeitet werden soll. Da eine umfassende Homogenisierung - wie sie oben vorgestellt wurde - in TISen noch nicht anzutreffen ist, gibt es dafür auch noch keine ausgereiften *User Interfaces*.

Beschränkt man sich dagegen auf die **getrennte Bearbeitung einzelner Objekte**, dann erfolgt die Homogenisierung unmittelbar nach der digitalen Erfassung des jeweiligen Objektes. Die dazu notwendigen Anweisungen gibt der Operateur am photogrammetrischen Zweibildauswertegerät oder am Digitizer ein, wenn er für das einzelne Objekt die Eckpunkte vollständig der Reihe nach gemessen hat. Auch die Vervollständigung einzelner Gebäudepunkte ist mit einer einfachen Kommunikationsart noch denkbar.

Am elegantesten ist der weitgehende Verzicht auf Anweisungen des Operateurs. Sie werden ersetzt durch programmierte Algorithmen, die **selbsttätig die geometrischen Gestaltbedingungen erkennen**. Das von F. Kröll[1] angegebene Prinzip soll anhand der zur Aufgabe 4.1-9 gehörenden Abbildung erläutert werden: Man wählt jeweils drei benachbarte Punkte aus und testet, ob diese drei Punkte - innerhalb gewisser Toleranzen - in einer Geraden liegen oder einen rechten Winkel bilden oder ein beliebiger Winkel vorliegt. Auf diese Weise findet man die drei Punkte, die die linke untere Ecke des Gebäudes definieren. Sofern man entlang der oberen und rechten **Gebäudeseite** nicht nur zwei sondern **drei Punkte** registriert hat, findet der Algorithmus auch die Punkte auf diesen beiden Gebäudeseiten. Schließlich werden die benachbarten Seiten, die durch 2-er oder 3-er Gruppen festgelegt sind, auf Orthogonalität überprüft. Das Ergebnis sind einerseits Hinweise für aufgetretene grobe Datenfehler, die der Operateur sofort beheben kann, und andererseits die Informationen für die anschließende Homogenisierung.

Ein anderes Prinzip zum automatischen Auffinden der Bedingungsgleichungen findet man bei Rose, A.: ZfV 113, 581-587, 1988.

---

1 AVN 87, 246-257, 1980.

4.2 3D-Homogenisierung

Die Photogrammetrie liefert dreidimensionale Koordinaten der Objektpunkte, die in ein 3D-TIS (Abschnitt F 3.2) eingebracht werden sollen. Es ist deshalb eine 3D-Lösung gefragt.

a) Erweiterung der **Orthogonalitätsbedingung** (Figur H 4.1-1 bzw. Formel H(4.1-1)):

$$\vec{JI}^T \cdot \vec{JK} = \begin{vmatrix} X_i - X_j \\ Y_i - Y_j \\ Z_i - Z_j \end{vmatrix}^T \cdot \begin{vmatrix} X_k - X_j \\ Y_k - Y_j \\ Z_k - Z_j \end{vmatrix} = 0 \qquad (4.2\text{-}1)$$

Die für eine Ausgleichung erforderliche linearisierte Bedingungsgleichung erhält man auf die gleiche Weise wie im zweidimensionalen Fall (siehe Abschnitt H 4.1.1).

b) Erweiterung der **Parallelitätsbedingung** (Figur H 4.1-3). Die Parallelitätsbedingung läßt sich nicht unmittelbar durch Hinzufügen der Z-Koordinaten in der Gleichung H(4.1-10) erweitern. (Hinweis: Zu einem Vektor $\vec{IJ}$ gibt es unendlich viele Vektoren $\vec{IJ'}$). Man kann eine Erweiterung der Parallelitätsbedingung dadurch erreichen, daß man die **zweidimensionale Parallelitätsbedingung in zwei Koordinatenebenen** ansetzt. Dafür wählt man jene Koordinatenebenen, in denen die projiziertren Strecken $\overline{IJ}$ und $\overline{KL}$ möglichst groß sind.

ZAHLENBEISPIEL: Gegeben sind 4 Punkte mit ihren insgesamt 12 digitalisierten Koordinaten, die im dreidimensionalen Raum ein exaktes Rechteck bilden sollen. Wieviele unabhängige Bedingungsgleichungen erfordert diese 3D-Homogenisierung? Für die Beantwortung dieser Frage kann folgende Vorstellung herangezogen werden: Damit vier Punkte im 3D-Raum in einer Ebene zu liegen kommen, braucht man eine Bedingungsgleichung. Zur Orthogonalisierung dieses "ebenen" Vierecks braucht man noch zusätzlich drei Bedingungen. Wir benötigen also insgesamt vier Bedingungsgleichungen.

1. Lösung: 2 Orthogonalitätsbedingungen am Ende und Anfang einer Strecke;
2 2D-Parallelitätsbedingungen dieser Strecke mit der gegenüberliegenden Strecke.

2. Lösung: 2 Orthogonalitätsbedingungen am Ende und Anfang einer Strecke;
1 2D-Parallelitätsbedingung für die beiden anschließenden Seiten, die durch die beiden Orthogonalitätsbedingungen bereits in zwei parallelen Ebenen gehalten werden;
1 Orthogonalitätsbedingung in einem dritten Eckpunkt.

AUFGABE 4.2-1: Man löse die Aufgabe H 4.1-8 für den dreidimensionalen Fall. Hinweis: Dafür ist noch die Bedingungsgleichung, die zwei räumliche Strecken identisch macht, nützlich.

Die 2D- und 3D-Homogenisierung der letzten Abschnitte wurde mit Hilfe einer Ausgleichung nach **bedingten Beobachtungen** formuliert. Solche Aufgaben kann man selbstverständlich auch mittels einer Ausgleichung **nach vermittelnden Beobachtungen** lösen; in den Abschnitten B 3.5.5 wurde eine solche Formulierung gewählt. Die unten angegebene Veröffentlichung[1] enthält ein praktisches Beispiel einer 3D-Homogenisierung mit einer Ausgleichung nach vermittelnden Beobachtungen. Die Formulierung der Bedingungsgleichungen für eine Homogenisierung - insbesondere im 2D-Raum - ist verhältnismäßig einfach; allerdings ist das Problem des Herausfindens aller unabhängigen Bedingungsgleichungen nicht zu unterschätzen. Für den TIS-Benutzer ist es gleichgültig, welches Ausgleichungsprinzip verwendet wird, zumal auch beide Prinzipien zu den gleichen Ergebnissen führen müssen. Der TIS-Anwender sollte sich aber vergewissern, daß eine Ausgleichung nach der Methode der kleinsten Quadrate verwirklicht ist und keine Behelfslösung.

AUFGABE 4.2-2: Es wurden vier Punkte im 3D-Raum mittels Stereophotogrammetrie digitalisiert. Der Operateur hielt fest, daß sie ein Quadrat beschreiben sollen. Wie viele Bedingungsgleichungen und welche sind erforderlich, um diese Homogenisierung vorzunehmen (Teillösung: 5 Bedingungsgleichungen).

Die **Mensch-Maschinenkommunikation zur Festlegung der Gestaltbedingungen** ist im 3D-Raum noch wesentlich komplizierter als im 2D-Raum. Für den 2D-Raum wurden im Abschnitt 4.1.5 einige Vorschläge unterbreitet, die teilweise auch auf den 3D-Raum übertragen werden können. Für die photogrammetrische Erfassung von 3D-Dachflächen werden gegenwärtig Verfahren[2] entwickelt, die von **topologischen Beschreibungen von Standarddachflächen**, also einer Knoten-Kanten-Topologie, ausgehen. Figur 4.2-1 zeigt ein standardisiertes Walmdach, dessen Knoten-Kanten-Topologie in der danebenstehenden Tabelle festgelegt ist.

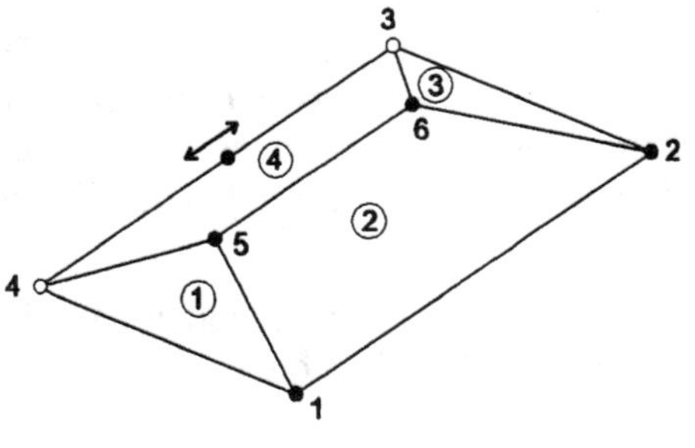

Walmdach				
Dreieck/ Viereck	Punkte			
①	1	5	4	
②	1	2	6	5
③	2	3	6	
④	3	4	5	6

*Figur 4.2-1: **Topologiegestützte Erfassung** eines Walmdaches, die sich auf die in der Tabelle abgelegten Topologie stützt.*

[1] Forkert, G., Halmer, A., Kager, H., Kraus, K.: ZfV 120, 59-68, 1995.

[2] Z.B. Köhl, M., Grussenmeyer, P.: IAPRS, Part 4, pp. 314-320, Stuttgart, 1998. Müller, W., Seyfert, E.: IAPRS, Part 4, pp. 411-416, Stuttgart, 1998.

Die **photogrammetrische Datenerfassung geschieht in folgender Reihenfolge**:

- Initialisierung des Objektes 'Walmdach',
- Digitalisierung der Punkte 1 und 2,
- Digitalisierung eines Punktes auf der Geraden 3/4,
- Digitalisierung der beiden Firstpunkte 5 und 6.

Mit diesen fünf Punkten kann - nachdem dem Computer die Topologie bekannt ist - das Walmdach automatisch konstruiert, homogenisiert und positioniert werden. Anschließend wird das Walmdach in die beteiligten Luftbilder projiziert. Auf diese Weise können die erfaßten Daten vom Operateur auf dem graphischen Bildschirm, auf dem sowohl der Vektordatensatz als auch das Luftbild zu sehen ist, kontrolliert werden. Aber auch **zusätzliche Punkte** können in Dachecken und auf Geraden **(nach)digitalisiert** werden; dabei ist mit dem Cursor vor dem Registrieren der jeweilige Eckpunkt bzw. die jeweilige Linie zu identifizieren. Die Software kann anschließend die komplette 3D-Homogenisierung automatisch vornehmen und etwaige grobe Fehler bzw. berechtigte Abweichungen von den Gestaltbedingungen erkennen.

AUFGABE 4.2-3: Man gebe die Bedingungsgleichungen an, die sich aus den fünf digitalisierten Punkten eines symmetrischen Walmdaches, wie sie in Figur 4.2-1 angegeben sind, ergeben. Dabei ist zu unterscheiden, ob eine getrennte Lage- und Höhenhomogenisierung, also die Stereomodellauswertung im horizontierten Modell erfolgte, oder ob eine Homogenisierung im 3D-Raum, also losgelöst von der Lage des Koordinatensystems vorzunehmen ist. (Lösung im ersten Fall: Für die Höhenhomogenisierung gibt es die drei Bedingungsgleichungen: $Z_1 = Z_2$, $Z_1 = Z_7$ (dem Punkt auf der Geraden 3/4 geben wir die Nummer Nr.7), $Z_5 = Z_6$, für die Lagehomogenisierung gibt es ebenfalls drei Bedingungsgleichungen: Gerade 1/2 parallel zur Geraden 5/6, Strecke 15 = Strecke 26, Abstand des Punktes 7 von der Geraden 5/6 = Abstand des Punktes 5 von der Geraden 1/2. Lösung im zweiten Fall: 3D-Gerade 1/2 parallel zur 3D-Geraden 5/6, das sind zwei 2D-Parallelitätsbedingungen, 3D-Strecke 15 = 3D-Strecke 26, 3D-Abstand des Punktes 7 von der 3D-Geraden 5/6 = 3D-Abstand des Punktes 5 von der 3D-Geraden 1/2. Die Punkte 3 und 4 spielen bei der Homogenisierung keine Rolle.)

Hinweis: Im horizontierten Fall sind es sechs Bedingungen, im nichthorizontierten Fall vier Bedingungen; die Horizontierung legt zwei Freiheitsgrade fest, nämlich die beiden Neigungen der Bezugsebene.

ZUSATZAUFGABE: Welche Bedingungsgleichungen kommen hinzu, wenn auf der Geraden 1/4 nachträglich noch ein zusätzlicher Punkt digitalisiert wird? (Lösung: Eine Orthogonalistätsbedingung und eine 'Ebenenbedingung').

5. SPEKTRALANALYSE

Die Spektralanalyse ist eine weit verbreitete Methode in der Nachrichtentechnik und der digitalen Bildverarbeitung. Sie kann auch für topographische Modelle genutzt werden, zum Beispiel zur Beantwortung von Fragen

- über die Genauigkeit der interpolierten Kurven und Flächen bei vorgegebener Genauigkeit der Stützpunkte,
- über das adäquate Digitalisierungsintervall unter Einhaltung vorgegebener Genauigkeitstoleranzen der interpolierten Kurven und Flächen,
- über die Genauigkeit unterschiedlicher Interpolationsmethoden,
- über den Einfluß der Geländeform auf die Genauigkeit der interpolierten Kurven und Flächen sowie auf das adäquate Digitalisierungsintervall.

Die Spektralanalyse stützt sich auf das Leistungsspektrum eines Geländeprofiles bzw. der Geländeoberfläche (Abschnitt 5.1) und auf die sogenannte Übertragungsfunktion (Abschnitt 5.2). Im Abschnitt 5. bewegen wir uns ausschließlich im 2.5D-TIS.

5.1 Das Amplituden- und Leistungsspektrum

In der einschlägigen Literatur[1] findet man den Satz, daß eine stetige Funktion Z(X) in einem endlichen Intervall $X \in [0,L]$ durch eine unendliche Reihe von Cosinus- und Sinus-Wellen mit harmonischen Frequenzen dargestellt werden kann (Fourier-Reihe). Um in den Formeln kein konstantes Glied berücksichtigen zu müssen, muß die X-Achse vertikal so verschoben werden, daß sie in einem mittleren Höhenniveau verläuft. (Figur 5.1-1).

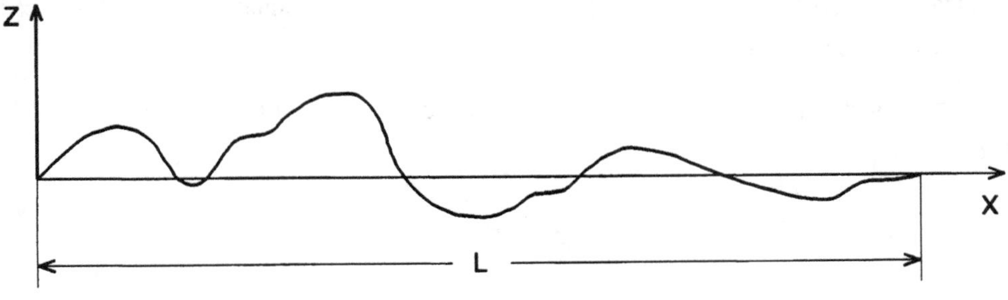

Figur 5.1-1: Stetige Funktion im Intervall $X \in [0,L]$

[1] Z.B. Brigham, E.: FFT, Schnelle Fourier-Transformation. Oldenburg-Verlag, München, 1989.

Die **Fourier-Reihe** lautet:

$$\begin{aligned} Z(X) = \; & a_1 \cos\frac{2\pi X}{L} + b_1 \sin\frac{2\pi X}{L} + \\ & a_2 \cos\frac{2\pi 2X}{L} + b_2 \sin\frac{2\pi 2X}{L} + \\ & a_3 \cos\frac{2\pi 3X}{L} + b_3 \sin\frac{2\pi 3X}{L} + \\ & \quad\vdots \qquad\qquad\quad \vdots \end{aligned} \tag{5.1-1}$$

$$Z(X) = \sum_{k=1}^{\infty} \left(a_k \cos\frac{2\pi kX}{L} + b_k \sin\frac{2\pi kX}{L} \right) \qquad k = 1(1)\infty$$

Eine äquivalente Darstellung ist:

$$Z(X) = \sum_{k=1}^{\infty} c_k \cos\left(\frac{2\pi kX}{L} - \phi_k \right), \qquad k = 1(1)\infty \tag{5.1-2}$$

wobei ϕ_k als Phase und c_k als Amplitude bezeichnet wird. Der Übergang von einer Darstellung in die andere lautet:

$$\begin{aligned} c_k &= \sqrt{a_k^2 + b_k^2} \qquad & a_k &= c_k \cos\phi_k \\ \phi_k &= \operatorname{arc\,tan}(b_k/a_k) \qquad & b_k &= c_k \sin\phi_k \end{aligned} \tag{5.1-3}$$

Die Darstellung (5.1-1) verwendet man zur Bestimmung der Koeffizienten a_k, b_k, da dort diese Koeffizienten in linearer Form vorkommen. Die Darstellung (5.1-2) hat den Vorteil, daß eine Trennung zwischen Amplitude und Phase gegeben ist. Die Gesamtheit der Amplituden c_k wird als **Amplitudenspektrum** und die Gesamtheit der Quadrate c_k^2 als **Leistungsspektrum** bezeichnet.

Die **Frequenzen** f_k sind die Reziprokwerte der zu jeder Amplitude gehörenden **Wellenlänge** l_k:

$$f_k = \frac{1}{l_k} = \frac{k}{L} \tag{5.1-4}$$

Zur Amplitude c_1 gehört demnach die Frequenz 1/L bzw. die Wellenlänge L, zur Amplitude c_2 die Frequenz 2/L bzw. die Wellenlänge L/2 etc.

Zur Bestimmung von 2m Koeffizientenpaaren a_k,b_k, aus denen mit den Bezeichnungen (5.1-3) das Amplitudenspektrum c_k berechnet werden kann, müssen einerseits $n \geq 2m$ digitalisierte Koordinatenpaare X_j,Z_j zur Verfügung stehen, wobei das Digitalisierungsintervall mit ΔX bezeichnet wird (Figur 5.1-2). Andererseits sind Zusammenhänge zwischen Digitalisierungsintervall ΔX und der größten Frequenz f_{max} bzw. kleinsten Wellenlänge l_{min}

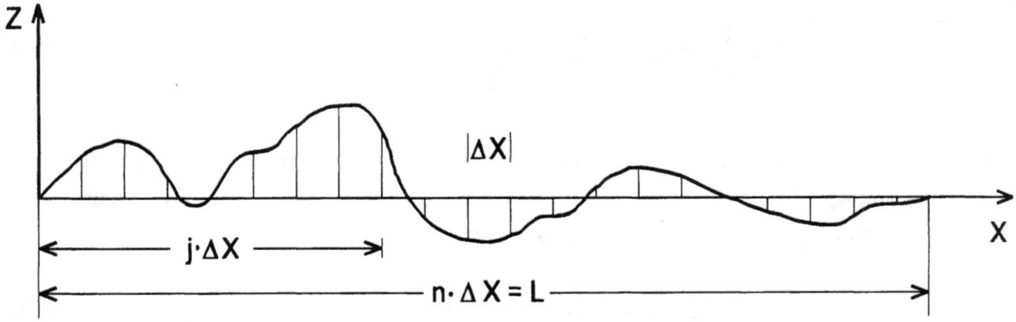

Figur 5.1-2: Digitalisierung einer stetigen Funktion (ΔX ≙ Digitalisierungsintervall)

zu beachten, die im sogenannten **Abtasttheorem** formuliert und die in Figur 5.1-3 skizziert sind. Daraus sieht man, daß folgende Beziehung eingehalten sein muß:

$$\Delta X < \frac{l_{min}}{2} = \frac{1}{2f_{max}} \tag{5.1-5}$$

Würde man $\Delta X = l_{min}/2$ wählen, wäre bei ungünstiger Lage der Digitalisierungsstellen (rechtes Beispiel der Figur 5.1-3) keine Rekonstruktion der "Wellen" aus den digitalisierten Punkten mehr möglich.

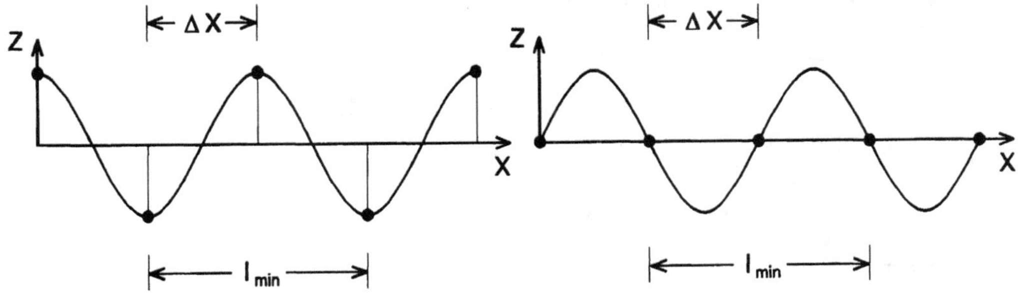

Figur 5.1-3: Abtasttheorem

Unter Bedachtnahme, daß keine größeren Frequenzen als f_{max} auftreten, kann die **Fourier-Reihe** (5.1-1) bzw. (5.1-2) auf eine **endliche Reihe** beschränkt werden:

$$Z(X) = \sum_{k=1}^{m} \left(a_k \cos\frac{2\pi kX}{L} + b_k \sin\frac{2\pi kX}{L} \right) \qquad a_k, b_k = 0 \text{ für } f \geq f_{max} \qquad (5.1\text{-}6)$$

$$Z(X) = \sum_{k=1}^{m} c_k \cos\left(\frac{2\pi kX}{L} - \phi_k \right) \qquad c_k = 0 \text{ für } f \geq f_{max} \qquad (5.1\text{-}7)$$

Die Koeffizienten a_k, b_k können aus den gemessenen Koordinaten Z_j an den einzelnen Digitalisierungsstellen $X_j = j \cdot \Delta X$ ermittelt werden (Figur 5.1-2). Jeder digitalisierte Punkt liefert eine Gleichung zur Bestimmung der 2m Koeffizienten a_k, b_k:

$$Z_j = \sum_{k=1}^{m} \left(a_k \cos \frac{2\pi kj\Delta X}{L} + b_k \sin \frac{2\pi kj\Delta X}{L} \right) \qquad j = 1(1)n \qquad (5.1\text{-}8)$$

Entspricht die Anzahl n der digitalisierten Punkte genau der Koeffizientenanzahl 2m, so folgt aus (5.1-8) ein lineares Gleichungssystem mit n Unbekannten, das in der üblichen Weise aufgelöst werden könnte. Ist die Anzahl n der digitalisierten Punkte größer als die Koeffizientenanzahl 2m, so sind bei Gleichung (5.1-8) noch Verbesserungen v_{zj} einzuführen und die **Unbekannten sind aus einer Ausgleichung nach vermittelnden Beobachtungen zu berechnen.**[1] Die dabei entstehende Normalgleichungsmatrix wird aber so einfach, daß man auch den Fall n = 2m als "Ausgleichung nach vermittelnden Beobachtungen" löst. Die Normalgleichungsmatrix wird nämlich, sofern das Digitalisierungsintervall ΔX konstant gewählt wird, zu einer Diagonalmatrix[2]. Deshalb ergeben sich die Koeffizienten a_k, b_k aus sehr einfachen Beziehungen, die wie folgt lauten:

---

[1] Wenn die Koeffizienten a_k, b_k gefunden sind, liefert die Fourier-Reihe (5.1-6) bzw. (5.1-7) den kontinuierlichen Funktionsverlauf Z(X). Die **Fourier-Reihe ist also auch eine Interpolationsmethode**. Ist die Anzahl n der digitalisierten Punkte größer als die Koeffizientenanzahl 2m, ist sie sogar eine Interpolation mit Filterung.

[2] Ableitung siehe Gotthardt, E.: Einführung in die Ausgleichungsrechnung. Herbert Wichmann Verlag, Karlsruhe, 1968.

$$a_1 = \frac{2}{n}\sum_{j=1}^{n} Z_j \cos\frac{2\pi j\Delta X}{L} \qquad b_1 = \frac{2}{n}\sum_{j=1}^{n} Z_j \sin\frac{2\pi j\Delta X}{L}$$

$$a_2 = \frac{2}{n}\sum_{j=1}^{n} Z_j \cos\frac{2\pi 2j\Delta X}{L} \qquad b_2 = \frac{2}{n}\sum_{j=1}^{n} Z_j \sin\frac{2\pi 2j\Delta X}{L}$$

Allgemein:

$$a_k = \frac{2}{n}\sum_{j=1}^{n} Z_j \cos\frac{2\pi kj\Delta X}{L} \qquad b_k = \frac{2}{n}\sum_{j=1}^{n} Z_j \sin\frac{2\pi kj\Delta X}{L} \tag{5.1-9}$$

Die Gleichung (5.1-9) nennt man **Fourier-Transformation**, die Gleichung (5.1-8) **inverse Fourier-Transformation**. Wird die Funktion in Abhängigkeit der (Orts-)Koordinate X dargestellt, also mittels der Gleichung (5.1-6) bzw. (5.1-7), spricht man von einer **Darstellung im Ortsbereich**. Wird die (gleiche) Funktion mittels der Koeffizienten a_k,b_k (Gleichung (5.1-9)) bzw. c_k,ϕ_k (Gleichung (5.1-8)) in Abhängigkeit von der Frequenzen f_k dargestellt, spricht man von einer **Funktionsdarstellung im Frequenzbereich**.

ZAHLENBEISPIEL: Wir wollen eine Funktion Z(X) aus einzelnen Schwingungen vorgeben und dann aus "digitalisierten" Funktionswerten das Amplitudenspektrum c_k bestimmen.

$$Z(X) = 2\sin\frac{2\pi X}{200} + \cos\frac{2\pi 2X}{200} + 0.8\cos\frac{2\pi 3X}{200} + 0.5\sin\frac{2\pi 3X}{200}$$

Die Funktion Z(X) ist in Figur 5.3-2 auf der linken Hälfte gezeichnet. Da man in diesem Fall weiß, aus welchen Komponenten die Funktion Z(X) zusammengesetzt ist, sind von vornherein die Koeffizienten a_k,b_k und mit Gleichung (5.1-3) auch das Amplitudenspektrum c_k bekannt:

$$a_1 = 0\ m \qquad b_1 = 2\ m \qquad c_1 = 2\ m$$

$$a_2 = 1\ m \qquad b_2 = 0\ m \qquad c_2 = 1\ m$$

$$a_3 = 0.8\ m \qquad b_3 = 0.5\ m \qquad c_3 = 0.94\ m$$

Die größte Frequenz f_{max} bzw. die kleinste Wellenlänge l_{min} beträgt:

$$f_{max} = 3/200 = 0.015\ m^{-1} \qquad l_{min} = 66.\dot{6}\ m$$

Das notwendige Digitalisierungsintervall ΔX ergibt sich deshalb aus Gleichung (5.1-3):

$$\Delta X \le \frac{66.\dot{6}}{2} = 33.\dot{3}\ m$$

Es wird ΔX = 25 m gewählt. Mit Gleichung (5.1-8) ergeben sich die in der zweiten Spalte der folgenden Tabelle eingetragenen Z_j-Koordinaten. Dort sind auch noch die für die Formel (5.1-9) notwendigen Cosinus- und Sinus-Werte tabelliert.

$j \cdot \Delta X$ [m]	Z_j [m]	$\cos\frac{2\pi j\Delta X}{L}$	$\sin\frac{2\pi j\Delta X}{L}$	$\cos\frac{2\pi 2j\Delta X}{L}$	$\sin\frac{2\pi 2j\Delta X}{L}$	$\cos\frac{2\pi 3j\Delta X}{L}$	$\sin\frac{2\pi 3j\Delta X}{L}$
25	1.202	0.707	0.707	0.000	1.000	-0.707	0.707
50	0.500	0.000	1.000	-1.000	0.000	0.000	-1.000
75	2.333	-0.707	0.707	0.000	1.000	0.707	0.707
100	0.200	-1.000	0.000	1.000	0.000	-1.000	0.000
125	-1.202	-0.707	-0.707	0.000	1.000	0.707	-0.707
150	-2.500	0.000	-1.000	-1.000	0.000	0.000	1.000
175	-2.333	0.707	-0.707	0.000	-1.000	-0.707	-0.707
200	1.800	1.000	0.000	1.000	0.000	1.000	0.000

Die Koeffizienten a_k, b_k folgen aus einer Ausgleichung nach vermittelnden Beobachtungen entsprechend den Beziehungen (5.1-9); mit den Beziehungen (5.1-3) ergibt sich das Amplitudenspektrum c_k:

$$a_1 = \frac{2}{8} \cdot 0.0 = 0.0\ m \qquad b_1 = \frac{2}{8} \cdot 8.0 = 2.0\ m \qquad c_1 = 2.00\ m$$

$$a_2 = \frac{2}{8} \cdot 4.0 = 1.0\ m \qquad b_2 = \frac{2}{8} \cdot 0.0 = 0.0\ m \qquad c_2 = 1.00\ m$$

$$a_3 = \frac{2}{8} \cdot 3.2 = 0.8\ m \qquad b_3 = \frac{2}{8} \cdot 2.0 = 0.5\ m \qquad c_3 = 0.94\ m$$

Obwohl mehr Beobachtungen (= 8) als Unbekannten (= 6) vorhanden sind, verschwinden bei diesem Beispiel alle Verbesserungen v. Es ist ein synthetisches Beispiel mit berechneten Z_j-Koordinaten, die frei von Meßfehlern sind. Es ist daher nicht überraschend, daß dieses Amplitudenspektrum exakt dem weiter oben vorgegebenen Amplitudenspektrum entspricht.

Am Ende dieses Abschnittes soll noch darauf hingewiesen werden, daß Fourier-Analysen in der Literatur bevorzugt in der komplexen Zahlenebene formuliert werden. Zum Beispiel findet man anstelle der Gleichung (5.1-8) und (5.1-9):

$$Z_j = \sum_{k=-m}^{m} \alpha_k \, e^{\frac{i2\pi kj\Delta X}{L}} \qquad i = \sqrt{-1} \quad k = -m(1)m \quad j = 1(1)n \qquad (5.1\text{-}10^1)$$

$$\alpha_K = \frac{1}{n}\sum_{j=1}^{n} Z_j \, e^{\frac{-i2\pi kj\Delta X}{L}} \qquad \alpha_k, \alpha_{-k} = 0 \text{ für } f = k/L \geq f_{max} \qquad (5.1\text{-}11)$$

Im folgenden wird nachgewiesen, daß die komplexe und reelle Darstellung ineinander übergeführt werden können: Stellt man bei Gleichung (5.1-10) immer einen Term mit α_k und

---

[1] Darin ist auch das konstante Glied $\alpha_0 e^0 = \alpha_0$ enthalten, das in diesem Abschnitt aber außer Betracht gelassen wird.

α_{-k} nebeneinander, so läuft die Summation wieder von k = 1 bis k = m, d.h.

$$Z_j = \sum_{k=1}^{m} \left(\alpha_k \, e^{\frac{i2\pi kj\Delta X}{L}} + \alpha_{-k} \, e^{\frac{-i2\pi kj\Delta X}{L}} \right)$$

Anstelle der Exponentialfunktion kann man bekanntlich folgende trigonometrische Funktionen schreiben:

$$Z_j = \sum_{k=1}^{m} \alpha_k \left(\cos\frac{2\pi kj\Delta X}{L} + i \sin\frac{2\pi kj\Delta X}{L} \right) + \alpha_{-k} \left(\cos\frac{2\pi kj\Delta X}{L} - i \sin\frac{2\pi kj\Delta X}{L} \right)$$

$$Z_j = \sum_{k=1}^{m} \left((\alpha_k + \alpha_{-k}) \cos\frac{2\pi kj\Delta X}{L} + i(\alpha_k - \alpha_{-k}) \sin\frac{2\pi kj\Delta X}{L} \right)$$

Der Vergleich mit Gleichung (5.1-8) liefert den Zusammenhang zwischen den Koeffizienten a_k, b_k und den entsprechenden Koeffizienten α_k, α_{-k}:

$$\begin{aligned} a_k &= \alpha_k + \alpha_{-k} \\ b_k &= i\,(\alpha_k - \alpha_{-k}) \quad \rightarrow -ib_k = \alpha_k - \alpha_{-k} \end{aligned} \tag{5.1-12}$$

$$\begin{aligned} \alpha_k &= \frac{a_k - ib_k}{2} \\ \alpha_{-k} &= \frac{a_k + ib_k}{2} \end{aligned} \tag{5.1-13}$$

Die beiden Größen α_k und α_{-k} nennt man das **komplexe Amplitudenspektrum**. Es hängt mit dem **Leistungsspektrum** wie folgt zusammen:

$$c_k^2 = a_k^2 + b_k^2 = 4\alpha_k \alpha_{-k} \tag{5.1-14}$$

5.2 Die Übertragungsfunktion im Frequenzbereich

Aus der Nachrichtentechnik stammt der Begriff der Übertragungsfunktion[1]. Sie gibt an, wie die Amplituden eines Signales durch ein Übertragungssystem gedämpft werden. (Eine Phasenverschiebung, die ebenfalls bei einer Signalübertragung auftreten kann, muß man in topographischen Anwendungen nicht in Betracht ziehen, insbesondere dann nicht, wenn das Abtasttheorem erfüllt ist und - streng genommen - das Signal bzw. die Kurve unendlich lang ist.) Bezeichnet man die Amplituden des ursprünglichen Signals mit c_k und diejenigen des gedämpften Signales mit $\bar{c}_k$, dann lautet die Übertragungsfunktion $H(f_k)$ für ein Signal Z(X), das als Fourier-Reihe (5.1-7) vorliegen soll, wie folgt:

[1] Mit folgenden Veröffentlichungen kam sie in die photogrammetrische Literatur: Makarovic, B.: Phia 28, 111-130, 1972; Laan, R.: ITC-Journal, 236-274, 1976.

$$H(f_k) = \frac{\bar{c}_k}{c_k} \quad . \tag{5.2-1}$$

Bei digitalen topographischen Modellen entspricht das ursprüngliche Signal mit dem Amplitudenspektrum c_k der (wahren) topographischen Kurve. Man bekommt dieses Amplitudenspektrum hinreichend genau aus einer sehr engabständigen Digitalisierung unter Verwendung der Gleichungen (5.1-9) und (5.1-3). Das gedämpfte Signal mit dem Amplitudenspektrum $\bar{c}_k$ entsteht durch (weitabständiges) **Digitalisieren** und **Rekonstruieren** (= Interpolation). Die Übertragungsfunktion wird deshalb vom Intervall der weitabständigen Digitalisierung und von der Interpolationsmethode abhängen, mit der die topographische Kurve aus den digitalisierten Punkten rekonstruiert wird. Weiters hängt die Übertragungsfunktion noch von den Frequenzen f_k bzw. Wellenlängen l_k ab. Für das Verhältnis $\Delta X/l_k$ kann deshalb eine neue Variable $u_k = \Delta X/l_k = f_k \cdot \Delta X$ eingeführt werden. Die Variable u_k kann auch als Normierung des Abtastintervalles ΔX auf die Wellenlänge l_k aufgefaßt werden. Der Reziprokwert $1/u_k$ ist die **Abtastdichte**, d.h. die Anzahl der Abtastintervalle innerhalb der Wellenlänge l_k. Unter Beachtung des Abtasttheorems (5.1-5) muß $u_k < 1/2$ sein. Die Übertragungsfunktion

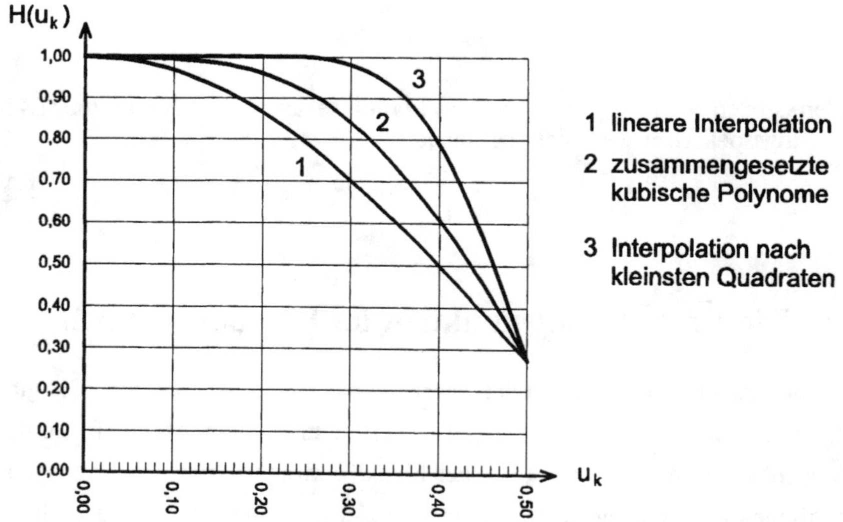

Figur 5.2-1: Übertragungsfunktionen[1]

[1] Entnommen aus Tempfli, K.: Geow. Mitt., Heft 22, 1982, Seite 49. Auf Seite 13 ist dort für die lineare Interpolation auch eine Formel für die Übertragungsfunktion angegeben. J. Zavoti hat für weitere Interpolationen die Übertragungsfunktionen angegeben: Transfer Functions of Digital Terrain Model Interpolation Methods. Acta Geodaetica, Geophysica Hungaria, Volume 19 (3-4), pp. 207-214, 1984.

lautet demnach in Abhängigkeit von der Variablen u_k:

$$H(u_k) = \frac{\bar{c}_k}{c_k} \qquad u_k = f_k \cdot \Delta X < \frac{1}{2} \qquad k = 1(1)m \tag{5.2-2}$$

Für die lineare Interpolation, die Interpolation mittels zusammengesetzter kubischer Polynome (H 2.2.2) und die Interpolation nach kleinsten Quadraten (H 3.3) sind die Übertragungsfunktionen in Figur 5.2-1 dargestellt.

Je weniger die Übertragungsfunktion H mit wachsendem u_k absinkt, desto leistungsfähiger ist die Interpolation.

5.3 Genauigkeit topographischer Modelle

Das Leistungsspektrum c_k^2 und die Übertragungsfunktion $H(u_k)$ gestatten, den mittleren Fehler σ_z einer Kurve anzugeben, die durch Digitalisieren und Interpolieren entstanden ist. Zu diesem Zweck betrachten wir zunächst eine Cosinus-Welle mit der Wellenlänge l_k. (Eine etwaige Phasenverschiebung ϕ_k können wir - wie bereits erwähnt - vernachlässigen, wenn das Abtasttheorem erfüllt ist und - streng genommen - die zu untersuchende Kurve unendlich lang ist.) In Figur 5.3-1 sind die Verhältnisse dargestellt.

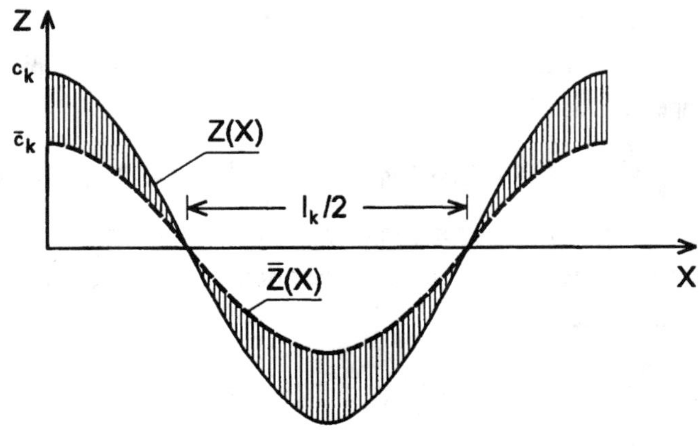

Figur 5.3-1: Ursprüngliche und gedämpfte Welle

Die Welle der wahren Objektoberfläche habe die Amplitude c_k und die Welle, die durch Digitalisieren und Interpolation entstanden ist, habe die Amplitude $\bar{c}_k$. Die Fehlervarianz σ_z^2 der Abweichungen der beiden Kurven folgt aus:

$$\sigma_{z_k}^2 = \frac{l}{l_k}\int_{X=0}^{l_k} (Z(X)-\bar{Z}(X))^2 dX = \frac{l}{l_k}\int_{X=0}^{l_k}\left(c_k \cos\frac{2\pi X}{l_k} - \bar{c}_k \cos\frac{2\pi X}{l_k}\right)^2 dX$$
$$\sigma_{z_k}^2 = \frac{(c_k - \bar{c}_k)^2}{l_k}\int_{X=0}^{l_k} \cos^2\frac{2\pi X}{l_k} dX = \frac{(c_k - \bar{c}_k)^2}{2} \tag{5.3-1}$$

Unter Beachtung der Übertragungsfunktion (5.2-2) ergibt sich:

$$\sigma_{z_k}^2 = \frac{1}{2}(1-H(u_k))^2 c_k^2 \tag{5.3-2}$$

Unter gewissen Voraussetzungen, die in der Spezialliteratur nachgelesen werden können, kann ausgehend von der Gleichung (5.3-2) durch Summation über alle Wellen k = 1(1)m die Fehlervarianz σ_z^2 für die gesamte Kurve berechnet werden:

$$\sigma_z^2 = \frac{1}{2}\sum_{k=1}^{m}(1-H(u_k))^2 c_k^2 \tag{5.3-3}$$

Wir sehen daraus, daß der **mittlere Fehler** σ_z einer Kurve, die durch Interpolation aus digitalisierten Punkten entsteht, **aus der Übertragungsfunktion H(u_k) der verwendeten Interpolationsmethode und aus dem Leistungsspektrum** c_k^2 der Kurve berechnet werden kann.

Mit der Formel (5.3-3) lassen sich viele, mit digitalen topographischen Modellen zusammenhängende Fragen beantworten. Dazu greifen wir auf jenes Zahlenbeispiel zurück, das im Abschnitt 5.1 eingeführt wurde.

a) **Wie verändert sich die Genauigkeit σ_z in Abhängigkeit von der Geländeform?**

In diesem Fall sind das Digitalisierungsintervall ΔX und die Übertragungsfunktion H(u_k) vorgegeben, dagegen variiert das Amplitudenspektrum c_k. Das Gelände 1 bestehe aus der bereits eingeführten Fourier-Reihe:

$$Z_1(X) = 2\sin\frac{2\pi X}{200} + \cos\frac{2\pi X}{100} + 0.8\cos\frac{2\pi X}{66} + 0.5\sin\frac{2\pi X}{66}$$

Das Gelände 2 soll um den Faktor 2 "bewegter" sein, also

$$Z_2(X) = 2\sin\frac{2\pi X}{100} + \cos\frac{2\pi X}{50} + 0.8\cos\frac{2\pi X}{33} + 0.5\sin\frac{2\pi X}{33}$$

Die Geländekurven sind in Figur 5.3-2 und die Amplitudenspektren c_k in Figur 5.3-3 gezeichnet. Man sieht, daß das Gelände 2 Schwingungen mit höheren Frequenzen, d.h. kürzeren Wellenlängen, als das Gelände 1 besitzt.

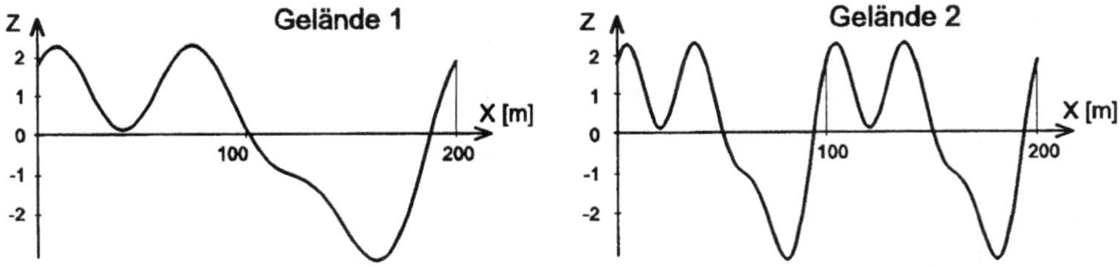

Figur 5.3-2: Funktionswerte für Gelände 1 und 2

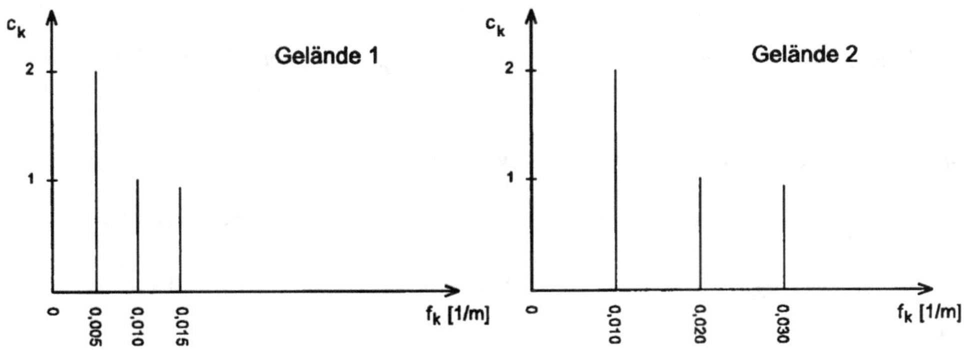

Figur 5.3-3: Amplitudenspektren für Gelände 1 und 2

Hinweis: In der Praxis ist das Amplitudenspektrum c_k in der Regel nicht bekannt. Es wird aus digitalisierten Z_j-Koordinaten nach den Gleichungen (5.1-9) und (5.1-3) ermittelt. Man wird dafür ein Digitalisierungsintervall ΔX wählen, das entsprechend den Ausführungen der Abschnitte I 2.1.4.1 und H 2.5 abgeschätzt werden kann. Um sicher zu sein, wird man ΔX eher zu klein als zu groß wählen. Ein zu kleines ΔX erhöht nämlich den Rechenaufwand für die Bestimmung des Spektrums kaum. Ein zu großes ΔX birgt die Gefahr des Verlustes bzw. der Verflechtung relevanter Informationen in sich, denn das Abtasttheorem $\Delta X < 1/2f_{max}$ muß eingehalten sein. Dagegen bietet ein sehr kleines ΔX die Möglichkeit, aus dem Amplitudenspektrum c_k die größte signifikante Frequenz f_{max} herauszufinden: f_{max} ist jene Frequenz, für die aus den Gleichungen (5.1-9) und (5.1-3) noch eine nennenswerte Amplitude c_k herauskommt.

Nun aber wieder zurück zur gestellten Frage, wie sich die Genauigkeit in Abhängigkeit von der Geländeform verändert. Wir benutzen die Übertragungsfunktion für die lineare Interpolation (Figur 5.2-1) und unterstellen, daß sowohl das Gelände 1 als auch das Gelände 2 mit ΔX = 12.5 m digitalisiert wurde. Auf dieser Basis ist für das Gelände 1 und für das Gelände 2 in Figur 5.3-4 zum Spektrum auch die Übertragungsfunktion hinzugezeichnet. Man ersieht daraus sehr gut, daß das Gelände 2 mit seinen höheren Frequenzen in der Genauigkeit wesentlich schlechter abschneiden muß als das Gelände 1.

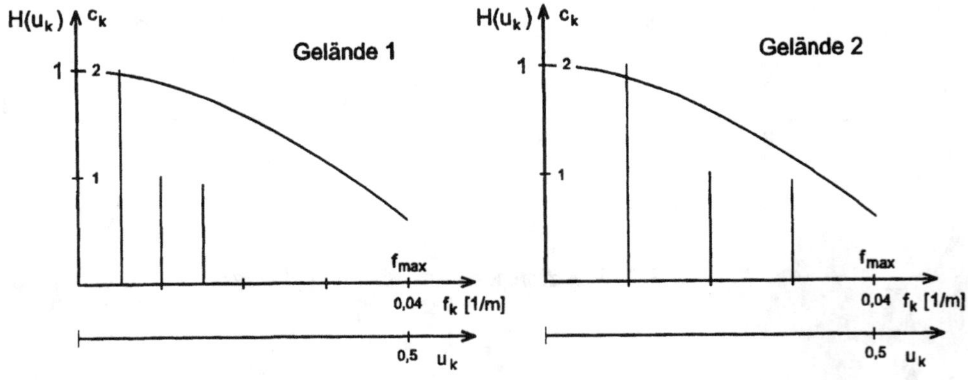

Figur 5.3-4: Übertragungsfunktion (lineare Interpolation und $\Delta X = 12.5\ m$) und Amplitudenspektren für Gelände 1 und 2

Zahlenmäßig ergeben sich folgende Fehlervarianzen aus Formel (5.3-3):

$$\sigma_{z_1}^{\ 2} = \frac{1}{2}((1-0.98)^2\ 2^2 + (1-0.95)^2\ 1^2 + (1-0.88)^2\ 0.94^2) = 0.008\ m^2$$

$$\sigma_{z_2}^{\ 2} = \frac{1}{2}((1-0.95)^2\ 2^2 + (1-0.79)^2\ 1^2 + (1-0.55)^2\ 0.94^2) = 0.116\ m^2$$

Die mittleren Fehler verhalten sich wie $\sigma_{z1}/\sigma_{z2} = \pm 0.09/\pm 0.34 = 1/3.8$.

Bisher wurde nur die Bewegheit des Geländes (≙ Frequenzbreite) variiert, nicht aber die Größe der Geländeform. Da sich die Größe der Geländeformen unmittelbar in der Amplitudengröße c_k ausdrückt und das Amplitudenspektrum c_k direkt dem mittleren Fehler σ_z - wie aus der Gleichung (5.3-3) ersichtlich - proportional ist, kann auf ein Demonstrationsbeispiel mit unterschiedlichen Amplitudengrößen verzichtet werden.

b) Wie verändert sich die Genauigkeit σ_z in Abhängigkeit von der Interpolationsmethode?

In diesem Fall ist das Digitalisierungsintervall ΔX und das Amplitudenspektrum c_k vorgegeben, dagegen variiert die Übertragungsfunktion $H(u_k)$. Für das Gelände 1 und das Gelände 2 ergeben sich folgende Fehler für die Interpolation mittels zusammengesetzter kubischer Polynome, wobei die Übertragungsfunktion der Figur 5.2-1 entnommen wurde ($\Delta X = 12.5\ m^2$):

$$\sigma_{z_1}^{\ 2} = \frac{1}{2}((1-0.\dot{9})^2\ 2^2 + (1-0.996)^2\ 1^2 + (1-0.07)^2\ 0.94^2) = 0.0004\ m^2$$

$$\sigma_{z_2}^{\ 2} = \frac{1}{2}((1-0.996)^2\ 2^2 + (1-0.92)^2\ 1^2 + (1-0.68)^2\ 0.94^2) = 0.049\ m^2$$

Im Vergleich zur linearen Interpolation verkleinert sich der mittlere Fehler σ_{z1} beim Gelände 1 von ± 0.09 m auf ± 0.02 m und beim Gelände 2 von ± 0.34 m auf ± 0.22 m.

c) **Wie verändert sich die Genauigkeit σ_z in Abhängigkeit vom Digitalisierungsintervall ΔX?**

In diesem Fall ist das Amplitudenspektrum c_k vorgegeben, dagegen variiert die Übertragungsfunktion (genauer: Es variiert der Maßstab der Abszisse). Figur 5.3-5 zeigt die Verhältnisse für das Gelände 1 mit einem Abtastintervall von $\Delta X = 25$ m; f_{max} ist entsprechend Gleichung (5.1-5) gleich 0.02. Es wird die lineare Interpolation verwendet.

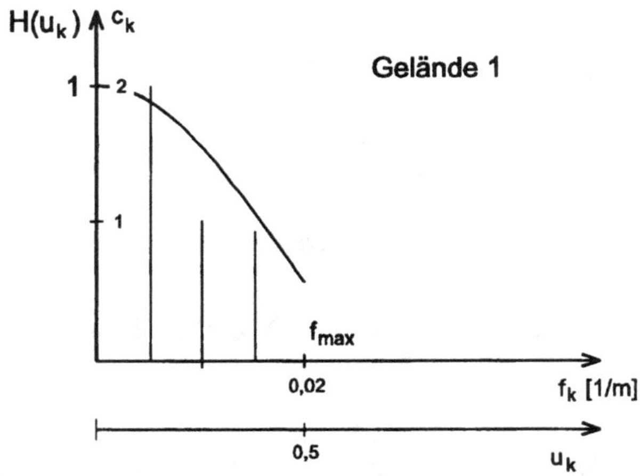

Figur 5.3-5: Übertragungsfunktion (lineare Interpolation und $\Delta X = 25$ m) und Amplitudenspektrum des Geländes 1

Zahlenmäßig folgt aus Gleichung (5.3-3):

$$\sigma_{z_1}^{\ 2} = \frac{1}{2}((1-0.95)^2\ 2^2 + (1-0.79)^2\ 1^2 + (1-0.55^2)\ 0.94^2) = 0.116\ m^2$$

Durch die Vergrößerung des Digitalisierungsintervalles von 12.5 m (Figur 5.3-4) auf 25 m wächst also der mittlere Fehler von ± 0.09 m auf ± 0.34 m. Dieser Wert entspricht übrigens der Genauigkeit σ_{z2} einer Abtastung des Geländes 2 mit $\Delta X = 12.5$ m (siehe Abschnitt a)).

d) **Mit welchem Intervall ΔX muß digitalisiert werden, um einen bestimmten Fehler nicht zu überschreiten?**

In diesem Fall ist das Amplitudenspektrum c_k vorgegeben, dagegen variiert die Übertragungsfunktion. Dabei soll die Interpolationsmethode beibehalten werden. Wir beschränken uns auf die lineare Interpolation. Zur Beantwortung der gestellten Frage berechnet man σ_z für einige ΔX und stellt diese Abhängigkeit her. Für das Gelände 1 und die lineare Interpolation liegen bereits zwei Werte für $\Delta X = 12.5$ m und $\Delta X = 25$ m vor, die noch um einige Werte ergänzt und in Figur 5.3-6 eingetragen wurden.

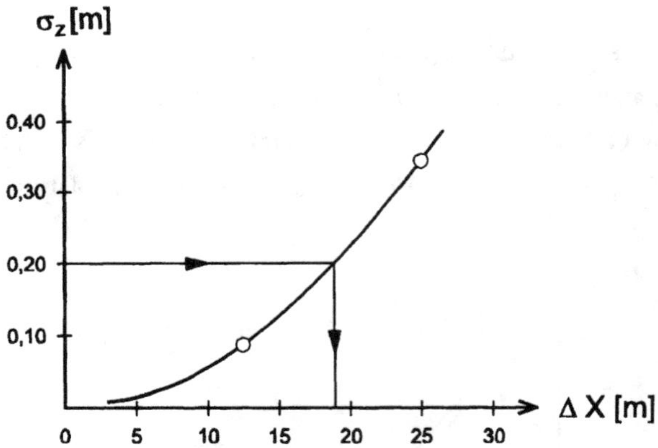

Figur 5.3-6: Zusammenhang zwischen Digitalisierungsintervall und Höhenfehler

Für den gewünschten mittleren Fehler $\sigma_z = \pm 0.20$ m ergibt sich deshalb ein Digitalisierungsintervall von $\Delta X = 19$ m.[1]

AUFGABE 5.3-1: Man wiederhole das Zahlenbeispiel des Abschnittes 5.3a) unter Verwendung der Interpolation nach kleinsten Quadraten anstelle der linearen Interpolation. ZUSATZAUFGABE: Es ist interessant, die Berechnungen auch mit dem eben gefundenen Digitalisierungsintervall $\Delta X = 19$ m durchzuführen.

AUFGABE 5.3-2: Das Zahlenbeispiel des Abschnittes 5.3b) ist noch um die Interpolation nach kleinsten Quadraten zu erweitern.

AUFGABE 5.3-3: Das Zahlenbeispiel des Abschnittes 5.3c) ist für die Interpolation nach kleinsten Quadraten zu wiederholen.

AUFGABE 5.3-4: Das Zahlenbeispiel des Abschnittes 5.3d) ist für die Interpolation nach kleinsten Quadraten zu wiederholen.

AUFGABE 5.3-5: Man beweise die Äquivalenz der Gleichung (5.1-1) mit der Gleichung (5.1-2).

Die bisher gefundenen Beziehungen und erzielten Resultate wurden nur für die Variable Z in Abhängigkeit von der Koordinate X gebracht. Sie gelten ohne Einschränkung selbstver-

[1] Weiterführende Literatur zur Fragestellung d): Fritsch, D.: ZfV 117, S. 367-377, 1977 und IAPRS, Vol. 27, Part B11, pp. III/493-III/504, Kyoto, 1988. Ayeni, O.: PE&RS 48, pp. 1687-1694, 1982.

ständlich auch für **räumliche Kurven in digitalen topographischen Modellen**; die 3D-Kurven sind vorher mit der Parameterdarstellung in ein TS-Koordinatensystem zu bringen (Abschnitt H 2.1). An die Stelle der X-Koordinate tritt die T-Koordinate und an die Stelle der Z-Koordinate die S-Koordinate.

Nicht so einfach ist der Übergang von den Formeln, die für Kurven abgeleitet wurden, auf die Formeln, die für **Flächen** gelten. Für gerade Profile entlang der X- und der Y-Koordinate gelten natürlich die gefundenen Beziehungen uneingeschränkt. Die dabei gefundenen mittleren Fehler σ_z sind aber nicht repräsentativ für die interpolierte Fläche. Als grobe Näherung bietet sich an, daß sich σ_z für die Fläche aus $\sigma_{z,x}$ für X-Profile und aus $\sigma_{z,y}$ für Y-Profile wie folgt zusammensetzt:

$$\sigma_z = \sqrt{\sigma_{z,x}^2 + \sigma_{z,y}^2} \tag{5.3-4}$$

(Tempfli[1] hat für einige Beispiele den Unterschied zwischen Kurven- und Flächengenauigkeit untersucht und dabei festgestellt, daß die Formel (5.3-4) nur bei homogenem Gelände und bei Verwendung mehrerer Profile in beiden Koordinatenrichtungen brauchbare Ergebnisse liefert.)

Schließlich ist noch darauf aufmerksam zu machen, daß der **Einfluß eines mittleren Meßfehlers** σ_M bei der Messung der Z-Koordinaten bisher außer acht gelassen wurde. Meßfehler in der Z-Koordinate beeinflussen einerseits die Bestimmung des Amplitudenspektrums c_k und andererseits ist zu bedenken, daß die Stützwerte für die Interpolation mit dem mittleren Fehler σ_M behaftet sind. Beide Einflüsse wirken nebeneinander[1]. Der Gesamtfehler beträgt für die **lineare Interpolation in einem XZ-System**:

$$\sigma_{z,\text{gesamt}}^2 = \sigma_{z(5.3\text{-}3)}^2 + \frac{2}{3}\,\sigma_M^2 \,, \qquad (5.3\text{-}5)^1$$

Dabei ist $\sigma_{z(5.3\text{-}3)}$ der mittlere Fehler, der sich aus der Gleichung (5.3-3) ergibt. Dieser Wert wird um einen Anteil des mittleren Meßfehlers σ_M vergrößert, um den mittleren Fehler $\sigma_{z,\text{gesamt}}$ zu erhalten. Für die **bilineare Flächeninterpolation mit hyperbolischen Paraboloiden** (Abschnitt H 3.4.1) lautet der entsprechende Ausdruck, allerdings unter Beachtung der zur Formel (5.3-4) angedeuteten groben Näherung:

$$\sigma_{z,\text{gesamt}}^2 = \sigma_{z(5.3\text{-}4)}^2 + \left(\frac{2}{3}\right)^2 \sigma_M^2 \,, \qquad (5.3\text{-}6)^1$$

Für ein hybrides digitales Geländemodell, wie es im Abschnitt H 3.4 vorgestellt wurde, ist die hier vorgestellte Theorie weiter zu verfeinern[1]). Man hat es nämlich mit **zwei aufeinanderfolgenden Interpolationen** zu tun. Zuerst werden mit einer qualifizierten Inter-

---

[1] Tempfli, K.: Geow. Mitt., Heft 22, 1982.

polationsmethode aus den unregelmäßig verteilten Punkten die Höhen für ein XY-Quadratraster und für die Schnittpunkte der Geländekanten mit den Gitterlinien berechnet. Daran schließt sich in der Regel eine lineare Interpolation innerhalb des regelmäßigen Gitters und der 3D-Dreiecke in der Nachbarschaft der Geländekanten und markanten Höhenpunkte (Figur H 3.4-1) an.

6. ANALYSE MIT *WAVELETS*

Die Fragen, die mit der Spektralanalyse beantwortet werden können, und einleitend in Kapitel 5. aufgezählt wurden, können auch mit *Wavelets* beantwortet werden. Die Analyse mit *Wavelets* bietet aber einige Vorteile, auf die wir noch zu sprechen kommen.

Wie aus der Namensgebung hervorgeht, handelt es sich bei *Wavelets* um (kleine) Wellchen, in die die Funktion Z(X) - in Anlehnung an die Fourier-Transformation H(5.1-9) - zerlegt bzw. aus denen - in Anlehnung an die inverse Fourier-Transformation (5.1-8) - die Funktion Z(X) wieder zusammengesetzt wird. Im Ursprungsland dieser modernen Theorie, in Frankreich, werden die *Wavelets* "Ondolettes" genannt.

Die Fourier-Analyse stützt sich auf trigonometrische Funktionen unterschiedlicher Amplituden und unterschiedlicher Wellenlängen bzw. Frequenzen. Ihr Nachteil ist, daß sie keine lokale Anpassung an den Funktionsverlauf Z(X) erlaubt. Tritt zum Beispiel ein Knick in einer Funktion Z(X) auf, der von einer das Profil Z(X) kreuzenden Geländekante herrühren kann, ist die Fourier-Reihe (5.1-2) - zumindest theoretisch - auf unendlich viele Cosinus-Wellen mit unterschiedlichen Amplituden und mit unterschiedlichen Wellenlängen bzw. Frequenzen auszudehnen. Jede dieser vielen (Elementar-)Wellen läuft über den gesamten Geltungsbereich der Funktion Z(X), auch wenn das gesamte Profil nur an einer einzigen Stelle einen Knick besitzt und im übrigen Bereich sehr kleine Krümmungen aufweist.

Die ***Wavelet*-Transformation**, die die Funktion Z(X) in die einzelnen *Wavelets* zerlegt, geht dagegen **gezielt auf die lokalen Eigenschaften der Funktion**, die analysiert werden soll, ein. Diese lokale Anpassung erreicht man mit einer Ortsangabe zum jeweiligen *Wavelet*.

Neben der Ortsvariablen, die wir b nennen, besitzen die *Wavelets* auch eine Dehnungs- bzw. Skalierungsvariable, die wir a nennen. Eine Menge von *Wavelets* $\Psi_{a,b}(x)$ ist daher wie folgt definiert:

$$\psi_{a,b}(x) = \frac{1}{\sqrt{|a|}}\, \psi\left(\frac{x-b}{a}\right), \qquad (6\text{-}1)$$

wobei $1/\sqrt{|a|}$ zur Normierung dient.

Die *Wavelets* (6-1) werden aus dem sogenannten **Mutter-*Wavelet*** abgeleitet. Für das sogenannte Haar-*Wavelet*[1] als Mutter-*Wavelet* soll diese Ableitung einer Menge von *Wavelets* gezeigt werden. Das **Haar-*Wavelet*** hat die Form:

$$\psi(x) = \begin{cases} 1 \text{ für } 0 \leq x < 1/2 \\ -1 \text{ für } 1/2 \leq x \leq 1 \\ 0 \text{ sonst überall} \end{cases} \tag{6-2}$$

Figur 6-1 zeigt das Haar-Mutter-*Wavelet*. Figur 6-2 zeigt das daraus abgeleitete *Wavelet* $\Psi_{2,0}(x)$ und Figur 6-3 das aus dem Mutter-*Wavelet* abgeleitete *Wavelet* $\Psi_{0.5,1}$.[2] Figur 6-4 zeigt die Summe der drei *Wavelets* $\Psi_{1,0}$ (Figur 6-1), $\Psi_{2,0}$ (Figur 6-2) und $\Psi_{0.5,1}$ (Figur 6-3).

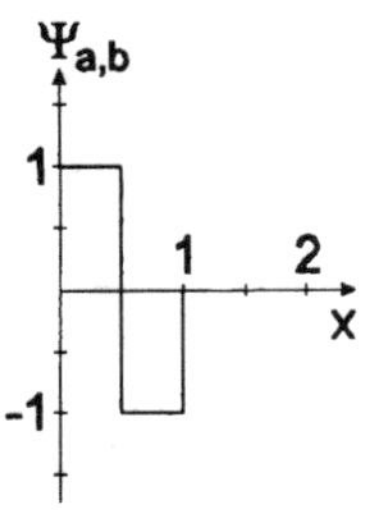

Figur 6-1: Haar-Mutter-Wavelet (a=1, b=0)

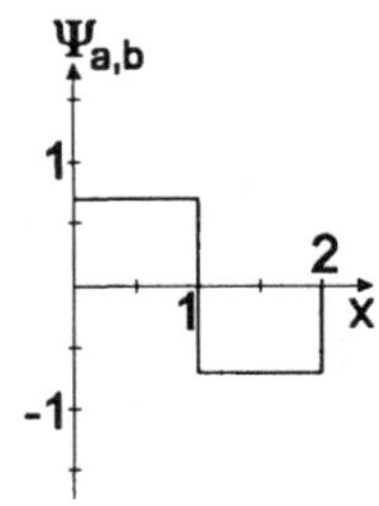

Figur 6-2: Haar-Wavelet (a=2, b=0)

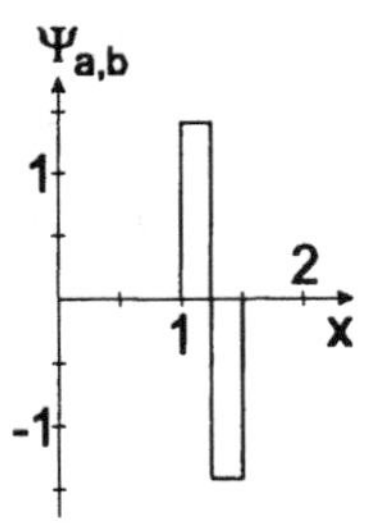

Figur 6-3: Haar-Wavelet (a=0.5, b=1)

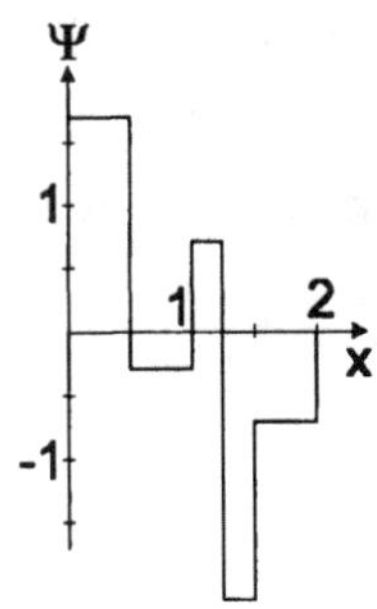

Figur 6-4: Summe der Wavelets

---

1 Benannt nach dem Mathematiker Haar, einem Mitbegründer der *Wavelet*-Theorie.

2 Dieses Beispiel ist dem Vorlesungsmanuskript "Mathematische Methoden der Geodäsie" von K. Bretterbauer, TU Wien, entnommen.

AUFGABE 6-1: Man gebe noch das Haar-*Wavelet* $\Psi_{0.1,5}$ an und summiere dieses *Wavelet* mit den Haar-*Wavelets* $\Psi_{2.0}$ und $\Psi_{0.5,1}$.

Bereits dieses kleine Beispiel und insbesondere das in der Aufgabe 6-1 formulierte Beispiel lassen erkennen, wie gut *Wavelets* an die zu analysierende Funktion Z(X) angepaßt werden können. Die Haar-*Wavelets* eignen sich gut für digitalisierte Funktionen wie sie in der digitalen Bildverarbeitung üblich sind. Zur Analyse von kontinuierlichen Funktionen - wie sie im Gelände anzutreffen sind - nimmt man als Mutter-*Wavelet* gerne den sogenannten **mexikanischen** Hut (Figur 6-5). Die Formel lautet:

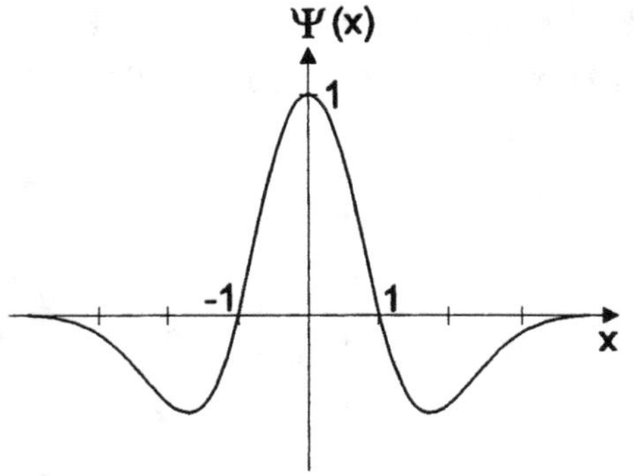

$$\psi(x) = (1-x^2)e^{-x^2/2} \qquad (6\text{-}3)$$

Figur 6-5: Mexikanischer Hut

Die *Wavelet*-Transformation, mit der die Koeffizienten a,b der Menge der *Wavelets* zu einer vorgegebenen Funktion Z(X) ermittelt werden, geschieht mit wiederholten Anwendungen von Hoch- und Tiefpaßfiltern.[1] Über *Wavelets* gibt es bereits sehr viel Literatur[2]. Dagegen gibt es bis jetzt nur wenige Veröffentlichungen von *Wavelet*-Experimenten mit topographischen Daten[3].

---

1 Z.B. Schwarz, G., Datcu, M.: PFG Jahrgang 1997, Heft 3, S. 189-202. Daubechies, I.: SIAM Publications No. 61 in CBMS-NSF Series in Applied Mathematics, 1992.

2 Z.B. Kaiser, G.: Friendly Guide to Wavelets. Birkhäuser-Verlag, Basel, 1994. Louis, A., Maass, P., Rieder, A.: Wavelets. Teubner-Verlag, Stuttgart, 1994.

3 Tsay, J.-R., Schneider, R., Wrobel, P.: ZPF 64, S. 83-93, 1996, und Pan, H.-P.: ZPF 64, S. 93-100, 1996, behandeln eine *wavelet*gestützte Rekonstruktion topographischer Oberflächen aus digitalisierten Luftbildern.

I TOPOGRAPHISCHE INFORMATIONS-SYSTEME (TISe)

1. ALLGEMEINES

In einem topographischen Informationssystem (TIS) werden - wie bereits ausgeführt (Abschnitt F 1.1 und 1.2) - **Daten über die natürliche und künstliche Landschaft**

- gesammelt und redigiert,
- gespeichert und reorganisiert,
- modelliert und analysiert sowie
- multimedial präsentiert.

Das TIS steht häufig im Verbund mit anderen raumbezogenen Informationssystemen. Es bringt die **dem Menschen vertraute reale Welt** in die Informationssysteme. Das TIS steht daher häufig im Zentrum übergeordneter Geo-Informationssysteme (GISe). Ein GIS und damit auch ein TIS gehört heutzutage zur Infrastruktur eines modernen Staatswesens.[1]

Dieser hohe Stellenwert der Geodaten, die in GISen enthalten sind, impliziert große wirtschaftliche Aktivitäten im sogenannten **Geodatenmarkt**. In diesem Zusammenhang werden sehr unterschiedliche Zahlen über das Marktvolumen genannt; trotz dieser großen Streuungen kann mit hoher Sicherheit ein sehr stark prosperierender Markt konstatiert werden.

Die **Erfassung der Basisdaten** für ein GIS - in gleicher Weise für ein TIS - ist **der größte Kostenanteil** am Gesamtsystem; man spricht von 75% und mehr. Diesem wirtschaftlich relevanten Teil widmen wir den Abschnitt 2. Daran schließt sich der Aufbau der Datenbestände in einem TIS an (Abschnitt 3.). Der wirtschaftliche Erfolg eines GIS bzw. eines TIS hängt von der Veredelung der Daten, die sich in Folgeprodukten ausdrückt (Abschnitt 4.), ab.

2. GEWINNUNG TOPOGRAPHISCHER BASISDATEN

Das Arbeitspferd zur Gewinnung topographischer Basisdaten ist die Aerophotogrammetrie. Sie soll daher zuerst besprochen werden; in der Folge - ohne Rangordnung - werden die anderen Erfassungsmethoden - teilweise nur skizzenhaft - präsentiert werden.

---

[1] Schilcher, M.: KN 47, Heft 4, S. 127-137, 1997.

2.1 Mittels Aerophotogrammetrie

2.1.1 Flugparameter und Paßpunkte für die Aerophotogrammetrie

Mit der Wahl der Flugparameter bestimmt man ganz entscheidend die Qualität der Ergebnisse und die Kosten für die Datenerfassung. Bekanntlich kann man mit **Variation der Flughöhe** und in gewissem Umfang auch mit der Wahl des Objektivtyps die Genauigkeit der Auswerteergebnisse für die jeweilige Anwendung dosieren (Abschnitt A 4.4). Die Variationsbreite schwankt bei gut einstellbaren Punkten und Linien zwischen wenigen Zentimetern (niedrigste erlaubte Flughöhe) und etwa einem Meter (maximal erreichbare Flughöhe, Abschnitt A 3.9).

Mit dem **Bildmaßstab** legt man nicht nur die (Lage-)Genauigkeit der erfaßten Punkte und Linien, sondern auch den **Detaillierungsgrad des Geodatenbestandes** fest. Für die Herstellung topographischer Karten wird die Zusammenschau von Genauigkeit und Interpretierbarkeit des Bildinhaltes mit der Formel A(4.4-5) bzw. der Tabelle A 4.4-4 ausgedrückt. Für die TISe kann diese Faustformel ebenfalls benutzt werden. Anstelle der Kartenmaßstabszahl m_k sind die Maßstabszahlen der Visualisierungen (Abschnitt I 4.) zu wählen. Man kann es - anhand eines Beispieles - auch noch anders formulieren: "Die Landesregierung X baut ein TIS auf, das bezüglich des Landschaftsmodelles eine Genauigkeit und einen Detaillierungsgrad aufweisen soll, die bzw. der einer topographischen Karte 1:10 000 entspricht." Für ein solches TIS wird man - abhängig von den Qualitätsansprüchen und vom verfügbaren Budget - einen Bildmaßstab zwischen 1:20 000 und 1:30 000 wählen. Für TISe, die in ihrem Inhalt topographischen Karten anderer Maßstäbe entsprechen sollen, kann man die zu wählenden Bildmaßstäbe der Tabelle A 4.4-4 entnehmen.

Zur Gewinnung der TIS-Daten wählt man in der Regel eine **Kamera mit einem Weitwinkelobjektiv** (Abschnitt A 3.7.2), denn die dritte Dimension hat einen hohen Stellenwert im jeweiligen TIS. (Überweitwinkelobjektive, die eine noch bessere Höhengenauigkeit liefern würden, sind kein Standardprodukt der Kamerahersteller.) Auf Normalwinkelobjektive wird man nur in Städten mit hoher Bebauung (sichttote Räume!) und insbesondere bei Wiederholungsflügen für Orthophotos, die mit einem bereits vorhandenen digitalen Oberflächenmodell abgeleitet werden (siehe Abschnitt A 6.3.3.2, zweites Beispiel), zurückgreifen. In vielen Fällen ist das Zwischenwinkelobjektiv mit einer Brennweite von 21 cm ein guter Kompromiß.

Um die Verdeckung der Gebäude durch Bäume zu umgehen, wird man die **Befliegung vor der Belaubung** ansetzen. Farbaufnahmen eignen sich zum Erkennen der Objekte wesentlich besser als panchromatische Schwarzweißbilder. Zur Auswertung der beschatteten Bereiche hat man auch umfangreiche Versuche mit Flügen unter einer Wolkendecke gemacht. Es hat sich gezeigt, daß bei diffusem Licht in den beschatteten Zonen wesentlich mehr Details erkannt werden, aber die Lagegenauigkeit etwa um 20% gegenüber "sonnigen" Aufnahmen abnimmt[1]. Trotz dieses Genauigkeitsverlustes ist das Fliegen **unter der Wolkendecke** eine interessante Alternative.

Die Erfassung der TIS-Daten erfolgt großräumig. Die **GPS-gestützte Triangulation**, wie sie in den Abschnitten B 5.3.5.2, 5.3.5.3 und 5.4.5 beschrieben wurde, ist in Verbindung mit der **automatischen Bestimmung der Verknüpfungspunkte** (Abschnitt B 6.4) daher für die Bestimmung der Orientierungselemente für die einzelnen Luftbilder prädestiniert. Für sehr genaue und sehr detailreiche TISe - insbesondere in Städten, in denen die Photogrammetrie mit terrestrischen Aufnahmemethoden kombiniert wird (Abschnitt I 2.1.6) - ist ein besonderes Augenmerk auf das Festpunktfeld, aus dem die Paßpunkte für die Aerotriangulation entnommen werden, zu legen. Die **Netzspannungen** dürfen bei solchen Anwendungen wenige Zentimeter nicht überschreiten, anderenfalls ist ein neues GPS-Netz vor der eigentlichen TIS-Datenerhebung aufzubauen (Abschnitt B 5.3.4)[2]

2.1.2 2D- und 2.5D-Vektordaten

Die photogrammetrischen Zweibildauswertegeräte sind **3D-Digitizer**; die Z-Koordinate sollte daher - zumindest als Attribute (2.5D-Vektordaten) - immer im Datenbestand erhalten bleiben. Manchmal zwingt unzulängliche Software die ohnehin gemessenen Z-Koordinaten "fallen"zulassen und nur mit 2D-Vektordaten in die topographische Datenbank zu gehen.

Im zweiten Teil des Abschnittes A 4.5.3 haben wir die sogenannte **computergestützte Auswertung** am photogrammetrischen Zweibildauswertegerät kennengelernt. Sie liefert - zumindest in großen Maßstäben - ein kartographisch ansprechendes Abbild der natürlichen und künstlichen Landschaft (Figur A 4.4-7, rechte Hälfte, zeigt ein Beispiel). **Für ein TIS will man mehr**: **Das im Stereoauswertegerät sichtbare optische Modell ist zu idealisieren, zu diskretisieren, zu modellieren und in eine topographische Datenbank einzubringen**. An

[1] Waldhäusl, P.: Presented Paper, Kommission IV, 14. ISP-Kongreß, Hamburg 1980.

[2] Z.B. Hofmann-Wellenhof, B., Lichtenegger, H., Collins, J.: GPS-Theory and Practice. Springer-Verlag, 1997.

die Visualisierung der Datenbestände, also an die kartographische Ausgabe, denkt man bei der photogrammetrischen Datenerfassung noch nicht.

Der Operateur interpretiert (≙ **idealisiert**) das optische Stereomodell; er löst es in Objekte der natürlichen und künstlichen Landschaft auf. Die gefragten Objekte sind für das jeweilige TIS vorgegeben (z.B. in der Form eines Objektartenkataloges, Abschnitt F 2.).

Mit dem Digitalisieren (≙ **Diskretisieren**) geht die **Attributierung** der Objekte Hand in Hand. Vor dem Digitalisieren einer Linie bzw. einer Liniengruppe wird ihre Verschlüsselung (≙ Code) - am besten in einem Menü am Graphikschirm - angegeben. Die Attribute punktförmiger Objekte werden in gleicher Weise erfaßt. Die Attribute der flächigen Objekte (≙ Landbedeckung, Abschnitt F 2.) kann man entweder bei den flächenbegrenzenden Linienelementen verschlüsseln oder an isolierte, in die jeweilige Fläche zu setzende *Label*-punkte anhängen (Abschnitt G 4.2). Beide Attributierungsarten sind besonders günstig vorzunehmen, wenn im Hintergrund des photogrammetrischen Auswertegerätes die topographische Datenbank agiert.

Eine solche **unterstützende Datenbank** - oder zumindest ein unterstützendes CAD-Paket - braucht der Operateur auch für die Digitalisierung. Aus den digitalisierten Punkten und Linien sollte nämlich unmittelbar die Topologie gebildet werden, m.a.W. aus den **Spaghetti-Daten** sind bereinigte Daten zu erzeugen. Am Beginn und/oder am Ende der Digitalisierung einer Linie braucht man zu diesem Zweck ***Snap*-Funktionen**. Eine solche *Snap*-Funktion benötigt man auch zum Zusammenfügen der Linien, die über den Rand des photogrammetrischen Stereomodelles hinausragen. (Man spricht in diesem Fall von **Randanschlüssen**.) Das Ergebnis ist eine **Knoten/Kanten-Topologie** (Abschnitt G 4.1). Für diese Arbeitsschritte ist eine Einspiegelung[1] der digitalisierten Geometrie in das optische Modell von großem Vorteil. Eine solche Einspiegelung ist bei digitalen photogrammetrischen Arbeitsplätzen (Abschnitt A 7.8) die Regel gegeben, aber selten bei analytischen photogrammetrischen Arbeitsplätzen (Abschnitt A 4.3.8.3).

Für die für ein TIS zusätzlich erforderliche **Flächentopologie** (*patchwork*, Abschnitt G 4.2) ist die unterstützende Datenbank bei der Datengewinnung ebenfalls von großer Wichtigkeit. Es besteht nämlich der Grundsatz, daß eine Linie, die zu den beiden angrenzenden Flächen

---

[1] Figur A 4.3-27 und der dazugehörige Text erläutern die Einspiegelung bei analytischen Auswertegeräten. Bei digitalen Arbeitsstationen sind die Meßmarke (*Cursor*), die ausgewertete Vektorgraphik und die rasterisierten Luftbilder immer am Bildschirm präsent. Bei der **monoskopischen Einspiegelung** ist die digitalisierte Graphik nur in ein Luftbild zu transferieren, bei der **stereoskopischen Einspiegelung** in beide Luftbilder.

gehört, nur einmal digitalisiert werden darf. Aus der Knoten/Kanten-Topologie, die jede Linie (≙ Kante) nur einmal enthält, ist deshalb die Flächentopologie abzuleiten. Dabei können Codierungsfehler bei den Linien aufgedeckt werden (Figur 2.1-1a); auch fehlende (Trennungs-)Linien werden gefunden (Figur 2.1-1b). Die Korrektur solcher Datenerfassungsfehler - man spricht in diesem Zusammenhang auch von **Editierung** oder **Redigierung** - macht man am besten mit dem eingespiegelten digitalisierten Datensatz in das photogrammetrische Stereomodell.

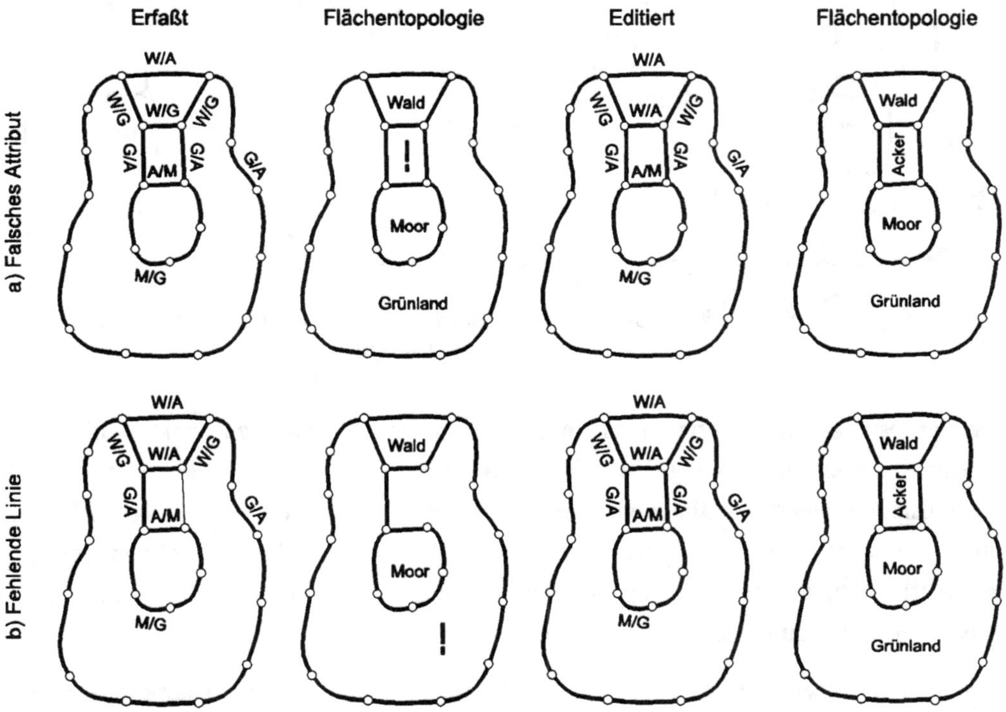

Figur 2.1-1: Aufdecken von Datenfehlern beim Bilden der Flächentopologie

Die topographische Datenbank, die bereits bei der Datenerfassung unterstützend vorhanden sein sollte, muß so strukturiert sein, daß **ein Punkt** - auch wenn er mehreren Linien und Flächen angehört - **nur einmal mit seinen Koordinaten abgespeichert** sein darf. (Im Abschnitt G 4. wurden solche Datenbankkonzepte angegeben.) Nach der Datenerfassung und dem Bilden der Knoten/Kanten-Topologie sowie der Flächentopologie sieht man zum Beispiel im optischen Stereomodell die in der Figur 2.1-2, ganz links, skizzierte Situation mit einem falsch digitalisierten Punkt. Vor dem Erkennen des Datenerfassungsfehlers sollen mittels der Datenbank bereits Folgeprodukte - wie zum Beispiel die Flächeninhalte - abgeleitet worden sein. Da dieser Fehler weder die Knoten/Kanten-Topologie noch die Flächentopologie beeinflußt, sind **nur die Koordinaten des falschen Punktes zu editieren**. Alle betroffenen Linien und Flächen müssen von der Datenbank automatisch erkannt werden. Alle abgeleiteten Produkte - in unserem Fall die Flächeninhalte - sind durch diese Aktion ebenfalls richtigzustellen (Figur 2.1-2).

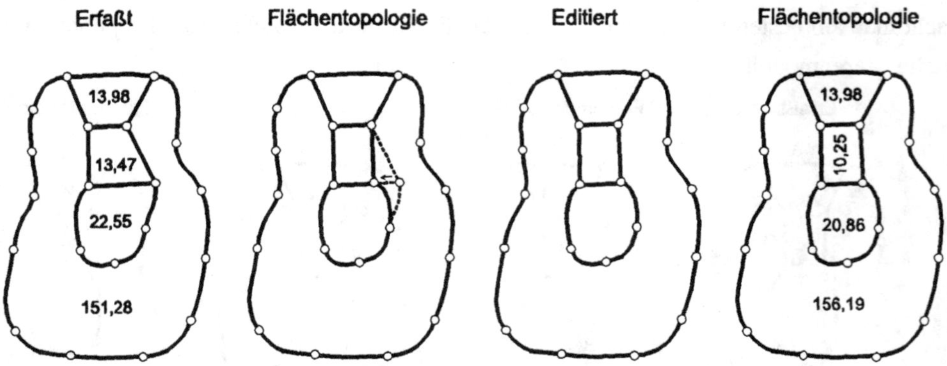

Figur 2.1-2: Falsche Koordinaten, die die Knoten-Kanten-Topologie und die Flächentopologie nicht beeinflussen.

Bei der Datengewinnung erfaßt man nicht nur thematische Attribute zu Punkten, Linien und Flächen, sondern auch **geometrische Attribute**. Damit legt man zum Beispiel fest, ob die digitalisierten Punkte geradlinig oder gekurvt zu verbinden sind. (Adäquate Digitalisierungsintervalle entlang der Linien sprechen wir erst im Abschnitt 2.1.4.1 an.) Sehr aufwendig ist die Attributierung für die Homogenisierung (Abschnitt H 4.1) und für die Vernetzung der einzelnen Linien zu einem Netzverband (Abschnitt H 3.8.1).

Die umfangreichen thematischen und geometrischen Attribute führen manchenorts zu einer völlig anderen Auswertestrategie als die bisher in diesem Abschnitt favorisierte Arbeitsweise. **Anstelle dieser umfassenden Datenerhebung**, bei der die photogrammetrische Datenerfassung mit dem Aufbau der digitalen Modelle in der topographischen Datenbank Hand in Hand geht, **reduziert man die photogrammetrische Auswertung auf die Digitalisierung von Spaghettidaten**. Dabei werden nach der photogrammetrischen Auswertung - zeitlich und örtlich losgelöst - an einem graphischen Arbeitsplatz die Topologiebildungen und die Attributierungen vorgenommen. Bei dieser, von der Datenerfassung unabhängigen Datenaufbereitung treten aber große Probleme vor allem beim Editieren auf. Der unmittelbare Rückgriff auf die Digitalisierungsgrundlage ist nicht mehr gegeben. Dieses Manko kann gemildert werden, wenn man mit dem photogrammetrischen Digitalisierungsergebnis auch ein digitales Orthophoto an den graphischen Arbeitsplatz übergibt.

Zum Schluß des Abschnittes über die Erfassung der 2D- und 2.5D-Vektordaten ist noch an die **Metadaten** zu erinneren. Sie beschreiben

- die Arbeitsunterlagen wie die Parameter des Bildfluges,
- die Arbeitsumgebung (Operateur, Auswertegerät; Scanner, falls eine digitales Arbeitsstation benutzt wird; etc.) und
- den Arbeitsprozeß (einzelpunktweise (*point mode*) Digitalisierung, linienweise (*stream mode*) Digitalisierung entweder nach konstantem Zeitintervall und/oder konstantem Wegintervall und/oder gewissen Krümmungskriterien etc.).

Auch die Qualitätsparameter wie zum Beispiel die Definitionsunsicherheit der Waldgrenzen etc. sind am besten bei der Datengewinnung festzuhalten. Man braucht sie für Genauigkeitsangaben abgeleiteter Produkte (Abschnitt H 1.3) und für die Visualisierung der Qualität der topographischen Modelle (z.B. Abschnitt I 4.1.1.3).

Die Ausführungen des Abschnittes 2.1.2 waren von der manuellen Datenerfasung geprägt. Gegenwärtig laufen große Anstrengungen, diesen aufwendigen Prozeß - zumindest teilweise - zu automatisieren. Zur Vervollständigung seien daher einige diesbezügliche **Literaturstellen** angeführt: Baumgartner, A., Steger, C., Wiedemann, C., Mayer, C., Eckstein, W., Ebner, H.: IAPRS 31, Part B3, pp. 53-58, Vienna, 1996. Lacroix, V., Acheroy, M.: ISPRS-Journal 53, No. 2, pp. 85-94, 1998. Grün, A., Li, H.: IAPRS 31, Part B3, pp. 266-272, Vienna, 1996.

2.1.3 Geländeoberflächenerfassung

Die Geländeoberfläche erfaßt man in photogrammetrischen Zweibildauswertegeräten in zwei Teilen. Der erste Teil umfaßt die Gerippelinien bestehend aus den Geländekanten, den Mulden- und Kammlinien sowie den markanten Höhenpunkten (*spot heights*); der zweite Teil umfaßt die Flächenpunkte, auch Massenpunkte genannt.

2.1.3.1 Gerippelinien und markante Höhenpunkte

Die Gerippelinien werden als 2.5D-Vektordaten erfaßt, wie im vorausgehenden Abschnitt 2.1.2 erläutert wurde. Dabei soll aber einer Datenerfassung Rechnung getragen werden, bei der **keine Diskrepanz zwischen identen Linien in verschiedenen thematischen Ebenen** auftreten (siehe Figuren F 3.2-1 und F 3.2-2). Wie kann eine solche Datenerfassung im photogrammetrischen Zweibildauswertegerät - bevorzugt in einer digitalen Arbeitsstation - durchgeführt werden? Die 2.5D-Vektordaten der Landbedeckung seien geometrisch bereits erfaßt und ihre Knoten/Kanten-Topologie sei bereits aus den Spaghetti-Daten gebildet. Diese

Vektordaten wird man in das **optische Stereomodell einspiegeln** und dann die Bedeutung der einzelnen Linien für das Geländemodell festlegen. Manche - bereits erfaßte - (Landbedeckungs-)Linien werden Geländekanten sein; sie erhalten zusätzlich das entsprechende (Geländemodell-)Attribut. Andere (Landbedeckungs-)Linien stehen in keinem Zusammenhang mit der Geländeform; ihr Satz von Attributen bleibt unverändert.

Nach dieser Ergänzung der Attribute der bereits erfaßten Linien wird das Gelände vom Operateur nach zusätzlichen Gerippelinien abgesucht und jede neue Linie digitalisiert. **Aus allen geländerelevanten Gerippelinien ist schließlich ein Netzwerk zu bilden**, indem die oben erwähnte Knoten/Kanten-Topologie entsprechend erweitert wird. (Das Bilden einer Flächentopologie entfällt übrigens bei den Gerippelinien bzw. ist bei den Gerippelinien nicht möglich.) Für hochwertige Geländemodelle sind anschließend mittels einer Ausgleichung nach der Methode der kleinsten Quadrate die Kurvenparameter für das gesamte Netzwerk, wie im Abschnitt H 3.8.1 erläutert wurde, zu ermitteln.

Ein besonderes Augenmerk ist bei der Datenkontrolle den **Linienkreuzungen** zu schenken. Wird nur ein 2.5D-Geländemodell erzeugt, dürfen zwei Linien nicht windschief aneinander vorbeigehen: Es ist ein Schnittpunkt herbeizuführen (siehe Figur F 3.2-4). Wird allerdings ein 3D-Geländemodell erzeugt, kann es durchaus Linien geben, die sich in der Grundrißebene kreuzen (zum Beispiel Begrenzungslinie einer Brücke mit der Begrenzungslinie eines Flußlaufes), aber in Bezug zu diesem (Grundriß-)Schnittpunkt unterschiedliche Höhen aufweisen.

Mit diesem Hinweis kommt zum Ausdruck, daß der Operateur über die Modellierungsmethode Bescheid wissen muß. Bei einem 2.5D-Geländemodell muß er seine Gerippelinien so auswählen und seine Flächenpunkte so setzen, daß der 2.5D-Algorithmus auch tatsächlich eine 2.5D-Oberfläche bilden kann. Wir erläutern dieses Problem etwas genauer an Hand der Figuren C 1.1-10 und 1.1.-11, also einer **Eisenbahnbrücke über einer Straße**. Soll die Straße durchgehend modelliert werden (Figur 1.1-10), dürfen darüber am Bahnbereich keine Punkte und Linien gemessen werden; soll der Bahnbereich durchgehend modelliert werden (Figur C 1.1-11), dürfen darunter im Straßenbereich keine Punkte und Linien gemessen werden. Eine 3D-Lösung, auf die wir im Abschnitt I 2.1.6 zu sprechen kommen werden, würde erlauben, sowohl die Bahn als auch die Straße durchgehend zu modellieren. Figur 2.1-3 zeigt ein typisches Netzwerk von Gerippelinien für ein 2.5D-Geländemodell. Die digitalisierten Punkte sind miteinander geradlinig verbunden.

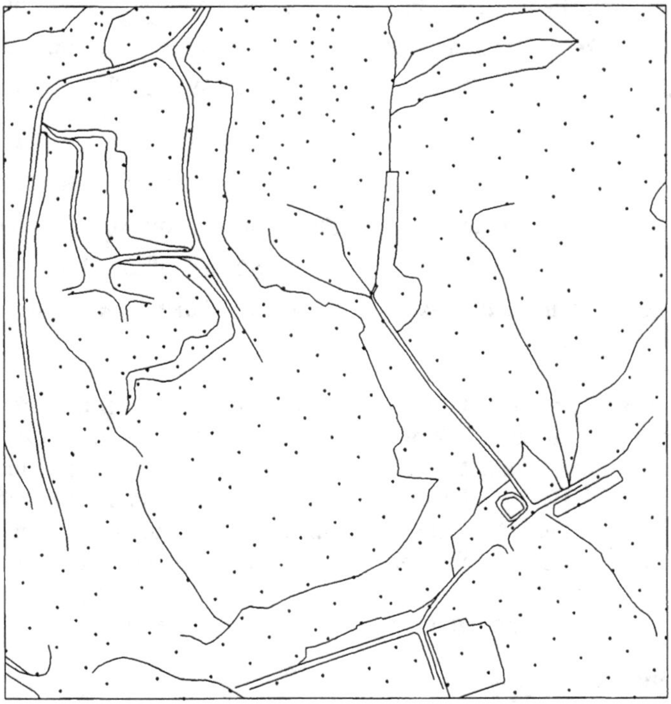

Figur 2.1-3: Gerippelinien und Massenpunkte für ein Geländemodell (Figur I 2.1-9 zeigt das dazugehörige Geländemodell)

Die **markanten Höhenpunkte** (Bergspitzen, Muldenpunkte etc.) fährt der Operateur einzeln an. Bei vielen markanten Höhenpunkten wird zusätzlich zu den 3D-Koordinaten auch die Information registriert, daß im jeweiligen markanten Höhenpunkt auch eine **horizontale Tangentialebene** vorliegt. Markante Höhenpunkte sind daher ein wichtiger Datenbestand für die Oberflächenermittlung (Abschnitt H 3.2.3 enthält den Algorithmus).

2.1.3.2 Massenpunkte

Nach Erfassung der Gerippelinien werden die Massenpunkte gemessen. Dafür gibt es mehrere Verfahren:

a) **Manuelle Messung in einem gleichabständigen Gitter**

Der Rechner des photogrammetrischen Zweibildauswertegerätes positioniert die Meßmarke in den Schnittpunkten eines Gitters. (Auf die adäquate Gitterweite wird erst im Abschnitt I 2.1.4.2 eingegangen.) Der Operateur setzt - bei ruhender XY-Position - die Meßmarke in jedem Gitterpunkt auf (Abschnitt A 4.3.8.2). In vielen Fällen, insbesondere im Wald und in besiedelten Gebieten, ist die vom Computer berechnete XY-Position nur ein Vorschlag; der Operateur sucht sich dann - sofern es überhaupt möglich ist - in der Nähe der jeweiligen Gitterposition einen gut einstellbaren Geländepunkt. In Figur 2.1-3 sind die Massenpunkte eingetragen. Es war ein 40m-Gitter vorprogrammiert. Man sieht, daß in mehreren Gitterpunkten keine Geländehöhen gemessen werden konnten. Bei diesem praktischen Beispiel versperrten Gebäude (siehe Figur I 2.1-9) und Bäume die Sicht auf das Gelände.

Mit der manuellen Gittermessung, die wir im Abschnitt A 4.4.1.4 mit **statischer Rastermessung** bezeichnet haben, erreicht man eine Genauigkeit von 0.1 bis 0.15‰ der Flughöhe. Das Beispiel der Figur 2.1-3 wurde aus Bildern mit einem Maßstab 1:10 000 und einem 21cm-Objektiv gewonnen. Die Massenpunkte haben daher eine mittlere Höhengenauigkeit zwischen ±0.21 bis ±0.32 m.

Hinweis: In diesem verhältnismäßig großen Bildmaßstab 1:10 000 und in noch größeren Bildmaßstäben kann die Genauigkeitsabschätzung mittels der Faustformel "0.1 bis 0.15‰ der Flughöhe" zu sehr optimistischen Qualitätsparametern führen. Einerseits kann Wind über mittelhohen und hohen Getreidefeldern die stereoskopische Messung in den zeitlich aufeinanderfolgenden Aufnahmen erheblich beeinträchtigen; teilweise kann sich nämlich die Textur und teilweise auch die Oberfläche innerhalb der Aufnahmefolgezeit von einigen Sekunden verändern. Andererseits kann innerhalb einzelner Flurstücke der Bewuchs so homogen sein, daß in den Photographien keine Textur erscheint.

b) **Manuelle stufenweise Geländehöhenerfassung** (*progressive sampling*)

Die Punktdichte sollte mit der Krümmung der Geländeoberfläche variieren. Man erreicht diese Variation der Punktdichte mit der stufenweisen Datenerfassung (*progressive sampling*). Zu diesem Zweck beginnt man mit einem verhältnismäßig weitabständigen regelmäßigen Gitter (ΔXY_0 in der Figur 2.1-5). In einer zweiten Stufe erfolgt dann in den bewegten Bereichen eine Verdichtung auf die halbe Gitterweite ΔXY_1 (Figur 2.1-5). Das Kriterium, wo eine solche Verdichtung zu machen ist, ist die Neigungsdifferenz der an einem Gitterpunkt zusammentreffenden Geraden - getrennt für X- und Y-Profile. Die Neigungsdifferenz - angegeben als Differenz zweiter Ordnung - für die drei Punkte P_i, P_j und P_k (Figur 2.1-5) lautet:

$$\Delta^2 Z = Z_i + Z_k - 2Z_j \tag{2.1-1}$$

Übersteigt $\Delta^2 Z$ - nach einem Vorschlag von B. Makarovic[1] - 3.2 bis 8‰ der Flughöhe,

[1] ITC-Journal, Heft 3, 1973 und Heft 1, 1976. Wenn man eine Höhenmeßgenauigkeit von 0.15‰ der Flughöhe unterstellt (Abschnitt A 4.4.1.4), dann erhält man mittels Fehlerfortpflanzungsgesetz, angewandt auf die Gleichung (2.1-1), eine Standardabweichung für die zweite Differenz $\Delta^2 Z$ von 0.37‰ der Flughöhe, d.h. der Maximalwert liegt bei 1.1‰ der Flughöhe. Die **Schranke** für die Erfassung der Geländeform ist auf jeden Fall größer als 1.1‰ der Flughöhe anzusetzen.

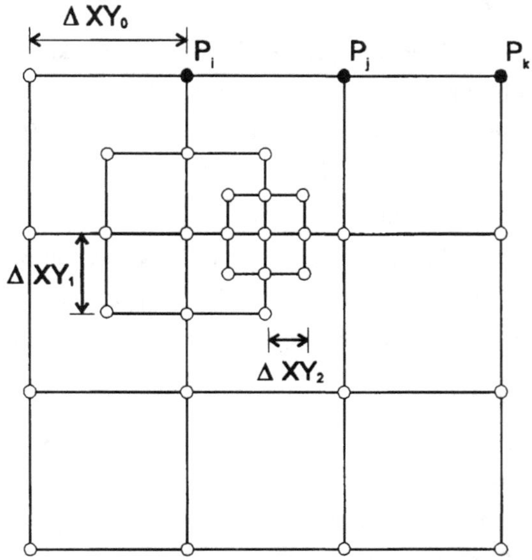

Figur 2.1-5: Stufenweise Geländehöhenerfassung

werden zusätzliche Punkte mit der Gitterweite ΔXY_1 vom Rechner des photogrammetrischen Zweibildauswertegerätes automatisch positioniert und vom Operateur die Höhe eingestellt. Dabei hat der Operateur nur noch äußerst geringe Höhenverstellungen zu machen, da der Rechner des photogrammetrischen Zweibildauswertegerätes die Meßmarke automatisch bereits auf eine interpolierte Höhe bringt.

In gleicher Weise verfährt man in einer dritten Stufe, für die die Gitterweite ΔXY_2 gewählt wird, bis es keine drei benachbarten Rasterpunkte mehr gibt, deren zweite Höhendifferenz $\Delta^2 Z$ größer als die vorgewählte Schranke ist. Details zur stufenweisen Datenerfassung entnehme man der **Literatur**[1].

Anstelle des eben verwendeten Krümmungskriteriums für die stufenweise Datenerfassung gibt es noch andere Kriterien. Die Umkreise einer **Delaunnay-Triangulation** sind zum Beispiel dafür geeignet: Jener Umkreismittelpunkt, der zum größten Umkreis gehört, ist die beste Stelle für den nächsten zu messenden Punkt (Abschnitt H 1.1.1). Die Anwendung dieses Kriteriums setzt voraus, daß mit der Punktmessung auch sukzessive die Delaunnay-Triangulation aufgebaut wird. Infolge ihrer lokalen Eigenschaften ist sie dafür auch geeignet (siehe Abschnitt H 1.1.1).

---

1 Mann, H., Steidler, F.: Presented Paper, XV. ISPRS-Kongreß, Rio de Janeiro, 1984; Reinhardt, W.: Schriftenr. des Inst. f. Photogr. d. Uni Stuttgart, Heft 9, 83-95, 1984.

Das durchgreifendste Kriterium für eine Datenverdichtung ergibt sich aus einer Genauigkeitsanalyse: Man modelliert mit den bereits erfaßten Punkten die Geländeoberfläche; anschließend interpoliert bzw. extrapoliert man in jedem Gitterpunkt eines engmaschigen Gitters die **Geländehöhen und ihre Genauigkeiten** (Abschnitt H 3.3.2.2). Diese Genauigkeitswerte können einerseits dazu dienen, die Position mit der (bisher) schlechtesten Genauigkeit ausfindig zu machen, und andererseits das Einhalten einer a priori vorgegebenen Genauigkeitsschranke zu überprüfen. Dieses Verfahren setzt natürlich voraus, daß am photogrammetrischen Arbeitsplatz die Software für die Oberflächenbildung installiert und mit der Datenerfassungssoftware entsprechend verknüpft ist.

c) **Automatische Erfassung**

Für die Erfassung der Massenpunkte ist die automatische Korrelation in digitalen Bildern bereits praxisreif. Man verwendet dafür eine flächenbasierte Methode (*area based matching*) mittels Kleinste-Quadrate-Ansatz (LSM, *least squares matching*, Abschnitt C 2.2.1). Diese Methode kann erfolgreich eingesetzt werden, wenn die **folgenden drei Bedingungen** erfüllt sind:

- Die zu korrelierenden Bildbereiche müssen gut texturiert sein.
- Das Gelände muß offen sein (keine Gebäude und nicht bewaldet).
- Das Gelände darf nicht sehr geneigt sein (die maximale Rotation der korrespondierenden Bildbereiche ist 30°, der maximale Maßstabsunterschied der korrespondierenden Bildausschnitte ist 25%).

LSM liefert eine Genauigkeit von etwa 0.3 Pixel bei topographischen Objekten, das bedeutet bei einem Digitalisierungsintervall von 15 μm (siehe in diesem Zusammenhang auch Abschnitt C 1.1.1.1) eine Koordinatenmeßgenauigkeit von $\pm$4.5 μm. **Das entspricht - in Anlehnung an die Faustformel A(4.4-1) - für NW-, ZW- und WW-Kameras einer Höhengenauigkeit von 0.045‰ der Flughöhe**[1]. Die automatische Datenerfassung ist also genauer als die unter a) angesprochene statische Gittermessung, mit der man etwa eine Genauigkeit von 0.1 bis 0.15‰ der Flughöhe erreicht (Abschnitt

[1] Vor kurzem veröffentlichte empirische Ergebnisse (Bacher, U.: IAPRS 32, Part 4, pp. 35-41, Stuttgart, 1998. Wind, M.: IAPRS 32, Part 4, pp. 662-668, Stuttgart, 1998. Baltsavias, E., Käser, C.: IAPRS 32, Part 4, pp. 42-51, Stuttgart, 1998.) bestätigen allerdings diese hohe Genauigkeit (noch) nicht, insbesondere wenn man mit 15 μm digitalisiert. Bei Digitalisierungen mit 30 μm und 60 μm stellen sich dagegen die prognostizierten Genauigkeiten von 0.09‰ bzw. 0.18‰ der Flughöhe im wesentlichen ein. Dieser Effekt kann mit dem schlechteren Signal/-Rauschverhältnis der enger digitalisierten Bilder und/oder mit dem größeren Einfluß der zweifelsohne immer vorhandenen Fehler der Vergleichswerte auf die genaueren empirischen Genauigkeitsangaben erklärt werden.

A 4.4.1.4). Diese Aussage gilt allerdings nur dann, wenn die eben erwähnten drei Bedingungen erfüllt sind.

Zum Schluß ist herauszustellen, daß die Erfassung mittels LSM nicht nur die 3D-Koordinaten in jedem Punkt, sondern **auch die Komponenten der Flächennormalen** im jeweiligen Geländepunkt liefert (Abschnitt C 2.2.1). Sie können als zusätzliche Information über die Oberflächenform genutzt werden (Abschnitt H 3.2.3).

Weitere **Literatur**: Ackermann, F.: Ph. Rec. 11 (64), pp. 429-439, 1984. Krzystek, P.: Schriftenreihe des Inst. für Photogr. der Uni Stuttgart, Heft 15, pp. 203-214, 1991.

Schließlich soll noch erwähnt werden, daß man aus bereits erfaßten Gitterhöhen auch die XY-Positionen der Extrema der Oberfläche ermitteln und vom Rechner anfahren lassen kann. Auf diese Weise wird der Operateur zu den **markanten Höhenpunkten** geführt, sodaß er nur noch eine Feineinstellung vornehmen muß.

2.1.4 Digitalisierungsintervalle

Wir unterscheiden zwischen der Erfassung von Linien (Abschnitte 2.1.2 und 2.1.3.1) und von Massenpunkten (Abschnitt 2.1.3.2).

2.1.4.1 Bei linienweiser Erfassung

Eine linienweise Erfassung kann im 1D-, 2D-, 2.5D- oder 3D-Raum erfolgen. Um das adäquate Digitalisierungsintervall zu finden, ist ein kurzes Linienstück mit einem (zu) kleinen Intervall zu digitalisieren. Anschließend ist - bei einer Dimensionalität größer als 1D - eine **Parametrisierung der Kurve** (Abschnitt H 2.1) vorzunehmen und dann sind die einzelnen Koordinaten getrennt zu analysieren.

Wenn im TIS die entlang einer **Linie digitalisierten Punkte (nur) mit Polygonzügen** verbunden werden, so liefert Gleichung H(2.5-3) das zu wählende Digitalisierungsintervall für diesen Linientyp. Dabei wählt man den tolerierbaren Approximationsfehler dS_{max} etwas kleiner als den Koordinatenmeßfehler der digitalisierten Punkte.

Wenn im TIS die **digitalisierten Punkte mit einer Kurve höherer Ordnung** verbunden werden, ist anstelle der Gleichung H(2.5-3) zuerst das Amplitudenspektrum (Abschnitt H 5.1) zu ermitteln und dann ist mit Hilfe der Übertragungsfunktion für die jeweilige Interpolationsmethode (Abschnitt H 5.2) der Approximationsfehler für mehrere Digitalisierungsintervalle zu ermitteln. Für einen tolerierbaren Approximationsfehler kann dann das gesuchte Digitalisierungsintervall angegeben werden. Im Abschnitt H 5.3d ist ein einschlägiges Beispiel enthalten.

Hinweis: Die qualifizierte Abschätzung mittels Spektralanalyse (Abschnitt H 5.) liefert im allgemeinen etwas größere Digitalisierungsintervalle als die einfache Abschätzung mittels Gleichung H(2.5-3). Falls die Software für die Spektralanalyse etc. nicht zur Verfügung steht, kann man sich mit der einfacheren Methode begnügen. Man liegt auf der sicheren Seite.

2.1.4.2 Bei flächenhafter Erfassung (Massenpunkte)

Die einfachste Abschätzung des **Digitalisierungsintervalles kann mit der Gleichung H(2.5-3)** durchgeführt werden. Zu diesem Zweck ist in einem Testgebiet mit (zu) kleinem Digitalisierungsintervall ein Geländemodell zu erfassen und dann mit X- und Y-Profilen die Abschätzung mittels Gleichung H(2.5-3) vorzunehmen. Dabei schlagen sich unterschiedliche Krümmungsverhältnisse in X- und Y-Richtung in unterschiedlichen Digitalisierungsintervallen nieder. Die Abschätzung mittels Gleichung H(2.5-3) liefert Digitalisierungsintervalle für Geländemodelle, die zwischen den erfaßten Geländepunkten nur linear interpolieren. **Für ein Geländemodell aus 3D-Dreiecken** - so wie im Abschnitt H 3.6 erläutert - wären diese Digitalisierungsintervalle zu benutzen. Da man Geländemodelle im allgemeinen mit **Interpolationen höherer Ordnung** aufbaut, ist die Methode empfehlenswert, die sich auf die **Spektralanalyse** stützt. (Sie ist im Abschnitt H 5.3 ausgeführt). Wenn man die gleiche Approximationsqualität unterstellt, ist das erlaubte Digitalisierungsintervall bei der Interpolation höherer Ordnung natürlich größer als das bei der linearen Interpolation zu benutzende Digitalisierungsintervall.

Einen anderen Zugang hat S. Meier[1] mit seinen Mitarbeitern gewählt: Es wird das **Digitalisierungsintervall ΔXY in Zusammenhang mit dem Höhenlinienintervall ΔZ** gebracht. Es wird die Geländeform (≙ Relief) mit einem zweidimensionalen, homogen-isotropen stochastischen Prozeß beschrieben, wobei das statistische Verhalten des jeweiligen Geländeausschnittes auf einen konstanten Mittelwert $\bar{Z}$, auf eine konstante Varianz V_{zz} und auf eine nur vom ebenen Abstand d abhängige Kovarianzfunktion eingeschränkt wird; das sind Voraussetzungen, die auch bei der Interpolation nach kleinsten Quadraten (Abschnitt H 3.3.1) unterstellt werden. Der Zusammenhang zwischen einem Diskretisierungsintervall ΔZ

---

[1] Borkowski, A., Meier, S.: GIS 7, Heft 1, S. 2-5, 1994, Meier, S., Endlich, M.: GIS 8, Heft 6, S. 10-13, 1995. Bethge, F., Meier, S.: ZfV 121, S. 49-60, 1996.

(≙ Höhenlinienintervall) und einem Diskretisierungsintervall ΔXY (≙ Digitalisierungsintervall bzw. Gitterweite in der XY-Ebene für eine Erfassung der Massenpunkte) lautet:

$$\frac{\Delta XY}{\Delta Z} = \sqrt{\frac{2}{\pi\, V_{z'z'}}} \qquad (2.1\text{-}2)$$

Die Varianz $V_{z'z'}$ bzw. die Standardabweichung $\sqrt{V_{z'z'}}$ ist ein Maß für die Variation der Geländeneigungen. Man kann $V_{z'z'}$ mittels numerischer Analyse eines im Testgebiet mit (zu) großer Punktdichte erfaßten Geländemodelles ermitteln. In der ersten Veröffentlichung, die in der Fußnote 1 angegeben wurde, ist noch eine - numerisch stabilere - Methode zur Schätzung der Varianz $V_{z'z'}$ zu finden. Sie baut auf der Abnahme der Höhenlinienlängen (je Flächeneinheit) mit zunehmender Geländehöhe auf.

S. Meier hat mit seinen Mitarbeitern in den zitierten Veröffentlichungen auch **Ergebnisse für unterschiedliche Geländetypen** angegeben. Etwas generalisiert sind diese Ergebnisse in der Tabelle 2.1-6 zusammengefaßt. Es wurden lediglich die Varianzen $V_{z'z'}$ für die verschiedenen Relieftypen aus den Publikationen übernommen. Die dritte Zeile folgt aus Gleichung (2.1-2). In den nächsten Zeilen wurden typische Höhenlinienintervalle ΔZ für

	Mittelgebirge		Bergland		Hügelland		Buckeliges Flachland		Flachland	
$V_{z'z'}[10^{-4}]$	110		45		11.1		3.1		0.75	
$\frac{\Delta XY}{\Delta Z}$ (2.1-2)	7.6		11.9		24		46		92	
1:m_k	ΔZ	ΔXY	ΔZ	ΔXY	ΔZ	ΔXY	ΔZ	ΔXY	ΔZ	ΔXY
1:5 000	2.5 1.25	19 10	2.5 1	30 12	1.25 1	30 24	1 0.5	46 23	0.5 0.25	46 23
1:10 000	5 2.5	38 19	5 2.5	60 30	2.5 1.25	60 30	2 1	92 46	1.0 0.5	92 46
1:25 000	10 5	76 38	10 5	119 60	5 2.5	120 60	2.5 1.25	115 58	1.25 1	115 92
1:50 000	20 10	152 76	20 10	238 119	10 5	240 120	5 2.5	230 115	2.5 2	230 184

Tabelle 2.1-6: Gitterweite ΔXY für die Erfassung der Massenpunkte in Abhängigkeit von gegebenen Höhenlinienintervallen ΔZ in unterschiedlichen Kartenmaßstäben 1:m_k für unterschiedliche Relieftypen

topographische Karten unterschiedlicher Maßstäbe 1:m_k vorgegeben, jeweils zwei typische Höhenlinienintervalle ΔZ für jeden Kartenmaßstab und für jeden Relieftyp. Daraus ergeben sich die gesuchten Gitterweiten ΔXY für die Datenerfassung der Massenpunkte; sie ergeben sich unmittelbar aus dem Verhältnis ΔXY/ΔZ (dritte Zeile).

Wie ist die Tabelle 2.1-6 für ein TIS zu verwenden? Will man zum Beispiel in einem Hügelland ein Geländemodell aufbauen, dessen Qualität etwa einer topographischen Karte 1:5 000 entsprechen soll, dann sind die Massenpunkte mit einem Digitalisierungsintervall zwischen 24 und 30 m zu erfassen. Strebt man nur eine Qualität an, die etwa einer topographischen Karte 1:25 000 entspricht, dann kann das Digitalisierungsintervall auf etwa 60 bis 120 m vergrößert werden.

Aus den in der Tabelle 2.1-6 enthaltenen **Höhenlinienintervallen ΔZ** kann man übrigens auch auf die erforderliche **Höhenmeßgenauigkeit für die Massenpunkte** und weiterer Projektparameter schließen (siehe Abschnitt A 4.4.1.3). ZAHLENBEISPIEL: Dem oben erwähnten Beispiel, bei dem die Qualität einer topographischen Karte 1:5000 entstehen soll, liegt ein Höhenlinienintervall von 1 m bzw. 1.25 m zugrunde. Der mittlere Höhenfehler σ_z sollte - laut Abschnitt A 4.4.1.3 für mittlere Qualitätsansprüche - ±17 cm bzw. ±0.21 cm betragen. Diese Höhengenauigkeit erreicht man bei der statischen Gittermessung (Abschnitt A 4.4.1.4) mit einer Flughöhe zwischen 1100 m und 1700 m bzw. zwischen 1400 m und 2100 m, was bei einer WW-Kamera einem Bildmaßstab 1:m_b zwischen 1:7500 und 1:11000 bzw. zwischen 1:9300 und 1:14000 entspricht.

Die Gitterweiten ΔXY für die Erfassung der Massenpunkte, wie sie in der **Tabelle 2.1-6** zusammengestellt sind, sind verhältnismäßig groß. Sie sind aus folgenden beiden Gründen als **obere Grenzen** anzusehen:

- Die grundlegende Beziehung (2.1-2) ist unter der Voraussetzung einer gewissen Generalisierung der Höhenlinien in den topographischen Karten entstanden (statistisch spricht man von einem bandbegrenzten Signal). Ein Geländemodell in einem TIS sollte dagegen möglichst wenig generalisiert sein.
- Im Abschnitt H 3.3.2.2 haben wir kennengelernt, daß mit einer hohen Punktdichte die Genauigkeit der interpolierten Oberfläche höher sein wird als die Genauigkeit der gemessenen Höhen der Massenpunkte. Diesen günstigen Effekt sollte man ausnützen, insbesondere wenn die Messung der Massenpunkte automatisch erfolgt.

Für die stufenweise Datenerfassung (Abschnitt 2.1.3.2b) sind die in der Tabelle 2.1-6 enthaltenen Gitterweiten ΔXY als **Startwert ΔXY_0** (Figur 2.1-5) zu verstehen.

AUFGABE 2.1-1: Es soll ein Geländemodell, das die Qualität einer topographischen Karte 1:10 000 haben soll, für ein TIS erstellt werden. Es handelt sich um Bergland. Man ermittle die Gitterweite für die photogrammetrische Erfassung der Massenpunkte. Außerdem gebe man die Flughöhe und den Bildmaßstab für den Bildflug an, und zwar einerseits für die höchsten Qualitätsanforderungen und andererseits für eine noch tolerierbare Qualität. Zu den Ergebnissen ist auch aus der Sicht der Interpretierbarkeit des Bildinhaltes in den verschiedenen Maßstäben Stellung zu nehmen.

Querverbindung zur Interpolation nach kleinsten Quadraten: Die Varianz $V_{z'z'}$ kann man auch mittels der Kovarianzfunktion H(3.3-1) gewinnen: Man bildet die negative zweite Ableitung der Kovarianzfunktion und setzt die Variable $d = P_iP_k$ gleich Null; diese Größe entspricht nämlich der Varianz der Geländeneigung:

$$V_{z'z'} = -C''(0) = 2C(0)/c^2 \qquad (2.1\text{-}3)$$

AUFGABE 2.1-1: Man beweise die Gleichung (2.1-3) und man ermittle die Varianz $V_{z'z'}$ aus der Kovarianzfunktion, die im Abschnitt H 3.3.1 aus acht Stützpunkten ermittelt wurde. (Lösung: $V_{z'z'} = 2 \cdot 0.452/2.28^2 = 0.17$).

2.1.5 *Monoplotting*

Einen sehr preisgünstigen photogrammetrischen Arbeitsplatz kann man mittels *Monoplotting* einrichten. Man interpretiert im analogen Einzelbild. Unter dem Spiegelstereoskop kann diese Interpretation auch stereoskopisch erfolgen, sodaß der Gewinn der stereoskopischen Photointerpretation gegenüber der monoskopischen Photointerpretation genutzt werden kann (im Abschnitt C 1.5.3 ist dieser Gewinn quantifiziert). Das **in der Bildebene festgehaltene Interpretationsergebnis** ist anschließend zu digitalisieren und mit dem Verfahren des *Monoplottings*, das ein digitales Geländemodell voraussetzt und das im Abschnitt A 6.5.3 beschrieben ist, **in das Landeskoordinatensystem** zu transformieren.

Im Landeskoordinatensystem wird man in einer GIS-Umgebung die Topologie bilden. Figur 2.1-7 (oben) zeigt das im Luftbild in der Form von Spaghettis festgehaltene Interpretationsergebnis, das unter einem Spiegelstereoskop entstanden ist. Figur 2.1-7 (unten) ist eine Präsentation des Interpretationsergebnisses **im Landeskoordinatensystem** nach der **Topologiebildung**. Die Flächenattribute sind Landbedeckungsklassen, die das unterschiedliche Rückhaltevermögen von Schnee in der Schmelzperiode widerspiegeln.

Die das geometrische Gerippe bildenden Punkte haben auch Z-Koordinaten, die vom Geländemodell stammen. ***Monoplotting*** ist nur im **2.5D-Raum** praktikabel. Es bietet sich - wie in dem Beispiel der Figur 2.1-7 gezeigt - an, um Vegetationsgrenzen ins TIS zu bringen. Gebäude in größeren Maßstäben können auf diese Weise nicht bearbeitet werden, insbesondere deshalb nicht, weil sie im Geländemodell nicht modelliert sind.

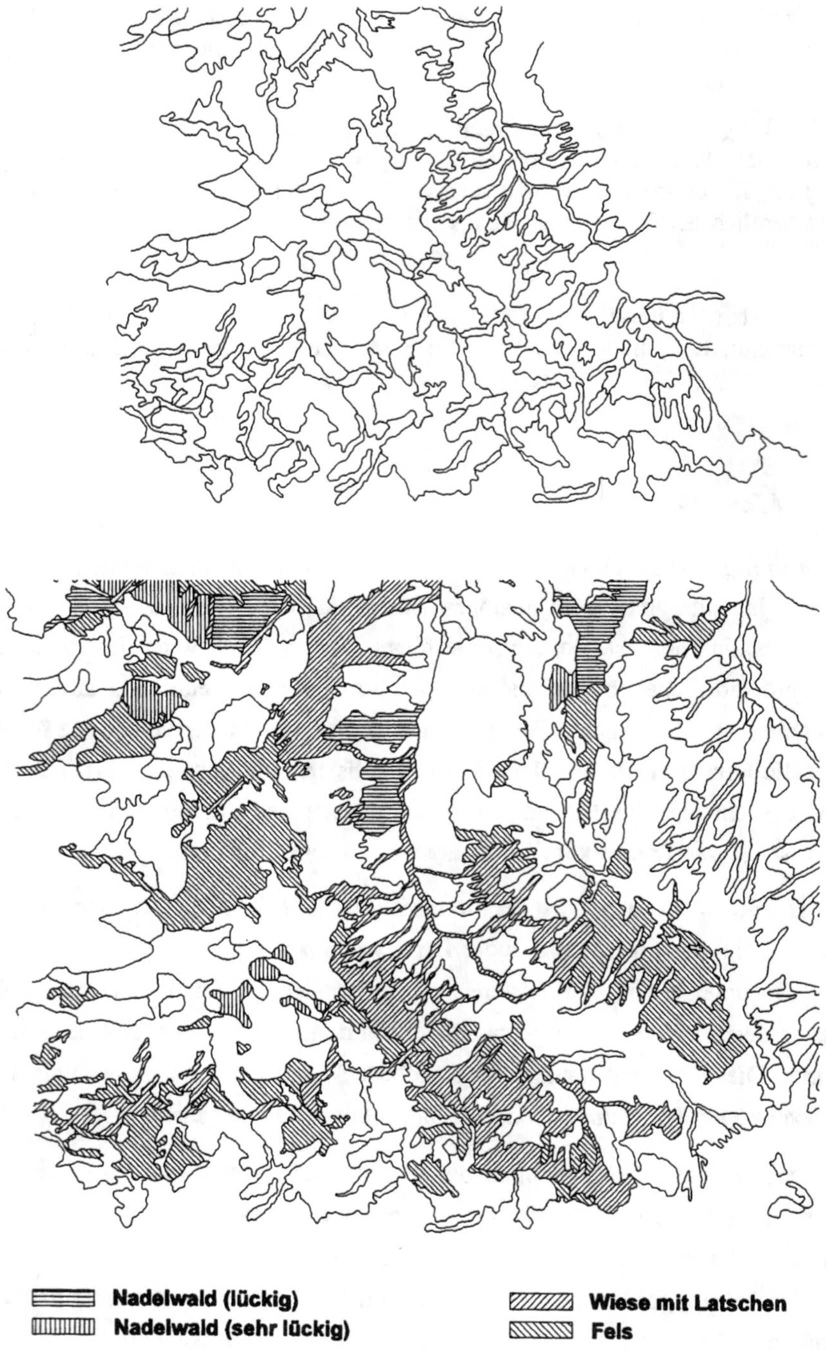

Figur 2.1-7: Oben: Interpretationsergebnis in Form von Spaghettis
Unten: Übertragung in die TIS-Welt, Topologiebildung und Attributierung

Eine andere interessante Anwendung des *Monoplottings* ist die **Aktualisierung topographischer Datenbestände** in mittleren und kleinen Maßstäben. Zu diesem Zweck ist aber der veraltete Datenbestand mit dem (aktuellen) Luftbild zusammenzuführen. Eine solche Zusammenführung kann mit digitalisierten Luftbildern erfolgen. Zu diesem Zweck ist der topographische Datensatz vom 2D-Raum mittels des Geländemodelles ins digitale Luftbild zu transformieren. Es gibt aber auch den umgekehrten Weg: Man erzeugt aus den digitalen Luftbildern Orthophotos und macht die Zusammenführung der digitalen Bilddaten mit dem topographischen Datenbestand im Landeskoordinatensystem. Darauf kommen wir im Abschnitt I 2.1.7 zu sprechen.

2.1.6 Erfassung der Gebäude und ihrer Oberflächen

Obwohl die photogrammetrische Messung im Stereomodell immer 3D-Vektoren liefert, wurde der dritten Dimension in der Vergangenheit (zu) wenig Aufmerksamkeit geschenkt. Man hat die Z-Koordinate häufig gar nicht registriert. Man war der Meinung, mit einer (unabhängigen) Erfassung eines **Geländemodelles** (Abschnitt I 2.1.3) **der dritten Dimension Genüge zu tun**. Die Modelle für Gebäude, Verkehrswege etc., die man auch als Situationsmodell zusammenfaßt, wurden in der Vergangenheit und werden teilweise auch heute noch als 2D-Modelle eingerichtet, unabhängig dazu die 2.5D-Geländemodelle.

Heutzutage hat man im allgemeinen größere Erwartungen von einem TIS: Die Kunstbauten, Überhänge im Gebirge etc. sollten streng **dreidimensional modelliert** sein. Man denke nur an die Verwendung eines TIS zur Herstellung digitaler Orthophotos mit Berücksichtigung von Kunstbauten (Abschnitt C 1.1.3) und an die Oberflächenvisualisierung mittels eines 3D-Photomodelles (Abschnitt C 1.7.4).

Stellvertretend für die universelle Erfassung von 3D-Objekten wollen wir uns im folgenden auf die **Gebäude konzentrieren**. Sie sind ein äußerst wichtiger Datenbestand. In der (veralteten) 2D- und 2.5D-Denkweise hat man von den Gebäuden übrigens nur die Umrißlinien betrachtet; die Firstlinien wurden zum Beispiel völlig ignoriert.

Die **3D-Gebäudeerfassung beginnt mit der 3D-Digitalisierung der Traufen**. Sie sind im optischen Modell im allgemeinen sehr gut zu erkennen. In der Figur 2.1-8 ist für Gebäude mit drei verschiedenen Dachformen diese Digitalisierung angedeutet. Beim Satteldach werden nur zwei (Traufen-)Linien digitalisiert; die Vervollständigung zum **Gebäudeumriß** erfolgt - ohne auf den First mit der Meßmarke hinauffahren zu müssen - mit CAD-Funktionalitäten in der Software. In der Figur 2.1-9 sind Gebäude wiedergegeben, die auf diese Weise erfaßt wurden.

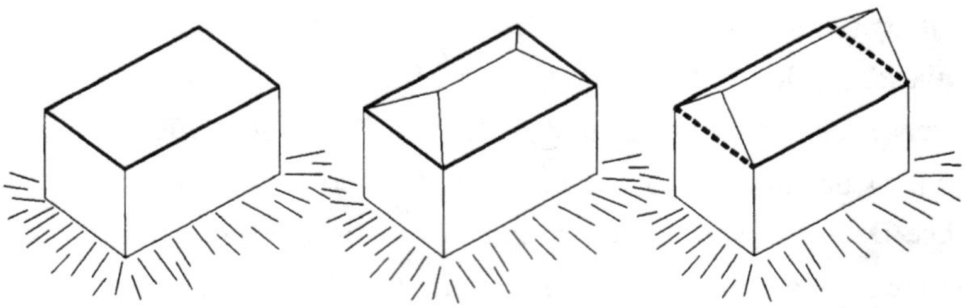

Figur 2.1-8: Zu digitalisierende Traufen (dick) für ein Flach-, Walm- und Satteldach

In der Figur 2.1-9 ist auch der nächste Schritt der 3D-Gebäudeerfassung erkennbar: Man verschneidet die Gebäudeumrißlinien mit dem - unter den Dächern verlaufenden - **digitalen Geländemodell**, das in der Figur 2.1-9 in Form von Höhenlinien wiedergegeben ist. Dieser **Verschnitt liefert** - unter gewissen Einschränkungen, auf die wir noch zu sprechen kommen - die **vertikalen Gebäudewände**. Ein solcher Verschnitt ist eine Standardoperation in einem digitalen Geländemodell (Figur 2.1-10, in der Figur C 1.1-15 sind die Details eines solchen Verschnittes gezeichnet).

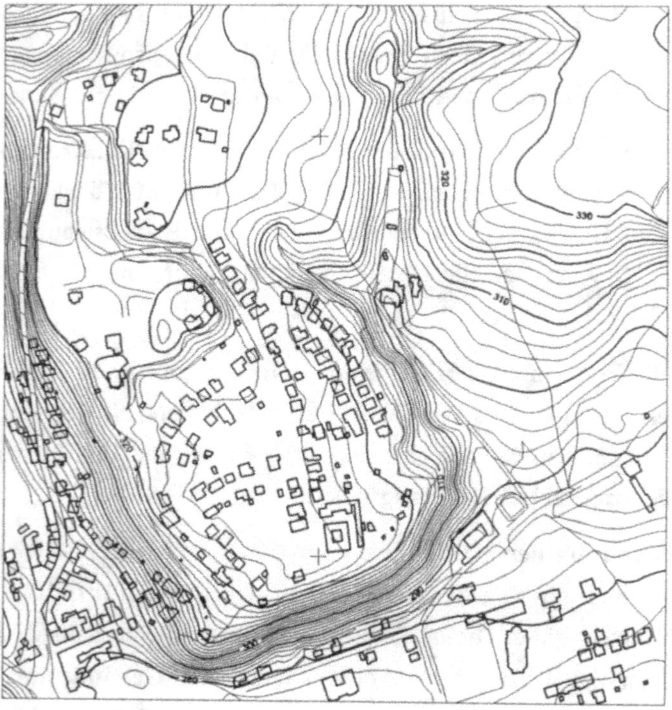

Figur 2.1-9: Digitales Geländemodell als Höhenlinien wiedergegeben (Figur I 2.1-3 zeigt die erfaßten Geländepunkte) und dreidimensionale Umrißlinien der Gebäude

Nun fehlen noch die **Dachflächen**. Bei einem Flachdach legt die digitalisierte Umrißlinie auch die (ebene) Dachfläche fest (Figur 2.1-8, links). Bei einem Walm- und einem Satteldach wird man die Firstlinien digitalisieren und gemeinsam mit den Traufenlinien eine 3D-Dreiecksvermaschung mit den First- und Traufenlinien als Zwangskanten (Abschnitt H 3.8.2) vom entsprechend programmierten Rechner vornehmen lassen.[1] Das Ergebnis ist ein **Verband von 3D-Dreiecken**, in dem die Dachkanten auch Dreiecksseiten sein müssen Figur I 2.1-10 zeigt einen solchen Verband von 3D-Dreiecken in den Dachflächen; zusätzlich sieht man die mit dem hybriden Geländemodell (Abschnitt H 3.4) verschnittenen vertikalen Gebäudewände.

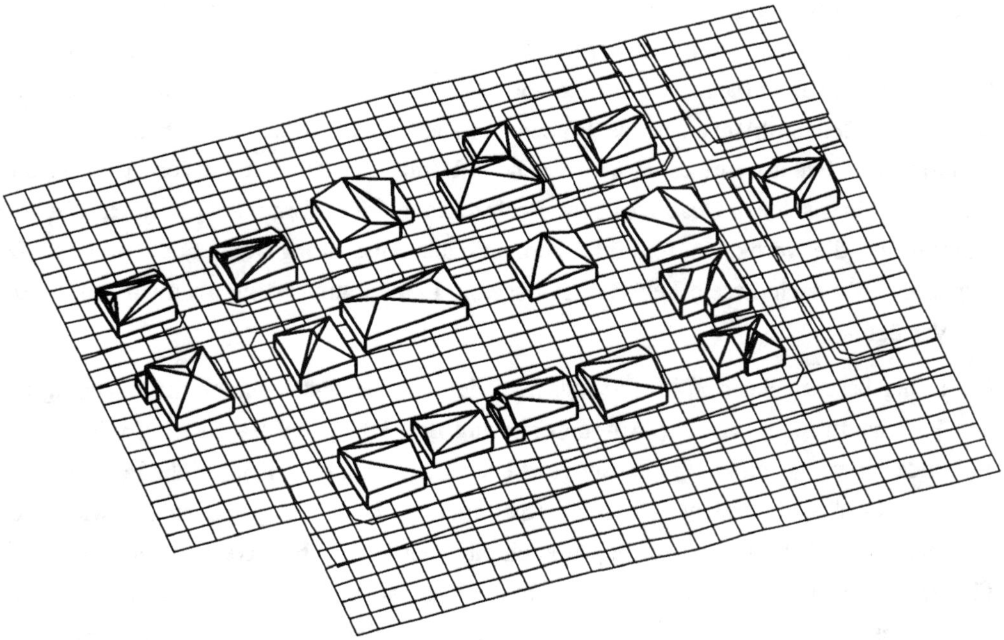

Figur 2.1-10: Gebäudemodell und hybrides Geländemodell

Im Zusammenhang mit der 3D-Homogenisierung (Abschnitt H 4.2) haben wir noch eine andere Art der Datenerfassung kennengelernt: Man hat in einer Wissensbasis die Topologie von Standarddachflächen gespeichert, von denen der Operateur vor dem Erfassen einer Dachfläche die jeweilige Standarddachfläche auswählt. Zur Digitalisierung der Punkte wird er anschließend mittels einer Graphik geführt. Diese **topologiegestützte Datenerfassung** eignet sich sehr gut

[1] Grün, A. und Wang, X.: IAPRS 32, Part 4, pp. 188-196, Stuttgart, 1998, generieren die Topologie nicht mit einer Dreiecksvermaschung, sondern mittels Analyse von Graphen.

- für die anschließende Homogenisierung (Abschnitt H 4.2),
- für die Ergänzung der nichtluftsichtbaren Traufen- und Firstpunkte mit CAD-Funktionen (Abschnitt H 4.1.4),
- für die **Vergabe von** hierarchisch strukturierten **Attributen** bezogen auf den Dachtyp, auf das jeweilige Dach, auf die jeweilige Kante und den jeweiligen Knoten im Dach-Graphen,
- für eine Automatisierung, auf die wir noch zu sprechen kommen.

Auch der **Detaillierungsgrad** der Erfassung eines Daches kann mit der topologiegestützten Dacherfassung elegant vergrößert werden: Nach der graphischen Identifizierung eines ebenen Segmentes einer Dachfläche, wozu neben der Knoten/Kanten-Topologie auch die Flächentopologie der Standardflächen in die Wissensbasis aufzunehmen ist, kann zum Beispiel das Quadrat bzw. Rechteck eines darüberliegenden Kamins digitalisiert werden. Der vertikale Verschnitt eines solchen Quadrates bzw. Rechteckes mit dem vorher ausgewählten Dachsegment liefert die vertikalen Kaminflächen und die Aussparung in der Dachfläche. Das **Ergebnis** steht nach diesem Rechenschritt **sowohl koordinatenmäßig als auch topologisch** zur Verfügung.

Die bisher beschriebenen 3D-Erfassungsmethoden von Gebäuden sind verhältnismäßig zeit- und kostenaufwendig. An der **Automatisierung der 3D-Gebäudeerfassung** mit digitalen Luftbildern wird gegenwärtig intensiv gearbeitet. Eine verhältnismäßig große Praxisreife hat man mit Lösungen erreicht, die interaktiv arbeiten. Im Hintergrund steht - wie bereits erwähnt - eine Wissensbasis von Objektbeschreibungen für typische Gebäudeformen zur Verfügung. In dieser Wissensbasis ist vor allem die Knoten/Kanten- und Flächen-Topologie von Standardgebäuden festgehalten. Der Operateur positioniert das jeweilige Standardgebäude näherungsweise im digitalen Bild bzw. im digitalen optischen Stereomodell. Bei bekannter äußerer Orientierung der Bilder können dann Ansichtsgraphen für ein relationales Zuordnungsverfahren (Abschnitt C 2.2.5) abgeleitet werden.

Für eine **näherungsweise Positionierung (alter) Gebäude kommen auch 2D-GIS-Datenbestände in Frage**. In vielen Ländern sind nämlich die Gebäudeumrisse bereits in 2D-Landinformationssystemen (LISen) gemeinsam mit dem Eigentumskataster gespeichert (Abschnitt F 1.1). Diese 2D-Gebäudeumrisse können mit einem Geländemodell in die "Höhe" gehoben und dann in die digitalen Luftbilder transformiert werden.

Eine kleine Auswahl der umfangreichen **Literatur** zur automationsunterstützten 3D-Gebäudeerfassung: Englert, R., Gülch, E.: GIS 9(4), pp. 16-21, 1996. Braun, A., Gülch, E., Lang, F., Förstner, W.: ISPRS Journal 53, No. 2, pp. 119-129, 1998. Grün, A.: ISPRS

Journal 53, No. 2, pp. 108-118, 1998. Rottensteiner, F.: VGI 86, S. 23-30, 1998, IAPRS 32, Part 3, pp. 177-183, Ohio, 1998.

Über die zweckmäßige **Wahl des Detaillierungsgrades** der Datenerfassung für ein TIS wurde bisher noch nichts gesagt. Man wird ihn in erster Linie nach den wirtschaftlichen Randbedingungen ausrichten. In der Regel begnügt man sich in einem landesweiten TIS mit einem verhältnismäßig groben Detaillierungsgrad. Man wird zum Beispiel Kamine und Dachgaupen nicht erfassen.

Die Erfassung der **vertikalen Wände** kann ebenfalls mit sehr unterschiedlichem Aufwand erfolgen. Am Anfang dieses Abschnittes wurde die wirtschaftlich günstigste Methode erläutert: Man erfaßt manuell - eventuell auch automatisch - die Umrißlinien der Gebäude, das sind vor allem die Traufenlinien, und verschneidet sie mit dem digitalen Geländemodell. Dabei werden eventuell vorhandene **Dachüberstände ignoriert**.

Die **Einbeziehung der Dachüberstände** kann in verschiedener Weise erfolgen. Dabei wird angestrebt, daß im Grundriß sowohl die Traufen- und Firstlinien als auch der Umriß des aufstrebenden Mauerwerkes erscheint (Figur 2.1-11, links). Dieser 3D-Datensatz ist Voraussetzung für eine 3D-Visualisierung, wie sie in Figur 2.1-11, rechts, veranschaulicht ist. Im 3D-Datensatz hat eine vertikale Wand eine obere und eine untere Begrenzungslinie. Die untere Begrenzungslinie entsteht durch den Verschnitt mit dem Geländemodell; aber auch eine direkte Messung ist denkbar. Die obere Begrenzungslinie ist der Verschnitt der vertikalen Wand mit der Horizontalebene durch die Traufenlinien. **Im folgenden** werden **vier Varianten** angedeutet, wie ein solcher Datensatz mit Einbeziehung der Dachüberstände entstehen kann:

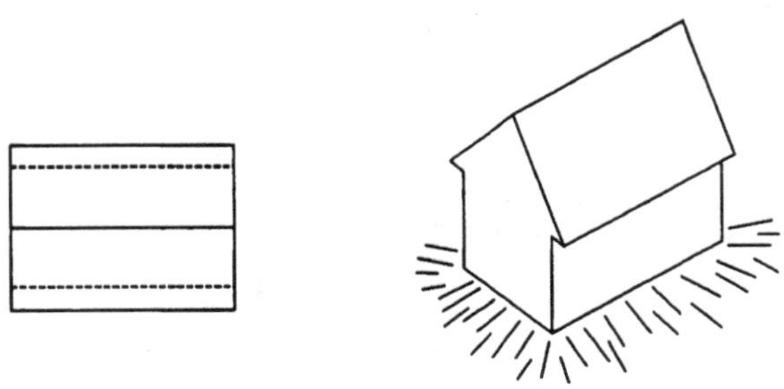

Figur 2.1-11: Gebäude mit Satteldach im Grundriß und in einer 3D-Visualisierung

a) **Manuelle Erfassung im photogrammetrischen Stereomodell**

Bei dieser Variante stellt der Operateur an einer sichtbaren vertikalen Gebäudekante den Gebäudefußpunkt ein, was bei WW-Aufnahmen häufiger möglich ist als bei NW-Aufnahmen, und bringt dann mit der Z-Bewegung die Meßmarke in die Dachfläche. Den an dieser Stelle so ermittelten Dachüberstand berücksichtigt der Auswerter beim Erfassen der anderen, häufig nicht sichtbaren Eckpunkte dieses Gebäudes und auch bei anderen Gebäuden gleicher Bauweise. Die Erfassung der Dachüberstände wird noch etwas komplizierter, wenn der Fußpunkt der anzumessenden vertikalen Gebäudekante nur in einem Bild des Stereomodells sichtbar ist. In diesem Fall muß der Operateur die Z-Koordinate in der Umgebung des Gebäudefußpunktes stereoskopisch aufsetzen, dann mit einer XY-Bewegung zum (monokularen) Gebäudefußpunkt und schließlich mit der Z-Bewegung in die Dachfläche fahren. Gute Auswerter liefern mit dieser Methode erstaunlich gute Resultate. Die Genauigkeit kann etwa mit ± 5 cm bis ± 10cm angegeben werden.

Figur 2.1-12 zeigt einen kleinen Ausschnitt aus einem praktischen Beispiel. Es sind nur die photogrammetrisch erfaßten Gebäudeumrisse - bezogen auf das aufstrebende Mauerwerk - angegeben.

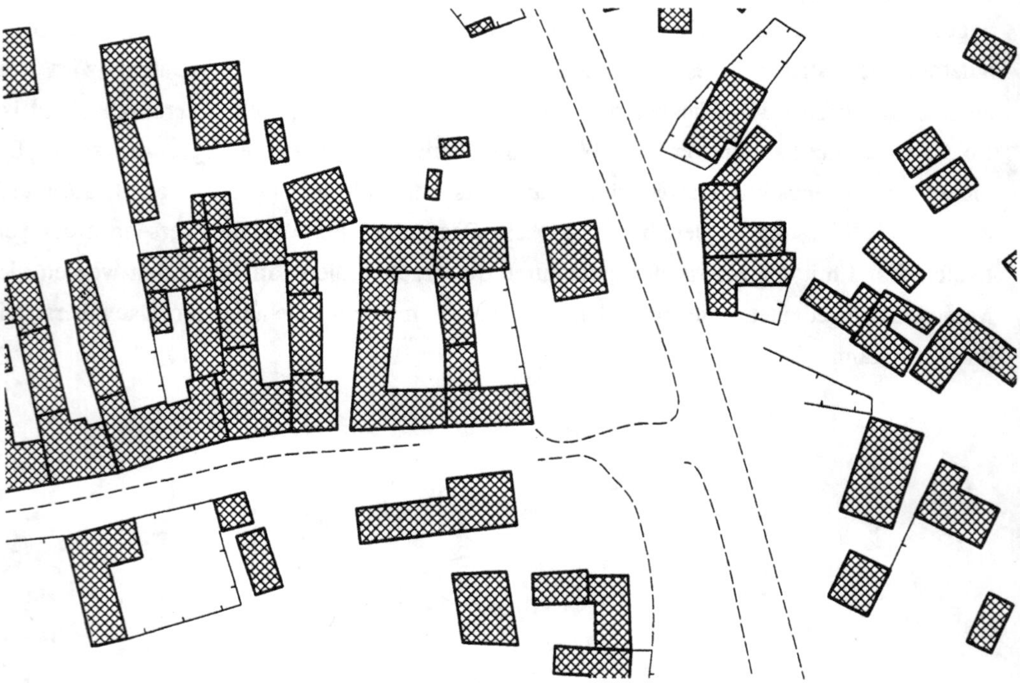

Figur 2.1-12: Photogrammetrisch erfaßte Gebäudeumrisse, bezogen auf das aufstrebende Mauerwerk

b) **Terrestrische Erfassung vor Ort mit einem Dachlot**

Bei dieser Variante wird photogrammetrisch nur die Dachoberfläche erfaßt. Im Rahmen der **Feldergänzung** werden die Traufen mit einem sogenannten Dachlot abgelotet und dann werden die Dachüberstände terrestrisch gemessen. Zum Schluß wird mit CAD-Funktionalitäten die vertikale Gebäudewand konstruiert. Die Genauigkeit dieser Methode liegt etwa bei ± 5 cm.

c) **Terrestrische Erfassung vor Ort mit elektronischen Tachymetern**[1]
Dabei werden ebenfalls nur die Dachflächen photogrammetrisch erfaßt. Völlig unabhängig davon werden mit elektronischen Tachymetern die Fußpunkte des aufgehenden Mauerwerkes eingemessen. Beide Datensätze werden beim Bilden der Gebäudemodelle zusammengeführt. An die absolute Orientierung der Modelle bzw. der äußeren Orientierung der Luftbilder und an die Anbindung der terrestrischen Messungen an das Festpunktfeld werden daher sehr hohe Anforderungen gestellt. Die im Abschnitt I 2.1.1 erwähnte Beseitigung etwaiger Netzspannungen ist bei dieser Variante besonders wichtig (siehe auch Abschnitt I 3.1.2).

Die **Stadtverwaltung in Wien** arbeitet auf diese Weise: Im Straßenraum wird das aufgehende Mauerwerk - gemeinsam mit anderen Details wie Gehsteigkanten, Straßenbahngleise, Gasleitungen - mit elektronischen Tachymetern eingemessen. Die Dachflächen und die Innenhöfe werden photogrammetrisch erfaßt.

d) **Kombination mit 2D-GIS-Datenbeständen**
Wie bereits oben erwähnt, sind in vielen Ländern und Kommunen die Gebäudeumrisse, und zwar definiert durch das aufgehende Mauerwerk, bereits in 2D-Landinformationssystemen (LISen) gemeinsam mit dem Eigentumskataster gespeichert (Abschnitt F 1.1).[2] Diese 2D-Gebäudeumrisse können zunächst mit dem Geländemodell verschnitten werden; das Ergebnis sind die unteren 3D-Begrenzungslinien der vertikalen Wände. Anschließend können diese 2D-Gebäudeumrisse mit den horizontalen Ebenen, die durch die Traufenlinien definiert sind, verschnitten werden; das Ergebnis sind die oberen 3D-Begrenzungslinien der vertikalen Wände.

Leider sind die 2D-LIS-Datenbestände häufig sehr veraltet. Diese Variante kann daher nur für einen Teil des Gebäudebestandes erfolgreich eingesetzt werden. Falls der 2D-LIS-Datenbestand durch Digitalisierung alter Katasterkarten entstanden ist, kommt als weiteres Problem die häufig großen **Verzerrungen alter Katasterkarten** hinzu. Eine Entzer-

---

[1] Kahmen, H.: Vermessungskunde, 18. Auflage, Walter de Gruyter, 1993.

[2] Bereits mit diesen 2D-Gebäudeumrissen - kombiniert mit einem DGM und dem Stockwerksangaben der Gebäude, die ebenfalls in einem LIS häufig gespeichert sind - können sehr wirtschaftlich 3D-Gebäudemodelle errichtet werden: Schilcher, M., Guo, Z., Klaus, M., Roschlaub, R.: PFG 3/1999, S. 157-170. Kraus, K., Ries, C.: Festschrift "Heinrich Ebner zum 60. Geburtstag", TU München, 1999 (im Druck).

rung auf der Grundlage eines modernen Festpunktfeldes und photogrammetrisch bzw. terrestrisch ermittelter Einpaßelemente - wie sie im Abschnitt I 3.1.3 angesprochen wird - ist in vielen Fällen ein unvermeidlicher Zwischenschritt.

2.1.7 Phototextur als Rasterdaten

Vektordaten sind die traditionellen Datenbestände in einem GIS. In den Anfängen der GIS-Technik hat man manuell die Vektordaten den Karten entnommen; auch die Ergebnisse der terrestrischen (Kataster-)Vermessung und der terrestrischen Leitungsdokumentation sind in Form von Vektordaten in GISe eingegangen. **Die Photogrammetrie liefert auch Vektordaten, aber noch zusätzlich** einen ganz anderen Datensatz: Die Phototextur als Rasterdaten. Für ein Element dieses Datensatzes haben wir im Abschnitt C 1.7.3 den Begriff Texel (***Textur Element***) eingeführt. Er bringt den Bezug zur Textur sehr treffend zum Ausdruck. Außerdem ist die wünschenswerte Unterscheidung zwischen Original-Bild (= Pixel) und umgewandeltem Bild (= Texel) gegeben.

Für ein TIS wird man die in photographischen Aufnahmen festgehaltene Phototextur in digitale Orthophotos und 3D-Photomodelle (Abschnitt C 1.7) umwandeln. Der Datensatz, der die **Phototextur in Rasterform** enthält, kann wie folgt kommentiert werden:

- Er erfaßt die reale Welt in einer **dem Menschen sehr vertrauten Weise**. Die reale Welt besteht nämlich weniger aus Punkten und Linien, sondern aus unscharfen Übergängen an Kanten und vor allem aus Oberflächen mit unterschiedlicher Textur.
- Er ist für den GIS-Benutzer eine ausgezeichnete **Orientierungshilfe**. Zu diesem Zweck wird die digitale Phototextur gemeinsam mit den anderen, häufig sehr abstrakten Daten (z.B. Planungsdaten) am Bildschirm präsentiert.
- Digitale Orthophotos und 3D-Photomodelle haben einen **sehr hohen dokumentarischen Wert**. Ihre Erstellung ist - wenn man von bewußten Bildmanipulationen absieht - frei von subjektiven Einflüssen. Von den digitalen Orthophotos und von den 3D-Photomodellen kennt man genau den Zeitpunkt der Datenaufnahme.

Die folgenden Kommentare beziehen sich auf die digitalen Orthophotos und weniger auf die 3D-Photomodelle:

- Wegen der sehr hohen Objektivität greift man bei widersprüchlichen Datensätzen unterschiedlichen Ursprungs gerne auf digitale Orthophotos zurück: Die **Widersprüche** - insbesondere die geometrischen Widersprüche - in den häufig heterogenen Daten verschiedenen Ursprungs können in vielen Fällen mit digitalen Orthophotos **aufgeklärt** werden (digitale Stereoorthophotos (Abschnitt C 1.5) liefern zusätzliche Möglichkeiten.)

- Die rigorose Dokumentation einer Szene im digitalen Orthophoto hat auch große Nachteile: **Der Bildinhalt ist nicht interpretiert; man kann von einer fehlenden Attributierung sprechen**. Das digitale Orthophoto unterscheidet nicht zwischen Wichtigem und Unwichtigem; so sind zum Beispiel die im Orthophoto sichtbaren Passanten auf den Gehsteigen und die Fahrzeuge auf den Straßen im allgemeinen nicht von Interesse.
- Digitale Orthophotos - insbesondere aus großmaßstäbigen Bildern - sind ein sehr **genauer Datenbestand**. Sie sind **nicht generalisiert**. Sie sind wesentlich genauer als jene Daten, die von topographischen Karten in ein GIS übernommen werden.
- Digitale Orthophotos sind **verhältnismäßig billig** herzustellen, **insbesondere aus Wiederholungsflügen**. Bei Wiederholungsflügen kann auf das aus früheren Flügen erstellte digitale Geländemodell - eventuell auch auf das Gebäudemodell - zurückgegriffen werden.
- Digitale Orthophotos sind daher ein sehr **aktueller Datenbestand** mit dem häufig die veralteten (Vektor-)Datenbestände weitgehend aktualisiert werden können.
- Man kann sogar eine **Erfassung von 2D-Vektordaten** im digitalen Orthophoto vornehmen - auch von 2.5D-Vektordaten, wenn im Hintergrund der Zugriff auf das digitale Geländemodell gegeben ist. Eine solche Datenerfassung wird verschiedenenorts auch ***Monoplotting*** genannt. (Dieser Kommentar ist im Bezug zu Aussagen in den Kapiteln C 1.5 und I 2.1.5 zu setzen.)

Die große Bedeutung der digitalen Orthophotos in TISen stellt auch große Anforderungen an den Herstellungsprozeß. Er wurde im Abschnitt C 1.1 ausführlich beschrieben. Aus der Sicht eines TIS - insbesondere in großen Maßstäben - ist die im Abschnitt C 1.1.3 erläuterte **Orthophotoherstellung mit Berücksichtigung von Kunstbauten** besonders wichtig. In TISen - noch mehr in GISen - werden die digitalen Orthophotos nämlich mit Datensätzen anderen Ursprungs in Beziehung gebracht. Geometrisch verschobene Dachlandschaften, um nur ein Beispiel zu nennen, vermindern deshalb die Anwendbarkeit der digitalen Orthophotos.

Die anzustrebende Qualität soll mit folgenden Bildern und Figuren demonstriert werden. Bild 2.1-13 zeigt einen kleinen Ausschnitt aus einem digitalen Orthophoto. Der Ausschnitt wurde bewußt so gewählt, daß an der Mittelsymmetralen die Phototextur aus zwei verschiedenen Bildern zusammentrifft. Es wurde absichtlich auch keine Grauwertanpassung vorgenommen. Laut Definition für ein Orthophoto ist Bild 2.1-13 kein Orthophoto, denn vertikale Gebäudewände erscheinen nicht projizierend. Außerdem sind die Dächer versetzt; um diese Versetzungen sichtbar zu machen, wurden die im photogrammetrischen Zweibildauswertegerät digitalisierten 3D-Traufen in Weiß eingetragen. Bild 2.1-13 ist also kein Orthophoto, obwohl dieses Produkt heutzutage immer noch als Orthophoto verkauft wird; es ist nur ein **Pseudoorthophoto**.

Diese Pseudoorthophotos entstehen aus einem Oberflächenmodell, das nur die Geländeoberfläche enthält und die Gebäude nicht berücksichtigt. Bezieht man in das Oberflächenmodell auch die Gebäudemodelle ein, so bekommt man ein Orthophoto, das seinem Namen gerecht wird (Bild 2.1-14). Das zur Herstellung des Orthophotos 2.1-14 verwendete Oberflächenmodell ist - für einen etwas größeren Bereich - in der Figur I 2.1-10 ersichtlich. Um auch sichttote Räume mit Phototextur im digitalen Orthophoto anreichern zu können, ist die Umbildung von mehreren überlappenden Luftbildern erforderlich. Zum Beispiel das Auto neben dem oberen/linken Gebäude besteht im Orthophoto - wie der Vergleich mit dem Pseudoorthophoto zeigt - aus Pixeln von zwei verschiedenen Luftbildern.) Weitere Einzelheiten zur korrekten Orthophotoherstellung findet man in der Literatur[1].

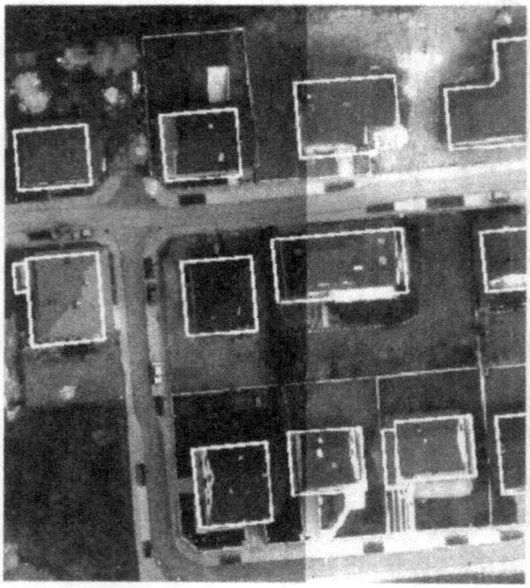

Bild 2.1-13: Pseudoorthophoto

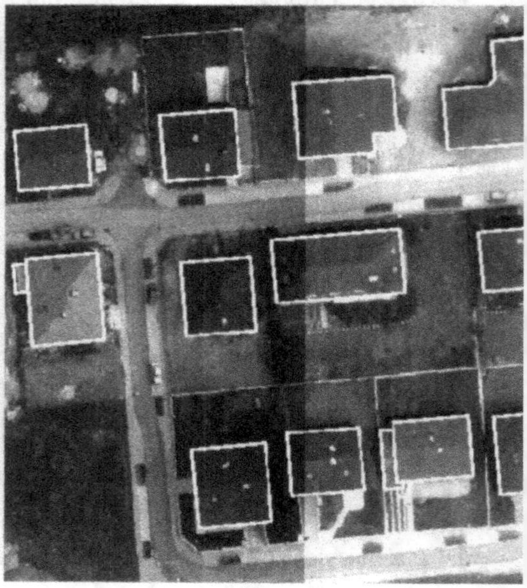

Bild 2.1-14: Orthophoto

Auch die korrekt hergestellten **Orthophotos** sind - in Verbindung mit dem Oberflächenmodell - ein typisches **2.5D-TIS-Produkt** (Abschnitt F 3.2). Erst der Übergang vom Orthophoto auf das 3D-Photomodell eröffnet die konsequente 3D-Lösung. Zur Abrundung dieses Abschnittes soll deshalb noch ein 3D-Photomodell von Schönbrunn gezeigt werden

[1] Amhar, F., Jansa, J. Ries, C.: IAPRS 32, Part 4, pp. 16-21, Stuttgart, 1998.

(Bild 2.1-15). Es ist nach den Methoden, die im Abschnitt C 1.7 beschrieben[1] sind, aus terrestrischen Aufnahmen entstanden[2], deren Standpunkte und Aufnahmerichtungen in Figur 2.1-16 eingezeichnet sind.

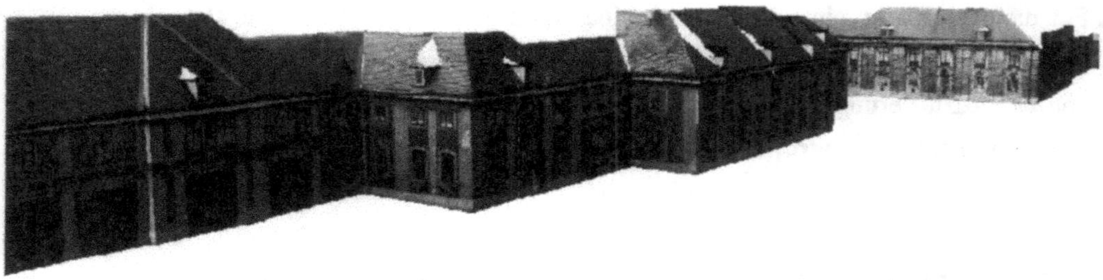

Bild 2.1-15: 3D-Modell vom Seitentrakt des Schlosses Schönbrunn

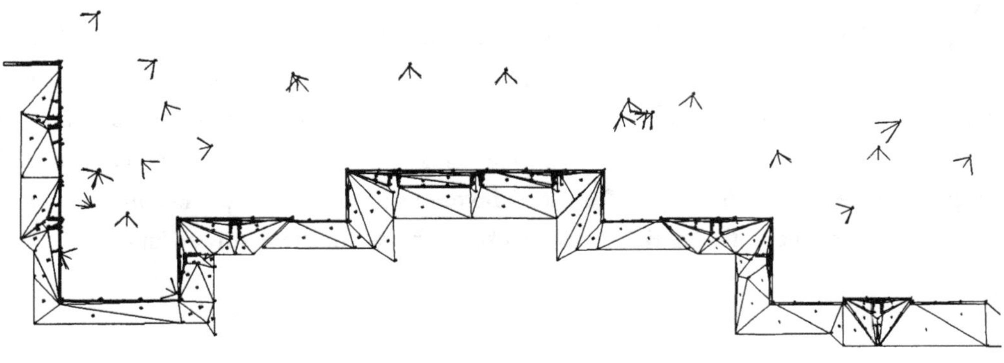

Bild 2.1-16: Anordnung der terrestrischen Aufnahmen für das Photomodell 2.1-15

Digitale Orthophotos und 3D-Photomodelle brauchen **sehr große Speicherkapazitäten**. Ein Schwarz/Weiß-Datenbestand mit 1m-Texel würde für Österreich (etwa 80 000 km^2) einen Umfang von 80 GBytes erreichen, in Farbe einen Umfang von 240 GBytes. In manchen Ländern strebt man sogar einen Datenbestand mit 50cm-Texel an, sodaß der Datenumfang um das Vierfache anstiege.

---

[1] Eine detailliertere Beschreibung findet man bei Dorffner, L., Forkert, G.: ISPRS-Journal 53, pp. 369-378, 1998.

[2] Dabei handelt es sich um ein Gemeinschaftsprojekt des I.P.F. mit dem Ingenieurbüro "Polly-Pazourek-Burtscher".

Bei **3D-Photomodellen** haben die Texel eine Ausdehnung von einigen Zentimetern. Bereits ein Ensemble von etwa 1000 Gebäuden würde daher eine Speicherkapazität von etwa einem Giga-Byte erfordern.

Für die Rasterdaten einer Phototextur sind deshalb die Algorithmen für **Datenkompressionen** besonders interessant[1]. Nach unseren Erfahrungen kann eine Komprimierung - abhängig von der Texturierung - zwischen 5 und 10 erreicht werden, ohne daß ein nennenswerter Informationsverlust eintritt.

2.2 Mittels abtastender Laser (*laser scanning*)

Seit etwa 10 Jahren[2] setzt man in Flugzeugen Laser zur Erfassung topographischer Daten ein. Am Anfang gab es nur entlang der Flugbahn messende Laser (= Laser-Profil-Messung); erst die Erweiterung auf abtastende Laser quer zur Flugrichtung brachte den Durchbruch dieser Methode in der praktischen Anwendung. Mit abtastenden Lasern erfaßt man heutzutage Gebäude- und Geländemodelle. Die Gebäudemodell-Erfassung ist noch im experimentellen Stadium; es sollen daher nur einige Literaturhinweise gebracht werden.[3] Dagegen ist der **abtastende Laser für die Erfassung digitaler Geländemodelle** inzwischen in der Praxis etabliert. In der Folge beschränken wir uns auf diese Anwendung.

---

1 Lelewer, D., Hirschberg, D.: ACM-Computing, Surveys Volume 19, Nr. 3, pp. 261-296, 1987.
Novak, K., Shanin, F.: PE&RS 62, pp. 695-701, 1996.
Reeves, R., Hahn, M.: IAPRS 32, pp. 161-168, Stuttgart, 1997.

2 Z.B. Lindenberger, J.: DGK, Reihe C, Nr. 400, 1993; Ackermann, F., Englich, M., Kilian, J.: ZfV 119, S. 264-277, 1994; Krabill, W., Collins, J., Link, L., Swift, R., Butler, M.: PE&RS, Vol.50, No.6, pp. 685-694, 1984. Wever, C.: GIS 12, Heft 2, S. 12-17, 1999.

3 Weidner, U., Förstner, W.: ISPRS Journal 50, pp. 38-49, 1995. Haala, N.: DGK, Reihe C, Heft 460, 1996. Brenner, G., Haala, N.: GIS 12, Heft 2, S. 22-28, 1999. Maas, H., Vosselmann, G.: ISPRS-Journal 54, pp. 153-163, 1999.

2.2.1 Abtastender Laser[1] im Flugzeug

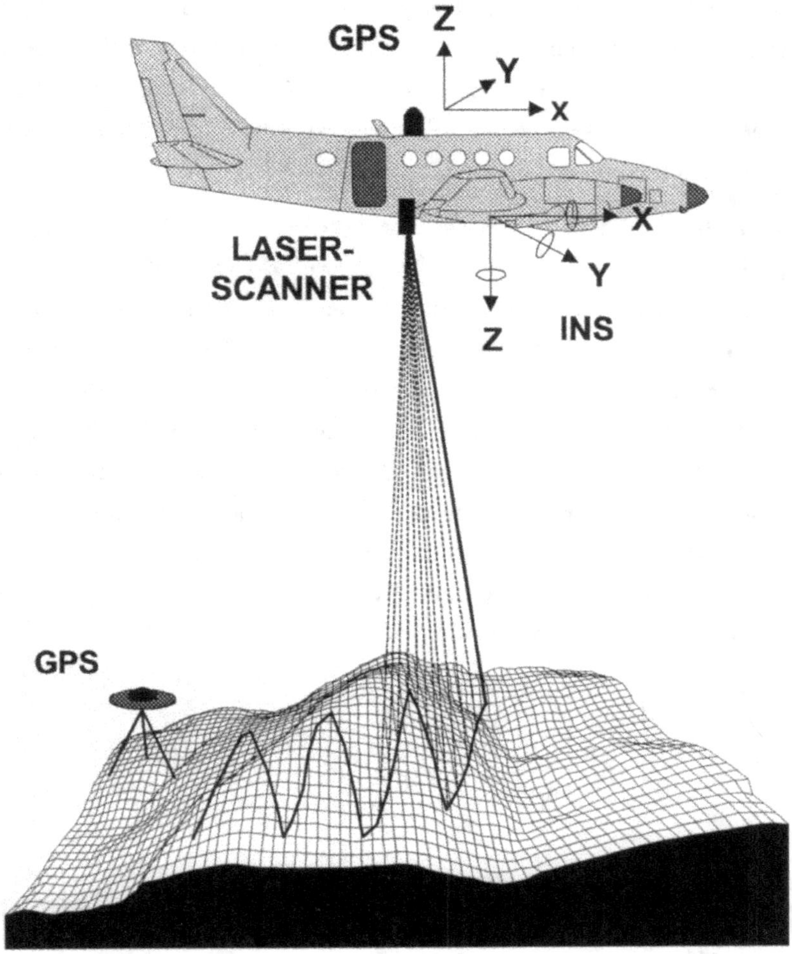

Figur 2.2-1: Abtastender Laser im Flugzeug[2]

Abtastende Laser werden in Flugzeugen eingebaut. Während der Fortbewegung des Flugzeuges tastet der Laserstrahl die Erdoberfläche ab; mit einer hohen Meßrate mißt der Laser - bei den meisten Geräten mittels Laufzeitmessung vom ausgesandten und empfangenen Impuls - die Entfernungen zu den Geländepunkten. Das **Laser-System liefert sozusagen**

---

1 In der Fernerkundung wird diese Technik als **Lidar** (Light Detection and Ranging) bezeichnet.

2 Von Herrn Englich, Uni Stuttgart, zur Verfügung gestellt.

Polar-Koordinaten. Zur Bestimmung des sich fortbewegenden **Ursprungs** des Polarkoordinatensystems wird das Phasenvergleichsverfahren mit **differentiellem GPS** (*Global Positioning System*, Abschnitt B 5.3.2) eingesetzt; zur Bestimmung der sich laufend verändernden **Orientierung** des Polarkoordinatensystems wird **INS** (***Inertial Navigation System***) verwendet. GPS, INS und Laser-Scanner sind miteinander zu synchronisieren; außerdem sind ihre gegenseitigen Versetzungen im Flugzeug, also die Exzentrizitäten, vor der jeweiligen Flugmission zu bestimmen.

Für das differentielle GPS ist mindestens eine **Referenzstation** (Figur 2.2-1) erforderlich, von der die Landeskoordinaten bekannt sein müssen. Bei der GPS-Auswertung - im *Post Processing* - werden diese Landeskoordinaten mit den Datumstransformationsparametern, die im jeweiligen Interessensgebiet Gültigkeit haben, unter Berücksichtigung der Geoidundulation in diesem Referenzpunkt ins *World Geodetic System* 1984 (WGS84), in dem gegenwärtig die Bahnen der NAVSTAR-Satelliten festgelegt werden (Abschnitt B 5.3.2), gebracht. Die so erhaltenen Koordinaten dienen als Referenzkoordinaten für die Auswertung der **Flugwege im WGS84**. Die Polarkoordinaten der Laserpunkte werden dann in kartesische Koordinaten im WGS84 umgerechnet und mit den inversen **Datumstransformationsformeln** in das Landeskoordinatensystem transformiert.[1] Die Parameter für die dafür verwendete **linearisierte Ähnlichkeitstransformation** lauten zum Beispiel für Wien:

$$\begin{pmatrix} X \\ Y \\ Z \end{pmatrix} = \begin{pmatrix} \Delta X \\ \Delta Y \\ \Delta Z \end{pmatrix} + (1+s) \begin{pmatrix} 1 & \omega_z & -\omega_y \\ -\omega_z & 1 & \omega_x \\ \omega_y & -\omega_x & 1 \end{pmatrix} \begin{pmatrix} X \\ Y \\ Z \end{pmatrix}_{WGS} \qquad (2.2\text{-}1)$$

$\Delta X = -586$ m	$\omega_x = 1.54$ mgon	
$\Delta Y = -89$ m	$\omega_y = 0.41$ mgon	$s = -1.1$ ppm, das sind 1.1 mm/km
$\Delta Z = -468$ m	$\omega_z = 1.61$ mgon	

Die so erhaltenen Höhen müssen noch um die **Geoidundulationen**, die mehrere Dezimeter erreichen können, wie man sich anhand der Figur B 5.4-5 überzeugen kann, korrigiert werden. Zur Kontrolle der gesamten GPS-Auswertung sollte man einige (horizontale) Testflächen einbeziehen, von denen ebenfalls die Landeskoordinaten bekannt sein müssen. (In den Abschnitten I 2.2.3 und I 3.1.3 wird dieses Thema nochmals aufgegriffen.)

---

[1] Die verhältnismäßig große Ungenauigkeit der Bahnparameter im WGS84 - sie liegt im Meterbereich - bleibt bei diesem typischen Differenzenverfahren ohne Bedeutung (Weber, R., Walter, G., Klotz, S.: VGI 83, S. 190-200, 1995).

Technische Daten einiger Aufnahmesysteme

a) Optech-System, das die Firma Topscan einsetzt:

Laser	ALTM 1020
Wellenlänge	1047 nm (nahes Infrarot)
Meßprinzip	Impuls-Laufzeitmessung
Abtastung	Schwingspiegel (Figur 2.2-1)
Meßrate	2000 Hz
Scanfrequenz	30-50 Hz
max. Flughöhe über Grund	1000 m
Abtastbereich	±20°
Abtastfleck	20 cm bei 1000 m Flughöhe
Mittlere Fluggeschwindigkeit über Grund	70 m/s

b) Dornier-System, das die Firma TopoSys einsetzt:

Wellenlänge	1540 nm
Meßprinzip	Impulslaufzeitmessung
Abtastung	statisch mit einem Glasfaser-*array*
Meßrate	80 000 Hz
Scanfrequenz	320 Hz (bei 70 m/s Fluggeschwindigkeit beträgt der Zeilenabstand 22 cm)
Abtastbereich	±10° mit 255 Meßpunkten in einem *Scan*, das entspricht 1.4 m Punktabstand (bei 1000 m Flughöhe ist deshalb die Punktdichte in Flugrichtung wesentlich enger als quer dazu)
maximale Flughöhe	1000 m
GPS und INS	liefern Position und Orientierung mit 64 Hz, das ist bei einer Fluggeschwindigkeit von 70 m/s ein Abstand von ca. 1 m entlang der Flugbahn
Genauigkeit der INS-Orientierung	±0.2 m bei einer Flughöhe von 1000 m

2.2.2 Erstellung eines digitalen Geländemodelles (DGMs)

Die Reflexion des Laserstrahls erfolgt in vielen Fällen nicht am Boden sondern an Bäumen und Sträuchern sowie an Kunstbauten. Im Wald, worauf wir uns in der Folge beschränken, schwankt die sogenannte **Durchdringungsrate** zwischen 15% und 70%; die Durchdringungsrate ist der Anteil der Laserpunkte, die durch Reflexion des Laserstrahles am Boden entstehen. Die größte Durchdringungsrate gibt es im Laubwald, insbesondere wenn man im Winter fliegt. Die geringste Durchdringungsrate tritt im Nadelwald mit dichtem Baumbestand auf.

Im Rahmen der DGM-Ermittlung ist der Einfluß der **Vegetationspunkte** weitgehend zu **eliminieren**. Dafür eignet sich die Interpolation nach kleinsten Quadraten mit schiefer Fehlerverteilung (Abschnitt H 3.3.3.3)[1] bzw. die entsprechend angepaßte Interpolation mit finiten Elementen (Abschnitt H 3.5.3). Das Bild 2.2-2 zeigt ein mittels Interpolation nach kleinsten Quadraten bearbeitetes Beispiel. Oben ist die Fläche durch alle Laserpunkte wiedergegeben, also eine Fläche ohne Filterung. Die untere Fläche ist das Geländemodell. Es wurden in drei Iterationsschritten 53% der Punkte automatisch eliminiert und als Vegetationspunkte klassifiziert.

Das Geländemodell kann auch als Höhenlinien und/oder Perspektivansichten wiedergegeben werden. Figur 2.2-3 zeigt einen kleinen Ausschnitt der aus einem Laser-DGM abgeleiteten Höhenlinien; Figur 2.2-4 zeigt eine Perspektivansicht. Das gesamte **Projekt**, das in der

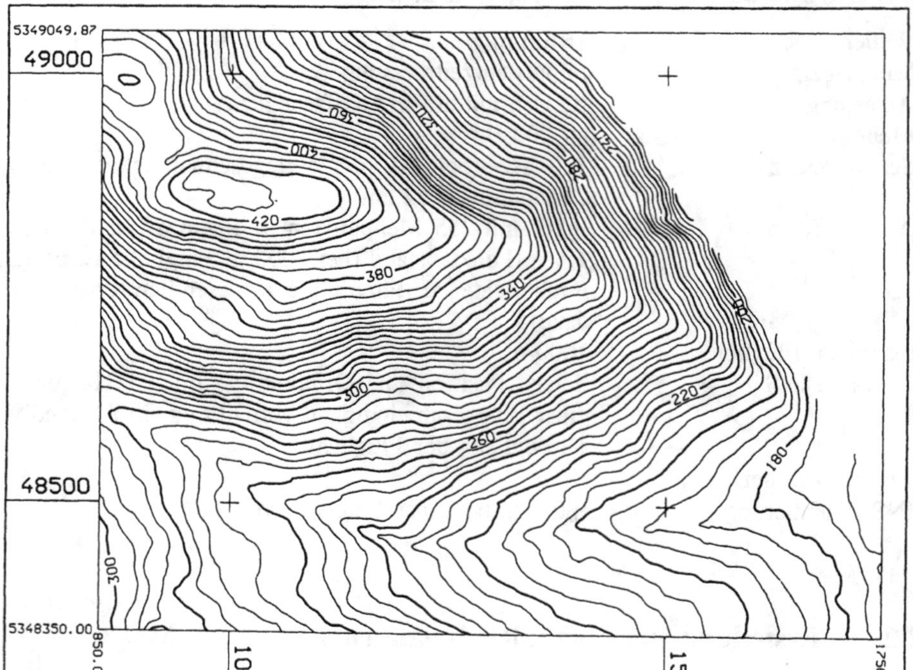

Figur 2.2-3: Höhenlinien eines Laser-DGMs

[1] Die softwaremäßige Verwirklichung der im Abschnitt H 3.3.3.3 beschriebenen Theorie und einige methodische Erweiterungen findet man bei: Kraus, K., Pfeifer, N.: ISPRS-Journal 53, pp. 193-203, 1998.

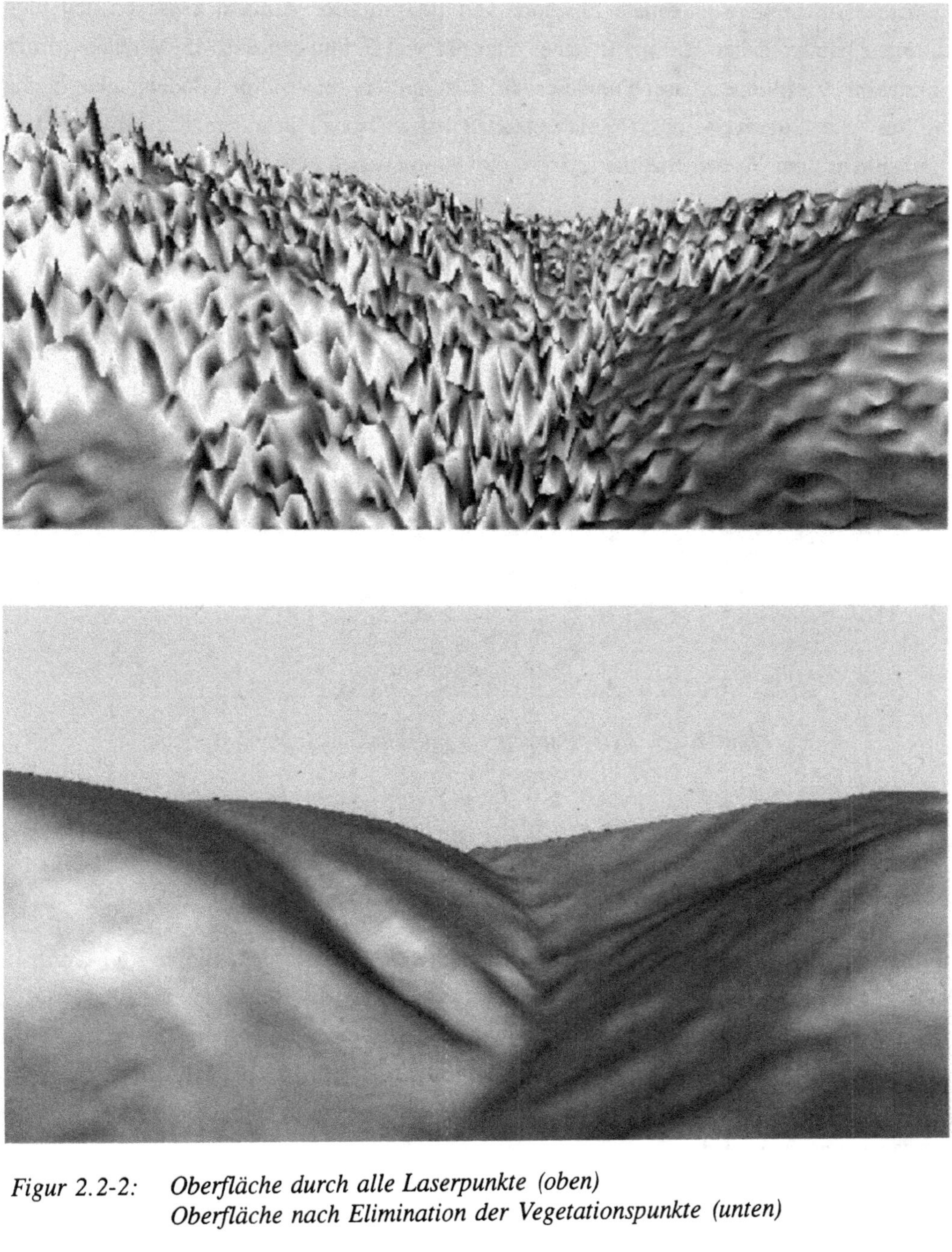

Figur 2.2-2: Oberfläche durch alle Laserpunkte (oben)
Oberfläche nach Elimination der Vegetationspunkte (unten)

Veröffentlichung[1] näher beschrieben ist, umfaßt ein Gebiet von 91 km^2. Der Auftragnehmer, die Fa. Topscan, verwendete einen Optech-Laser-Scanner (Abschnitt 2.2.1). Man nutzte die derzeitige maximale Flughöhe von 1000 m. Der Abstand zwischen den Flugstreifen beträgt daher 250 m. In einer Flugzeit von 7 Stunden und 45 Minuten wurden insgesamt 9 Millionen Laser-Punkte erfaßt. Der mittlere Abstand der Bodenpunkte beträgt 4.5 m. Die Gitterweite des DGMs beträgt 3.125 m, sodaß in einem Kartenblatt 1:1000 (50x50 cm^2) der Wiener Stadtkarte 160x160 Gittermaschen auftreten.

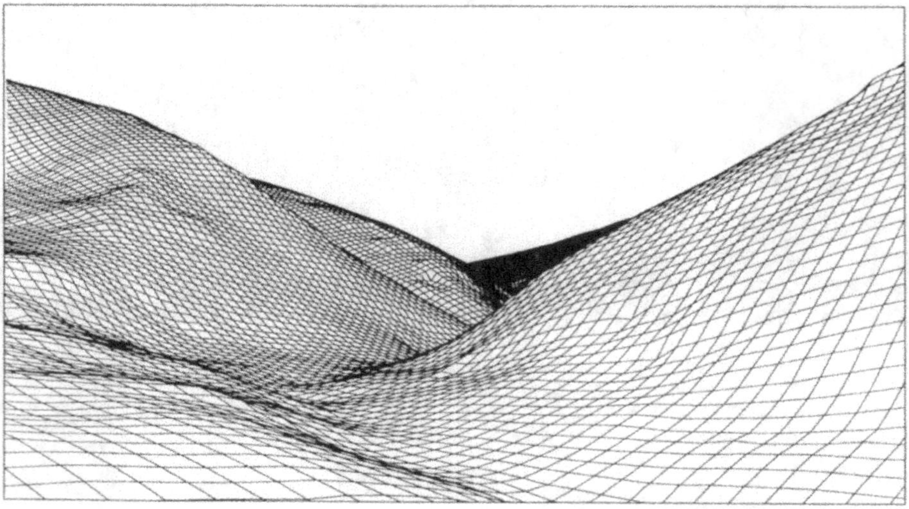

Figur 2.2-4: Perspektivansicht mit Blick nach Nord-Westen

2.2.3 Genauigkeit des Laser-DGMs

In dem im letzten Abschnitt erwähnten Pilotprojekt 'Wienerwald' wurden 466 **Kontrollpunkte** terrestrisch ermittelt und ihre Soll-Höhen mit den Ist-Höhen aus dem Laser-DGM verglichen. Figur 2.2-5 zeigt das Histogramm. Die Diskrepanzen variieren zwischen -2.1 m und +2.1 m. Der **mittlere Fehler beträgt ±50 cm**. Darin ist ein verhältnimäßig großer systematischer Anteil von 20 cm (das Laser-DGM liegt zu hoch) enthalten, auf den wir noch genauer eingehen werden.

---

[1] Kraus, K., Hynst, E., Belada, P., Reiter, T.: VGI 85, S. 174-181, 1997.

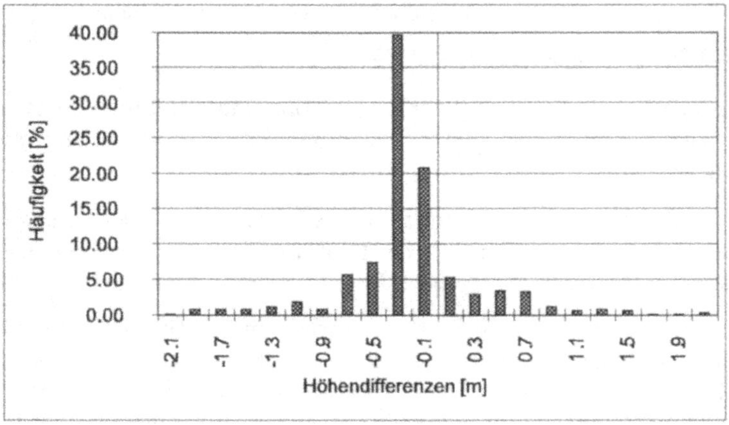

Figur 2.2-5: Verteilung der Höhendifferenzen für das Pilotprojekt 'Wiener Wald'

Interessant ist die **Höhengenauigkeit in Abhängigkeit von der Geländeneigung**. Aus den Höhendifferenzen des Pilotprojektes 'Wienerwald' mit einer maximalen Geländeneigung von 100% kann folgendes Genauigkeitsgesetz, das auch andere Veröffentlichungen bestätigen, angegeben werden:

$$\sigma_H \, [cm] = \pm(18 + 120 \cdot \tan\alpha) \qquad (2.2\text{-}2)$$

Die Abhängigkeit der Höhengenauigkeit von der Geländeneigung hat drei Ursachen:

- Im steilen Gelände ist die Definitionsunsicherheit der topographischen Oberfläche in der Regel größer als im flachen Gelände.
- Die Ausdehnung des Abtastflecks, der bei einer Flughöhe von 1000 m immerhin 20 cm beträgt, spielt im ebenen Gelände keine Rolle, dagegen im steilen Gelände schon.
- Die zweifelsohne immer vorhandenen Lagefehler der GPS-Positionierung und der INS-Orientierung bewirken im ebenen Gelände keine Höhenfehler, dagegen im steilen Gelände schon.

Ein aus photogrammetrischen Daten erstelltes DGM hat ein ähnliches Genauigkeitsgesetz. Die photogrammetrische Genauigkeit wird in Abhängigkeit von der Flughöhe formuliert (Abschnitt I 4.1.1.3). **Aus Luftaufnahmen mit einer Flughöhe von 1200 m, das entspricht bei einer Weitwinkelaufnahme einem Bildmaßstab von 1:8000, bekommt man - im offenen Gelände - ein digitales Geländemodell, dessen Genauigkeit dem Laser-DGM (im Wald) entspricht**.

Die mit der Formel (2.2-2) wiedergegebene Genauigkeit des Laser-DGMs kann noch gesteigert werden, wenn man die oben erwähnten **systematischen Fehler eliminieren** kann. Nach Elimination der systematischen Fehler wird sich vor allem im flachen Gelände eine beachtliche Genauigkeitssteigerung einstellen; man kann in der Gleichung (2.2-2) den Wert ± 18 cm durch einen Wert ± 10 cm ersetzen.

Systematische Fehler deuten auf noch vorhandene **Unzulänglichkeiten im gesamten System** hin. Welche Unzulänglichkeiten gibt es im gegenwärtigen System und wie können sie behoben werden?

a) Die **Geoidundulationen** sind gegenwärtig in Österreich mit einem mittleren Fehler von ± 5 cm bekannt. In den meisten anderen Ländern gibt es auch keine genaueren Geoide. Eine genauere Geoidform würde einen Teil der systematischen Fehler eliminieren.

b) Die Anbindung der gesamten GPS-Laser-Messung an **nur eine Referenzstation** - wie im Abschnitt 2.2.1 erwähnt - ist prinzipiell möglich, aber doch sehr riskant. Man sollte auf jeden Fall entlang des Randes des Interessensgebietes auch **mehrere gut verteilte** (horizontale) **Testflächen** auswählen und mit den dort auftretenden Höhendifferenzen eine Nachjustierung des Punkthaufens vornehmen. Dadurch werden übrigens auch die linear verlaufenden Abweichungen des Geoids vom Ellipsoid berücksichtigt, sodaß nur die nichtlinearen Abweichungen übrig bleiben, die aber erst bei sehr großen Interessensgebieten eine Rolle spielen (siehe Abschnitt B 5.3.4 und 5.4.5).

c) Die verwendete ***On-the-fly*-Initialisierung zur Lösung der GPS-Phasenmehrdeutigkeiten** ist heutzutage bei rasch bewegten Objekten wie Flugzeugen mit einem mittleren Fehler von ± 10 cm möglich. Die Spur des Ursprungs der Polarkoordinaten hat also noch eine beachtliche Ungenauigkeit von 10-20 cm. Die INS-Orientierung ist noch mit Fehlern bis ± 0.01 gon behaftet, das entspricht ± 16 cm Lagefehler bei einer Flughöhe von 1000 m. Eine rigorose Blockausgleichung der einzelnen Streifen mit Minimierung der Höhendifferenzen in den Überlappungsbereichen und Minimierung der Diskrepanzen an den unter b) genannten 'Paßpunkten' würde diese systematischen Einflüsse reduzieren.

   In der Figur 2.2-6 ist eine solche **Höhenblockausgleichung mit 'Unabhängigen Modellen'** (Abschnitt B 5.1.1.2), wobei die einzelnen Laser-Scanner-Streifen die Modelle sind, unter Berücksichtigung von zusätzlichen Parametern (Abschnitt B 3.5.7) skizziert. Die zusätzlichen Parameter modellieren in dieser Blockausgleichung die systematischen GPS- und INS-Fehler, u.a. auch eine Verwindung. Die Beobachtungen sind die Höhen-Differenzen in den Überlappungszonen von jeweils zwei Streifen. Allerdings gibt es **in den Laser-Punkthaufen keine identischen Punkte**. Es sind daher **kleine Flächenelemente**, zum Beispiel 3D-Dreiecke, in der Umgebung des jeweiligen Verknüpfungspunktes zu verwenden; damit ergibt sich die korrespondierende Höhe des jeweiligen Verknüpfungspunktes durch Interpolation im jeweiligen 3D-Dreieck des Nachbarstreifens, wie in der Figur 2.2-6 zu sehen.

   Falls keine Höhenblockausgleichung durchgeführt wird, kommt es zu kleinen Versetzungen des DGMs in den Überlappungszonen, die zu Beeinträchtigungen in der Scharungsplastik - insbesondere im flachen Gelände - führen. Figur H 3.3-4 zeigt ein einschlägiges Beispiel.

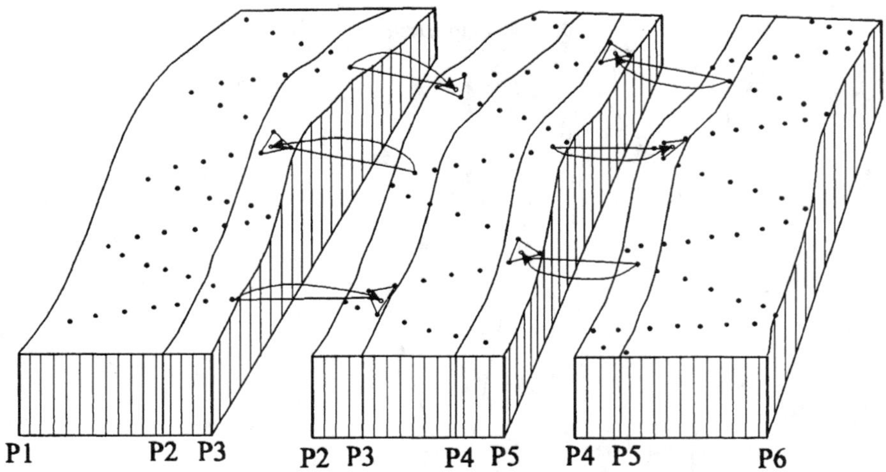

Figur 2.2-6: Prinzip der Höhenblockausgleichung von Laser-Scanner-Streifen

2.2.4 Photogrammetrie versus Laser-*Scanner*

Die neue Technik des abtastenden Lasers soll zum Abschluß des Kapitels 2.2 der Photogrammetrie, dem bisherigen Arbeitspferd der Datenerfassung für digitale Geländemodelle, gegenübergestellt werden. Eine solche Gegenüberstellung kann nur eine Momentaufnahme sein, denn beide Methoden sind gegenwärtig in starker Entwicklung begriffen.

Der Vergleich der beiden Figuren 2.2-7 und 2.2-8, die die Aufnahmebedingungen der Photogrammetrie und des Laser-*Scannings* veranschaulichen, zeigt die Überlegenheit des Laser-Verfahrens in bewaldeten - und auch in eng bebauten - Gebieten. Eine photogrammetrische Aufnahme (Figur 2.2-7) legt ein Bündel von Richtungen fest. In bewaldeten Gebieten erreicht nur eine kleine Anzahl von Richtungen den Boden. Da ein Geländepunkt in der **Photogrammetrie** durch mindestens zwei Richtungen festgelegt wird, muß der jeweilige Geländepunkt in **mindestens zwei Bildern** sichtbar sein. In der Figur 2.2-7 ist nur für einen Geländepunkt diese Bedingung erfüllt. Beim **Laser-*Scanning*** mißt man Polarkoordinaten, also Strecke und Richtung in einem Aufnahmestandpunkt (Figur 2.2-8). Der Geländepunkt muß deshalb **nur von einem Aufnahmeort** aus sichtbar sein. In der Figur 2.2-8 sind sieben Geländepunkte von zwei Flugstreifen, die senkrecht zur Abbildung verlaufen, erfaßt.

Die **Photogrammetrie** ist ein passives Aufnahmesystem, d.h. man benötigt genügend Licht im jeweiligen Geländepunkt. Gerade in bewaldeten Gebieten gibt es aber sehr **dunkle Schatten**. Das **Laser-*Scanning*** ist ein aktives System. Es sendet einen Laser-Impuls aus und

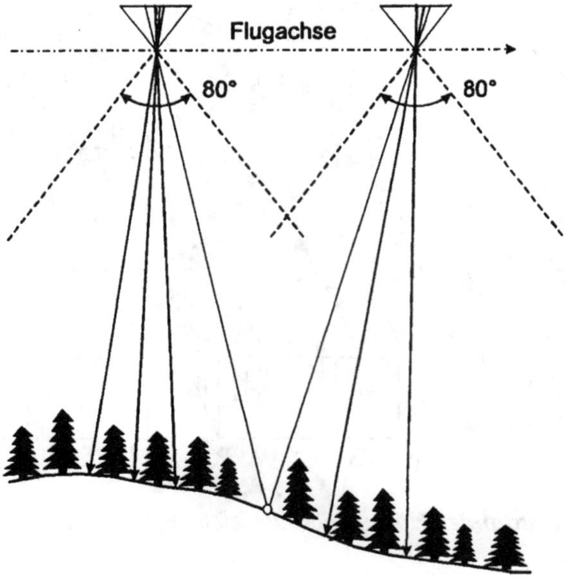

Figur 2.2-7: Photogrammetrische Geländeaufnahme: Zwei Richtungen von verschiedenen Aufnahmestandpunkten sind für die Festlegung eines Punktes erforderlich.

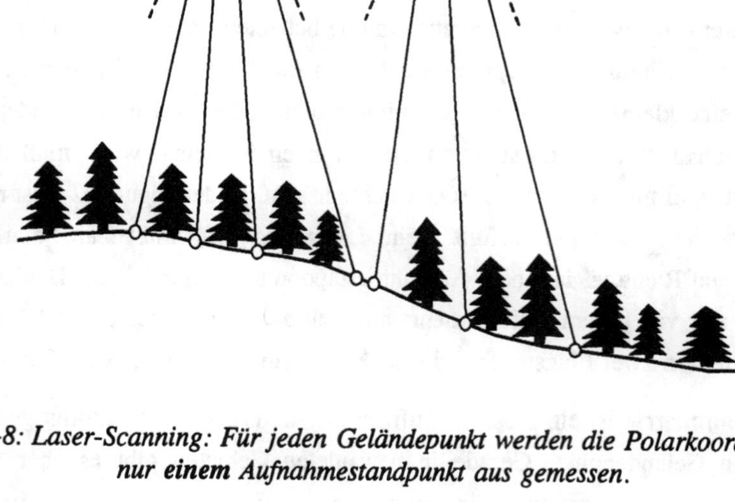

*Figur 2.2-8: Laser-Scanning: Für jeden Geländepunkt werden die Polarkoordinaten von nur **einem** Aufnahmestandpunkt aus gemessen.*

empfängt - zeitlich versetzt - einen Teil dieses Impulses. Man ist **unabhängig von der Sonnenbestrahlung**. Man kann - im Prinzip - zu jeder Tages- und Jahreszeit fliegen. Mit abtastenden Lasern ist man also nicht auf die wenigen Zeitfenster im Jahr, die genügend Licht für Luftaufnahmen bieten, angewiesen. Wolken sind allerdings für den Laser in gleicher Weise ein Hindernis wie für die Luftaufnahme (FE, Band 1).

Die **Photogrammetrie** braucht nicht nur genügend Licht im jeweiligen Geländepunkt; sie braucht auch eine **Textur** in der Umgebung des jeweiligen Geländepunktes. Der abtastende **Laser benötigt keine Textur**; es muß nur eine - aus der Sicht der Wellenlänge des Lasers - rauhe Oberfläche (FE, Band 1) für eine diffuse Reflexion des Laserstrahles gegeben sein. Topographische Oberflächen haben diese Rauhigkeit. Der abtastende Laser kann also in Gebieten ohne Textur, zum Beispiel für Sandstrände, Dünen, glatte trockene Ackerflächen, helle glatte Betonflächen eingesetzt werden. Die die Infrarotstrahlung absorbierende **klare Wasseroberfläche** kann mittels Laser nicht erfaßt werden (FE, Band 1).

Alle Richtungen eines Meßbildes haben die gleiche - in der Regel unbekannte - äußere Orientierung. Infolge der großen Überlappungen (im allgemeinen 60% in Flugrichtung und 20% quer dazu) wird ein **Netzwerk von Bündeln** gebildet. Dieses Netzwerk von Bündeln wird **durch die Verknüpfungspunkte zusammengehalten**. Mittels einer Bündelblockausgleichung werden die äußeren Orientierungselemente aller Bündel simultan bestimmt. Beim **Laser-*Scanning* gibt es dagegen keine Verknüpfungspunkte** (Figur 2.2-8). Es ist daher nicht möglich, ein Netzwerk von Strahlen zur Bestimmung der äußeren Orientierungselemente der Laser-Aufnahmen zu bilden. Erschwerend kommt noch hinzu, daß es eine **dynamische Datenaufzeichnung** ist, d.h. jede Zeile (*scan*) hat - mehr oder weniger - eine eigene äußere Orientierung (FE, Band 2). **Abtastende Laser im Flugzeug können daher nur in Verbindung mit GPS und INS eingesetzt werden**.

Der **GPS-Bezug** hat zur Folge, daß die Laserpunkte im WGS84 anfallen. Für ihre Transformation ins Landeskoordinatensystem müssen die **Geoidundulationen** bekannt sein. Dieses Problem kann allerdings - wie im Abschnitt 2.2.3 erwähnt - durch Einbeziehung von Testflächen am Rand des Interessensgebietes sehr entschärft werden.

Wenn man von der gleichen Flughöhe über Grund ausgeht, benötigt man mit dem **abtastenden Laser wesentlich mehr Flugstreifen als mit der Photogrammetrie**. In den Figuren 2.2-7 und 2.2-8 sind typische Öffnungswinkel für die Photogrammetrie und für das Laser-*Scanning* eingezeichnet. Außerdem ist festzuhalten, daß die Reichweite der heute in Abtastern verwendeten Laser nur eine maximale Flughöhe von 1000 m erlauben. **Wirt-**

schaftliche Hochbefliegungen können also nur mittels Photogrammetrie vorgenommen werden.

Die Genauigkeit der Geländemodelle, die aus Laser-Daten erstellt werden, haben - wie im Abschnitt 2.2.3 ausgeführt wurde - die gleiche Genauigkeit wie Geländemodelle, die aus einem Weitwinkel-Bildflug im Maßstab 1:8000 gewonnen werden. Im Wald liefert die Photogrammetrie allerdings nur eine Genauigkeit von etwa ± 2 m. **In bewaldeten Gebieten kann also die Photogrammetrie nur zur Erstellung ungenauer (kleinmaßstäbiger) Geländemodelle aus Hochbefliegungen eingesetzt werden. Genaue Geländemodelle im Wald sind ausschließlich dem Laser-*Scanning* vorbehalten.**

Im offenen Gelände wird man für großmaßstäbige Geländemodelle **weiterhin die Photogrammetrie** bevorzugen; sie liefert nämlich auch die wichtigen **Geländekanten**, die für qualitativ hochwertige Geländemodelle erforderlich sind (im Abschnitt I 4.1.1.2 wird dieses Thema nochmals aufgegriffen). Eine automatische Extraktion der Geländekanten aus Laser-Scanner-Daten ist bisher an der zu geringen Punktdichte gescheitert; demnächst gibt es für die Kantenextraktion bessere Voraussetzungen.

Große Probleme bereiten **bewaldete Gebiete mit eingelagerten Felsformationen** bei der Auswertung der Laser-*Scanner*-Daten. Kleine Felsformationen werden nämlich - wie Bäume - in der Regel herausgefiltert (Abschnitt H 3.3.3.3). Eine Lösung dieses Problemes bietet eine Verwendung des registrierten **ersten und letzten Impulses einer Laser-*Scanner*-Befliegung**; beide Impulse variieren in bewaldeten Gebieten stark, dagegen nicht auf Felsformationen. Ein einschlägiges Beispiel wurde vor kurzem mit Erfolg bearbeitet.[1]

Der **Laser** liefert nur Entfernungen; man spricht in diesem Zusammenhang auch von einem **Entfernungsbild**. Es gibt Entwicklungen[2], auch die Intensität des reflektierten Laserstrahls zu registrieren, doch ist die Praxisreife dieser Erweiterung noch nicht gegeben. Aus den gegenwärtigen Lasermessungen können daher keine objektbezogenen Attribute (Straße, Gebäude, Garten etc.) abgeleitet werden. Dagegen liefert die **Photogrammetrie** in einem Spektralbereich (schwarzweiß) oder in drei Spektralbereichen (Farbe) den **Reflexionsgrad** in allen digitalisierten Bildpunkten. Daraus können automatisch oder interaktiv Objekt-

---

[1] Kraus, K., Rieger, W.: In Fritsch/Spiller (Eds.): Photogrammetric Week '99, pp. 221-231, Wichmann-Verlag, 1999.

[2] Z.B. Hug, C.: DGK, Reihe C, Heft 457, 1996. Wehr, A., Hug, C.: GIS 12, Heft 2, S. 6-11, 1999.

klassifizierungen vorgenommen werden. In diesem Zusammenhang darf auch das wichtige Nebenprodukt **'Digitales Orthophoto'** nicht unerwähnt bleiben.

Die **Lasertechnik** ist bis zum DGM ohne größere Eingriffe **automatisiert**. Die **digitale Photogrammetrie** hat einen **ähnlich** hohen Automationsgrad, aber nur im offenen Gelände. Die auf **linienweise Auswertung** ausgerichtete Photogrammetrie besitzt dagegen (noch) **keinen sehr hohen Automationsgrad**.

Für die Photogrammetrie sind die Kosten mit einer beachtlichen Schärfe bekannt. Bei der Lasertechnik variieren die Preise noch beachtlich. Es zeichnet sich aber bereits ab, daß das **Laser-*Scanning* deutlich billiger als die Photogrammetrie die Punktwolke liefert**, aus der ein Geländemodell abgeleitet werden kann.

Einige **Literaturhinweise**, die die in den Fußnoten angegebenen Literaturstellen ergänzen: Flood, M., Gutelius, C.: PE&RS 63, pp. 327-329, 363-366, 1997. Axelsson, P.: IAPRS 32, Part 4, pp. 27-34, Stuttgart, 1998. Kilian, J., Haala, N., Englich, M.: IAPRS 31, Part B3, pp. 383-388, Vienna, 1996. Hoss, H.: PFG, S. 131-142, 1997. Baltsavias, E.: ISPRS-Journal 54, pp. 83-94, 1999. Petzold, B., Reiss, P., Stössel, W.: ISPRS-Journal 54, pp. 95-104, 1999 (das ISPRS-Journal-Heft 2-3, 1999, enthält mehrere einschlägige Beiträge). Hahn, H., Knabenschuh, M., Stössel, W.: GIS 12, Heft 6, S. 38-42, 1999.

2.3 Aus Karten

Topographische Karten sind ein traditionelles Produkt in fast jedem Land. Die kartographische Gestaltung ist in vielen Ländern sehr hoch entwickelt. Es sind ästhetische Produkte, die als wertvolles Kulturgut angesprochen werden können. Topographische Karten werden auch gerne als Visitenkarten eines Landes angesehen. Im Zeitalter der Informationsgesellschaft ist man bemüht, diese analogen Produkte in die digitale Welt zu überführen.

a) Als Rasterdaten

Der Charakter der jeweiligen Karte bleibt nahezu unverändert erhalten, wenn man die Karten mit (Repro-)Scannern digitalisiert, m.a.W. rasterisiert. Dabei werden in der Regel die einzelnen Farbfolien getrennt rasterisiert und anschließend digital zusammengeführt. Solche Rasterdaten können - in gewisser Weise vergleichbar mit einem digitalen Orthophoto (Abschnitt I 2.1.7) - als Hintergrundinformation in ein GIS übernommen werden.

Diese Rasterdaten können auch über ein Geländemodell gelegt und perspektiv visualisiert werden, indem man die dritte Koordinate durch Interpolation mittels des Geländemodells ermittelt. Nach einem solchen Schritt liegen die Voraussetzungen für eine 3D-Visualisierung vor. Auch Animationen mit gerasterten topographischen Karten auf dem Geländemodell sind sehr populär.

Wie alle Rasterdaten eignen sich auch die rasterisierten topographischen Karten nicht gut für Objektbildungen und Attributierungen (Abschnitt F 3.4.1b). Eine Vektorisierung bietet dagegen diese Möglichkeiten.

b) Als Vektordaten

Mit 2D-Digitalisierern können von Karten die topographischen Objekte direkt entnommen werden. Das manuelle Digitalisieren und Attributieren ist allerdings sehr zeitaufwendig. Deshalb werden immer mehr automatische Verfahren, die heutzutage beachtlich weit entwickelt sind, eingesetzt: Man rasterisiert die Karten - zum Beispiel die Blaufolie (= Gewässer) oder die Grünfolie (= Wald) - und setzt mit einer hochautomatisierten Raster/Vektor-Konversion (Abschnitt 2.3.1) fort.

Auch die 2D-Vektordaten können - wie die Rasterdaten - über ein Geländemodell 'gelegt' werden, Figur 2.3-1 zeigt ein Beispiel. Die durch Digitalisierung gewonnenen 2D-Vektordaten sind Straßen und Gewässer.

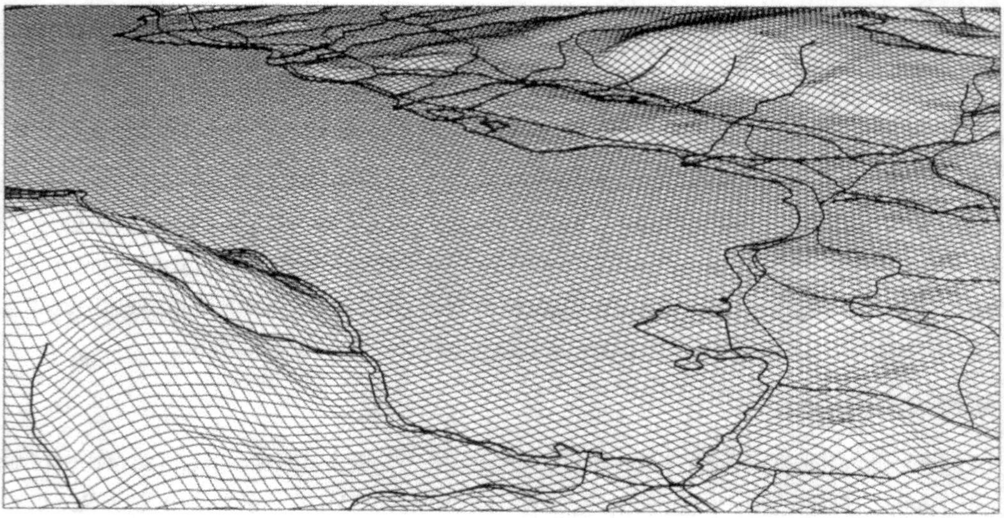

Figur 2.3-1: Straßen und Gewässer zusammengeführt mit einem digitalen Geländemodell. (Die Daten wurden im Rahmen des Forschungsprojektes 'Mission' vom Bundesamt für Eich- und Vermessungswesen dankenswerterweise zur Verfügung gestellt).

2.3.1 Raster/Vektor-Konvertierung

Die Binärbilder einer Rasterisierung können Flächen oder Linien(-Netze) sein. Abhängig davon sind unterschiedliche Umwandlungsalgorithmen anzuwenden. Wir beginnen mit **rasterisierten Flächen**, zum Beispiel einem binären Waldbild (Figur 2.3-2links). Gesucht ist die **Randlinie**.

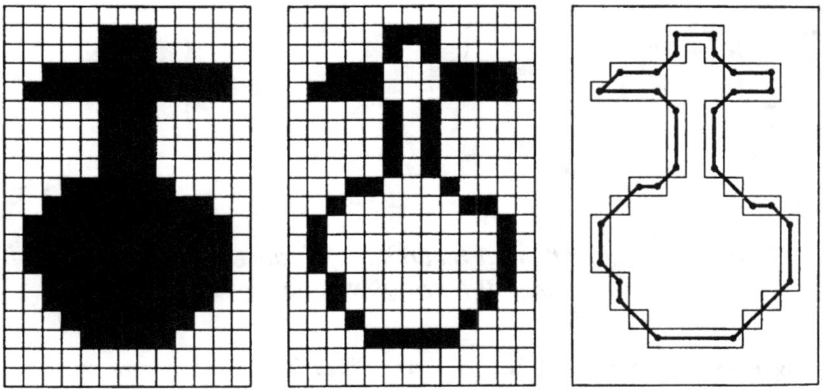

Figur 2.3-2: Prinzip der Randlinienextraktion; links: Binärbild (1 = schwarz), Mitte: Randpixel, rechts: Polygonzug (Vektordaten)[1]

Mit folgendem **Operator** bekommt man die Randpixel (Figur 2.3-2,mitte):

$\bar{b}_{ij} = 1$, wenn $b_{ij} = 1$ und mindestens einer der vier Nachbarpixel $b_{i-1,j}$, $b_{i+1,j}$, $b_{i,j-1}$, $b_{i,j+1} = 0$

$\bar{b}_{ij} = 0$ in allen andern Fällen.

Anschließend kann der Polygonzug leicht gefunden werden. Figur 2.3-2 (rechts) zeigt diese Linienverfolgung. Der eckige Polygonzug wird häufig noch geglättet, z.B. mit den Methoden des Abschnittes H 2.3).

Bei **rasterisierten Linien**, zum Beispiel Gewässer- oder Höhenlinien, ist die **Mittellinie** zu extrahieren. Das in Figur 2.3-3 wiedergegebene Beispiel stammt von A. Illert[2]. Es soll nur grob skizziert werden. Details entnehme man der Originalliteratur.

1 Entnommen aus Hake, G., Grünreich, D.: Kartographie. Walter de Gruyter, 1994.

2 Wiss. Arbeiten d. Fachr. Verm.Wesen d. Uni Hannover, Heft 166, 1990.

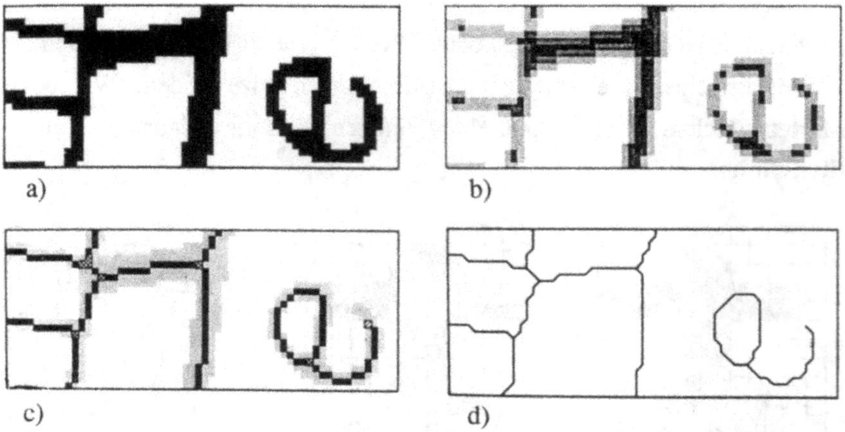

Figur 2.3-3: Mittellinienextraktion: a) Binärbild, b) Distanzmatrix, c) topologische Skelettierung, d) Netzwerk von Polygonen

- Ableitung einer sogenannten Distanzmatrix (Figur 2.3-3b). Sie gibt an, wie weit das jeweilige Pixel vom Rand entfernt ist.
- Topologische Skelettierung mit Detektieren der Knoten samt ihrem Grad (Figur 2.3-3c).
- Linienverfolgung (Figur 2.3-3d).
- Glättung der Polygonzüge und Verbindung zu einem Liniennetzwerk (Abschnitt H 2.3).

2.3.2 Für digitale Geländemodelle

Die Raster/Vektor-Konvertierung ist bei rasterisierten Höhenlinien einerseits besonders einfach; es gibt nämlich **keine Knoten höheren Grades**; die Höhenlinien in topographischen Karten schneiden sich - wenn man von den seltenen Überhängen absieht - nicht. Andererseits ist die Raster/Vektor-Konvertierung bei rasterisierten Höhenlinien besonders schwierig, denn es muß auch die **Zuordnung der Höhenwerte** zu den einzelnen vektorisierten Höhenlinienstücken erfolgen. Diese Zuordnung kann prinzipiell durch Methoden der Mustererkennung, angewandt auf die in Höhenlinienunterbrechungen angegebenen Höhenkoten, erfolgen. In der Praxis wird diese Zuordnungsaufgabe aber meistens (noch) vom Operateur gelöst.

Die auf diese Weise gewonnenen Punkte mit ihren 3D-Koordinaten haben die folgenden **beiden Mängel**:

- Ihre Verteilung ist sehr unregelmäßig, insbesondere im flachen Gelände gibt es zwischen den digitalisierten Höhenlinien große Bereiche ohne Information.

- Die geomorphologisch wichtigen Punkte entlang der Gerippelinien (Geländekanten, Mulden- und Rückenlinien etc.) und Punkte auf Bergen und Geländesenken fehlen.

Die **Homogenisierung der Punktverteilung** kann - wie im Abschnitt H 1.1.2a gezeigt wurde - mit einer Dreiecksvermaschung weitgehend herbeigeführt werden.

Die fehlenden **geomorphologisch wichtigen Punkte und Linien** können entweder durch manuelle Digitalisierung oder durch automatisierte Analyse der Höhenlinienpunkte gefunden werden. Die manuelle Digitalisierung ist in Figur 2.3-4 skizziert: Man zeichnet zuerst in das Höhenlinienbild die Gerippelinie - im Fall der Figur 2.3-4 ist es eine Geländekante - ein und digitalisiert anschließend die Schnittpunkte der Geländekante mit den Höhenlinien; in diesen Schnittpunkten ist zu den digitalisierten XY-Koordinaten die jeweilige Z-Koordinate manuell hinzuzufügen. Das Hinzufügen der Geländehöhen zu den XY-Positionen der digitalisierten Geländekantenpunkte kann aber auch automatisch erfolgen, indem man den jeweiligen Polygonzug einer Geländekante mit den Polygonzügen der Höhenlinien, deren Höhen zumindest als Attribute im Datensatz enthalten sein müssen, verschneidet.

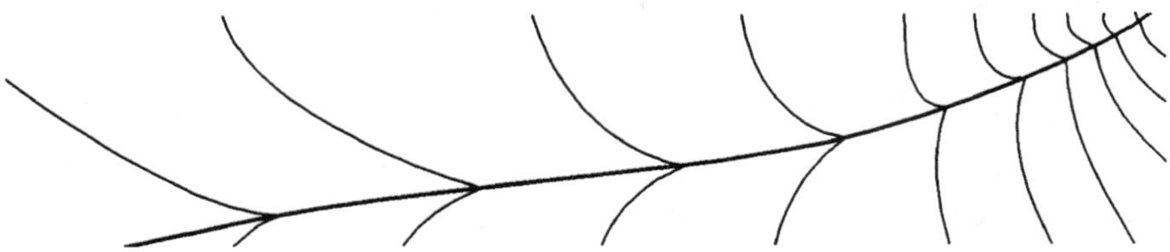

Figur 2.3-4: Manuell eingezeichnete Geländekante in das Höhenlinienbild

AUFGABE 2.3-1: Für ein kleinmaßstäbiges digitales Geländemodell sollen Flußläufe als Geländekanten aus einer topographischen Übersichtskarte erfaßt werden. In der Karte 1:200 000 haben die 100 m-Höhenlinien in der Nähe eines Flusses den in der Figur 2.3-4 skizzierten Verlauf. Man überlege sich den Höhenfehler, wenn die digitalisierten Schnittpunkte nur linear verbunden werden.

Eine noch elegantere Methode stützt sich auf eine Dreiecksvermaschung der Höhenlinienpunkte und auf eine **Analyse der Dreiecksvermaschung**. Damit kann man - weitgehend automatisch - die Gerippelinien und markanten Höhenpunkte finden, wie im Abschnitt H 1.1.2b gezeigt wurde. Ein anderes Beispiel gibt die Figur 2.3-5 wieder.

Diese automatisch abgeleitete Zusatzinformation kann das Geländemodell erheblich verbessern. Figur 2.3-6 zeigt vom Beispiel 2.3-5 einen kleinen Ausschnitt (in der Nähe des linken Randes). Auf der linken Seite der Figur 2.3-6 ist das Geländemodell wiedergegeben, wie es aus den digitalisierten Höhenlinien entsteht. Für das Geländemodell auf der rechten Seite

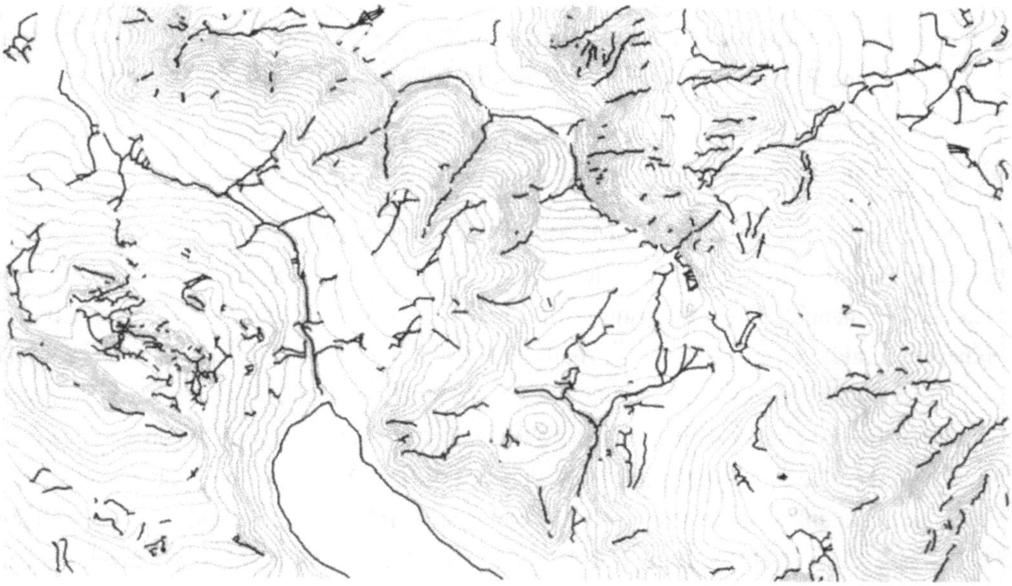

Figur 2.3-5: Digitalisierte Höhenlinien (grau) und daraus automatisch abgeleitete Zusatzinformation (dunkel); die Daten stammen vom Schweizer Bundesamt für Landestopographie.

wurden die gleichen Höhenlinienpunkte benutzt; allerdings wurden vorher die automatisch ermittelten Gerippelinien (Figur 2.3-5) zusätzlich in den Eingabe-Datensatz aufgenommen. Man sieht eine deutliche Verbesserung des digitalen Geländemodells.

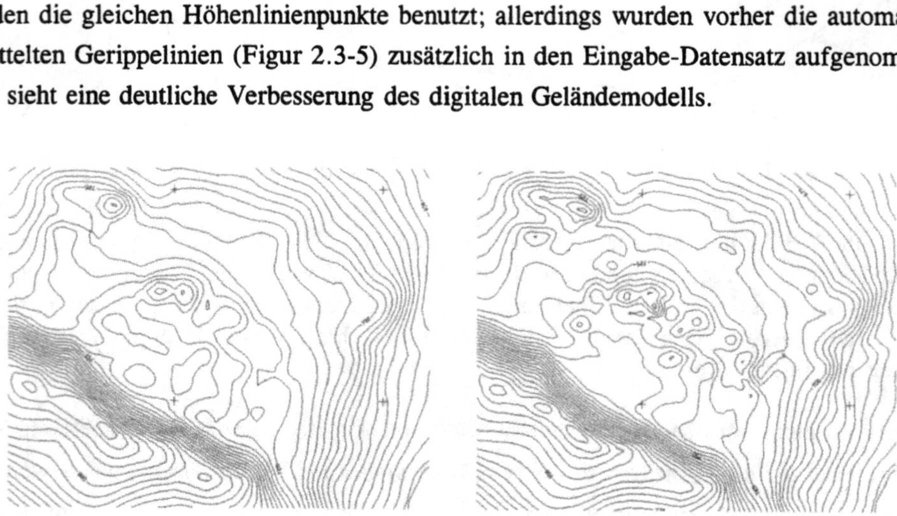

Figur 2.3-6: Höhenlinien des DGMs, das aus Originaldaten (links) und aus Originaldaten gemeinsam mit abgeleiteten Gerippelinien (rechts) erstellt wurde.

Die Figuren 2.3-5 und 2.3-6 sind entnommen aus Heitzinger, D., Kager, H.: IAPRS 32, part 4, pp. 230-237, Stuttgart, 1998. PFG Heft 1, S. 29-40, 1999.

2.3.3 Genauigkeiten

Die Genauigkeit der aus Karten gewonnenen digitalen Daten wird entscheidend vom Kartenmaßstab geprägt. Die Kartengenauigkeit, oft als **Zeichengenauigkeit** bezeichnet, wird etwa mit ± 0.2 mm angenommen, d.h. Karten im Maßstab 1:5000 haben eine Genauigkeit von ± 1 m, Karten im Maßstab 1:10 000 haben eine Genauigkeit von ± 2 m, Karten im Maßstab 1:25 000 haben eine Genauigkeit von ± 5 m etc. Zu dieser Ungenauigkeit kommen noch die Lageverschiebungen von der **Generalisierung** hinzu. Diese Verschiebungen sind stark von den topographischen Objekten abhängig; zum Beispiel haben die Flußläufe und die Eisenbahnlinien im Generalisierungsvorgang eine höhere Priorität als die Straßen und Waldgrenzen. Generell werden die Lageverschiebungen in der Karte umso größer sein, je mehr topographische Elemente auf einer Flächeneinheit darzustellen sind; infolgedessen werden kleinmaßstäbige Karten wesentlich stärker generalisiert sein als großmaßstäbige Karten. Bei Karten 1:5000 erreichen die Verschiebungen vielleicht 1 mm (≙ 5 m); bei Karten 1:50 000 sind Verschiebungen von 2 mm (≙ 100 m!) keine Seltenheit.

Die aus Karten abgeleiteten Modelle werden wegen der verhältnismäßig großen Lageverschiebungen, die im Rahmen der Generalisierung zwangsläufig vorzunehmen sind, gerne als **digitale kartographische Modelle** bezeichnet, im Gegensatz zu den digitalen topographischen Modellen, die mehr oder weniger frei von den Einflüssen der Generalisierung sind.[1]

Die **Genauigkeit der Höhenlinien** sollte man **nicht über die Zeichengenauigkeit** etc. abschätzen. Sie sind in der Regel aus photogrammetrischen Auswertungen entstanden; die Genauigkeit der photogrammetrisch ausgewerteten Höhenlinien hängt entscheidend vom Bildmaßstab und vom Kameratyp ab (Abschnitt A 4.4.1.3, siehe auch Abschnitte I 2.1.3 und I 4.1.1.3). Man sollte also diesbezügliche Recherchen anstellen, wenn am Kartenrand die Flugparameter nicht angegeben sind. Einen gewissen Hinweis erhält man auch aus der Formel A (4.4-5) bzw. Tabelle A 4.4-4, die den Zusammenhang zwischen Karten- und Bildmaßstab angibt. Die über die photogrammetrische Datenerfassung gewonnenen Genauigkeiten der Höhenlinien sind - wegen der verschiedenenorts erforderlichen Generalisierung - zusätzlich noch zu verschlechtern.

Der Abschnitt 2.3 ging nur oberflächlich auf die Datenquelle 'Karte' für TISe ein. Die Datenquelle **'Thematische Karte'** wurde völlig ignoriert. Lehrbücher und Veröffentlichungen der Kartographie enthalten umfangreiche Abhandlungen über die Datenquelle 'Karte'.

---

[1] **Literatur** zum Amtlichen Kartographischen Modell in Deutschland (ATKIS): Grünreich, D.: GIS 3, No. 4, S. 4-9, 1990. Zwei Literaturstellen zum Österreichischen Kartographischen Modell: Strenn, L., Zill, V.: VGI 83, S. 3-13, 1995. Kilga, R.: VGI 82, S. 378-387, 1994.

Beispielhaft seien nur einige **Lehrbücher und Monographien** genannt: Arnberger, E., Kretschmer, I.: Wesen und Aufgaben der Kartographie - Topographische Karten. Band I der Enzyklopädie der Kartographie. Wien, 1975. Campbell, J.: Introductory cartography. Englewood Cliffs, 1984. Göpfert, W.: Raumbezogene Informationssysteme. Karlsruhe, 1991. Hake, G., Grünreich, D.: Kartographie. de Gruyter, 1994. Keates, J.: Cartographic design and production. Harlow, 1989. Maling, D.: Measurement from maps - Principles and methods of Cartometry. Oxford, 1989.

2.4 Mittels Fernerkundung

Die (Satelliten-)Fernerkundung ist für die großräumige Datengewinnung prädestiniert. Sie liefert **Bilddaten im Rasterformat**, wobei vorher eine sogenannte Georeferenzierung bzw. geometrische Rektifizierung erforderlich ist. Die in Satelliten eingesetzten Abtastsysteme (*Scanner*) liefern deutlich mehr Spektralbereiche - auch Kanäle genannt - als die drei Spektralbereiche einer Farbphotographie. Zusätzlich zur reflektierten (Sonnen-)Strahlung im Bereich des sichtbaren Lichtes (400 - 700 nm) und im Bereich der nahen Infrarotstrahlung (700 - 1300 nm) kann mit entsprechenden Sensoren der Fernerkundung auch die von der Erdoberfläche emittierte Thermalstrahlung (7 - 15 μm) aufgezeichnet werden. Neben diesen sogenannten passiven Sensoren gibt es auch aktive Sensoren. Sie senden Strahlung aus, die nach einer diffusen Reflexion auf der Erdoberfläche im Satelliten empfangen und mit der ausgesandten Strahlung verglichen wird. Diese aktiven Sensoren operieren im sogenannten Mikrowellenbereich (1 mm - 1 m); sie sind vom Wetter unabhängig. Tabelle 2.4-1 enthält die technischen Daten von einigen gängigen Satellitensystemen.

Die Bilddaten aus der Fernerkundung spielen für kleinmaßstäbige GISe eine ähnliche Rolle wie die digitalen Orthophotos für großmaßstäbige GISe (Abschnitt I 2.1.7). Die gegenwärtigen Satellitensysteme liefern Rasterdaten mit einer Pixelgröße zwischen 1 m und 120 m. Diese Rasterdaten können mit (Vektor-)Daten, die zum Beispiel von Karten gewonnen wurden, kombiniert werden. Dabei ist die Pixelgröße auf den entsprechenden Kartenmaßstab abzustimmen. Tabelle 2.4-1 enthält eine Gegenüberstellung der **zu den Pixelgrößen passenden Kartenmaßstäbe**.

Mit den Bilddaten der Fernerkundung können auch sogenannte Klassifizierungen vorgenommen werden. Am bekanntesten ist die sogenannte **multispektrale Klassifizierung** mit der größten Mutmaßlichkeit (*Maximum Likelihood*, FE, Band 2). Die Klassifizierung geschieht vollautomatisch; der Klassifikator lernt anhand einiger Trainingsgebiete, das sind Gebiete mit bekannter Landbedeckung. Das Ergebnis einer solchen multispektralen Klassifizierung entsteht im jeweiligen Bildelement unabhängig von den benachbarten Bildelementen. Mit

Satellit (Land/Fa.)	Sensor	Spektralbereich (Wellenlänge bzw. Frequenz und Polarisierung)	Anzahl der Kanäle	Pixelgröße projiziert auf die Erde	größter dazupassender Kartenmaßstab
LANDSAT-5 (USA)	TM	450 - 2350 nm 10.4 - 12.5 μm	6 1	30 m 120 m	1:100 000 1:250 000
LANDSAT-7	ETM+	500 - 900 nm 450 - 2350 nm 10.4 - 12.5 μm	1 6 1	15 m 30 m 60 m	1:50 000 1:100 000 1:200 000
SPOT-4 (Frankreich)	HRVIR	610 - 680 nm 500 - 1750 nm	1 4	10 m 20 m	1:25 000 1:50 000
IRS-1C/1D (Indien)	PAN LISS-III	500 - 750 nm 520 - 860 nm 1550 - 1700 nm	1 3 1	5.8 m 23 m 70 m	1:10 000 1:50 000 1:200 000
RESURS[1] (Rußland)	KFA-1000 KFA-3000[2]	570 - 800 nm 570 - 710 nm	2 1	5 m 2 m	1:10 000 1:5 000
ERS-1/2 (Europa)	SAR AMI	VV C-Band 5.3 GHz 5.6 cm	1	26 m	1:50 000
RADARSAT (Kanada)	SAR	HH C-Band 5.3 GHz 5.6 cm	1	9-100 m	
IKONOS[3] (Space Imaging, USA)	KODAK Zeilenkamera	450 - 900 nm 450 - 900 nm	4 1	4 m 1 m	1:10 000 1:3 000

Tabelle 2.4-1: Technische Daten von gegenwärtigen Satellitenprogrammen und den zur jeweiligen Pixelgröße maximal möglichen Kartenmaßstab

einer sogenannten **Postklassifizierung**, bei der man die Nachbarschaftsbeziehungen zwischen den Bildelementen mit einem heuristischen Regelsystem einbringt, kann das Ergebnis erheblich verbessert werden.[4]

Die folgende Konfusionsmatrix (Tab. 2.4-2), mit der man gerne die Qualität der Fernerkundungsergebnisse angibt, ist ein typisches Ergebnis für die erwähnte zweistufige Klassifizierung aus LANDSAT-TM-Daten. Die angegebenen acht Klassen sind eine Auswahl von elf

---

1 Photographien, die bei Bedarf digitalisiert werden.

2 Bild I 3.2-5 zeigt ein Beispiel.

3 Für die Zukunft sind mehrere Satellitensysteme mit sehr hoher Auflösung angekündigt: Fritz, L.: PE&RS 62, pp. 39-45, 1996. PFG, pp. 369-382, 1997.

4 Steinnocher, K.: Geow. Mitt. der TU Wien, Heft 40, 1994.

Klassen, die im Rahmen dieses Projektes zu ermitteln waren. Das Projekt wurde am I.P.F. der TU Wien bearbeitet. Aus 12 LANDSAT-TM-Szenen aus den Jahren 1991/92 wurde für ganz Österreich die Landbedeckung in einem 50m-Raster abgeleitet. Der Raster mit der Landbedeckung wurde mit dem 50m-Höhenraster des Bundesamtes für Eich- und Vermessungswesen zusammengeführt und für die **Planung eines Mobilfunknetzes** eingesetzt.[1] Inzwischen wurden die Datensätze mit LANDSAT-TM-Daten aus dem Jahre 1996 aktualisiert.

	Referenzdaten								
Klasse	2	3	4	5	6	7	8	9	% ident
2 (Dicht bebaut)	0.61	0.02	0	0.10	0	0	0	0	83.6
3 (Bebaut)	0.39	7.65	1.28	0.19	0	0	0.11	0.52	75.4
4 (Gartensiedlung)	0	0.37	6.28	0.06	0	0	0.42	0.41	83.3
5 (Industrie)	0	0.03	0	0.18	0	0	0	0	85.7
6 (Wasser)	0	0	0	0	0.33	0	0	0	100.0
7 (Wald)	0	0	0.37	0	0	23.87	0.21	1.27	92.8
8 (Offenes Gelände)	0	0	0.83	0.09	0	0.11	24.32	2.01	88.9
9 (Halboffen)	0	0.19	4.32	0	0	0.51	4.38	18.57	66.4
% ident	61.0	92.6	48.0	29.0	100.0	97.5	82.6	81.5	81.8

Tabelle 2.4-2: Konfusionsmatrix

Die **Konfusionsmatrix** entsteht aus Referenzdaten, die Stichproben darstellen. Die Spalten der Konfusionsmatrix repräsentieren die Referenzdaten, die Zeilen die Ergebnisse der Klassifikation. Die Matrixelemente sind in Prozentsätzen der Gesamtanzahl der referenzierten Bildelemente angegeben. Die letzte Spalte beschreibt die innerhalb einer Klasse korrekt klassifizierten Pixel in Prozent der Häufigkeit der jeweiligen Klasse. Die letzte Zeile beschreibt die innerhalb einer Klasse richtig erkannten Referenzdaten in Prozent der Häufigkeit der jeweiligen Klasse. Das letzte Element der Matrix - letzte Zeile, letzte Spalte - beinhaltet die insgesamt korrekt klassifizierten Pixel in Prozent der Gesamtanzahl der klassifizierten und mit Referenzdaten überprüften Bildelemente.

---

[1] Details zum Projekt enthält die Veröffentlichung: Ecker, R., Kalliany, R., Steinnocher, K.: VGI 83, S. 14-25, 1995. Siehe auch Steinnocher, K.: IAPRS 31, Part B4, pp. 841-846, Vienna, 1996. Noch ein Hinweis zur **Terminologie**: Für die Planung eines Mobilfunknetzes ist die tatsächlich vorhandene Dichte des Bewuchses und der Bebauung von entscheidender Bedeutung und nicht die (katastermäßige) Widmung der Grundstücke. Den zuerst genannten Datensatz sollte man als **Landbedeckung**, den anderen Datensatz als **Landnutzung** bezeichnen (siehe auch Abschnitt F 2.).

Die Gesamtgenauigkeit beträgt 81.8%. Auffallend sind die sehr unterschiedlichen Genauigkeiten einzelner Klassen. Der Grund dafür liegt in der Definitionsunsicherheit einzelner Klassen. Der Übergang von einer Klasse auf die thematisch benachbarte Klasse ist in manchen Fällen nämlich fließend. Ein solcher fließender Übergang existiert zum Beispiel zwischen der Klasse 'Gartensiedlung' und 'Halboffen'. Etwa 15% der klassifizierten Bildelemente fallen in solche unsichere Definitionsbereiche. **Lediglich 3.1% der klassifizierten Bildelemente sind als "echte" Fehlklassifizierungen zu werten**. Mit Klassifizierungen auf der Basis von neuronalen Netzen und *Fuzzy-sets* erzielt man etwa die gleiche Genauigkeit.[1]

Wie man der Tabelle 2.4-1 entnehmen kann, reduziert sich die Anzahl der aufgezeichneten Kanäle mit Verbesserung der geometrischen Auflösung, also mit Verkleinerung der Pixelgröße. Für geometrisch hoch aufgelöste Fernerkundungsdaten kommt daher die multispektrale Klassifizierung immer seltener in Frage. An ihrer Stelle tritt die sogenannte **Texturanalyse** eines (einkanaligen) Bildes. Die Texturanalyse kann mit Methoden durchgeführt werden, die wir zum Beispiel im Kapitel B 6.4.1.1 kennengelernt haben. Eine weitere Informationsquelle für die Ableitung der Landbedeckung aus Fernerkundungsdaten sind **rasterisierte (veraltete) topographische Karten** (Abschnitt I 2.3a). Das Zusammenspiel

- der Ergebnisse einer multispektralen Klassifizierung aus Daten mit schlechter geometrischer Auflösung,
- mit den Ergebnissen einer Texturanalyse von geometrisch hochauflösenden Daten und
- den Informationen aus einer gerasterten Karte

kann mit wissensbasierten Regeln erfolgen. Das Ergebnis sind Landbedeckungsklassen mit einer bestimmten Zuverlässigkeit. Sehr unsicher klassifizierte Bereiche müssen mit Luftbildern oder Feldbegehungen geklärt werden. Die Veröffentlichungen[2] enthalten Details für diese vielschichtige Auswertestrategie.

Zum Abschluß dieses kurzen Kapitels über Fernerkundung sollen noch zwei Aspekte herausgestellt werden, die für die Fernerkundung - aus der Sicht eines GIS - interessant sein können. Die großflächig operierende **Fernerkundung ist die billigste Methode zur landesweiten Erfassung** von topographischen Daten. Solche billige Datensätze sind gerade für die Einführung eines TIS besonders wichtig, denn die Entscheidungsträger sehen - bereits nach geringen Investitionen und nach einer kurzen Zeitspanne - die ersten Resultate. Die Resultate

---

[1] Z.B. Barsi, A.: IAPRS 32, pp. 323-327, Budapest, 1998.
Fischer, M.M., Staufer, P.: Geographical Analysis 31, pp. 89-108, 1999.

[2] Sindhuber A.: Geow. Mitt. TU Wien, Heft 48, 1998. Sindhuber, A., Jansa, J.: IAPRS 32, pp. 273-280, Budapest, 1998. Klein, U., Sester, M., Strunz, G.: IAPRS 32, Part 4, pp. 299-305, Stuttgart, 1998.

können georeferenzierte und geringfügig bearbeitete Originalbilddaten und/oder in Landbedeckungsklassen eingeteilte Bilddaten sein.

Der zweite Aspekt, der noch angesprochen werden soll, ist die **Erfassung kurzperiodischer Phänomene**. Überschwemmungen, Waldbrände, Ölteppiche auf Ozeanen etc. können mit beachtlicher Genauigkeit und Zuverlässigkeit mittels Fernerkundung dokumentiert werden. Solche Daten gehören zwar nicht zu den Basisdaten eines TIS; sie machen ein TIS aber interessant. In diese Kategorie ist das Projekt 'Fernerkundung zur Sicherung der Wiener Wasservorräte' einzuordnen, das das I.P.F. gemeinsam mit dem Institut für Hydraulik, Gewässerkunde und Wasserwirtschaft der TU Wien und den Wiener Wasserwerken im Auftrag des Bundesministeriums für Wissenschaft bearbeitet. Bild 2.4-3 zeigt eine SPOT-Aufnahme vom 8.5.1998 aufprojiziert auf das Geländemodell. Aus einer dichten Folge von Fernerkundungsaufnahmen und anderen Datenquellen läßt sich mit Hilfe eines Schneeschmelzmodelles das Wasseräquivalent ermitteln, das im Schnee gespeichert ist. Bild 2.4-4 zeigt SPOT-Aufnahmen vom 18.2. und 20.2.1998. Obwohl nur zwei Tage zwischen den beiden Aufnahmen liegen, kann man die Dezimierung des Schnees gut erkennen. Wegen der häufig in Österreich gegebenen Schlechtwetterlage werden in den kommenden Jahren auch Mikrowellenaufnahmen einbezogen. Eine Angabe über das Wasseräquivalent in Abhängigkeit von der Zeit ist für die Bewirtschaftung des Trink- und Brauchwassers für die Stadt Wien von großer Wichtigkeit.

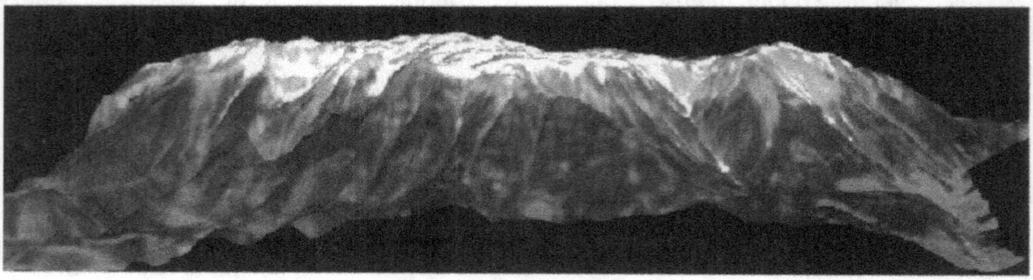

Bild 2.4-3: Perspektivansicht der Schneealm mit überlagerter SPOT-Aufnahme auf dem Geländemodell

Einige **Lehrbücher bzw. Monographien** zur Fernerkundung: Buchroithner, M., Gierloff-Emden, H.: Fernerkundungskartographie mit Satellitenaufnahmen. Band IV der Enzyklopädie der Kartographie, Wien, 1989. Kraus, K., Schneider, W., Jansa, J.: Fernerkundung. Band 1 (2000), und Band 2 (1990), Dümmler Verlag, Bonn. Lillesand, T., Kiefer, R.: Remote Sensing and Image Interpretation. Willey, New York, 1994.

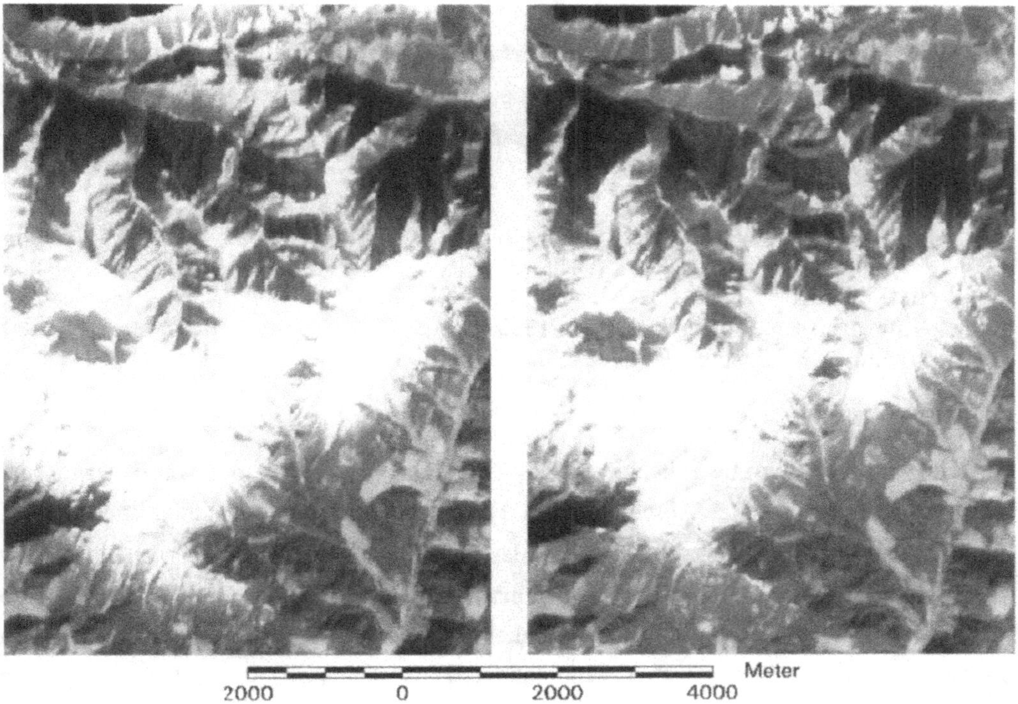

Bild 2.4-4: Georeferenzierte SPOT-Aufnahmen vom 18.2. und 20.2. 1998

2.5 Mittels terrestrischer Verfahren

Die Erfassung von Daten mittels erdgebundener Verfahren ist sehr vielfältig; wir beschränken uns in diesem kurzen Abriß auf die terrestrische Photogrammetrie mit festen Aufnahmestandpunkten und auf die mobile Datenerfassung (*mobile mapping*). Außerdem werden in diesem Kapitel die elektronische Tachymetrie, die Feldergänzung und das Echolot kurz angesprochen.

a) **Terrestrische Photogrammetrie**

Die Datenerfassung in sehr großen Maßstäben ist - unter anderem wegen der bei der Aerophotogrammetrie einzuhaltenden Mindestflughöhe - mittels terrestrischer Photogrammetrie vorzunehmen. Sie ist besonders für die Erfassung von Gebäudefassaden prädestiniert. Die terrestrische Photogrammetrie wurde ausführlich in den Abschnitten A 3.5, B 4.5.2, B 9.4 und B 9.7 beschrieben. Die Ergebnisse sind einerseits **3D-Vektordatenbestände**, die gerne in CAD-Systemen benutzt werden, und andererseits **3D-Photomodelle** (Abschnitt C 1.7) für Visualisierungen und Animationen (Abschnitt D 2.2).

Aus der Sicht eines GIS ist besonders die **Verbindung** der 3D-Vektordaten und der 3D-Photomodelle **mit umfangreichen Attributen**, die in großen Datenbanken abgelegt sein können, interessant. Das Ergebnis einer solchen Zusammenführung der Datenbestände ist ein **Gebäudeinformationssystem**.

Eine kleine **Literatur**auswahl zu diesem Thema: Kehne, G., Runne, H.: ZfV 118, S. 450-455, 1993. Ulmer, F., Sester, M., Fritsch, D.: GIS 10, Heft 4, S. 19-26, 1997. Bökemann, D., Kelnhofer, F., Wöhrer, B.: ÖZ 81, S. 165-174, 1993. Hüppi, W.: Vermessung, Photogrammetrie, Kulturtechnik, Heft 3, 1993. Landes, S. in Bähr/Vögtle (Hrsg.): Digitale Bildverarbeitung, Wichmann-Verlag, 1998.

b) **Mobile Datenerfassung**

So wie man ein Flugzeug mit einem **GPS-Empfänger** ausstatten und kontinuierlich die Position registrieren kann (Abschnitt B 5.3.5), kann man selbstverständlich auch ein auf Straßen oder auf Eisenbahnschienen fahrendes Fahrzeug mit diesem modernen Positionierungssystem ausstatten. Auf diese Weise können Straßen, Eisenbahnen etc. "**Im Maßstab 1:1 digitalisiert**" werden. Die Wirtschaftlichkeit dieses Verfahrens ist in bezug zur Aerophotogrammetrie aber sehr ungünstig; man kann nur kleine Ergänzungen der Datensätze (zum Beispiel Aktualisierung des Straßendatensatzes nach einer Baumaßnahme) auf diese Weise vornehmen.

Wirtschaftlich interessanter wird ein mit GPS ausgestattetes Fahrzeug, wenn **zusätzlich ein *Inertial Navigation System* (INS) und digitale Kameras** zu einem mobilen Multi-Sensorsystem integriert werden. Die Kameras sind fix montiert, sodaß sich ihre Orientierung zum Fahrzeug nicht ändert. GPS und INS besorgen die Positionierung und die Stellung des Fahrzeuges in Abhängigkeit von der Zeit (beim abtastenden Laser im Flugzeug, Abschnitt I 2.2.1, wurde diese Technik genauer besprochen). Damit liegen die äußeren Orientierungselemente der Kameras vor. Die mit den Kameras erfaßten und weitgehend automatisch in den Bildern detektierten Objekte (z.B. Verkehrsschilder, Straßenmarkierungen, Straßenbegrenzungen, Eisenbahnschienen) werden damit in das Referenzkoordinatensystem des jeweiligen GIS transformiert. Die Bildauswertung geschieht interaktiv; zum Beispiel wird ein Punkt einer Straßenbegrenzung in den digitalen Bildern manuell eingestellt; der automatisch arbeitende Algorithmus hat dann nur die Linie von diesem Ausgangspunkt aus zu verfolgen.

Für das System VISAT (*Video-Inertial-Satellite*) der *University of Calgery, Canada*, lauten die wichtigsten technischen Spezifikationen:[1]

Bildsensoren:	8 CCD-Kameras (640 x 480 Pixel)
Aufnahmegeschwindigkeit:	50 - 60 km/Stunde
Aufnahmeradius:	bis 35 m vom Fahrzeug
relative Genauigkeit:	Lage: etwa 8 cm
	Höhe: etwa 5 cm
absolute Genauigkeit:	etwa 30 cm

Vor und nach einer Meßkampagne sind umfangreiche Kalibrierungen vorzunehmen. In der erwähnten VISAT-Literatur wird in diesem Zusammenhang ein Testfeld mit 90 reflektierenden Meßmarken, deren 3D-Koordinaten mit sehr hoher Genauigkeit bekannt sind, erwähnt.

Ein ähnliches System wurde auch an der *Ohio State University* entwickelt. Dieses System wird vor allem zur Erfassung der technischen Einrichtungen entlang von Eisenbahntrassen eingesetzt. Einschlägige **Literatur**: Novak, K.: ZPF 59, S. 112-120, 1991. Novak K., Joao da Silva: ISPRS 30, Part 1, pp. 56-61, Como, 1994.
An der RWTH-Aachen entwickelt man gegenwärtig ein vergleichbares System, das die Bezeichnung CDSS (*Car-Driven Survey-System*) trägt. **Literatur**: Benning, W., Aussems, T.: ZfV 123, S. 202-209, 1998.
Allgemeine **Literatur** zum ***Mobile Mapping***: Rongxing Li.: PE&RS 63, pp. 1085-1092, 1997.

c) **Elektronische Tachymetrie**

Eine Kombination der Aerophotogrammetrie mit der elektronischen Tachymetrie zur 3D-Erfassung der Gebäude haben wir bereits kennengelernt (Abschnitt I 2.1.6c). Es gibt selbstverständlich noch viele andere topographische Objekte, die kombiniert bzw. ausschließlich mit elektronischer Tachymetrie aufzunehmen sind. Durch Vegetation überschirmte Waldwege sind in diesem Zusammenhang zu nennen. Auch die Tunnelvermessung ist hier zu erwähnen; dafür kommt auch das Lichtschnittverfahren (Abschnitt C 2.3.3) in Frage.

d) **Feldergänzungen**

Unter Feldergänzung versteht man im allgemeinen die Erhebung von Details, die im photogrammetrischen Auswerteprozeß nicht erkennbar bzw. nicht eindeutig interpretierbar waren (Abschnitt A 4.5.3). Zur Feldergänzung gehört auch die **Erfassung von Sachdaten** wie Gebäudeattribute (öffentliche Gebäude, Wohn- und Nebengebäude, Industrieanlagen, Gebäude mit einer speziellen Funktion (z.B. Hotels, Tankstellen) etc.), Attribute für Verkehrseinrichtungen (Autobahnen, Bundes- und Landesstraßen, Feld- und Waldwege, Straßen-

---

[1] Schwarz, K., El-Sheimy: IAPRS 31, Part B3, pp. 774-785, Vienna, 1996. El-Sheimy, Naser: ISPRS 31, Part B2, pp. 95-100, Vienna, 1996. Li, R., Chapman, M., Quian, L., Xin, Y., Tao, C.: ISPRS 31, Part B2, pp. 232-237, Vienna 1996.

bahnen und Buslinien etc.), Gewässerattribute und Attribute zu Sonderflächen (Deponien, Naturschutzgebiete, militärische Sperrgebiete etc.).

Heutzutage ist ein sehr großer Teil dieser eben erwähnten Attribute nicht mehr vor Ort zu erheben; in vielen Ländern gibt es dafür bereits funktionierende Datenbanken, zumindest entsprechende Kartenunterlagen. Eine **Verifizierung und die Aktualisierung** dieser Information ist allerdings häufig an Ort und Stelle zu empfehlen (siehe auch Abschnitt F 2.).

Für die Feldergänzung sind *Laptops* ein adäquates Instrumentarium. Die vorher **erfaßten geometrischen Parameter** sollten nämlich **als Referenz** für die Zuordnung der Sachdaten im Felde zur Verfügung stehen. Auch das digitale Orthophoto auf dem Bildschirm bietet dafür interessante Möglichkeiten. Außerdem sollten die (veralteten) Sachdaten in *Laptops* vorgehalten werden, sodaß eine etwaige Aktualisierung effizient im Feld vorgenommen werden kann.

e) **Echolot**

Die Flußsohle und der Seeuntergrund, die auch zu einem umfassenden topographischen Modell gehören, kann man mit den bisher im Abschnitt I 2. besprochenen Methoden nicht erfassen. Das bekannteste Meßmittel zur Bestimmung der Wassertiefen ist das Echolot. Mit dem klassischen Echolot mißt man **Profile**, aus denen die Flußsohle und der Seeuntergrund modelliert werden können. Abschnitt H 1.1.2a zeigt ein einschlägiges Beispiel von einem Donau-Abschnitt.

Die 3D-Positionierung des fahrenden Schiffes, auf dem das Echolot montiert ist, erfolgt heutzutage mit GPS unter Benutzung einiger Referenzstationen (Abschnitt I 2.2.1). Diese **absolute Positionierung** erlaubt, daß mit Hilfe der Echolot-Messungen sowohl die Grenzfläche zwischen Wasser und Untergrund im übergeordneten Koordinatensystem der jeweiligen Landesvermessung als auch die Tiefen der Gewässer in Bezug auf die (lokale) Wasseroberfläche angegeben werden können.

Vergleichbar mit dem Übergang von der Laser-Profilierungs-Messung auf den abtastenden Laser quer zur Flugrichtung (Abschnitt I 2.2) wird gegenwärtig auch die auf Profile ausgelegte Echolotmeßeinrichtung durch eine **Fächer-Echolotmeßeinrichtung** ersetzt. Das Fächerprinzip erlaubt eine effiziente flächenhafte Aufnahme der Grenzfläche zwischen Wasser und Untergrund.

Literatur: Behrens, J.: Wiss. Arb. Univ. Hannover, Heft 209, S. 23-31, 1996.

2.6 Mittels SAR-Interferometrie

Einleitung

Die Datenerfassung für die Aerophotogrammetrie (Abschnitt I 2.1) benutzt das Licht, das von der Sonne kommt und von der Erdoberfläche reflektiert wird; die Aufzeichnung erfolgt im sichtbaren Bereich und im nahen Infrarotbereich des elektromagnetischen Spektrums. Bei diesen passiven Aufzeichnungsverfahren braucht man einen günstigen Sonnenstand und klare Atmosphäre. Mittels abtastender Laser, die selbst die Strahlung aussenden (= aktives System), kann man unabhängig von Tages- und Jahreszeiten die Aufnahmen durchführen (I 2.2). Da die Laser-Scanner mit Strahlung im nahen Infrarotbereich arbeiten, kann die Datenerfassung aber nur bei klarer Atmosphäre erfolgen.

Für Aufnahmesysteme, die im Mikrowellenbereich arbeiten, ist auch bei Wolkenbedeckung die Atmosphäre transparent. Im folgenden beschränken wir uns auf **aktive Mikrowellensysteme**. Sehr bekannt ist das Seitensichtradar[1], bei dem die Erdoberfläche in Zeilen quer zur Flugrichtung links oder rechts von der Flugachse mit gepulsten Mikrowellen abgetastet wird. Dafür werden die in der folgenden Tabelle angegebenen Wellenlängenbereiche benutzt, die als Bänder bezeichnet und mit einem Buchstaben angesprochen werden. In der Tabelle 2.6-1 sind die Bänder sowohl im Frequenzbereich als auch im Wellenlängenbereich, die reziprok zueinander sind, angegeben:

Bezeichnung	Freqenzbereich	Wellenlängenbereich
P	bis 390 MHz	ab 76.9 cm
L	390 MHz - 1.55 GHz	19.35 cm - 76.9 cm
S	1.55 GHz - 4.20 GHz	7.14 cm - 19.35 cm
C	4.20 GHz - 5.75 GHz	5.22 cm - 7.14 cm
X	5.75 GHz - 10.9 GHz	2.75 cm - 5.22 cm

Tab. 2.6-1: Mikrowellen-Bandbereiche

Das Seitensichtradar benötigt allerdings eine sehr lange (physische) Antenne, um eine gute geometrische Auflösung in Flugrichtung im Mikrowellenbild zu erzielen. Mit einer sogenannten synthetischen Apertur konnte die geometrische Auflösung - auch mit sehr kurzen Antennen - sehr verbessert werden. Die geometrische Auflösung quer zur Flugrichtung ergibt sich aus der Impulslänge. Beim **Seitensichtradar mit synthetischer Apertur (SAR)** wird die Intensität (= Amplitude) der von der Erdoberfläche zurückgestreuten Strahlung

[1] Radar bedeutet *Radio Detection and Ranging*, also auf Strahlung fußende Erkennungsmethode und Entfernungsbestimmung.

registriert. Sie variiert in Abhängigkeit vom sogenannten Radar-Rückstreukoeffizienten, der im wesentlichen von der Landbedeckung, der Bodenrauhigkeit und der Bodenfeuchte beeinflußt wird (FE, Band 1 und Band 2).

Für die Bestimmung der **Entfernung** vom Mikrowellensensor zu den Geländeelementen ist es wichtig, daß in jedem Pixel zusätzlich zur Intensität auch der **Phasenwert** ϕ registriert wird. Er gibt den Anteil der Wellenlänge λ an, um den die ausgesandte Welle gegenüber der empfangenen Welle zeitlich versetzt ist. Da die Mikrowelle die Entfernung Sensor-Geländeelement zweimal durchläuft, lautet die Gleichung für diese Entfernung R (es ist eine Schrägentfernung (*slant range*) und keine Grundrißentfernung (*ground range*)):

$$2R = n \cdot \lambda + \frac{\lambda}{2\pi}\phi \qquad (2.6\text{-}1)$$

Über die Anzahl n der durchlaufenen Wellen gibt es keine Information; die Entfernungsmessung mittels "Phase" ist nur innerhalb der Periode von 2π, also der Wellenlänge λ, eindeutig. Die beiden Werte eines **SAR-Pixels**, also die **Intensität und Phase**, faßt man zweckmäßigerweise zu einer komplexen Zahl mit einem Real- und Imaginärteil zusammen.

Eine Entfernungsbestimmung auf der Basis eines SAR-Bildes unter Verwendung der Gleichung (2.6-1) führt zu keinem Erfolg: SAR-Bilder von Satelliten haben heutzutage eine Bodenauflösung von etwa 10 m. Verwendet man ein C-Band mit einer Wellenlänge von 6 cm (Tab. 2.6-1), so beträgt der Meßbereich laut Gleichung (2.6-1): $\lambda/2 = 3$ cm. Meßwerte < 3 cm verschwinden bei einer Bodenauflösung von 10 m aber im zufälligen Rauschen.

Betrachtet man dagegen zwei SAR-Bilder, die aus zwei fast gleichen Sichtwinkeln aufgenommen wurden, und bildet man die **Differenzen** der zum jeweiligen Geländeelement gehörenden beiden Phasenwerte, so bekommt man ein Signal mit einer wesentlich größeren Periode als $\lambda/2$. Dieses Zusammenführen **der beiden SAR-Bilder führt zur SAR-Interferometrie**, wofür auch die Bezeichnung **InSAR** gebräuchlich ist. Voraussetzung für die SAR-Interferometrie ist selbstverständlich, daß kohärente Strahlung, also Strahlung mit einer genau definierten Wellenlänge und Phasenlage, benutzt wird.

Grundprinzip der SAR-Interferometrie

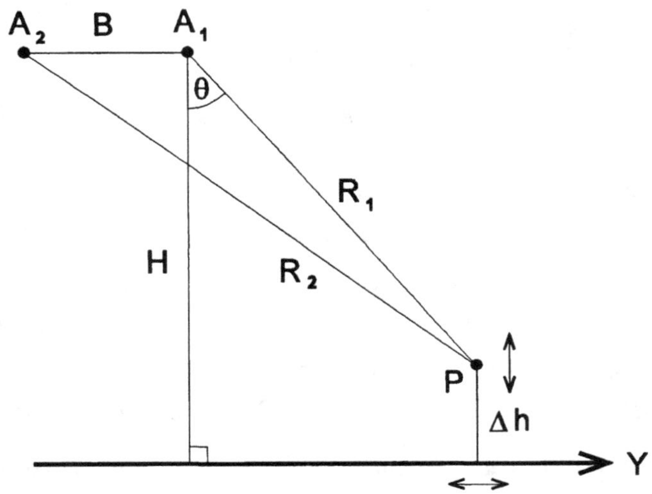

Figur 2.6-2: SAR-Interferometrie in einem Schnitt senkrecht zur Flugbahn

Figur 2.6-2 zeigt das Grundprinzip von InSAR. Von den beiden Antennen A_1 und A_2, die gegeneinander um die Basis B versetzt sind, wird kohärente Strahlung ausgesandt. Die beiden empfangenen Wellen, die zum Geländepunkt P gehören, haben eine **Phasendifferenz** **$\Delta\phi$**, die wie folgt mit der Entfernungsdifferenz $\Delta R = R_2 - R_1$ zusammenhängt (man setze die Gleichung (2.6-1) für die beiden Entfernungen R_1 und R_2 an und subtrahiere die beiden Gleichungen voneinander):

$$\Delta\phi = \phi_2 - \phi_1 = \frac{4\pi}{\lambda}(R_2 - R_1) = \frac{4\pi}{\lambda}\Delta R \qquad (2.6\text{-}2)$$

Dabei wurde der Term $(n_1 - n_2)2\pi$, der die Mehrdeutigkeit von InSAR zum Ausdruck bringt, weggelassen. Das Phasendifferenzenbild $\Delta\phi$ wird als **Interferogramm** bezeichnet. Die Berechnung der Phasendifferenzen aus den beiden SAR-Bildern ist einfach; schwierig ist dagegen das Auffinden der beiden SAR-Pixel, die zum jeweiligen Geländepunkt P gehören. Für diesen **Korrelationsprozeß** sind die in beiden SAR-Bildern ebenfalls registrierten Intensitäten besonders hilfreich. **Mit den beiden Intensitätsbildern** können innerhalb des Suchbereiches Korrelationskoeffizienten gerechnet und im Subpixelbereich das Maximum festgestellt werden (Abschnitte A 7.3, B 6.1.2.2, C 2.2.1). Die Suchbereiche können verhältnismäßig klein gewählt werden, da sich die beiden SAR-Bilder nur geringfügig unterscheiden; außerdem verlaufen die Bildversetzungen nur senkrecht zur Flugrichtung. Die

Qualität dieser Korrelation ist entscheidend für die Genauigkeit des aus InSAR - letztendlich - abgeleiteten digitalen Geländemodelles. Ein Bild aller Korrelationskoeffizienten - bei InSAR spricht man auch gerne von Kohärenz - ist deshalb sehr aufschlußreich. Sie wird als *Correlation map* bzw. ***Coherence map***[1] bezeichnet.

Die **Entfernungsdifferenz ΔR** in Gleichung (2.6-2) hängt von zwei Größen ab (siehe Pfeile in Figur 2.6-2):

- **Variable Geländehöhe**, also Δh variiert an einem festen Y-Wert.
- **Variable Position im horizontalen Gelände**, also Δh = 0 und der Y-Wert variiert.

Jene Phasendifferenzen, die einem horizontalen Gelände entsprechen, kann man bei bekannter Aufnahmegeometrie (Basis B, Flughöhe H über der Horizontalebene) für alle Pixel im InSAR-Bild berechnen und von den aus den ursprünglichen SAR-Bildern ermittelten Phasendifferenzen subtrahieren (man spricht von einem ***Flat-Earth Phase Removal***).

Diese **Rest-Phasendifferenzen** - oft auch als relative Phasendifferenzen bezeichnet - sind dann unmittelbar ein Maß für die Höhen Δh der einzelnen Geländepunkte P. Für kleine Höhenunterschiede gilt in erster Näherung (Figur 2.6-2):

$$\Delta h = \frac{\lambda R \tan\theta}{4\pi B}\Delta\phi \qquad (2.6\text{-}3)^{2}$$

Für eine Periode $\Delta\phi = 2\pi$ bekommt man den aus den Rest-Phasendifferenzen **eindeutig bestimmbaren Höhenbereich** $\Delta h_{2\pi}$:

$$\Delta h_{2\pi} = \frac{\lambda \cdot R \tan\theta}{2B} \qquad (2.6\text{-}4)$$

Für ein übliches Verhältnis von B:R = 1:5000 und einem Tangens des Einfallswinkels von 0.3 ergibt sich ein eindeutig ausmeßbarer Höhenbereich von $\Delta h_{2\pi} = 750\lambda$ - im Vergleich zu λ/2, wenn man die Entfernungen mit den ursprünglichen SAR-Bildern mittels Gleichung (2.6-1) bestimmen wollte.

Wenn man die höhenmäßig eindeutig bestimmbaren Bereiche mit Grau- oder Farbwerten kodiert, bekommt man Höhenzonen-Karten (Bilder 2.6-3 und 2.6-4). Bild 2.6-3 zeigt das

---

[1] Eine solche *Coherence map* kann übrigens auch für thematische Klassifizierungen (Abschnitt I 2.4) benutzt werden: Auf Wasseroberflächen gibt es keine Korrelation bzw. Kohärenz, in Waldgebieten nur eine sehr geringe etc.

[2] Diese Formel ist eine Zusammenschau der Gleichung (2) in der Veröffentlichung Schwäbisch, M.: ZPF 65, S. 22-29, 1997, und der Gleichung (3-6) der Veröffentlichung Wu, X.: DGK, Reihe C, Heft 499, 1998.

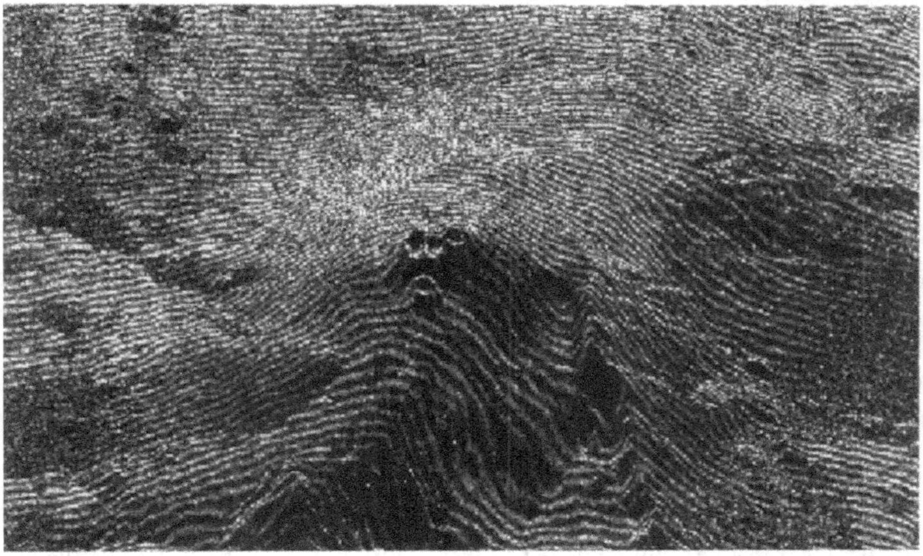

Bild 2.6-3: Interferogramm des Ätna, Italien, vor dem Flat-Earth Phase Removal (© Deutsches Zentrum für Luft- und Raumfahrt - DLR)

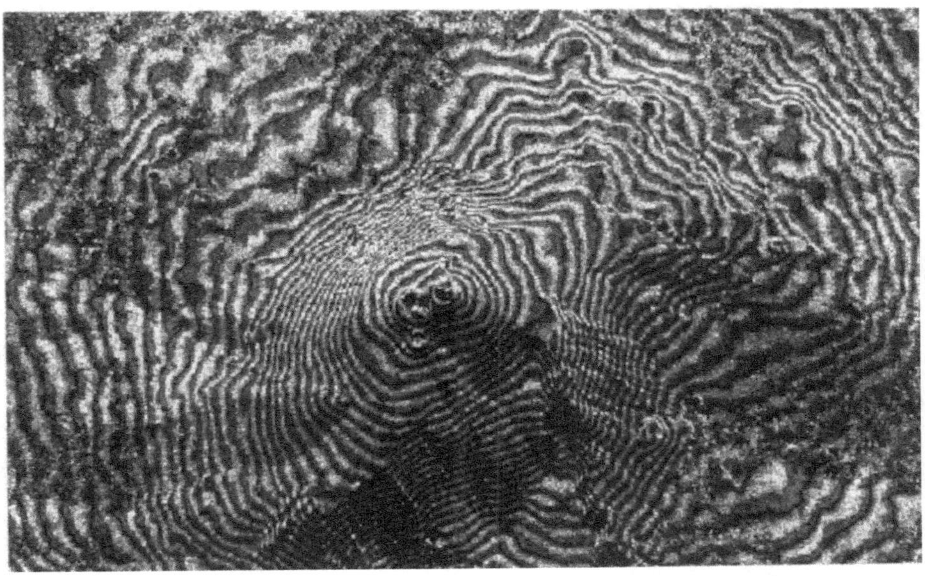

Bild 2.6-4: Wie 2.6-3, aber nach dem Flat-Earth Phase Removal

Interferogramm vom Ätna, Italien, mit den Phasendifferenzen $\Delta\phi$ aus den beiden ursprünglichen SAR-Bildern. Nach dem *Flat-Earth Phase Removal* erhält man Bild 2.6-4. Dieses Interferogramm ist - von einigen noch anzusprechenden Einflüssen abgesehen - bereits **eine Höhendarstellung der Topographie**. Die in den Bildern 2.6-3 und 2.6-4 sichtbaren linienhaften Interferenzbereiche werden gerne als ***Fringes*** bezeichnet. Auf die Methoden, die aus den Fringes durch die sogenannte Phasen-Abwicklung (*Phase unwrapping*) die absoluten Höhenwerte für den gesamten aufgenommenen Bereich ermitteln, wird hier nicht näher eingegangen. Bei Bedarf vertiefe man sich in die am Ende dieses Abschnittes angegebene Literatur.

Ergänzende Bemerkungen

- InSAR kann sowohl mit Satelliten- als auch Flugzeugaufnahmen durchgeführt werden. Im ersten Fall sind es **zwei zeitlich versetzte Aufnahmen von zwei Satellitenbahnen**, die einen Abstand von einigen 100 m haben. Durch die zeitliche Versetzung können Probleme bei der Kohärenz auftreten. Bei **Flugzeugaufnahmen** sind die beiden Antennen am Flugzeug angebracht.[1]
- Für eine **Genauigkeitsbetrachtung** sollte man in Gleichung (2.6-4) mit $\tan\Theta = \sin\Theta/\cos\Theta$ umformen. Der Nenner $B \cdot \cos\Theta$, das ist die Basiskomponente in Strahlrichtung, sollte möglichst groß sein. Andererseits ist zu beachten, daß sich mit Vergrößerung dieser Basiskomponente die Kohärenz verschlechtert. Aus empirischen Untersuchungen mit Satellitenaufnahmen hat Wu[2] ein optimales Basis(B)/Höhen(H)-Verhältnis von etwa 1:2000 gefunden. Gleichung (2.6-4) erlaubt auch eine Äußerung hinsichtlich der zu verwendenden Wellenlänge λ: Kurze Wellenlängen (Tab. 2.6-1) liefern - im Prinzip - genauere Ergebnisse; allerdings können bei kurzen Wellenlängen in Bereichen mit großen Geländehöhenunterschieden die Fringes nicht mehr leicht voneinander getrennt werden.
- Bei Satellitenaufnahmen liegen die **Höhengenauigkeiten** etwa bei ± 10 m. Bei günstigen Bedingungen (geringe Höhenunterschiede, keine Vegetation, geringe Zeitversetzung der beiden Aufnahmen) kann man auch ± 5 m erreichen. Bei Flugzeugaufnahmen werden Genauigkeiten von ± 1 m erreicht. In bewaldeten Gebieten ist die Ungenauigkeit wesentlich größer.[3] Die Chance, den Waldboden zu erreichen, ist bei InSAR ungünstiger als beim Laser-*Scanning* (Abschnitt I 2.2.4). Umfangreiche Genauigkeitstests fehlen noch.

---

[1] Eine Satellitenmission mit einem festen Basismasten von 60 m ist geplant: Bamler, R.: In Fritsch/Spiller (Eds.): Photogrammetric Week '99, pp. 145-154, Wichmann-Verlag, 1999.

[2] Wu, X.: DGK, Reihe C, Heft 499, 1998.

[3] Kleusberg, A., Klaedtke, H.: AVN 1999, Heft 6, S. 202-207.

- Die in Gleichung (2.6-3) definierten Höhenunterschiede Δh beziehen sich auf die Flugbahnen. Um **absolute Höhen im Landeskoordinatensystem** zu bekommen, braucht man deshalb sehr genaue Parameter der Flugbahnen und - im Prinzip - auch die Geoidundulationen. Bei Flugzeugen wird man - wie beim Laser-Scanner (Abschnitt I 2.2) - GPS und INS *on the fly* einsetzen.[1]
- Im Interessensgebiet sollten mehrere **Kontrollpunkte** geschaffen werden. Mit ihren Sollkoordinaten kann man zum Beispiel auf einfache Weise die Phasen-Abwicklung (*Phase unwrapping*) lösen. Aber auch die Flugparameter, insbesondere die Basis B kann aus Kontrollpunkten bestimmt bzw. verbessert werden. Schließlich dienen Kontrollpunkte für die Transformation der auf die Flugbahn sich beziehenden InSAR-Höhen in das Landeskoordinatensystem.
- **InSAR ist im prä-operativem Stadium**. Es gibt intensive Weiterentwicklungen. Voraussichtlich wird InSAR in einigen Jahren eine große Rolle spielen.

Als **Literatur** wird der Aufsatz Gens, R., Van Genderen, J.: Int. J. RS, Vol. 17, No. 10, pp. 1803-1835, 1996, empfohlen. In diesem Aufsatz wurden 178 Literaturstellen zitiert. Zusätzlich werden - neben den in Fußnoten dieses Abschnittes erwähnten Veröffentlichungen - noch genannt: Frick, H., Kalliany, R.: VGI 84, S. 144-151, 1996, Kenyi, L., Raggam, H., Schardt, M.: VGI 84, S. 157-164, 1996. Yocky, D., Johnson, F.: PE&RS 64, pp. 425-429, 1998.

[1] Ein Vergleich der Prinzipien des Laser-*Scannings* mit InSAR ist noch angebracht: Laser-Scanning liefert bekanntlich (Abschnitt I 2.2) Polarkoordinaten mit einem (veränderlichen) Ursprung in der Flugbahn. InSAR liefert ebenfalls solche Polarkoordinaten, allerdings nur unvollständig. Beim Laser-Scanning wird nämlich die Laufzeit-Impulsmessung eingesetzt, die die gesamte Strecke liefert, beim InSAR dagegen die Phasenmessung, die nur eine eindeutige Strecke innerhalb einer Periode liefert. Die Basis B beim InSAR hat übrigens wenig zu tun mit der geometrischen Bedeutung der Basis bei der Photogrammetrie. Die InSAR-Basis dient in erster Linie zur Erzeugung der Interferogramme.

3. AUFBAU DER DATENBESTÄNDE IN EINEM TIS

Bevor auf den Aufbau der Datenbestände eingegangen werden kann, wird ein Abschnitt über Bezugssysteme eingeschoben.

3.1 Bezugssysteme

Für ein TIS ist der Raumbezug das tragende Element. Der Raumbezug wird in der Regel in einem zweidimensionalen oder dreidimensionalen Koordinatensystem festgelegt. Andere Raumbezüge wie zum Beispiel

- die Metrik in einem Raster- oder Voxelmodell (Abschnitt F 3.4) oder
- die Kilometrierung entlang von Straßen oder Flüssen

spielen dagegen in TISen eine untergeordnete Rolle.

Die reale Welt ist dreidimensional; sie ist daher mit drei Koordinaten festzulegen; auf die vierte Koordinate, die Zeit, wird im Abschnitt 3.1.2 eingegangen.

3.1.1 Cartesisches Tangentialsystem

Die 3D-Objekte werden in der Regel in einem **cartesischem Koordinatensystem**, das man auch als orthonormiertes Koordinatensystem bezeichnet (Abschnitt A 2.1), festgelegt. Die Erfahrungen des Menschen in der realen Welt geben Hinweise auf die Orientierung dieses Koordinatensystems: Man nimmt die Richtung der Lotlinie als Z-Achse; die XY-Ebene steht senkrecht darauf; die Y-Achse orientiert man nach Norden.

Die Definition eines Koordinatensystem ist eine Seite, die zweite Seite ist die **Realisierung des Koordinatensystems** in der realen Welt. Sie wird in der Regel durch die Einmessung einiger **Referenzpunkte** geschaffen. Man spricht deshalb auch gerne vom Referenzkoordinatensystem. In dem oben definierten Referenzkoordinatensystem gilt die euklidische Metrik, die für Messungen und Berechnungen besonders angenehm ist.

Eine **ebene Bezugsfläche**, also die XY-Ebene, kann **nur für sehr kleine isolierte Gebiete** benutzt werden. Infolge der Erdkrümmung treten - in Abhängigkeit von der Entfernung A - folgende Abweichungen ΔE von der an die Erdkugel tangential angeordneten XY-Ebene auf

(Gleichung A(4.3-19)):

$$\Delta E \approx \frac{A^2}{2R} \tag{3.1-1}$$

R .... Erdradius, der in diesem Zusammenhang mit 6370 km angenommen werden kann.

A [km]	0	1	2	5	10
ΔE [m]	0	0.078	0.31	1.96	7.8

Tab. 3.1-1: Erdkrümmung ΔE in Abhängigkeit von der Entfernung A

Solche Tangentialsysteme, die nur im Kleinräumigen akzeptable Eigenschaften haben, sind für TISe ungeeignet. **TISe sind global und nicht lokal einzurichten**. Man denke nur an die Fahrzeugnavigation, den Flug- und Schiffsverkehr sowie an hydrologische Aufgaben und Maßnahmen im Umweltschutz. Im folgenden Abschnitt wird ein globales Bezugssystem skizziert.

3.1.2 Globales Bezugssystem

Positionierungsmethoden, die sich auf erdumkreisende Satelliten stützen, erlauben eine Definition und Realisierung eines globalen Bezugssystems (einige Ausführungen dazu wurden bereits im Abschnitt B 5.4.1 gemacht). Diese **Positionierungssatelliten** liefern für erdfeste Punkte cartesische Koordinaten in einem sogenannten *International Terrestrial Reference System* (ITRS)[1] mit dem Koordinatenursprung im Schwerpunkt des Erdkörpers. In diesem **geozentrischen terrestrischen Koordinatensystem** weist die Z-Achse zum mittleren Pol der Zeitspanne zwischen den Jahren 1900 und 1905;[2] die XZ-Ebene liegt im mittleren Meridian von Greenwich. Einem solchen geozentrischen Koordinatensystem - zum Beispiel dem *World Geodetic System 1984* (WGS84), in dem GPS seit 1987 arbeitet - wird ein **mittleres Erdellipsoid** zugeordnet. Das mittlere Erdellipsoid ist die **Bezugsfläche für die absoluten Geoidundulationen** (Figur 3.1-2). Die absoluten Geoidundulationen sind demnach die Abweichungen zwischen dem im Schwerpunkt der Erde gelagerten Erdellipsoid und dem Geoid, das ist die die mittlere Meeresoberfläche enthaltende und unter den Kon-

---

1 Die Festpunkte im ITRS bilden das *International Terrestrial Reference Frame* (ITRF).

2 Der Pol, der auf der Rotationsachse der Erde liegt, unterliegt permanent einer Veränderung (Polbewegung), die gegenwärtig in einer Zeitspanne von 14 Monaten einen Betrag von etwa 6 m erreicht. Der "mittlere" Pol entsteht durch Mittelung über eine längere, genau definierte Periode.

tinenten sich fortsetzende Niveaufläche. Die absoluten Geoidundulationen erreichen Werte bis 100 m. Die **Genauigkeit** der Geoidundulationen liegt im **Dezimeterbereich**; man arbeitet gegenwärtig intensiv an einer Genauigkeitssteigerung.

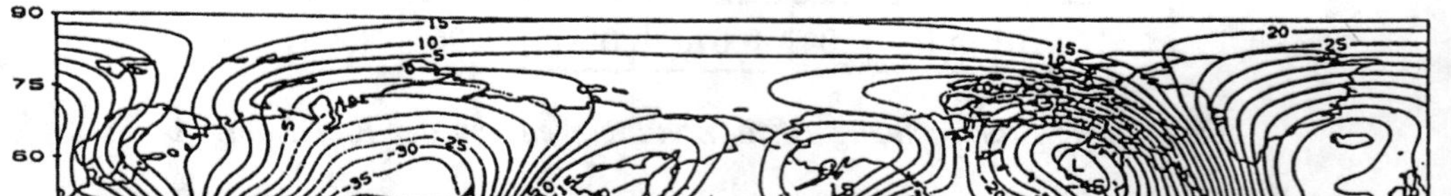

Figur 3.1-2: Globales Geoid mit Linien gleicher absoluter Undulationen gegen das Ellipsoid des WGS84

Nach der Zuordnung des mittleren Erdellipsoides im geozentrischen Koordinatensystem kann man von den geozentrischen Koordinaten X, Y und Z auf **geographische Koordinaten ϕ und λ sowie ellipsoidische Höhen**, das sind die Abstände der Punkte vom Ellipsoid, übergehen (Abschnitt B 5.3.1 enthält den Formelsatz). Die auf das Ellipsoid sich beziehenden geographischen Koordinaten ϕ und λ können mit unterschiedlichen Abbildungsverfahren "verebnet" werden. Dabei haben konforme, also (im Differentiellen) **winkeltreue Abbildungen**, eine herausragende Bedeutung.

Eine solche Verebnung führt zwangsläufig zu Verzerrungen. Für die **Gauß-Krüger-Projektion**, eine sehr häufig benutzte Projektion, sind diese Verzerrungen in Abhängigkeit vom Abstand zum Hauptmeridian, der bekanntlich bei dieser Projektion längentreu abgebildet wird, in die Tabelle 3.1-3 eingetragen. Die angegebene **Streckenverzerrung** ds bezieht sich auf eine Strecke von 1 km und die angegebene **Flächenverzerrung** df auf eine Fläche von 1 km^2 (= 100 ha).

Abstand	0	50 km	100 km	150 km
ds df	0 0	0.031 m 61 m^2	0.123 m 244 m^2	0.276 m 550 m^2

Tab. 3.1-3: Verzerrung ds einer Strecke von 1 km und Verzerrung df einer Fläche von 1 km^2 in der Gauß-Krüger-Projektion in Abhängigkeit des Abstandes vom längentreuen Hauptmeridian

Infolge der exponentiell wachsenden Verzerrungen in Abhängigkeit vom Abstand zum Hauptmeridian wird die **Abbildung des Erdellipsoids in (überlappende) Teilgebiete** zerlegt. Dadurch können zwar die Verzerrungen klein gehalten werden; mit dieser Maßnahme kommt es aber in den Überlappungszonen der Teilgebiete zu Problemen. Zum Beispiel hat ein Punkt in den Randbereichen zwei X- und zwei Y-Koordinaten. **Aus der Sicht eines globalen TIS sollte man daher die Punkte mit den eindeutigen $\phi\lambda$-Koordinaten abspeichern.**[1] Der TIS-Benutzer erwartet allerdings die Präsentation der topographischen Modelle in verebneter Form, zum Beispiel in der Gauß-Krüger-Projektion oder der Lambert'schen Kegelprojektion. Solche Transformationen sind typische Datenverwaltungsprogramme in einer topographischen Datenbank (Abschnitt F 1.2).

Ein globales Bezugssystem muß auch den Zusammenhang der oben erwähnten ellipsoidischen Höhen, die nur eine geometrische Bedeutung haben, mit physikalisch definierten Höhen herstellen. Aus **physikalischer Sicht** sind Höhen interessant, die als Potentialdifferenzen des Erdschwerefeldes definiert sind; zwischen Punkten mit gleicher Höhe sollte kein Wasser fließen. Die mit Potentialdifferenzen definierten Höhen nennt man **dynamische Höhen**. Sie sind allerdings zu physikalisch (z. B. haben sie die Dimension [m^2/s^2]) und zu wenig geometrisch. Ein Kompromiß sind die sogenannten **orthometrischen Höhen**. Sie haben die Länge der schwach gekrümmten Lotlinie vom Geoid zum Geländepunkt. Man nennt sie **Meereshöhen**, weil das Geoid die Meeresfläche unter den Kontinenten repräsentiert. Zwischen Punkten mit gleicher orthometrischer Höhe kann Wasser fließen. Diese Diskrepanz ist im flachen Gelände - glücklicherweise - sehr gering; in den Alpen kann diese Diskrepanz über eine Entfernung von 10 km bis zu 1 m betragen.

Die **ellipsoidischen Höhen** h, die für geometrische Betrachtungen erforderlich sind, und die **orthometrischen Höhen** H, die die reale (Höhen-)Welt weitgehend widerspiegeln, hängen - wie bereits im Abschnitt B 5.4.5 angegeben wurde - über die **Geoidundulationen** N mit der einfachen Beziehung

---

[1] Die Praxis bevorzugt (immer noch) die 'verebneten' Koordinaten.

$$N = h - H \tag{3.1-1}$$

zusammen.

In ein TIS sind daher die Geoidundulationen als Datenbestand aufzunehmen. Ein ähnlicher Datensatz sind die sogenannten **Höhenanomalien**; mit ihnen kann man aus ellipsoidischen Höhen die dynamischen Höhendifferenzen ableiten. Für physikalisch heikle Aufgaben sollte man darauf zurückgreifen.

AUFGABE 3.1-1: Die absoluten Geoidundulationen der Figur 3.1-2 sind - bezogen auf ein $\phi\lambda$-Gitter - in ein TIS aufzunehmen. Man schätze mittels Gleichung H(2.5-3) die adäquate Gitterweite unter der Annahme ab, daß der Fehler bei einem linearen Operieren innerhalb der Gitterelemente kleiner als 10 cm bleiben soll. (Lösung: Länge 0.3°, Breite 0.6°)

Am Ende des Abschnittes über ein für globale Aufgaben ausgelegtes Lage- und Höhenbezugssystem ist noch seine **Realisierung** anzusprechen. Die modernste Verwirklichung sind **permanent mit GPS-Empfängern ausgestattete Stationen**, die etwa einen Abstand von 50 km haben sollten. Sie dienen als Referenzstationen für die hochgenauen differentiellen GPS-Messungen (z.B. Paßpunktbestimmung für photogrammetrische Blöcke (Abschnitt B 5.3.4), GPS-gestützte Aerotriangulationen (Abschnitt B 5.3.5), Laser-Befliegungen (Abschnitt I 2.2.1)). Diese GPS-Permanentstationen empfangen laufend die aktuellsten Signale der GPS-Satelliten. Damit wird auch der **Dynamik dieses Koordinatensystems**, die u.a. von der Bewegung der GPS-Fundamentalstationen (Plattentektonik!) verursacht wird, Rechnung getragen. Die europäischen Fundamentalstationen, die das ETRF (*European Terrestrial Reference Frame*) bilden, bewegen sich um etwa zwei Zentimeter pro Jahr gegenüber dem ITRF. Die Dynamik eines Koordinatensystems kommt zum Beispiel in der Bezeichnung ITRF94 (*International Terrestrial Reference Frame* mit den Messungen des Jahres 1994) zum Ausdruck. Im TIS ist also in den **Metadaten** nicht nur die Bezeichnung des globalen Bezugssystems anzugeben, sondern auch **das Jahr**, in dem das Bezugssystem festgelegt wurde.

3.1.3 Bezugssysteme der Landesvermessungen

Die einzelnen Länder haben historisch entstandene Bezugssysteme, und zwar aus einer Zeit, in der man nicht länderübergreifend handeln konnte bzw. gehandelt hat. Das jeweilige Land hat - übertrieben formuliert - sein eigenes Ellipsoid in die für das jeweilige Land günstigste Position zum Geoid gebracht (Figur 3.1-4). Dadurch sind die Geoidundulationen, die sich auf das Bezugssystem der jeweiligen Landesvermessung beziehen, wesentlich geringer. Diese

relativen Geoidundulationen sind für Österreich in der Figur B 5.4-5 wiedergegeben. Sie erreichen maximal 3.3 m im Vergleich zu den absoluten Geoidundulationen, die in Österreich etwa 50 m betragen.

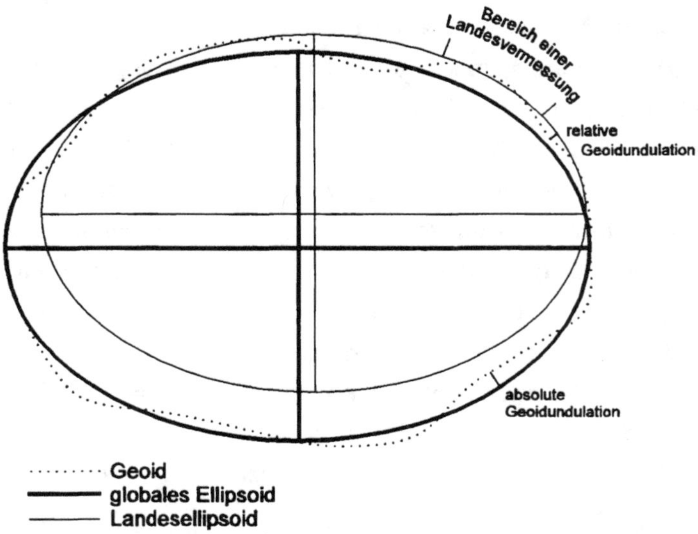

Figur 3.1-4: Geoid, mittleres Erdellipsoid und Ellipsoid einer Landesvermessung

Die **isolierten Bezugssysteme** der einzelnen Länder bringen **für globale TIS-Aufgaben große Probleme**. Zum Beispiel liegen die (topographischen) Karten in der Regel im Bezugssystem des jeweiligen Landes vor. Obwohl Bayern und Österreich für ihr Bezugssystem das Bessel-Ellipsoid verwenden, kommt es an der gemeinsamen Grenze zu Differenzen von etwa 100 m in der Lage und ca. 2 m bei den ellipsoidischen Höhen. Diese Differenzen treten im Datenbestand auf, wenn man zum Beispiel die österreichischen und deutschen topographischen Karten digitalisiert und sie in geographische Koordinaten - bezogen auf das Bessel-Ellipsoid - umrechnet.

Kurzsichtige Abhilfe schaffen Transformationsformeln, die die Landeskoordinatensysteme der Nachbarländer in das Landeskoordinatensystem des eigenen Landes umrechnen. **Langfristig** ist zu empfehlen, die **Basisdatenbestände des eigenen Landes auf das mittlere Erdellipsoid** zu transformieren. Wenn alle Länder diesem Beispiel folgen, entstehen im Laufe der Jahre globale Datensätze in einem einheitlichen Bezugssystem. Es ist zu beachten, daß diese Formeln ständig zu verbessern und - wegen der Netzspannungen in den alten Landeskoordinatensystemen - sogar lokale Anpassungen innerhalb eines Landes erforderlich sind.[1] In den **Metadaten** eines TIS ist daher festzuhalten, **mit welchen Transformationsformeln zu welcher Zeit** die jeweilige Transformation vorgenommen wurde.

Die **vermessungstechnische Vergangenheit eines Landes** bringt weitere Probleme beim Übergang auf ein GIS mit sich. Die **alten Festpunktnetze** weisen - wie bereits erwähnt - teilweise sehr **große Spannungen** auf. Man kann diese Spannungen zum Beispiel dadurch aufdecken, daß man für die alten Festpunkte neuzeitliche GPS-Bestimmungen vornimmt. Figur 3.1-5 zeigt ein Beispiel aus der Praxis[2]. In der Figur 3.1-5 (links) sind die Residuen nach einer Affintransformation wiedergegeben. Sie erreichen maximal 18 cm. Einige offensichtliche Ausreißer fallen im Vektorbild auf; sie sind zu eliminieren. Anschließend kann eine **statistische Analyse** - wie sie im Abschnitt H 3.3.1 beschrieben wurde - für die X- und Y-Koordinate getrennt vorgenommen werden. Die Analyse ergab:

Rechts-Koordinate:	10% unregelmäßiger Anteil,
	Halbwertsweite der Kovarianzfunktion = 772 m
Hoch-Koordinate:	30% unregelmäßiger Anteil,
	Halbwertsweite der Kovarianzfunktion = 988 m.

Damit liegen die Voraussetzungen vor, alle im alten Bezugssystem vorhandenen **Massenpunkte mit der Interpolation nach kleinsten Quadraten (Abschnitt H 3.3.1) in das neue, bessere Bezugssystem zu transformieren**. In der Figur 3.1-5 (rechts) wurden die Interpolationswerte, die an regelmäßig angeordneten Interpolationsstellen erhalten wurden, graphisch dargestellt. Man bekommt eine sehr glatte Interpolationsfunktion in Abhängigkeit von den XY-Koordinaten. Diese Eigenschaft kann auch ein Problem sein: Die Deformationen in alten Netzen können nämlich auch **Unstetigkeitsstellen** aufweisen. Man muß deshalb das Vektorbild der Residuen auch diesbezüglich analysieren und Gebiete mit gleichem statistischen Verhalten zu einem Interpolationsgebiet zusammenfassen; an den Nahtstellen der homogenen Gebiete sind zusätzliche Messungen empfehlenswert. Die **Alternative** zu einer Interpolation ist - ausgehend von neuen Koordinaten der Ausgangspunkte - eine **Neuberechnung der Massenpunkte**. Voraussetzung für dieses wesentlich zeitaufwendigere Vorgehen ist allerdings, daß die **originären Meßwerte** noch zur Verfügung stehen.

---

[1] Im Abschnitt I 2.2.1 wurden zum Beispiel Formeln zwischen den österreichischen Landeskoordinaten und dem WGS84 im Wiener Raum angegeben.

[2] Es wurde von Prof. Dr. Hofmann-Wellenhof, TU Graz, zur Verfügung gestellt. Die Berechnungen hat Prof. Dr. J. Jansa durchgeführt.

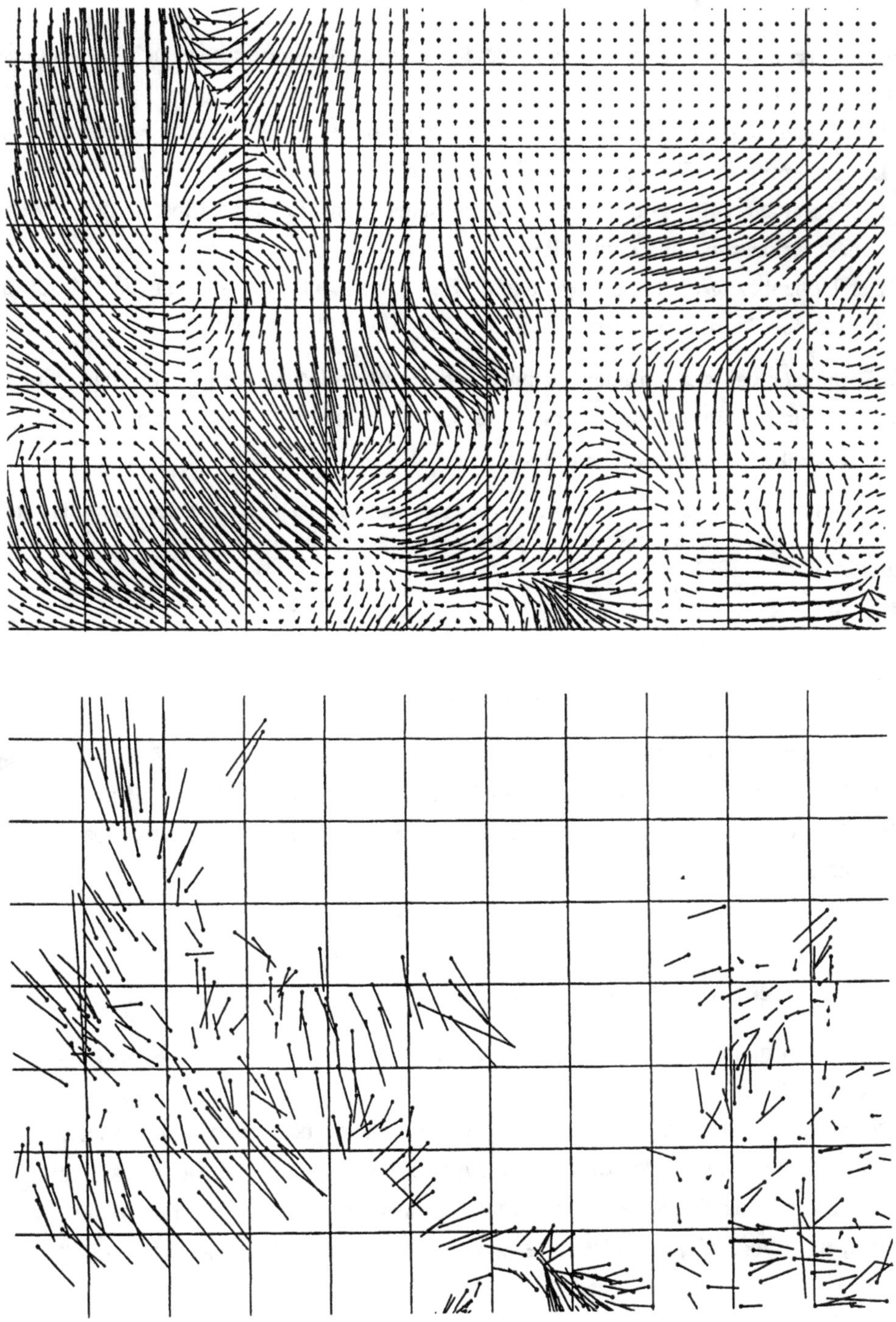

Figur 3.1-5: Residuen an identischen Punkten (links) und Interpolationswerte bezüglich eines regelmäßigen Gitters (rechts)

3.1.4 Das geodätische Datum

Darunter versteht man alle Parameter, die ein Bezugssystem definieren. Das geodätische Datum umfaßt:

- Die Dimensionen des verwendeten Referenzellipsoids.
- Die Lagerung des Referenzellipsoids zum Erdkörper.
- Die Parameter für Transformationen zwischen dem Referenzellipsoid der jeweiligen Landesvermessung und dem ITRF.
- Der Höhenbezug (z.B. der sogenannte "Europahorizont", der sich auf das Mittelwasser der Nordsee in der Zeitspanne zwischen 1940 und 1958 bezieht).

Die Parameter des geodätischen Datums sind als **Metadaten** in ein TIS aufzunehmen. Es werden mehrere Datums-Parametersätze sein, denn in einem TIS hat man es im allgemeinen mit mehreren Bezugssystemen zu tun.

Der Abschnitt 3.1 stützt sich auf ein Manuskript von Prof. Dr. K. Bretterbauer, das sowohl in deutscher als auch in englischer Sprache vorliegt. Siehe auch Torge, W.: Geodesy. De Gruyter, Berlin, 1991.

3.2 Aufbau der Datenbestände

Zuerst werden die Metadaten - im weiteren Sinn die Metainformation - für ein TIS besprochen. Anschließend wird auf die topographischen Datenbestände, die als Modelle in einem TIS aufgebaut werden, eingegangen, und zwar in Abhängigkeit vom verfügbaren Investitionsrahmens.

3.2.1 Metainformation

Die Metainformation bringt Transparenz in die in einem Informationssystem gespeicherten Daten. Mit der Metainformation werden die (umfangreichen) Datenbestände in der Weise beschrieben, daß der Nutzer objektiv die Datenbestände beurteilen und vergleichen kann. Dabei spielt die Qualität der Daten eine zentrale Rolle. R. Bill hat folgendes einprägsames Wortspiel zur Charakterisierung der Metainformation publiziert:[1] **Wer bietet was und wieviel, worüber, wie, in welchem Zusammenhang, zu welchen Konditionen ?**

---

[1] Bill, R.: PFG 1997, Heft 5, S. 283-290.

Die Metainformation für ein TIS wird im allgemeinen wie folgt gegliedert:

a) **Semantische Metainformation**:

- Bezugssystem (Abschnitt I 3.1, insbesondere Abschnitt I 3.1.4),
- Objektarten (z.B. ATKIS-Objektartenkatalog, Abschnitt F 2.),
- Datenerfassungsart (die wesentlichen Informationen aus Abschnitt I 2.),
- Modellierungsannahmen (Art der Repräsentation zum Beispiel für die Kurven und Flächen entsprechend den Methoden der Abschnitte H 2. und H 3., Dimensionalität der Objekte entsprechend Abschnitt F 3.2, Generalisierungsgrad),
- Genauigkeit (einschließlich Kovarianzen) und Zuverlässigkeit,
- Aktualität (Erstellungsdatum),
- etc.

b) **Syntaktische Metainformation**:

- Formatbeschreibung (Schnittstellen für die Datensätze, Abschnitt F 2.),
- Zugriffspfade über die Zugriffsschlüssel,
- Testdaten zur Erprobung der Datenübernahme,
- etc.

c) **Strukturelle Metainformation**:

(Sie umfaßt sowohl semantische als auch syntaktische Anteile.)

- Komprimierte Abbildung der Datenbank, in der die topographischen Datenbestände abgelegt sind (hierarchische, netzartige, relationale und/oder objektorientierte Datenbank),
- Struktur der Vektor- und/oder Rasterdaten (eine solche Struktur für ein hybrides DGM wurde zum Beispiel im Abschnitt H 3.4.3 angegeben),
- etc.

d) **Navigatorische Metainformation**:

(Sie beschreibt die Möglichkeiten des Durchwanderns der Datenbestände.)

- Menüstruktur,
- *Hyperlinks* zu anderen (Meta-)Datenbeständen,
- Aufbereitung für *World Wide Web* (WWW),
- etc.

e) **Administrative Metainformation**:

- Adresse des Datenherstellers und Vertreibers,
- Zugriffsrechte und Zugriffsbedingungen,

- Kosten, Abrechnungsmodalitäten,
- etc.

Die Erfassung der Metainformation wurde in der Vergangenheit vernachlässigt. Es ist verhältnismäßig schwierig, zu alten Datenbeständen die Metainformation nachträglich hinzuzufügen. Beim Aufbau eines neuzeitlichen TIS ist von Anfang an der Metainformation die ihr gebührende große Aufmerksamkeit zu schenken.

3.2.2 Modelle aus Rasterdaten

Modelle, die aus Rasterdaten aufgebaut werden, führen mit Abstand zum billigsten TIS. Solche TISe bieten für Visualisierungen bereits ausgezeichnete Möglichkeiten. Sie sind für den Einstieg in ein Informationssystem sehr attraktiv, insbesondere wegen der geringen Kosten.

Die Kosten für Modelle aus Rasterdaten lassen sich in Abhängigkeit von der Texelgröße, das ist die auf die Erdoberfläche projizierte Pixelgröße, **dosieren**. Aus Satelliten bekommt man heutzutage Rasterdaten in einer Texelgröße zwischen einem Meter und einigen Zigmetern (Abschnitt I 2.4). Bei landesweiten Orthophotoprojekten beträgt die Texelgröße zwischen etwa 50 cm und einigen Metern (Abschnitt I 2.1.1). Rasterdatenbestände werden aber auch durch Rasterisierung von analogen topographischen Karten erzeugt (Abschnitt I 2.3a).

Die **Modellbildung** aus Rasterdaten ist sehr einfach: Die Bildmatrizen werden im Landeskoordinatensystem ausgebreitet. Hat man mehrere Rasterdatensätze (z.B. rasterisierte topographische Karten und digitale Orthophotos), so werden sie in **mehreren übereinanderliegenden Ebenen** (Figur F 3.2-1) bereitgehalten.

Rasterdatensätze wird man in **Bildpyramiden** (z.B. Abschnitt A 7.7.4) organisieren. Damit steht die Information in **unterschiedlichen Detaillierungsgraden (LODs - *levels of detail*)** zur Verfügung. Der zusätzliche Speicherbedarf - falls die verschiedenen LODs durch Halbierung der Zeilen- und Spaltenanzahl entstehen - beträgt nur 33%.

AUFGABE 3.2-1: Man beweise diese Aussage.

AUFGABE 3.2-2: Wie groß ist der Speicherbedarf für ein digitales Farborthophoto für Österreich (84 000 km^2)? Einerseits für den Basisdatensatz mit einer Texelgröße von einem Meter und andererseits für eine 4-stufige Bildpyramide mit dem 1m-Datensatz als Basisebene.

Die **Vereinigung der Rasterdatensätze** zu einem einzigen Bild kann mittels IHS-Transformation (FE, Band 2) und *Look-up*-Tabellen (Abschnitt C 1.3.1.1) erfolgen. Bild 3.2-1 zeigt die Verschmelzung der beiden folgenden Rasterdatenbeständen:

- Eine aus einem Geländemodell abgeleitete Schummerung (Abschnitt I 4.4.1),
- rasterisierte topographische Karte in Farbe, die aber nur als Schwarz/Weiß-Bild wiedergegeben wird.

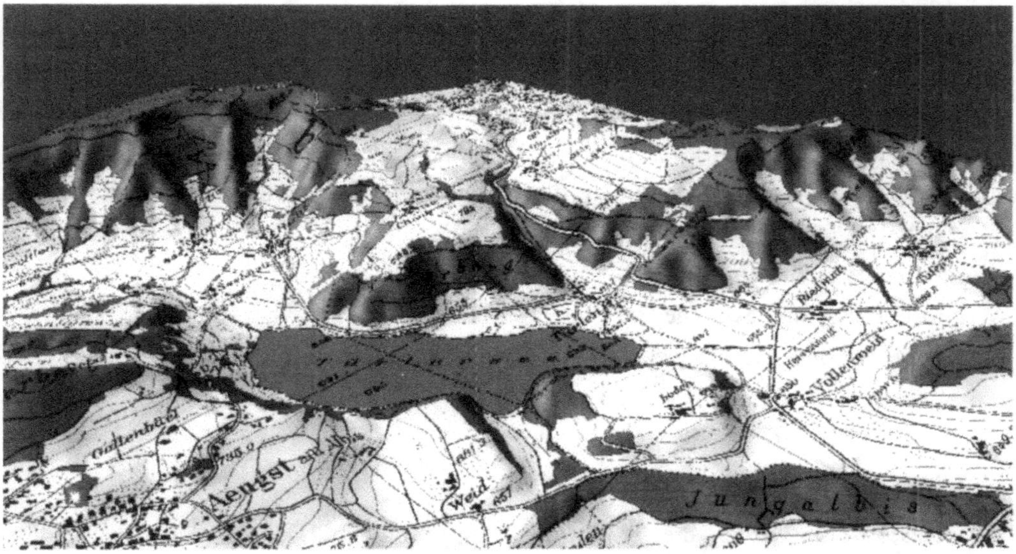

Bild 3.2-1: Verschmelzung einer aus dem DGM abgeleiteten Schummerung mit einer rasterisierten Karte und Visualisierung als Zentralprojektion (Daten vom Schweizer Bundesamt für Landestopographie)

Thematische Informationen, die durch automatische Klassifizierung von originären Bilddaten (Abschnitt I 2.4) entstanden sein können, werden in eigenen Informationsebenen - ebenfalls als Bildpyramiden - gespeichert. Sehr häufig wird im TIS, in dem die originären Bilddaten bereitgehalten werden, die **thematischen Informationen erst durch visuelle Interpretation am TIS-Bildschirm** gewonnen.

3.2.3 Modelle aus Vektordaten

Ein TIS - aufgebaut aus Vektordaten - ist **sehr kostspielig**. Dabei wird - aus moderner Sicht - die thematische und geometrische Information im jeweiligen topographischen Objekt zusammengeführt. Diese Sicht läßt sich **am besten in objektorientierten Datenbanken** bzw. objekt-relationalen Datenbanken (Abschnitt G 3.6) verwirklichen. Im letzten Fall werden die

Geometrie und Topologie sowie die Sachdaten mit den beliebten Relationen beschrieben; zusätzlich wird aber dafür gesorgt, daß alle zu einem Objekt (zum Beispiel zu einem Gebäude) gehörenden Tabelle eine eindeutige Objekt-Identifikation bekommen.

Die Erfassung und Modellierung von **2D-Vektordaten** waren in vielen Ländern **der Anfang** der TIS-Aktivitäten. Man kann diesen Prozeß als Übergang von den analogen (zweidimensionalen) Karten in die digitale Welt charakterisieren. Digitalisiert wurden die großmaßstäbigen Katasterkarten, die mittel- und kleinmaßstäbigen topographischen und thematischen Karten.

Solche **2D-Vektormodelle** sind nach wie vor sehr populär, da sie wesentlich mehr Sachinformation als eine analoge Karte aufnehmen können. Sie haben eine **hohe Akzeptanz bei den Anwendern**; sie sind leicht durchschaubar und bieten bereits große Vorteile im Vergleich zur analogen Arbeitsweise. Für die Objektidentifikation sollte man - wie bereits im Abschnitt F 2. erwähnt - die häufig in anderen Fachgebieten entwickelten **Bezeichnungshierarchien** wählen, zum Beispiel

- für die Flüsse und Seen die Bezeichnungen der Gewässerverwaltungen,
- für die Straßen und Eisenbahnen die Bezeichnungen der Straßen- und Eisenbahnverwaltungen,
- für die Gebäude die amtlichen Adressen.
- etc.

Auf diese Weise werden die TIS-Datenbestände mit den Datenbeständen der anderen Informationssysteme verknüpfbar (siehe auch Abschnitt F 1.2).

Der nächste Schritt war und ist häufig die Etablierung des **digitalen Geländemodelles**. Damit wird in gewisser Weise der dritten Dimension in der realen Welt Rechnung getragen. Die 2D-Vektordatensätze und die 2.5D-Geländemodelle werden in der Regel nicht zu einem zentralen TIS-Datenbestand verbunden; erst - zum Beispiel - bei der Visualisierung, die wir im Abschnitt I 4.4 besprechen, kommt es zu einer Zusammenführung der 2D-Vektordaten mit dem Geländemodell.

Gegenwärtig werden große und **sehr teure Anstrengungen** unternommen, **die reale Welt unmittelbar dreidimensional zu erfassen und objektorientiert zu modellieren**. Die Figur 3.2-2 drückt diese Sicht symbolisch aus: Die einzelnen Objekte setzen sich aus Oberflächenteilen zusammen, die auch eine Orientierung bekommen. Auf diese Weise gibt es einen Innen- und einen Außenraum. Im Innenraum gibt es die Stockwerke, zu denen auch das teilweise unter der Geländeoberfläche liegende Kellergeschoß gehört. Die **Gebäudesockellinie**, die im Hochbau als Höhenbezug benutzt wird, spielt dabei eine entscheidende Rolle.

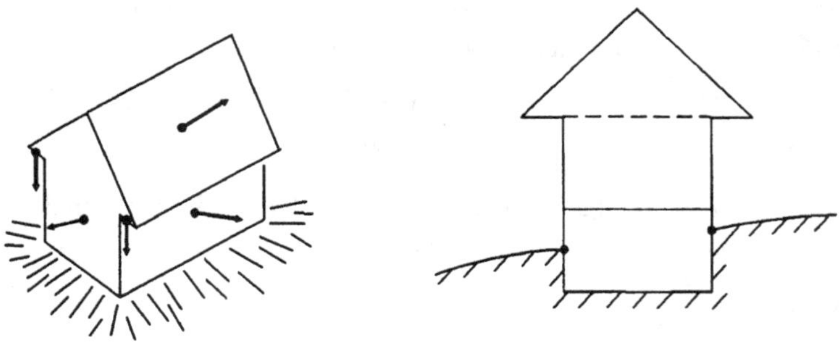

Figur 3.2-2: Gebäude mit orientierten Oberflächenteilen (links) und Gebäudesockellinie mit Kellergeschoß (rechts)

Details zur Modellierung von topographischen Objekten findet man unter anderem bei Walter, V.: DGK, Reihe C, Heft 480, 1997.

3.2.4 Modelle aus hybriden Daten

Hybride Modelle aus Vektor- und Rasterdaten sind aus der Sicht der Anwender besonders interessant. Man kann die **Vorteile der beiden Modelle vereinigen**. Modelle mit Rasterdaten sind für flächenhafte Phänomene prädestiniert; Modelle mit Vektordaten haben einerseits die höhere Genauigkeit und sind andererseits für komplexe Attributierungen besonders geeignet.

Die Zusammenführung der Vektor- und Rasterdatensätze kann sehr lose sein: Das eigentliche topographische Modell sei zum Beispiel aus Vektordaten aufgebaut; die **Rasterdaten** werden nur zur Veranschaulichung **am Bildschirm hinterlegt**. Typisch dafür sind Katasterkarten, die mit einem digitalen Orthophoto auf dem Bildschirm kombiniert werden. Bild I 2.1-14 kann aus dieser Sicht betrachtet werden: Dort ist ein Orthophoto mit den vektorellen Gebäudeumrißlinien zu sehen.

Beim Aufbau eines TIS aus mehreren thematischen Ebenen (Figur F 3.2-1) können manche Ebenen aus Vektor- und andere aus Rasterdaten aufgebaut werden. Für die Flußläufe bieten sich Vektordaten an, für die Nutzungsarten dagegen Rasterdaten.

Die Vektor- und Rasterdatensätze können aber auch viel enger miteinander verknüpft werden. Wir erläutern eine solche **Integration** anhand des Photomodells I 2.1-16: Das Gebäudemodell ist mit Vektordaten aufgebaut; der natürliche Eindruck des Ensembles wird mittels einer aufprojizierten Phototextur erreicht. Die Attribute können mit geschlossenen

(Vektor-)Polygonen, die Türen und Fenster etc. beschreiben, verknüpft werden. In einem solchen hybriden Modell kann der Anwender mit der Maus an einer bestimmten Tür "anklopfen". Das System antwortet zum Beispiel mit der Bekanntgabe der Öffnungszeiten, der in den Ausstellungsräumen anzutreffenden Kunstwerke etc.

Die Integration von Vektor- und Rasterdatensätze in der zweidimensionalen Welt, die ein weites Feld im GIS-Bereich darstellt, wird seit mehreren Jahren intensiv erforscht und softwaremäßig verwirklicht.

Am Ende dieses Abschnittes sollen dazu einige **Literaturangeben** gemacht werden: Yang, H.: DGK, Reihe C, Heft 389, 1992. Laurini, R., Thomson, D.: Fundamentals of Spatial Information Systems. Academic Press, 1992. Molenaar, M., Fritsch, D.: GIS, Vol. 4, No. 3, pp. 26-32, 1991. Ehlers, M., Edwards, G., Bedard, Y.: PE&RS 55, pp. 1619-1627, 1989.

3.2.5 Qualität und ihre Visualisierung

Die Qualität der Datenbestände, die als semantische Metainformation (Abschnitt 3.2.1a) in ein TIS aufzunehmen ist, ist für den Anwender von großer Wichtigkeit. Ein Teil der Qualitätsparameter kann parallel zur Datenerfassung erhoben werden, z.B. Maßstab der digitalisierten Karte oder Bildmaßstab und Flughöhe des verwendeten Bildmaterials. Ein anderer Teil der Qualitätsparameter fällt beim Aufbau der topographischen Modelle an, z.B. die Genauigkeit der interpolierten Oberfläche (Abschnitt H 3.3.2) oder empirische Genauigkeitsmaße, die aus einem Vergleich von Istwerten (= aus den topographischen Modellen entnommen) und Sollwerten (= eingemessene Kontrollpunkte) herrühren.

Die Erhebung bzw. Ableitung dieser zusätzlichen Information mag zwar erhöhte Kosten verursachen; doch können dadurch mißbräuchliche Anwendungen der Geodaten weitgehend vermieden werden. Mißbräuchliche Verwendung von Geodaten kann nämlich auch hohe Folgekosten (Haftungsansprüche, etc.) verursachen.

Die Qualität der im TIS bereitgehaltenen Geodaten muß für den Anwender bzw. Kunden entsprechend aufbereitet werden, m.a.W. sie muß visualisiert werden. Im folgenden werden **zwei Visualisierungsvarianten** kurz erläutert.

Variante 1

Wir gehen von einem 2D-Polygonnetz aus. Die dicken Linien der Figur 3.2-3 zeigen einen kleinen Ausschnitt eines solchen Polygonnetzes. **Die Koordinaten der Punkte dieses Polygonnetzes sollen einen mittleren Fehler haben**, der in der semantischen Metainformation gespeichert ist. Von einem beliebigen Punkt, der nicht zu diesem Polygonnetz gehört, soll festgestellt werden, wo er in Bezug zu diesem - mit Fehlern behafteten - Polygonnetz liegt. Diese Entscheidung wird umso unsicherer zu treffen sein, je näher der beliebige Punkt an einer Polygonseite liegt. Fällt der beliebige Punkt genau auf eine Polygonseite, dann ist die **Wahrscheinlichkeit** 50%, daß er **links oder rechts von der Polygonseite** liegt. Mit Vergrößerung dieses Abstandes des beliebigen Punktes von der jeweiligen Polygonseite nimmt diese Wahrscheinlichkeit zu. Die Quantifizierung dieser Zunahme der Wahrscheinlichkeit ist ein gutes Maß für die geometrische Qualität eines Polygonnetzes.

Die Berechnung beginnt mit der Aufteilung des Interessensgebietes in Teilflächen, die zu den einzelnen Polygonseiten gehören. Die meisten Teilungslinien sind Winkelhalbierende. Für ein geschlossenes Polygon sind in der Figur 3.2-3 diese Teilungslinien dünn eingezeichnet.

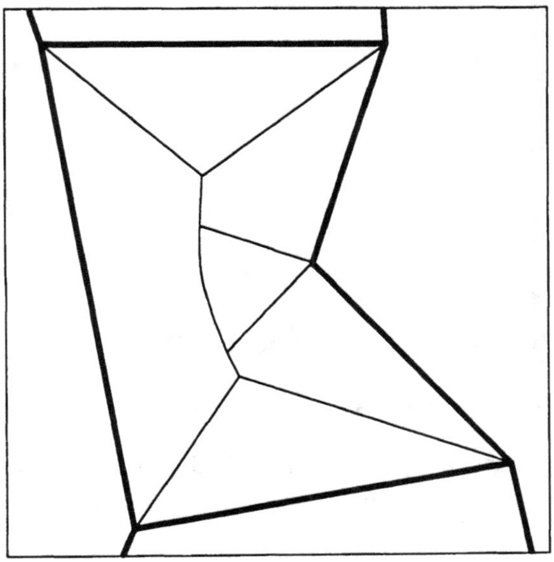

Figur 3.2-3: 2D-Polygonnetz (dick) mit Teilungslinien (dünn)

Nach dieser **Gebietseinteilung** legt man eine (Bild-)Matrix über das Interessensgebiet. Anschließend wird für jeden (Bild-)Punkt der Abstand e zur nächstgelegenen Polygonseite - und insbesondere der mittlere Fehler σ_e dieses Abstandes - berechnet. Der Quotient $\bar{e}$ = e/σ_e gehorcht der normierten Normalverteilung. Damit kann man die gesuchten **Wahrscheinlichkeiten** angeben:

$\bar{e}$ = 0.000 bedeutet eine Wahrscheinlichkeit von 50%

$\bar{e}$ = 1.037 bedeutet eine Wahrscheinlichkeit von 85%

$\bar{e}$ = 2.054 bedeutet eine Wahrscheinlichkeit von 98%

DEMONSTRATIONSBEISPIEL: Es wurde eine Koordinatengenauigkeit von ±1.5 m (≙ einer Digitalisierungsgenauigkeit von 0.5 mm im Maßstab 1:2880 der Österreichischen Katasterkarte) angenommen, und zwar für alle Eckpunkte des 2D-Polygonnetzes und zusätzlich für den beliebigen Punkt. Die Wahrscheinlichkeiten für jeden Punkt wurden mit Grauwerten zwischen Null (≙ Schwarz ≙ 50%) und 255 (≙ Weiß ≙ 100%) belegt. Ein solches Bild veranschaulicht die Unsicherheit eines Polygonnetzes sehr deutlich (Figur 3.2-4).

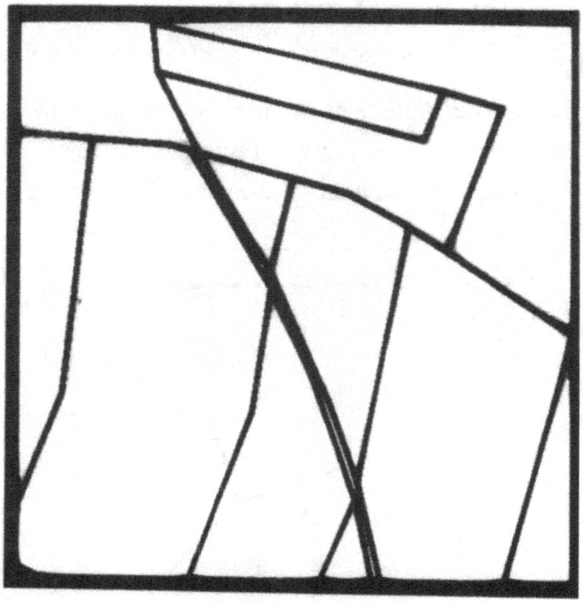

Figur 3.2-4: Visualisierung der geometrischen Genauigkeit eines 2D-Polygonnetzes

Weitere Details zu diesem Beispiel und eine Verallgemeinerung durch Einbeziehung von Korrelationen zwischen den Eckpunkten findet man bei Kraus, K., Haussteiner, K.: GIS, Jahrgang 6, Heft 3, S. 7-12, 1993.

Variante 2

Dabei wird ein topographisches Modell mit hybriden Daten eingesetzt. Bild 3.2-5 zeigt eine Fernerkundungsaufnahme mit **verschiedenen Texelgrößen**, die in einer Bildpyramide abgelegt werden sollen.

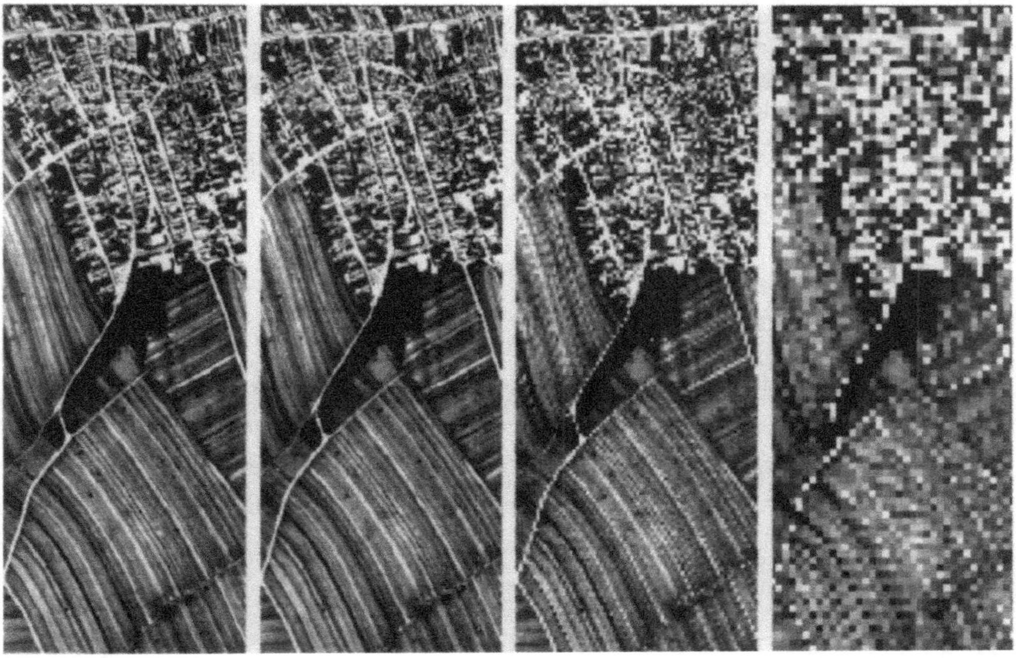

768x288 2m-Texel 384x144 4m-Texel 192x72 8m-Texel 96x36 16m-Texel

Bild 3.2-5: Orthophoto mit unterschiedlicher geometrischer Auflösung

Hat man einen Vektordatensatz mit einer Genauigkeit von etwa ±2 m (z.B. entstanden durch Digitalisierung einer Karte 1:5 000) auf dem Bildschirm, so sollte im Hintergrund das 2m-Texel-Orthophoto erscheinen. Hat der Vektordatensatz nur eine Genauigkeit von etwa ±20 m (z.B. entstanden durch Digitalisierung einer Karte 1:50 000), dann sollte im Hintergrund das 16m-Texel-Orthophoto sichtbar sein usw. Die mit der Genauigkeit **variierende Auflösung** des unterlegten digitalen Orthophotos **vermittelt intuitiv die Qualität der jeweiligen Vektordaten**, die zum Beispiel für Verschneidungen (Abschnitt H 1.3) etc. genutzt werden sollen. Mit dem unterlegten Orthophoto erkennt man zusätzlich die bei der Generalisierung der jeweiligen Karte vorgenommenen Lageverschiebungen.

Weitere Details zu diesen Varianten findet man bei Ecker, R., Kraus, K.. FIG-Proceedings 303.1, pp. 1-6, Melbourne, 1994, und Schriftenreihe Uni Bundeswehr, Heft 46, S. 129-135, 1994.

In der Veröffentlichung Fritsch, D., Glemser, M., Klein, U., Sester, M., Strunz, G.: GIS, Jahrgang 11, Heft 4, S. 26-35, 1998, wird ähnlich wie bei der oben erläuterten Variante 1 vorgegangen. Dabei wird die **Wahrscheinlichkeit** in den Vordergrund gestellt, mit der ein beliebiger Punkt innerhalb eines geschlossenen Polygones liegt. Diese Wahrscheinlichkeit wird kombiniert mit der **Wahrscheinlichkeit aus einer *Maximum-Likelihood*-Klassifizie-**

rung mit dem originären Bilddatenbestand (Abschnitt I 2.4). Aus einer solchen Klassifizierung erhält man bekanntlich die Landbedeckung, also Attribute, für das aus dem 2D-Polygonnetz gebildete Flächennetz. Der in der zitierten Veröffentlichung enthaltene Vorschlag wurde deshalb in dieses Lehrbuch aufgenommen, weil er die **geometrische Qualität mit der Qualität der Sachdaten verknüpft**.

Zusätzliche **Literatur** zum Abschnitt 3.2.5: Scheuring, R.: Schriftenreihe Uni Bundeswehr, Heft 49, 1995. Winter, S.: DGK, Reihe C, Heft 465, 1996.

3.2.6 Detaillierungsgrad

Die reale Welt ist so detailreich und so umfangreich, daß eine vollständige Abbildung in ein TIS nicht möglich, aber auch nicht sinnvoll ist. Die topographischen Modelle können nur eine **Vereinfachung der realen Welt** sein (Abschnitt F 1.2). Der Grad der Vereinfachung hängt vor allem vom verfügbaren Investitionsvolumen ab. Aus methodischer Sicht sind Modelle mit unterschiedlichem Detaillierungsgrad von Interesse. Im folgenden wenden wir uns diesen methodischen Aspekten zu.

Bei Modellen aus Rasterdaten haben wir die **unterschiedlichen Detaillierungsgrade in Form von Bildpyramiden** bereits kennengelernt (Abschnitt I 3.2.2). Modelle aus Vektordaten sind in ähnlicher Weise zu strukturieren, d. h. in der Datenbank wird jedes Objekt in mehreren Detaillierungsstufen bereitgehalten. Die einzelnen Objekte haben sozusagen unterschiedliche Zustände im **objektorientierten Datenbankkonzept** (Abschnitt G 3.6). Abhängig von der Nachricht, die an das jeweilige Objekt herangetragen wird, wird es ein Modell mit adäquatem Detaillierungsgrad zur Verfügung stellen.

Für die **3D-Stadtlandschaft** sollen die verschiedenen Detaillierungsgrade (***level of details***, LODs) - beginnend mit dem gröbsten LOD - kurz skizziert werden:

LOD1: Grobes digitales Geländemodell mit Phototextur von Satellitenaufnahmen bzw. kleinmaßstäbigen Luftbildern.

LOD2: Feineres digitales Geländemodell mit Phototextur aus Luftbildern mittlerer Maßstäbe und Häuserblöcke in Form von Bauklötzchen ohne Dachformen.

LOD3: Wie LOD2, aber anstelle der Häuserblöcke treten die einzelnen Gebäude in Form von Bauklötzchen ohne Dachformen (= im allgemeinen die einzelnen Gebäude umhüllende Quader).

LOD4: Wie LOD3, aber an die Stelle des jeweiligen Quaders treten die charakteristische Dachform und der Verschnitt der vertikalen Ebenen durch die Dachtraufen (= Wände) mit dem Geländemodell (Figur I 2.1-8).

LOD5: Wie LOD4, aber mit Berücksichtigung der Dachüberstände (Figur I 2.1-11) und der Erker etc.

LOD6: Verwendung des detaillierten Oberflächenmodelles von LOD5 für das Aufbringen der Phototextur aus großmaßstäbigen Luftbildern und terrestrischen Aufnahmen (Bild I 2.1-15).

So wie der Detaillierungsgrad in der geometrischen und texturellen Ausprägung variiert, sind **auch die Attribute in ihrem Detaillierungsgrad abzustufen**.

Ein Modell der 3D-Stadtlandschaft mit unterschiedlichen Detaillierungsgraden ist für verschiedene Analysen und Anwendungen von großem Interesse. Der Gewinn einer solchen Strukturierung soll anhand einer Visualisierung angesprochen werden. Figur 3.2-6 zeigt den Ursprung und - nur im Grundriß - die Begrenzung einer Sichtpyramide (Abschnitt C 1.7.4). Damit steht die Frage an, **welche Objekte in welchem Detaillierungsgrad für die Visualisierung vom TIS zur Verfügung zu stellen sind**.

Eine der möglichen Lösungen ist in der Figur 3.2-6 skizziert: Man wählt entlang der Blickrichtung einen um $\sqrt{2}$ sich ändernden Abstand. Damit bilden sich überlappende Rechtecke mit Seiten parallel zu den X- und Y-Koordinaten, die für den Zugriff auf raumbezogene Daten besonders günstig sind (Abschnitt G 2.). Im Überlappungsbereich gibt man dem höheren Detaillierungsgrad den Vorrang. Auf diese Weise entstehen die in der Figur 3.2-6 eingezeichneten Bereiche für die verschiedenen Detaillierungsgrade.

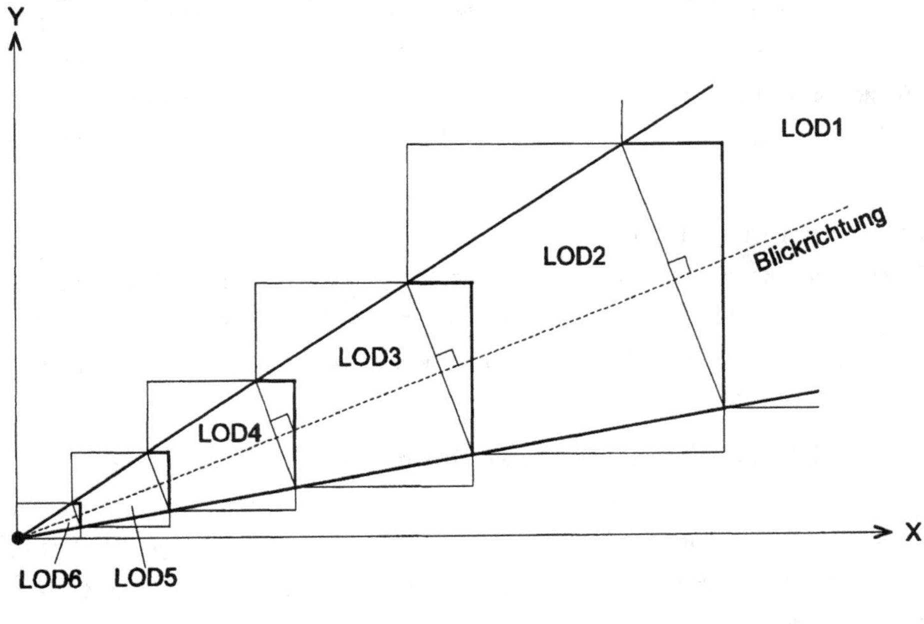

Figur 3.2-6: Grundriß einer Sichtpyramide und Begrenzung (dick) der einzelnen Detaillierungsgrade

Zum Schluß soll noch erwähnt werden, daß die Detaillierungsgrade, wie sie in diesem Abschnitt vorgestellt wurden, mit Generalisierungen für unterschiedliche Kartenmaßstäbe, wie sie in der Kartographie betrieben werden, nur wenig zu tun haben.

Literatur: Kofler, M., Gruber, M.: ZPF 66, S. 44-57, 1998. Kofler, M., Rehatschek, H., Gruber, M.: IAPRS 31, Part B2, pp. 198-202, Vienna, 1996. Bartel, S., Bill, R., Boytschoff, C., Köninger, A.: ZPF 65, S. 129-137, 1997.

3.2.7 Datenmanagement

Das Management großer Mengen von raumbezogenen Daten ist ein weites Feld, das hier - aus der Sicht eines TIS - nur gestreift werden kann. Das Datenmanagement innerhalb eines TIS umfaßt

- **die bereinigten Originaldaten**, denn sie enthalten die gesamte Information **und**
- den **zentralen Datenbestand der TIS-Modelle**, z.B. das hybride DGM (Abschnitt H 3.4.3).

Dagegen wird man die **abgeleiteten Produkte** (Höhenlinien, Neigungslinien, Schummerungen, etc.) **nicht** in den zentralen Datenbestand eines TIS übernehmen. Auch die Signaturen oder Farben für die Punkte, Linien und Flächen wird man auf keinen Fall in die Attribute der Datenbank aufnehmen. Die Zuordnung der topographischen Objekte zu den graphischen Ausprägungen wird erst unmittelbar vor der graphischen Ausgabe herbeigeführt. Dadurch bleibt die **Datenbank frei von graphischen Attributen**. Außerdem bleibt man dadurch flexibel, d.h. unterschiedliche graphische Ausprägungen können ohne nennenswerten Aufwand verwirklicht werden.

Seit kurzem wächst das Bewußtsein, **im Rahmen der Aktualisierung der Datenbestände die veralteten Daten nicht zu löschen**, sondern zugänglich zu erhalten. Auf diese Weise stehen historische Datensätze, die ein ***Monitoring*** zurück in die Vergangenheit erlauben, zur Verfügung. Solche Daten sind für dokumentarische Zwecke und für verschiedene Analysen von großem Interesse.

Ein TIS ist **blattschnittfrei** zu organisieren. Dadurch lassen sich die Ausschnitte für die aus dem TIS abgeleiteten Produkte gut an das jeweilige Interessensgebiet anpassen. Andererseits ist die Blatteinteilung eines landesweiten Kartenwerkes für die Festlegung der Begrenzung eines Interessensgebietes sehr gut geeignet. Bild 3.2-7 zeigt **die Blatteinteilung der Österreichkarte 1:50 000 (ÖK50) als graphische Oberfläche**. Das Interessensgebiet kann entweder durch "Anklicken" der einzelnen Kartenblätter oder durch Digitalisierung eines beliebigen geschlossenen Polygonzuges im Bild 3.2-7 definiert werden.

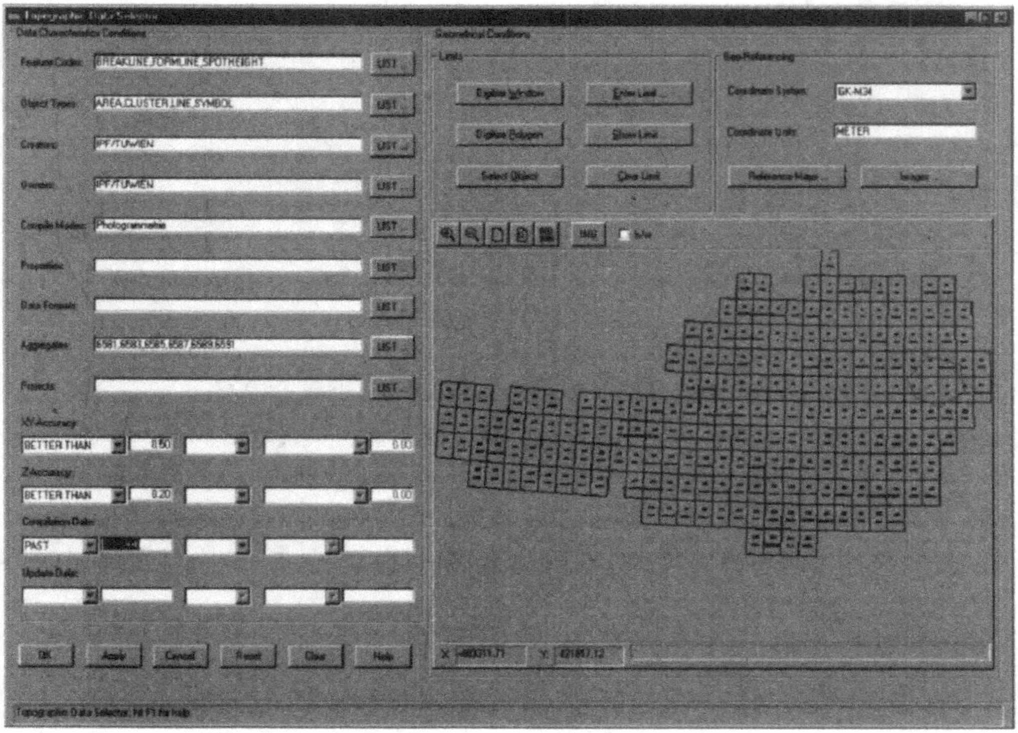

Bild 3.2-7: Blatteinteilung der ÖK50 als graphische Oberfläche zur Festlegung des jeweiligen Interessensgebietes (zusätzlich sieht man Metadaten)[1]

Infolge der kostspieligen Geodatenbestände ist ihre gemeinsame Nutzung in unterschiedlichen (Hard- und Software-)Systemen das Gebot der Stunde. Dafür gibt es verschiedene Möglichkeiten. Figur 3.2-8 veranschaulicht den Vorteil eines **gemeinsamen Transferformates** X anstelle von individuellen Transferformaten zwischen den einzelnen Systemen. Das *Data-Exchange-Format* (DXF) ist ein sehr bekanntes gemeinsames Transferformat, allerdings weitgehend beschränkt auf die CAD-Welt.

---

[1] Entnommen aus Dorffner, L., Mandlburger, G., Molnar, L., Wintner, J., Wöhrer, B.: Geländemodelltechnologie - Forschung und Weiterentwicklung am I.P.F. Institutsmitteilungen des Institutes für Geodäsie der Uni Innsbruck, Heft 18, S. 31-44, 1999. Dieser Aufsatz beschreibt unter anderem das SCOP-Modul TDM (*topographic data management*).

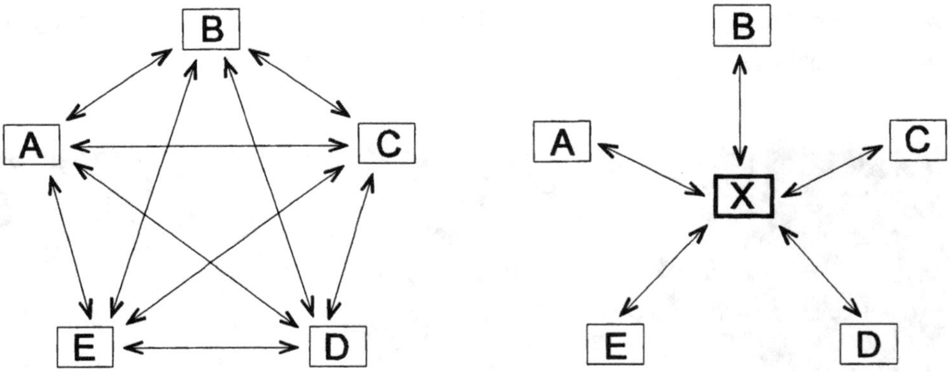

Figur 3.2-8: N(N-1)/2 bilaterale Schnittstellen (links), normiertes Austauschformat X mit N bilaterale Schnittstellen

Die Struktur des im Abschnitt H 3.4.3 beschriebenen hybriden DGMs ist zwar sehr kompakt, aber als gemeinsames Transferformat X für ein DGM nicht geeignet. Eine allgemeinere Struktur sind 3D-Dreiecke, zum Beispiel dfaces in DXF. Aus dem hybriden Geländemodell lassen sich solche hybride Dreiecke bilden. Figur 3.2-9 zeigt die **3D-Dreiecke, abgeleitet aus dem hybriden DGM** der Figur I 2.1-10. Zusätzlich sind in der Figur 3.2-9 auch die

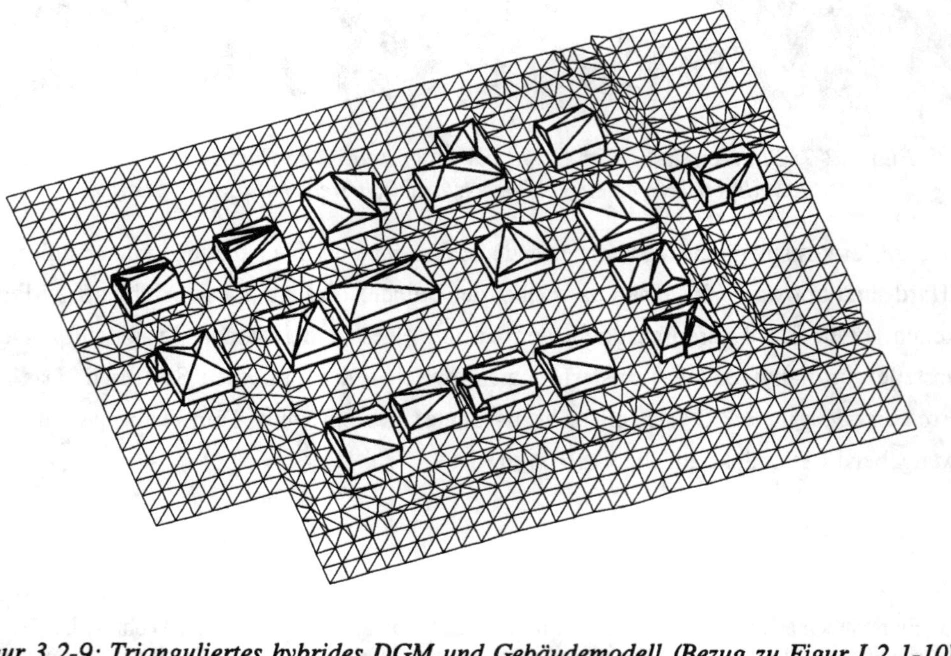

Figur 3.2-9: Trianguliertes hybrides DGM und Gebäudemodell (Bezug zu Figur I 2.1-10)

Gebäudeoberflächen wiedergegeben. Der Datenumfang steigt durch diese Umwandlung um etwa das 50-fache an.[1]

Die gemeinsame Nutzung der Daten mit **Export/Import über standardisierte gemeinsame Transferformate X** ist im allgemeinen sehr zeitaufwendig.[2] Es ist daher nicht verwunderlich, daß man Lösungen ohne solche Transferformate sucht. In Figur 3.2-10 sind solche Lösungen angedeutet. Eine Lösung benutzt **standardisierte veröffentlichte Programmschnittstellen**; diese Schnittstellen sind im jeweiligen System zu programmieren. Auf diese Weise kann das System A direkt auf die im System B bereitgehaltenen Daten zugreifen und vice versa. Solche kommunizierenden Systeme werden heutzutage nicht nur mit (*UNIX-)*-Arbeitsplätzen sondern auch mit (*WINDOWS*-)Arbeitsplätzen aufgebaut. Auch im Internet verbreitet sich diese Technologie, allerdings mit einem geringeren Detaillierungsgrad für die Objekte (Abschnitt I 3.2.6).

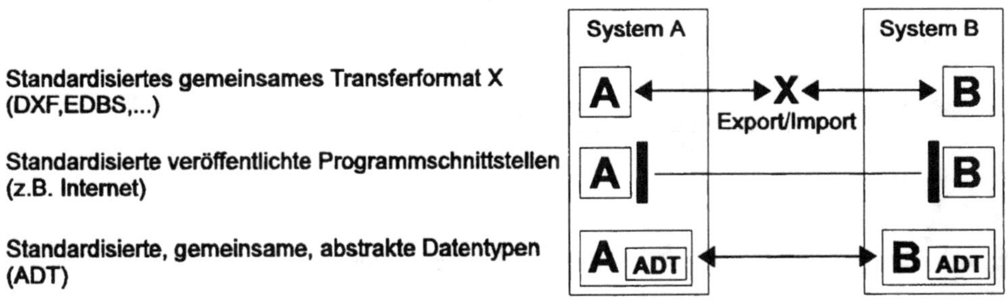

Figur 3.2-10: Gemeinsame Nutzung von Geodaten[3]

Noch einen Schritt weiter geht man mit **gemeinsamen abstrakten Datentypen** (Figur 3.2-10). Dahinter stecken die topographischen Objekte, die ein Eigenleben besitzen. System A sendet zum Beispiel eine Anfrage an das System B; im System B erfolgt mit den dort gespeicherten Daten und Methoden die Auswertung; das Auswerteergebnis wird an das System A als Antwort zurückgegeben (siehe auch Abschnitt G 3.6). Eine solche Lösung ist die höchste Form der sogenannten **Interoperabilität**. Sie ist in der Figur 3.2-11 veranschau-

---

[1] Diplomarbeit am I.P.F.: Deuerling, W., 1997.

[2] Dagegen ist ein sogenanntes **proprietäres Format**, das ist das systemspezifische Format des jeweiligen Herstellers, für den Datenaustausch sehr effizient. Es wird vorwiegend zur Datensicherung (*back up*) innerhalb der Systemadministration verwendet. Ein Datenaustausch mit einem proprietären Format ist nur zwischen identischen Systemen möglich.

[3] In etwas abgeänderter Form entnommen aus Keller, S.: GIS 11, Heft 2, S. 10-16, 1998.

licht: Das System A stellt Anfragen an die Systeme B und C; ihre Antworten stehen dem System A zur Verfügung. Bei dieser Form der Interoperabilität sind nicht die Daten, sondern die Auswertebefehle und Auswerteergebnisse zu standardisieren und zu transferieren. Dafür werden gegenwärtig allgemeine Beschreibungssprachen entwickelt.

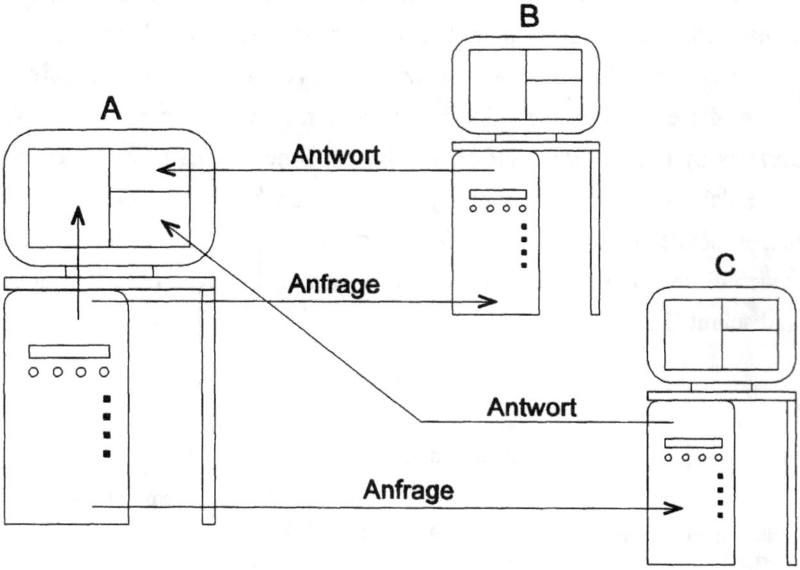

Figur 3.2-11: Interoperabilität[1]

4. FOLGEPRODUKTE

Die im vergangenen Abschnitt aufgebauten Datenbestände in topographischen Datenbanken enthalten Informationen, die für den Anwender (zunächst) verborgen sind. Mit Folgeprodukten ist dieser Schatz zu heben; man spricht in diesem Zusammenhang auch von einer **Veredelung der Daten**. Im folgenden wird eine beachtliche Anzahl von Folgeprodukten vorgestellt. Dabei dominieren solche, die aus Geländemodellen abgeleitet bzw. mit Geländemodellen erzeugt werden können.

Ein TIS beantwortet die Anfrage der Nutzer in vielen Fällen mit Folgeprodukten. Mit den Folgeprodukten tritt ein **TIS in Aktion**. Folgeprodukte erlauben - sehr modern formuliert - eine unterschiedliche Sicht (*view*) auf die Datenbestände.

---

[1] Entnommen aus Carosio, A.: Transfer von Geodaten. Tagungsband "4. Münchner Fortbildungsseminar für Geo-Informationssysteme 1999".

4.1 Höhenlinien

Am häufigsten werden aus digitalen Geländemodellen (DGMen) Höhenlinien abgeleitet. Sie sind eine objektive Präsentation des DGMs bzw. eine objektive Sicht auf das DGM. Höhenlinien sind die Basis für vielfältige Planungen, für die Kartographie etc. Im folgenden gehen wir auf abgeleitete Höhenlinien aus einem hybriden Geländemodell (Abschnitt 4.1.1) und aus einem Rastermodell (Abschnitt 4.1.2) näher ein. Dabei wird auch die Qualität dieses Folgeproduktes behandelt.

4.1.1 Aus einem hybriden DGM

Das **Verfolgen einer Höhenlinie** in einem hybriden DGM wurde in der Figur H 3.4-1 dargestellt und am Ende des Abschnittes H 3.4.1 behandelt. Ein solches Navigieren setzt eine effiziente Datenstruktur, wie sie im Abschnitt H 3.4.3 beschrieben wurde, voraus.

Beim Ableiten des Höhenlinienbildes aus dem DGM spielt das **Höhenlinienintervall** ΔZ eine wichtige Rolle. Das adäquate Höhenlinienintervall ΔZ kann aus der Gitterweite ΔXY des DGMs und der Varianz $V_{z'z'}$, das ist ein Maß für die Variation der Geländeneigungen, mittels Gleichung I(2.1-2) angegegeben werden. Tabelle I 2.1-6 enthält eine ausführliche Gegenüberstellung unterschiedlicher Gitterweiten ΔXY mit den dazugehörigen Höhenlinienintervallen ΔZ in Abhängigkeit von unterschiedlichen Kartenmaßstäben $1{:}m_k$ und Varianzen $V_{z'z'}$. Im Abschnitt A 4.4.1.3 wurde noch eine sehr einfache Faustformel angegeben: Als Höhenlinienintervall in Meter wählt man höchstens die Tausender der Kartenmaßstabszahl. Figur 4.1-1 zeigt ein Beispiel; für die graphische Ausgabe 1:1000 wurde ein Höhenlinienintervall von 1 m gewählt. Zusätzlich gibt es noch Zwischenhöhenlinien, die das EDV-Programm in Abhängigkeit von der Geländeneigung (Abschnitt I 4.2) ermittelt.

Figur I 2.1-9 zeigt ein weiteres Beispiel von Höhenlinien, die aus einem hybriden DGM abgeleitet wurden.

4.1.1.1 Geomorphologische Qualität photogrammetrisch gewonnener Höhenlinien

Figur 4.1-2 ist ein anderes kleines Beispiel, anhand dessen die geomorphologische Qualität der mit Hilfe eines DGMs gewonnenen Höhenlinien - also den **indirekt gewonnenen Höhenlinien** - diskutiert werden soll. Zum Vergleich zeigt Figur 4.1-3 die im photogrammetrischen Stereomodell **direkt abgefahrenen Höhenlinien**.

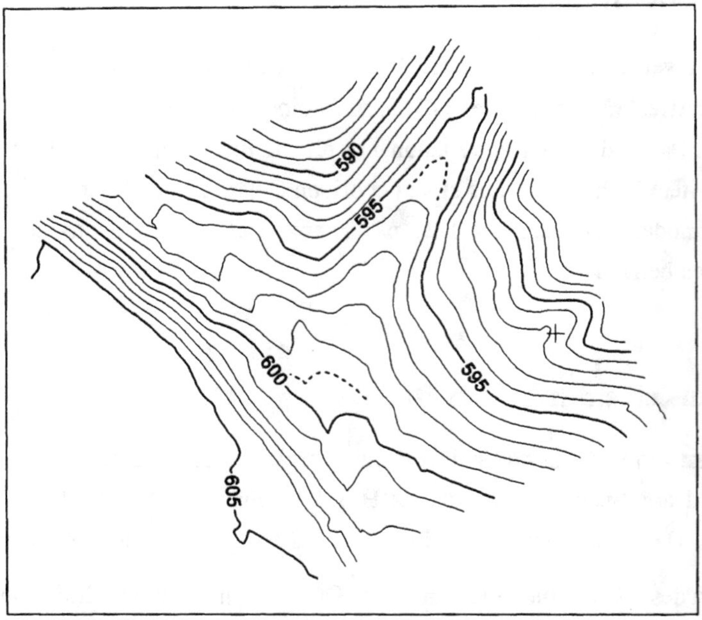

Figur 4.1-1: Höhenlinien mit einem 1m-Intervall und Zwischenlinien

Ein erster Blick auf die Figuren 4.1-2 und 4.1-3 zeigt die größere Klarheit der indirekt gewonnenen Höhenlinien, die durch die gute **Scharungsplastik** entsteht; die Geländekanten gliedern das Bild in einzelne Bereiche; es kommt auch zu keinen Kreuzungen bzw. Berührungen der benachbarten Höhenlinien. Dagegen sind die indirekt gewonnenen Höhenlinien arm an Kleinformen; es fehlen die kleinen Erosionsrinnen und die kleinen Schuttfächer etc.[1]. Die direkt abgefahrenen Höhenlinien haben die bessere **Formtreue**.

Sollen in den indirekt gewonnenen Höhenlinien auch die Kleinformen erkennbar sein, müßte das Gelände neben einer sehr dichten Einzelpunktmessung zusätzlich **mit sehr vielen Gerippelinien**, denen eine unterschiedliche geomorphologische Bedeutung beizumessen wäre (Abschnitt I 2.1.3.1), erfaßt werden. Für die geomorphologische Richtigkeit des DGMs und damit auch der indirekt gewonnenen Höhenlinien sind nämlich vor allem die digitalisierten Gerippelinien verantwortlich.

---

[1] Eine ausführliche Charakterisierung indirekt gewonnener Höhenlinien gibt Brandstätter, L.: Gebirgskartographie, Band II, Franz Deuticke Verlag, Wien 1983. Siehe auch Brunner, K.: BuL 54, S. 132, 1986. Finsterwalder, R.: ZfV 111, S. 184-189, 1986.

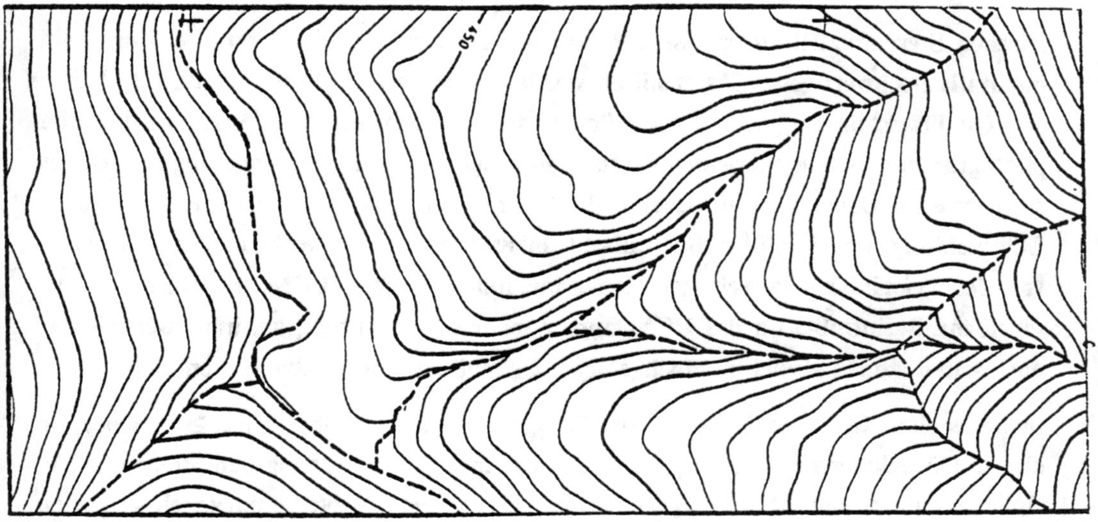

Figur 4.1-2: Indirekt gewonnene Höhenlinien[1]

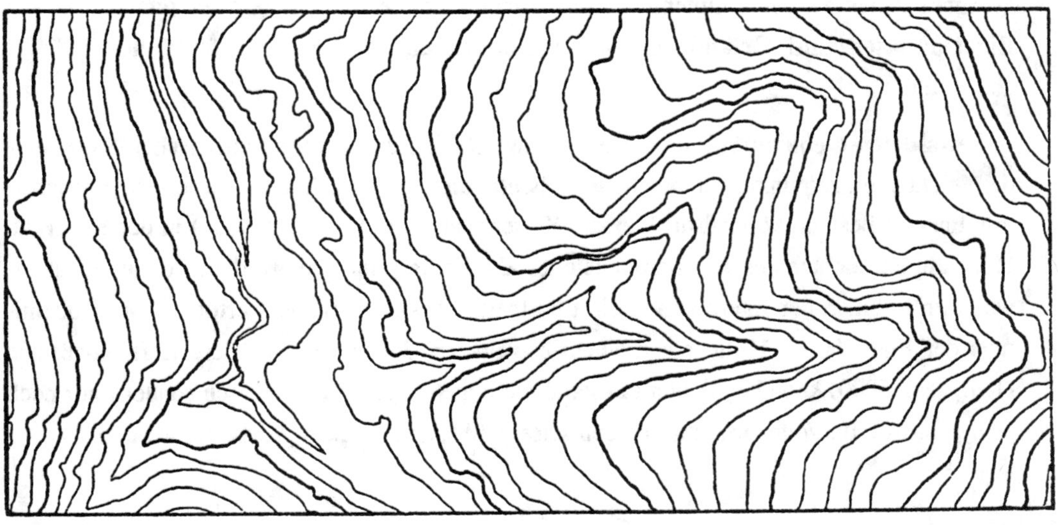

Figur 4.1-3: Direkt abgefahrene Höhenlinien[1]

Die Wirtschaftlichkeit der indirekten Höhenlinienermittlung wäre dadurch aber sehr beeinträchtigt. **Im formenreichen Gelände**, das meistens auch das steilere Gelände ist, ist aus diesen Überlegungen die Geländeoberfläche **am besten höhenlinienweise im photogramme-**

[1] Entnommen aus Aßmus, E.: Geow.Mitt. TU Wien, Heft 8, 1976.

trischen Stereomodell zu erfassen. Aus den Höhenlinien allein kann allerdings kein qualitativ hochwertiges DGM ermittelt werden (siehe dazu auch Abschnitt I 2.3.2). **Für eine Qualitätssteigerung wären zusätzlich zu den Höhenlinien auch die Gerippelinien im photogrammetrischen Stereomodell zu digitalisieren** und in die Ermittlung des DGMs einzubeziehen. Dadurch steigt wiederum der Datenerfassungsaufwand. In der Praxis wird die **Entscheidung, ob die Höhenlinien direkt abzufahren oder indirekt zu ermitteln sind, von der Priorität, inwieweit das Höhenlinienbild oder das DGM wichtiger ist, entscheidend beeinflußt. Da das DGM immer mehr an Bedeutung gewinnt, werden nur noch selten, zum Beispiel im Hochgebirge, Höhenlinien direkt abgefahren.**

In **besiedelten Gebieten** ist vor allem für große Kartenmaßstäbe ($1{:}m_k \geq 1{:}5000$) die direkte Höhenlinienmessung sehr erschwert. Dagegen können entlang den Straßen und in Hinterhöfen etc. ohne Schwierigkeiten viele Einzelpunkte photogrammetrisch gemessen werden. Auch die Geländekanten lassen sich meistens gut erfassen. Eine Profilierung oder Rastermessung scheidet in besiedelten Gebieten dagegen aus (Abschnitt I 2.1.3.2a). Wir kommen daher zu der Empfehlung, vor allem in besiedelten Bereichen **das DGM aus Einzelpunkten und Geländekanten aufzubauen** und daraus die Höhenlinien indirekt abzuleiten.

In **bewaldeten Gebieten** mit lockerem Bestand können im photogrammetrischen Stereomodell leichter Einzelpunkte gemessen als Höhenlinien direkt abgefahren werden. In Bereichen mit dichtem Bestand können für kleinere Kartenmaßstäbe ($1{:}m_k \leq 1{:}5000$) in der Regel die Höhenlinien leichter aus Profilen abgeleitet als direkt gemessen werden, vor allem dann, wenn im Rahmen der Interpolation die Elimination des Abtastfehlers erfolgt. (Die Höhenlinien der Figur H 3.3-10 liegen in einem bewaldeten Gebiet.) Für größere Kartenmaßstäbe ($1{:}m_k \geq 1{:}5000$) kann bei dichtem Bestand nicht mehr photogrammetrisch sondern nur noch tachymetrisch und/oder mit abtastenden Lasern (Abschnitt I 2.2) gearbeitet werden.

4.1.1.2 Geomorphologische Qualität der aus Laser-DGMen gewonnenen Höhenlinien

Die aus Laser-Messungen gewonnenen DGMs enthalten **keine Gerippelinien**; das DGM ist ein reines Gittermodell. Es ist daher nicht überraschend, daß die Form der aus Laser-DGMen abgeleiteten Höhenlinien gewisse Mängel aufweist. Figur 4.1-4(oben) zeigt einen kleinen Höhenlinienausschnitt aus dem im Abschnitt I 2.2.2 vorgestellten Wienerwald-Projekt. Diese Höhenlinien haben zwar eine ausgezeichnete Scharungsplastik; **entlang des Tales treten aber sehr viele künstliche Mulden auf.**

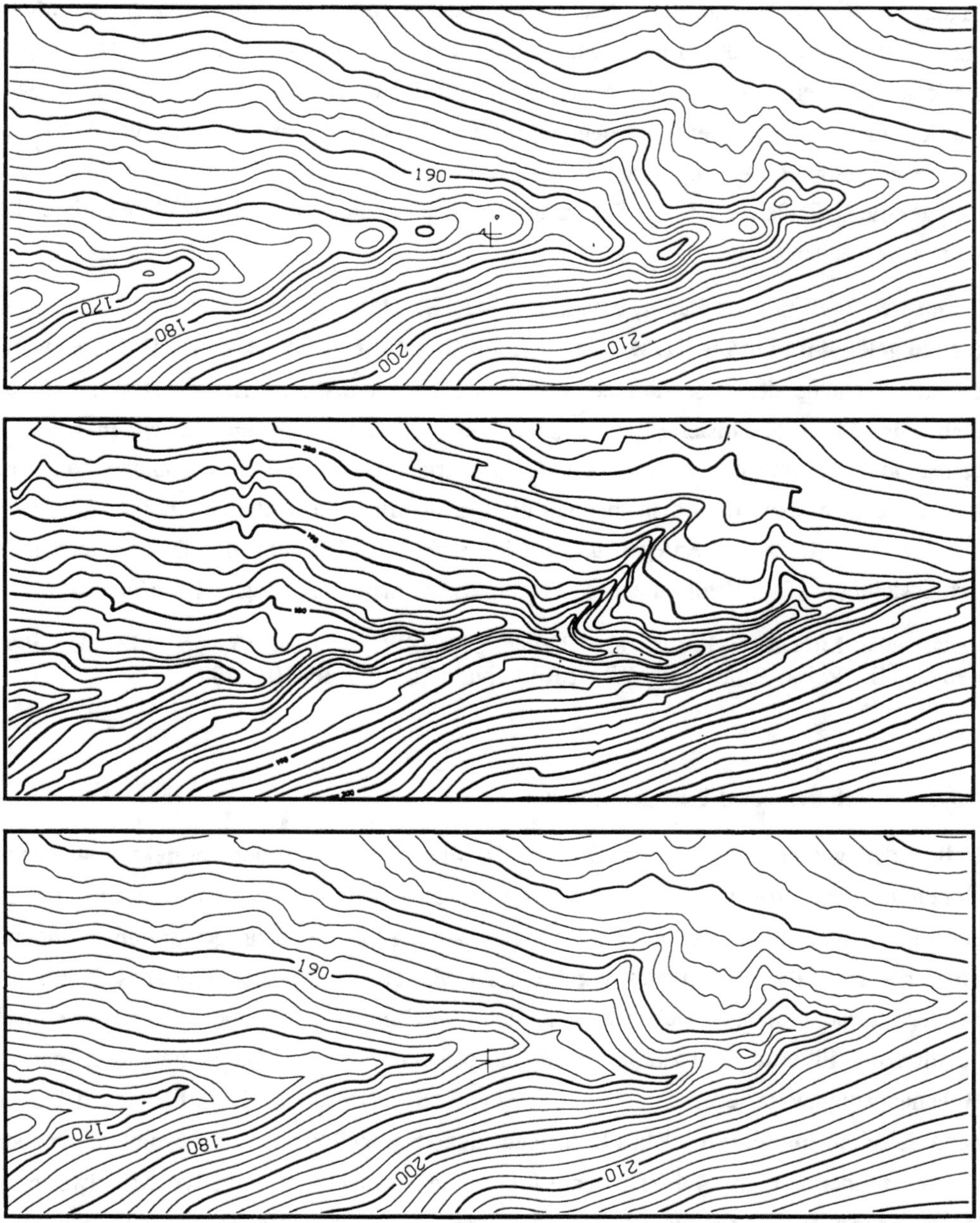

Figur 4.1-4: *oben:* *Aus einem Laser-DGM indirekt gewonnene Höhenlinien.*
mitten: *Direkt im photogrammetrischen Stereomodell (teilweise) abgefahrene und terrestrisch ergänzte Höhenlinien.*
unten: *Höhenlinien aus einem Laser-DGM, das durch eine manuell erfaßte Geländekante ergänzt wurde.*

Figur 4.1-4(mitten) zeigt den gleichen Geländeausschnitt mit konventionell ermittelten Höhenlinien: Ein Teil der Höhenlinien wurde im photogrammetrischen Stereoauswertegerät direkt abgefahren. In nicht einsehbaren Bereichen wurde terrestrisch gemessen; dabei wurden auch Gerippelinien festgelegt und die Höhenlinien - im Gelände - graphisch entsprechend gestaltet. Der Topograph im Gelände übertreibt bei dieser Arbeitsweise mehr oder weniger die Geländeformen. Die Scharungsplastik der manuell gezeichneten Höhenlinien läßt sehr zu wünschen übrig.

Damit steht die Frage im Raum, inwieweit aus Laser-Messungen automatisch die **Gerippelinien abgeleitet und in die DGM-Interpolation eingeführt** werden können. Die gegenwärtig erzielbare Dichte der Laser-Punkte reicht für eine automatische Kantenextraktion (noch) nicht aus. Ein automatisiertes Detektieren von (abflußlosen) Mulden in einem DGM ist dagegen vielversprechender; im Abschnitt I 4.8 lernen wir in Ansätzen ein solches Verfahren kennen. Gegenwärtig muß man manuell die Gerippelinien im Höhenlinienbild - konkret in der Figur 4.1-4(oben) - festlegen und sie bei einer Wiederholung der DGM-Interpolation berücksichtigen. Den Erfolg dieser Maßnahme sieht man in der Figur 4.1-4(unten).

Zusätzliche **Literatur**: Kraus, K., Pfeifer, N.: ISPRS-Journal 53, pp. 193-203, 1998. Petzold, B., Reiss, P., Stössel, W.: ISPRS-Journal 54, pp. 95-104, 1999.

4.1.1.3 Höhen- und Lagegenauigkeit

Neben der geomorphologischen Qualität ist die Genauigkeit der indirekt gewonnenen Höhenlinien von großem Interesse. Die Höhenliniengenauigkeit kann als Lage- oder Höhengenauigkeit ausgedrückt werden. **Die Höhengenauigkeit der indirekt gewonnenen Höhenlinien entspricht der Höhengenauigkeit des DGMs**. Die Höhengenauigkeit des DGMs fällt bei der Interpolation nach kleinsten Quadraten (Abschnitt H 3.3.2) und bei der Kurveninterpolation mit Filterung (Abschnitt H 2.3) als Nebenprodukt an. Damit bekommt man die Höhengenauigkeit in jedem XY-Punkt des hybriden DGMs. Das Ergebnis ist ein **Höhengenauigkeits-Modell**. Ein solches Höhengenauigkeitsmodell kann in Form von Isolinien oder Grauwertbildern (Figur 4.1-7) visualisiert werden. Auch repräsentative Mittelwerte für Interessensgebiete unterschiedlicher Größe können aus den Höhengenauigkeitsmodellen abgeleitet werden.

Falls diese Möglichkeiten in der Software nicht zur Verfügung stehen, muß man sich mit Faustformeln, die zum Beispiel aus empirischen Genauigkeitsuntersuchungen entstanden sein können, begnügen. Die **Faustformel für die Höhengenauigkeit indirekt gewonnener**

Höhenlinien - aus **photogrammetrisch** erfaßten Punkten - lautet:

$$\sigma_H = \pm\left(0.15‰ \text{ von } h + \frac{0.15}{c}\, h\cdot\tan\alpha\right) \qquad (4.1\text{-}1)$$

h ... Flughöhe über Grund c .... Kamerakonstante in [mm] $\tan\alpha$ ... Geländeneigung

Die im **photogrammetrischen** Stereomodell **direkt abgefahrenen Höhenlinien** haben im Vergleich dazu folgende Genauigkeit (Gleichung A(4.4-6)):

$$\sigma_H = \pm\left(0.25‰ \text{ von } h + \frac{0.10}{c}\, h\cdot\tan\alpha\right) \qquad (4.1\text{-}2)$$

h ... Flughöhe über Grund c .... Kamerakonstante in [mm] $\tan\alpha$ ... Geländeneigung

Aus der Sicht der Genauigkeit sollte man deshalb Geländebereiche unter 30% (Weitwinkelaufnahme) bzw. 60% (Normalwinkelaufnahme) Neigung mit der indirekten Methode auswerten und in steileren Regionen die Höhenlinien direkt abfahren. Die höhere Genauigkeit im flachen Gelände folgt einerseits aus der hohen Genauigkeit der - zum Beispiel bei der statischen Rastermessung (Abschnitt A 4.4.1.4) - individuell gesetzten Punkte und andererseits aus der verhältnismäßig weit ausgreifenden DGM-Interpolation. Die direkte Höhenlinienmessung im flachen Gelände ist dagegen von der **Unsicherheit des Suchens der** Höhen**linie** geprägt.

Die Höhengenauigkeit der aus **Laser-Messungen** abgeleiteten DGMen und damit auch der daraus indirekt gewonnenen Höhenlinien wurde bereits angegeben (Gleichung I(2.2-2)).

Für ein TIS ist die Höhengenauigkeit weniger wichtig als die **Lagegenauigkeit der Höhenlinien**. Die Höhenlinien werden zum Beispiel in einem GIS mit anderen Liniennetzen verschnitten; die Genauigkeit der auf diese Weise gebildeten Flächen (Abschnitt H 1.3.2) hängt entscheidend von der **Lage**genauigkeit der Höhenlinien ab. Die Umrechnung der Höhengenauigkeit σ_H in die Lagegenauigkeit σ_{HL} der Höhenlinien geschieht wie folgt:

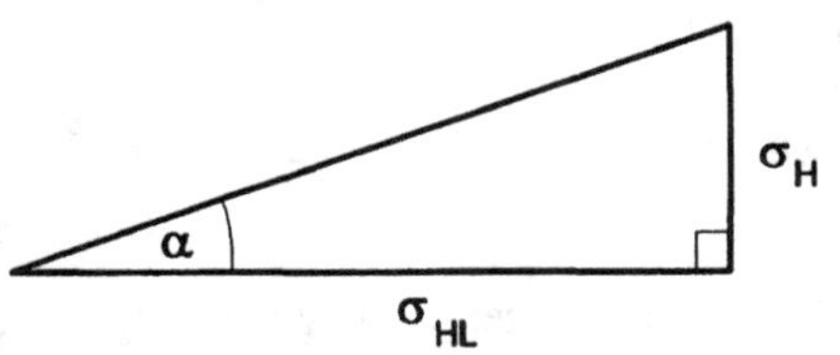

$$\sigma_{HL} = \sigma_H / \tan\alpha \qquad (4.1\text{-}3)$$

Figur 4.1-5: Zusammenhang zwischen Höhen- und Lagegenauigkeit

Die Geländeneigung $\tan\alpha$ kann man durch den Ausdruck $\Delta Z/\Delta L$ substituieren (ΔZ = Höhenlinienintervall und ΔL = Abstand benachbarter Höhenlinien, der entlang der jeweiligen Höhenlinie variiert). Diese Substitution

$$\sigma_{HL} = \sigma_H \cdot \Delta L / \Delta Z \tag{4.1-4}$$

erlaubt folgende interessante Interpretation: **In einem Höhenlinienbild** - das gilt übrigens für alle Isolinienbilder - **ist die Lagegenauigkeit σ_{HL} direkt proportional zum Abstand der benachbarten Höhenlinien.** Diese Aussage gilt unter der Voraussetzung, daß das Höhenlinienintervall ΔZ und der Höhenfehler σ_H der Höhenlinien im Interessensgebiet konstant bleiben. Da die Höhengenauigkeit der Höhenlinien von der Geländeneigung abhängt, ist diese Interpretation etwas zu modifizieren, worauf wir noch zu sprechen kommen.

Zunächst soll die **Lagegenauigkeit für indirekt photogrammetrisch gewonnene Höhenlinien** angegeben werden. Aus den Gleichungen (4.1-1) und (4.1-3) folgt:

$$\sigma_{HL} = \pm\left(\frac{0.15‰ \text{ von } h}{\tan\alpha} + \frac{0.15}{c}h\right) \tag{4.1-5}$$

h ... Flughöhe über Grund c .... Kamerakonstante in [mm] $\tan\alpha$ ... Geländeneigung

Für die **direkt abgefahrenen Höhenlinien** lautet die entsprechende Gleichung:

$$\sigma_{HL} = \pm\left(\frac{0.25‰ \text{ von } h}{\tan\alpha} + \frac{0.10}{c}h\right) \tag{4.1-6}$$

h ... Flughöhe über Grund c .... Kamerakonstante in [mm] $\tan\alpha$ ... Geländeneigung

Für die aus **Lasermessungen indirekt gewonnenen Höhenlinien** (Flughöhe ca. 1000 m) beträgt - unter Heranziehung der Faustformel I(2.2-2) - die Lagegenauigkeit

$$\sigma_{HL}[cm] = \pm\left(\frac{18}{\tan\alpha} + 120\right) \tag{4.1-7}$$

AUFGABE 4.1-1: Ein Gelände mit einer Neigung von 10% wurde aus 1000 m Flughöhe mit einem Laser-*Scanner* und einer photogrammetrischen Weitwinkel-Kamera aufgenommen. Daraus wurden

- Höhenlinien direkt abgefahren,
- Höhenlinien indirekt photogrammetrisch gewonnen und
- Höhenlinien aus den Laser-Messungen abgeleitet.

Man gebe den Lagefehler der Höhenlinien an. (Lösung: (4.1-6): $\sigma_{HL} = \pm 3.6$ m, (4.1-5): $\sigma_{HL} = \pm 3.2$ m, (4.1-7): $\sigma_{HL} = \pm 3.0$ m).

Die mit den Gleichungen (4.1-5), (4.1-6) und (4.1-7) formulierten Lagegenauigkeiten erlauben folgende Interpretation: **In einem Höhenlinienbild setzt sich die Lagegenauigkeit aus einem konstanten Anteil und einem Anteil, der direkt proportional zum Abstand der benachbarten Höhenlinien ist, zusammen.** Es ist noch hinzuzufügen, daß im horizontalen Gelände der Lagefehler σ_{HL} unendlich groß wird, obwohl die Höhenwerte sehr genau sind; die Höhenlinien sind im horizontalen Gelände nicht definiert. Die Auswirkungen dieser großen Unsicherheit der Höhenlinien im flachen Gelände wurden im Abschnitt A 4.5.3 bereits angesprochen und Vorschläge für die Umgehung der dabei auftretenden Probleme gemacht.

Zum Abschluß dieses Kapitels soll noch ein **Modell über die Lagegenauigkeit der Höhenlinien** angegeben werden. Die Lagegenauigkeit σ_{HL} ermitteln wir mittels Faustformel (4.1-5) und (4.1-7). Da dabei die Geländeneigung $\tan\alpha$ die entscheidende Rolle spielt und die Geländeneigung an den Geländekanten eine Unstetigkeit aufweist, hat dieses Modell der Lagegenauigkeit der Höhenlinien die gleiche Struktur wie das Geländeneigungsmodell, das wir im Abschnitt I 4.2 kennenlernen werden.

Figur 4.1-6 zeigt ein Höhenlinienbild, das aus einem hybriden DGM gewonnen wurde. Die Datenerfassung geschah photogrammetrisch. Aus den Flugparametern ergab sich folgende Lagegenauigkeit für die indirekt gewonnenen Höhenlinien entsprechend Gleichung (4.1-5):

$$\sigma_{HL}[m] = \pm(0.4/\tan\alpha + 3) \quad (4.1\text{-}8)$$

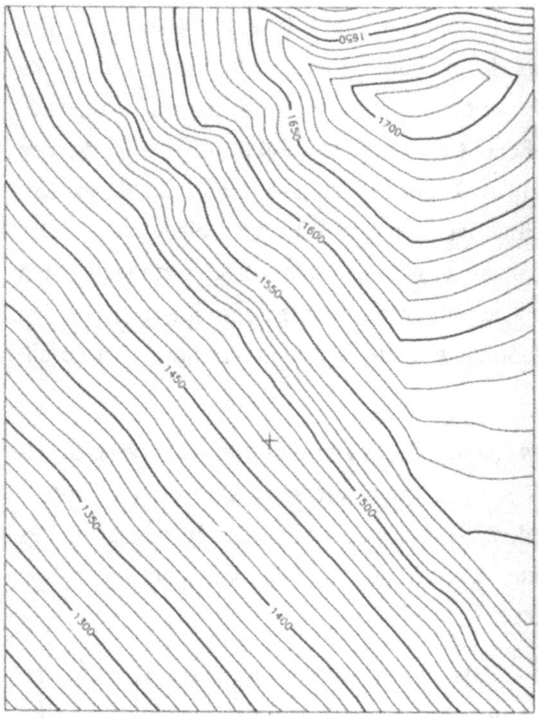

Figur 4.1-6: Indirekt gewonnene Höhenlinien aus einem hybriden DGM

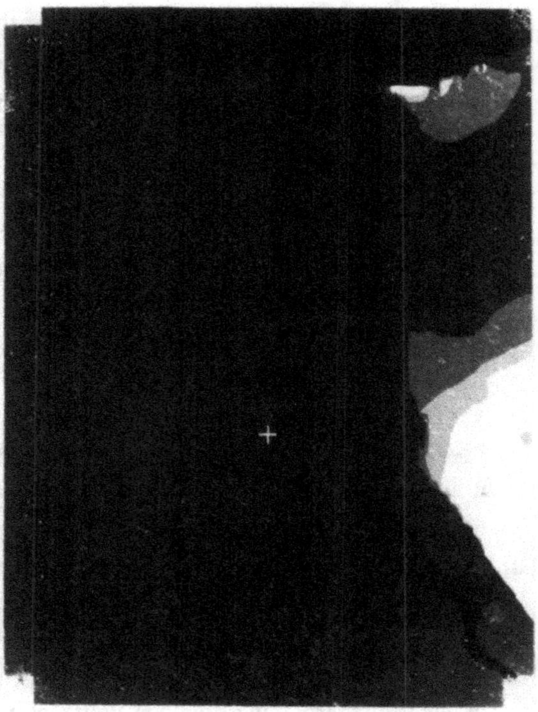

Bild 4.1-7: Modell der Lagegenauigkeit der Höhenlinien mit den Schwellwerten 3.4 m (schwarz), 3.8 m, 4.2 m, 4.6 m und 5.0 m (weiß)

In jedem Gitterpunkt und in jedem Schnittpunkt einer Geländekante mit den Gitterlinien konnte - unter Zuhilfenahme des Geländeneigungsmodells (Abschnitt I 4.2) - die Lagegenauigkeit σ_{HL} berechnet werden. Bild 4.1-7 zeigt dieses Genauigkeitsmodell in Form von Grauwertstufen. Die dunklen Bereiche korrespondieren mit den eng benachbarten Höhenlinien, die hellen Bereiche mit den weitabständigen. Ein **solches Grauwertbild sollte** - wie im Abschnitt I 3.2.5 bereits gefordert - **zumindest zeitweise dem abgeleiteten Höhenlinienbild hinterlegt werden können**.

Literatur: Zhilin, Li: Photogr. Record 1992, pp. 113-128. Ackermann, F.: PE&RS 44, pp. 1537-1548, 1978.

4.1.2 Aus einem Rastermodell mittels digitaler Bildverarbeitung

Das Navigieren in einem hybriden DGM - wie es anhand der Figur H 3.4-1 bereits erläutert wurde -, liefert die Höhenlinien als Vektordaten. Dieser Prozeß ist verhältnismäßig aufwendig. Wesentlich rationeller kommt man mit der digitalen Bildverarbeitung zu einem Höhenlinienbild. **Für die digitale Bildverarbeitung benötigt man allerdings ein reines Rastermodell**. Um trotzdem eine verhältnismäßig hohe Qualität zu erreichen, sollte man aus dem hybriden DGM das Rastermodell **unter Beachtung der Geländekanten** und markanten Höhenpunkten ableiten. Dieser Zwischenschritt ist in der Figur 4.1-8 dargestellt. Man sieht vier Maschen im Gittermodell; durch drei Gittermaschen verläuft eine Geländekante. Das abgeleitete Rastermodell hat eine deutlich größere Punktdichte als das Gittermodell. Man muß das Rastermodell so eng wählen, daß die Gesamtheit der Elemente im Rastermodell bei der Bildpräsentation den Eindruck einer kontinuierlichen Grauwertverteilung vortäuscht (siehe Abschnitt C 1.1.1.1).

Für digitale Bildverarbeitung wird also das hybride Gittermodell mit einer verhältnismäßig großen Gitterweite durch ein reines Rastermodell mit einer sehr engen Rasterweite ersetzt. Die Geländekanten verschwinden. Sie waren aber bei der Interpolation des Rastermodells beteiligt, sodaß die Rasterpunkte - auch in der Nähe der Geländekanten - die Geländeoberfläche beachtlich gut approximieren.

Bild 4.1-9 zeigt ein reines Raster-DGM. Die Geländehöhen wurden in diesem Fall auf den in der Bildverarbeitung üblichen Wertebereich zwischen 0 - 255 skaliert. Niedrige Geländehöhen sind dunkel dargestellt, große Geländehöhen hell. Mit dieser Skalierung auf dem Wertebereich zwischen 0 - 255 verliert man in der Regel sehr viel Information. Man sollte daher **auf die ursprünglichen Höhen des Raster-DGMs die Algorithmen der digitalen**

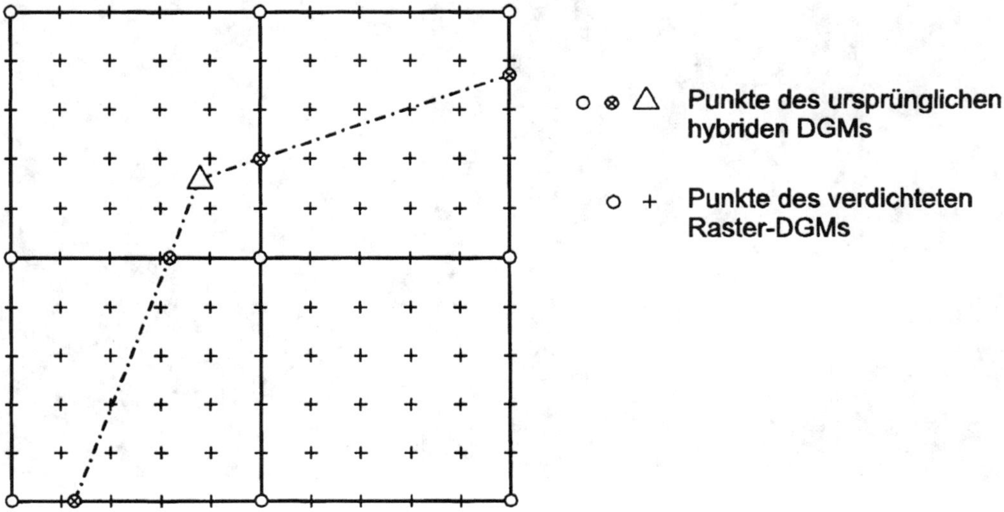

Figur 4.1-8: Hybrides Gitter-DGM und reines Raster-DGM

Bildverarbeitung anwenden. Erst bei der Visualisierung des Endergebnisses ist auf den Wertebereich (0 - 255) der üblichen Bildverarbeitungssysteme überzugehen.

Die Ableitung des Höhenlinienbildes aus dem Rastermodell geschieht in zwei Schritten: **Zuerst wird ein Äquidensitenbild abgeleitet**. Es faßt die Höhenwerte zu gleichabständigen Klassen zusammen. In unserem Beispiel wurden die ursprünglichen Höhenwerte (794 bis 1902 m) in 13 Klassen mit einem Höhenintervall von 100 m gebildet. Den Rändern der Klassen entlang verlaufen die Höhenlinien; an diesen Rändern - in der Bildverarbeitung auch Kanten genannt - treten Grauwertsprünge auf. Im zweiten Schritt wird das **Äquidensitenbild mit dem Kantenoperator**

$$\boldsymbol{W} = \begin{pmatrix} -1 & -1 & -1 \\ -1 & 8 & -1 \\ -1 & -1 & -1 \end{pmatrix} \tag{4.1-9}$$

gefaltet (Abschnitte A 7.7.3 und C 1.3.3). Der Operator (4.1-9) liefert in Bereichen mit gleichen Grauwerten, also in den Bereichen zwischen den Höhenlinien, den Wert Null. Diesen Bildpunkten ordnet man Schwarz zu. An Positionen, wo in die Submatrix des Faltungsoperators Bildelemente mit unterschiedlichen Grauwerten fallen, tritt ein von Null verschiedener Wert auf. Diesen Bildpunkten ordnet man Weiß zu; auf diese Weise erhält man das Höhenlinienbild der Figur 4.1-10.

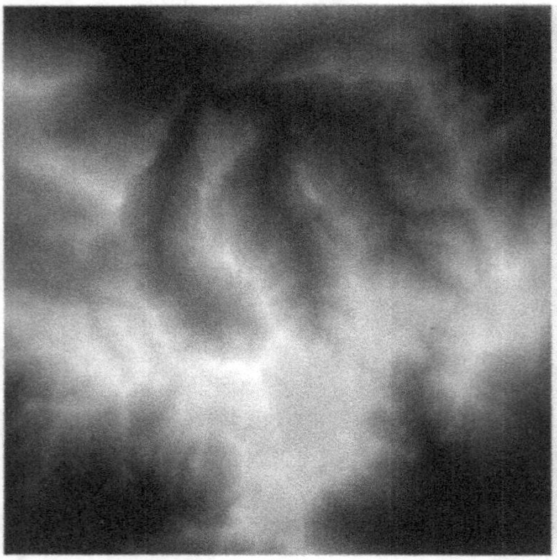

Bild 4.1-9: Raster-DGM im Grauwertebereich 0-255

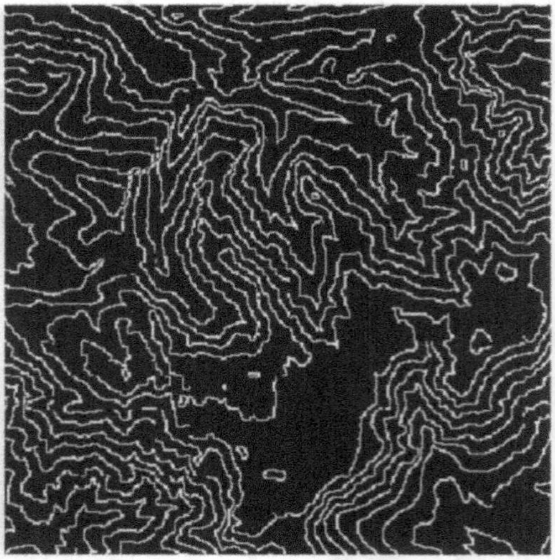

Bild 4.1-10: Höhenlinienbild mit einem Höhenlinienintervall von 100 m

Das Höhenlinienbild ist sehr detailreich. In flachen Gebieten (auf Bergkämmen und in Tälern) tritt ein "**Salz- und Pfeffer-Muster**" auf; es spiegelt die große **Lageunsicherheit der Höhenlinien** in diesen Bereichen wider.

Mittels digitaler Bildverarbeitung bekommt man die Höhenlinien sehr rasch. Das Verfahren leistet daher gute Dienste zum Aufdecken von groben Datenfehlern. Die **Höhenlinien** bestehen aus isolierten kleinen weißen Punkten. Man kann ihnen (zunächst) **keine Attribute** zuordnen. Nach einer etwaigen Raster/Vektor-Konversion besteht eine solche Möglichkeit.

4.2 Neigungs-, Expositions- und Krümmungsmodell

Während des Interpolationsvorganges - zum Beispiel mittels Flächensummation (Abschnitt H 3.2) oder mittels Interpolation nach kleinsten Quadraten (Abschnitt H 3.3) - zum Erstellen eines 2.5D-DGMs kann in jedem interpolierten Gitterpunkt und in jedem Schnittpunkt der Geländekanten mit den Gitterlinien nicht nur die Geländehöhe sondern auch die Geländeneigung und die Geländeexposition ermittelt werden. Zu diesem Zweck ist die **Oberflächenfunktion** $Z = Z(X,Y)$ (Gleichung H(3.2-6) bzw. H(3.3-11) unter Beachtung des Trends) in die X- und Y-Richtung zu **differenzieren**. Die Fortsetzung bis zur Geländeneigung $\tan\alpha$ und dem Richtungswinkel β der Fallinie, das ist die Exposition, wurde im Abschnitt H 3.2.4 ausführlich beschrieben.

Die auf diese Weise ermittelten Werte für die Geländeneigung und Exposition könnte man in einem hybriden 2.5D-DGM (Figur H 3.4-1) zusätzlich zur Geländehöhe abspeichern. Dabei wäre nur zu beachten, daß in allen Punkten entlang der Geländekanten jeweils zwei Werte für die Geländeneigung $\tan\alpha$ und zwei Werte für den Richtungswinkel β abzulegen wären. Eine größere Flexibilität erreicht man allerdings, wenn man für die Geländeneigung $\tan\alpha$ ein eigenes **Neigungsmodell** und für den Richtungswinkel β ein eigenes **Expositionsmodell** aufbaut. Das Neigungs- und das Expositionsmodell haben die gleiche Datenstruktur wie das Gelände-(Höhen-)Modell (Abschnitt H 3.4.3) - mit der kleinen Erweiterung auf die beiden Werte entlang der Geländekanten.

Mittels Differenzen - also nicht mit Differentialen - kann aus dem hybriden 2.5D-DGM **ebenfalls das Neigungs- und Expositionsmodell** berechnet werden. Dieses Vorgehen haben wir am Ende des Abschnittes H 3.5.3 beschrieben.

Wenn man auf das Neigungsmodell nochmals den eben angesprochenen Algorithmus mit den Differenzen anwendet, bekommt man die zweite Ableitung, und zwar einen Wert in jedem Gitterpunkt und zwei Werte in jedem Punkt entlang der Geländekanten. Die erste Ableitung, das sind die Werte im Neigungsmodell, und die zweite Ableitung kann man schließlich zur Krümmung in jedem Punkt kombinieren (siehe Gleichung (2.5-1-4) im Anhang H 2.5-1 und Abschnitt H 3.5.1a). Das Ergebnis ist ein **Krümmungsmodell**. Der reziproke Wert ist der Geländekrümmungsradius, und zwar jener Geländekrümmungsradius, der in Richtung der stärksten Neigungsänderung im jeweiligen Geländepunkt verläuft.[1]

Auf die Vernachlässigungen dieser pragmatischen Lösung, die übrigens - falls keine besonderen Vorkehrungen getroffen werden - keine Unterscheidung in konvexe und konkave Krümmungen erlaubt, soll hier nicht näher eingegangen werden. Eine strenge Lösung zur Ableitung der Hauptkrümmungsradien und der mittleren Krümmung könnte man mittels der zweiten Differentiale der Oberflächenfunktion $Z = Z(X,Y)$ erreichen. Details dieser strengen Lösung findet man in der Literatur zur Differentialgeometrie.[2]

Falls die Geländehöhen in einem Rastermodell verfügbar sind (Abschnitt I 4.1.2), kann ein **Krümmungsmodell** mittels des Laplace-Operators (Abschnitt A 7.7.3) angegeben werden. Aus diesen "gefalteten Pixelwerten" bekommt man mittels Division durch das Quadrat der

---

[1] Die entsprechende Interpretation für das Neigungsmodell lautet: Das aus dem Höhenmodell abgeleitete Neigungsmodell enthält die Neigungswerte in Richtung der stärksten Höhenänderung.

[2] Siehe auch: Matthias, H., Spiess, E.: Amtliche Vermessungswerke, Band 4, Verlag Sauerländer, Aarau, 1995.

Rasterweite, also durch $(\Delta XY)^2$, die Krümmung.[1] Diese Methode liefert unmittelbar auch eine Unterscheidung in konkave und konvexe Krümmungen (siehe auch Abschnitt H 3.5.1a).

AUFGABE 4.2-1: Gegeben sind Geländehöhen in einem Rastermodell, das eine Rasterweite von 10 m besitzt. Man berechne mittels des Laplace-Operators den Geländekrümmungsradius im zentralen Punkt (Lösung: 53 m).

501.10	501.50	502.20
502.10	502.20	503.30
503.20	503.80	505.00

Das Neigungs-, Expositions- und Krümmungsmodell kann man einerseits wie die Höhenlinien als vektorielle Isolinien (Abschnitt I 4.1.1) oder andererseits als Rasterbilder mittels digitaler Bildverarbeitung (Abschnitt I 4.1.2) visualisieren. Im folgenden werden einige gängige Visualisierungen gezeigt.

a) **Visualisierung des Expositionsmodelles**

Expositionsmodelle visualisiert man am eindrucksvollsten mit **Tangenten an die Fallinien** in jedem Gitterpunkt. Figur H 3.2-12 zeigt ein gelungenes Beispiel einer solchen Visualisierung, wobei zusätzlich noch die Vektorlänge in Abhängigkeit von der Oberflächenhelligkeit bei einer Beleuchtung aus Nordwesten unter einer Zenitdistanz von 50 gon variiert wurde.

b) **Visualisierung des Neigungsmodelles**

Neigungsmodelle können in Form von **Neigungszonen** wiedergegeben werden. Figur 4.2-1 zeigt - in Schraffenmanier - eine solche **Gefällsstufenkarte**; das dazugehörige Höhenlinienbild enthält Figur I 4.1-1.

Figur 4.2-2 gibt die Neigungslinien jenes Geländeausschnittes wieder, von dem wir die Höhenlinien (Figur I 4.1-6) bereits gesehen haben. In Figur 4.2-2 sind auch die digitalisierten Geländekanten eingezeichnet. An mehreren Stellen sieht man Versetzungen der Neigungslinien an den Geländekanten. Die Geländekanten werden im Neigungsmodell zu sogenannten **Bruchlinien** (*fault lines*), das sind Linien mit zwei Funktionswerten.

c) **Visualisierung der Genauigkeit der Neigungslinien**

Im danebenstehenden Bild 4.2-3 sind schwarze **Bänder von Neigungen** mit einer Bandbreite von $\pm 1\%$ angegeben. Diese Neigungsbänder visualisieren sehr gut die Unsicherheit der Neigungslinien. Wie bei allen Isoliniendarstellungen sind auch die Neigungslinien umso

---

[1] Man kommt übrigens zur gleichen Lösung, wenn man durch 3x3 Höhenpunkte ein Polynom Z(X,Y) vom Grad 4 mit 9 Koeffizienten legt und $Z(X,Y)''_x$ und $Z(X,Y)''_y$ bildet. Beide Differentiale faßt man - wie beim Laplace-Operator A(7.7-5) - zu einem einzigen Maß zusammen.

AUFGABE 4.2-2: Man führe diese Ableitungen durch. (Zwischenergebnisse: $Z(X,Y)''_x$ = 2mal Koeffizient des X^2-Termes; dieser Term = $((Z_{2,1} + Z_{2,3})/2 - Z_{2,2})/(\Delta XY)^2$).

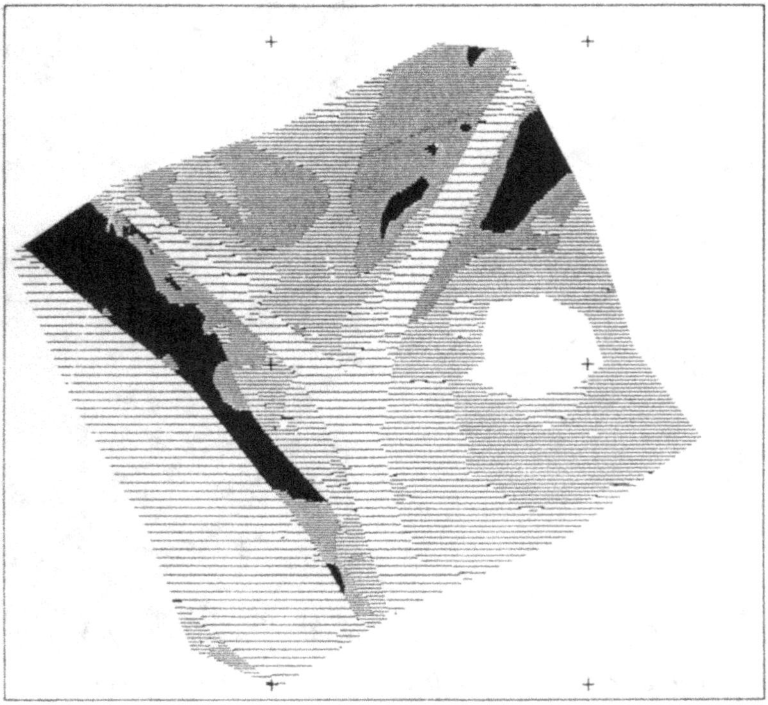

Figur 4.2-1: Gefällsstufenkarte mit den Neigungszonen 0-15, 15-30, 30-45, 45-60 und über 60% (Figur I 4.1-1 zeigt das dazugehörige Höhenlinienbild)

unsicherer, je größer der Abstand zwischen den benachbarten Neigungslinien ist. Die großen Unsicherheiten treten in dem etwa 70% geneigten Hang im linken/unteren dreieckigen Bereich auf. Dort werden die Neigungsbänder am größten. **Neigungslinien, zu denen breite Bänder gehören, sollen den Anwender** bei der Weiterverarbeitung (zum Beispiel Verschneiden mit anderen Polygonnetzen (Abschnitt H 1.3) **warnen**!

Wenn man sich in den Bereichen mit breiten Neigungsbändern die Höhenlinien ansieht (Figur 4.1-6), erkennt man gleichmäßig geneigte Hänge, also Hänge ohne Krümmung. In diesen Bereichen haben die Neigungswerte sicherlich keine wesentlich schlechtere Genauigkeit als in den anderen Bereichen. Es drängt sich die Analogie zur großen Unsicherheit der Höhenlinien im flachen Gelände auf. Dr. L. Kiefer vom Landesamt für Flurbereinigung in Baden-Württemberg hat diesen Sachverhalt sehr einprägsam formuliert: "**Im Gelände mit geringer Neigung ist die Lage der Höhenlinien ungenau, auch wenn die Höhenwerte genau sind; im Gelände mit geringer Krümmung in Gefällsrichtung ist die Lage der**

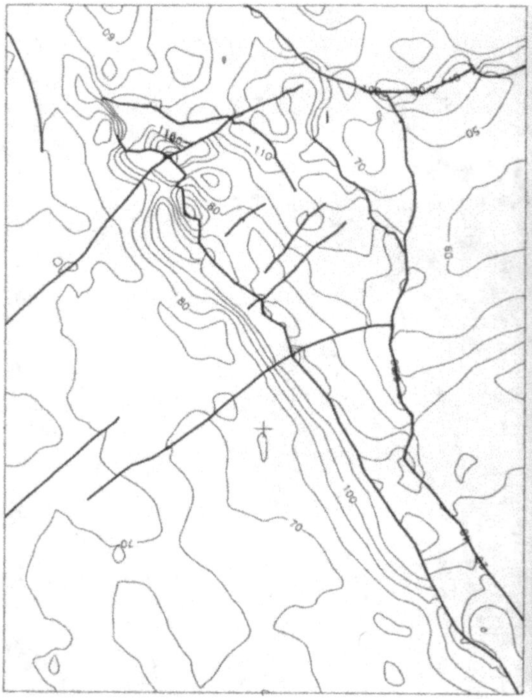

Figur 4.2-2: Neigungslinien mit einem Intervall $\Delta N = 10\%$ (die dicken Linien sind die Geländekanten, Figur 4.1-6 zeigt die dazugehörigen Höhenlinien)

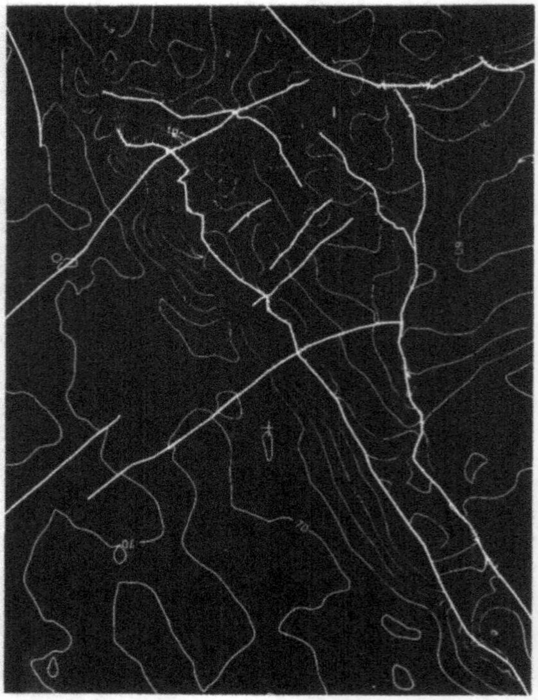

Bild 4.2-3: Neigungsbänder mit einer Bandbreite von $\pm 1\%$

Linien gleicher Hangneigung ungenau, selbst wenn die Neigungswerte genau sind".[1]

Über die adäquate Bandbreite in der Darstellung des Bildes 4.2-3 wurde bisher noch nichts gesagt. **Die Bandbreite sollte man in Abhängigkeit von der Genauigkeit des Neigungsmodelles wählen**. Empirische Untersuchungen[2] haben ergeben, daß die aus photogrammetrischen Messungen über ein DGM abgeleiteten Neigungsmodelle eine Genauigkeit von etwa $\sigma_N = \pm 1.5\%$ besitzen. Hätte man die Bandbreite $\pm 1.5\%$ im Bild 4.2-3 gewählt, würden - laut Gauß'scher Normalverteilung - 68% aller möglichen Linienverläufe innerhalb dieser Bänder liegen. Innerhalb der $\pm 1\%$ breiten Bänder (Bild 4.2-3) liegen - laut Gauß'scher Normalverteilung - 50% aller möglichen Linienverläufe. Die verschieden breiten Bänder mit

---

1 Eine zusätzliche **Literaturstelle**: Killian, K., Kraus, K.: ÖZ 80, S. 20-24, 1992.

2 Ehgartner, M., Kalliany, R., Stechauner, A.: Vermessung, Photogrammetrie, Kulturtechnik, Heft 1, S. 3-7, 1988.

den unterschiedlichen Wahrscheinlichkeiten kann man mit unterschiedlichen Grauwerten belegen. Dadurch wird der Benutzer noch umfassender über die Qualität der Neigungslinien informiert. Die Veröffentlichung[1] enthält ein solches Beispiel.

d) **Lagegenauigkeit der Neigungslinien**

In Anlehnung an die Gleichung (4.1-4) für die Lagegenauigkeit σ_{HL} der Höhenlinien in Abhängigkeit von der Höhengenauigkeit σ_H der Höhenlinien, kann man auch die Lagegenauigkeit σ_{NL} der Neigungslinien in Abhängigkeit von der Neigungsgenauigkeit σ_N der Neigungslinien angeben:

$$\sigma_{NL} = \sigma_N \cdot \Delta L / \Delta N \qquad (4.2\text{-}1)$$

ΔN ... Intervall der Neigungslinien ΔL ... Abstand benachbarter Neigungslinien

Der Quotient $\Delta N/\Delta L$ ist nichts anderes als - bei unendlich kleinen Differenzen - die zweite Ableitung bzw. der entscheidende Term für die Geländekrümmung. Sofern ein Krümmungsmodell zur Verfügung steht, kann man - in Anlehnung an das Bild 4.1-7 - auch ein **Modell der Lagegenauigkeit der Neigungslinien** angeben.

e) **Genauigkeit der Expositions- und Neigungsmodelle**

Über die Standardabweichung σ_N des Neigungsmodelles wurde bisher nur der empirische Wert von $\pm 1.5\%$ angegeben. W. Rieger[2] hat diesen Wert auch theoretisch untermauert: Er geht von einer Höhengenauigkeit $\sigma_H = 0.15‰$ von der Flughöhe für das digitale Geländehöhenmodell aus. Anschließend leitet er die Genauigkeit σ_N des aus dem Geländehöhenmodell abgeleiteten Neigungsmodelles ab, wobei er noch folgendes beachtet bzw. folgende Randbedingungen benutzt:

- Korrelationen der Höhenfehler im digitalen Höhenmodell, die mit der Entfernung abnehmen, (Abschnitt I 4.5c),
- Rasterweite von 4 mm in der Gefällsstufenkarte,
- Vergrößerungsverhältnis vom Luftbild zur Gefällsstufenkarte wie 1:4,
- Luftaufnahmen mit einer Weitwinkelkamera.

W. Rieger[2] gibt auch Genauigkeiten für das Expositionsmodell an. Diese Genauigkeit hängt stark von der Neigung des Geländes ab. Im horizontalen Gelände ist die Exposition unbestimmt. Veröffentlichungen über Genauigkeiten zum Krümmungsmodell bzw. zu den Lagegenauigkeiten für die Linien gleicher Krümmung sind dem Autor dieses Lehrbuches bisher nicht bekannt.

---

[1] Kraus, K.: PE&RS 60, pp. 457-462, 1994.

[2] Rieger, W.: Geow.Mitt. der TU Wien, Heft 39, 1992.

4.3 Schummerungen

Das Neigungsmodell in Kombination mit dem Expositionsmodell legt in jedem Punkt des DGMs den Vektor der Flächennormalen fest. Bei der Annahme einer Beleuchtungsrichtung (ebenfalls mit zwei Komponenten) liegen die Voraussetzungen vor, in jedem Punkt des DGMs den Cosinus des eingeschlossenen Winkels - gebildet von der Beleuchtungsrichtung und der Flächennormalen - zu berechnen. Die **Cosinuswerte sind ein Maß für die Beleuchtungsstärke** in den einzelnen Geländepunkten. Diese Cosinuswerte werden auf den Wertebereich zwischen 0 - 255 skaliert und mit Bildwiedergabegeräten visualisiert. Auf der Nordhalbkugel hat sich eine Beleuchtung aus Nordwesten unter einer Zenitdistanz von 50 gon durchgesetzt. Bild 4.3-1 zeigt eine auf diese Weise entstandene Schummerung.

Mit Computer erzeugte Schummerungen sind sehr objektiv. Von Kartographen manuell erzeugte Schummerungen fehlt hingegen die Objektivität. Der Kartograph erzielt aber teilweise begrüßenswerte Effekte, indem er die Beleuchtungsrichtung nicht unverändert läßt, sondern individuell dreht, bis die Lichtstrahlen nahezu tangential zum jeweiligen Geländehang verlaufen.

Auch mit dem Computer kann die Richtung der Bestrahlung variiert werden. In der Figur 4.3-2 sind eine konstante und eine **variable Lichtquelle** skizziert. Die beiden Bilder 4.3-1 und 4.3-3 zeigen die dazu entsprechenden Schummerungen. Die Schummerung mit veränder-

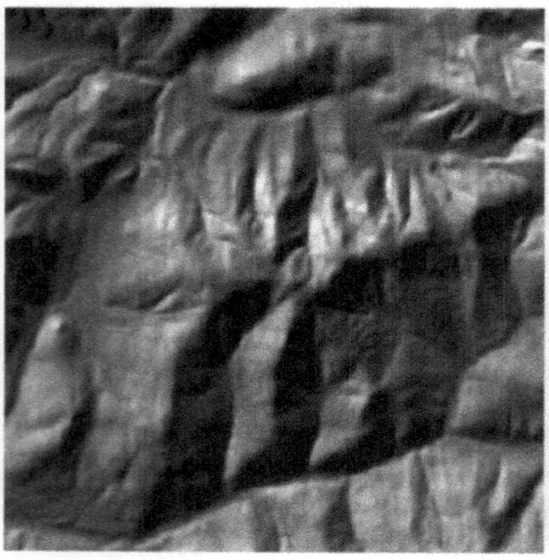

Bild 4.3-1: Schummerung mit parallelem Licht

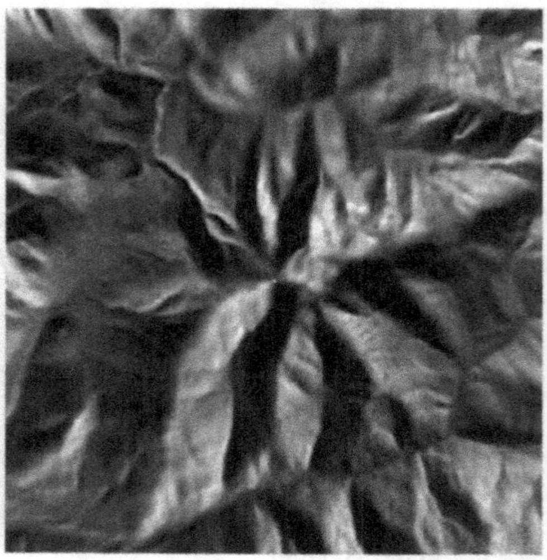

Bild 4.3-3: Schummerung mit rotierender Lichtquelle

licher Lichtquelle enthält mehr Plastizität als die Schummerung mit parallelem Licht. Allerdings kommt es in der unteren Hälfte auch zu einer Reliefumkehr. Die Schummerung mit rotierender Lichtquelle ist für Panoramen (Abschnitt I 4.4.1d) besonders interessant.

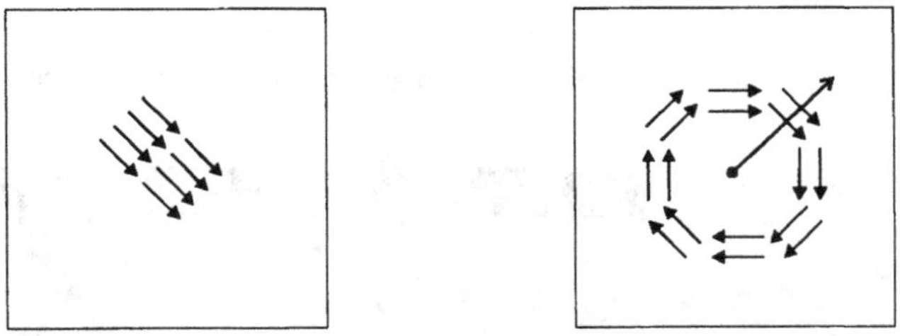

Figur 4.3-2: Konstante (links) und rotierende (rechts) Beleuchtungsrichtung

Schummerungen können sehr effizient auch mit **digitaler Bildverarbeitung** gewonnen werden. Wir gehen vom Raster-DGM aus (Bild I 4.1-9) und falten diese Bildmatrix - zum Beispiel - mit dem Operator

$$\boldsymbol{W} = \begin{pmatrix} -2 & -2 & 0 & 0 & 0 \\ -2 & -8 & 0 & 0 & 0 \\ 0 & 0 & 1 & 0 & 0 \\ 0 & 0 & 0 & +8 & +2 \\ 0 & 0 & 0 & +2 & +2 \end{pmatrix} \qquad (4.3\text{-}1)$$

Dieser Operator bildet Differenzen in Richtung von links/oben nach rechts/unten. Dabei erfolgt eine allgemeine Mittelung von jeweils vier benachbarten Bildpunkten mit dem vierfachen Gewicht der beiden Innenpunkte gegenüber den anderen Punkten. Das gefaltete Bild würde positive und negative Werte besitzen; es ist daher eine Anpassung auf den Wertebereich zwischen 0 - 255 notwendig. Die gewichteten und skalierten Differenzen sind ein Maß für die Helligkeit in jedem Rasterpunkt. Dabei wird allerdings nur jene Neigungskomponente des Geländemodells berücksichtigt, die in der Vertikalebene durch die Beleuchtungsrichtung verläuft. Dagegen werden bei der am Anfang dieses Abschnittes erläuterten Schummerung mit den Flächennormalen auch die jeweilige Komponente quer zu diesen Vertikalebenen berücksichtigt.

Dieses Differenzenbild kann man noch **mit dem Bild des Höhenrasters** (Bild I 4.1-9) **kombinieren**: Der Einser im Zentrum des Faltungsoperators (4.3-1) sorgt dafür, daß - bei gleichen Differenzen - höherliegende Geländebereiche heller als tieferliegende Geländebereiche erscheinen. Dadurch entsteht eine zusätzliche Plastizität. Bild 4.3-4 zeigt ein auf diese Weise entstandenes Schummerungsergebnis. Im Bild 4.3-5 sind zusätzlich noch die Höhenlinien (Bild I 4.1-10) zu sehen. Bei dieser Zusammenführung wurden die weißen Höhenlinien-Pixel des Bildes I 4.1-10 mit den Grauwerten des Bildes 4.3-4 etwas "gedämpft". Dadurch stören die Höhenlinien in den dunkleren Bereichen - also in den von der Beleuchtungsrichtung stärker abgewandten Bereichen - den plastischen Gesamteindruck nicht sehr stark.

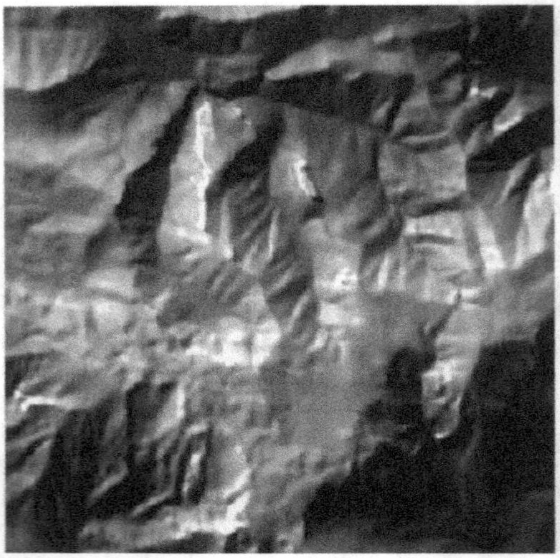

Bild 4.3-4: Schummerung mit dem Operator (4.3-1)

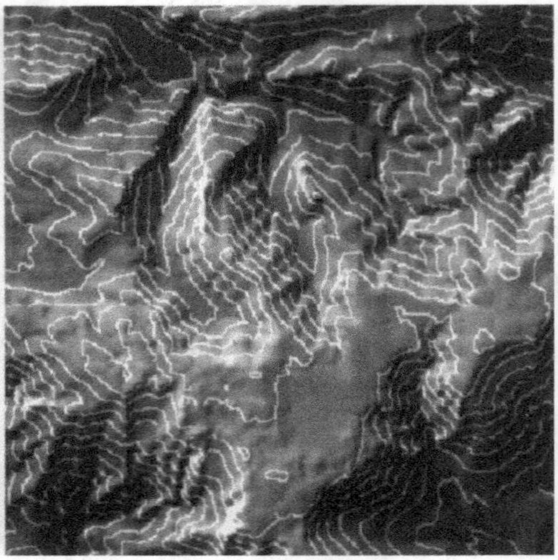

Bild 4.3-5: Schummerung kombiniert mit dem Höhenlinienbild 4.1-10

4.4 Perpektiven und Animationen

Das **DGM ist die Drehscheibe für Oberflächenvisualisierungen**; so haben wir die Rolle des DGMs im Abschnitt C 1.6 für die Visualisierungstechnik definiert. Im Abschnitt C 1.6.1 haben wir ein wirtschaftliches Verfahren kennengelernt, wie man die zu den Oberflächenelementen korrespondierenden *Pixel* im fiktiven zentralperspektivischen Bild findet. Im Abschnitt C 6.1.2 wurde erläutert, wie mehrere digitale Bilder (Orthophoto, Schummerung, rasterisierte Karte, etc.), die im Landeskoordinatensystem ausgebreitet sind, in fiktive zentralperspektivische Bilder effizient transformiert werden können. In den folgenden Abschnitten des Bandes 2 wurden auch die Berücksichtigung der Erdkrümmung und der Verzerrungen des Landeskoordinatensystems (Abschnitt C 1.6.3) sowie die Berücksichtigung der Refraktion (Abschnitt C 6.1.4) und schließlich die Einführung eines Dunstes (Abschnitt

C 1.6.5) in fiktive zentralperspektivische Bilder besprochen.

In der Folge werden Ergänzungen, die vor allem aus der TIS-Sicht interessant sind, angegeben.

4.4.1 Perspektiven und andere Projektionen des hybriden DGMs

Wir beginnen mit der Zentralperspektive.

a) **Zentralperspektive**

Die Ermittlung einer Zentralperspektive des hybriden DGMs beginnt mit der Definition der inneren und äußeren Orientierung des fiktiven Bildes in jenem Koordinatensystem, in dem auch das hybride DGM gegeben ist. Anschließend können alle Punkte des hybriden DGMs, die in der Geländeoberfläche liegen, ins fiktive Bild transformiert werden. Die in den Punkten gespeicherte Verbindungsinformation, also die Topologie (Abschnitt H 3.4.3), gestattet die Darstellung des Liniennetzes in der Zentralperspektive.

Das eben beschriebene Vorgehen setzt voraus, daß es keine Verdeckungen gibt, eine Voraussetzung, die nur bei sehr hochgelegenen Standpunkten und bei nicht zu gebirgigem Gelände gegeben ist. **Die Plastizität einer Zentralperspektive nimmt allerdings zu, je flacher die Abbildungsstrahlen auf das Gelände fallen**. Bei der Berechnung von Zentralperspektiven ist also unbedingt die Sichtbarkeit zu beachten; die vom Standpunkt aus unsichtbaren DGM-Teile dürfen im Perspektivbild nicht enthalten sein.

Es gibt unterschiedliche **Algorithmen zur Feststellung der Sichtbarkeiten**. Der bekannteste Algorithmus beruht auf dem sogenannten Z-Buffer (Abschnitte C 1.6.1 und C 1.7.4). Für das hybride DGM ist dieser Algorithmus weniger geeignet. Es wurde daher ein spezieller Algorithmus für das hybride DGM entwickelt, der in den Publikationen[1] näher beschrieben ist. Das Interessante an diesem Algorithmus ist, daß er auch die Silhouetten und die Abstände der unsichtbaren Punkte vom Sichtkegel liefert.

Zunächst betrachten wir die **Zentralperspektive eines detaillierten hybriden DGMs** (Figur 4.4-1). Es ist eine Mülldeponie; die Rasterweite beträgt 2.5 m; die Datenerfassung erfolgte aus Luftbildern mit einem Bildmaßstab 1:4000. Besonders die Geländekanten prägen das Bild. Sie sind - gewissermaßen - die markanten Elemente der Geländeoberfläche; wie ein

---

[1] Kager, H.: IAPRS XXV, Part III, pp. 513-522, Rio de Janeiro, 1984. Hochstöger, F.: Geow.Mitt. der TU Wien, Heft 34, 1989. Diese Veröffentlichung enthält auch viele Beispiele.

guter Porträt-Zeichner ein Gesicht aus dem Lineament aufbaut, so sollte der "DGM-Perspektivzeichner" das Gelände aus den Gerippelinien aufbauen. Die Plastizität nimmt - wie schon erwähnt - zu, je flacher die Abbildungsstrahlen auf das Gelände treffen. Figur H 3.4-2 zeigt ein Beispiel, das der natürlichen Sicht eines Wanderers auf der Geländeoberfläche entspricht.

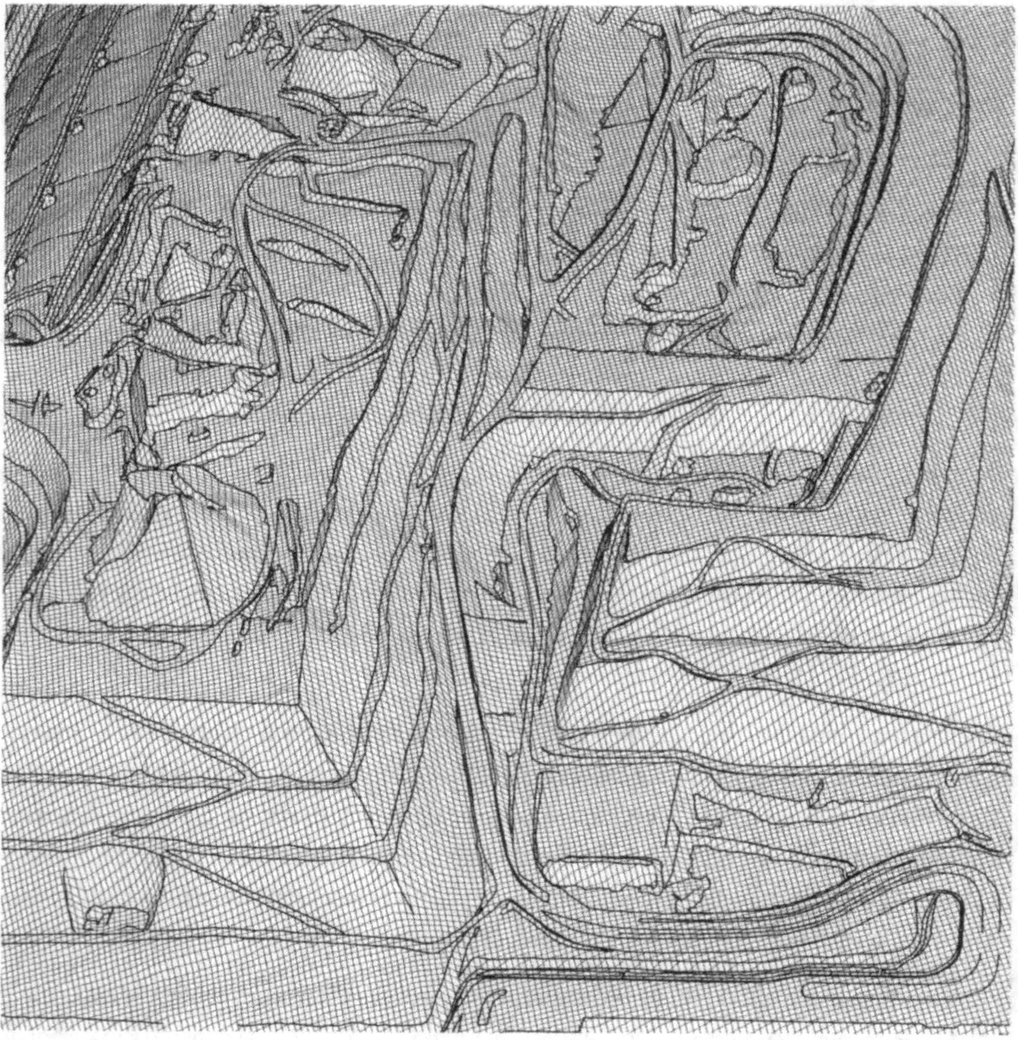

Figur 4.4-1: Zentralperspektive eines hybriden DGMs mit einer Gitterweite von 2.5 m; es beschreibt die Oberfläche einer Mülldeponie.[1]

---

[1] Hergestellt vom Ingenieurbüro Höllhuber, Wels, Österreich, im Rahmen eines vom Bundesministerium für Umwelt an das I.P.F. vergebenen Pilotprojektes.

Auch die aus **3D-Dreiecken aufgebauten DGMe** (Abschnitt H 3.6) können selbstverständlich **zentralperspektiv dargestellt** werden. Der räumliche Eindruck solcher Perspektiven läßt aber sehr oft zu wünschen übrig; wegen der ungleich großen Dreiecke kann ein sehr verzerrter Raumeindruck entstehen; die Gittermaschen des hybriden DGMs, die alle im Gelände gleiche Größe haben und im Bild mehr oder weniger stark verkleinert und deformiert werden, vermitteln dem Betrachter eine objektive geometrische Referenz.

b) **Silhouetten und Sichtbarkeitskarten**

Figur 4.4-2 zeigt eine Zentralprojektion eines nur aus Gitterlinien bestehenden DGMs.

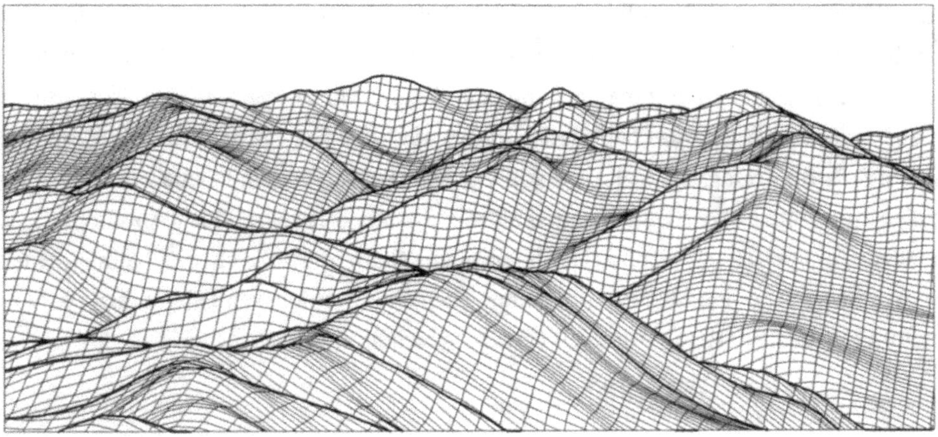

Figur 4.4-2: Zentralperspektive der Deferegger Alpen (Gitterweite 250 m) mit Silhouetten

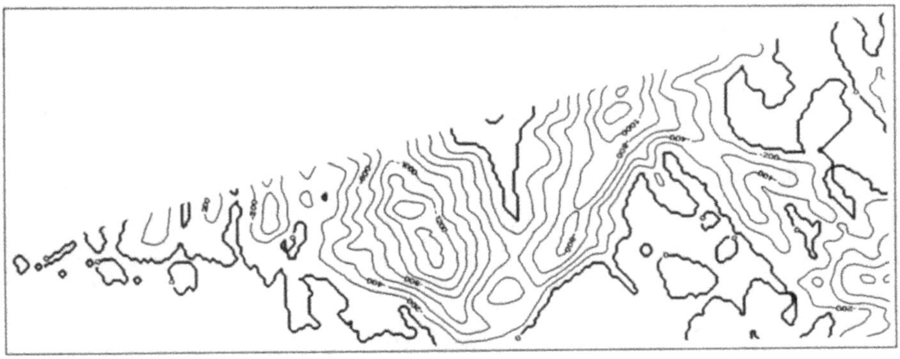

Figur 4.4-3: Zu Figur 4.4-2 gehörende Sichtbarkeitskarte mit Konturlinien (dick) und Linien gleicher Abstände vom Sichtbarkeitskegel in den unsichtbaren Bereichen

Zusätzlich sind aber die Silhouetten hervorgehoben. Nach Ermittlung einer Zentralperspektive ist bekannt, welche Teile des Geländes vom Projektionszentrum des fiktiven Bildes einsehbar sind und welche Teile nicht. Figur 4.4-3 zeigt diese **Sichtbarkeitskarte** (*visibility map*). Die Silhouettenlinien, die die sichtbaren und unsichtbaren Teile voneinander trennen, sind in der Figur 4.4-3 als Konturlinien dick eingetragen. In den unsichtbaren Bereichen ist noch der Abstand zum Sichtkegel, m.a.W. die Tiefe unter der tangierenden Visur, in der Form von Isolinien angegeben.

c) **Namensgut**

In der Figur 4.4-4 sind die Silhouettenlinien allein gezeichnet. Sie vermitteln eine Skizzierung des Geländes. Zusätzlich sind die Namen topographisch wichtiger Details angegeben. Diese Beschriftung bekommt man auf folgende Weise: Das topographische Namensgut muß zuerst "verortet" werden, das heißt **jeder topographische Begriff erhält XYZ-Koordinaten und wird in die topographische Datenbank** eingebracht. Anschließend wird jedes punktförmige topographische Element innerhalb der Sichtbarkeitspyramide (Abschnitt C 1.7.4) untersucht, inwieweit es sichtbar ist oder nicht; dafür eignet sich die Sichtbarkeitskarte ausgezeichnet. Alle Punkte der sichtbaren Elemente werden schließlich ins fiktive Bild transformiert und mit dem jeweiligen Namen versehen.

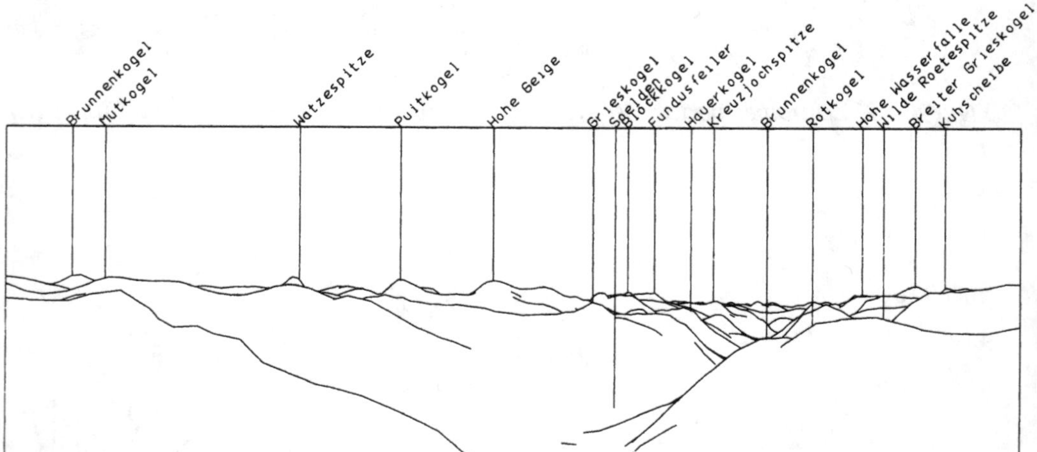

Figur 4.4-4: Silhouettenlinien mit Beschriftung punktförmiger topographischer Elemente (Sicht vom Kirchenkogel oberhalb von Hochgurgl in Richtung Nordosten)

d) Andere Projektionsarten

Ansichten können selbstverständlich nicht nur mittels Zentralperspektive erzeugt werden, sondern mit allen bekannten Projektionsarten, zum Beispiel mittels schräger Parallelprojektion. Zur Herstellung sogenannter **Panorama-Darstellungen** sind Zentralprojektionen gefragt, die anstelle einer Bild**ebene** einen Bild**zylinder** benutzen. Figur 4.4-5 zeigt das Prinzip: Der Objektpunkt P wird bei der Zentralperspektive auf eine Ebene im Bildpunkt P'_e abgebildet, bei der zentralperspektivischen Zylinderprojektion in den Bildpunkt P'_z. Der Zylinder wird in der Regel vertikal angenommen.

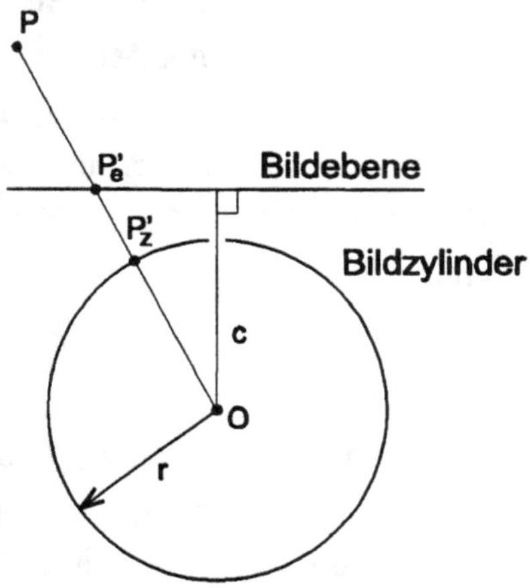

Figur 4.4-5: Prinzip der Zentralprojektion auf eine Ebene und auf einen Zylinder

AUFGABE 4.4-1: Man gebe die Abbildungsgleichungen auf einen senkrecht stehenden Zylinder mit dem Radius r an.

e) Lokaler Horizont

Darunter versteht man jene Linien im Gelände, die von einem Standpunkt aus den Himmel von der Erdoberfläche trennen. Der lokale Horizont setzt sich aus Teilen von Silhouettenlinien zusammen. In der Figur 4.4-2 ist der lokale Horizont jene Linie, die das DGM-Gitter nach oben begrenzt. Figur 4.4-6 zeigt einen vollständigen lokalen Horizont; man spricht auch von einem ***Skyplot***.[1] In Figur 4.4-6 ist der lokale Horizont mit den Kreisen gleicher Höhenwinkel, die ein Intervall von 15° aufweisen, hinterlegt.

[1] Hochstöger, F.: VGI 83, S. 144-145, 1995. Wunderlich, T.: Wiss. Arb. Uni Hannover. Heft 190, 1993.

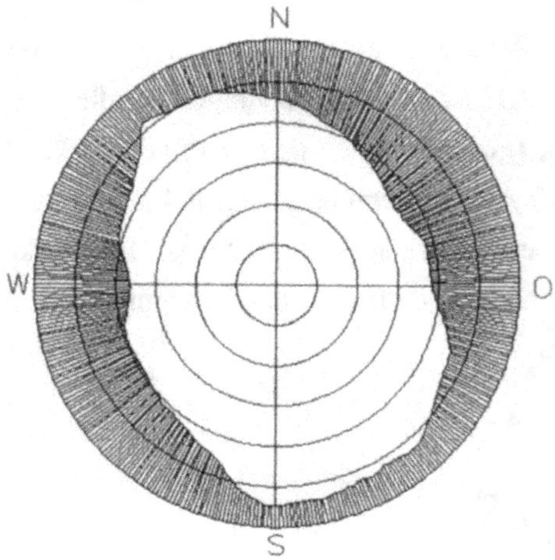

Figur 4.4-6: Lokaler Horizont (Skyplot)

Solche *Skyplots* benötigt man für die Planung von GPS-Kampagnen im Hochgebirge und - Gebäude im Oberflächenmodell vorausgesetzt - in der Stadt. Als lokale Horizonte spielen *Skyplots* eine Rolle bei der Ermittlung der eingestrahlten Sonnenenergie.[1] Zu diesem Zweck ist für jeden Geländepunkt, in dem die eingestrahlte Energie zu ermitteln ist, der lokale Horizont zu berechnen. Zusätzlich gehen natürlich noch die Geländeneigung im jeweiligen Punkt, die Bahn der Sonne etc. in eine solche Abschätzung der eingestrahlten Sonnenenergie ein.

f) Schatten

Bei der Ermittlung des lokalen Horizontes in jedem Rasterpunkt des DGMs fällt noch ein interessantes Zwischenprodukt an. Im Bild 4.4-7 (oben) ist in jedem Rasterpunkt der Höhenwinkel des lokalen Horizontes in Südostrichtung als Grauwert wiedergegeben. Bild 4.4-7 (unten) zeigt die entsprechende Information, aber in Südrichtung.

Jene Isolinien in den Bildern 4.4-7, die dem Höhenwinkel der im Südosten (Azimut 150 gon) beziehungsweise Süden (Azimut 200 gon) stehenden Sonne entspricht, ist die **Begrenzungslinie der beschatteten Bereiche**. Die auf diese Weise gefundenen beschatteten Zonen können noch in den **Eigenschatten** und den **Schlagschatten** unterteilt werden: Ist die Geländeneigung im Profil der Beleuchtungsrichtung steiler als der Höhenwinkel der Sonne, dann liegt in diesem Rasterpunkt Eigenschatten vor; andererseits gehört dieser Rasterpunkt zum Schlagschattenbereich.

Die Kenntnis der beschriebenen Bereiche ist für verschiedene Fragestellungen von Interesse. Hier soll nur erwähnt werden, daß mit dieser Information die Schatten in Luft- und Satellitenbildern weitgehend eliminiert werden können. Schatten in Fernerkundungsaufnahmen beeinträchtigen unter anderem die automatische Klassifizierung (Abschnitt I 2.4).

[1] Blöschl, G., Kirnbauer, R.: Hydrological Processes 6, pp. 99-109, 1992.

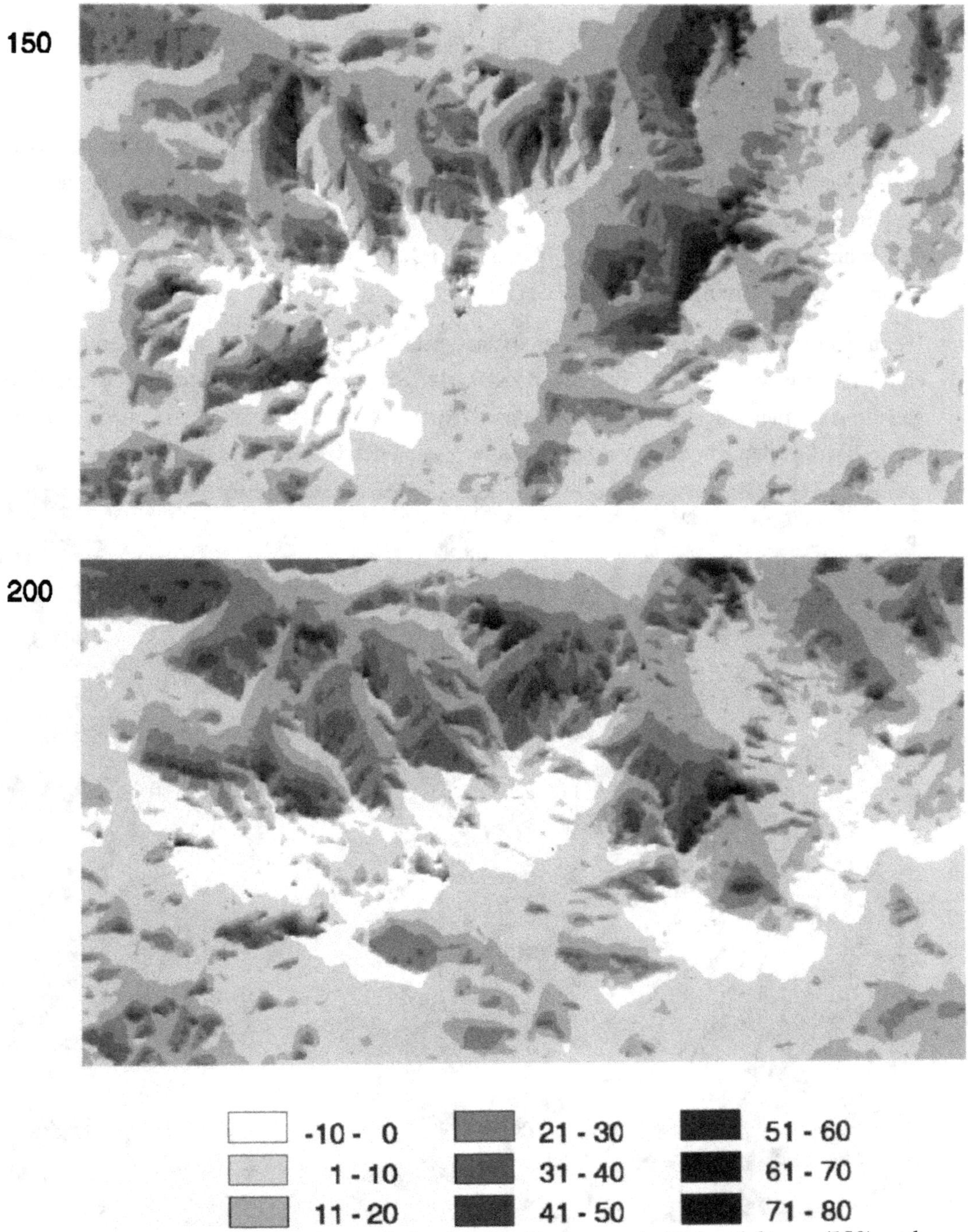

Bild 4.4-7: Höhenwinkel (in Neugrad) des lokalen Horizontes in Südostrichtung (150) und Südrichtung (200)

4.4.2 Perspektiven mittels Orthophotos, Schummerungen und rasterisierter Karten

In diesem Abschnitt setzen wir nicht nur ein hybrides DGM als Datensatz voraus, sondern es gibt zusätzliche Datensätze im Landeskoordinatensystem. Solche zusätzlichen Datensätze sind digitale Orthophotos (Abschnitt C 1.1.2), georeferenzierte Fernerkundungs-Aufnahmen (Abschnitt I 2.4), Schummerungen (Abschnitt I 4.3), rasterisierte thematische und/oder topographische Karten (Abschnitt I 2.3.1) etc.

Wenn **mehrere Datensätze** in ein und das gleiche fiktive Bild zu transferieren sind, empfiehlt sich der **Umweg über die XY-Matrix**. Sie hat die gleiche Dimension und die gleiche Anordnung der Bildpunkte wie das fiktive Bild. In dieser XY-Matrix befinden sich die jedem Bildelement zugeordneten XY-Koordinaten des Landeskoordinatensystems.

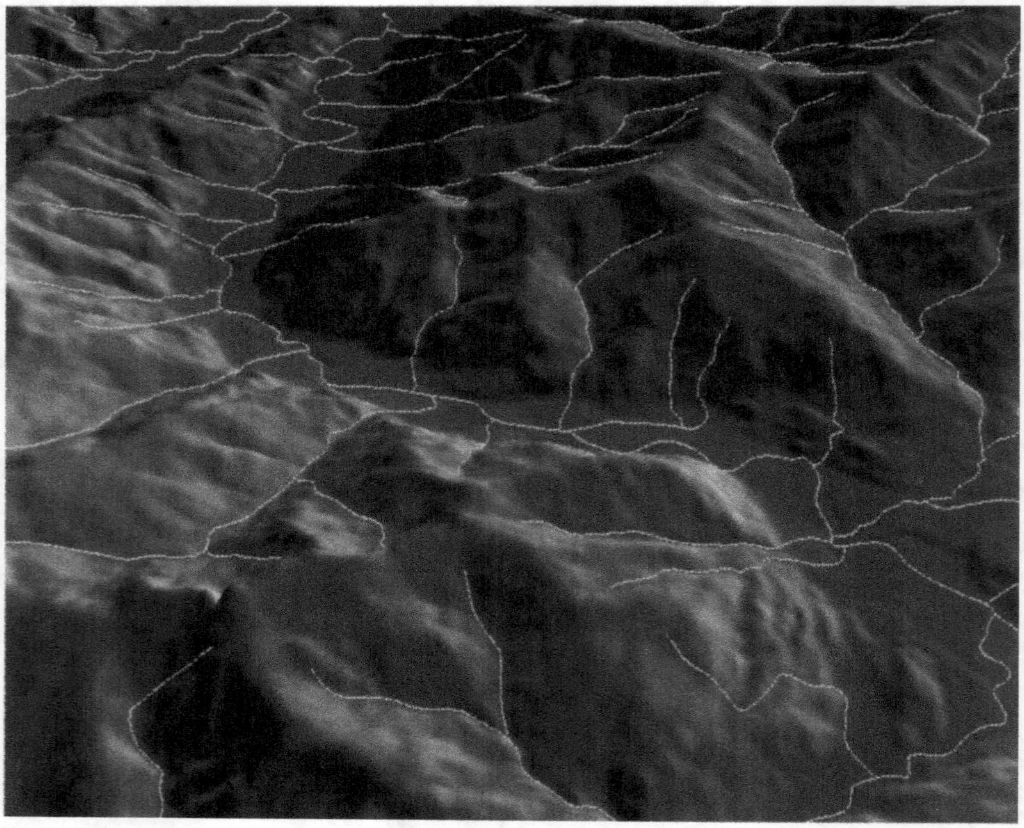

Bild 4.4-8: Geschummertes Geländemodell und Flußläufe[1]

[1] Entnommen aus Ecker, R.: Geow. Mitt. der TU Wien, Heft 38, 1991.

Nachdem die zu visualisierenden Datensätze wie digitale Orthophotos, Schummerungen, rasterisierte Karten etc. ebenfalls im Landeskoordinatensystem vorliegen, ist das Herstellen der jeweiligen Perspektive mittels der XY-Matrix nur ein einfacher Sortiervorgang. Details dieses effizienten Verfahrens findet man im Abschnitt C 1.6.2. Falls dabei auch Sichtbarkeiten zu beachten sind, ist zusätzlich ein Z-Buffer anzulegen.

Im erwähnten Abschnitt C 1.6.2 findet man Perspektiven von Orthophotos und Schummerungen. Die Kombination einer Schummerung mit rasterisierten Flußläufen zeigt Bild 4.4-8. Beim **Zusammenführen von mehreren Rasterbildern** aus der XY-Ebene des Landeskoordinatensystems **zu einem einzigen Rasterbild** in der fiktiven Bildebene sind Kombinations-Hierarchien festzulegen, die bei farbigen Rasterbildern besonders schwierig sind (siehe auch Abschnitt I 3.2.2). Beim Bild 4.4-8 war die Kombinations-Hierarchie einfach: Zuerst wurde die Schummerung ins fiktive Bild übernommen. Anschließend kamen die Flußläufe, wobei an den Flußläufen die Schummerungs-*Pixel* gelöscht und weiße *Pixel* eingeführt wurden.

Die Bilder 4.4-9 und 4.4-10 zeigen **Ansichten geschummerten Geländes**. Sie weisen zwei Besonderheiten auf. Einerseits wurde keine Bildebene sondern ein **Bildzylinder** (Figur I 4.4-5) benutzt. Auf diese Weise entstanden Panoramen mit dem gesamten Horizont. Die zweite Besonderheit ist die gewählte Beleuchtung: Beim Bild 4.4-9 wurde eine **paralleles Licht** und beim Bild 4.4-10 eine rotierende Lichtquelle (Abschnitt I 4.3.2) gewählt. Der Panorama-Eindruck wird durch die **rotierende Lichtquelle** stark unterstützt: Beim Betrach-

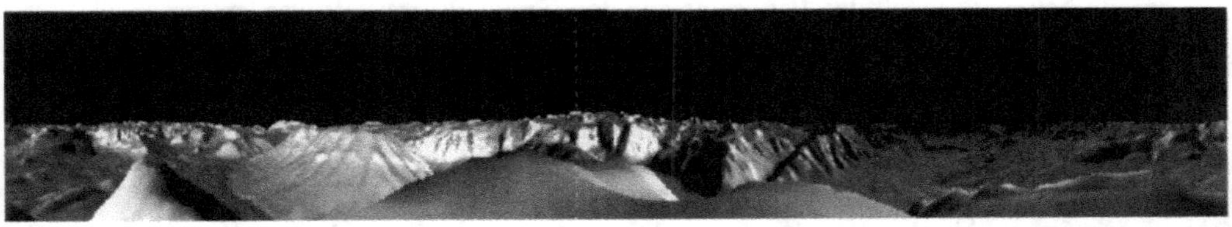

Bild 4.4-9: Panorama vom Dachstein mit parallelem Licht (DGM vom Bundesamt für Eich- und Vermessungswesen im Rahmen des Forschungsprojektes "Mission")

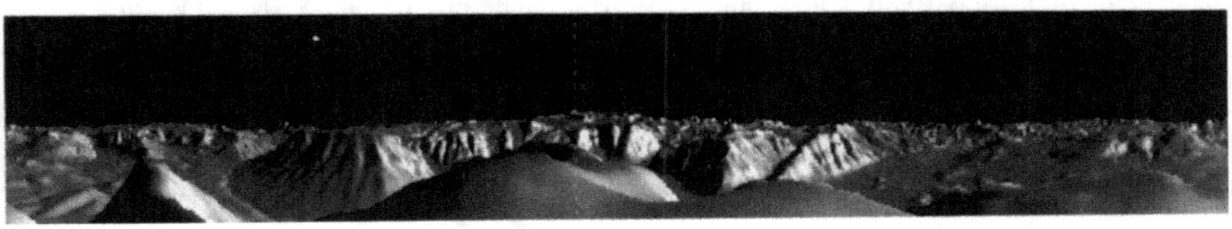

Bild 4.4-10: Panorama mit rotierender Lichtquelle

ten des Panoramas - zum Beispiel von rechts nach links - erwartet der Betrachter eine ihn beim Rotieren begleitende Lichtquelle.

Viele solcher Panoramen hat M. Rickenbacher[1] von DHM25 (= digitales Höhenmodell abgeleitet aus den Höhenlinien der Schweizer Landeskarte 1:25 000) erzeugt. Zusätzlich wurden sie mit dem Namensgut versehen und mit historischen Panoramen, die mühsam manuell erstellt worden waren, verglichen. Das Bundesamt für Landestopographie der Schweiz gedenkt, künftig solche Panoramen auf CD-ROMs unter der Bezeichnung DIGIRAMA anzubieten.

Herr Rickenbacher möchte unter dem Schlagwort "**Gipfelhüpfen**" noch einen Schritt weitergehen. Das Gipfelhüpfen stellt - wie nun erklärt wird - große Anforderungen an ein **TIS in Aktion**:

- Man beginnt mit einem Panorama auf einem Gipfel A.
- Der Benutzer kann mit dem *Cursor* einen anderen Gipfel, den Gipfel B, im Panorama identifizieren; das Ergebnis sind die Bildkoordinaten des Gipfels B im Panorama des Gipfels A.
- Ausgehend von diesen Bildkoordinaten und der bekannten inneren und äußeren Orientierung erfolgt der Vorwärtsschnitt mit dem Gelände (≙ Monoplotting, Abschnitt A 6.5.3). Das Ergebnis sind die XYZ-Koordinaten des Gipfels B.
- Mit dem auf diese Weise ermittelten XY-Koordinaten findet man aus der topographischen Datenbank den Namen des Gipfels B.
- Selbstverständlich können auch weitere **Multimedia-Informationen** mit diesen XY-Positionen und/oder mit dem Namen des Gipfels B gekoppelt sein.
- Der Benutzer sollte aus den angebotenen Multimedia-Informationen auswählen können.
- Der Benutzer wird auch interessiert sein, das Panorama auf dem Gipfel B zu sehen.
- Zu diesem Zweck "hüpft" er zum Gipfel B. Die Standpunktskoordinaten X, Y und Z sind bereits bekannt, sodaß das Panorama für den Gipfel B ermittelt werden kann.
- Im Panorama des Gipfels B findet der Benutzer einen anderen interessanten Gipfel, den Gipfel C.
- Auf diese Weise "hüpft" der Benutzer von Gipfel zu Gipfel in der Schweiz und bekommt interessante topographische, aber auch kulturelle und touristische Informationen.

Am Ende dieses Abschnittes über Perspektiven soll noch darauf hingewiesen werden, daß aus TIS-Sicht ein Interesse besteht, **in Perspektiven zu digitalisieren**, d.h. die XYZ-Koordinaten einzelner Punkte zu entnehmen und Distanzen zwischen zwei Punkten anzugeben. In Perspektiven von topographischen Objekten, die in VRML (*Virtual Reality Modeling Language*) aufbereitet wurden, hat P. Zeisler in seiner Diplomarbeit[2] die 3D-Digitalisierung verwirklicht. Eine solche 3D-Digitalisierung in Perspektivansichten ist mit dem *Monoplotting* (Abschnitt A 6.5.3) vergleichbar.

---

[1] Rickenbacher, M.: Vermessung/Photogrammetrie/Kulturtechnik, Heft 3, S. 114-118, 1998.

[2] Zeisler, P.: Diplomarbeit am I.P.F., 1999.

4.4.3 Animationen

Eine Animation besteht aus einer **Sequenz von Bildern**, die den menschlichen Augen so rasch zugeführt werden, daß sie eine **kontinuierliche Bewegung** vortäuschen. Das Ergebnis sind "bewegte" Bilder. Abschnitt D 2. war bereits diesem Thema gewidmet.

Animationen kann man mit Geländemodellen in Verbindung mit Schummerungen oder digitalen Orthophotos oder georeferenzierten Fernerkundungsdaten oder rasterisierten Karten etc. durchführen. Sehr attraktiv sind Animationen mit digitalen Orthophotos und georeferenzierten Satellitenaufnahmen auf dem Geländemodell; sie vermitteln einen sehr realistischen Eindruck von der Landschaft. Bevorzugt ahmt man einen Flug mit einem Hubschrauber oder einem Flugzeug nach (*fly over*).

Den zu simulierenden Flug kann man mit verhältnismäßig **weitabständigen Schlüsselpositionen (*key positions*) vorgeben**. Anschließend werden für die enge Bildsequenz die Elemente der äußeren Orientierung durch Interpolation gefunden (Details siehe Abschnitt D 2.). Man kann aber auch ***live* "Kapitän" spielen**. Bild 4.4-11 zeigt eine momentane Flugposition mit Sicht auf ein mit Satellitenbildern bedecktes Geländemodell und Bild 4.4-12 eine momentane Flugposition mit Sicht auf ein mit einem digitalen Orthophoto bedecktes Geländemodell. Im Vordergrund sind die Steuermöglichkeiten für den "Kapitän" zu sehen. Sie haben - in VRML(*Virtual Reality Modeling Language*) in Verbindung mit der Software *Cosmo Player*[1] - folgende Bedeutung (von links beginnend):

- Mit dem linken Balken kann man innerhalb einer vordefinierten Sequenz von äußeren Orientierungselementen vorwärts und rückwärts springen.
- Mit dem Steuerknüppel kann man "kontinuierlich" im 3D-Raum wandern und gleichzeitig die Blickrichtung links/rechts und aufwärts/abwärts schwenken.
- Mit dem nächsten Steuerelement kann man "gleiten". Dabei bleibt die Blickrichtung unverändert; der Standpunkt bewegt sicht orthogonal zur Blickrichtung.
- Mit dem rechten Steuerelement kann man ein Fadenkreuz positionieren und auf einen vergrößerten Bildausschnitt übergehen.

---

[1] Der *Cosmo Player* ist ein Produkt der Fa. *Silicon Graphics*. Es gibt auch VRML-*Viewer* von anderen Firmen mit ähnlicher Funktionalität.

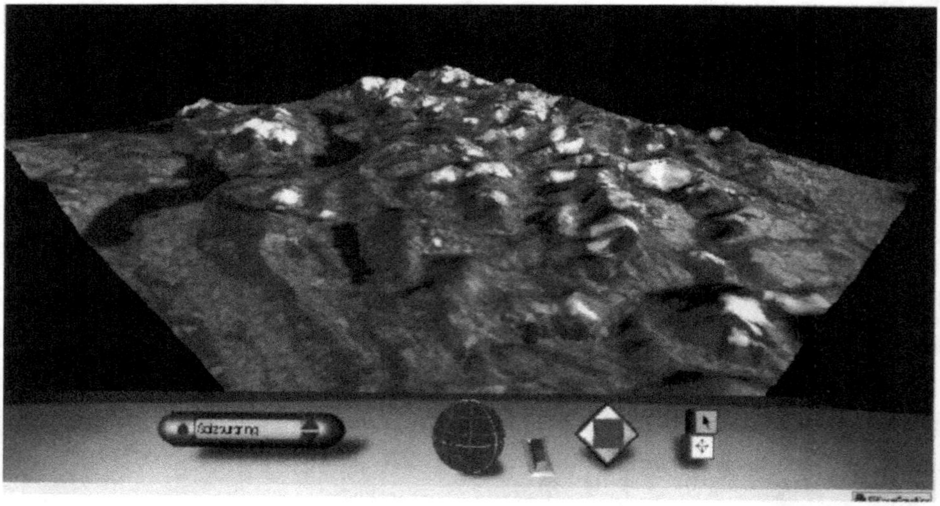

Bild 4.4-11: Flugsimulation über einem Geländemodell (Salzkammergut), das mit einem Satellitenbild bedeckt ist.

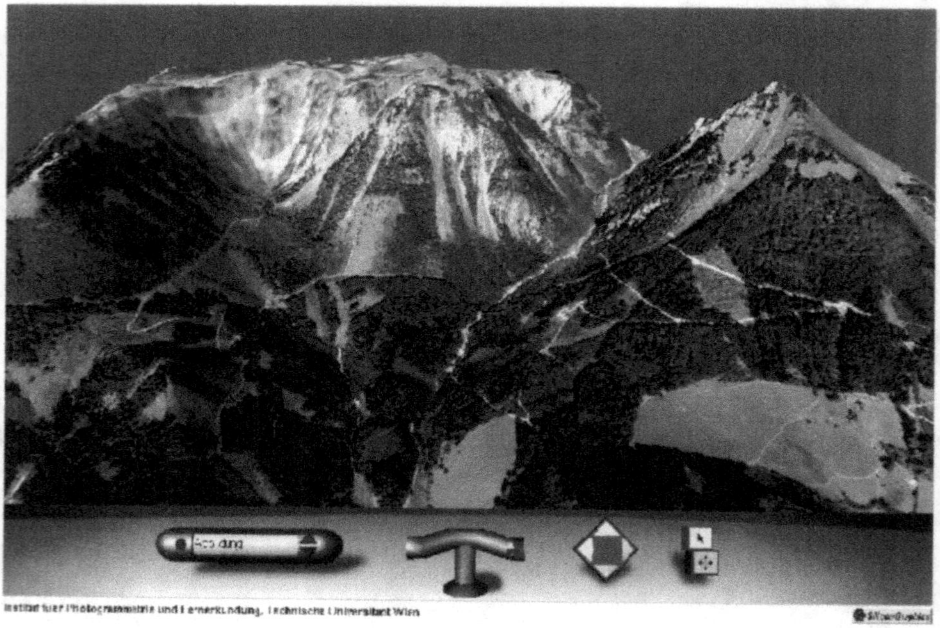

Bild 4.4-12: Flugsimulation über einem Geländemodell (Schneealpe), das mit einem Orthophoto bedeckt ist.

An die Rechnerleistung und an die Datenverarbeitungsmethoden werden bei einer solchen Animation hohe Anforderungen gestellt.

4.5 Profile und Volumina

a) Längs- und Querprofile

Im Vergleich zu den Perspektiven und Animationen sind Geländeprofile ein weniger spektakuläres Folgeprodukt eines TIS. Sie dienen vor allem für ingenieurtechnische Maßnahmen, zum Beispiel für die Erstellung von Gefahrenplänen in Flußtälern. Dabei ist die sogenannte **Hochwasseranschlagslinie** für gewisse Wasserstände festzustellen. Zu diesem Zweck ermittelt man entlang des Flußlaufes ein Längsprofil und zusätzlich Querprofile. Der Verschnitt des jeweiligen Querprofils mit der prognostizierten (horizontalen) Wasserstandslinie liefert jeweils zwei Punkte für die Hochwasseranschlagslinie.

Eine andere Anwendung ist die **Planung und der Bau von Verkehrswegen.**[1] Dafür benötigt man auch Längs- und Querprofile. Das jeweilige Längsprofil wird zum Beispiel in der Form der Trassierungselemente Geraden, Kreisbögen und Klothoiden definiert. Figur 4.5-1 zeigt ein solches Längsprofil. In der untersten Leiste ist die Entfernung vom Anfangspunkt des Längsprofiles angegeben. Im Verkehrswegebau nennt man diese Entfernungen "Stationen". Für die einzelnen Stationen werden anschließend Querprofile - senkrecht zum Längsprofil - ermittelt.

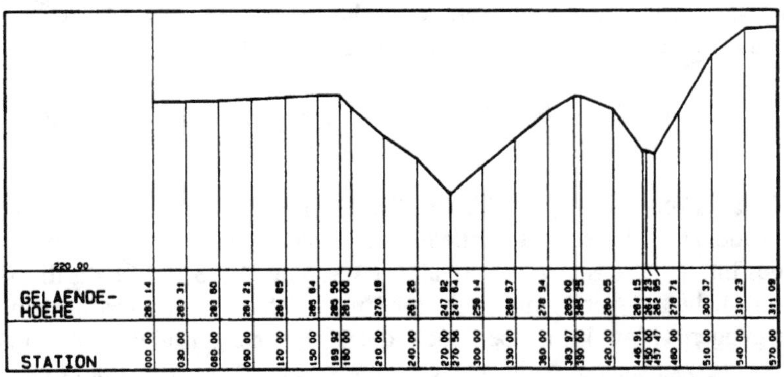

Figur 4.5-1: Längsprofil, abgeleitet aus einem hybriden DGM

[1] Für die Aufgabe der Trassenoptimierung, für die bekanntlich in einem Korridor von etwa 200 bis 1000 m Breite die Längs- und Querprofile der einzelnen Trassenvarianten benötigt werden, hat übrigens Miller, Massachusetts Institute of Technology, Boston, USA, das digitale **Geländemodell bereits im Jahre 1958 "erfunden"**. An die Stelle der individuellen Vermessung der Längs- und Querprofile für jede Trassenvariante hat Miller die einmalige Erstellung eines Geländemodelles vorgenommen und daraus für die einzelnen Trassenvarianten die Längs- und Querprofile rechnerisch abgeleitet.

Ein Qualitätsmerkmal der Profile, die aus einem hybriden DGM abgeleitet werden, sind die Geländeknicke an den Geländekanten. Sie liegen zwischen den gleichabständigen Stationen (Figur 4.5-1).

b) Volumina aus Profilen

Aus den Querprofilen und ihren Abständen werden häufig Volumina ermittelt. Zu diesem Zweck braucht man zunächst die Flächen der einzelnen Querprofile. Die Fläche F eines Querprofiles ergibt sich aus der Formel:

$$F = \frac{Z_1+Z_2}{2}\Delta T_{12} + \frac{Z_2+Z_3}{2}\Delta T_{23} + \ldots + \frac{Z_{n-1}+Z_n}{2}\Delta T_{n-1,n} \qquad (4.5\text{-}1)$$

Dabei sind Z_i die Geländehöhen der Profilpunkte und ΔT_{ik} die Abstände zwischen den Profilpunkten.

Die **Genauigkeit** dieser Flächen und damit die Genauigkeit des aus den Flächen ermittelten Volumens hängt in erster Linie von der Genauigkeit σ_Z der Profilhöhen ab. Der mittlere Fehler σ_F für die Profilfläche folgt unmittelbar aus Gleichung (4.5-1):

$$\sigma_F^2 = \left(\frac{\Delta T_{12}^2}{4} + \frac{(\Delta T_{12}+\Delta T_{23})^2}{4} + \frac{(\Delta T_{23}+\Delta T_{34})^2}{4} + \ldots + \frac{\Delta T_{n-1,n}}{4}\right)\sigma_Z^2 \qquad (4.5\text{-}2)$$

Die Formel vereinfacht sich wie folgt, wenn die Punktabstände $\Delta T_{ik}=\Delta T$ über die ganze Profillänge gleich sind, was in Bereichen ohne Geländekanten zutrifft:

$$\sigma_F = \sqrt{(n - \frac{3}{2})}\ \Delta T\ \sigma_Z \qquad \text{n ... Anzahl der Profilpunkte} \qquad (4.5\text{-}3)$$

Für die Genauigkeit σ_Z der Profilhöhen ist ein repräsentativer Wert für die Höhengenauigkeit des DGMs zu verwenden. Am besten wären die Genauigkeitsmaße, die innerhalb des Interpolationsprozesses anfallen (Abschnitt H 3.3.2.2). Falls die *Software* diese Werte (noch) nicht zur Verfügung stellt, muß man sich mit den Faustformeln I(2.2-2) und I(4.1-1) begnügen. Man kann aber auch die Höhenmeßgenauigkeit der ursprünglichen Stützpunkte heranziehen. Für einige photogrammetrische Datenerfassungsarten wurden diese Genauigkeiten im Abschnitt A 4.4.1.4 (siehe auch Abschnitt I 2.1.3.2) angegeben. Bei einer sehr hohen Dichte der originär erfaßten Geländepunkte kann man die Genauigkeit σ_z der Profilhöhen etwas besser als die Höhengenauigkeit der gemessenen Geländepunkte ansetzen. Bei einer weitabständigen Datenerfassung - in bezug zur Geländekrümmung - haben die Profilpunkte eine schlechtere Höhengenauigkeit als die gemessenen Geländepunkte, denn die Interpolationsgenauigkeit der Profilpunkte nimmt grundsätzlich mit dem Abstand von den Stützpunkten ab (Figur H 3.3-9 veranschaulicht diesen Sachverhalt; siehe auch Abschnitt H 5.3).

ZAHLENBEISPIEL: Mittels großmaßstäbiger Photogrammetrie erhält man im flachen und offenem Gelände DGMe, die - entsprechend den Erfahrungen am I.P.F. - eine Höhengenauigkeit von ± 10 cm aufweisen. Diese Genauigkeit kann als Genauigkeit σ_Z für die Profilhöhen benutzt werden. Man gebe die Genauigkeit der Fläche eines Querprofils an, das 20 m lang ist und einen Punktabstand von 2 m aufweist.

Gleichung (4.5-3): $\sigma_F = \sqrt{(11 - 3/2)\cdot 2.0\cdot 0.10} = \pm 0.62\ \text{m}^2$

AUFGABE 4.5-1: Man wiederhole das Zahlenbeispiel unter der Annahme eines Abstandes der Profilpunkte von 4 m (Lösung: 0.85 m^2). Außerdem ist die Genauigkeit eines Volumens abzuschätzen, das aus 30 Querprofilen, die im Abstand von 10 m angeordnetet sind, ermittelt werden soll.

c) Volumina direkt aus dem DGM

Die Volumensermittlung aus Querprofilen stammt aus einer Zeit, in der es noch keine DGMe gab. Man hat vor der DGM-Zeit die Längs- und Querprofile direkt eingemessen. Obwohl die DGMe seit mehreren Jahrzehnten rationell aufgebaut werden können, ist das profilweise Denken und Handeln in der Praxis immer noch sehr verbreitet. Dieser traditionellen Arbeitsweise kann man - wie oben gezeigt - nachkommen, indem man Längs- und Querprofile aus dem DGM ableitet. Der Nachteil der traditionellen Arbeitsweise ist das **"Niemandsland" zwischen den Querprofilen**. Man kann es auch anders formulieren: Entlang der Querprofile hat man eine sehr hohe Punktdichte, quer dazu eine sehr geringe Punktdichte. In Flußläufen zum Beispiel kann diese anisotrope Punktverteilung gerechtfertigt sein (Figur H 1.1-6), nicht aber generell im Gelände.

Die Volumensbestimmung sollte man deshalb direkt mit dem DGM vornehmen, das im allgemeinen keine bevorzugte Richtung kennt. **Beim hybriden DGM setzt sich das Volumen unter der DGM-Oberfläche aus Säulen**

- mit quadratischer oder rechteckiger Grundfläche und hyperbolischem Paraboloid als Deckfläche oder
- mit dreieckiger Grundfläche und 3D-Dreieck als Deckfläche

zusammen (Figur H 3.4-1 und Abschnitt C 1.1.1.2).

Das **Volumen** v_D einer Säule mit einer (horizontalen) **dreieckigen Grundfläche** f_D und einem 3D-Dreieck als Deckfläche beträgt:

$$v_D = \frac{Z_1 + Z_2 + Z_3}{3} f_D \qquad (4.5\text{-}4)$$

Das **Volumen** v_Q einer Säule mit **einer quadratischen Grundfläche** f_Q und einem hyperbolischen Paraboloid als Deckfläche beträgt:

$$v_Q = \frac{Z_1 + Z_2 + Z_3 + Z_4}{4} f_Q \qquad (4.5\text{-}5)$$

Beweis: Ausgehend von den Gleichungen C(1.1-1) und C(1.1-3) für das hyperbolische Paraboloid ist das zweifache Integral

$$v_Q = \int_{\bar{X}=0}^{\Delta} \int_{\bar{Y}=0}^{\Delta} (Z_1 + \frac{1}{\Delta}(Z_2 - Z_1)\bar{X} + \frac{1}{\Delta}(Z_3 - Z_1)\bar{Y} + \frac{1}{\Delta^2}(Z_1 - Z_2 - Z_3 + Z_4)\bar{X}\bar{Y})\, d\bar{Y} d\bar{X}$$

zu bilden, wobei für die Quadratseite die Abkürzung Δ verwendet wurde. Nach der ersten Integration erhält man:

$$v_Q = \int_{\bar{X}=0}^{\Delta} (Z_1\Delta + (Z_2 - Z_1)\bar{X} + \frac{1}{2}(Z_3 - Z_1)\Delta + \frac{1}{2}(Z_1 - Z_2 - Z_3 + Z_4)\bar{X})\, d\bar{X}$$

Die zweite Integration ergibt:

$$v_Q = (Z_1\Delta^2 + \frac{1}{2}(Z_2 - Z_1)\Delta^2 + \frac{1}{2}(Z_3 - Z_1)\Delta^2 + \frac{1}{4}(Z_1 - Z_2 - Z_3 + Z_4)\Delta^2$$

Nach einigen Umsortierungen und Ersetzen von Δ^2 durch f_Q erhält man die Formel (4.5-5).

Das gesamte Volumen V folgt schließlich aus der Summation der dreieckigen und quadratischen Säulen:

$$V = \sum v_D + \sum v_Q \qquad (4.5\text{-}6)$$

Für **Genauigkeitsabschätzungen** beschränken wir uns auf ein DGM, das nur aus quadratischen Säulen mit hyperbolischen Paraboloiden als Deckfläche besteht. Die Formeln (4.5-5) und (4.5-6) lauten für einen rechteckigen Bereich mit n_X Gitterlinien in X-Richtung und n_y Gitterlinien in Y-Richtung:

$$\begin{aligned} V = (&\tfrac{1}{4}Z_{1,1} + \tfrac{1}{2}Z_{1,2} + \ldots + \tfrac{1}{2}Z_{1,n_y-1} + \tfrac{1}{4}Z_{1,n_y} \\ &+ \tfrac{1}{2}Z_{2,1} + Z_{2,2} + \ldots + Z_{2,n_y-1} + \tfrac{1}{2}Z_{2,n_y} \\ &\quad\vdots \\ &+ \tfrac{1}{4}Z_{n_x,1} + \tfrac{1}{2}Z_{n_x,2} + \ldots + \tfrac{1}{2}Z_{n_x,n_y-1} + \tfrac{1}{4}Z_{n_x,n_y})f_Q \end{aligned} \qquad (4.5\text{-}7)$$

Der mittlere Fehler σ_v für das Volumen kann in Abhängigkeit vom mittleren Höhenfehler σ_Z ausgedrückt werden:

$$\sigma_V^2 = \left(\frac{1}{16}4 + \frac{1}{4}((n_x-2)2 + (n_y-2)2) + (n_x-2)(n_y-2)\right) f_Q^2 \sigma_Z^2$$

$$\sigma_V = \sqrt{(n_x n_y - \frac{3}{2}(n_x + n_y) + \frac{9}{4})}\, f_Q \sigma_Z \tag{4.5-8}$$

Die Genauigkeit σ_Z ist die Höhengenauigkeit des DGMs. Es gibt mehrere Varianten auf diesen Genauigkeitswert zu kommen; sie wurden im Anschluß an die Gleichung I(4.5-3) angegeben.

ZAHLENBEISPIEL: In einem Bereich von 50 m x 1000 m soll vor und nach Erdarbeiten ein DGM mit einer Gitterweite von 10 m aufgebaut und daraus das Volumen der transportierten Erdmasse abgeleitet werden. Mit einer 15cm-Kamera werden Bilder im Maßstab 1:10 000 aufgenommen. Die Datenerfassung soll mit statischer Rastermessung erfolgen. Die Meßgenauigkeit dieser Erfassungsart kann für grobe Abschätzungen als DGM-Genauigkeit benutzt werden. Man schätze die Genauigkeit des zu ermittelnden Volumens ab.
Gleichung A(4.4-9) mit 0.125‰ von h: $\sigma_Z = \pm 19$ cm.

$$(4.5\text{-}8):\ \sigma_V = \sqrt{\left(6\cdot 101 - \frac{3}{2}(6+101) + \frac{9}{4}\right)}\, 100\cdot 0.19 = \pm 400\ \text{m}^3$$

Differenz der beiden DGMe: $\sigma_{V1\text{-}V2} = \sqrt{2}\cdot 400 = \pm 560\ \text{m}^3$

AUFGABE 4.5-2: Man wiederhole das Zahlenbeispiel unter der Annahme eines DGMs mit einer Gitterweite von 5 m und einem Bildmaßstab 1:5000.

Gleichung (4.5-8) repräsentiert **ein sehr günstiges Fehlerfortpflanzungsgesetz**: Eine etwaige schlechte Genauigkeit der einzelnen Punkte kann durch eine hohe Punktdichte weitgehend kompensiert werden. Diese Aussage favorisiert die Photogrammetrie für diese Aufgabe und weniger die terrestrischen Meßmethoden.

d) Volumendifferenz zweier DGMe

Die am Ende des Zahlenbeispieles angegebene Genauigkeit für das Volumen zwischen zwei DGMen ist noch genauer zu hinterfragen. Ein Problem erläutern wir an Hand der Figur 4.5-2. Dort ist das ursprüngliche Gelände und das veränderte Gelände nach der (Straßen-)Baumaßnahme sowie das Differenzenmodell in der Form von Linien gleicher Differenzen angegeben. Die dabei sich ergebende Nullinie ist

- die Trennungslinie zwischen Auftrag und dem unveränderten Gelände,
- die Trennungslinie zwischen Abtrag und dem unveränderten Gelände und
- die Trennungslinie zwischen abgetragen und aufgetragenen Bereichen.

Diese **Nullinie ist** aber **in den Bereichen ohne Veränderungen unbestimmt**: Das äußert sich in der Figur 4.5-2c in ihrem unsicheren Verlauf. Man sollte deshalb jene Teile der Nullinie, die die Verschneidungslinien der beiden DGMe repräsentieren, qualifizierter ermitteln. Diese Aufgabe kann interaktiv am CAD-Arbeitsplatz mit den Isolinien des Differenzenmodells und den Höhenlinien der beiden DGMe, die zweckmäßigerweise in eigenen Fenstern zu sehen sind, erfolgen. Anstelle der Isolinien des Differenzenmodelles hat sich ein farbcodiertes Differenzenmodell - mit Farbabstufungen von einigen Zentimetern in der Nähe der Nullinie - in der Praxis sehr bewährt.

a

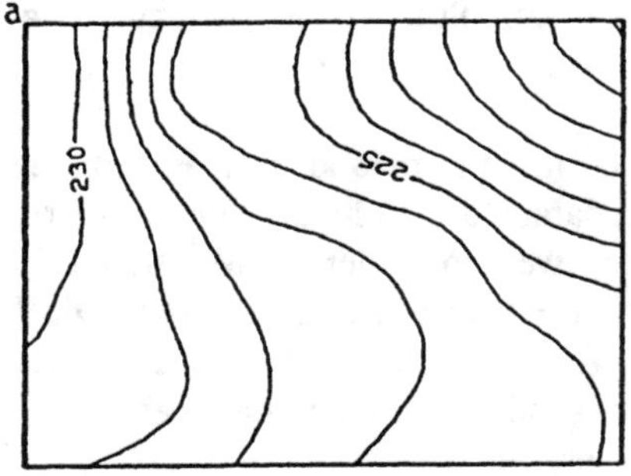

b

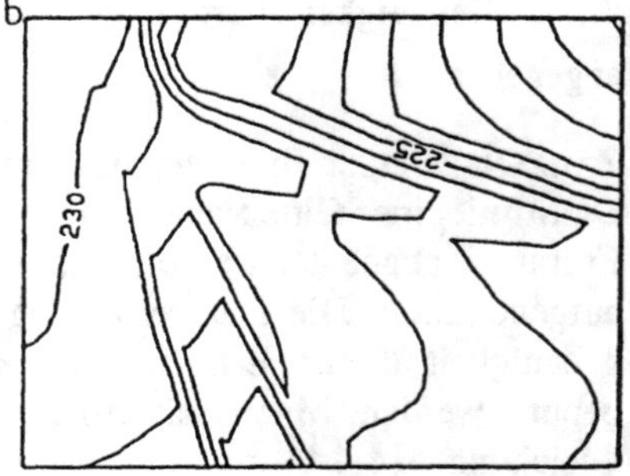

c

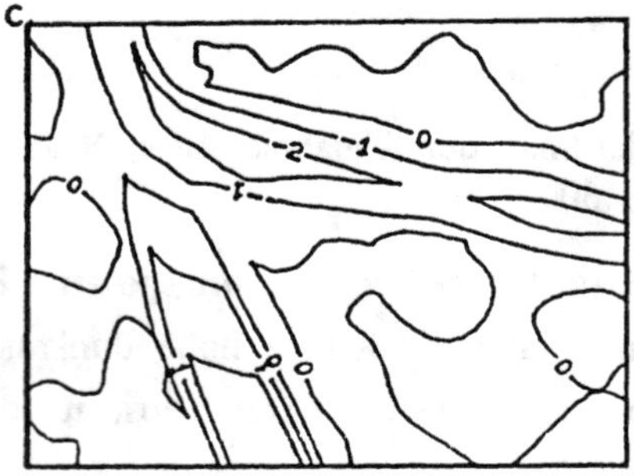

d

	ABTRAG	AUFTRAG
FLÄCHE [m^2]	240	651
VOLUMEN [m^3]	412	919

Figur 4.5-2: Volumen zwischen zwei DGMen
a) ursprüngliches Gelände, b) Gelände nach Baumaßnahmen, c) Differenzenmodell (a-b)
d) Flächen und Volumina des Abtrages und des Auftrages

Die angeschnittene Aufgabe kann aber auch **gemeinsam mit der Datenerfassung** des zweiten DGMs geschehen. Figur 4.5-3 veranschaulicht diese Arbeitsweise: Das DGM 1 muß dazu im optischen Modell des photogrammetrischen Zweibildauswertegerätes, in dem die Luftbilder für die Erfassung des DGMs 2 liegen sollen, sichtbar sein. Der Operateur kann sich dann auf die Messung der Geländepunkte auf den beiden hinzugekommenen Hügeln und auf die Digitalisierung der Böschungsunterkanten (= Randlinien) dieser beiden Hügel beschränken. Die rechnerische Ermittlung des Volumens beschränkt man dann auf die von Randlinien umschlossenen Bereiche. Trifft man diese Vorkehrungen mit den Randlinien nicht und berechnet man den Auf- und Abtrag des gesamten rechteckigen Interessensgebietes - wie in der Figur 4.5-2 ersichtlich -, dann vergrößert man den Auftrag um die von den **zufälligen Höhenmeßfehlern** herrührenden positiven "Hügel" im Differenzenmodell; der Abtrag vergrößert sich um die negativen "Hügel".

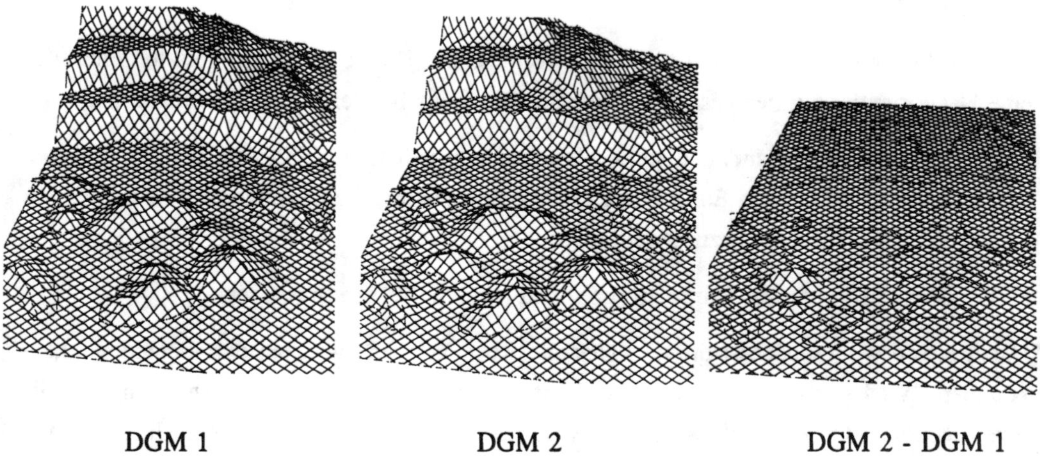

Figur 4.5-3: Zwei DGMe und das Differenzenmodell

Ein zweites Problem, das bei der Ermittlung des Volumens aus der Differenz von zwei DGMen auftritt, sind die zweifelsohne vorhandenen **Restfehler der jeweiligen absoluten Orientierung** der Stereomodelle in beiden Epochen. Solche Restfehler treten auch bei der Datenerfassung mittels GPS auf, wenn man die GPS-Messungen, die zunächst im WGS84 anfallen, auf Festpunkte des Landeskoordinatensystems für jede Epoche mittels räumlicher Ähnlichkeitstransformation getrennt einpaßt (Abschnitt B 5.3.4).

Zunächst soll eine einfache Abschätzung für die Auswirkung eines solchen Restfehlers, der systematisch wirkt, vorgenommen werden. Bei dem oben im Abschnitt 4.5c behandelten Zahlenbeispiel wurde von Weitwinkel-Aufnahmen mit einem verhältnismäßig kleinen Bildmaßstab von 1:10 000 ausgegangen. Die Auswirkung der mittleren Fehler der absoluten Orientierungselemente eines solchen Stereomodelles in einer Modellecke beträgt zum Beispiel ± 8.6 cm. (Dabei wurde von einer Höhenmeßgenauigkeit für signalisierte Paßpunkte von ± 9 cm und den Ergebnissen des Abschnittes B 7.1.3 ausgegangen.) Wenn man nur einen Höhen-Restfehler von einem Drittel der Standardabweichung, also 3 cm, annimmt, ist zusätzlich zu dem oben angegebenen mittleren Fehler der Volumensdifferenz von ± 560 m^3 noch der folgende systematische Fehler zu beachten:

$$50 \times 1000 \times 0.03 = 1\,500 \text{ m}^3$$

Dieser Wert zeigt die Gefahr auf, wenn man nur Genauigkeitsabschätzungen mit der Formel (4.5-8) - in analoger Weise auch mit der Formel (4.5-3) - durchführt.

Zunächst soll ein **Verfahren** angegeben werden, **wie der von der absoluten Orientierung herrührende Restfehler möglichst klein gehalten werden kann**. Zur Erläuterung dieses Verfahrens diene nochmals die Figur 4.5-3: Man soll bei der Messung für beide DGMe auch (Kontroll-)Punkte in Bereichen außerhalb der offensichtlichen Veränderungen mitmessen. Nach der getrennten Ermittlung der beiden DGMe kann man an den XY-Positionen der Kontrollpunkte wechselseitig im jeweiligen DGM die Höhen durch Interpolation ermitteln und mit den gemessenen (Kontroll-)Höhen vergleichen. Dieser Vergleich gestattet entweder eine Nachorientierung des gesamten Modelles oder eine bereichsweise Nachjustierung.

Trotz dieser - teilweise aufwendigen - Vorkehrungen ist die Fehlertheorie der Gleichungen (4.5-3) und (4.5-8) um den Einfluß von solchen Restfehlern, die Korrelationen zwischen den Geländehöhen verursachen, zu erweitern.

e) Berücksichtigung von Korrelationen im Fehlerfortpflanzungsgesetz

Dabei lassen wir (zunächst) offen, woher die Korrelationen zwischen den Geländepunkten kommen. Wir legen die Beziehung (4.5-7), mit der aus quadratischen Säulen mit hyperbolischen Paraboloiden als Deckflächen das Volumen berechnet wird, für unsere Überlegungen zugrunde. Um einfache Formeln für die Genauigkeitsabschätzung zu bekommen, reduzieren wir die Volumensbestimmung nur auf die inneren Gitterpunkte:

$$\begin{aligned} V = (&Z_{2,2} + Z_{2,3} + \ldots + Z_{2,n_y-1} \\ &\vdots \qquad\quad \vdots \qquad\qquad\quad \vdots \\ &Z_{n_x-1,2} + Z_{n_x-1,3} + \ldots + Z_{n_x-1,n_y-1})f_Q \end{aligned} \tag{4.5-9}$$

Das allgemeine Fehlerfortpflanzungsgesetz angewandt auf Gleichung (4.5-9) lautet:

$$\sigma_v^2 = (1,1,\ldots,1)\begin{pmatrix} \sigma_{2,2}^2 & \sigma_{(2,2)(2,3)} & \cdots & \sigma_{(2,2)(n_x-1,n_y-1)} \\ & \sigma_{2,3}^2 & \cdots & \sigma_{(2,3)(n_x-1,n_y-1)} \\ & & & \vdots \\ & & & \sigma_{n_x-1,n_y-1}^2 \end{pmatrix}\begin{pmatrix} 1 \\ 1 \\ \vdots \\ 1 \end{pmatrix} f_Q^2 \tag{4.5-10}$$

Diese Gleichung gestattet folgende Interpretation: **Die Varianz σ_V^2 ist die Summe aller Elemente in der Varianz-Kovarianzmatrix multipliziert mit dem Quadrat des Flächenelementes f_Q.** Beim bisher benutzten einfachen Fehlerfortpflanzungsgesetz lautet die entsprechende Interpretation: Die Varianz σ_V^2 ist die Summe aller Elemente auf der Hauptdiagonalen, das sind die Varianzen σ_Z^2 der Geländehöhen, multipliziert mit dem Quadrat des Flächenelementes f_Q.

Die Gegenüberstellung dieser beiden Interpretationen erlaubt den Einfluß der Korrelationen zwischen den Höhenpunkten auf einfache Weise anzugeben: Beim einfachen Fehlerfortpflanzungsgesetz leistet ein einziger Höhenpunkt einen Beitrag von σ_Z^2 zur Varianz σ_V^2; beim allgemeinen Fehlerfortpflanzungsgesetz kommen die Kovarianzen des jeweiligen Höhenpunktes zu allen Nachbarpunkten, die innerhalb des Korrelationsradius liegen, hinzu. Diesen **Faktor f_k** wollen wir mit einem einfachen Beispiel bestimmen. Wir nehmen einen linear abnehmenden Korrelationskoeffizienten mit einem Korrelationsradius von der zweifachen Gitterweite an. Ein Höhenpunkt, der mehrere Gitterweiten vom Gebietsrand entfernt sein soll, besitzt folgende Verteilung der Korrelationskoeffizienten:

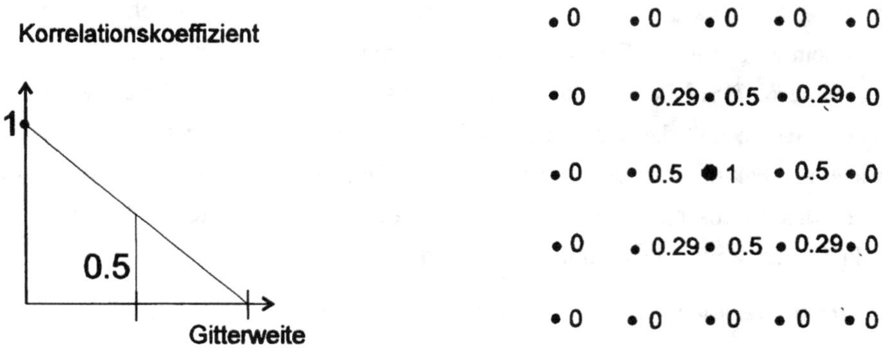

Figur 4.5-4: Korrelationsfunktion (links) und Korrelationskoeffizienten eines Höhenpunktes zu seinen Nachbarpunkten (rechts)

Daraus kann der gesuchte Faktor f_k abgelesen werden:

$$f_k^2 = 1 + \sum r_{i,k} = 1 + 4 \cdot 0.50 + 4 \cdot 0.29 = 4.17; \quad f_k \approx 2 \qquad (4.5\text{-}11)$$

Mit diesem Faktor kann man - ohne auf die einzelnen Vernachlässigungen näher einzugehen - das Ergebnis, das das einfache Fehlerfortpflanzungsgesetz ergibt, korrigieren. Angewandt auf das Zahlenbeispiel des Abschnittes c) bedeutet dies, daß anstelle von $\pm 400\ m^3$ ein mittlerer Fehler der Volumensbestimmung von $\pm 800\ m^3$ vorliegt.

Die Korrelationen zwischen den benachbarten Höhenpunkten wurden in der Figur 4.5-4 sehr bescheiden angenommen. Wählt man zum Beispiel ebenfalls eine linear abfallende Korrelationsfunktion mit einm Korrelationsradius vom 3fachen der Gitterweite, dann ergibt sich ein Faktor $f_k \approx 3$.

AUFGABE 4.5-3: Man entwerfe dafür die der Figur 4.5-4 entsprechende Darstellung und ermittle den gesuchten Faktor f_k (genaues Ergebnis: $f_k^2 = 9.12$).

Bisher blieb offen, wie man zu den **Korrelationen zwischen den benachbarten Höhenpunkten** kommt. Im folgenden werden drei Möglichkeiten angedeutet:

- Empirische Bestimmung der Varianzen und Kovarianzen mit Hilfe von sehr genauen Kontrollpunkten (solche Angaben sollten als Metainformation, Abschnitt I 3.2.1, aufgenommen sein; diese Variante spricht den Praktiker am meisten an).
- Erweiterung der Theorie "Genauigkeit der interpolierten Werte, Abschnitt H 3.3.2" auf die Bestimmung der Kovarianzen (diese Variante ist sehr aufwendig, aber auf sehr guter theoretischer Grundlage).
- Ableitung einer Varianz-Kovarianzmatrix bei der rechnerischen absoluten Orientierung. Zu diesem Zweck ist die Theorie in den Abschnitten B 5.1.1.3 und B 7.1.3 entsprechend zu erweitern. Erste Berechnungen, die demnächst im Detail publiziert werden sollen, haben ergeben, daß die durch die absolute Orientierung hervorgerufenen Korrelationen etwa einen Faktor 3 in den Genauigkeitsangaben zur Folge haben. Dabei wurde von Höhenpunkten ausgegangen, die im photogrammetrischen Stereomodell gemessen und direkt für die Volumensbestimmung benutzt wurden.

f) Praktische Beispiele für die Volumensdifferenz aus zwei DGMen

Eine wichtige Aufgabe stellt die Überwachung entnommener Massen (**Kohle**, **Kies** etc.) dar. Die Aufgabe mit umgekehrtem Vorzeichen ist das Einbringen von Material - z. B. **Müll** - in Deponien. Figur I 4.4-1 ist die Oberfläche einer Mülldeponie. Im Jahres-Rhythmus werden solche Deponien beflogen und daraus die Oberflächenmodelle ermittelt. Aus den Differenzen von jeweils zwei Oberflächenmodellen bekommt man die Volumenszunahme. Für genaue Volumenangaben sind auch die Setzungen des Deponiematerials zu beachten[1]. Für die Umrechnung der Volumenangaben in Masse ist noch die **Dichte** des Materials erforderlich.

Die im Abschnitt 4.5 vorgestellten Methoden werden auch zur Überwachung der Gletscher verwendet. Bild 4.5-6 zeigt das Differenzenmodell des Gletschers am Hochkönig (im Land Salzburg). Die beiden Oberflächenmodelle stammen aus Befliegungen in den Jahren 1969 und 1995 mit einem Bildmaßstab 1:30 000. Die Gletscherfläche beträgt 1.78 km^2. Der in 16 Jahren eingetretene Volumensverlust beläuft sich auf 18.00 m^3, das entspricht einer mittleren Höhendifferenz von etwa 10 m.

Die hier genannten praktischen Beispiele machen deutlich, daß heutzutage ein **TIS dynamisch konzipiert** werden muß: Der jeweiligen Oberfläche ist das Datum zuzuordnen. Um die Veränderungen in Abhängigkeit von der Zeit für verschiedene Analysen angeben zu können, dürfen die alten Oberflächenmodelle nicht überschrieben bzw. eliminiert werden.

---

[1] Föller, J., Gertloff, K.: ZfV 123, S. 287-294, 1998.

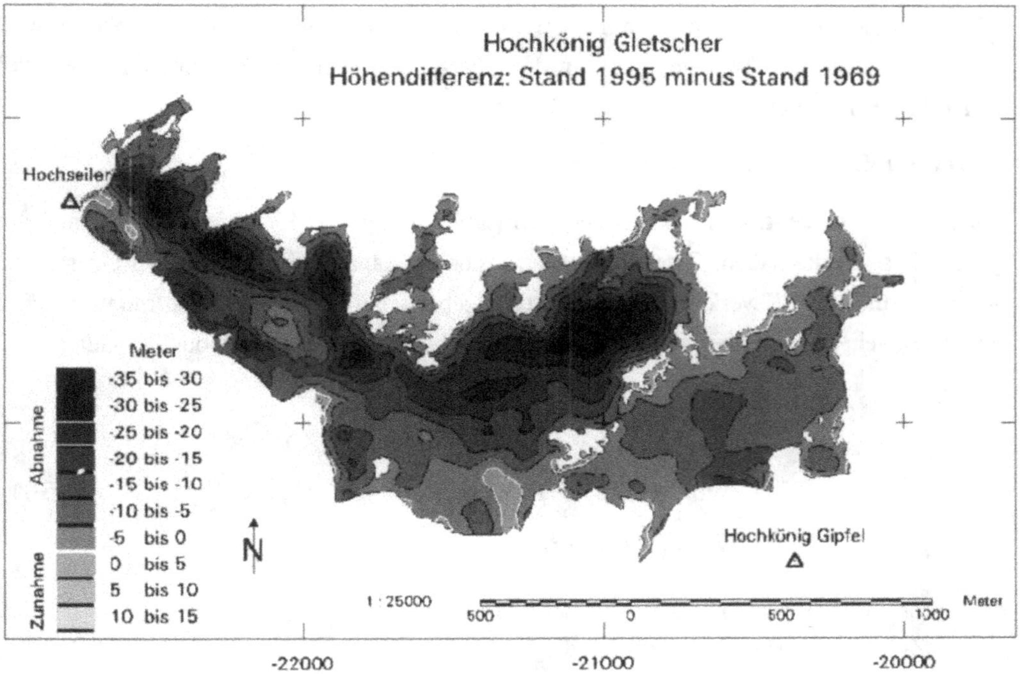

Bild 4.5-6: Differenzenmodell des Gletschers am Hochkönig für die Zeitspanne von 1969 - 1995

In einem modernen TIS sind - zumindest in einigen Bereichen - **Zeitreihen von Oberflächen** vorzusehen (Abschnitt I 3.2.7).

4.6 Verknüpfung von 3D-Funktionsmodellen[1] untereinander und mit 2D-Polygonnetzen

Im vorangegangenen Abschnitt haben wir DGMe für die Bestimmung des Volumens zwischen zwei DGMen verknüpft. Die Verknüpfungsrelation war nur eine Differenz. In diesem Abschnitt wollen wir auf **allgemeinere Verknüpfungsrelationen**, die die Mathematik anbietet, übergehen. Außerdem sollen die 3D-Modelle unterschiedliche Funktionswerte enthalten, wie Geländehöhen, Geländeneigungen, aber auch Schadstoffkonzentrationen, Bodenfeuchtigkeit etc. Die dritte Verallgemeinerung bestehe darin, daß es nicht nur

[1] Die 3D-Modelle des Abschnittes 4.6 - und die der folgenden Abschnitte 4.7, 4.8 und 4.9 - sind allerdings nur 2.5D-Modelle.

3D-Funktionsmodelle sondern auch thematische Modelle geben soll, die als 2D-Polygonnetze aufgebaut sein sollen. Wir beginnen mit dem einfachsten Fall, der Verknüpfung von zwei reinen Rastermodellen.

a) **Verknüpfung von zwei 3D-Rastermodellen**

Dabei wird unterstellt, daß beide 3D-Rastermodelle die gleiche Georeferenzierung und die gleiche Rasterweite haben. Zwei solche Rastermodelle kann man mit logischen Operatoren wie UND und ODER verknüpfen, aber auch algebraische Operationen sind möglich. Eine sehr **allgemeine algebraische Verknüpfung** zwischen zwei 3D-Rastermodellen lautet:

$$\begin{aligned} Z_3 = f_3(a &+ b \cdot f_1(Z_1) + c \cdot f_2(Z_2) + d \cdot f_1(Z_1) \cdot f_2(Z_2) + \\ &+ e \cdot f_1(Z_1)/f_2(Z_2) + f \cdot f_2(Z_2)/f_1(Z_1) + g/(f_1(Z_1) \cdot f_2(Z_2))) \\ &+ h/f_1(Z_1) + i/f_2(Z_2) \end{aligned} \qquad (4.6\text{-}1)$$

Z_1 ... gegebener Funktionswert des 1. Modelles
Z_2 ... gegebener Funktionswert des 2. Modelles
Z_3 ... berechneter Funktionswert des neuen (3.) Modelles
a,b,c,d,e,f,g,h,i ... wählbare Koeffizienten

Die drei Funktionen f_1, f_2 und f_3 kann man für diskrete Werte berechnen und als ***Look-up*-Tabellen** in das System einführen. Die Entstehung einer solchen *Look-up*-Tabelle ist für die Funktion f_1 in der Figur 4.6-1 skizziert.

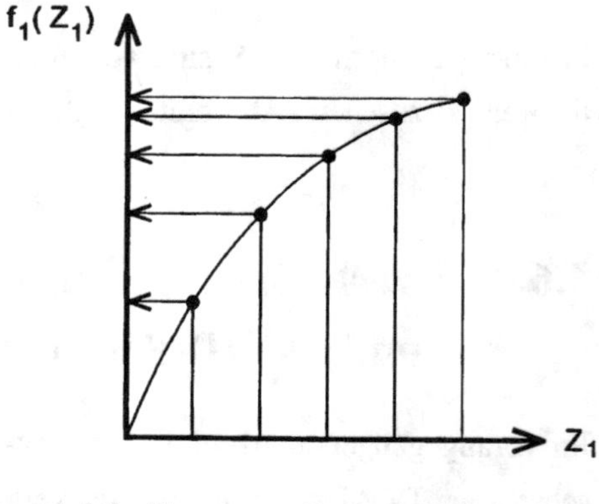

Figur 4.6-1: Korrespondierende Werte einer Look-up-Tabelle für eine beliebige Funktion $f_1(Z_1)$

Die Funktionswerte Z_3 können bei einer weiteren Verknüpfung die Rolle von Z_1 oder Z_2 in der Gleichung (4.6-1) übernehmen. Auf diese Weise ist eine sehr **vielseitige DGM-Algebra** definiert. Im Abschnitt I 4.7 geben wir ein interessantes Beispiel für die Relation (4.6-1) an. In der Beziehung (4.6-1) sind natürlich auch die einfachen Relationen enthalten, wie zum Beispiel das **Volumen zwischen zwei Raster-DGMen**. In diesem Fall sind

- die drei *Look-up*-Tabellen sogenannte Identitätstabellen,
- die Koeffizienten a, d, e, f, g, h und i gleich Null sowie
- der Koeffizient b = 1 und der Koeffizient c = -1.

b)Verknüpfung eines hybriden 3D-Funktionsmodelles mit einem 2D-Polygonnetz

Die Ausgangssituation ist in der Figur 4.6-2 skizziert. Auf der einen Seite gibt es ein hybrides 3D-Funktionsmodell (mit einer Kante) und auf der anderen Seite ein 2D-Polygonnetz, in unserem Fall nur ein einziges geschlossenes Polygon. Das jeweilige geschlossene Polygon begrenzt ein Gebiet mit einem bestimmten Attribut.

Die Verknüpfung beginnt mit der Anhebung der Polygonseiten auf die Oberfläche des 3D-Modelles (die durchzuführende Berechnung ähnelt der Profilberechnung, Abschnitt I 4.5a.). Anschließend wird innerhalb des geschlossenen Polygones - das ist eine der möglichen Vorgehensweisen - eine Triangulierung vorgenommen (siehe Figur 4.6-2c). Dabei werden alle Gitterpunkte und alle Schnittpunkte sowohl der Polygonseiten als auch der Kanten mit den Gitterlinien verwendet. Nach dieser Triangulierung kennt man in den Eckpunkten aller Dreiecke das zum **jeweiligen geschlossenen Polygon gehörende Attribut** und den **jeweiligen Funktionswert des 3D-Funktionsmodelles**. Der jeweilige 3D-Funktionswert und das jeweilige Attribut können dann verknüpft werden, zum Beispiel mittels der Relation (4.6-1).

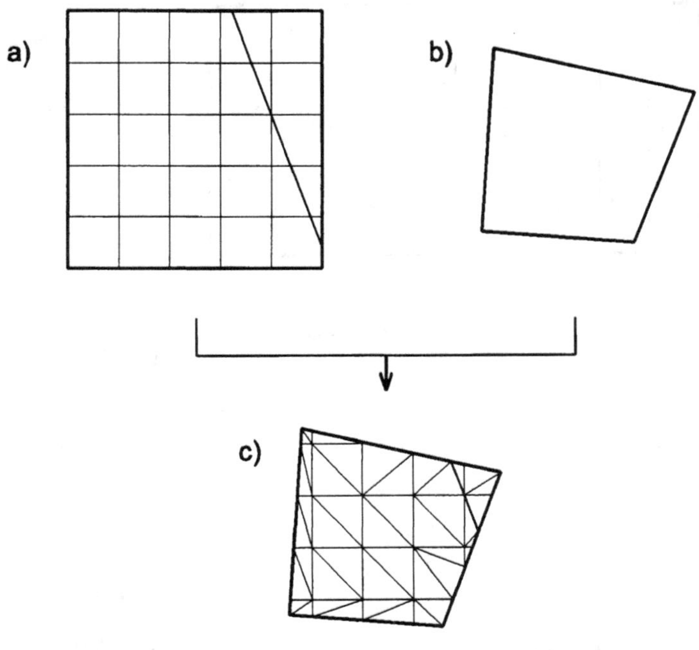

Figur 4.6-2: Verknüpfung eines hybriden 3D-Funktionsmodelles (a) mit einem 2D-Polygonnetz (b) im 3D-Raum

Ein einfaches BEISPIEL: Das 3D-Funktionsmodell sei ein DGM mit Geländehöhen (= Z_1). Die geschlossenen Polygone (= Z_2) seien Bereiche mit Baumbeständen, die innerhalb eines Polygones - abgesehen von der Abhängigkeit von der Geländehöhe - gleiches Wachstum und von Polygon zu Polygon unterschiedliches Wachstum (z.B. wegen unterschiedlicher Baumarten oder unterschiedlicher Altersklassen) haben sollen. Gesucht sei der Anteil des potentiellen Zuwachses (= Z_3), der von der Standortshöhe (= Z_1) herrührt. Für diesen Zuwachs kann man die Beziehung $Z_3 = f_3(a + d \cdot f_1(Z_1) \cdot f_2(Z_2))$ verwenden. Nach der eben erwähnten und in Figur 4.6-2c skizzierten Verknüpfung kann in jedem Eckpunkt der Dreiecke der Z_3-Wert ermittelt werden. (Das Wissen der Forstwirtschaft geht über die Abgrenzung der Baumbestände, die Festlegung der Funktionen f_1, f_2 und f_3 sowie der Koeffizienten a und d in das GIS ein.) Die Datenstruktur des Z_3-Modelles entspricht dem Neigungsmodell (Abschnitt I 4.2); an den Polygonseiten stoßen nämlich Bereiche mit zwei unterschiedlichen Attributen zusammen. Das Z_3-Modell kann in der bekannten Weise visualisiert werden (Isolinien, Farbcodierungen etc.).

Die **Verknüpfung** eines hybriden 3D-Modelles mit einem 2D-Polygonnetz kann auch **im 2D-Raum** erfolgen und nicht - wie bisher erläutert - im 3D-Raum. Diese Alternative ist in der Figur 4.6-3 skizziert. Man leitet zuerst aus dem 3D-Funktionsmodell Isolinien ab. Diese 2D-Isolinien, die den jeweiligen Funktionswert als Attribut tragen, verschneidet man anschließend mit dem 2D-Polygonnetz im 2D-Raum (Abschnitt H 1.3).

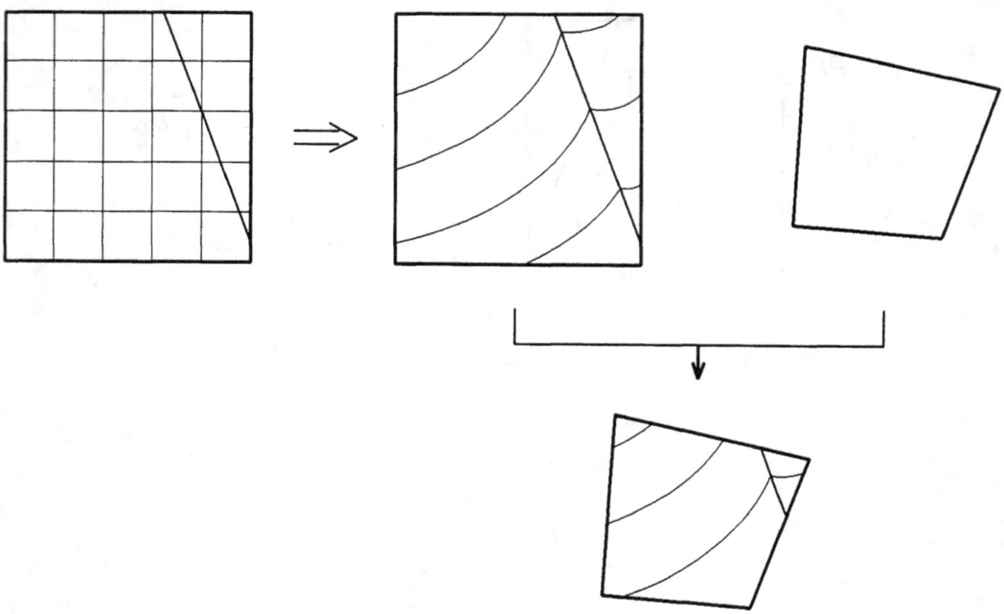

Figur 4.6-3: Verknüpfung eines 3D-Funktionsmodelles mit einem 2D-Polygonnetz im 2D-Raum

Ein in der Praxis häufig auftretendes BEISPIEL: Das 3D-Funktionsmodell sei ein Neigungsmodell (Abschnitt I 4.2). Die geschlossenen Polygone seien die Grundstücke. Zuerst wird das Neigungsmodell in Linien gleicher Geländeneigung umgewandelt. Anschließend werden diese Linien mit den Grundstücksgrenzen im 2D-Raum verschnitten. Nach diesem Verschnitt können für jedes Grundstück die **Flächenanteile der Neigungsklassen**, die von Neigungslinien und den Grundstücksgrenzen gebildet werden, berechnet werden.

Falls ein GIS zur Verfügung steht, das **nur Verknüpfungen im 2D-Raum** bewältigt, können trotzdem gewisse 3D-Probleme gelöst werden. Es sollen zum Beispiel die mittleren Geländeneigungen in geschlossenen 2D-Polygonen - zum Beispiel den Grundstücken - ermittelt werden, eigentlich ein typisches 3D-Problem, das mit einem Neigungsmodell (Abschnitt I 4.2) auf einfache Weise gelöst werden kann. Eine 2D-Lösung geht auf S. Finsterwalder[1] zurück: Man verschneide die (zweidimensionalen) Höhenlinien mit den Grundstücksgrenzen und man ermittle die Summe der Höhenlinienteilstücke. Die **mittlere Geländeneigung tanα eines Grundstückes** ergibt sich dann aus der Beziehung:

$$\tan\alpha = \frac{\text{Höhenlinienintervall x Summe der Höhenlinienteilstücke}}{\text{Grundstücksfläche}} \qquad (4.6\text{-}2)$$

AUFGABE 4.6-1: Man verifiziere diese Formel für ein gleichmäßig geneigtes und rechteckig geformtes Grundstück.

c) Verknüpfung von zwei hybriden 3D-Funktionsmodellen

Die schwierigste und interessanteste Aufgabe ist die Verknüpfung von zwei hybriden 3D-Funktionsmodellen, natürlich im 3D-Raum. Dabei unterstellen wir, daß beide Funktionsmodelle unterschiedlich strukturiert sind (unterschiedliche Gitterweite, unterschiedliche Randlinien etc.). Beide Funktionsmodelle haben selbstverständlich ihre eigenen Kanten-Linien an unterschiedlichen Stellen. Die Verknüpfung von zwei solchen Modellen ist in der Figur 4.6-4 skizziert.

Bei der Verknüpfung muß man unterscheiden, ob das Ergebnis, also das Verknüpfungsmodell, die Struktur des Modelles 1 oder des Modelles 2 haben soll. In der Figur 4.6-4 wurde die Struktur des Modelles 2 für das Verknüpfungsmodell gewählt. Im Verknüpfungsmodell sieht man aber auch die Kanten des Modelles 1. Um **korrespondierende Funktionswerte im Modell 1 und Modell 2** zu haben, werden

- für alle Punkte des Modelles 2 die Funktionswerte im Modell 1 und
- für die Punkte des Modelles 1 (mit Ausnahme der Gitterpunkte) die Funktionswerte im Modell 2

[1] Finsterwalder, S.: Sitzungsberichte der math. physik. Klasse der k. b. Akademie der Wissenschaften, Band XX, S. 35ff., München, 1890.

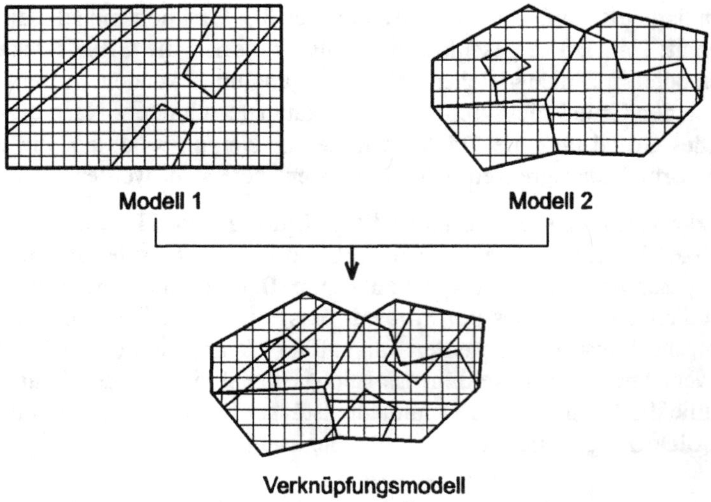

Figur 4.6-4: Verknüpfung von zwei hybriden 3D-Funktionsmodellen im 3D-Raum

durch Interpolation gewonnen. Die Funktionswerte des Verknüpfungsmodelles ergeben sich aus der Kombination der auf diese Weise gefundenen korrespondieren Funktionswerte der Modelle 1 und 2, wobei auf die allgemeine Beziehung (4.6-1) zurückgegriffen werden kann. Ein interessantes Anwendungsbeispiel für eine solche **hybride DGM-Algebra** ist die Ermittlung von Bodenerosionsgefährdungskarten.

Literatur zur Datenstruktur: Köstli, A., Sigle, M.: BuL 54, S. 122-129, 1986.

4.7 Bodenerosionsgefährdungskarte

Die intensiv betriebene Landwirtschaft belastet das Wasser und den Boden. Monokulturen über mehrere Jahre, mangelhafte Versorgung des Bodens mit organischer Substanz und die Bewirtschaftung mit schweren Maschinen begünstigen die Bodenerosion. Diese Situation wurde und wird durch die Schaffung großer Bewirtschaftungseinheiten im Rahmen von Flurbereinigungen noch verschärft. Die von den Niederschlägen ausgelöste und in den Ackerflächen wirkende Bodenerosion erreicht im Hügelland für ein Hektar mehrere Tonnen pro Jahr. Die Bodenerosion ist heute eines der wichtigsten Umweltprobleme.

Wischmeier und Smith haben für die in den Ackerflächen auftretende Bodenerosion bereits 1983 die sogenannte **universelle Bodenabtragsgleichung** formuliert und Parameter für die Vereinigten Staaten angegeben. Schwertmann hat das amerikanische Modell auf Bayern übertragen. In Österreich wurden weitere Anpassungen vorgenommen, die A. Stechauner und M. Ehgartner publiziert haben.[1] Diese Veröffentlichung enthält auch detaillierte Literaturhinweise zur universellen Bodenabtragsgleichung und insbesondere eine Sensitivitätsanalyse, die die Auswirkung der Unsicherheiten der einzelnen Parameter auf das Endergebnis behandelt.

Die universelle Bodenabtragsgleichung hat die Form:

$$A = R \cdot K \cdot L \cdot S \cdot C \cdot P \qquad (4.7\text{-}1)$$

A ... Durchschnittlicher jährlicher Abtrag in t/ha.

R ... Regenfaktor, der nur global variiert.

K ... Bodenerodierbarkeitsfaktor, der lokal variiert und der Bodenartenkarte entnommen werden kann.

L ... Hanglängenfaktor, wobei die Hanglänge entlang der Fallinie zwischen zwei Erosionshemmnissen (Böschung, Feldweg etc.) definiert ist.

S ... Hangneigungsfaktor; er ist der sensibelste Faktor, der unmittelbar aus dem Geländeneigungsmodell (Abschnitt I 4.2) entnommen werden kann.

C ... Bewirtschaftungsfaktor, der den Einfluß der Kulturarten auf die Bodenerosion widerspiegelt. Er ist zum Beispiel bei Mais (geringe Überschirmung bei den großen Niederschlägen im Frühjahr) sehr groß. Beim Vergleich verschiedener Gebiete, sogenannter Feldlagen, wird der C-Faktor nicht variiert.

P ... Erosionsschutzfaktor, der zum Beispiel von der Bewirtschaftungsrichtung abhängt. Der P-Faktor ist bei einer Bewirtschaftung in Fallrichtung am größten. Beim Vergleich verschiedener Feldlagen wird der P-Faktor nicht variiert.

Die Auswertung der Bodenabtragsgleichung (4.7-1) läuft im wesentlichen auf die Verknüpfung von zwei 3D-Funktionsmodellen hinaus. Das erste 3D-Funktionsmodell ist das Geländeneigungsmodell (Abschnitt I 4.2). Das zweite 3D-Funktionsmodell ist, was überraschend sein mag, die entsprechend aufbereitete Bodenartenkarte. Eigentlich ist die Bodenartenkarte ein 2D-Polygonnetz mit Attributen, aus dem aber ein 3D-Funktionsmodell gebildet werden kann. Figur 4.7-1 zeigt das Prinzip: Das 2D-Polygonnetz wird mit den Gitterlinien des gesuchten 3D-Funktionsmodelles geschnitten; an diesen Schnittpunkten werden die Attribute, das sind die K-Faktoren, übernommen. Auf diese Weise werden die Polygonseiten zu Bruchlinien im 3D-Funktionsmodell, die mit zwei verschiedenen Funktionswerten (= K-Faktoren) belegt sind. Zur Vervollständigung dieser "Terrassenlandschaft" von K-Faktoren werden auch die Schnittpunkte der Gitterlinien mit dem jeweiligen K-Faktor

[1] Stechauner, A., Ehgartner, M.: ÖZ 76, S. 243-260, 1988. Dort gibt es auch die Literaturangaben zu Wischmeier und Smith sowie zu Schwertmann.

belegt; auf diese Weise erhält man ein **K-Faktoren-Modell**, das die gleiche Struktur wie ein Geländeneigungsmodell mit zwei Funktionswerten an den Bruchlinien aufweist.

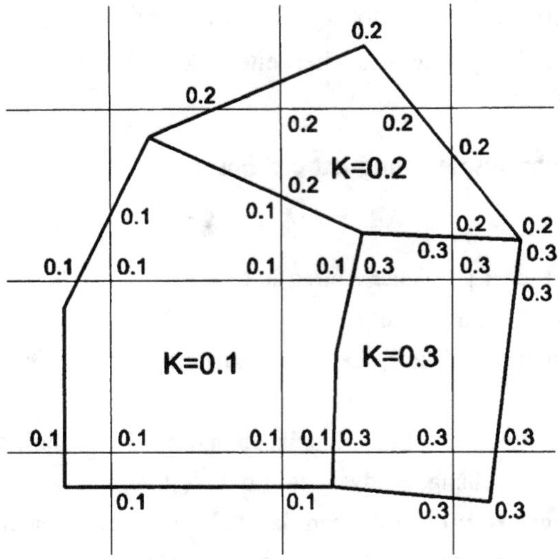

Figur 4.7-1: Konversion der 2D-Vektordaten der K-Faktoren in ein hybrides 3D-Funktionsmodell

Nach diesen Vorbereitungen kann eine Bodenerosionsgefährdungskarte ermittelt werden, wobei wir die Gleichung (4.7-1) nach dem Hanglängenfaktor L auflösen:

$$L = \frac{A_{tol}}{R \cdot C \cdot P} \cdot \frac{1}{K \cdot S} \qquad (4.7\text{-}2)$$

Eine Bodenerosionsgefährdungskarte mit dem L-Faktor ist für die (Neu-)Einteilung der Flur von Interesse. Man bekommt Hinweise, wo Erosionshemmnisse wie Böschungen und Wege vorzusehen sind. Der tolerierbare jährliche Bodenabtrag A_{tol} muß (leider) zwischen 5 und 10t/ha angenommen werden, damit noch vernünftige Hanglängen im Hügelland herauskommen. Das L-Modell (= Z_3) ergibt sich aus dem S-Modell (= Z_1) und dem K-Modell (= Z_2) sowie den im lokalen Bereich konstant gehaltenen Faktoren A, R, C und P durch folgende Spezialisierung der Relation (4.6-1):

$$a = b = c = d = e = f = h = i = 0$$

$$g = A_{tol}/(R \cdot C \cdot P) \qquad (4.7\text{-}3)$$

$f_1 = f_2 = f_3$ sind Identitäts-*Look-up*-Tabellen

Figur 4.7-2 zeigt das Ergebnis. Die Karte ist selbsterklärend.

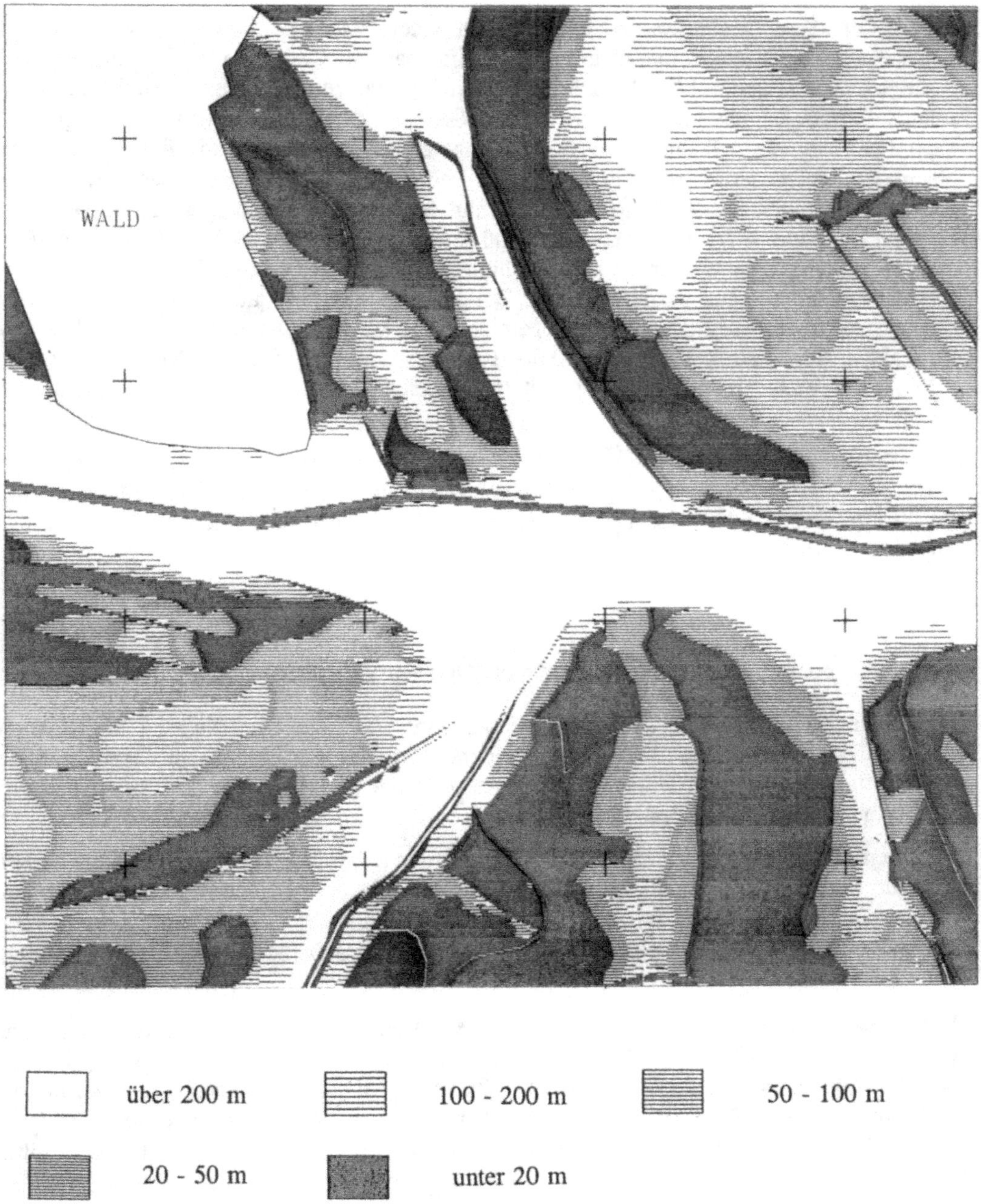

Figur 4.7-2: Bodenerosionsgefährdungskarte für maximal tolerierbare Hanglängen

AUFGABE 4.7-1: Wie verändern sich die Hanglängen in der Figur 4.7-2, wenn der tolerierbare Bodenabtrag A_{tol} halbiert wird?

Anstelle der Hanglängen(-Stufen) können auch andere Varianten berechnet werden. Zum Beispiel ist eine Version interessant, die unmittelbar die Gleichung (4.7-1) benutzt und zusätzlich zum S- und K-Modell auch ein L-Modell in die Verknüpfung einbezieht. Mehrere solche **A-Modelle aus variierenden L-Modellen** (z. B. Einebnung von Böschungen im negativen Sinn oder z.B. eine Unterteilung längerer Feldlagen im positiven Sinn) gestatten eine objektive Diskussion mit den Beteiligten. Dabei sollte man den jährlichen Bodenabtrag A[t/ha] mit der Dichte des Bodens in die **Dicke der jährlich abgetragenen Bodenschicht** umrechnen. Mit einem solchen (Längen-)Maß kann man auch "hautnah" die Diskussion über den Anbau unterschiedlicher Kulturen führen, indem man den **C-Faktor variiert**. Von solchen Ergebnissen ausgehend kann zum Beispiel eine Prognose lauten: In 20 Jahren wird die gesamte fruchtbare Bodenschicht abgetragen sein, wenn der Maisanbau beibehalten und nicht auf verträglicheres Wintergetreide übergegangen wird. (Dr. Wallner, Niederösterreichische Agrarbezirksbehörde, hat in den letzten Jahren viel zur Klärung des angeschnittenen Problemkreises beigetragen).

Weitere **Literatur**, insbesondere zu TIS-bezogenen Aspekten: Sigle, M., Hellwich, O., Köstli, A.: IAPRS 29, Part IV, pp. 878-882, Washington, 1992. Ehgartner, M., Kalliany, R., Stechauner, A.: Vermessung, Photogrammetrie, Kulturtechnik, Heft 1, S. 3-7, 1988. Sigle, M.: GIS 4, Heft 4, S. 2-7, 1991.

4.8 Regensimulation zur geomorphologischen Geländeanalyse

Im vergangenen Abschnitt wurde der Einsatz eines TIS zur Modellierung der Erosion erläutert. Selbstverständlich können auch andere **Vorgänge im ökologischen System Erde** mit einem TIS modelliert werden. Solche Anwendungen sind in einer Zeit mit sensiblem Umweltbewußtsein besonders attraktiv.

In diesem Abschnitt wenden wir uns dem Regen und seines Abflusses zu. Dabei benutzen wir nur ein einfaches **Abflußmodell**; das Ziel ist die geomorphologische Analyse der Geländeoberfläche. Obwohl wir nur ein einfaches Abflußmodell heranziehen, ist die Modellierung verhältnismäßig kompliziert; wir benutzen daher als DGM ein **reines Rastermodell** (Abschnitt I 4.1.2).

Der Wasserabfluß erfolgt in diesem Modell **in Abhängigkeit von den Höhenunterschieden der benachbarten Rasterelemente**. Die in einem Rasterelement R_0 in der Höhe h_0 vorhandene Wassermenge sei w_0. Die Wassermenge, die R_0 an die vier Nachbarn R_i (Höhe h_i) entsendet, sei w_i. Das Wasser in R_0 wird vollständig auf die tiefer liegenden Nachbarn verteilt, wobei die Aufteilung proportional zu den Höhenunterschieden erfolgt. Damit gilt:

$$w_i = w_0 \cdot \Delta h_i \,/ \sum_{i=1}^{4} \Delta h_i \qquad \Delta h_i = \begin{cases} h_0 - h_i & \text{für } h_0 > h_i \\ 0 & \text{für } h_0 \le h_i \end{cases} \tag{4.8-1}$$

Die Wirkungsweise des Algorithmus (4.8-1) erläutern wir anhand der Tabelle 4.8-1. Oben/links sind die Höhen des DGMs für eine schräge Ebene angegeben. Auf jedes Rasterelement falle eine Wassermenge 1 ("Beregnung 1" in der Tab. 4.8-1). Sodann wird der Algorithmus (4.8-1) für jede Masche angewandt. Das Ergebnis ist in "Abfluß 1" festgehalten. Anschließend fällt auf jedes Rasterelement wieder die Wassermenge 1 (= "Beregnung 2"). Diese Wassermengen werden wiederum auf alle Rasterelemente mittels des Algorithmus (4.8-1) zum Abfluß in die benachbarten Rasterelemente gebracht. Das Ergebnis ist der "Abfluß 2". Nach mehreren solcher Iterationen konvergiert dieses Simulationsverfahren zu der unten/rechts in der Tabelle 4.8-1 angegebenen Verteilung der Wassermengen.

Höhenwerte				
90	88	86	84	82
87	85	83	81	79
84	82	80	78	76
81	79	77	75	73
78	76	74	72	70

Beregnung 1				
1.000	1.000	1.000	1.000	1.000
1.000	1.000	1.000	1.000	1.000
1.000	1.000	1.000	1.000	1.000
1.000	1.000	1.000	1.000	1.000
1.000	1.000	1.000	1.000	1.000

Abfluß 1				
0.000	0.400	0.400	0.400	0.400
0.600	1.000	1.000	1.000	1.000
0.600	1.000	1.000	1.000	1.000
0.600	1.000	1.000	1.000	1.000
0.600	1.000	1.000	1.000	1.000

Beregnung 2				
1.000	1.400	1.400	1.400	1.400
1.600	2.000	2.000	2.000	2.000
1.600	2.000	2.000	2.000	2.000
1.600	2.000	2.000	2.000	2.000
1.600	2.000	2.000	2.000	2.000

Abfluß 2				
0.000	0.400	0.560	0.560	0.560
0.600	1.480	1.640	1.640	1.640
0.960	1.840	2.000	2.000	2.000
0.960	1.840	2.000	2.000	2.000
0.960	1.840	2.000	2.000	2.000

Abfluß 3				
0.000	0.400	0.560	0.624	0.624
0.600	1.480	1.928	1.992	1.992
0.960	2.272	2.720	2.784	2.784
1.176	2.488	2.936	3.000	3.000
1.176	2.488	2.936	3.000	3.000

Abfluß 4				
0.000	0.400	0.560	0.624	0.650
0.600	1.480	1.928	2.146	2.171
0.960	2.272	3.066	3.283	3.309
1.176	2.834	3.627	3.845	3.870
1.306	2.963	3.757	3.974	4.000

Abfluß 5				
0.000	0.400	0.560	0.624	0.650
0.600	1.480	1.928	2.146	2.248
0.960	2.272	3.066	3.514	3.616
1.176	2.834	3.973	4.421	4.523
1.306	3.222	4.362	4.810	4.912

Abfluß 6				
0.000	0.400	0.560	0.624	0.650
0.600	1.480	1.928	2.146	2.248
0.960	2.272	3.066	3.514	3.754
1.176	2.834	3.973	4.697	4.938
1.306	3.222	4.673	5.397	5.638

Abfluß 7				
0.000	0.400	0.560	0.624	0.650
0.600	1.480	1.928	2.146	2.248
0.960	2.272	3.066	3.514	3.754
1.176	2.834	3.973	4.697	5.131
1.306	3.222	4.673	5.687	6.122

Abfluß 8				
0.000	0.400	0.560	0.624	0.650
0.600	1.480	1.928	2.146	2.248
0.960	2.272	3.066	3.514	3.754
1.176	2.834	3.973	4.697	5.131
1.306	3.222	4.673	5.687	6.354

Abfluß 9				
0.000	0.400	0.560	0.624	0.650
0.600	1.480	1.928	2.146	2.248
0.960	2.272	3.066	3.514	3.754
1.176	2.834	3.973	4.697	5.131
1.306	3.222	4.673	5.687	6.354

Tabelle 4.8-1: Höhenwerte einer schrägen Ebene, Beregnungen und angesammelte Wassermengen nach neun Iterationen

Die Zahlen sind ein Maß für die Durchflußmenge in jedem Rasterelement bei einem permanenten Regen. Diese Zahlen sind daher auch geeignet, um die **Wasserscheiden und Flußläufe** anzugeben. Weitere Details zu diesen Extraktionen findet man bei W. Rieger,[1] auf den das angedeutete Verfahren zurückgeht. Bild 4.8-2 zeigt das Ergebnis einer solchen Bearbeitung. Ergänzend soll erwähnt werden, daß das Verfahren in flachen Tälern einen sehr unsicheren Verlauf der Flußläufe und auf flachen Rücken einen sehr unsicheren Verlauf der Einzugsgebietsgrenzen liefert.

---

[1] Rieger, W.: Geow. Mitt. der TU Wien, Heft 39, 1992, und Hydrol. Processes 12, pp. 857-872, 1998.

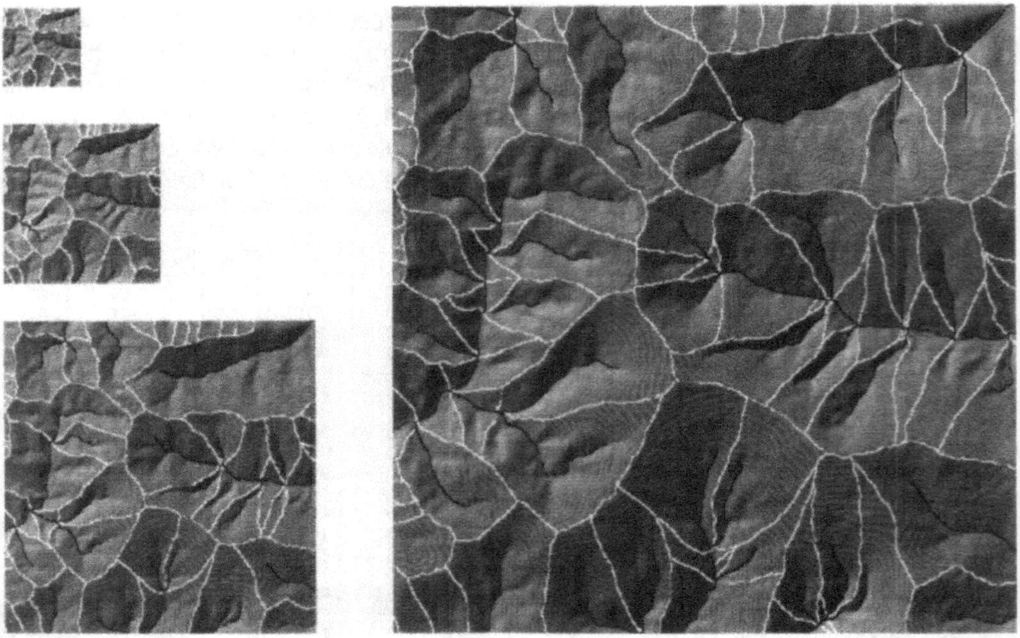

Bild 4.8-2: Aus einem DGM automatisch abgeleitete Flußläufe (schwarz) und Einzugsgebietsgrenzen (weiß) in einem unterschiedlichen Detaillierungsgrad

Falls man das DGM-Raster in eine **Pyramidenstruktur** bringt und dieses Verfahren auf die einzelnen Pyramidenstufen anwendet, bekommt man die Flußläufe und Einzugsgebietsgrenzen mit unterschiedlichen Detaillierungsgraden; man kann auch von einer unterschiedlich starken **Generalisierung** sprechen (Bild 4.8-2). Für hydrologische Fragestellungen kann das Verfahren noch erweitert werden, indem man jedem Rasterelement abhängig von der Bodenbedeckung (Vegetation etc.) und der Bodenart (Fels, Humus etc.) einen Beiwert, der den abfließenden Anteil ins Verhältnis zum versickernden Anteil setzt, hinzugibt und in der Berechnung berücksichtigt.

Für die geomorphologische Analyse der Geländeoberfläche ist noch der Hinweis interessant, daß der Algorithmus (4.8-1) auch Mulden, seien sie falsch oder richtig, im DGM herausfindet. Bei einer Mulde ist $h_0 < h_i$ zu den vier benachbarten Rasterelementen, sodaß kein Abfluß erfolgt. **Falsche Mulden** treten vor allem durch Unzulänglichkeiten bei der Datenerfassung auf, insbesondere wenn keine Gerippelinien erfaßt werden. DGMe, die aus Laser-Scanner-Daten abgeleitet werden, haben daher besonders viele fehlerhafte Mulden (Abschnitt I 4.1.1.2). Nach ihrer Lokalisierung sind sie mit Algorithmen, die auch W. Rieger in seiner Dissertation angegeben hat, zu beseitigen. Die Entscheidung allerdings, ob es natürliche und daher beizubehaltende Mulden oder falsche und daher zu eliminierende Mulden sind, kann nur mit zusätzlich einzubringendem Wissen erfolgen.

Zusätzliche **Literatur**: Jenson, S.: Hydrological Processes, Vol. 5, pp. 31-44, 1991.

4.9 Vermischtes zu DGM-Folgeprodukten

DGMe können noch für viele andere Anwendungen genutzt werden. Im folgenden sollen einige weitere Anwendungen kurz angedeutet werden.

a) **Größe der tatsächlichen Geländeoberfläche**

Im hybriden DGM besteht die Oberfläche aus 3D-Dreiecken und hyperbolischen Paraboloiden (Figur H 3.4-1 und Abschnitt C 1.1.2). Die Fläche der 3D-Dreiecke ist einfach zu berechnen. Die Oberfläche der hyperbolischen Paraboloide gewinnt man grundsätzlich aus einem Oberflächenintegral, das allerdings nicht leicht zu finden ist. Man wird deshalb die Gittermasche mit einem hyperbolischen Paraboloid als Deckfläche in zwei oder - besser - in vier 3D-Dreiecke zerlegen. Bei der Zerlegung in vier 3D-Dreiecke ist als Zwischenschritt noch die Geländehöhe für den Mittelpunkt der jeweiligen Gittermasche zu ermitteln. Man bekommt sie durch Mittelbildung der Geländehöhen der vier Mascheneckpunkte. Dieser Punkt liegt auf dem hyperbolischen Paraboloid.

AUFGABE 4.9-1: Man beweise diese Aussage.

b) **Fräsen eines analogen Geländemodelles**

Der Maschinenbau bietet digital gesteuerte Fräsmaschinen an. Man spricht von CAM (*computer aided manufacturing*). Solche Maschinen kann man auch zur Umwandlung eines digitalen Geländemodelles in ein analoges Geländemodell heranziehen. Bild 4.9-1 zeigt ein auf diese Weise entstandenes Geländemodell. Die Steuerdaten für die Fräsmaschine waren die Punktfolgen entlang der Höhenlinien. Mit diesen Steuerdaten wurden Platten gefräst und anschließend manuell zum Modell zusammengefügt. Eine Besonderheit dieses analogen Modelles ist, daß nur jede zweite Höhenlinie ausgeschnitten wurde; die dazwischenliegenden Höhenlinien wurden nur mit geringer Tiefe in das Material eingefräst und mit Höhenkoten versehen. Auf diese Weise bekommt man ein analoges Modell mit genauen geometrischen Angaben. Details entnehme man der einschlägigen Veröffentlichung.[1]

---

[1] Wöhrer,B., Bohrer, M.: VGI 86, S. 202-205, 1998.

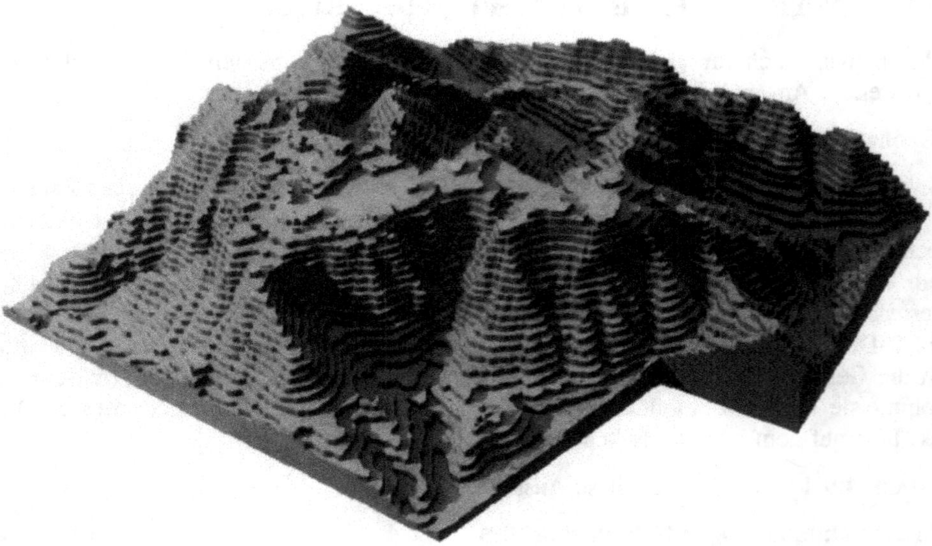

Bild 4.9-1: Analoges Geländemodell, gefräst mit den Steuerdaten eines digitalen Geländemodelles (Fräsmaschine der Firma WILD EMCO Lasertec).

c) **Reichweite von Felsstürzen und Lawinen**

Felsstürze und Lawinen bedrohen im Gebirge die besiedelten Gebiete. Es sind daher Gefahrenzonenpläne gefragt. Für die Modellierung eines potentiellen Felssturzes oder eines potentiellen Lawinenabganges benötigt man die Sturzbahnen, also ein Trajektorienmodell. Dafür sind aus dem DGM die Fallinien zu ermitteln. Entlang eines möglichen Weges ist dann mit Reibungsmodellen der Abgang des Materials zu modellieren. Wegen der Komplexität der Trajektorienmodelle und der Reibungsmodelle wird dafür bevorzugt ein Rastermodell als DGM benutzt.

Literatur: Meißl, G.: Mitteilungen des Institutes für Geodäsie der Uni Innsbruck, Heft 18, S. 111-118, 1999.

4.10. Folgeprodukte von digitalen Stadtmodellen

Geo-Informationssysteme für städtische Bereiche haben sehr große wirtschaftliche Bedeutung. Im folgenden wird dieses breite Anwendungsgebiet nur in zwei kurzen Abschnitten behandelt. Zuerst bringen wir Folgeprodukte aus 2D-Stadtmodellen (Abschnitt 4.10.1); anschließend stehen 3D-Stadtmodelle im Mittelpunkt einer Anwendung.

4.10.1 Mittels eines 2D-Stadtmodelles

Eine rasterisierte und georeferenzierte Stadtkarte in Verbindung mit verorteten Adressen bietet bereits die attraktive Möglichkeit, nach Eingabe einer Adresse einen adäquat gewählten Ausschnitt aus der rasterisierten Stadtkarte zu erhalten. Zu diesem Zweck wird man die Adressendateien strukturieren, zum Beispiel in die Adrema der Ärzte, Apotheker, Hotels, Schulen, etc. Die Anfrage an solche Informationssysteme kann aber auch lauten: Welche Hotels befinden sich innerhalb eines mit Koordinaten definierten Fensters? Die Antwort besteht in der Präsentation der rasterisierten **Stadtkarte mit den markierten Hotels**; zusätzlich werden - zum Beispiel in einem eigenen Fenster am Bildschirm - die Adressen der Hotels mit zusätzlichen Sachdaten angegeben.[1]

Für **Fahrzeugleitsysteme** muß - anstelle der rasterisierten Stadtkarte bzw. zusätzlich zu ihr - ein **Verkehrsgraph** (Abschnitt G 4.1.2) im System implementiert sein. An den Vektoren dieses Graphen sind Sachdaten wie "Hauptverkehrsstraße", "Einbahnstraße", "Abbiegeverbot", etc. gespeichert. Damit liegen die Voraussetzungen vor, zum Beispiel **vom Standort der Rettungsleitzentrale des Roten Kreuzes möglichst schnell zum gemeldeten Notfallort zu gelangen.**[2] Fahrzeugleitsysteme, die inzwischen für PKWs angeboten werden, enthalten ebenfalls einen Straßengraphen und eine rasterisierte Stadtkarte. Zusätzlich ist ein **GPS-Empfänger** im jeweiligen PKW (vergleichbar mit dem GPS-Einsatz zur Navigation von Bildflugzeugen, Abschnitt B 5.3.3) zur **Verortung der aktuellen Fahrzeugposition** erforderlich. Ausgehend von der aktuellen Fahrzeugposition, die laufend in der digitalen Kamera angezeigt wird, bekommt man - eventuell akustisch - Hinweise (z.B. nächste Kreuzung links), wie man zu dem vorweg eingegebenen Fahrziel kommt.

---

[1] Einzelheiten zu dem einschlägigen Auskunftsystem der Stadt Wien findet man unter: http://service.wien.gv.at/flaechenwidmung/.

[2] Schubert, H., Hofer, F.: GIS 5/97, S. 25-27, 1997.

Als letzte Anwendung eines 2D-Stadtmodelles soll das **Geo-Marketing** erwähnt werden. Dabei ist Voraussetzung, daß man für die einzelnen Gebäude - zumindest für Gebäudeblöcke - **demographische Daten** (Alter, Ausbildungsstand, Einkommen, ..., der Bewohner) im Informationssystem zur Verfügung hat. Dann besteht zum Beispiel die Möglichkeit, Werbematerial nur in jene Gebäude bzw. Gebäudeblöcke auszuteilen, in denen Personen wohnen, die der vorweg definierten Zielgruppe entsprechen. Die Personen, die das Werbematerial in die Briefkästen stecken, bekommen vom Geo-Marketing-System eine automatisch erstellte Karte mit den entsprechend markierten Gebäuden bzw. Gebäudeblöcken.

Aufsätze zum Geo-Marketing: GIS, Heft 3, 1998, bzw. zum gesamten Abschnitt 4.10.1: Beiträge zum AGIT-Symposium, Salzburg, 1999, S. 74 (F. Brandi-Dohrn), S. 231 (N. Futter), S. 388 (H. Niedertscheider).

4.10.2 Mittels eines 3D-Stadtmodelles

Geo-Informationssysteme, die auf 3D-Stadtmodellen aufbauen, erlauben eine sehr intensive Verbindung der modernen Informationssysteme mit dem täglichen Leben. Der **Spaziergang (*walk-through*) durch die virtuelle Stadt** ist das Ziel, an dem gegenwärtig mit großem Einsatz weltweit gearbeitet wird.

Die höchste Qualität eines 3D-Stadtmodelles wird mit Hilfe eines 3D-Photomodelles (Abschnitt 2.1.7) erreicht, das mit einem Vektormodell hinterlegt und mit vielen Sachdaten verknüpft ist. Im Abschnitt I 3.2.4 wurde angedeutet, daß der Passant durch eine solche virtuelle Stadt spazieren und **an Türen "anklopfen"** kann. Als Antwort auf das "Anklopfen" an einer Tür im 3D-Stadtmodell kann sich auch die *Home-page* der jeweiligen Institution bzw. des jeweiligen Geschäftes öffnen.

Bild 4.10-1 zeigt ein solches 3D-Stadtmodell vom Hauptplatz "Neunkirchen".[1] Es liegt in der Beschreibungssprache VRML (*Virtual Reality Modeling Language*) vor. Mit sogenannten VRML-*Browsern* kann der Anwender durch die Stadt "bummeln". Wenn sich der Spaziergänger einer Auslage nähert, so wird sie mit einem höheren Detaillierungsgrad angezeigt. Im Schaufenster selbst befinden sich zusätzliche *Links* zu den *Home-pages* der Firmen, die die ausgestellten Produkte erzeugt haben.

---

1 Es wurde im Rahmen der Diplomarbeit Zeisler (1999) in Zusammenarbeit des I.P.F. mit der Ingenieurgemeinschaft Polly-Pazourek-Burtscher hergestellt.

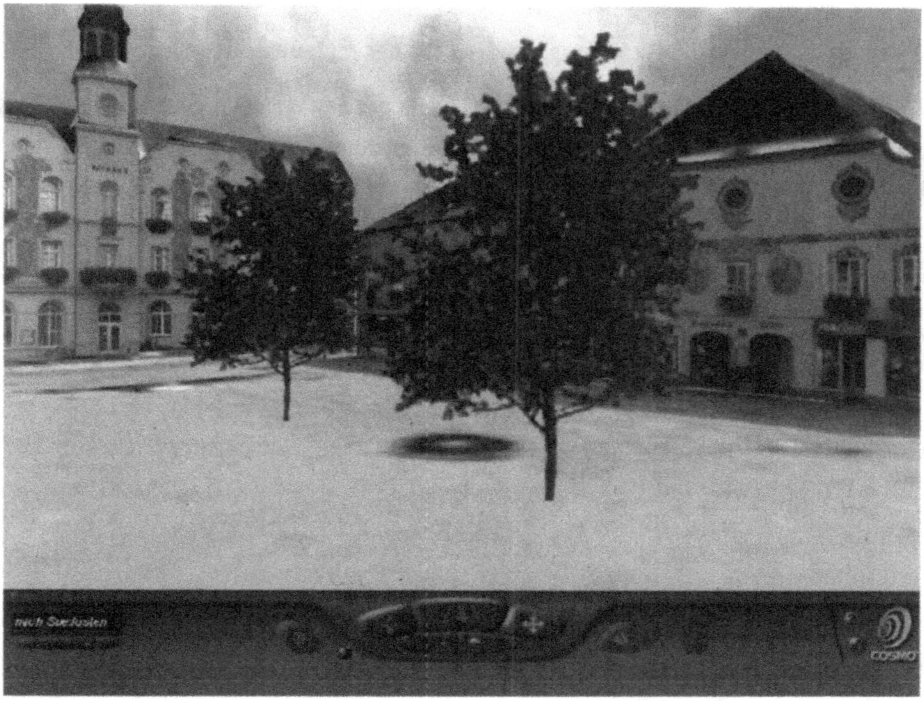

Bild 4.10-1: 3D-Photomodell mit zwei Billboards

Zur Steigerung des Realitätsgrades eines solchen 3D-Photomodelles werden sogenannte ***Billboards*** **(Anschlagbrett)** einbezogen. Sie erlauben filigrane Objekte wie Bäume in die virtuelle Stadt einzubeziehen, ohne diese Objekte - zum Beispiel die Bäume - geometrisch modellieren zu müssen. Bei genauer Betrachtung der beiden Bäume im Bild 4.10-1 sieht man, daß sie nur einen unterschiedlichen Maßstab besitzen, ansonsten aber identisch sind. Ein *Billboard* besteht aus einer **texturierten Ebene** in der in der Regel auch "durchsichtige" Teile vorhanden sind. Das *Billboard* eines Baumes entsteht zum Beispiel aus einer digitalisierten Photographie; die blatt- und astfreien Stellen erhalten die Eigenschaft einer Transparenz. Solche *Billboards* - werden an mehreren Stellen (XYZ-Positionen) in das 3D-Photomodell eingebracht. Bei der Visualisierung des 3D-Photomodelles drehen sich die *Billboards* automatisch senkrecht zur Betrachtungsrichtung, sodaß der Anwender den Eindruck realistischer Bäume erhält. Die Frage, welche Objekte voll dreidimensional modelliert wurden und welche Objekte nur als *Billboards* ins Photomodell gekommen sind, kann man mit sehr unterschiedlichen Betrachtungsrichtungen klären. Würde man zum Beispiel den Hauptplatz von Neunkirchen (Bild 4.10-1) von oben betrachten, präsentierten sich die Gebäude erwartungsgemäß, die Bäume entarteten aber zu Strichen.

Anhang H 2.2-1 Zusammengesetzte kubische Polynome

In Anlehnung an die Ableitung von Moritz[1], die hier etwas verallgemeinert wird, gelingt es, ein Gleichungssystem nur für die Polynomkoeffizienten a_2 der zusammengesetzten kubischen Polynome zu finden. Bei einem kubischen Polynom verändert sich die **Krümmung** $S''_{[i-1,i]}$ im Intervall $[T_{i-1},T_i]$ **linear**, sodaß sie durch lineare Interpolation zwischen den beiden Werten S''_{i-1} und S''_i, das sind die Krümmungen an den beiden Enden des Intervalles, dargestellt werden kann:

$$S''_{[i-1,i]} = \frac{S''_{i-1}(T_i-T) + S''_i(T-T_{i-1})}{T_i - T_{i-1}} \qquad T \in [T_{i-1},T_i] \qquad (2.2\text{-}1\text{-}1)$$

An die Stelle der Krümmungswerte S''_{i-1} und S''_i kann man - wie aus der Gleichung H(2.2-7) für $T \rightarrow T_i$ ersichtlich - die Polynomkoeffizienten $2a_{2[i-1,i]}$ und $2a_{2[i,i+1]}$ setzen, d.h.

$$S''_{[i-1,i]} = \frac{2a_{2[i-1,i]}(T_i-T) + 2a_{2[i,i+1]}(T-T_{i-1})}{T_i - T_{i-1}} \qquad (2.2\text{-}1\text{-}2)$$

In dieser Gleichung ist die C^2-Stetigkeit verwirklicht, denn man erhält im Intervall $[T_{i-1},T_i]$ mit $T \rightarrow T_i$ für $S''_i = 2a_{2[i,i+1]}$ und - nach Erhöhung des Index um Eins - im Intervall $[T_i,T_{i+1}]$ mit $T \rightarrow T_i$ für $S''_i = 2a_{2[i,i+1]}$.

Durch eine **erste Integration** nach T von $S''_{[i-1,i]}$ (2.2-1-2) kommt man zur Funktion $S'_{[i-1,i]}$ für die Steigung und durch eine **zweite Integration** zum Polynom $S_{[i-1,i]}$ selbst:

$$S'_{[i-1,i]} = \frac{1}{(T_i-T_{i-1})}\left(-a_{2[i-1,i]}(T_i-T)^2+a_{2[i,i+1]}(T-T_{i-1})^2\right)+A \qquad (2.2\text{-}1\text{-}3)$$

$$S_{[i-1,i]} = \frac{1}{3(T_i-T_{i-1})}\left(a_{2[i-1,i]}(T_i-T)^3+a_{2[i,i+1]}(T-T_{i-1})^3\right)+A\,T+B \qquad (2.2\text{-}1\text{-}4)$$

A und B sind zwei Integrationskonstanten, die aus der Gleichung (2.2-1-4) mit den Koordinaten T_{i-1},S_{i-1} und T_i,S_i der beiden Stützpunkte an den Polynomenden bestimmbar sind:

$$S_{i-1} = \frac{(T_i-T_{i-1})^2}{3}\,a_{2[i-1,i]} + A\,T_{i-1} + B$$

$$S_i = \frac{(T_i-T_{i-1})^2}{3}\,a_{2[i,i+1]} + A\,T_i + B$$

[1] Moritz, H. und Sünkel, H.: Approximation Methods in Geodesy. Sammlung Wichmann Neue Folge, Band 10, Karlsruhe 1978, S.24.

Daraus ergeben sich die beiden Integrationskonstanten A und B:

$$A = \frac{(T_i - T_{i-1})^2}{3}\,(a_{2[i-1,i]} - a_{2[i,i+1]}) + \frac{S_i - S_{i-1}}{T_i - T_{i-1}} \tag{2.2-1-5}$$

$$B = -\frac{(T_i - T_{i-1})^2}{3}\,a_{2[i,i+1]} - A T_i + S_i \tag{2.2-1-6}$$

In der Fortsetzung der Ableitung setzt man Gleichung (2.2.-1-5) in Gleichung (2.2-1-3) ein. Das Ergebnis ist die Funktion $S'_{[i-1,i]}$ der Steigung im Intervall $[T_{i-1},T_i]$. Durch Erhöhung des Index um Eins findet man die entsprechende Funktion $S'_{[i,i+1]}$ im Intervall $[T_i,T_{i+1}]$. Im Knoten mit der Abszisse T_i müssen beide Funktionen die Steigung S'_i besitzen (C^1-Stetigkeit). Die dazugehörenden Ausdrücke ergeben sich durch Verschieben der Variablen T nach T_i.

Wir bilden im Intervall $[T_{i-1},T_i]$ für $T \rightarrow T_i$:

$$S'_i = \frac{2}{3}(T_i - T_{i-1})a_{2[i,i+1]} + \frac{1}{3}(T_i - T_{i-1})a_{2[i-1,i]} + \frac{S_i - S_{i-1}}{T_i - T_{i-1}} \tag{2.2-1-7}$$

Wir bilden im Intervall $[T_i,T_{i+1}]$ für $T \rightarrow T_i$:

$$S'_i = -\frac{2}{3}(T_{i+1} - T_i)a_{2[i,i+1]} - \frac{1}{3}(T_{i+1} - T_i)a_{2[i+1,i+2]} + \frac{S_{i+1} - S_i}{T_{i+1} - T_i} \tag{2.2-1-8}$$

Aus Gleichung (2.2-1-7) und Gleichung (2.2-1-8) erhält man nach Umsortierung die Endformel, die die unbekannten Polynomkoeffizienten a_2 in Abhängigkeit der bekannten Stützpunktkoordinaten ausdrückt:

$$\frac{1}{3}(T_i - T_{i-1})a_{2[i-1,i]} + \frac{2}{3}(T_{i+1} - T_{i-1})a_{2[i,i+1]} + \frac{1}{3}(T_{i+1} - T_i)a_{2[i+1,i+2]} = \frac{S_{i+1} - S_i}{T_{i+1} - T_i} - \frac{S_i - S_{i-1}}{T_i - T_{i-1}} \tag{2.2-1-9}$$

Ausgehend von den Koeffizienten a_2 können die übrigen Koeffizienten der Polynome $S_{[i,i+1]}$ ermittelt werden:

$$a_{0[i,i+1]} = S_i$$

$$a_{1[i,i+1]} = -\frac{2}{3}(T_{i+1} - T_i)a_{2[i,i+1]} - \frac{1}{3}(T_{i+1} - T_i)a_{2[i+1,i+2]} + \frac{S_{i+1} - S_i}{T_{i+1} - T_i} \tag{2.2-1-10}$$

$$a_{3[i,i+1]} = \frac{a_{2[i+1,i+2]} - a_{2[i,i+1]}}{3(T_{i+1} - T_i)}$$

Die erste Gleichung des Systems (2.2-1-10) folgt aus Gleichung H(2.2-8). Die zweite Gleichung des Systems (2.2-1-10) ergibt sich aus Gleichung (2.2-1-8), wobei zu beachten ist, daß für $T \rightarrow T_i$ laut Gleichung H(2.2-6) $S'_{[i,i+1]} = a_{1[i,i+1]}$ gilt. Die dritte Gleichung des Systems (2.2-1-10) folgt schließlich aus Gleichung H(2.2-11) durch Erhöhung des Index um Eins.

Anhang H 2.2-2: Bessel-Interpolation

Die Parabel im Intervall [i-1,i+1] hat die Gleichung (in Anlehnung an Gleichung H(2.2-5)):

$$S_{[i-1,i+1]} = a_{0[i-1,i+1]} + a_{1[i-1,i+1]}(T-T_i) + a_{2[i-1,i+1]}(T-T_i)^2 \qquad T \in [T_{i-1}, T_{i+1}] \tag{2.2-2-1}$$

Gesucht ist der Polynomkoeffizient $a_{1[i-1,i+1]}$; es gilt:

$$S'_{[i-1,i+1]} = a_{1[i-1,i+1]} + 2a_{2[i-1,i+1]}(T - T_i)$$

Steigung S'_i im Knoten K_i ($T \rightarrow T_i$):

$$S'_i = a_{1[i-1,i+1]} \tag{2.2-2-2}$$

Den Koeffizienten $a_{1[i-1,i+1]}$ erhält man aus den folgenden drei Gleichungen:

Knoten K_{i-1} auf der Parabel (2.2-2-1):

$$S_{i-1} = a_{0[i-1,i+1]} + a_{1[i-1,i+1]}(T_{i-1} - T_i) + a_{2[i-1,i+1]}(T_{i-1} - T_i)^2 \tag{2.2-2-3}$$

Knoten K_i auf der Parabel (2.2-2-1):

$$S_i = a_{0[i-1,i+1]} \tag{2.2-2-4}$$

Knoten K_{i+1} auf Parabel (2.2-2-1):

$$S_{i+1} = a_{0[i-1,i+1]} + a_{1[i-1,i+1]}(T_{i+1} - T_i) + a_2(T_{i+1} - T_i)^2 \tag{2.2-2-5}$$

Aus den letzten drei Gleichungen findet man nach einigen Umformungen den gesuchten Polynomkoeffizienten $a_{1[i-1,i+1]}$:

$$a_{1[i-1,i+1]} = \frac{(T_{i+1} - T_i)\dfrac{S_i - S_{i-1}}{T_i - T_{i-1}} + (T_i - T_{i-1})\dfrac{S_{i+1} - S_i}{T_{i+1} - T_i}}{T_{i+1} - T_{i-1}} \tag{2.2-2-6}$$

Unter Beachtung der Gleichung (2.2-2-2) entspricht diese Gleichung den Beziehungen H(2.2-17), was zu beweisen war.

Anhang H 2.5-1: Approximationsfehler

Im Abschnitt A 6.3.3.2 haben wir für den Höhenfehler dz in Abhängigkeit vom Krümmungsradius r, vom Neigungswinkel α und der Rasterweite Δt folgende Formel A(6.3-8) erhalten:

$$dz = \frac{\Delta t^2}{8r \cdot \cos^3\alpha} \qquad (2.5\text{-}1\text{-}1)$$

Im Abschnitt H 2.5 ergab sich für den Approximationsfehler dS_{max} in Abhängigkeit vom Inkrement ΔT und der Zweiten Ableitung S''_{max} folgende Beziehung H(2.5-2):

$$dS_{max} \leq \frac{\Delta T^2}{8} S''_{max} \qquad (2.5\text{-}1\text{-}2)$$

Obwohl beide Gleichungen auf sehr unterschiedliche Weise gefunden wurden, müssen sie auf das gleiche Ergebnis führen. Wir führen Gleichung (2.5-1-1) in Gleichung (2.5-1-2) über.

cos α drücken wir mit $\tan\alpha = S'$ aus:

$$\frac{1}{\cos^3\alpha} = (1 + S'^2)^{3/2} \qquad (2.5\text{-}1\text{-}3)$$

1/r entspricht der Krümmung k, für die gilt:

$$\frac{1}{r} = k = \frac{S''}{(1+S'^2)^{3/2}} \qquad (2.5\text{-}1\text{-}4)$$

Nun setzen wir die Gleichungen (2.5-1-3) und (2.5-1-4) in die Gleichung (2.5-1-1) ein und passen noch die Bezeichnungen an die Gleichung (2.5-1-2) an:

$$dS_{max} = \frac{\Delta T^2}{8} \frac{S''_{max}}{(1+S'^2)^{3/2}} (1 + S'^2)^{3/2} = \frac{\Delta T^2}{8} S''_{max} , \qquad (2.5\text{-}1\text{-}5)$$

was zu beweisen war.

Vervollständigung der Literaturhinweise

ACM: Association for Computing Machinery, New York.

AVN: Allgemeine Vermessungs-Nachrichten, Wichmann Verlag, Karlsruhe.

BuL: Bildmessung und Luftbildwesen, Wichmann Verlag, Karlsruhe.

CISM: The Canadian Institute of Surveying and Mapping, Ottawa.

DGK: Deutsche Geodätische Kommission bei der Bayerischen Akademie der Wissenschaften, Verlag Bayerische Akademie der Wissenschaften, München.

Geow. Mitt. der TU Wien: Geowissenschaftliche Mitteilungen der Studienrichtung Vermessungswesen der TU Wien.

GIS: Geo-Informations-Systeme, Wichmann Verlag, Karlsruhe.

IAPRS oder IAPR oder IAP: International Archives of Photogrammetry (and Remote Sensing) of ISPRS (ISP).

Int.J.RS: International Journal of Remote Sensing. Taylor and Francis Limited.

I.P.F.: Institut für Photogrammetrie und Fernerkundung der TU Wien.

ISPRS-J: ISPRS Journal of Photogrammetry and Remote Sensing, Elsevier Science Publishers, Amsterdam.

ITC: ITC Journal, Enschede, The Netherlands.

KN: Kartographische Nachrichten, Organ der Deutschen Gesellschaft für Kartographie, Bonn.

Mitt. der TU Graz: Mitteilungen der Geodätischen Institute der TU Graz.

ÖZ: Österreichische Zeitschrift für Vermessungswesen und Photogrammetrie, Wien.

PE&RS oder Ph.Eng.: Photogrammetric Engineering and Remote Sensing, Journal of the American Society of Photogrammetry.

PFG: Photogrammetrie/Fernerkundung/Geoinformation. Organ der Deutschen Gesellschaft für Photogrammetrie und Fernerkundung.

Photogr.Record: The Photogrammetric Record, The Photogrammetric Society, London.

Schriftenreihe Uni Bundeswehr: Schriftenreihe des Studienganges Vermessungswesen der Universität der Bundeswehr, München.

VGI: Österreichische Zeitschrift für Vermessung und Geoinformation, Wien.

VPK: Vermessung/Photogrammetrie/Kulturtechnik. Organ der Schweizer Gesellschaft für Bildanalyse etc., Zürich.

Wiss. Arb. Univ. Hannover: Wissenschaftliche Arbeiten der Fachrichtung Vermessungswesen der Universität Hannover.

ZfV: Zeitschrift für Vermessungswesen, Konrad Wittwer Verlag, Stuttgart.

ZPF: Zeitschrift für Photogrammetrie und Fernerkundung, Herbert Wichmann Verlag, Karlsruhe.

SACHREGISTER

- A -

- B -

- C -

- D -

- E -

- F -

- G -

- H -

- I -

- N -

- O -

- P -

- Q -

- R -

- S -

- T -

- U -

- V -